教材数字资源使用说明

PC 端使用方法：

步骤一：扫描教材封底授权码获取数字资源授权码；

步骤二：注册/登录小途教育平台：https：//edu.cfph.net；

步骤三：在"课程"中搜索教材名称，打开对应教材，点击"激活"输入授权码即可阅读。

手机端使用方法：

步骤一：扫描教材封底数字资源授权码获取数字资源授权码；

步骤二：扫描本页面的数字资源二维码，进入小途教育平台"注册/登录"界面；

步骤三：在"未获取授权"界面点击"获取授权"，输入步骤一中所获取的授权码激活课程；

步骤四：激活成功后跳转至数字资源界面即可进行阅读。

数字资源

本教材第3版曾获首届全国教材建设奖全国优秀教材二等奖

教育部"十二五"普通高等教育本科国家级规划教材

国家林业和草原局普通高等教育"十三五"规划教材

高 等 院 校 园 林 与 风 景 园 林 专 业 系 列 教 材

园林花卉学

(第4版)(附数字资源)

刘 燕 主编

中国林业出版社

内容简介

本教材为高等院校园林、风景园林、观赏园艺及相关专业（方向）教学用书。园林花卉是园林植物的组成部分，是园林和环境绿化美化的重要材料。本教材根据园林、风景园林、观赏园艺专业创新人才培养要求，从大学生认知角度构建内容体系，力求反映当前国内外有关园林花卉的新理论和新技术。全书分为15章，包括绪论；园林花卉分类；主要生态因子对园林花卉生长发育的影响；园林花卉栽培设施及设备；园林花卉繁殖；园林花卉花期控制；一、二年生花卉；宿根花卉；球根花卉；观赏草；园林水生花卉；岩生花卉；室内花卉；专类花卉（兰科花卉、仙人掌和多浆植物、食虫植物和蕨类植物）。每章有本章提要和思考题。教材配有花卉识别和视频等数字资源，供学生自学和复习时使用。

图书在版编目（CIP）数据

园林花卉学/刘燕主编.—4版.—北京:中国林业出版社,2020.10(2024.7重印)

教育部"十二五"普通高等教育本科国家级规划教材　国家林业和草原局普通高等教育"十三五"规划教材　高等院校园林与风景园林专业系列教材

ISBN 978-7-5219-0753-7

Ⅰ.①园… Ⅱ.①刘… Ⅲ.①花卉-观赏园艺-高等学校-教材 Ⅳ.①S68

中国版本图书馆CIP数据核字（2020）第161585号

审图号：GS京（2023）1321号

策划、责任编辑：康红梅
责任校对：苏　梅

出版发行	中国林业出版社（100009　北京市西城区刘海胡同7号） E-mail: jiaocaipublic@163.com　电话：(010) 83143500, 83143551 https://www.cfph.net
印刷	北京中科印刷有限公司
版次	2003年1月第1版（共印7次） 2009年1月第2版（共印12次） 2016年6月第3版（共印9次） 2020年10月第4版
印次	2024年7月第8次印刷
开本	850mm×1168mm　1/16
印张	26.5
字数	741千字　另附数字资源约350千字
定价	65.00元

未经许可，不得以任何方式复制或抄袭本书之部分或全部内容。

版权所有　侵权必究

国家林业和草原局院校教材建设专家委员会
园林与风景园林组

组　长

李　雄（北京林业大学）

委　员

（以姓氏拼音为序）

包满珠（华中农业大学）	潘远智（四川农业大学）
车代弟（东北农业大学）	戚继忠（北华大学）
陈龙清（西南林业大学）	宋希强（海南大学）
陈永生（安徽农业大学）	田　青（甘肃农业大学）
董建文（福建农林大学）	田如男（南京林业大学）
甘德欣（湖南农业大学）	王洪俊（北华大学）
高　翅（华中农业大学）	许大为（东北林业大学）
黄海泉（西南林业大学）	许先升（海南大学）
金荷仙（浙江农林大学）	张常青（中国农业大学）
兰思仁（福建农林大学）	张克中（北京农学院）
李　翅（北京林业大学）	张启翔（北京林业大学）
刘纯青（江西农业大学）	张青萍（南京林业大学）
刘庆华（青岛农业大学）	赵昌恒（黄山学院）
刘　燕（北京林业大学）	赵宏波（浙江农林大学）

秘　书

郑　曦（北京林业大学）

《园林花卉学》编写人员

第 4 版

主　　编　刘　燕

副 主 编　李秉玲　高健洲

编写人员　刘　燕　潘会堂　李秉玲　高亦珂　高健洲
　　　　　吕英民　李　青　何恒斌　丛　磊　金　娘
　　　　　臧彦卿　徐　艳　陶清波　田振坤　梁　蕴

审　　稿　王莲英　张启翔　程金水

第 3 版

主　　编　刘　燕

副 主 编　李秉玲

编写人员　刘　燕　潘会堂　李秉玲　高亦珂　高健洲
　　　　　吕英民　李　青　何恒斌　丛　磊　金　娘
　　　　　臧彦卿　徐　艳　陶清波　田振坤　梁　蕴

审　　稿　王莲英　张启翔　程金水

第 2 版

主　　编　刘　燕

编写人员　刘　燕　潘会堂　高亦珂　吕英民　李　青
　　　　　丛　磊　金　娘　臧彦卿　徐　艳　陶清波
　　　　　田振坤　梁　蕴

审　　稿　王莲英　张启翔　程金水

第 1 版

主　　编　刘　燕

参　　编　刘　燕　潘会堂　高亦珂　吕英民　李　青
　　　　　丛　磊　金　娘　臧彦卿　徐　艳　陶清波
　　　　　田振坤　梁　蕴

审　　稿　王莲英　张启翔　程金水

第 4 版前言

"园林花卉学"是园林、风景园林、观赏园艺等相关专业（方向）的核心课程，本教材为该课程的配套教材之一。2003 年第 1 版出版，2006 年被评为"北京市高等教育精品教材"；2007 年被列入教育部普通高等教育"十一五"国家级规划教材。2009 年出版第 2 版，并补充了光盘，被评为 2009 年国家级精品教材；2010 年被列入"十二五"普通高等教育本科国家级规划教材。为了满足新人才培养模式对学生动手能力培养需要，2013 年编写团队出版了该教材的配套实习实验教材《园林花卉实习实验教程》。2016 年出版了《园林花卉学》第 3 版，为国家林业局普通高等教育"十三五"规划教材，并于 2021 年荣获首届全国教材建设奖全国优秀教材二等奖。

第 4 版已列入国家林业和草原局普通高等教育数字化教材建设项目。为了保证教材的先进性，满足新形态教材的市场需求，我们重新修订了该教材。本次修订由刘燕任主编，李秉玲、高健洲任副主编。在对全书文字及参考书目全面梳理的基础上，补充、重新编写、修改了部分内容。主要修订内容及编写分工如下：①重新编写第 1 章 1.3 园林花卉栽培应用发展状况（刘燕）。②补充第 3 章 3.2.5 中土壤电导率的概念（刘燕）。③重新编写第 4 章 4.2 温室覆盖材料部分（刘燕）。④补充并调整了第 7~9 章各论种类（刘燕、李秉玲）；重新编写第 9 章 9.1.4 球根花卉的繁殖要点（刘燕）。⑤重新编写第 10 章 10.1.2 园林水生花卉应用特点；补充 10.1.4.2 栽培要点（刘燕）。⑥重新编写第 11 章 11.1 岩生花卉概论（刘燕）。⑦补充第 12 章 12.2 室内观果；重新梳理、压缩全部各论的文字并调整种类（刘燕）。⑧补充第 13 章 13.2 兰花各论种类及参考书目（李秉玲）；⑨重新编写第 14 章 14.1.3.1 仙人掌及多浆植物原产地（刘燕）；⑩重新编写第 15 章 15.1.1 食虫植物及 15.2.1 蕨类植物的概述；补充 15.2.2 蕨类植物各论种类；将蕨类植物调为 15.1（刘燕）。

与前几版比较，本版重大变化：①增加了新的章节——观赏草（刘燕、李秉玲负责）；②按照新形态教材要求，数字资源中补充了视频内容（高健洲负责），以使教材呈现形式更加丰富，更好地服务教学。

衷心感谢本教材编辑及出版人员为教材付出的大量辛勤劳动。感谢中国林业出版社多年来的支持，使得本教材得以不断更新。

由于编者水平有限，书中的不妥和错误之处恳请各位同仁指正。

刘 燕
2024 年 6 月

第3版前言

"园林花卉学"是园林、风景园林、观赏园艺等相关专业的核心课程，该教材为课程配套教材之一。2003年第1版出版，2006年被评为"北京市高等教育精品教材"。2007年被列入教育部普通高等教育"十一五"国家级规划教材。2009年出版第2版，并补充了光盘，被评为2009年国家级精品教材。2010年被列入国家"十二五"普通高等教育本科规划教材。为了满足新人才培养模式对学生动手能力培养需要，2013年我们编写出版了该教材的配套实习实验教材——《园林花卉实习实验教程》。

迄今为止，本教材第2版出版已有6年时间，为了与时俱进，有必要对该版教材重新修订，补充一些新内容，同时保证教材适用于不断更换的学生学习使用。本次修订由刘燕任主编，李秉玲任副主编。主要修订内容如下：①补充第3章空气成分对花卉的影响部分内容（李秉玲），新增第5章中种子质量（高健洲）；②重新编写第6章园林花卉花期调控（刘燕）；③重新编写第14章专类花卉中的仙人掌和多浆植物的概述（李秉玲）；④调整补充第7章（刘燕）、第9章（刘燕）、第10章（李秉玲）、第14章（刘燕、何恒斌）一些花卉种类；⑤补充了部分推荐阅读书目（李秉玲）。

由于编者水平有限，书中的不妥和错误之处恳请各位同仁指正。

刘 燕
2016年1月

第 2 版前言

"园林花卉学"是园林及相关专业的核心课程,其教材《园林花卉学》自 2003 年出版以来,已先后印刷 7 次,印数达 35 000 册,被全国众多高校的园林、风景园林等专业选为教材,广泛使用。本教材 2006 年被评选为"北京市高等教育精品教材"。经过几年的教学实践,发现教材尚存在一些不足,如个别章节排序不够合理,一些问题的论述不够详细,缺少近年使用的花卉种类和关注点。因此,有必要进行修订。其修订版 2007 年被列入普通高等教育"十一五"国家级规划教材。

本次修订的原则是保持教材第 1 版的特色,坚持突出重点、形式新颖、通俗实用及图文并茂的编写特点。修订的重点主要包括以下几个方面:①基本沿用第 1 版的结构,部分章节做了调整,将"园林花卉栽培设施"一章提至"园林花卉繁殖"之前;②各论的花卉全部按照其植物学名顺序排列,以方便和各公司的产品目录对应;③补充和更新部分内容,增补了一些目前栽培应用广泛的花卉种类;④改正错误,修饰插图;⑤在各章的推荐阅读参考书目中增补了新书与重要专著;⑥重新修订出版配套光盘,各论部分的花卉种类配有彩色照片,有利于读者更直观、更形象地学习。

王美仙博士对本书的插图进行了修饰,我的其他在校研究生们对本稿的校对做出了大量工作,在此表示感谢。

由于编者水平有限,书中的不妥和错误之处恳请读者指正。

刘 燕
2008 年 9 月

第1版前言

花卉种类繁多，内容极其丰富，产业化的发展，给花卉赋予了更广阔的研究范围。为了使学生在有限的课程学习时间内，全面系统地掌握园林花卉的基本知识、一般繁殖栽培技术、栽培保护地设施、花期调控等内容；重点掌握园林花卉一般生长发育过程和主要生态因子对园林花卉生长发育的影响；掌握园林中常用花卉的生物学特性、观赏特点、生态习性，并能在园林中正确使用和栽培，为学习植物应用设计储备知识；并培养学生独立思考的能力和实际动手操作能力。教材编写过程中力求做到以下几点：

1. 重点突出：在保证较大信息量的同时，以园林专业对花卉知识的需求为原则，用园林应用为最终目的角度构建教材内容和体系。以室内外绿化美化常用花卉为主要对象，突出园林花卉的特点，注重观赏栽培，注意花卉种类的丰富多样和花文化内容，在重视科学性的基础上，充分重视园林花卉的艺术性，区别于一般的生产栽培。基础知识部分的学习也可以为商品花卉生产奠定一定的理论基础。

2. 形式新颖：以花卉的观赏栽培和园林应用为核心，对重点和自学内容进行了详细叙述。充分反映花卉研究栽培最新水平。结构力求体现教科书的特点，根据园林专业知识结构的特点，采用符合学生认知过程的编排顺序。不追求各类相关知识体系的自身完整，从专业要求出发构建体系，加强彼此之间的关联，强调整合性。各章节有"本章要点""思考题"，加大引导和启发教学力度。采用文字与光盘结合方式，扩大内容的信息量，增强可视性。文字主要介绍理论和基本技术，叙述力求简洁、通俗易懂，图文并茂，易掌握。光盘重点反映花卉种类的识别和景观效果，突出艺术性，提高学生的学习兴趣和艺术鉴赏力。

3. 通俗实用：通过教材学习，学生能把所学知识直接应用于实践中，能掌握园林设计需要的基本花卉材料，在设计中正确选用花卉种类，合理应用；熟练处理设计应用中的繁殖和栽培问题；并培养一定的思维能力和自主学习能力及新资料获取与掌握能力。

本教材供园林专业本科生"园林花卉学"课程教学使用，学时分配建议：总学时100～120学时。讲授60～70学时，实习40～50学时。相关专业和不同层次的教学，可酌情选择内容。也可供观赏园艺相关课程教学参考用。

为了帮助学生识别园林花卉种类，增加对花卉的感性认识，教材配备了园林花卉识别光盘，有图片和形态特征的描述，供学生在学习园林花卉各论时使用。为了便于学生掌握学习重点和巩固所学知识，在每章的开始有本章要点，结尾有思考题。根据大学生的认知特点，采取讲课和自学结合，配合实习和实验的教学方式。

附录中有花卉名索引。其中收录了第七章以后各论中有编号的花卉中文名和拉丁名，以方便查阅。

本教材承蒙王莲英教授、张启翔教授、程金水教授审阅，并提出宝贵的修改意见，特此表示衷心感谢。衷心感谢出版、编辑人员为此书出版付出的大量辛勤劳动。衷心感谢参加本书校对的北京林业大学园林学院园林专业的同学们。

本教材得到北京林业大学重点教材编写资金资助，得到北京林业大学教务处，特别是教材科的大力支持与关注，在此表示衷心感谢。

由于编者水平有限，不妥和错误之处恳请读者批评指正。

编　者
2002 年 9 月

目 录

第 4 版前言
第 3 版前言
第 2 版前言
第 1 版前言

第 1 章　绪　论 (1)
1.1　园林花卉含义 (1)
1.1.1　园林花卉的含义 (1)
1.1.2　园林花卉学课程内容 (2)
1.2　花卉在园林中的主要作用及特点 (2)
1.2.1　园林的概念 (2)
1.2.2　花卉在园林中的主要作用及特点 (3)
1.3　园林花卉栽培应用发展状况 (4)
1.3.1　中国园林花卉栽培应用发展状况 (4)
1.3.2　西方园林花卉栽培应用发展状况 (8)
思考题 (11)
推荐阅读书目 (11)

第 2 章　园林花卉分类 (12)
2.1　依花卉的生活周期和地下形态特征分类 (12)
2.2　依花卉原产地气候型分类 (13)
2.2.1　中国气候型花卉(大陆东岸气候型花卉) (14)
2.2.2　欧洲气候型花卉(大陆西岸气候型花卉) (16)
2.2.3　地中海气候型花卉 (16)
2.2.4　墨西哥气候型花卉(热带高原气候型花卉) (17)
2.2.5　热带气候型花卉 (17)
2.2.6　寒带气候型花卉 (18)
2.2.7　沙漠气候型花卉 (18)

2.3 园林花卉的其他实用分类 ……………………………………………………… (19)
　　2.3.1 依栽培和应用生境划分 ………………………………………………… (19)
　　2.3.2 依植物科属或类群划分 ………………………………………………… (19)
　　2.3.3 依形态和观赏特性划分 ………………………………………………… (20)
　　2.3.4 依用途划分 ……………………………………………………………… (20)
思考题 ……………………………………………………………………………… (21)
推荐阅读书目 ……………………………………………………………………… (21)

第3章　主要生态因子对园林花卉生长发育的影响 …………………………… (22)
3.1 草本花卉的生长发育过程 …………………………………………………… (23)
3.2 主要生态因子对花卉生长发育的影响 ……………………………………… (24)
　　3.2.1 温度对花卉的影响 ……………………………………………………… (25)
　　3.2.2 光对花卉的影响 ………………………………………………………… (28)
　　3.2.3 水分对花卉的影响 ……………………………………………………… (31)
　　3.2.4 养分对花卉的影响 ……………………………………………………… (33)
　　3.2.5 土壤及根际环境对花卉的影响 ………………………………………… (38)
　　3.2.6 空气成分对花卉的影响 ………………………………………………… (45)
思考题 ……………………………………………………………………………… (50)
推荐阅读书目 ……………………………………………………………………… (51)

第4章　园林花卉栽培设施及设备 …………………………………………………… (52)
4.1 概　述 ………………………………………………………………………… (52)
　　4.1.1 保护地的概念、作用和特点 …………………………………………… (52)
　　4.1.2 花卉保护地栽培的发展历史 …………………………………………… (53)
4.2 温　室 ………………………………………………………………………… (55)
　　4.2.1 温室的种类 ……………………………………………………………… (55)
　　4.2.2 温室设计与建造 ………………………………………………………… (58)
　　4.2.3 几种常用温室的特点 …………………………………………………… (60)
　　4.2.4 温室环境的调控及调控设备 …………………………………………… (63)
4.3 其他类型保护地 ……………………………………………………………… (70)
　　4.3.1 风障 ……………………………………………………………………… (70)
　　4.3.2 冷床和温床 ……………………………………………………………… (71)
　　4.3.3 冷窖 ……………………………………………………………………… (74)
　　4.3.4 荫棚 ……………………………………………………………………… (74)
　　4.3.5 塑料大棚 ………………………………………………………………… (75)
4.4 花卉栽培容器 ………………………………………………………………… (76)
　　4.4.1 栽培床(槽) ……………………………………………………………… (76)
　　4.4.2 花盆 ……………………………………………………………………… (77)

        4.4.3 育苗容器 ……………………………………………………… (78)
    思考题 ……………………………………………………………………… (78)
    推荐阅读书目 ……………………………………………………………… (79)

第5章 园林花卉的繁殖 ……………………………………………………… (80)
  5.1 种子繁殖 …………………………………………………………… (81)
        5.1.1 种子质量 ……………………………………………………… (81)
        5.1.2 花卉种子的寿命及贮藏 ……………………………………… (82)
        5.1.3 花卉种子萌发条件及播种前种子处理 ……………………… (85)
        5.1.4 播种方法 ……………………………………………………… (87)
  5.2 分生繁殖 …………………………………………………………… (89)
        5.2.1 分株 …………………………………………………………… (89)
        5.2.2 分球 …………………………………………………………… (89)
        5.2.3 其他方法 ……………………………………………………… (91)
  5.3 扦插繁殖 …………………………………………………………… (92)
        5.3.1 扦插的种类及方法 …………………………………………… (92)
        5.3.2 扦插时间 ……………………………………………………… (95)
        5.3.3 扦插生根的环境条件 ………………………………………… (95)
        5.3.4 促进生根的方法 ……………………………………………… (96)
  5.4 嫁接及压条繁殖 …………………………………………………… (97)
        5.4.1 嫁接繁殖 ……………………………………………………… (97)
        5.4.2 压条繁殖 ……………………………………………………… (97)
  5.5 组织培养 …………………………………………………………… (97)
        5.5.1 组织培养繁殖的特点 ………………………………………… (98)
        5.5.2 组织培养快速繁殖的基本要求和一般程序 ………………… (99)
        5.5.3 成功实现组织培养繁殖的部分园林花卉 …………………… (99)
  5.6 孢子繁殖 …………………………………………………………… (101)
        5.6.1 孢子繁殖的过程 ……………………………………………… (101)
        5.6.2 孢子繁殖的方法 ……………………………………………… (102)
  思考题 ……………………………………………………………………… (103)
  推荐阅读书目 ……………………………………………………………… (103)

第6章 园林花卉的花期控制 ………………………………………………… (104)
  6.1 花期调控的基本原理 ……………………………………………… (104)
        6.1.1 植物生长发育节律及其调控 ………………………………… (105)
        6.1.2 植物休眠与萌发及其调控 …………………………………… (105)
        6.1.3 植物成花与开花机制及其调控 ……………………………… (105)
        6.1.4 花期调控的技术原理 ………………………………………… (106)

目 录

6.2 花卉花期调控常用技术方法 (109)
　　6.2.1 调节温度 (109)
　　6.2.2 调节光照 (110)
　　6.2.3 应用繁殖栽培技术 (111)
　　6.2.4 应用植物生长调节物质 (112)
6.3 花卉花期调控的主要设施和设备 (113)
6.4 园林花卉花期调控实例 (114)
　　6.4.1 一串红 (114)
　　6.4.2 芍药 (114)
　　6.4.3 郁金香 (116)
　　6.4.4 一品红 (119)
思考题 (121)
推荐阅读书目 (121)

第7章 一、二年生花卉 (122)

7.1 概论 (122)
　　7.1.1 含义及类型 (122)
　　7.1.2 园林应用特点 (123)
　　7.1.3 生态习性 (123)
　　7.1.4 繁殖栽培要点 (124)
7.2 各论 (126)
　　1. 熊耳草(126)　　2. 锦绣苋(126)　　3. 金鱼草(128)　　4. 木茼蒿(129)
　　5. 四季秋海棠(129)　6. 雏菊(130)　　7. 羽衣甘蓝(131)　8. 金盏菊(131)
　　9. 翠菊(132)　　10. 长春花(133)　　11. 鸡冠花(134)　　12. 醉蝶花(134)
　　13. 彩叶草(135)　　14. 波斯菊(136)　　15. 石竹类(137)　　16. 毛地黄(138)
　　17. 银边翠(139)　　18. 花菱草(139)　　19. 勋章菊(140)　　20. 千日红(140)
　　21. 霞草(141)　　22. 麦秆菊(142)　　23. 凤仙花(142)　　24. 非洲凤仙花(143)
　　25. 地肤(144)　　26. 六倍利(144)　　27. 香雪球(145)　　28. 紫罗兰(146)
　　29. 白晶菊(146)　　30. 紫茉莉(147)　　31. 红花烟草(148)　　32. 虞美人(148)
　　33. 矮牵牛(149)　　34. 蓝目菊(150)　　35. 牵牛类(151)　　36. 半支莲(152)
　　37. 茑萝类(153)　　38. 一串红(154)　　39. 银叶菊(155)　　40. 万寿菊(156)
　　41. 蓝猪耳(157)　　42. 旱金莲(157)　　43. 美女樱(158)　　44. 大花三色堇(159)
　　45. 百日草(160)

思考题 (161)
推荐阅读书目 (162)

第8章 宿根花卉 (163)

8.1 概论 (163)
　　8.1.1 含义及类型 (163)
　　8.1.2 园林应用特点 (163)

        8.1.3 生态习性 ……………………………………………………………… (164)
        8.1.4 繁殖栽培要点 ………………………………………………………… (164)
    8.2 各 论 ………………………………………………………………………… (165)
        1. 蓍草类(165)   2. 乌头类(166)   3. 蜀葵(168)   4. 庭荠类(169)
        5. 耧斗菜类(170)   6. 紫菀类(171)   7. 落新妇类(173)   8. 射干(174)
        9. 风铃草类(175)   10. 矢车菊类(176)   11. 铁线莲类(178)   12. 金鸡菊类(179)
        13. 翠雀花类(181)   14. 菊花(182)   15. 宿根石竹类(184) 16. 荷包牡丹类(186)
        17. 紫松果菊(187)   18. 宿根天人菊(188) 19. 萱草类(188)   20. 红花矾根(190)
        21. 芙蓉葵(191)   22. 玉簪类(191)   23. 鸢尾类(193)   24. 火炬花类(197)
        25. 多叶羽扇豆(198) 26. 芍药(199)   27. 观赏罂粟类(200) 28. 天竺葵类(201)
        29. 钓钟柳类(202)   30. 宿根福禄考类(204) 31. 随意草(205)   32. 桔梗(206)
        33. 金光菊类(207)   34. 林荫鼠尾草(208) 35. 景天类(208)   36. 一枝黄花类(210)
        37. 穗花婆婆纳(211)
    思考题 ……………………………………………………………………………… (212)
    推荐阅读书目 ……………………………………………………………………… (212)

第9章 球根花卉 …………………………………………………………………… (214)
    9.1 概 论 ………………………………………………………………………… (214)
        9.1.1 含义及类型 …………………………………………………………… (214)
        9.1.2 园林应用特点 ………………………………………………………… (216)
        9.1.3 生态习性 ……………………………………………………………… (217)
        9.1.4 繁殖栽培要点 ………………………………………………………… (217)
    9.2 各 论 ………………………………………………………………………… (219)
        1. 观赏葱类(219)   2. 白及(220)   3. 美人蕉类(221)   4. 铃兰(222)
        5. 文殊兰类(223)   6. 番红花类(224)   7. 大丽花(226)   8. 花贝母(226)
        9. 雪滴花(227)   10. 唐菖蒲(228)   11. 杂种朱顶红(229) 12. 风信子(229)
        13. 水鬼蕉类(230)   14. 雪片莲类(231)   15. 蛇鞭菊(232)   16. 百合类(232)
        17. 石蒜类(236)   18. 蓝壶花类(237)   19. 水仙类(238)   20. 晚香玉(240)
        21. 白头翁(241)   22. 花毛茛(241)   23. 绵枣儿类(242)   24. 郁金香(243)
        25. 紫娇花(244)   26. 葱莲类(244)
    思考题 ……………………………………………………………………………… (245)
    推荐阅读书目 ……………………………………………………………………… (245)

第10章 园林水生花卉 ……………………………………………………………… (247)
    10.1 概 论 ………………………………………………………………………… (247)
        10.1.1 含义及类型 ………………………………………………………… (247)
        10.1.2 园林应用特点 ……………………………………………………… (248)
        10.1.3 生态习性 …………………………………………………………… (248)
        10.1.4 繁殖栽培要点 ……………………………………………………… (248)
    10.2 各 论 ………………………………………………………………………… (250)
        1. 菖蒲(250)   2. 金钱蒲(250)   3. 花蔺(251)   4. 旱伞草(252)

5. 凤眼莲(252) 6. 芡(253) 7. 水罂粟(254) 8. 南美天胡荽(254)
9. 千屈菜(255) 10. 荷花(256) 11. 萍蓬莲(258) 12. 睡莲类(258)
13. 莕菜(260) 14. 大薸(261) 15. 梭鱼草(262) 16. 慈姑(262)
17. 水葱(263) 18. 水竹芋(264) 19. 长苞香蒲(264) 20. 王莲(265)

思考题 (266)
推荐阅读书目 (266)

第11章 观赏草类 (267)

11.1 概论 (267)
11.1.1 含义及类型 (267)
11.1.2 园林应用特点 (268)
11.1.3 生态习性 (268)
11.1.4 繁殖栽培要点 (269)

11.2 常用种类 (269)
1. 银边草(269) 2. '花叶'芦竹(270) 3. 拂子茅类(270) 4. 薹草类(271)
5. 蒲苇(272) 6. 丽色画眉草(272) 7. 蓝羊茅(273) 8. 日本血草(273)
9. 芒类(274) 10. 粉黛乱子草(275) 11. 柳枝稷(275) 12. 狼尾草类(276)
13. 丝带草(277) 14. 细茎针茅(277)

思考题 (278)
推荐阅读书目 (278)

第12章 岩生花卉 (279)

12.1 概论 (279)
12.1.1 含义及类型 (279)
12.1.2 园林应用特点 (280)
12.1.3 生态习性 (280)
12.1.4 繁殖栽培要点 (280)

12.2 常用种类目录 (281)

思考题 (289)
推荐阅读书目 (289)

第13章 室内花卉 (290)

13.1 概论 (290)
13.1.1 含义及类型 (290)
13.1.2 应用特点 (291)
13.1.3 生态习性 (291)
13.1.4 繁殖和栽培要点 (291)

13.2 各论 (292)
13.2.1 室内观花花卉 (292)

1. 花烛类(292)　　2. 秋海棠类(293)　　3. 蒲包花(295)　　4. 君子兰(296)
5. 鲸鱼花(297)　　6. 仙客来(297)　　7. 喜荫花(298)　　8. 一品红(298)
9. 香雪兰(299)　　10. 倒挂金钟(300)　　11. 非洲菊(301)　　12. 新几内亚凤仙花(301)
13. 报春花类(302)　　14. 非洲堇(304)　　15. 瓜叶菊(305)　　16. 大岩桐(305)
17. 鹤望兰(306)　　18. 马蹄莲(307)

13.2.2　室内观叶植物 (308)

1. 光萼凤梨类(308)　　2. 广东万年青类(309)　　3. 海芋(310)　　4. 异叶南洋杉(311)
5. 天门冬类(312)　　6. 一叶兰(313)　　7. 水塔花(314)　　8. 花叶芋(314)
9. 肖竹芋类(315)　　10. 短穗鱼尾葵(316)　　11. 袖珍椰子(317)　　12. 吊兰(318)
13. 散尾葵(319)　　14. 菱叶葡萄(319)　　15. 变叶木(320)　　16. 朱蕉类(321)
17. 栉花芋类(322)　　18. 黛粉芋类(322)　　19. 孔雀木(323)　　20. 龙血树类(324)
21. 熊掌木(326)　　22. 八角金盘(327)　　23. 榕类(327)　　24. 网纹草类(329)
25. 果子蔓类(330)　　26. 常春藤(330)　　27. 蒲葵(331)　　28. 竹芋类(332)
29. 龟背竹(333)　　30. 酒瓶兰(334)　　31. 马拉巴栗(334)　　32. 豆瓣绿类(335)
33. 喜林芋类(336)　　34. 刺葵类(338)　　35. 冷水花类(339)　　36. 福禄桐类(340)
37. 棕竹(341)　　38. 虎尾兰(341)　　39. 鹅掌藤(342)　　40. 绿萝(343)
41. '白鹤'芋(344)　　42. 合果芋(344)　　43. 铁兰类(345)　　44. 淡竹叶(346)
45. 丽穗凤梨类(347)　　46. 吊竹梅类(348)　　47. 雪铁芋(349)

13.2.3　室内观果花卉 (349)

1. 朱砂根(349)　　2. 红果薄柱草(350)

思考题 (351)

推荐阅读书目 (351)

第14章　专类花卉——兰科花卉 (352)

14.1　概　论 (352)

14.1.1　含义及类型 (352)
14.1.2　兰花的形态特征 (353)
14.1.3　生态习性 (353)
14.1.4　繁殖栽培要点 (354)

14.2　各　论 (355)

1. 兰属(355)　　2. 卡特兰属(357)　　3. 大花蕙兰(358)　　4. 石斛属(358)
5. 文心兰属(359)　　6. 兜兰属(360)　　7. 蝴蝶兰属(361)　　8. 万带兰属(361)

思考题 (362)

推荐阅读书目 (362)

第15章　专类花卉——仙人掌和多浆植物 (363)

15.1　概　论 (363)

15.1.1　含义及类型 (363)
15.1.2　应用特点 (365)
15.1.3　原产地及生物学特性 (365)
15.1.4　生态习性 (366)

15.1.5　繁殖栽培要点 …………………………………………………… (367)
15.2　常见种类 ……………………………………………………………… (371)
　　15.2.1　仙人掌类植物 ………………………………………………… (371)
　　　　1. 山影拳(371)　　2. 金琥(371)　　3. 仙人球(372)　　4. 昙花(372)
　　　　5. 令箭荷花(373)　6. 仙人掌类(374)
　　　　7. 仙人指(375)　　8. 蟹爪兰(375)
　　15.2.2　多浆类植物 …………………………………………………… (376)
　　　　1. 虎刺梅(376)　　2. 佛手掌(377)　　3. 生石花(377)　　4. 莲花掌类(378)
　　　　5. 青锁龙属(379)　6. 石莲花类(379)　7. 伽蓝菜类(380)　8. 玉米石(381)
　　　　9. 松鼠尾(381)　　10. 翡翠珠(382)　11. 十二卷类(382)　12. 芦荟(383)
思考题 ………………………………………………………………………… (384)
推荐阅读书目 ………………………………………………………………… (384)

第16章　专类花卉——蕨类植物、食虫植物 …………………………… (385)

16.1　蕨类植物 ……………………………………………………………… (385)
　　16.1.1　概述 …………………………………………………………… (385)
　　16.1.2　常用种类 ……………………………………………………… (387)
　　　　1. 铁线蕨(387)　　2. 贯众(388)　　3. 荚果蕨(388)　　4. 二歧鹿角蕨(389)
　　　　5. 凤尾蕨(389)　　6. 巢蕨(390)　　7. 肾蕨(390)　　8. 卷柏类(391)
16.2　食虫植物 ……………………………………………………………… (392)
　　16.2.1　概述 …………………………………………………………… (392)
　　16.2.2　常见栽培种类 ………………………………………………… (393)
　　　　1. 猪笼草(393)　　2. 紫花瓶子草(394)　　3. 其他常见食虫植物(395)
思考题 ………………………………………………………………………… (395)
推荐阅读书目 ………………………………………………………………… (395)

参考文献 ……………………………………………………………………… (396)
附录一　花卉拉丁学名索引 ………………………………………………… (398)
附录二　花卉中文名索引 …………………………………………………… (402)

第1章 绪 论

[**本章提要**] 园林花卉在城市建设、园林绿化和环境美化中有重要作用。本章介绍了花卉、园林花卉的含义；简单介绍了本课程的主要内容；论述了花卉在园林中的主要作用；简要介绍了国内外园林植物栽培应用发展状况。

1.1 园林花卉含义

1.1.1 园林花卉的含义

"花卉"一词由"花"和"卉"两字构成，"花"是种子植物的有性生殖器官，引申为有观赏价值的植物；"卉"是草的总称。因此，花卉为"花草的总称"。在实际使用时，人们给予了花卉更丰富的含义。

"花卉"的广义概念，是指所有具有观赏价值的植物，包括木本和草本植物。"花卉"的狭义概念，仅指具有观赏价值的草本植物。

广义的"园林花卉"(ornamental plants)是指适用于园林和环境绿化、美化，观赏价值较高的植物，包括木本和草本花卉栽培的种、品种和一些野生种，又称园林植物，不仅包括以花为主要观赏部位的观花乔灌木和草花，也包括以观赏叶、果等其他部位的观赏乔灌木和草本植物，如观赏竹、观赏针叶树等。狭义的"园林花卉"(garden flowers, bedding plants)仅指广义园林花卉中的草本植物，有时也称为草花。

园林花卉在人居环境建设中具有重要作用。从社会发展的角度看，花卉在人类生活中的最初作用是其实用性，如药用、食用、香料、染料等。之后人类从众多的植物中，选出具有较高观赏价值的植物，专门用于观赏，使花卉从实用而逐渐上升到观赏地位。随着人类对花卉审美活动的发展，花卉被赋予了更深层次的含义，其在社会精神生活中占有了一定地位，花卉的应用和栽培成为人类文明的一部分，成为一种文化。人们对花卉实用价值的认识不断提高、对花卉美的欣赏和追求不断提高，促使人类从早期直接欣赏应用野生花卉，逐渐发展到人工栽培野生花卉，进而培育花卉品种，进行生产，使花卉栽培逐步走向生产栽培，形成了具有很高经济价值的花卉产业，以满足人类居住环境的绿化美化需要，满足人们在社会生活中用花卉表达情意的需要。随着人居环境生态问题的日益严重，花卉的生态环保作用得到充分肯定，其在人类生活中的重要地位不断提升。

目前依花卉栽培的目的和性质不同，可将花卉栽培分为三大类。

(1) 观赏栽培

以观赏和人居环境绿化美化为主要目的。主要在园林和城市绿化美化相关部门以及家庭园艺中进行。在公园、城市绿地、各种公共游憩场所、各类庭院等人类生活环境中栽植花卉，营造景观、改善保护生态环境。园林花卉为其主要栽培对象。

(2) 生产栽培

以获取经济利益为目的。一般在各种体制的企业中进行，使用专门的土地和花卉栽培技术和设施。为了追求更高的经济效益，在生产中不断更新种和品种，使用和开发新的栽培技术，使用完善的栽培体系，采用科学的现代化管理，进行专业化生产。在一些发展较好的国家和地区已形成生产、市场、销售及售后服务的完善系统，形成了花卉产业，在国民经济中占一定的地位。相对观赏栽培而言，栽培的种类相对少而集中，但品种非常丰富。目前主要有几大类产品：苗木、切花、盆花、观叶植物、花坛花卉、种子种球等。

(3) 科研栽培

以种质资源收集、科学研究和科普教育为主要目的。主要是在各级植物园、专类园、品种圃、标本植物温室等特定区域进行栽植。栽培的对象较上两类广泛，包括大量的野生种和栽培的种及品种。

1.1.2 园林花卉学课程内容

本课程以狭义园林花卉为主要对象，除草本花卉外(草坪植物另有课程设置不包含在内)，还包括了少量常用的室内绿化用木本植物。研究它们的分类、品种、观赏特性、生态习性、繁殖及栽培管理、花文化及园林应用。强调科学性和艺术性的结合。

1.2 花卉在园林中的主要作用及特点

1.2.1 园林的概念

《中国大百科全书》(建筑·园林·城市规划卷)(1988)把园林定义为"在一定的地域，运用工程技术和艺术手段，通过改造地形(筑山、叠石、理水)、种植树木花卉、营造建筑、布置园路等途径，创作而成的美的自然环境和游憩环境"。目前普遍认为这是对传统园林的界定。今天人们生活中使用的"园林"一词，如城市园林、生态园林中"园林"的含义已远远超出了这个定义。随着时代发展，园林的含义在不断地变化，已由传统造园提升到环境生态建设。

随着观念的转变，在传统园林中作为四大造园要素之一的园林植物，已成为今日园林的主要要素,重要原因是由于生态平衡遭到破坏,作为与人类生活环境最密切的植物群体,其在环境中的生态效益受到相当的重视,并希望被充分发挥出来。

园林植物包括园林树木(乔木及灌木)、园林花卉(草花)和草坪植物,它们在园林中各有特色,可以单独成景,也可以做配景,作用各不相同,不可相互替代。它们在园林中都具有各自不同的功能,从景观作用的角度概括地说,园林树木主要形成绿化的骨架;园林花卉以其丰富的色彩起美化装饰作用;园林草坪植物以低矮绿色的外貌强调地形变化,并形成园林统一底色。从生态效益角度看,各类园林植物以适当的比例构建而成的具有科学性的人工群落最稳定,多样性最丰富,具有最大的生态效益。从园林美的要求出发,在具体环境中各类植物比例可以不同,形成不同的植物群落外貌,从而创造丰富的植物景观。

1.2.2 花卉在园林中的主要作用及特点

园林花卉、园林树木和草坪植物在外部形态、生理解剖、生态习性、生物学特性上有很大区别,因此栽培管理、生态效果、景观特点、园林应用也不尽相同。园林花卉种类、品种繁多;突出特点在于色彩艳丽、丰富;与木本植物相比,草本植物形体小、质感柔软、精致,一生中形体变化小,主要观赏价值在于观花或观叶;生命周期短,对环境因子比较敏感,要求栽培管理相对精细。它们低矮、柔弱、美丽,是人居环境中不可缺少的植物,和人类更为亲近。其在园林中的主要作用和特点如下:

(1) 人工植物群落的构成成分

园林花卉、园林树木和草坪植物以一定比例种植,可形成生态效益良好的人工植物群落,从而起到保护和改善环境的作用。但在单独种植时,与同等种植面积的高大粗壮树木相比,园林花卉对改善调节生态环境的作用相对较弱。

(2) 具有愉悦精神和卫生防护功能

与园林树木相同,园林花卉可以散发花香,释放挥发性杀菌物,滞尘,清新空气,营建鸟语花香的愉悦环境。但在滞尘方面,一般情况下较同面积草坪植物弱。

(3) 在美化环境中有重要作用

花卉是环境中具有生命的色彩,也是自然色彩的主要来源,其构成的色彩受季节和地域的限制较小,在园林中常为视觉焦点,常用于重点地段绿化,起画龙点睛的作用。

(4) 可形成独特的园林景观

园林花卉美丽的色彩和丰富的质感,使其形成细致景观,常常作前景或近景,形成美丽的色彩景观。低矮的园林花卉可以丰富树木的下层空间,出现在俯视视觉中,又不紧贴地面,具有较高的亲人性。便于适时更换,其颜色和形体的不断变化,可以活跃气氛,打破环境的庄严或沉闷感。

(5) 应用灵活方便

花卉个体小,生态习性差异大,受地域和空间限制小;除露地栽培外,也方便盆栽,便于各种气候和环境使用,尤其适于在不便使用乔木、灌木的环境中应用;生命周期短，便于更换；花期控制相对容易，可根据需要调控开花时间，很快形成美丽的植物景观；可临时设置，便于移动。

（6）应用方式多样

有花坛、花境、花带、花群花丛、种植钵等多种应用方式，景观各不相同，可以展示丰富的园林植物景观。

1.3 园林花卉栽培应用发展状况

园林花卉栽培始于人类对自然界或人工栽培的实用植物的欣赏与间接应用，随着园林的发展，开始了观赏为主的栽培活动，这种栽培满足了景观观赏需要，通常具有调节小气候的作用。园林花卉的栽培应用，受社会发展和当时政治、经济、文化的影响，与园林的发展密不可分，也随着园林范畴和功能的变化而变化。园林花卉栽培应用的发展状况在有文字记载以前，只有借助历史遗迹挖掘和出土文物来推断，有文字记载后可以从相关的文献中考证。下面以广义的园林花卉为对象进行阐述。

1.3.1 中国园林花卉栽培应用发展状况

中国园林花卉栽培应用最早的准确时间无从确认，但可以肯定的是在文字出现以前，先民就欣赏自然界的植物，并随着农业发展，观赏价值被确认。出土的新石器时代的陶器有葫芦形和荷叶边；陶片上刻有盆栽植物，表明先民可能已盆栽植物，目的不详。殷商时代开始有文字记载的植物栽培。

➢ 夏（前 2070—前 1600）：宋《古琴疏》云："帝相元年，条谷贡桐、芍药，帝命羿植桐于云和，命武罗伯植芍药于后苑"。可能是我国最早的园林花卉栽培应用。

➢ 殷商（前 1600—前 1046）：甲骨文中有"囿""园""圃"，表明有果树、蔬菜栽培，园林雏形出现，但植物并非专供观赏。

➢ 西周（前 1046—前 771）：囿以狩猎为主要功能，虽然囿中草木繁盛，但植物尚未成为关注的重点。社会生活中有植物的使用，《周礼》中有"诸侯执薰，大夫执兰"的记述。

➢ 春秋（前 770—前 476）：《诗经》中记载了 152 种植物，有许多有关花卉的故事，如《诗经·郑风》"维士与女，伊其相谑，赠之以芍药""湿有荷花"；《诗经·召南》"摽有梅，其实七兮"，表明人们用折枝花表达情感。春秋开始出现大量离宫别院，栽植实用植物，也兼观赏，植物的观赏性受到重视。吴王夫差在太湖之滨建灵岩山离宫姑苏台，为西施修"玩花池"，人工栽植荷花；不仅有大量观赏树木，还有响廊裀等专门栽植花草的场所。《国语·周语·单襄公论陈》中有"道无列树"的评述，说明此时（周定王，前 606—前 586 年）已有行道树种植。

➢ 战国（前 475—前 221）：有花卉物候观测以及大规模种植香料的记载；有许多记载花卉文化的内容。《礼记·月令》中有"季秋之月，鞠有黄华"。屈原在《离骚》《九歌》中以香花、香草、佳木自比，列有秋兰、秋菊、芙蓉、橘树、桂、辛夷等花木。《离骚》有"余既滋兰之九畹兮，又树蕙之百亩"诗句。《楚辞》描述园林中花卉应用"芷葺兮荷屋，缭之兮杜衡。合百草兮实庭，建芳馨兮庑门。"

➢ 秦（前221—前206）：秦代已有广泛的行道树种植，《汉书·贾山传》有"道广五十步，三丈而树，厚筑其外，隐以金椎，树以青松"。著名的阿房宫大量种植植物，有柑、橘、枇杷、黄栌、木兰、厚朴等，使用了许多西安不能露地过冬的植物，虽然是兼顾观赏，也说明栽培技术达到了相当的水平。

➢ 汉（前206—公元220）：汉武帝重修上林苑，广种奇花异草，群臣远方献名奇树花草，并有暖房栽种热带、亚热带植物。引种了大量果树，草本有菖蒲、山姜等，是有史以来最大规模的植物引种驯化。西汉张骞通西域，也带回来许多果树花木，促进了植物交流。西汉私人园林兴起，养花栽树盛行。

➢ 三国（220—280）：所能查阅到的文献很少。

➢ 西晋（265—317）：出现了我国最早专以植物为对象的著作，也可以看作我国现存最早的植物志，嵇含的《南方草木状》，虽然不是园林花卉专著，但收录了仅作观赏的水莲、末利、赪桐、桂、朱槿、散沫花等观赏植物。

➢ 东晋（317—420）：开始了菊花栽培。陶渊明诗云："采菊东篱下，悠然见南山"，其诗集中提到'九华'菊品种，他在庭院中种菊和松柏。出现了世界上最早的植物专著，戴凯之的《竹谱》，虽然不是观赏竹专著，但对园林花卉的栽培应用有一定意义。

➢ 南北朝（420—589）：佛教兴起，寺观园林涌现，寺院种植大量观赏植物，如《洛阳伽蓝记》云水边："葭菼被岸，菱荷覆水，青松翠竹，罗生其旁。"著名的农书北魏贾思勰的《齐民要术》所记载的荷花播种繁殖技术和酸枣、椰榆、榆等作园篱的栽培技术等对园林花卉的栽培应用都有意义。《南史·晋安王子懋传》记载了佛前供花，是我国容器插花的最早文字记录。

➢ 隋（581—618）：明确记载了园林花卉种植栽培："隋炀帝辟地200里为西苑，诏天下进花卉，易州进20箱牡丹"；苑内"杨柳修竹四面郁茂，名花美草隐映轩陛"。他还用绫罗绸缎做成花、叶挂在树上，或做成荷、菱，破冰后放在水面上取乐。

➢ 唐（618—907）：随着园林全盛期的到来，花卉园艺相当繁荣。外来花卉引种和野生花卉驯化，促进了花卉新品种出现，丰富了园林花卉种类。牡丹按照花色和花型分类，有观赏桃品种出现。花卉嫁接、移植等栽培技术成熟。王维著名的辋川别业中使用植物造景，手法多样，有"木兰柴""柳波""竹里馆"等，奇花异草也从皇家园林走向私家园林和寺庙园林及公共游览地，出现了城市绿化。花卉成为诗歌咏颂的主题，花文化形成，成为中国花卉栽培与欣赏的一大特色；借助花文化，牡丹名噪一时，促进了其栽培应用发展。同时花卉应用得以发展，章怀太子墓甬道壁画有清晰的盆景图；出现了最早的插花专著，罗虬著的《花九赐》，描述宫廷牡丹插花程序；盆栽出现。唐代中期民间种植和经营花木者已兴起，并形成了特色种植区域。出现了种植花卉为生的花农和花匠。首次出现花卉专著，如王芳庆的《园庭草木疏》和李德裕的《平泉山居草木记》等。

➢ 五代十国（907—979）：所能查阅到的文献很少。

➢ 宋(960—1279)：社会稳定，经济繁荣，大兴造园和栽花之风，花卉园艺达到高潮。花卉人格化和象征主义广泛流行，名花的社会地位日益提高，在宋代后期尤为突出。《临安志》和《武林旧事》中记载宋代在汴京、临安(今杭州)已有花果市场，有大批花农"种花如种粟"。宋徽宗著名的皇家园林寿山艮岳中的植物应用有详细的记载，不仅种类繁多，而且应用水平高。有多种种植方式，如在纯林内种植菊、黄精等药用植物的"药寮"；水体中有蒲、菰、荇、蘘、菱、苇、芦、蓼等水生花卉；引种栽培了大量南方植物；《全芳备祖》《种艺必用》等综合著作问世及大量花卉专谱出现，如王观《扬州芍药谱》、王贵学《兰谱》、刘蒙《菊谱》、范成大《范村梅谱》和《范村菊谱》、陈思《海棠谱》、欧阳修《洛阳牡丹记》、陆游《天彭牡丹谱》、张峋《洛阳花谱》、周必大《唐昌玉蕊辨证》、陈景沂《全芳备祖》、赵时庚《金漳兰谱》。这些著作记载了花卉栽培品种、花文化以及盆栽、嫁接、栽培、整形、肥水管理等技术。有温室催花技术。艺梅出现，体现了高超的造型技术。还有大树移植、野生植物的利用等。也有民间使用插花的记载。

➢ 辽(907—1125)、西夏(1038—1227)、金(1115—1234)：所能查阅到的文献很少。

➢ 元(1206—1368)：花卉栽培衰落，《种艺必用补遗》记载了一些观赏植物品种和栽培技术。

➢ 明(1368—1644)：国力恢复，造园渐盛，私家园林很多，园林花卉常用于造景，注重植物的季相变化。花卉栽培恢复，栽培、选种及育种技术有所发展；花卉种类和品种有显著增加。有大量花卉专著和综合性著作出现，如王象晋《群芳谱》、张应文《兰谱》、杨端《琼花谱》、史正志《史老圃菊谱》、陈继儒《月季新谱》、王路《花史佐编》、巢鸣盛《老圃良言》、周文华《汝南圃史》、文震亨《长物志》，还有插花专著袁宏道《瓶史》、张谦德《瓶花谱》等。这些著作记载了繁殖、病虫害防治、花期调控、生物除虫、盆景栽培等技术。明代后期，出现花卉商业化生产栽培，以种花为生的人渐多。北京丰台十八村、漳州在这时以花卉栽培而闻名。

➢ 清(1616—1911)：建造的园林数量和规模超过历史上任何朝代，园林花卉应用种类和方式多样，花卉栽培繁盛。第一部荷花专著，杨钟宝的《缸荷谱》记载了32个荷花品种及其分类及栽培。陈溟子的《花镜》记述了园林花卉的繁殖法和栽培法，还有插花、盆景等内容。中国第一部区域性植物志，吴其濬的《植物名实图考》记载了一些园林花卉。同时，还出现了大量花卉专著，如陆廷灿《艺菊志》、李奎《菊谱》、赵学敏《凤仙谱》、徐寿全《品芳录》和《花佣月令》、百花主人《花尘》、汪灏《广群芳谱》等。清代后期，中国南方各地花卉生产兴旺，尤其是清末，广东和上海郊区有以种花为生的人和一些私人企业，还有花店出现。这一时期在中国花卉资源严重外流的同时，为了满足外国定居者的生活需要，也引入了大量草花和国外一些栽培、杂交育种、病虫害防治技术等。

➢ 民国(1912—1949)：园林花卉栽培应用只在少数城市有过短期、局部的零星发展。抗战胜利后，上海有园艺场进行花卉生产。出版的花卉著作有陈植《观赏树木学》、童玉民《花卉园艺学》、章君瑜《花卉园艺学》、李驹《苗圃学》、周宗璜《木本花卉栽培法》、陈俊愉和汪菊渊《艺园概要》等。

➢ 中华人民共和国（1949—至今）：20世纪50年代，开始园林花卉种植，草坪草引种等工作。60年代初园林花卉栽培应用得以恢复，但片面强调"以粮为纲"，园林花卉应用强调结合生产，忽视观赏植物的特点和作用。从1964年起，园林和观赏园艺事业遭到批判，园林花卉栽培应用几乎完全中断，1972年后有少量恢复，主要用于重要地段花坛布置。

1976年以后，园林花卉的重要性重新被认识，其栽培应用开始恢复。至20世纪80年代初园林花卉的观赏栽培或科研栽培恢复，主要集中在各城市园林系统的公园、植物园以及大型厂矿企业单位的花圃和苗圃。开始了园林花卉配置、种质资源整理和调查、引种栽培和病虫害防治工作。1984年中国花卉协会成立之后，国内开始有花卉博览会和专业花展等，促进了园林花卉栽培和应用。

20世纪90年代以后，花卉栽培从观赏栽培为主转向切花、盆花、苗木等商业生产栽培，在这之前，稍有规模的花卉栽培多以提炼香精和药用成分为目的，之后社会文化生活和环境建设用花需求增大，花卉栽培规模不断扩大，逐渐形成花卉产业并进入快速发展阶段。特别是90年代后期，开展了新优园林花卉栽培、园林花卉生态效益评价、园林花卉人工群落构建、园林植物病虫害防治、园林花卉多样性、入侵植物、园林树木信息系统园林植物病虫害防治等工作。

进入21世纪后，我国花卉产业稳步发展，形成了完整的花卉产业链；花卉世界博览园、园艺博览会等各种涉及花事的活动在国际上有了一定地位和影响力。园林花卉也进入快速发展阶段。园林花卉多样性、生态效益受到各地高度重视，彩叶植物、芳香植物、攀缘植物、观赏草、观赏果树等园林花卉种类的引种、培育、筛选研究与实践广泛开展；园林花卉中抗旱、耐阴、有毒、抗污染、抗氧化、防火种类生态功能性植物不断丰富；古树名木保护、古树复壮、园林树木健康鉴别及保护、生长调节剂应用、种苗脱毒、土壤管理、抗旱节水、花期调控、污水及中水灌溉、容器栽培、生物防治等技术得到发展应用。园林花卉应用深入到对古典园林空间组织、文化承载、园林花卉文化的探究，开始研究近自然设计、花境、药用植物园、室内园林等多种应用方式以及景观定量评价。

2022年党的二十大报告在总结过去新时代十年伟大变革时指出，我们坚持绿水青山就是金山银山的理念，坚持山水林田湖草沙一体化保护和系统治理，全方位、全地域、全过程加强生态环境保护，生态文明制度体系更加健全，污染防治攻坚向纵深推进，绿色、循环、低碳发展迈出坚实步伐，生态环境保护发生历史性、转折性、全局性变化，我们的祖国天更蓝、山更绿、水更清。其中在人居环境建设、生态建设中具有重要作用的园林花卉功不可没，发挥了重要作用。2010年以后，风景园林在人居环境生态环境建设中的重要地位确定。我国广泛开展了园林花卉栽培应用研究，树木修剪养护、园林树木菌根应用、防寒等技术有了明显进步。园林花卉在环境重金属吸附、大气污染吸收、雨水花园、湿地、海绵城市建设中的重要作用以及新自然主义生态种植、植物景观地域特色、植物文化、乡土植物等方面出现了大量研究及成果。进一步促进了园林花卉在品种、生产栽培、管理及应用方式的全方位提升，不断培育新品种，研发栽培应用技术，同时从国外引入大量新品种以及先进种苗繁育、栽培养护和管理技术并创新应用方式，在园林苗木、草花、草坪等现代化规模生产栽培、无土栽培、容器苗培育、立体花坛、绿墙、城市水土保持等方面的技术有了长足进步。

二十大报告明确了今后发展目标："到二〇三五年，生态环境根本好转，美丽中国目标基本实现"。如何围绕国家战略目标和任务，做到"坚持自信自立""中国的问题必须从中国基本国情出发，由中国人自己来解答""坚持守正创新""以科学的态度对待科学""坚持胸怀天下""为解决人类面临的共同问题做出贡献"是摆在园林花卉面前的新课题。需要不断探索园林花卉在科研创新、资源利用、多功能挖掘、花卉文化传播、生态功能发挥等方面的功效，一定会有更多的突破。

1.3.2 西方园林花卉栽培应用发展状况

欧洲园林中园林花卉，特别是草本园林花卉栽培应用记载较详细丰富，下面主要阐述西方国家园林花卉栽培应用发展状况。

➢ 古埃及（前3100—前332）：据考证，约在3500年前，古埃及帝国就已在容器中种植植物。在金字塔里发现了茉莉的种子和叶片。古埃及和叙利亚在3000年前已开始栽培蔷薇和铃兰。由于尼罗河水泛滥，自然生长的主要是一年生植物，树木很少见，因此树木成为园林中的基本要素，对树木的培育十分精心，以求其良好的遮阴作用。最初种植埃及榕等乡土植物，后来也种植外来的黄槐、石榴、无花果等。应用形式有庭荫树、行道树以及神庙周围、墓园内的树林。使用藤本植物作棚架绿化，葡萄架尤其盛行。在宅园、神庙和墓园的水池中栽种睡莲等水生花卉。在宅园中，除了规则式种植埃及榕、棕榈、柏树、葡萄、石榴、蔷薇等树木外，还有装饰性花池和草地以及种植钵的应用，以夹竹桃、桃金娘等灌木篱围成规则形植坛，其内种植虞美人、牵牛花、黄雏菊、矢车菊、银莲花等草花和月季、茉莉等，用盆栽罂粟布置花园。早期花园中草花种类较少，种植量也小。与希腊文化接触后，园中大量使用草花装饰，并成为一种时尚。此外，从地中海引种了一些植物，丰富了园林中的植物种类。生活中用印度蓝睡莲和齿叶睡莲作为神圣、幸福的象征，表示友谊或悼念，装饰餐桌或作礼品、丧葬品，壁画上有睡莲插花。

➢ 古巴比伦（前1900—前331）：虽然有茂盛的天然森林，但人们仍然崇敬树木，在园林中人工规则式栽植香木、意大利柏木、石榴、葡萄等树木，神庙中使用树林。在公元前6世纪尼布甲尼撒二世建造的巴比伦空中花园史料中，有关于观赏树木和珍奇花卉的种植记载。人们在屋顶平台上铺设泥土，种植树木、草花、蔓生和悬垂植物，也使用石质容器种植植物。这种类似屋顶花园的植物栽培，从侧面反映了当时观赏园艺发展到了相当的水平。

➢ 古希腊（前2000—前300）：古希腊是欧洲文明的摇篮，园林中的植物种类和应用形式对以后欧洲各国园林植物栽培应用都有影响。考古发掘的公元前5世纪的铜壶上有阿冬尼斯祭典场所布置的各种种植钵栽植图案。在阿冬尼斯花园中，其雕像周围四季都有花坛环绕。在神庙外种植的树木称为圣林。在竞技场中布置林荫路。据记载，园林中种植油橄榄、无花果、石榴等果树，还有月桂、桃金娘等植物，更重视植物的实用性，使用绿篱组织空间。到公元前5世纪后，因国力增强，除蔷薇外，草本花卉也开始盛行，如三色堇、荷兰芹、罂粟、番红花、风信子、百合。同时，芳香植物受到喜爱。此后，植物栽培技术提升，亚里士多德的著作中记载用芽接繁殖蔷薇。提奥弗拉斯特《植物研究》中记载了500种植物，还记载了蔷薇的栽培方法，培育重瓣品种。开始重视植物的观赏性，除了柏树、榆树、柳树等树木外，也栽培夹竹桃等花木。文人园中有树木花草布置，创造良好的景观。园林中常见的栽培植物有桃金娘、山茶、百合、紫罗兰、三色堇、石竹、勿忘我、罂粟、风信子、飞燕草、芍药、鸢尾、金鱼草、水仙、向日葵等。按雅典政治家西蒙(Simon)的建议，在雅典大街上种了悬铃木行道树，这是欧洲最早关于行道树的记载。社会生活中，人们用蔷薇欢迎凯旋的英雄，或作为礼物送给未婚妻，或用来装饰庙宇殿堂、雕像，或作供奉神灵的祭品。壁画中有结婚时使用插花装饰和花环的画面。

➢ 古罗马(前753—公元405)：在早期的宫廷花园中有百合、蔷薇、罂粟等花卉组成的植坛，但主要是实用栽培。在公元前190年，古罗马征服被叙利亚占领的希腊后，接受了希腊文化，园林得到发展，观赏园艺也逐渐发展到很高的水平。在古罗马有史记载以来，1~4英亩*的世袭地产称花园而不是农场。大量资金投资于在乡间的花园农场或庄园中。花园多为规则式布置，有精心管理的草坪，在矮灌木篱围成的几何形花坛内栽种番红花、晚香玉、三色堇、翠菊、紫罗兰、郁金香、风信子；但当时的主要作用是供采摘花朵制成花环或花冠，用于装饰宴会的餐桌或墙面，或作为馈赠的礼物。这一时期植物修剪技术发展到较高水平，园林中使用修剪的植物造型，用绿篱建造迷宫(labyrinth)。庄园中常有田园部分，种植水果及百合、月季、紫罗兰、三色堇、罂粟、鸢尾、金鱼草、万寿菊、翠菊等花草。木本植物种在陶质或石质的容器中装点庭院。还有蔷薇、杜鹃花、鸢尾、牡丹等植物专类园应用。园林中栽种乔灌木，如悬铃木、山毛榉、梧桐、瑞香、月桂、槭树等。有应用芽接、劈接技术的记载。还有在冬季使用云母片作窗的暖房中栽培花卉的记载。罗马城内还建立了蔷薇交易所，每年从亚历山大城运来大量蔷薇。

➢ 罗马衰亡后的中世纪(5~15世纪)：西欧花卉栽培最初注重实用性，以后才注意观赏性。修道院中栽培的花卉主要供药用和食用，由于教堂的行医活动，药用植物研究较多，种类收集广泛，形成最早的植物园，但形式很简单；有少量鲜花用于装饰教堂和祭坛，还有果树、菜园、灌木、草地的布置。城堡庭院的花园中有天然草地，草地上散生着雏菊，有修剪的矮篱围成的花坛，内部用彩色碎石或砂土等装饰(open knot garden)，或是栽种色彩艳丽的草花(closed knot garden)，最初主要采收花朵，种植密度低，以后密度提高，注意整体装饰效果；花坛形状也从简单的矩形到多种形状，从高床到平床，设在墙前或街头。园林中常见栽培的有鸢尾、百合、月季、梨、月桂、核桃及芳香植物。十字军东征时又从东部地中海收集了很多观赏植物，尤其是球根花卉，丰富了园林花卉种类。

➢ 文艺复兴时期(15~17世纪)：花卉栽培在意大利、荷兰、英国兴起，成为很

---

* 1英亩≈0.4hm²。

多人的业余爱好,花园中的花卉常常被采切装饰室内。文艺复兴初期,意大利出现了许多用于科学研究的植物园,研究药用植物,同时引种外来植物,丰富了园林植物种类。以后园林中植物应用形式多样化,大量使用绿篱、树墙,花坛轮廓多为曲线。意大利台地园中的植物不遮挡视线,为满足夏天避暑需要,色彩淡雅,因此草花用量少,主要使用常绿植物,使用绿丛植坛、迷园、修剪的植物雕塑和配有温室的盆栽柑橘园。这一时期法国园林中草本花卉的使用量很大,花坛成为花园中重要元素,成片布置在草坪上。出现了模仿服饰上的刺绣纹样作为花坛图案的刺绣花坛。还有盛花花坛、绿篱、编枝植物的应用。花坛的使用在17世纪凡尔赛宫达到最盛,大量使用蔷薇、石竹、郁金香、风信子、水仙等花卉作为装饰。文艺复兴时期,英国的一些名人对园林植物的使用起到了很好的推动作用。如思想家培根在文中描述了理想的园林,强调草地、树丛、芳香花卉、树影变化的应用。生物学家埃佛林(Joha Eveiyn)强调选树、配植,引导人们对树木本身的观赏。由于气候特点和受荷兰花卉应用的影响,在园林中大量使用色彩鲜艳明快的草花,形成绚丽的景观。也有大量花卉书籍出版,1597年出版了《花园的草花》,1629年出版了《世俗乐园》等。荷兰人以喜爱花草而闻名,但早期花园主要是菜园和美丽的草药园。以后使用色彩艳丽的花卉弥补景色的单调,有了多种多样的花坛。在法国刺绣花坛的影响下,改用图案简单的方格花坛,种满鲜花。园林中大量使用乡土树种,花园中种植"女性化"的花卉,如耧斗菜、百合,象征圣母玛利亚。1669年出版的格罗恩(J. Van de Groen)的《荷兰造园家》中,有关于花卉、树木、葡萄、柑橘的栽培技术;简易花坛的设计;树木指南针和黄杨数字造型等内容。1667年出版的《宫廷造园家》收集了种类繁多的花坛设计样式,对英国园林的花卉应用影响很大。

> 欧洲花卉园艺从16世纪开始,一方面继承希腊、罗马的花卉事业;另一方面,又从国外输入大量观赏植物。贵族喜欢栽种外来的花卉和树木,尤其16世纪中叶的英法贵族。荷兰也正是这时开始成为世界球根王国,郁金香、风信子、水仙等都是16世纪从地中海沿岸输入的。17世纪欧洲的许多富翁都建柑橘园和植物园,引种栽培技术得到进一步发展。

> 18~19世纪:英国风景园出现,影响了整个欧洲的园林发展。这一时期,植物引种成为热潮。美洲、非洲以及澳大利亚、印度、中国的许多植物引入欧洲。据统计18世纪已有5000种植物引入欧洲。英国在18~19世纪通过派遣专门的植物采集家广泛收集珍奇花卉,极大地丰富了园林植物种类,也促进了花卉园艺技术的发展。1724年出版了第一部花卉园艺大词典——《造园者花卉词典》(*The Gardeners of Florists Dictionary Miller*),1728年出版了《造园新原则及花坛的设计与种植》。商业苗圃开始大规模种植植物,使其能被大多数植物爱好者利用。同时,室内植物在欧洲得以普及,18世纪中普遍栽种的有棕榈、常绿雨林树木和攀缘植物。园林中大量使用树丛和草地,草花用量较少,主要采用自然丛植,开始时园林整体色彩比较单调,19世纪后注意园林中植物的色彩造景,大量应用花木如杜鹃花,以及草花,采用花境、花卉专类园等多种形式,形成园林中绚丽多彩的景观。

> 19世纪公园和城市绿地等出现,并成为观赏植物的主要应用场所。林荫道、

花架、草坪、花坛、花境、花卉专类园为常见应用形式。19世纪中叶，植物热转到北美，当时建立了许多私人植物园和冬季花园。19世纪30年代出现小玻璃罩暖房，改进了世界各地的植物运输，促进了外来植物的引种和栽培。

➢ 20世纪：法国、德国、荷兰、意大利等欧洲国家的花卉园艺不断发展。第二次世界大战以后，花卉在园林中以及人们的生活中需求量加大，促进了花卉产业的形成，促进了园林花卉的栽培和应用。20世纪60年代后，花卉业发展更为迅速。美国在第一次世界大战后，随着经济的腾飞，花卉园艺形成产业，特别是第二次世界大战以后，美国室内植物和观叶植物研究、生产发展很快。70年代，随着科学技术和经济的发展，花卉园艺进入新时代，欧美花卉业快速发展，园林花卉种类和栽培技术得到迅速发展。70年代中期，随着全球经济发展的不平衡和经济一体化的推进，花卉生产国逐渐转移到自然气候优越的第三世界国家，而欧美经济发达的花卉主要消费国主要进行新品种培育、新栽培技术、栽培设施等高科技含量的研发工作，为园林提供了更丰富多彩、方便使用的园林花卉种类和栽培技术。

➢ 21世纪后，欧美发达国家花卉和苗木生产中广泛使用先进的栽培设施和现代化栽培设备，在观赏植物新品种培育、空气控根、植物生长调节剂应用、菌肥施用、精准施肥、精准花期调控、水肥耦合等栽培技术以及树木安全性检测、问题树木诊断治疗等技术方面不断发展。水肥供给、环境调控、大树的挖掘移栽、高位修剪等种植养护设备不断推新，提高了观赏植物栽培管理水平，保持了先进水平。苗圃植物和花坛花卉用量正在逐年上升，表明人们对环境建设中绿化美化的要求在不断提高。

思 考 题

1. 什么是园林花卉？
2. 园林花卉与园林树木在园林中的作用有何异同点？
3. 试举出中国古代著名的园林花卉著作10部。
4. 为何中国古代园林中草本花卉应用记载较少而国外记载较多？

推荐阅读书目

1. 中国花经. 陈俊愉，程绪珂. 上海文化出版社，1990.
2. 中国花卉科技二十年. 陈俊愉，高俊平，姜伟贤. 科学出版社，2000.
3. 西方园林史(第3版). 朱建宁，赵晶. 中国林业出版社，2019.
4. 中国古典园林史(第3版). 周维权. 清华大学出版社，2008.
5. 古代花卉. 舒迎澜. 中国农业出版社，1993.

第 2 章
园林花卉分类

[**本章提要**] 为了方便掌握花卉生态习性,便于交流、栽培和使用,有必要对园林花卉进行分类。本章简单介绍了园林花卉分类的必要性和常用分类方案;重点介绍了园林花卉依生活周期和地下形态分类、依花卉原产地气候型分类的方案;简要介绍了常用术语涉及的实用分类方法。

花卉是最多样化的一类植物,种类极其多样,从苔藓、蕨类植物到种子植物都有涉及,种和品种繁多。人们在生产、栽培、应用中为了方便,就需要对花卉进行分类。依据不同的原则对花卉进行分类,就产生了各种分类方案或系统。

最常用的花卉分类方案有按进化途径和亲缘关系为依据的植物分类系统(hierarchy)(自然科属分类)、依花卉的生活周期和形态特征分类和按花卉原产地气候型分类。前一种分类方法在植物学中有详细介绍,本章重点介绍后两种分类方案和其他部分实用分类。

2.1 依花卉的生活周期和地下形态特征分类

自然界的草本花卉(herb)有各自的生长发育规律,依生活周期和地下形态特征的不同,可分为以下几种类型。

(1) 一年生花卉(annuals)

一年生花卉是指当年完成全部生活史的花卉。从种子萌发、开花、结实到死亡在一个生长季内进行。如百日草(*Zinnia elegans*)、凤仙花(*Impatiens balsamina*)。

这类花卉一般春天种子萌发,夏秋开花,冬天来临时死亡。

(2) 二年生花卉(biennials)

二年生花卉是指跨年完成生活史的花卉。从种子萌发、开花、结实到死亡跨年进行,第一个生长季只进行营养生长,冬季休眠,然后必须经过冬季低温,第二个生长季才开花、结实、死亡,整个过程实际上不足 12 个月。自然界中真正的二年生花卉种类并不多,如须苞石竹(*Dianthus barbatus*)、紫罗兰(*Matthiola incana*)。

这类花卉一般秋天种子萌发,进行营养生长,冬季休眠,第二年的春天或初夏开花、结实,在炎夏到来时死亡。

(3) 多年生花卉

多年生花卉是指个体寿命可以生存多年，多次开花、结实的花卉。依物候期不同，从早春到晚秋都有开花的种类。

多年生花卉根据地下形态特征，又可分为宿根花卉和球根花卉。

① 宿根花卉（perennials） 多年生花卉中地下根系正常的种类。这类花卉存在长短不一的休眠期以抵抗干旱，其地下部分可以存活多年，一些花卉的地上部分每年冬季枯死，如芍药（*Paeonia lactiflora*）、宿根福禄考（*Phlox paniculata*）、荷包牡丹（*Dicentra spectabilis*）；而一些花卉的地上部分则可以跨年生存，呈常绿状态，如土麦冬（*Liriope spicata*）、沿阶草（*Ophiopogon japonicus*）、君子兰（*Clivia miniata*）。

② 球根花卉（bubles） 多年生花卉中地下器官变态肥大的种类。这类花卉地下部分可以存活多年，大多数种类的地上部分每年夏季或冬季枯死，如郁金香类（*Tulipa* spp.）、水仙类（*Narssicus* spp.）、大丽花（*Dahlia pinnata*）；少数种类休眠期仅停止生长，并无明显的枯死，地上部分可以跨年生存，呈常绿状态，如蟆叶秋海棠（*Begonia rex*）。

该分类方案反映了花卉生长发育特点，便于人们按类别栽培应用，因此被广泛采用。值得提及的是，人们在栽培实践中应用该分类方案时，并不总是严格按照花卉的生物学特性进行归类栽培，而是根据当地的具体情况，把本应属于某一类的花卉归到另一类中，并采用后一类的栽培方法，以求获得良好的效果，我们称后一种归类为花卉的栽培类型。例如，从生物学角度看，三色堇（*Viola tricolor*）是宿根花卉，但在实际栽培中，人们常把它归为二年生花卉，采用和二年生花卉一样的栽培方式，这样宿根花卉三色堇的栽培类型就是二年生花卉。因此，实际应用中依据该分类方案对园林花卉进行分类时，通常是按照花卉的栽培类型归类的。下面章节将详细阐述。

2.2 依花卉原产地气候型分类

世界上花卉资源十分丰富，包括野生资源和栽培品种资源。据不完全统计，全球植物有35万~40万种，其中1/6具有观赏价值。大自然给予人类充足的花卉资源，对美的追求又刺激着人们不断创造新的品种。

大自然中花卉资源极其丰富，它们分布在世界各地，但并不是均匀分布的，气候、土壤等自然环境决定了野生花卉的分布。花卉的生态习性与原产地有密切关系，如果花卉原产地气候相同，则它们的生活习性也大致相似，可以采用相似的栽培方法。我们现在所栽培的花卉都是由世界各地的野生花卉经人工引种或培育而成，因此，了解花卉原产地很重要。对栽培、引种都有很大帮助；人工栽培中还可以采用设施栽培，创造类似于原产地的条件，使花卉可以不受地域和季节的限制而广泛栽培应用。

值得注意的是，花卉的原产地并不一定是该种的最适宜分布区。如果它是原产地的优势种，才可能是其适宜分布区。此外，花卉还表现出一定的适应性，许多花卉在原产地以外也可以旺盛生长，但种间适应性差异很大。比如欧洲气候型与中国气候型有很大差异，原产于欧洲、北美洲和叙利亚的黄鸢尾（*Iris psedocorus*）在中国华东及华北地区也旺盛生长，可以露地过冬。马蹄莲（*Zanthedeschia aethiopica*）原产南非，世界各地引种后出现夏季休眠、冬季休眠和不休眠的不同生态类型，但都实现了成功栽培。

根据 Miller 和日本塚本氏的分类，全球分为 7 个气候区，每个气候区所属地理区域内，由于具有相似的气候条件，形成了某类野生花卉的自然分布中心。花卉依其原产地气候型（图 2-1）可分为以下 7 种类型。

2.2.1 中国气候型花卉（大陆东岸气候型花卉）

气候特点 冬寒夏热，年温差大；夏季降水较多。

地理范围 包括中国大部分省份、朝鲜、日本、美国东南部、巴西南部、澳大利亚东南部、新西兰北部、南非东南部。

因冬季气温高低不同又可分为温暖型花卉和冷凉型花卉。

(1) 温暖型花卉

温暖型花卉主要分布在该区的低纬度地区，包括中国长江以南（华东、华中、华南）、日本西南部、美国东南部、巴西南部、南非东南部、澳大利亚东南部。同一气候区内，气候也有一些差异。

低纬度地区是喜温暖的球根花卉和不耐寒的宿根花卉的分布中心。原产的重要花卉如下（指栽培类型，下同）：

① 一、二年生花卉

中国原产　中国石竹（*Dianthus chinensis*）、凤仙（*Impartiens balsamina*）。

美国东南部原产　福禄考（*Phlox drummondii*）、天人菊（*Gaillardia aristata*）、堆心菊（*Helenium autumnale*）。

巴西南部原产　细叶美女樱（*Verbena tenera*）、撞羽朝颜（*Petunia violacea*）、半支莲（*Portulaca grandiflora*）。

② 宿根花卉

中国原产　报春花（*Primula malacoides*）。

美国东南部原产　捕蝇草（*Dionacea muscipula*）。

南非东南部原产　非洲菊（*Gerbera jamesonii*）、松叶菊（*Lampranthus tenuifolius*）。

③ 球根花卉

中国原产　石蒜（*Lycoris radiata*）、中国水仙（*Narccissus tazetta* subsp. *chinensis*）、百合类（*Lilium regale*、*L. henryi*、*L. tigrinum*、*L. brownii*）。

日本西南部原产　百合类（*Lilium longiflorum*、*L. japonicum*、*L. speciosum*）。

南非南部原产　绯红唐菖蒲（*Gladiolus cardialis*）、马蹄莲（*Zantedeschia aethiopica*）。

(2) 冷凉型花卉

冷凉型花卉主要分布在该区的高纬度地区，包括中国北部、日本东北部、美国东

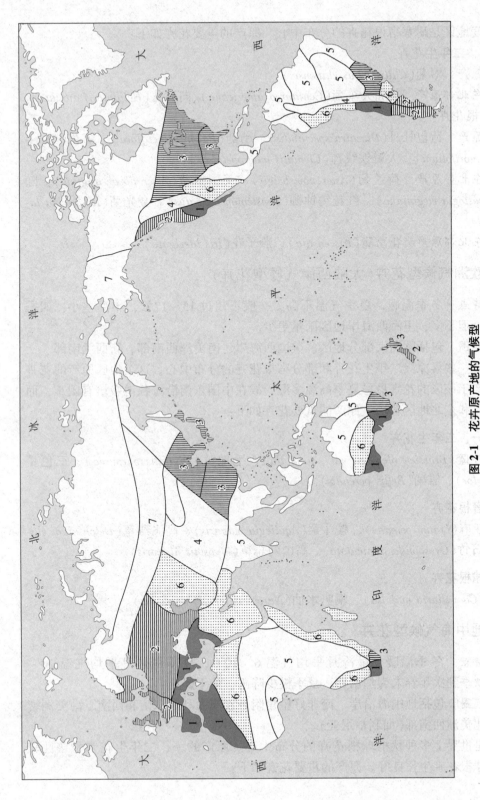

图 2-1 花卉原产地的气候型

1. 地中海气候型 2. 大陆西岸气候型 3. 大陆东岸气候型 4. 热带高原气候型
5. 热带气候型 6. 沙漠气候型 7. 寒带气候型
(改绘自《花卉园艺》,章守玉)

北部。

高纬度地区是耐寒宿根花卉的分布中心。原产的重要花卉如下：

① 一、二年生花卉

中国原产　翠菊(*Callistephus chinensis*)。

美国东北部原产　美洲矢车菊(*Centaurea americana*)、向日葵(*Helianthus annuus*)。

② 宿根花卉

中国原产　荷包牡丹(*Dicentra spectabilis*)、芍药(*Paeonia lactiflora*)、菊花(*Chrysanthemum morifolium*)、大瓣铁线莲(*Clematis macropetala*)。

美国东北部原产　荷兰菊(*Aster novi-belgii*)、美国紫菀(*Aster novae-angliae*)、随意草(*Physostegia virginiana*)、红花钓钟柳(*Penstemon barbatus*)、金光菊(*Rudbeckia laciniata*)。

日本东北部原产　花菖蒲(*Iris ensata*)、燕子花(*Iris laevigata*)。

2.2.2　欧洲气候型花卉(大陆西岸气候型花卉)

气候特点　冬季温暖，夏季气温不高，一般不超过15~17℃，年温差小；四季都有降水，但不多，里海西海岸地区雨量更少。

地理范围　包括欧洲大部分地区、美国西海岸、南美洲西南部、新西兰南部。

该区是一些喜凉爽二年生花卉和部分宿根花卉的分布中心。这个地区原产的花卉不多。原产于该区的花卉最忌夏季高温多湿，故在中国东南沿海各地栽培有困难，而适宜在华北和东北地区栽培。原产的重要花卉如下：

(1) 一、二年生花卉

羽衣甘蓝(*Brassica oleracea* var. *acephala*)、毛地黄(*Digitalis purpurea*)、三色堇(*Viola tricolor*)、雏菊(*Bellis perennis*)。

(2) 宿根花卉

宿根亚麻(*Linum perenne*)、耧斗菜(*Aquilegia vulgaris*)、高飞燕草(*Delphinium elatum*)、丝石竹(*Gypsophila paniculata*)、高山勿忘草(*Myosotis alpestris*)。

(3) 球根花卉

铃兰(*Convallaria majalia*)、喇叭水仙(*Narcissus pseudo-narcissus*)。

2.2.3　地中海气候型花卉

气候特点　冬季温暖，最冷月平均气温6~10℃，夏季最热月平均气温20~25℃。从秋季到次年春末为降雨期，夏季极少降雨，为干燥期。

地理范围　包括地中海沿岸、南非好望角附近、澳大利亚东南和西南、南美洲智利中部、北美洲西南部(加利福尼亚)。

该区是世界上多种秋植球根花卉的分布中心。原产的一、二年生花卉耐寒性较差，秋植球根花卉生长良好。原产的重要花卉如下：

(1) 一、二年生花卉

地中海地区原产 紫罗兰(*Matthiola incana*)、金鱼草(*Antirrhinum majus*)、紫毛蕊花(*Verbascum phoeniceum*)、紫盆花(*Scabiosa atropurpurea*)、风铃草(*Campanula medium*)、金盏菊(*Calendula officinalis*)、紫花鼠尾草(*Salvia horminum*)、瓜叶菊(*Senecio cruentus*)。

大洋洲西南部原产 麦秆菊(*Helichrysum bracteatum*)。

智利中部原产 蒲包花(*Calceolaria crenatiflora*)、蛾蝶花(*Schizanthus pinnatus*)。

美国西南部原产 花菱草(*Eschscholtzia californica*)、蓝花鼠尾草(*Salvia farinacea*)。

(2) 宿根花卉

南非原产 天竺葵(*Pelargonium hortorum*)、君子兰(*Clivia miniata*)、鹤望兰(*Strelitzia reginae*)。

(3) 球根花卉

地中海地区原产 法国白头翁(*Anemone coronaria*)、风信子(*Hyacinthus orientalis*)、克氏郁金香(*Tulipa clusiana*)、番黄花(*Corcus maesiacus*)、仙客来(*Cyclamen persicum*)、花毛茛(*Ranunculus asiaticus*)、西班牙鸢尾(*Iris xiphium*)、葡萄风信子(*Muscari botryoides*)、地中海蓝钟花(*Scilla peruviana*)。

南非原产 香雪兰(*Freesia refracta*)、网球花(*Haemanthus multiflorus*)。

2.2.4 墨西哥气候型花卉(热带高原气候型花卉)

气候特点 周年平均气温在 14~17℃,温差小。降水量因地区不同而异,有周年雨量充沛的,也有集中在夏季的。

地理范围 包括墨西哥高原、南美安第斯山脉、非洲中部高山地区、中国西南部山岳地带(昆明)。

该区是一些春植球根花卉的分布中心。原产该区的花卉一般喜欢夏季冷凉、冬季温暖的气候,在中国东南沿海各地栽培较困难,夏季在西北生长较好。原产的重要花卉如下:

(1) 一、二年生花卉

墨西哥高原原产 藿香蓟(*Ageratum conyzoides*)、百日草(*Zinnia elegans*)、万寿菊(*Tagetes erecta*)、波斯菊(*Cosmos bipinnatus*)。

(2) 宿根花卉

中国原产 藏报春(*Primula sinensis*)。

(3) 球根花卉

墨西哥高原原产 大丽花(*Dahlia pinnata*)、晚香玉(*Polianthes tuberosa*)。

2.2.5 热带气候型花卉

气候特点 周年高温,温差小,离赤道渐远,温差加大。雨量大,有旱季和雨季之分,也有全年雨水充沛区。

地理范围 包括中、南美洲热带(新热带)和亚洲、非洲和大洋洲三洲热带(旧热带)两个区。

该区是不耐寒一年生花卉及观赏花木的分布中心。热带气候型花卉在花卉园艺上贡献很大。该区原产的花卉一般不休眠,对持续一段时期的缺水很敏感。原产的木本花卉和宿根花卉在温带均需要温室栽培,一年生草花可以在露地无霜期栽培。原产的重要花卉如下:

(1) 一、二年生花卉

亚洲、非洲、大洋洲三洲热带原产 鸡冠花(*Celosia cristata*)、彩叶草(*Coleus blumei*)。

中、南美洲热带原产 长春花(*Catharanthus roseus*)、大花牵牛(*Pharbitis nil*)。

(2) 宿根花卉

亚洲、非洲、大洋洲三洲热带原产 虎尾兰(*Sansevieria trifasciata*)、蟆叶秋海棠(*Begonia rex*)、非洲紫罗兰(*Santpaulia ionantha*)、鹿角蕨(*Platycerium bifurcatum*)、猪笼草(*Nepenthes mirabilis*)、三色万代兰(*Vanda tricolor*)。

中、南美洲热带原产 火鹤花(*Anthurium schetzerianum*)、卵叶豆瓣绿(*Peperomia obtusifolia*)、竹芋(*Maranta arundinacea*)、四季秋海棠(*Begonia semperflorens*)、狭叶水塔花(*Billbergia nutans*)、琴叶喜林芋(*Philodendron panduraeforme*)、卡特兰属(*Cattleya*)、白拉索兰属(*Brassavola*)、蕾利亚兰属(*Laelia*)、蝴蝶文心兰(*Oncidium papilio*)。

(3) 球根花卉

中、南美洲热带原产 美人蕉(*Canna indica*)、朱顶红(*Hippeastrum vittatum*)、大岩桐(*Sinningia speciosa*)。

2.2.6 寒带气候型花卉

气候特点 冬季漫长而寒冷,夏季凉爽而短暂,植物生长季只有2~3个月。年降水量很少,但在生长季有足够的湿气。

地理范围 包括阿拉斯加、西伯利亚、斯堪的纳维亚等寒带地区。

该区主要是各地的高山植物。原产的重要花卉如下:

绿绒蒿属(*Meconopsis*)、龙胆属(*Gentiana*)许多种,如柳叶龙胆(*Gentiana asclepiadea*)、天山龙胆(*G. tianshanica*)、雪莲(*Saussurea involucrata*)、细叶百合(*Lilium tenuifolium*)等。

2.2.7 沙漠气候型花卉

气候特点 年降水量少,气候干旱,多为不毛之地。夏季白天长,风大,植物常成垫状。

地理范围 撒哈拉沙漠的东南部、阿拉伯半岛、伊朗、黑海东北部、非洲东南和西南部、马达加斯加岛、大洋洲中部的维多利亚大沙漠、南北美洲墨西哥西北部、秘鲁与阿根廷部分地区、中国海南岛西南部。

该区是仙人掌和多浆植物的分布中心。仙人掌类植物主要分布在墨西哥东部及南美洲东海岸。多浆植物主要分布在南非。原产的重要花卉包括：芦荟(*Aloe arborescens*)、伽蓝菜(*Kalanchea laciniata*)、点纹十二卷(*Haworthia margaritifera*)、仙人掌(*Opontia dillenii*)、龙舌兰(*Agave americana*)、霸王鞭(*Euphorbia neriifolia*)、光棍树(*Euphorbia teirucalli*)等。

2.3 园林花卉的其他实用分类

在园林设计中，花卉的生态习性及美学特征决定了它们的应用方式，也影响着花卉分类。园林花卉可以依应用地生境、科属、观赏特性等分类。把相同习性或对某一生态因子要求一致的花卉归为一类，或把同一科属的花卉归为一类，或把观赏特性相同的花卉归为一类。这些分类方法虽不系统，但方便收集、栽培和应用。常见的分类和类别有以下几种。

2.3.1 依栽培和应用生境划分

(1) 水生花卉(water plant, aquatic plant, hydrophyte)

园林水生花卉是指生长于水体中、沼泽地、湿地上的花卉，可用于室内和室外园林水体绿化美化。如荷花、千屈菜等。

(2) 岩生花卉(rock plant)

岩生花卉是指外形低矮，常成垫状；生长缓慢；耐旱耐贫瘠，抗性强，适于岩石园栽种的花卉。如岩生庭荠、匍生福禄考等。

(3) 温室花卉(greenhouse plant)

温室花卉是指在当地需要在温室中栽培，提供保护方能完成整个生长发育过程的花卉。一般多指原产热带、亚热带及南方温暖地区的花卉，在北方寒冷地区栽培必须在温室内栽培或冬季需要在温室中保护过冬，包括草本花卉，也包括观赏价值很高的一些木本植物。北京地区的温室花卉有瓜叶菊、君子兰等。

(4) 露地花卉(outdoor flower)

露地花卉是指在当地自然条件下不加保护设施能完成全部生长发育过程的花卉。实际栽培中有些露地花卉冬季也需要简单的保护，如使用阳畦或覆盖物等。

2.3.2 依植物科属或类群划分

(1) 观赏蕨类(fern)

观赏蕨类是指蕨类植物(羊齿植物)中具有较高观赏价值的一类。主要欣赏其独特的株形、叶形和绿色叶。如波士顿蕨、鸟巢蕨。

(2) 兰科花卉(orchid)

兰科花卉是指兰科中观赏价值高的花卉。依生态不同有地生兰、附生兰。如春兰、蝴蝶兰。

(3) 凤梨科花卉

凤梨科花卉是指凤梨科中观赏价值高的花卉。如铁兰、水塔花。

(4) 棕榈科植物(palm plant)

棕榈科植物是指棕榈科中观赏价值高的花卉。如散尾葵、蒲葵、椰子。

2.3.3 依形态和观赏特性划分

(1) 食虫植物(insectivorous plant; carnivorous plant)

食虫植物指外形独特，具有捕获昆虫能力的植物。如猪笼草、瓶子草。

(2) 仙人掌和多浆类植物(cacti and succulent)

仙人掌和多浆类植物指茎叶具有发达的储水组织，呈肥厚多汁变态的植物。包括仙人掌科、番杏科、景天科、大戟科、萝藦科、菊科、百合科等植物。

(3) 观叶植物(foliage plant)

观叶植物指以茎、叶为主要观赏部位的植物。它们大多耐阴，适宜用作室内绿化，是室内花卉的重要组成部分。如喜林芋、常春藤、龟背竹、竹芋。

2.3.4 依用途划分

(1) 室内花卉(houseplant, indoor plant)

指比较耐阴，适宜在室内较长期摆放和观赏的花卉。如非洲紫罗兰、椒草、金鱼藤。

(2) 盆花花卉(potted plant)

花卉生产的一类产品。指株丛圆整，开花繁茂，整齐一致的花卉，主要观赏盛花时的景观。如菊花、一品红。

(3) 切花花卉(cut flower)

花卉生产的一类产品，指采切其枝、叶、花，可用于插花、花艺等花卉艺术布置的花卉。如菊花、香石竹。

(4) 花坛花卉(bedding plant)

花坛花卉是花卉生产的一类产品，有狭义和广义之分。狭义的花坛花卉是指用于花坛布置的花卉，广义的花坛花卉是指用于庭院和室外园林绿化美化的草花。

(5) 地被花卉(ground-cover plant)

地被花卉是指低矮，抗性强，用作覆盖地面的花卉。如百里香、二月蓝、白三叶。

(6) 药用花卉(herb)

药用花卉是指具有药用功能的花卉。如芍药、乌头。

（7）食用花卉(edible plant)

食用花卉是指可以食用的花卉。如兰州百合、黄花菜。

思 考 题

1. 园林花卉实用分类与植物的自然科属分类本质上有何不同？
2. 试述一年生花卉、二年生花卉、宿根花卉、球根花卉的含义，并举例说明。
3. 花卉依原产地气候型是如何分类的？各气候区的特点如何？举出3~5种常用花卉。
4. 请说出15类不同的园林花卉。

推荐阅读书目

1. 中国花经. 陈俊愉，程绪珂. 上海文化出版社，1990.
2. 花卉及观赏树木栽培手册. 孙可群，张应麟，龙雅宜等. 中国林业出版社，1985.
3. 花卉园艺(上). 章守玉. 辽宁科学技术出版社，1982.

第3章
主要生态因子对园林花卉生长发育的影响

[**本章提要**]花卉的遗传基因和生态环境共同决定了花卉的生长发育过程。对此过程的了解，是正确栽培和应用花卉的基础。对于确定的种类和品种，生态因子成为重要的可调节因素。本章论述了草本花卉生长发育基本过程及各过程的特点；重点论述了主要生态因子(温度、光、水分、养分、土壤及根际环境和空气成分)对园林花卉生长发育的影响。

园林中良好花卉景观的形成取决于几个因素：其一，是有大量的可供栽培者和设计者选用的优良花卉种类和品种，包括有较高观赏特性和较好适应性或较强抗性的花卉；其二，是针对具体环境选择适宜的花卉种类并成功地栽培；其三，是科学合理、新颖美观的花卉设计形式。

园林中花卉应用的目的之一是营造花卉形成的各种景观，而美丽景观的形成首先要求有健康生长的花卉，只有这样的花卉才能充分表达其种或品种的生物学特性和观赏价值。园林中保证花卉健康生长有两个重要的方面：一是选择适宜栽种的花卉种类或品种；二是给予良好的栽培和管理。这两方面都要求充分了解花卉的生长发育过程和环境对花卉的影响。栽培的本质就是在掌握花卉生长发育对环境要求的基础上，提供条件，满足生态要求。而要成功地应用花卉也必须了解花卉的生物学特性和生态习性。

为什么一些花卉在某地生长良好，但栽种到其他地区就生长不良？为什么凤仙花在夏天开花，而雏菊在春天开花？为什么鸡冠花开花后就死亡而芍药可以每年开放？为什么香雪球株高只有10cm左右就开花，而蜀葵要高达60~200cm才开花？这些问题可以归结为一个：这些过程是由谁来决定的？目前这个问题已经基本清楚，这是一系列基因在时空顺序上的表达调控和环境变化信息调控的共同结果。也就是说，是遗传基因和生态环境共同决定了花卉的生长发育过程。

不同种或品种的花卉生物学特性和生态习性不同，如株高、株形、花色、花期等都有各自的特点，存在天然的差别，因此园林中才有千姿百态的花卉。由于生态习性上的差异，不同种或不同品种的花卉在整个生长发育过程中对环境要求不同，即使是同一种或同一品种的花卉在其不同的生长发育阶段对环境的要求也可能不同。同一种花卉栽种在不同的环境中，生长发育过程可能不同；对生态环境要求严格的花卉，在不同环境中，其生物学特性的表现差异会较大，如花期、株高等明显不同，严重时生长不良或不能开花直至死亡；而适应性较强的花卉，生长发育过程受环境影响较小，在多种生态环境中都能够正常生长，当然也有可能在花期、株高等方面表现不一样。因此，实践中会发现，一些花卉较容易栽培而另外一些花卉相对较困难。

　　基因和环境因子是如何调控花卉生长发育过程的，目前仍有许多问题并不完全清楚，有待于进一步探索，但是有很多问题已经清楚。我们只有掌握了各种园林花卉的生物学特性和生态习性，了解环境是如何影响它们的生长发育过程，通过调节或创造环境满足花卉所需，来控制其生长发育过程，才能正确使用园林花卉，发挥它们在园林中的作用。

3.1　草本花卉的生长发育过程

　　以凤仙花为例，草本花卉完整的生命过程包括：首先在适宜萌发的环境条件中种子萌发，长出根和芽，继而长出茎和叶；在适宜的条件下，幼苗会高生长，茎增粗，可能出现分枝，叶片数量和叶面积会增大；再经过一段时期，在一定的条件下将出现花蕾，然后开花，花凋谢后结果，产生新的种子。此过程即为个体发育过程。一般草本花卉的个体发育过程(生活周期)如下：

$$\text{种子萌发} \rightarrow \text{幼苗生长} \rightarrow \text{开花} \rightarrow \text{结实} \rightarrow \begin{cases} \text{死亡(一、二年生)} \\ \text{休眠（多年生）} \rightarrow \text{芽萌发} \rightarrow \text{生长} \rightarrow \text{开花} \rightarrow \text{结实} \end{cases}$$

　　整个过程是通过构成植物体的细胞生长和分化实现的，此过程常称为生长发育过程，这里的"生长"是指植物体积和重量不可逆的增加，多用来指营养生长，指种子萌发及根、茎、叶营养器官的出现和生长；"发育"则是强调植物体的质变，常常是指生殖生长，指成花、开花、结实的过程。

　　在适宜的温度、水分、光照、土壤等条件下，发育成熟的植物种子都可以萌发，胚根向下、胚轴向上生长，最后，在地面长出茎和叶，在土壤中形成根系(root system)。根是重要的营养吸收器官，影响地上生长状况。一般草本花卉的根系在土壤中分布较浅。地下根系在土壤中的分布情况决定于该物种根系的类型、繁殖方法和根系环境条件。大多数草本花卉的根系仅有伸长生长而没有增粗生长，栽培管理中肥水的供给情况造成根际环境不同，也会影响根在土壤中的分布。幼苗生长阶段，地上最明显的形态变化是茎伸长和增粗或是产生分枝，但草本花卉的茎不发生木质化或木质化程度极低。营养生长的另一特征是叶片数量增多，叶面积增大。无论是整株植物还是各部分器官，生长都经历着慢—快—慢的变化历程，这种周期性的规律称为生长大周期，又称生长的"S"曲线。这是植物生长的固有规律，有的花卉表现明显，而有的花卉不太明显。如郁金香栽种后，开始萌动，最初生长比较缓慢，接着明显加快，最后又减慢，开花后地上部分生长极不明显。而金盏菊在条件适宜的情况下生长一直较快，花后还有一个高生长过程。这些特点会影响其景观。

　　植物营养生长到一定阶段，受内外环境的影响，即转入生殖生长。营养生长和生殖生长是植物生长周期的两个不同阶段，营养生长是生殖生长的基础。营养器官充分生长发育，达到成花感受态，接受所需外界条件的刺激后成花，开始花芽分化，然后开花、结实。目前关于植物成花机制仍有许多未解之谜。

从园林应用角度，我们更关注的是植物开花。从外部形态上，植物长到一定大小就会开花，但实际开花过程要复杂得多，需要经过花发生、花芽分化与发育，然后才能开放。

① 花发生　顶端分生组织不再产生叶芽或腋芽，而是向形成花芽方向转变，出现花器官的各种原基也称为成花。

② 花芽分化　花器官原基进一步分化，发育为花的各个部分。花和花序都由花芽形成。花器官各原基分化不是同步的，其顺序一般是由外向内，依次形成萼片原基、花瓣原基、雄蕊原基和雌蕊原基，并伸长发育。由于花的形态各异，分化顺序有所不同。我们有时会观察到一些开放着的园林花卉缺少花的某一部分，如花瓣、雌雄蕊或开放不正常，这是因为花芽分化发育不完全之故。

③ 开花　分化发育完全的花芽，在适宜外界条件下，花萼和花瓣打开。也有一些花卉首先要经过花梗伸长，然后才是花朵开放。

植物何时成花，首先决定于遗传特性，一般植物都有成花年龄，指成花前营养生长所需要的时间。达到成花年龄，生理上就达到了成花感受态。草本植物成花年龄很短，不同种和品种间成花年龄差异也很大，如矮牵牛（*Petunia hybrida*）在子叶期给予短日照，就能诱导开花；唐菖蒲（*Gladiolus hybrida*）早花品种种植90d就开花，而晚花品种要120d才能开花。值得注意的是，植物成花受外界环境影响极大，到达成花年龄，缺少外部环境条件，植物也不开花。目前研究较多也比较清楚的是温度和光照这两个因子在其中所起的作用，这些外界环境因子通过影响基因表达或生理代谢而影响成花和开花。因此，人们可以通过改变成花的外界条件来调节植物开花。如利用遮光处理造成短日照环境，通过延长光照时间创造长日照条件；升高或降低环境温度满足成花和开花要求。

前文已经提到，花卉生长发育受内部和外部因子的影响和调节。目前研究表明，内部因子主要是体内产生的化学信号——植物激素和一些化学物质等，外部因子主要是光照、温度、水分、养分等，这些内外因子通过信号传导，诱导相关基因表达，影响生理生化代谢过程，从而控制生长发育过程。

3.2　主要生态因子对花卉生长发育的影响

生长发育是遗传基因和外界环境条件综合作用的结果。对于确定的花卉种类，外界环境条件是影响生长发育的主要因子，影响着基因表达。地球上有不同的自然环境，也就有各种不同的生态条件，生长着与之相适应的各种不同生态要求的花卉。

每种花卉都有各自的生态要求，但很多花卉具有相同的或相近的生态习性。观赏栽培的关键就是掌握园林花卉的生态习性，并满足它们的要求，达到应用的目的。同时也要看到遗传因子也会受外界环境的影响而发生变化，但由于遗传的稳定性，遗传因子变化的过程相对漫长,其发生频率也要低得多。而花卉对环境也会有一定的适应性。

环境因子包括花卉生长所处环境中的所有要素,它们并不都对花卉产生作用,其中对花卉生存、分布、生长发育有影响的环境因子称为生态因子。严格地讲是环境因子中的生态因子和花卉的遗传因子决定着花卉的生长发育过程。

生态因子包括气候因子(温度、光照、水分、空气)、土壤因子(土壤温度、土壤理化性质、土壤水分等)、地形因子、生物因子(相关的动物、昆虫、微生物;植物之间的相生相克)、人为因子(栽培、引种、育种)等。

本节重点讨论影响花卉生长发育的主要生态因子:温度、光照、水分、大气成分、土壤、根际微环境等因子对花卉生长发育的影响。一方面,这些因子在花卉生长发育中具有同等重要性和不可替代性,共同作用,产生综合效果;另一方面,在花卉生长发育某一阶段或某一栽培过程,其中一个因子的变化会导致对其他因子的要求变化,成为主导因子。同时,各环境因子还有相互调剂性,在一定范围内,一个因子的不足可以用另一个因子补充,但其作用是有限的。

3.2.1 温度对花卉的影响

温度通过影响植物的光合、呼吸、蒸腾、物质吸收及转运等重要生理代谢过程而影响花卉的生存和生长发育。

3.2.1.1 温度对花卉生长发育的影响

任何一种花卉都在一定温度范围内才能生存并进行生长发育。花卉生长发育的最高、最低、最适温度,称为花卉生长发育的温度三基点(cardinal temperature)。在最适温度下,花卉生长发育最好,当逐渐偏离最适温度后,花卉生长发育受阻,严重时花卉不能开花结实。温度对花卉的影响可以用下列关系说明:

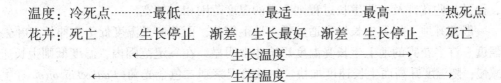

温度影响花卉的生存。任何一种花卉都有生存温度,超过最高或最低生长温度后,花卉不能生长,但新陈代谢活动仍能进行,超过生存的极限温度(冷、热死点)后,花卉就不能存活。因此将这5个关键点称"温度五基点"。不同花卉的生存温度不同,主要取决于其原产地的极端温度。地球上不同的温度带(热带、温带、寒带)有不同的植被类型,也分布着耐寒性和耐热性有明显差异的花卉。它们应用于园林后,表现出对温度的要求不同。这在一定程度上决定了自然条件下其适宜栽植区域和不同地区人们对它的栽培和应用方式。如果不采取人为特殊保护,就必须依据当地气候条件,选择适宜在该区域生长栽培的花卉种类,或是选择在该区域的某些季节可以应用的花卉种类,才能较好地展示其景观,发挥其作用。

不同园林花卉的生长发育温度范围则与原产地气候有关。高山花卉最适生长温度一般为10℃,可在0℃及以下温度生长;温带植物最适生长温度为25~30℃(生长温度

5~10℃至35~40℃）；热带和亚热带植物最适生长温度30~35℃（生长温度10~45℃）。

不同种或品种的园林花卉、同一种或品种的园林花卉在不同生长发育阶段，对温度的要求都可能不同。但同一类花卉通常有相似的温度要求。如一年生花卉整个生长发育过程都需要较高的温度，二年生花卉整个生长发育过程都需要较低的温度。而二年生花卉种子萌发阶段要求温度高于幼苗生长和开花阶段。温度与植物的生长发育关系十分密切。花卉的一切生长发育过程都受温度的影响。

(1) 温度影响花卉的休眠与萌发

① 影响种子休眠与萌发　任何花卉种子萌发都需要适宜温度，在一定温度范围内才能萌发，有的种类要求的温度范围宽些，有的要求的温度范围窄些。有些花卉种子需要低温处理打破其休眠，如果在温室中促成栽培或春播，就需要先低温处理种子，然后才可能使其生长开花。有时变温有利于某些花卉种子的萌发。

② 影响球根休眠与萌发　球根的萌发也需要适宜的温度，一般生根温度低于芽萌动温度。大丽花、唐菖蒲等春植球根花卉，需要较高的温度才能萌发生长。一些秋植球根休眠后需要经过一段低温才能再萌发，如夏季低温处理(冷藏)可以使郁金香、水仙、百合等球根种植后提前萌动。

③ 影响宿根花卉芽的休眠与萌发　秋季温度的高低影响芽休眠的早晚，而早春的温度影响芽萌动的时间，从而影响花卉的整个生长节律。

(2) 温度影响花卉生长过程(营养生长)

花卉的幼苗营养生长包括地下根系生长和地上茎生长、侧芽萌发、节间伸长和叶生长等，这些过程只有在花卉生长发育温度范围内才能进行。而不同的花卉种类和不同的生长阶段，又有各自的适宜温度范围。有些花卉及一些生长阶段适宜温度范围较窄，而另一些花卉及一些生长过程则要求的温度范围相对较宽。

一般花卉地下根系生长发育适温低于地上部分，而芽萌发温度低于茎伸长和叶生长温度。许多花卉的地上生长受温度影响非常明显，在一定范围内，温度低则生长速度减慢，随温度升高而生长速度加快。如试验观察到二色金光菊(*Rudbeckia bicolor*)生长温度低于19℃，植株生长速度就会减慢，延长了种植周期，而有些品种，生长温度低于13℃，就会造成叶片枯萎。

需要注意的是，某种花卉生长发育最适温度不是固定不变的，随影响花卉生长发育的诸环境因子的相互作用而变，随季节和地区而变，随花卉的生理年龄及不同的生长发育阶段而变。园林花卉生长的最适温度是使花卉健壮生长、有较好的抗性、有利于后期开花良好的温度，与植物生理代谢各种酶的最高活性的最适温度可能不同。

自然界中同一地域的温度又是变化的，包括周期性变温和非周期性变温，也会对花卉生长发育产生影响。不同的是，周期性变化是有规律的，如温带的季节变温、昼夜变温(温周期)等，花卉有一定的适应性，一般不会对花卉造成不良影响。而非周期性变温，如寒害、霜冻、极度高温或低温等，对花卉生长发育常常是不利的，严重时会造成死亡。

原产温带的花卉生长发育过程中有最适昼夜温差需求，而原产热带的花卉则不要求昼夜温差，例如许多观叶植物在昼夜温度一致的条件下生长最好。

严格地讲，花卉所在环境的温度包括空气温度、土壤温度和叶表温度。土壤温度和叶表温度与花卉生长发育关系更为密切。但栽培中常用气温代表叶温。一般花卉生长发育存在最适的气温与地温差异。有少数花卉要求一定的地温，如紫罗兰、金鱼草、金盏菊的一些品种以地温15℃最适宜。一般来说，较高的地温有利于根系生长和发育。大多数园林花卉对气温与地温差要求没有这样严格，在气温高于地温时即可生长。

(3) 温度影响花卉发育过程

包括花芽分化及发育、花芽伸长、开花、结实、果实成熟。

① 花芽分化　花的发生和花芽分化都需要一定的温度条件，不同原产地的花卉或不同特性的品种，要求的温度不同。

高温下进行　一年生花卉、宿根花卉中夏秋开花的种类、球根花卉的大部分种类，在较高的温度下进行花芽分化。春植球根在夏季生长季进行花芽分化；而秋植球根在夏季休眠期进行花芽分化。还有一些花卉，如中华紫菀、金光菊在高温诱导下成花。

低温下进行　有些花卉在低温条件下花芽分化，如金盏菊、雏菊、石斛属、小苍兰等花卉。原产温带北部各地的高山花卉，需要在20℃以下的凉爽条件下进行花芽分化。

春化作用　二年生花卉、宿根花卉中早春开花的种类，需要通过一段时间的低温才能成花。这种低温诱导促使植物开花的作用称为春化作用(vernalization)。典型的二年生花卉花芽分化需要春化作用，它们需要在一定发育阶段感受数天10℃的低温后才能成花，如果没有低温条件或低温时间不够，则不能开花。如紫罗兰，一般品种是在具有8~10枚叶片，经过20d左右的10℃低温通过春化。

② 花芽伸长　大多数花卉花的发生、花芽分化和花芽伸长最适温度差别不是很大。但是秋植球根类花芽分化最适温度与花芽伸长最适温度常常不一致。如郁金香，花芽分化适温为20℃，花芽伸长适温为9℃；风信子花芽分化适温为25~26℃，花芽伸长适温为13℃。

③ 花色、花期及花香　温度对花色有影响，但有些花卉表现明显，有些不明显。一般花青素类的色素受温度影响变化较大。如大丽花在温暖地区栽培，即使夏季开花，花色也暗淡，到秋凉气温降低后花色才艳丽。再如寒冷地区栽培的翠菊、菊花等花卉，色彩一般比温暖地区栽培的色彩艳丽。一般情况下，较低的温度有利于已盛开的花卉延长花期。高温会使一些花卉的香味变淡，持续香味的时间缩短。

3.2.1.2 温度的调节

温度监测可以使用各种温度计或感温器。

地球表面的任何一处温度，除了与其所在的纬度有关外，还与海拔高度、季节、日照长短、微气候因子(方向、坡度、植被、土壤吸热能力)、空气湿度等有关。在栽培应用园林花卉时，我们对这些特点要有充分的认识以便加以合理利用。

为了满足园林花卉对温度的要求，生长季尽量使花卉处于最适温度以利于生长发育，必要时可以调节环境温度。在非生长季和休眠期也要保证其存活。温度调节措施包括防寒、保温、加温、降温。这些措施在花圃育苗时，依靠保护地设施很容易实现。在园林应用中，利用地面覆盖物、落叶等可以起到防寒的作用，但有些措施操作起来就不那样方便。更主要应该根据花卉应用地区的温度变化特点，选用适宜的花卉种类。如一年生花卉不耐寒，整个生长发育过程要在无霜期内进行，其种子萌发到开花结实各个时期所要求的温度一般和自然界从春季到秋季的气温变化相吻合，只要根据各地的无霜期，选择适宜的播种时间，就可以应用。喜欢冷凉的虞美人，在华北地区一般早春播或秋播，在夏季到来时结束生命；在西北的兰州、西宁等地则可以春播，利用其夏季凉爽的气候，改变观赏时间。此外，要善于利用具体应用地点的小气候、小环境的局部温度差异，创造适宜的花卉生长环境。

3.2.2 光对花卉的影响

光是影响园林花卉生长发育最重要的生态因子之一。它不仅为光合作用提供能量，还作为一种外部信号调节植物生长发育。在植物生活史的每个阶段，如种子萌发、幼苗生长、开花诱导及器官衰老等，光通过对基因表达的调控，调节植物的生长发育。我们从光照强度、光质、光照长度三个方面分析光对花卉生长发育的影响。

3.2.2.1 光照强度对花卉生长发育的影响

自然界中的光照强度是变化的。它依地理位置(纬度、海拔)、地势高低、坡向、降水量和云量、时间而不同。一般变化规律是随纬度增加而减弱；随海拔升高而增强；一年中夏季最强，冬季最弱；一天中中午最强，早晚最弱。

植物生长发育都需要一定强度的光照，但不同种花卉、同种花卉的不同生长发育阶段对光的需求量不同。花卉之间需光量的差异是由花卉的原产地光照特点决定的。如热带高原光照强度大，原产此地的花卉需光量较大，喜阳光充足的环境。热带雨林中由于湿度高，部分光被吸收，光照强度不大，原产此处的花卉大多比较耐阴，是室内植物的主要来源。

大多数园林花卉需光量较大，喜欢阳光充足，在高光照强度下，生长健壮，花大色艳，如郁金香、香豌豆等尤其明显。这类花卉大多数原产温带平原、高原的南坡或高山上岩石南面。但有些花卉需光量少，喜欢微阴或半阴(50%~80%的遮阴度)的光照条件，过强的光照反而不利于生长发育，如蕨类植物、竹芋类、苦苣苔科花卉、铃兰等。这些花卉主要来自热带雨林中、林下或阴坡。还有一些花卉喜光但耐半阴或微阴，如萱草、楼斗菜、桔梗、白及等花卉。

花卉不同生长发育阶段，对光的需求量也在变化，具体情况因种和品种不同而异。如大多数花卉种子萌发不要求光照或要求量低，但随着幼苗生长，需光量逐渐增大，有些花卉在开花期适当降低光照，可以使花期延长。

(1) 光照强度影响一些花卉种子的萌发

在温度、水分、氧气条件适宜的情况下，大多数种子在光下和黑暗中都能萌发，因此播种后覆土主要起到保温保湿作用，其覆土厚度由种子粒径决定。但有些花卉种子需要一定的光照刺激才能萌发，称作喜光种子，如毛地黄、非洲凤仙等；有些花卉种子在光照下萌发受抑制，在黑暗中易萌发，称作嫌光种子，如黑种草、仙客来等。光对种子萌发的影响是通过影响其体内的光敏素实现的。

(2) 光照强度影响花卉的形态建成和营养生长

花卉在暗处生长，幼苗形态不正常，表现出黄化现象：茎叶淡黄、缺乏叶绿素、柔软、节间长、含水量高、茎尖弯曲、叶片小而不开展。只要每天光照 4~10min 的弱光即可使此现象消失。这种由低能量光所调节的植物生长发育过程称为光形态建成（photomorphogenesis）。光在其中是起信号作用，与光合作用中的角色有本质的区别。光受体接受信号后发生变化，进而影响生理过程，实现信号传导。

充足的适宜光照强度可以使花卉株形紧凑，生长健壮。花卉在不适宜个体生长发育所需要的光照条件下，生长发育不正常。光线过弱，不能满足其光合作用的需要，营养器官发育不良，叶片变大变薄，植株瘦弱、徒长、易感病虫害；开花不良，严重时不能转向生殖生长。光线过强，生长发育受抑制，产生灼伤，严重时造成死亡。光照强度对花卉营养生长的影响主要是通过影响光合和蒸腾等生理过程来实现。

(3) 光照强度影响花卉的花蕾开放

光照强度对花卉花蕾开放的影响因种而异。一般花卉都在光照下开放，但光线不一定是阳光，一般在 150~300W 的电灯光下也能正常开花。有些花要在强光下开放，如半支莲、郁金香、酢浆草；有些花傍晚开放，如月见草、紫茉莉、晚香玉；有的花清晨开放，如亚麻、牵牛。

(4) 光照强度影响花色

以花青素为主的花卉，在光照充足的条件下，花色艳丽。我们注意到高山花卉较低海拔花卉色彩艳丽；同一种花卉，在室外栽植较室内开花色彩艳丽。这是因为光照对花青素形成有重要影响（另一外界因素是温度）。花青素在强光、直射光下易形成，而弱光、散射光下不易形成。

3.2.2.2 光照长度对花卉生长发育的影响

光照长度是指一天中日出到日落的时数。昼夜之间光暗交替称为光周期（photoperiod）。自然界中光照长度随纬度和季节而变化，是重要的气候特征，在低纬度的热带地区，光照长度周年接近 12h；在两极区有极昼和极夜现象，夏至时北极圈内光照长度为 24h。因此分布于不同气候带的花卉，对光照长度的要求不同。植物对光照长度发生反应的现象，称光周期现象。花卉生长发育有光周期现象。

光周期影响一些花卉的休眠、球根形成、节间长短、叶片发育、成花过程、花青素形成等过程。

(1) 光周期影响一些花卉的营养器官形成

在长日照条件下，落地生根属植物叶缘上易产生小植株，虎耳草叶腋易抽生出匍匐茎；而一些球根花卉的块根、块茎，如菊芋、大丽花、球根秋海棠，易在短日照条件下形成。

(2) 光周期影响花卉的冬季休眠

温带多年生花卉的冬季休眠受日照长度的影响，只是没有落叶树木那么明显。一般短日照促进休眠，长日照促进营养生长。

(3) 光周期决定一些花卉的成花过程

由于原产地不同，花卉成花过程对光照长度的要求也不同。依据它们成花时对光照长度要求不同，最常见的有3类：

① 长日照花卉(long-day plant, LDP) 指日照长度必须长于一定时数(临界日常, critical daylength)才能成花或开花的花卉，延长光照可以促进和提早开花；相反，延长黑暗则推迟开花或不能成花。如天人菊、藿香蓟等。

② 短日照花卉(short-day plant, SDP) 指日照长度短于临界日常才能成花或开花的花卉，适当延长黑暗(缩短光照)可以促进和提早开花；相反，延长光照则推迟开花或不能成花。如波斯菊、金光菊、一品红、秋菊等。波斯菊、金光菊无论何时播种，都将在秋天短日照条件下开花。

③ 日中性花卉(day-neutral plant, DNP) 指成花或开花不受光周期影响，只要在适宜的温度、营养条件下就可以开花。大多数花卉属于此类。

随着研究的深入，目前发现也有一些花卉的成花对光照长度的要求比较复杂。例如，翠菊在长日照下花芽形成、伸长，在短日照条件下开花，称为长短日照植物；也有一些花卉同上述情况相反，其开花需要短日照条件加长日照条件，如大花天竺葵、风铃草等。此外，一些花卉对光周期长短的要求还受温度的影响。矮牵牛在13～20℃下是长日照花卉，但超过这个温度就是日中性花卉。另外，同种花卉不同品种，光周期反应也可能不同。

3.2.2.3 光质对花卉生长发育的影响

光质对植物的生长、形态建成、光合作用、物质代谢及基因表达均有调控作用。不同波长的光对植物生长发育作用不同。由于园林花卉主要生长在日光条件下，光质对花卉生长发育的影响不像光照强度和光周期那么容易观察到。但在温室中栽培时，由于温室覆盖材料不同，光质成分会有变化。研究发现，红光、橙光有利于碳水化合物的合成，加速长日照植物发育，延迟短日照植物发育；蓝光、紫光有利于蛋白质合成，加速短日照植物发育，延迟长日照植物发育。此外，蓝光、紫光和紫外线可以抑制茎伸长，促进花青素形成；紫外线还可以促进发芽，抑制徒长。最新研究发现，紫外线(UV)波长不同，作用也不同。紫外线B(280～320nm)明显抑制花卉茎伸长，而紫外线A(320～400nm)则促进茎伸长。除了降低植株高度，紫外线B还可以增强植物的抗逆性，提高栽培应用时抵抗强光或弱光伤害的能力；明显提高叶片花青素合成能力，可以改变某些花卉的叶片颜色；使花朵颜色更鲜艳。但使用可透过紫外线 B 的覆盖材料的栽培环境，一些植物病虫害发生概率提高。在自然光线中，散射光中 50%~60% 为红光、橙光，紫外线少；直射光中 37% 为红光、橙光，紫外线多，因此，散射光有利于花卉光合产物积累，而直射光对防止徒长、植株矮化、花色艳丽有作用。

近年温室生产中 LED(light emitting diode，发光二极管)灯的使用即是利用不同波长光源产生的不同光质，制成不同的灯源，调控植物生长发育过程。由于不同植物对光质及光强要求不同，针对不同种乃至品种给予不同光质及强度成为温室光控制的研究热点。

3.2.2.4 光的调节

生产栽培应用中，光照强度使用照度计测量，以 lx（勒克斯）为单位，而光合作用研究采用光合量子通量密度，单位为 $\mu mol/(m^2 \cdot s)$[微摩尔/(米^2·秒)]。

园林花卉育苗时，温室内的光照强度调节可以使用遮阴网和电灯补光，目前作为补光的光源有白炽灯(incandescent lamp)、荧光灯(fluorescent lamp)、高压水银荧光灯(high pressure mercury lamp)、高压钠灯(high pressure sodium lamp)、LED 等。光照长短的调节可以使用黑布或黑塑料布遮光减少日照时间，或用电灯延长日照时间。光质可通过选用不同的温室覆盖物或不同光质 LED 灯进行调节。室外环境中光线调节比较困难，主要通过选择具体位置的光照条件来满足不同的花卉需要，散射光中长波的红光较多，直射光中短波的蓝紫光较多。室内花卉应用时主要通过选择不同的光照条件位置，结合灯光照明等进行调节。

3.2.3 水分对花卉的影响

水分是植物体的组成部分，其占草本植物体重的 70%~90%。环境中影响花卉生长发育的水分主要是空气湿度和土壤水分。花卉必须有适当的空气湿度和土壤水分才能正常地生长和发育。不同种类的花卉需水量差别很大，这种差异与花卉原产地的降水量和空气湿度有关。

不同的陆地花卉对水分的要求不同，差异较大。旱生花卉能在较长时间忍耐空气或土壤干燥而成活。这类花卉外部形态和内部构造有适应特征，如根系发达，茎叶变态肥大，叶上有发达的角质层，植株体上有厚的茸毛，如仙人掌和多浆植物类。湿生花卉生长期要求充足的土壤水分和空气湿度，体内通气组织较发达，如热带兰、蕨类、凤梨类一些花卉。中生花卉对空气湿度和土壤水分的要求介于两者之间，大多数园林花卉属于此类。

3.2.3.1 水量对花卉生长发育的影响

(1) 空气湿度对花卉生长发育的影响

花卉可以通过气孔或气生根直接吸收空气中的水分，这对于原产热带和亚热带雨林的花卉，尤其是一些附生花卉极为重要；对大多数花卉而言，空气中的水分含量主要影响花卉的蒸发，进而影响花卉从土壤中吸收水分，从而影响植株的含水量。

空气中的水分含量用空气湿度表示，日常生活中用空气相对湿度（B）表示。花卉的不同生长发育阶段对空气湿度的要求不同，一般来说，在营养生长阶段对湿度要求大，开花期要求低，结实和种子发育期要求更低。不同花卉对空气湿度的要求不同。原产干旱、沙漠地区的仙人掌类花卉要求空气湿度小，而原产热带雨林的观叶植物要求空气湿度大。湿生植物、附生植物、一些蕨类、苔藓植物、苦苣苔科花卉、凤梨科花卉、食虫植物及气生兰类在原生境中附生于树的枝干上或生长于岩壁上、石缝中，吸收云雾中的水分，对空气湿度要求大，这些花卉向温带及山下低海拔处引种时，其成活与否的主要因子之一就是保持一定的空气湿度，否则极易死亡。一般花卉要求65%~70%的空气湿度。空气湿度过大对花卉生长发育有不良影响，往往使枝叶徒长，植株柔弱，降低对病虫害的抵抗力；会造成落花落果；还会妨碍花药开放，影响传粉和结实。空气湿度过小，花卉易产生红蜘蛛等病虫害；影响花色，使花色变浓。

（2）土壤水分对花卉的影响

园林花卉主要栽植在土壤中，土壤水分是大多数花卉所需水分的主要来源，也是花卉土壤环境的重要因子，它不仅本身提供植物需要的水分，还影响土壤空气含量和土壤微生物活动，从而影响根系的发育、分布和代谢，如根对水分和养分的吸收、根呼吸等。而健康茁壮的根系和正常的根系生理代谢是花卉地上部分生长发育的保证。因此土壤水分十分重要。

① 对花卉生长的影响　花卉在整个生长发育过程中都需要一定的土壤水分，只是在不同生长发育阶段对土壤含水量要求不同。一般情况下，种子发芽需要的水分较多，幼苗需水量减少，随着生长，花卉对水分的需求量逐渐减低，休眠期需求更低。因此，花卉育苗多在花圃进行，然后移栽到园林应用场所，以便给花卉幼苗提供良好的生长发育环境。

不同的花卉对水分要求不同，其耐旱性也不同。园林花卉的耐旱性与花卉的原产地、生活型、形态及所处的生长发育阶段有关。一般而言，宿根花卉较一、二年生花卉耐旱，球根花卉次之。球根花卉地下器官膨大，是旱生结构，但这些花卉的原产地有明确的雨旱季之分，在其旺盛生长的季节，雨水很充沛，因此大多不耐旱。一般休眠期的花卉较生长期的花卉耐旱。

② 对花卉发育的影响　土壤水分含量影响花芽分化。花卉花芽分化要求一定的水分供给，在此前提下，控制水分供给可以控制一些花卉的营养生长，促进花芽分化，球根花卉尤其明显。一般情况下，球根含水量少，花芽分化较早。因此，同一种球根花卉，如果生长在砂地上，由于其球根含水量低，花芽分化早，开花就早。采用同样的水分管理，采收晚则球根含水量低，次年种植后开花就早；栽植在较湿润的土壤中或采收早，则球根含水量高，开花较晚。

③ 影响花卉的花色　花卉的花色主要由花瓣表皮及近表皮细胞中所含有的色素以及花瓣的构造决定。已发现的各类色素，除了不溶于水的类胡萝卜素以质体的形式存在于细胞质中，其他色素如类黄酮、花青素、甜菜红色素都溶解在细胞的细胞液中。因此，花卉的花色与水分关系密切。花卉在适当的细胞水分含量下才能呈现出各

品种应有的色彩。一般缺水时花色变浓，而水分充足时花色正常。由于花瓣的构造和生理条件也参与决定花卉的颜色，水分对花色素浓度的直接影响在外观表现是有限的，更多情况是间接的综合影响，因此大多数花卉的花色对土壤中水分的变化并不十分明显。

3.2.3.2 水质对花卉生长发育的影响

浇灌花卉用水的可溶性含盐量和酸碱度影响花卉生长发育。水中含有各种溶解性盐，主要阳离子有 Ca^{2+}、Mg^{2+}、Na^+、K^+，阴离子有 CO_3^{2-}、HCO_3^-、Cl^-、SO_4^{2-}、NO_3^- 等，水中可溶性总盐量和主要成分是水质的重要因子之一。长期使用高含盐量的水浇花，会造成一些盐离子在土壤中积累，影响土壤酸碱度，进而影响土壤养分的有效性和根系营养吸收。水中可溶性盐含量用电导率 EC（Electrical Conductivity）值计量：单位为 mS^*/cm（miui-siemens/cm，毫西门子/厘米），或 $\mu S/cm$（micro siemens/cm，微西门子/厘米）。EC 值随温度而变化，标准 EC 值是在 25℃ 条件下用 EC 仪测得的。浇花用水 EC 值小于 $1.0mS/cm$ 为好，浓度过高易导致土壤 EC 值升高。水的酸碱度用 pH 值表示，大多数花卉适合 pH 值为 6.0~7.0 的水。

3.2.3.3 水分的调节

(1) 空气湿度的调节

在园林中，大面积的人工空气湿度的调节很难实现，主要通过合理地配植植物和充分利用小气候来满足花卉的需要。室内和小环境中可以通过换气和喷水来降低或增加空气湿度。有条件者可以设计水面增加空气湿度。

(2) 土壤水分的调节

园林中可以依靠降水和各种排灌溉设施来满足花卉对水分的要求。还可以改良土壤质地来调节土壤持水量。

(3) 水质的调节

清洁的河水、池塘水较适合浇花。现在多使用自来水浇花，对一般的自来水，可先晾水使 Cl_2 挥发，同时平衡水温，对花卉生长有益。可以使用各种酸对水进行酸化而降低其 pH 值。有机酸中的柠檬酸、醋酸，无机酸中的正磷酸、磷酸，酸性化合物如硫酸亚铁等都可以用来酸化水。

含盐量高的水需要特殊的水处理设备加以净化处理后再使用。

3.2.4 养分对花卉的影响

养分是花卉所需营养元素的总称。花卉生长发育需要一定的养分，只有满足养分需求，花卉的新陈代谢才得以完成。

---

* $1mS = 1000\mu S$。

3.2.4.1 花卉生长发育的必需元素

目前普遍认为有 16 种元素为植物生长发育所必需,它们具有不可缺性、不可替代性和直接功能性。这 16 种元素被称为必需元素或必要元素。其中,需求量较大的 9 种元素称为大量元素,有碳、氢、氧、氮、磷、钾、硫、钙、镁(C、H、O、N、P、K、S、Ca、Mg);需求量较小的 7 种元素称为微量元素,有铁、硼、铜、锌、锰、氯、钼(Fe、B、Cu、Zn、Mn、Cl、Mo)。必需元素中除了碳、氢、氧、氮(C、H、O、N)外,皆为矿质元素(植物灰分元素),但氮(N)的施用方式与矿质元素相同,它们主要通过植物根系吸收。近年来许多植物营养专家将镍(Ni)列为必要元素,还有一些学者将钠(Na)和硅(Si)也列为必要元素。

还有一些元素,对某些植物生长有利,可减缓一些必要元素的缺乏症,称为有利元素,有钴、钠、硒、硅、镓、钒(Co、Na、Se、Si、Ga、V)。Co 对共生固氮细菌是必要的;Na 对一些盐生植物有利;Se 有类似于 S 的作用;Si 改善一些禾谷类植物的生长等。

3.2.4.2 一些必需元素对花卉生长发育的主要作用

① 氮(N) 称为生命元素。可促进花卉的营养生长;有利于叶绿素的合成,使植株叶色浓绿;可以使花、叶肥大。但含量超过花卉生长需要,会阻碍花芽的形成,延迟开花或使花畸形;使茎枝徒长,降低对病虫害的抵抗力。

一年生花卉在幼苗时期对氮的需求量较少,随着生长要求逐渐增多;二年生和宿根花卉在春季旺盛生长期要求大量的氮肥,要给予满足。观叶花卉在整个生长过程中都需要较多的氮肥,才能枝繁叶茂;观花观果花卉在营养生长阶段需要较多的氮肥,进入生殖阶段以后,应该控制施用,否则延迟开花。

② 磷(P) 促进花卉成熟。有助于花芽分化及开花良好;能促进提早开花结实;促进种子萌发;促进根系发育;使茎发育坚韧,不易倒伏;提高抗病能力。过量施用,其危害也不像氮肥,因此多雨的年份,特别是寒冷地区宜多用,促进植物成熟。

花卉幼苗在生长阶段需要适量的磷肥,进入开花期后磷肥需要量增加。球根花卉对磷肥的要求也较一般花卉多。

③ 钾(K) 增强花卉的抗寒性和抗病性;能使花卉生长健壮,增强茎的坚韧性,不易倒伏;可以促进叶绿素形成而提高光合效率;能促进根系扩大,尤其对球根花卉的地下变态器官发育有益。但过量施用会使花卉茎节间缩短,叶子变黄;还会诱发缺镁、缺钙。

冬季温室中光线不足时,施用钾肥有补救效用。

④ 钙(Ca) 可促进根的发育;可增加植物的坚韧度;还可以改进土壤的理化性状,黏重土壤施用后可以变得疏松,砂质土壤可以变得紧密;可以降低土壤的酸碱度。但过度施用会诱发缺磷、缺锌。

⑤ 硫(S) 能促进根系的生长;与叶绿素的合成有关;可以促进土壤中豆科根瘤菌的增殖,可以增加土壤中氮的含量。

⑥ 铁(Fe) 对叶绿素合成有重要作用，缺铁时植物不能合成叶绿素而出现黄化现象。一般在土壤呈碱性时才会缺铁，此时由于铁转变成植物不可吸收态的氢氧化铁，土壤中即使有铁花卉也吸收不到。

⑦ 镁(Mg) 对叶绿素合成有重要作用；对磷的可利用性有重要影响。过量施用会影响铁的利用。一般镁的需要量不多。

⑧ 硼(B) 改善氧的供应；促进根系发育；促进根瘤菌的形成；促进开花结实，与生殖过程有密切关系。

⑨ 锰(Mn) 对种子萌发和幼苗生长、结实都有良好作用。

3.2.4.3 主要营养元素的吸收态和在体内的移动性

了解植物对营养元素的吸收态对花卉施肥有一定的帮助。矿质元素只有以一定的离子状态存在时，才能被植物吸收利用，因此在施肥的同时适量灌水才能保证肥料的利用效率。移动性则表明元素在花卉体内的可再利用状况，表现在该种元素不足时症状首先出现的部位。各营养元素吸收态及移动性见表3-1。

表3-1 营养元素吸收态及移动性

元素	吸收态	移动性	缺素先表现部位	元素	吸收态	移动性	缺素先表现部位
N	NO_3^- 和 NH_4^+	易移动	老叶	Fe	Fe^{2+} 和 Fe^{3+}	不易移动	幼叶
P	HPO_4^{2-} 和 $H_2PO_4^-$	易移动	老叶	B	$H_2BO_3^-$ 和 HBO_3^{2-}	不易移动	幼叶
K	K^+	易移动	老叶	Cu	Cu^{2+} 和 Cu^+	不易移动	幼叶
S	SO_4^{2-}	不易移动	幼叶	Mn	Mn^{2+}	不易移动	幼叶
Ca	Ca^{2+}	不易移动	幼叶	Cl	Cl^-	不易移动	幼叶
Mg	Mg^{2+}	易移动	老叶	Mo	MoO_4^{2-}	不易移动	幼叶
Zn	Zn^{2+}	易移动	老叶				

3.2.4.4 营养元素的补充

(1) 营养元素的补充方式

通过施肥可以给花卉提供或补充所需要的营养元素。

花卉通过根系或叶片从环境中获得所需要的营养元素。主要途径是通过根系从其所在的土壤或栽培基质(土壤替代物)中获得。有些栽培基质基本没有或仅含有少量营养元素，就需要把所需的必需元素配成溶液(称为营养液)，浇灌到栽培基质中供给花卉。园林花卉主要种植于土壤中，土壤是养分的主要来源。花卉生长发育过程中，对N、P、K需要量很大，土壤往往不能满足，需要补充。其他必需元素基本可以满足，仅在特殊情况下需要补充。营养元素可以通过土壤施肥和叶面追肥供给。

花卉栽培中土壤施肥有两种方式，一种方式是在花卉种植前，先将固体肥料掺入土壤或基质中，称为基肥。主要施用有机肥，方法是将肥料均匀撒在土壤表面，然后翻地、整地；盆栽时与盆土搅拌均匀或将蹄片等块状肥料埋在盆底。另一种方式是在花卉生长发育期，根据具体情况补充所需要的某些营养元素，称为追肥。一般施用无机肥或腐熟后的液体有机肥。也可以将固体肥料撒在土表，或撒在花卉根部附近事先开好的沟内，然后覆土、浇水。液体肥料则可以结合灌溉进行。此外，追肥还可以使用液体肥料喷洒整个植株，靠叶面吸收，称为根外追肥或叶面施肥。根外追肥或叶面施肥一般使用专用叶面肥。在花卉设施栽培育苗时，有时在空气中补充 CO_2，称为空气施肥，也主要通过叶片吸收。

施肥是花卉栽培的重要技术措施，合理施肥是花卉栽培的关键。在观赏栽培中，除了生产育苗外，多以经验为依据。而在花卉生产栽培中，科学施肥的依据应该是植株的营养分析结合栽培基质营养元素含量分析。花卉是否能从土壤中获得足够的养分，除了与土壤或基质中营养元素的绝对含量有关外，还受营养元素的存在状态影响，而后者受土壤和基质环境影响很大。因此，需要综合分析，合理施肥。

施肥需要在充分了解肥料特性基础上，依据不同花卉种类、花卉所处生长发育阶段、栽培具体目的、施肥季节、气候条件等综合考虑，选用适宜的肥料种类、施用浓度、施用频率、施用方法和施用时间。有的肥料属速效肥，如麻渣水、尿素等，施用后见效快；而有些肥料属于迟效肥，如骨粉等，要提前施用。为了获得好的效果，施肥应避开午后高温时间，施肥前一般先松土，然后结合浇水进行。一般草本花卉多在生长期施肥。

（2）花卉栽培中常用的肥料

花卉栽培中常用的肥料主要包括有机肥和无机肥。

① 有机肥　有机肥是用各种有机物为原料加工而成的肥料。其来源广、种类多，不仅含必需的大量元素和微量元素外，还含有丰富的有机质，肥效长，污染小，但是养分含量相对低，肥效缓慢。有机肥料除了供给均衡的养分外，还有改良土壤、活化土壤养分、提高土壤微生物活性等作用。花卉栽培中常见的有机肥种类有：

厩肥及堆肥　有机物含量丰富，有改良土壤物理性质的作用，是含 N、P、K 的全肥。主要用于露地花卉的基肥。

牛粪　为迟效肥，肥效持久。充分腐熟后混于土壤中或用其浸出液作追肥。

鸡粪　为完全肥。发酵时发散高热，充分腐熟后施用，并且不要直接接触花卉根部。可加 10 倍水发酵，使用时稀释 10~20 倍作追肥。

油粕饼类　主要含 N，也有 P。主要用作追肥，也可以作基肥。加 10 倍水发酵，使用时稀释 10 倍作追肥。

骨粉　为迟效肥。适宜温室等高温场所使用。可作基肥，也可以撒布于土壤表面与表土混合作追肥。与其他肥料混合发酵更好，可以提高花的品质，对增强花茎的强度有显著效果。

米糠　主要含 P，有促进其他肥料分解的作用，肥效长。可作基肥。

草木灰　主要含 K，肥效高，但易使土壤板结。根部柔弱的种类和播种时使用较好。除 K_2SO_4 和 KCl 外，不能与大多数化肥混用。

马蹄片、羊角　切碎与土混合，腐熟后作基肥，盆栽多作基肥。也可以用水浸泡、发酵，稀释后作追肥。

② 无机肥（化肥） 无机肥为矿质肥料，也叫化学肥料，简称化肥。无机肥有效成分高，易溶于水，肥效快，但常会造成环境污染，长期使用会使土壤板结，最好与有机肥配合使用，但与不同有机肥混用时有禁忌，要特别注意。花卉栽培中常见的无机肥种类有：

常用氮肥：一般在花芽分化形成时停用。

硫酸铵[$(NH_4)_2SO_4$] 简称硫铵，生理酸性肥。含 N 20%~21%；土壤使用浓度1%；根外追肥0.3%~0.5%；作基肥30~40g/m²。其能促进幼苗生长，切花施用量多时，茎叶柔软，降低切花品质。

尿素[$CO(NH_2)_2$] 中性肥。含 N 45%~46%；土壤使用浓度1%；根外追肥0.1%~0.3%。

硝酸钙[$Ca(NO_3)_2$] 不破坏土壤结构。含 N 15%~18%；土壤施用浓度1%~2%。

常用磷肥：

过磷酸钙[$Ca(H_2PO_4)_2 + CaSO_4$] 又称普钙。长期施用会使土壤酸化。含 P_2O_5 16%~18%；土壤施用浓度1%~2%；根外追肥0.5%~2%，花芽分化前施用效果好；作基肥40~50g/m²，不能与草木灰、石灰同时施用。

磷酸二氢钾（KH_2PO_4） 磷钾复合肥。含 P_2O_5 53%，K_2O 34%；花蕾形成前喷施可促进开花，可使花大色艳。

磷酸铵 磷酸二氢铵（$NH_4H_2PO_4$）和磷酸氢二铵[$(NH_4)_2HPO_4$]的混合物。含 P 46%~50%，N 14%~18%。

常用钾肥：

硫酸钾（K_2SO_4） 含 K_2O 48%~52%。适宜作基肥，15~20g/m²。也可以用1%~2%作追肥。适用于球根、块根、块茎花卉。

氯化钾（KCl） 生理酸性肥。含 K 50%~60%。球根、块根花卉忌用。

硝酸钾（KNO_3） 含 K 45%~46%，N 12%~15%。适用于球根花卉。

常用微量元素肥：

铁肥 硫酸亚铁（$FeSO_4 \cdot 7H_2O$），用(1~5):100的比例与有机肥堆制后施入土中，可以提高铁的有效性。还可以用0.1%~0.5%加0.05%的柠檬酸，给黄化的花卉喷叶。

硼肥 硼酸（H_3BO_3）（含 B 17.5%）、硼砂（$Na_2B_4O_7 \cdot H_2O$）（含 B 11.3%）。喷施用0.025%~0.1%的硼酸或0.05%~0.2%的硼砂溶液。

锰肥 硫酸锰（$MnSO_4 \cdot 4H_2O$）（含 Mn 24.6%）。主要作追肥。开花期和球根形成期施用。对石灰性土壤或喜钙花卉有益。

铜肥 硫酸铜（$CuSO_4$）（含 Cu 25.9%）。追肥施用浓度一般为0.01%~0.5%。

锌肥 硫酸锌（$ZnSO_4$）（含 Zn 40.5%）；氯化锌（$ZnCl_2$）（含 Zn 48%）。追肥施用浓度一般0.05%~0.2%；在石灰性土壤上施用良好。

钼肥 钼酸铵[$(NH_4)_2MoO_4$]（含 Mo 50%）。追肥施用浓度一般为0.01%~

0.1%。对豆科根瘤菌、自生固氮菌的生命活动有良好作用。

目前也有一些混合化肥，根据不同花卉、不同生长发育阶段配制不同的元素，成为专用肥，主要用于花卉生产，尤其是无土栽培，也有盆栽用专用肥，如观叶类、观花类等，可为花卉生产或一般栽培使用。

由于种种原因造成土壤或基质营养元素过多，如施肥过量等，可以采用灌溉清水的方式冲洗土壤或基质，以淋溶掉多余的养分。注意洗肥之后宜松土，保证土壤或基质的通气性。

大量研究表明，肥料利用率低是化肥使用中普遍存在的问题。目前我国化肥的当季利用率如下：氮为30%~35%，磷为10%~20%，钾为30%~35%。发展缓释肥和控释肥，可以提高肥料利用率。"缓释"指养分释放速率远小于速效肥；"控释"指通过各种调控机制，使养分释放按设定的速度进行。目前研制出的缓释肥和控释肥，可以提高肥料利用率10%以上，因此其用量一般为普通肥料的1/3~1/2，对节约生产成本和环境保护都有意义。

此外，目前使用的还有两类新型肥料：腐植酸类肥料和微生物肥料。

腐植酸类肥料 是一种有机肥，以含腐植酸较多的泥炭、褐煤、风化煤等自然资源为主要原料，加入适量N、P、K及微量元素制成的一种黑色固体或液体肥料的总称。常用种类如腐植酸铵、硝基腐植酸。腐植酸类肥料的共同点是含有较多的腐植酸类物质，它们具有多种官能团可以影响土壤性状和养分状态。此类肥料有多种功能，能提供营养元素，减少养分损失，提高肥料利用率；能加强作物体内多种酶的活动，刺激作物生长；还能促进微生物的繁殖与活动能力，促进有机物的分解，加速农家肥料的腐熟，促进速效性养分的释放。市场上出售的一些花卉培养土主要是这种成分。它们也是很好的土壤改良剂。

微生物肥料 又称生物肥料或菌肥，指用特定微生物菌种制成的具有活性的微生物制剂。其无毒无害不污染环境。它不像一般的肥料那样直接给植物提供养料物质，而是以微生物生命活动的过程和产物来改善植物营养条件，影响营养元素的有效性，发挥土壤潜在肥力，刺激植物生长发育，抵抗病菌危害，从而提高植物品质。微生物菌剂的种类很多，如根瘤菌类菌剂、固氮菌类菌剂等。由于不同植物、不同立地条件适宜的菌种不同，针对性施用才能收到良好效果，因此这类肥料开发常常具有针对性。

目前这两类肥料在园林花卉中仅有少量应用，但其应用前景广泛，值得关注。栽培中发现，一些花卉有伴生菌，如豆科和兰科的一些花卉，使用适宜的微生物肥无疑是有益的。在园林中，对客土后或不良土壤上生长的花卉施用微生物肥料，可以使植物感染菌根菌，对其生长发育和提高抗性是非常有益的，也值得深入研究。

3.2.5 土壤及根际环境对花卉的影响

园林花卉应用中，主要栽植地是室外露地土壤，土壤的主要作用是固定植株，提供营养、水分等，对花卉生长发育有直接影响。

土壤的种类很多，其理化特性、肥力状况、土壤微生物种类不同，形成了不同的地下环境。土壤物理特性(土壤质地、土壤温度、土壤水分等)和土壤化学特性(土壤酸碱度 pH、土壤氧化还原电位 Eh)以及土壤有机质、土壤微生物等是花卉地下根系环境的主要因子,影响着花卉的生长发育。

适宜花卉生长发育的土壤因花卉种类和花卉不同生长发育阶段而异。一般含有丰富的腐殖质、保水保肥力强、排水好、通气性好、微酸性至中性土壤是大多数园林花卉适宜的栽培土壤。

3.2.5.1 主要土壤性状对花卉生长发育的影响

(1) 土壤质地

岩石经风化作用形成不同大小的矿物颗粒,土壤中不同粒径的矿物质颗粒所占比例不同,就形成了不同的土壤质地。

① 砂土　土壤颗粒较大,间隙大,土壤密度小;通透性强,排水好;保水保肥力差;土壤温度变化大。有机质含量低。

花卉栽培中砂土主要适用于花卉的扦插繁殖和黏重土的改良;用于球根花卉和耐干旱的多肉植物栽培土的改良。砂土有粗砂、中砂、细砂之分。

② 黏土　土壤颗粒较小,间隙小,土壤密度大;通透性差,排水不良;保水保肥力好;土壤温度变化小。有机质含量高。

黏土一般不适于花卉栽培。可以用于砂土的改良。水生花卉喜偏黏质壤土,栽培土中常加入河塘泥(黏土)。

③ 壤土　土壤颗粒大小和间隙居中,性状介于砂土和黏土之间。通透性好,排水好;保水保肥能力强;土壤温度稳定。有机质含量高。

壤土适宜大多数花卉的栽培,是理想的园林花卉栽培用土。

(2) 土壤酸碱度

土壤酸碱度对土壤养分和土壤微生物都有影响,直接影响花卉的生长发育。土壤酸碱度用土壤 pH 值表示,pH 值等于 7 为中性,大于 7 为碱性,小于 7 为酸性。

不同原产地的花卉对土壤酸碱度的要求不同,大多数花卉要求中性土壤(pH 6.5~7.0);一些花卉喜微酸或微碱性土壤;少数喜欢酸性或碱性土壤 pH 大于 7.5 或小于 6.0(表 3-2)。

表 3-2　部分园林花卉适宜的土壤 pH 值

土壤 pH 值	花卉名称
4.0~4.5	凤梨、紫鸭跖草
4.0~5.0	八仙花
4.5~5.5	彩叶草
4.5~7.5	多叶羽扇豆

(续)

土壤pH值	花卉名称
5.0~6.0	铁线莲、百合
5.0~6.5	大岩桐、棕榈
5.0~7.0	藿香蓟、天竺葵、盾叶天竺葵
5.5~6.5	花烛、波斯菊、万寿菊、蒲包花、仙客来、菊花、喜林芋、龟背竹、蔓绿绒
5.5~7.0	雏菊、桂竹香、紫罗兰、蹄纹天竺葵、朱顶红
5.5~7.5	印度橡皮树
6.0~7.0	文竹、君子兰、蟆叶秋海棠
6.0~7.5	金鱼草、瓜叶菊、三色堇、牵牛花、水仙、风信子、郁金香、非洲紫罗兰
6.0~8.0	美人蕉、百日草、紫菀、庭荠、大丽花、花毛茛、芍药
6.0~8.0	唐菖蒲、番红花
6.5~7.0	报春花、四季报春花、喇叭水仙
6.5~7.5	金盏菊、勿忘草
7.0~8.0	西洋樱草、仙人掌类、石竹
7.5~8.0	非洲菊、香豌豆

(3) 土壤电导率

土壤浸出液(水土比5∶1)的电导率，通常采用土壤电导率仪器，测得的数值为土壤水溶性盐含量。在一定情况下可以反映其肥力水平，估测土壤含盐量，用以判定土壤中盐类是否限制花卉生长。土壤中的盐分、水分、温度、有机质含量和质地结构都不同程度影响着土壤电导率。

花卉需要养分，因此一定浓度的土壤含盐量可以接受，但是高浓度土壤含盐量或一些有害物质，如一些重金属，将对花卉产生伤害。必要时需通过土壤改良或浇水洗肥进行调整。

(4) 土壤有机质

土壤有机质指土壤中以各种形式存在的含碳有机化合物。是土壤养分的主要来源，其含量高低是衡量土壤肥力(植物生长发育期间，土壤供应和调节植物生长发育所需要的水分、养分、热量、空气和其他条件的能力)大小的一个重要标志。主要来源是植物残体和根系，以及施入的各种有机肥料。土壤中的微生物和动物也为土壤提供一定量的有机质。

土壤有机质按其分解程度不同有三种存在状态：新鲜有机质、半分解有机质和腐殖质。土壤腐殖质是指新鲜有机质经过微生物分解转化、再生成的黑色胶体物质，是土壤有机质的重要组成部分，不仅是土壤养分的主要来源，而且对土壤的理化性质都有重要影响，是土壤肥力指标之一。它并非单一的有机化合物，而是在组成、结构及性质上既有共性又有差别的一系列有机化合物的混合物，主要组成元素为碳、氢、氧、氮、硫、磷等，其中以胡敏酸(腐植酸，humic acid)和富里酸为主要组分。

土壤有机质对土壤肥力和植物营养有重要作用：①提供植物需要的养分。②改善植物的营养条件。有机质分解产生的各种有机酸，能分解岩石、矿物，促进矿物中养分的释放。③能提高土温，改善土壤的热状况；土壤腐殖质是良好的胶结剂，能促进团粒结构的形成。④土壤腐殖质是一种有机胶体，有巨大的吸收代换能力和缓冲性能，对调节土壤的保肥性能及改善土壤酸碱性有重要作用。

园林花卉种植土壤有机质含量应保持在1%以上，达到2.5%~3%生长更好。

(5) 土壤微生物

土壤微生物对土壤理化和生物状态都有一定的影响。土壤微生物的数量和种类受多种因素的影响，对土壤肥力起着非常重要的作用。一方面，微生物分解土壤中的有机物质，形成腐殖质并释放养分；另一方面，可以同化土壤中的碳、固定无机营养元素，如氮、磷、硫等形成微生物生物量，并通过自身新陈代谢活动推动这些元素的周转与循环。因此，土壤微生物既是土壤有机质和土壤养分转化与循环的驱动力，又是土壤中有效养分的储备库。大量已知的根际促生菌(plant growth promoting rhizobacteria，PGPR)，如根瘤菌、非共生固氮菌、溶磷细菌、菌根真菌及解钾菌等已应用于农业生产实践，在土壤氮、磷、钾及其他微量元素的营养供给及促进植物生长中发挥了重要作用。此外，土壤微生物与土壤团聚体的形成、有机物和重金属等污染物的降解也密切相关，从而维持土壤质量和健康，促进植物生长。

大量研究表明，对植物而言，微生物具有双重作用，可分为有益微生物和有害微生物。有益微生物具有直接或间接促进植物营养吸收作用，如菌肥；而有害微生物则导致植物病害。

3.2.5.2 根际环境对花卉生长发育的影响

花卉根系生长发育的地下空间是一个综合环境。研究发现根际(rhizosphere，指植物根系周围数毫米内的微域环境)区域内的有效养分为实际养分，能直接为根系吸收。在根际环境中，根系除直接吸收养分外，还将各种有机质和无机物释放到这部分土壤中，因此这个微环境与植物生长发育的关系更为密切。根际的养分、水分、通气状况是影响花卉生长发育最直接的因子。根际土壤的理化和生物状况直接影响着根系土壤中水分、养分向根迁移、转化和有效性；影响根的吸收和生理活性；影响有益有害微生物的繁殖和生存；影响污染物的聚集和降解。

花卉根系、微生物共居于土壤中，三者之间存在着复杂的依赖关系，相互作用。这个微环境是一个动态过程。一方面，土壤的理化特性及微生物活动可以直接影响根际土壤中的养分、水分和气体向植物根系的供应；另一方面，根系通过呼吸作用、分泌作用以及根系自身的机械穿插能力直接影响根际土壤的理化特性和生物特性，从而反过来影响植物根系对养分、水分和气体的吸收。因此，在土壤养分胁迫下，植物可以通过根系形态和生理生化的适应性变化机制来调节活化和吸收养分的能力。

不同植物、不同品种在活化和吸收养分方面有显著差异，是基因潜力的反映。因此，人们除了通过施肥给花卉补足营养外，还可以发掘和利用植物自身的抗逆能力，辅之以对根际环境的调控，如土壤通气、使用土壤微生物等来解决营养问题。

3.2.5.3 一些土壤性状的调节

(1) 土壤质地改良

在实际操作中，主要通过混入一定量的砂土使黏土的土质得以改良；或是使用有机肥改良土壤的理化特性；还可以使用微生物肥来改良土壤的理化特性和养分状况。

(2) 土壤酸碱度的调节

测定土壤酸碱度的最粗略方法是试纸法，即将被测土壤风干，称取 1g 干土，放入试管中，加水 2.5mL，充分晃动，静置半小时，待溶液变澄清后，用 pH 试纸测定溶液酸碱度。精确测量则使用土壤酸度计，采用水浸或盐浸方法。一般盐浸出液的 pH 值较稳定，受外部环境因素影响变化小，测定值低于水浸液 pH 值。

① 降低土壤 pH 值　可以采取在土壤中施入细硫黄粉、硫酸亚铁、硫酸铁，施用有机肥等措施。

浇施矾肥水　硫酸亚铁($FeSO_4 \cdot 7H_2O$)(3kg) + 油粕或豆饼(5~6kg) + 人粪尿(10~15kg) + 水(200~250kg)暴晒 20d。取上清液加水稀释浇花卉，可使土壤酸化。

施用腐熟有机肥料　是调节土壤 pH 值的好方法，不会破坏土壤结构。

② 提高土壤 pH 值　pH≤5.5 的土壤，可施用园艺用细生石灰；pH≤6 的土壤可用草木灰进行调节。

(3) 土壤和基质消毒

土壤消毒的目的是杀死土壤中的病原微生物、害虫和杂草种子。主要有物理和化学两种方法。物理消毒法对环境没有污染，有日晒、水淹和蒸汽等方法，但蒸汽消毒需要一定的设备，方便小面积使用。化学消毒法对环境有一定影响。本文重点介绍蒸汽消毒和药剂消毒。

① 蒸汽消毒　一次消毒土壤量有限，广泛应用于温室生产栽培中栽培基质的消毒，大田土壤消毒成本高，操作困难。温度和消毒时间是影响消毒效果的重要因子。

目前主要使用移动燃油锅炉(消毒机)，将带有许多小孔的通气导管分别插入土壤、基质堆中，用特殊苫布覆盖后通入蒸汽消毒；或将土壤、基质装入配套的罐中进行消毒。消毒机有不同功率和一次消毒限量，因此消毒时间和压力也不同。一般采用低压蒸汽消毒优于高压蒸汽消毒。

在适宜的消毒温度和时间内，蒸汽加温能促进土壤团粒结构形成，促进难溶性盐溶化，改善土壤理化性状。一般控制消毒温度不要高于 85℃，过高会使土壤有机物分解，释放有害物质。需要注意的是，蒸汽消毒会引起 pH 值低的含砂土中锰的过量积累；对于施用石灰提高了 pH 值的疏松土壤，则有助于限制锰的过量积累。

② 药剂消毒　主要用于大田土壤消毒，有针对不同病虫的土壤消毒剂或广谱消毒剂。如甲醛、溴甲烷、代森锌、辛硫磷、多菌灵、百菌清等。

液态以甲醛为例。配成 50 倍的 40%甲醛熏蒸(每平方米 40mL 40%甲醛)，用喷壶浇在土壤中，立即覆盖塑料薄膜，2~3d 后打开，通风 1~2 周，期间最好进行翻晾，然后使用。

粉剂类以多菌灵为例。取50%多菌灵粉（40g/m³）与土壤拌匀后用薄膜覆盖2~3d，揭膜后待药味挥发掉即可使用。

还可以采用烟剂熏棚，多用百菌清。45%百菌清（1g/m²）包于纸内，点燃后熏蒸5h后通风。

需要注意的是，不要过度消毒。土壤或基质消毒不同于组织培养中的培养基灭菌，不能对土壤进行灭菌消毒。一是无法保证环境和花卉材料无菌；二是土壤的无菌状态会导致某些病菌的过量繁殖；三是土壤中的有益微生物仍需要保留。

3.2.5.4 土壤的替代物——栽培基质

在土壤贫瘠，或土质很差，或不便使用土壤（卫生要求或特殊环境限制），或室内栽培时可以使用栽培基质代替土壤。由于基质中没有足够的养分或养分较少，常需要浇灌营养液补充营养，这种栽培方式称为无土栽培（soilless culture）。

随着园艺生产栽培的温室化，与传统的土壤栽培不同的栽培技术——无土栽培成为园艺温室生产栽培的主要方式，它是现代化农业的标志之一。其最大特点是不使用土壤，而是以人工创造的植物根系环境取代土壤环境。包括基质栽培和水培，即营养液栽培，把植物需要的养分配成pH值适宜的溶液，用惰性基质和其他方法固定植株，使其根间歇地悬浮在溶液中；水培常需要特殊的设备，保证营养液的循环和根部空气充足。无土栽培的主要优点是：花大，产量高；省水，节约养分，清洁卫生，病虫害少；无杂草；不受土地限制；可充分利用空间，避免土壤连作障碍。

园林花卉主要在育苗生产和室内盆花栽培中使用基质栽培；在一些特殊环境如无淡水海岛、飞机上等，也可以使用水培来栽培观赏花卉。

主要栽培基质有：

(1) 腐叶土

由植物枯枝落叶堆积腐熟而成。常含有大量有机质，质轻、疏松、透气，保水保肥力强。适合各种花卉栽培使用，是配制培养土的常用组分。常绿阔叶树和针叶树的叶子革质不易腐烂，草本植物叶子太嫩软，都不宜使用。以落叶阔叶树的叶子为好，最好是山毛榉属（*Fagus*）、栎属（*Quercus*）、欧石楠属（*Erica*）、乌饭属（*Vaccinium*）植物的叶子。在华北地区，榆属（*Ulmus*）、槐属（*Sophora*）、刺槐属（*Robinia*）、柳属（*Salix*）的落叶也可以采用。一般堆制发酵2~3年即可以使用，用前要过筛并消毒。也可以到自然界阔叶树山林中，靠近沟谷底部位置收集天然腐叶土，去掉表层未腐烂的落叶，取已成褐色的松软层使用。

(2) 草皮土

取自草地或牧场上层5~8cm厚的草及草根土，腐熟1年即可使用。一般堆积年代延长，养分含量会提高。pH值依产地而异，一般在6.0~8.0。常和其他基质混合使用。

(3) 针叶土

又称松针土，由针叶树叶堆积腐熟而成，腐熟1年即可以使用。也可从自然界林地获取天然的针叶落叶堆积土。冷杉属(Abies)、云杉属(Picea)的针叶土较松属(Pinus)和圆柏属(Sabina)的针叶土为好,落叶松林下的针叶土也较好。它们富含腐殖质,因种类不同,pH 3.5~5.5,适宜栽种喜酸性土的植物和种植兰花。

(4) 沼泽土

沼泽土指池沼边缘或干涸沼泽上层10cm厚的土,由苔草、水草等腐熟而成。富含腐殖质,pH 3.5~4.0。适宜栽种喜酸性土的植物。

(5) 泥炭

泥炭指在过度潮湿和通气不良的沼泽地堆积下来的植物残体,经过不同程度的分解腐烂所形成的褐色、棕色或黑色的沉积物的统称,又称泥煤、草煤等。因形成植物不同,又有不同名称。泥炭的组成有的以草本植物为主,有的以木本或苔藓类植物为主,这些植物残体与泥沙等矿物混合堆积在一起,构成了各种不同类型的泥炭。

① 高位泥炭 颜色浅,为棕色或浅褐色。分布于高寒地区,以莎草和藓类植物为主。炭化年代很短,分解程度低,有机质含量低,较贫瘠;pH 4.0~5.0;吸水通气性好。中国东北地区的大小兴安岭海拔1000m的山区和西南高原有蕴藏。

② 中位泥炭 褐色,又称褐泥炭。炭化年代较短,有机质含量高,有一定养分;pH 6.0~6.5。中国东北公主岭海拔500m山区有蕴藏。可直接作栽培基质,或配沙后作扦插基质。

③ 低位泥炭 黑色,又称黑泥炭,也称腐殖质或腐殖土(humus, muck)。分布于低洼积水的沼泽地带,以苔草、芦苇等植物为主。炭化年代长,分解程度高,有机质含量高;排水透气性差;pH 6.5~7.4。中国分布广,储量大。

花卉栽培中常用的泥炭多为中、低位泥炭,如草炭土和泥炭藓。泥炭一般质地疏松,密度小,吸水性强,富含有机质和腐植酸,是目前世界各园艺发达国家花卉栽培和生产中的主要栽培基质。常以其为主要成分,掺配一定比例的沙、蛭石、珍珠岩等,这样配制的基质,由于养分不全,栽培花卉需要浇营养液。泥炭除了作栽培基质外,还可以作土壤改良剂和大田肥料。

草炭土 主要由莎草或芦苇植物组成。pH 5.5左右。中国东北产的泥炭多为草炭土。

泥炭藓(peat moss,水苔泥炭 sphagnum) 主要是水苔植物。含1% N,不含P、K。可吸收干重的10~20倍的水。pH 3.0~6.0,多数在4.0~4.5的范围。

(6) 水苔

绿色至黄绿色,由苔藓类植物干燥而成。疏松,吸水保水力极强。多用于喜湿花卉和附生花卉栽培,是附生兰栽培常用基质,也可用于地生兰栽培。还可用作花卉产品的包装材料。

(7) 蕨根

主要是由紫萁的根、桫椤的茎干和根干燥而成,黑褐色。排水透气性好,广泛用于热带兰类的栽培。

(8) 椰糠(coir)

也称椰壳纤维(coconut fiber)。椰壳的粉碎物，含有 Na、Cl、P、K，黑褐色。多孔，持水好。产地不同，其 pH 值也有变化，大多在 5.5~6.5。保肥性差，可以改善基质的通气性。栽培花卉时需要浇灌营养液。

(9) 树皮(bark)

木材工业的副产品。树皮通过发酵腐熟和脱脂处理后，制成不同的颗粒，盆栽中最常用的是直径 1.5~6mm 的颗粒。一般树皮的容重接近于泥炭，但其阳离子交换量和持水量较泥炭低，碳氮比较高。一般情况下，阔叶树树皮较针叶树树皮具有更高的碳氮比。目前多使用松树皮栽培大花蕙兰。此外，树皮还可用于园林裸地或北方冬季种植床面的覆盖。

(10) 蛭石(vermiculite)

云母类矿石加热至 800~1000℃ 膨胀形成的颗粒状物质，易被挤压变形，栽培中使用 1~2 次后需要重新更换，有大小不同颗粒。本身仅含有少量可以被植物吸收的 N、K、Mg；质地轻，保湿排水好，再湿性强；保肥保水力强；没有黏着性，移栽方便；按其来源不同 pH 值在 7.0~9.5 之间。长期使用结构会破碎。可以单独作扦插基质，主要用于配制栽培基质。

(11) 珍珠岩(perlite)

火山岩的铝硅化合物加热到 870~2000℃ 形成的膨胀颗粒，不会被挤压变形。没有养分；pH 6.5~8.0；保水性不如蛭石，通气性好。主要用于配制栽培基质，一般不单独作栽培基质。

(12) 岩棉(rock wool)

由 60% 的辉绿石、20% 的石灰石、20% 的焦炭组成的灰白色混合物构成，在 1600℃ 高温熔化后喷成直径 0.005 mm 的纤维，冷却后加黏合剂，压成板块，切割成所需要的板块。但自身不易分解，会带来环境问题。不含养分；pH 值大于 7，使用前需要用稀酸液处理以降低 pH 值。栽培花卉时需要浇营养液。

近年来，由于泥炭资源的严重消耗，人们更加关注新型基质的开发。因地制宜、环保、废弃物再利用和资源的可循环利用，是无土栽培基质选材的方向。花生壳、锯末、农作物秸秆、菇渣、酒糟、矿渣、炉渣、砖块等成为栽培基质的替代试用材料。

3.2.6 空气成分对花卉的影响

氧气和二氧化碳是需氧生物不可缺少的。在正常环境中，空气成分主要是氧气(占 21%)、二氧化碳(占 0.03%)、氮气(占 78%)和微量的其他气体。在这样的环境中，花卉可以正常生长发育。

3.2.6.1 氧气(O_2)对花卉生长发育的影响

氧气与花卉生长发育密切相关，它直接影响植物的呼吸和光合作用。空气中的氧气含量降到20%以下,植物地上部分呼吸速率开始下降,降到15%以下时,呼吸速率迅速下降。由于大气中氧含量基本稳定,一般不会成为花卉生长发育的限制因子。在自然条件下,氧气可能成为花卉地下器官呼吸作用的限制因子,氧气浓度为5%,根系可以正常呼吸,低于这个浓度,呼吸速率降低,当土壤通气不良,如土壤积水或板结,造成氧含量低于2%,就会影响花卉根系的呼吸和生长。另外,种子萌发过程中土壤或基质含水量过多,造成含氧量降低,也会影响发芽。

3.2.6.2 二氧化碳(CO_2)对花卉生长发育的影响

正常的空气成分,CO_2浓度不会影响花卉的生长发育。多数试验表明,在温度、光照等其他条件适宜的情况下,增加空气中的CO_2浓度,可以提高植物光合速率,因此在温室生产中可以施用CO_2,称为CO_2施肥。但适宜的浓度因花卉种类不同、栽培设施不同、其他环境条件不同而有较大的差异,需要试验确定。一般情况下,空气中CO_2浓度为正常状态的10~20倍对光合作用有促进作用,但当空气中CO_2含量增加到2%~5%及以上,则对光合作用有抑制作用。超过大气正常浓度的高CO_2浓度还会引起呼吸速率降低,在土壤通气性差的条件下根系会发生这种情况,从而影响生长发育。

3.2.6.3 氮气(N_2)对花卉生长发育的影响

氮气对大多数花卉没有影响。对豆科植物(具有根瘤菌)及非豆科但具有固氮根瘤菌的植物是有益的。它们可以利用空气中的氮气,生成氨或铵盐,在土壤微生物的作用下被植物吸收。

3.2.6.4 大气中的有害气体对花卉生长发育的影响

当发生大气污染,空气中的有毒气体会对花卉生长发育产生影响,严重时会造成死亡。大气污染物对花卉的毒性,一方面决定于有毒气体的成分、浓度、作用时间及其当时其他的环境因子;另一方面决定于花卉对有毒气体的抗性。不同的花卉、相同花卉在不同的生长发育阶段受到的影响不同。

大气污染主要是由于人类的活动所造成。大气中有毒气体和有害物质的种类目前尚无准确的数据,但已知工业废气中有400多种有毒或有害物质,造成危害的有20~30种。目前已发现对花卉生长发育危害严重的主要污染物为甲醛、二氧化硫、氟化氢、过氧乙酰硝酸酯类、臭氧、氯气、硫化氢、乙烯、乙炔、丙烯还有粉尘等。

植物对这些有害气体的反应也不同。有些花卉在较高的浓度下仍然正常生长,有些花卉在极低的浓度就表现出伤害。前一类抗性强的花卉可以应用于公矿区绿化,而后一类敏感花卉则可以作为指示植物,用于生物监测大气污染。

(1) 有害气体对花卉的伤害

有害物质经大气直接侵入植物叶片或其他器官引起的伤害,可分为急性伤害和慢性伤害。

急性伤害　空气中有害气体浓度突然升高,持续较短时间,超过花卉的耐受能力，植物短时间内表现出受害症状。

慢性伤害 花卉长时间暴露在低浓度有害气体中，表现出受害症状。

除了伤害外，大气污染会影响花卉的生理反应，如减慢花卉的生长，减弱花卉的光合作用，使叶组织的呼吸升高或降低，伤害花、种子或萌发的幼苗。

(2) 花卉的抗性分级

花卉的伤害分级是确定花卉伤害程度和筛选具有抗性花卉的关键。依急性伤害和慢性伤害的伤害程度，可相应划分出花卉的抗性分级。园林中公矿区绿化美化只适宜选用抗性为 A 级的花卉。

① 急性中毒的抗性分级

A 级 抗性强的花卉。本级花卉暴露在一定浓度有害气体下，基本不受害或出现星点状伤斑，面积一般小于总叶面积的 10%。解除有害气体影响后基本能够维持原状，受伤面积不再扩大，植株生长发育不受影响。

B 级 抗性中等的花卉。本级花卉暴露在一定浓度有害气体下，经过 1~2h 或更长一段时间，叶面上出现伤斑，受伤面积在 50% 以下，但基本不掉叶，即使危害稍严重时，出现部分叶片脱落，不久又可以长出新叶，基本能维持生命。

C 级 抗性弱的花卉。本级花卉暴露在一定浓度有害气体下，一般经过 30~60min，就会出现伤害症状，叶面呈水渍状或卷曲，经过 2h 后，几乎全部叶子萎蔫呈褐色。解除有害气体影响以后，观察叶子灼伤面积超过 50%。有的几乎全部被灼伤，1~2d 后落叶达 60% 以上。

② 慢性中毒的抗性分级

A 级 抗性强的花卉。本级花卉能够长时间生长在一定浓度的有害气体污染环境中，基本能够达到生育期常绿、全绿。有时虽然也出现星点状灼伤，但不影响开花结实，花几乎不受害。

B 级 抗性中等的花卉。本级花卉长时间生长在一定浓度的有害气体污染环境中，常出现和急性伤害同样的灼伤斑，但能维持生命，保持不死；有时出现叶形变小、开花晚、花期短、落花早、结实少等异常现象。

C 级 抗性弱的花卉。本级花卉生长在一定浓度的有害气体污染环境中，叶面长期呈现大面积灼伤，有时在污染区刚栽植不久就渐渐枯萎或生长极差，开花很少或不开花，即使有少数开花，但花瓣受害较重，几乎不结实。

(3) 主要有害气体

二氧化硫(SO_2) 这是当前最主要的大气污染物，也是全球范围造成植物伤害的主要污染物。火力发电厂、黑色和有色金属冶炼、炼焦、合成纤维、合成氨工业是主要排放源。

硫是植物的必需元素，适量的二氧化硫被植物吸收利用后能促进生长，但过量就会造成伤害。二氧化硫伤害有一个浓度阈值，低于这个值，不论暴露多长时间也不会造成伤害。但不同植物对二氧化硫的浓度反应不同（表3-3），敏感植物在 0.05~0.5μL/L 浓度中 8h 就会受害，抗性强的植物在 2μL/L 浓度中 8h 或 10μL/L 浓度中

30min，才会出现受害症状。

植物从气孔吸收二氧化硫，二氧化硫首先危害叶片气孔周围细胞组织，叶脉之间伤斑较多，严重时伤害叶尖和叶缘。幼叶和老叶受害轻，而生理活动旺盛的功能叶受害较重。

表 3-3　花卉对二氧化硫的抗性分级

抗性分级	花卉名称
强	龟背竹、月桂、鱼尾葵、散尾葵、令箭荷花、苏铁、海桐、肾蕨、唐菖蒲、龙须海棠、君子兰、美人蕉、牛眼菊、石竹、醉蝶花、翠菊、大丽花、万寿菊、鸡冠花、金盏菊、晚香玉、玉簪、酢浆草、凤仙花、石竹、菊花、野牛草、扫帚草
中	杜鹃花、叶子花、茉莉花、南天竹、一品红、三色苋、银边翠、矢车菊、旱金莲、白鸡冠、百日草、蛇目菊、天人菊、波斯菊、锦葵、一串红、荷兰菊、桔梗、肥皂草
弱	金鱼草、月见草、硫华菊、美女樱、蜀葵、麦秆菊、滨菊、福禄考、黄秋葵、曼陀罗、苏氏凤仙、倒挂金钟、瓜叶菊

植物在较高浓度的二氧化硫中经过短时间（几小时）的暴露就会产生急性伤害，最初叶缘和叶脉出现暗绿色水渍斑，随即组织坏死，坏死斑干燥后呈象牙色或白色，而叶脉通常正常，因此症状非常明显，但严重时叶脉也褪色。有些植物叶片有不规则暗棕色坏死区，与健康组织之间有漂白或缺绿组织。慢性伤害症状是叶片呈黄、银灰、古铜及黑色杂斑。

氟化氢（HF）　氟化物中毒性最强、排放量最大的是氟化氢。主要来自炼铝、磷肥、搪瓷等工业。空气中氟化氢的浓度即使很低，暴露时间长也能造成伤害。氟化氢浓度达到二氧化硫危害浓度的1%时，即可伤害植物。不同花卉对氟化氢的抗性不同（表3-4）。

表 3-4　花卉对氟化氢的抗性分级

抗性分级	花卉名称
强	海桐、柑橘、秋海棠、大丽花、一品红、倒挂金钟、牵牛花、天竺葵、紫茉莉、万寿菊
中	美人蕉、半支莲、蜀葵、金鱼草、水仙、百日草、醉蝶花
弱	杜鹃花、玉簪、唐菖蒲、毛地黄、郁金香、凤仙花、三色苋、万年青

氟化氢首先危害幼叶、幼芽，新叶受害比较明显。

气态氟化物主要从气孔进入植物体，但并不伤害气孔附近的细胞，而沿着输导组织向叶尖和叶缘移动，然后才向内扩散，积累到一定浓度会对植物造成伤害。因此，慢性伤害先是叶尖和叶缘出现红棕色至黄褐色的坏死斑，在坏死区与健康组织间有一条暗色狭带。急性伤害症状与二氧化硫急性伤害相似，即在叶缘和叶脉间出现水渍斑，以后逐渐干枯，呈棕色至淡黄的褐斑。严重时受害后几小时便出现萎蔫现象，同时绿色消失变成黄褐色。氟化氢还导致植株矮化、早期落叶、落花与不结实。

氯气（Cl_2）　氯气和氯化氢的伤害为急性坏死，在叶脉间产生不规则的白色或浅褐色的坏死斑点、斑块，有的花卉叶缘出现坏死斑。受害初期呈水渍状，严重时变成褐色，卷缩，叶子逐渐脱落。不同花卉对氯气的抗性不同（表3-5）。

表 3-5　花卉对氯气的抗性分级

抗性分级	花卉名称
强	桂花、海桐、万年青、鱼尾葵、山茶、苏铁、朱蕉、杜鹃花、朝天椒、唐菖蒲、一点樱、千日红、石柱、鸡冠花、蕉藕、大丽花、紫茉莉、天人菊、一串红、金盏菊、翠菊、牵牛花、小黄葵、银边翠
中	一品红、长春花、八仙花、三色苋、叶子花、曼陀罗、晚香玉、凤仙花、金鱼草、矢车菊、荷兰菊、万寿菊、醉蝶花、石刁柏、波斯菊、百日草
弱	倒挂金钟、天竺葵、报春花、福禄考、一叶兰、瓜叶菊、苏氏凤仙、月见草、芍药、四季秋海棠

甲醛（HCHO）　是一种用途广泛的化工原料，与人类生活用品密切相关，已成为目前室内环境污染中的主要有机污染物。

甲醛主要通过气孔和皮孔进入植物体，不同植物对甲醛胁迫产生的生理响应模式不同，有些种类短时间内即有强烈响应，并通过增加物质合成，提高其代谢和抵抗甲醛的能力；而一些种类则响应不明显，通过消耗自身原有物质以代谢和抵抗甲醛。但是，不论何种响应模式，当甲醛积累到一定程度，均会对植物造成伤害，叶片出现褐色斑块、变色、萎蔫，新叶边缘出现焦边、卷曲等现象。不同花卉对甲醛抗性不同（表 3-6）。

表 3-6　花卉对甲醛的抗性分级

抗性分级	花卉名称
强	百合竹、孔雀竹芋、口红花、'粉冠军'、比利时杜鹃、柠檬、冷水花、长寿花、大花栀子、吊竹梅、吊兰、白鹤芋、鸭跖草、橡皮树、一品红、万年青、白玉黛粉叶、淡竹叶、库拉索芦荟、波浪竹芋、香石竹、粉掌、丽格海棠、口红花、瓜叶菊、蝴蝶兰、大花君子兰
中	袖珍椰子、龟背竹、蚊净香草、鸟巢蕨、香石竹、常春藤、绿萝、中斑吊兰、冷水花、金边虎尾兰、果子蔓、仙客来、四季海棠、天竺葵
弱	瑞典常春藤、报春花、波斯顿蕨、铁线蕨、巢蕨、一串红

氨气（NH_3）　在保护地中大量施用肥料会产生氨气，浓度过高对花卉生长不利。当空气中氨气含量达到 0.1%～0.6% 时就会发生叶缘烧伤现象，严重时叶片变为熟绿色，干燥后保持绿色或转为棕色；含量达到 4% 持续 24h，植物即中毒死亡。施用尿素后也会产生氨气，最好施用后盖土或浇水，以免发生氨害。

乙烯　浓度含量达 1μL/L 就可使植物受害。症状是生长异常，如叶偏上生长，幼茎弯曲，叶子发黄、落叶、组织坏死。

硫化氢　浓度达到 40～400μL/L 可使植物受害。冶炼厂放出的沥青气体，可使距厂房附近 100～200m 地面上的草花萎蔫或死亡。

其他气体　氧化剂类的臭氧和过氧乙酰硝酸酯（PAN）是光化学烟雾的主要成分，对植物有严重毒害。主要来源于内燃机和工厂排放的碳氢化合物和氧氮化合物，它们在有氧条件下依靠日光激发而形成。敏感植物在 0.1μL/L 臭氧中 1h 就会产生症状，能忍受 0.35μL/L 者即属于抗性植物。伤害症状是叶上表皮出现杂色、缺绿或坏死斑。急性伤害也可能出现褪绿或褪成白色,严重时两面坏死。0.02μL/L 过氧乙酰硝酸酯 2~4h 就使敏感植物受害,但抗性植物可耐 0.1μL/L 以上。受害症状是叶的下表皮呈半透明或古铜色光泽,上表皮无受害症状,随着叶生长,叶片向下弯曲呈杯状。急性伤害出现散乱的水渍斑,然后干燥成白至黄褐色的带。PAN 的伤害仅出现在中龄叶片上,幼叶和老叶都不受害。

目前对上述这些气体的花卉抗性试验数据较少。

(4) 监测植物

对有害气体特别敏感的植物可以作为监测使用。在低浓度有害气体下,往往人们还没有感觉时,它们已表现出受害症状。如二氧化硫达 1~5μL/L 时人才能闻到气味,在 10~20μL/L 才感到有明显的刺激,而敏感植物则在 0.3~0.5μL/L 时便产生明显受害症状;有些剧毒的无色无臭气体,如有机氟很难使人察觉,而敏感植物能及时表现症状。

常见的敏感指示花卉:

监测二氧化硫　向日葵、紫花苜蓿等。

监测氯气　百日草、波斯菊等。

监测氮氧化物　秋海棠、向日葵等。

监测臭氧　矮牵牛、丁香等。

监测大气氟　地衣类、唐菖蒲等。

监测过氧乙酰硝酸酯　早熟禾、矮牵牛等。

思 考 题

1. 花卉生长发育过程及其影响其因子与园林花卉的应用有什么关系?
2. 草本花卉的一般生长发育过程是怎样的?
3. 环境因子、生态因子的概念是什么?
4. 影响花卉生长发育的主要生态因子有哪些?这些因子之间的关系是怎样的?
5. 温度是怎样影响花卉生长发育的?
6. 如何理解花卉生长发育的最适温度?
7. 光照是怎样影响花卉生长发育的?
8. 什么是短日照花卉?举例说明。
9. 水分是怎样影响花卉生长发育的?
10. 养分是怎样影响花卉生长发育的?
11. 花卉生长发育的必需元素有哪些?对花卉生长发育有什么主要作用?
12. 试述矿质元素的吸收态和在体内的移动性。
13. 土壤的哪些性质影响花卉生长发育?
14. 根际与花卉生长发育有什么关系?
15. 常用的花卉栽培基质有哪些?
16. 大气成分是怎样影响花卉生长发育的?

17. 大气中影响花卉的有害气体主要有哪些？
18. 什么是监测植物？它们有什么用途？举例说明。

推荐阅读书目

1. 花卉园艺(上). 章守玉. 辽宁科学技术出版社，1982.
2. 植物营养学(第 2 版). 陆欣，谢英荷. 中国农业大学出版社，2019.
3. 花卉营养学. 杨秀珍. 中国林业出版社，2011.

第4章 园林花卉栽培设施及设备

[**本章提要**] 利用栽培设施及设备创造栽培环境，可以实现自然条件下不能实现或难以实现的园林花卉繁殖和育苗等栽培活动，或是提供更加优质、丰富的花卉种类。本章介绍了保护地的概念、作用和特点，国内外保护地栽培的发展状况；重点介绍了常用栽培设施（温室、荫棚、风障、冷床、温床、冷窖、塑料大棚等）的主要作用、特点、结构以及相关设备。

4.1 概 述

4.1.1 保护地的概念、作用和特点

人为利用设施和设备所营造的花卉栽培环境，称为保护地。利用这种人工创造的栽培环境进行花卉栽培，实现在自然条件下不能实现或难以实现的栽培活动，称为花卉保护地栽培(生产)。常用的保护地设施主要有温室、荫棚、风障、冷床、温床、冷窖、塑料大棚以及其他一些相关的设备，如环境控制设备和各种工具、用器等。

设施生产已经成为花卉商品化生产的主要方式。园林花卉栽培主要是在育苗过程、栽培不适地的花卉及不适时的花卉时需要使用保护地。例如，培育园林中使用的高质量花卉幼苗，然后定植于露地；或在不适于花卉生态要求的地区栽培该类花卉，丰富某一地区的花卉种类，例如，在北京地区利用温室栽培鸟巢蕨、热带兰、变叶木等热带花卉；或是栽培当地当时气候不宜栽培的花卉，丰富园林应用种类，例如，借助保护地提早或延迟播种，或扦插等调整花期以及利用环境调节设备满足花卉成花需要进行促成和抑制栽培等。

与露地栽培相比，保护地栽培有如下特点：

① 需要保护设施和设备　需要根据当地的自然条件、栽培季节、栽培目的和资金选定栽培设施设备。

② 设备费用大，生产费用高　需要一定的资金保障。

③ 不受季节和地区气候限制，可周年进行栽培　但考虑到生产成本和经济效益，应选择耗能低、产值高、适销对路的花卉进行生产。

④ 产量可成倍增加　若能科学安排温室面积的利用，尽量提高单位面积产量，

可获得高产。

⑤ 栽培管理技术要求严格　一是对栽培花卉的生长发育规律和生态习性要有深入的了解。要精确知晓花卉生长发育各阶段对光照、温度、湿度、营养等的最佳要求，以及它对不适环境的抗性幅度等。二是对当地的气象条件和栽培地周围环境条件要心中有数。三是对花卉栽培设备的性能要有全面了解，才能在栽培中充分发挥设备的作用。四是要有熟练的栽培技术和经验，才能取得良好的栽培效果。

⑥ 生产和销售环节之间要紧密衔接　若生产和销售脱节，产品不能及时销出，会造成很大的经济损失，而且空占温室的宝贵面积，影响整个生产。

4.1.2　花卉保护地栽培的发展历史

4.1.2.1　中国花卉保护地栽培的发展历史

中国保护地栽培有着悠久的历史，早在公元前2世纪就有了保护地栽培的记载。据《古文奇字》云："秦始皇密令人种瓜于骊山沟谷中温处，瓜实成"。骊山在陕西省西安市临潼区，冬天不可能露地栽培，可以推断是利用当地温泉进行瓜类栽培的。这是一种最原始的保护地栽培。中国种植植物的温室始建于汉代。汉未央宫内有扶荔宫和温室殿，种植荔枝及其他由南方引进的植物。《汉书·循吏传》记载："自汉世太官园，冬种葱韭菜菇，复以屋庑，昼夜熬蕴火，得温气乃生。"说明汉代已经有了温室蔬菜生产。到唐代，利用温室种菜已相当普遍。宋代已有用温室催花的技术，"宋时武林马塍藏花之法，以纸窗糊密室，凿地作坑，编竹置于上……然后沸汤于坑中，候气熏蒸，扇之经宿，则花即放。"（《香祖笔记》）。明代，在北京的黄土岗地区用土坑纸窗的土温室来培养花卉，后来发展成前窗为直立纸窗的土温室，即"花洞子"，专用于木本花卉越冬。到清代，北京劳动人民制造了"北京式土温室"，用于牡丹及其他花卉的促成栽培和一般栽培。

19世纪末，上海出现了近代玻璃温室；20世纪初，出现专门栽培一种盆花（如大岩桐、球根海棠等）的单栋温室。1979年，北京从日本引进了面积2hm^{2}的双屋面连栋现代玻璃钢温室，用于栽种观赏植物。1980年以后，中国各地陆续从国外引进了大型连栋温室，中国农业科学院蔬菜花卉研究所于1988年建造1hm^{2}双屋面连栋玻璃温室，用于生产月季切花。从20世纪80年代开始，原为种菜而设计的塑料大棚逐步用于栽种花卉，现已成为长江下游花卉生产的主要设施。在中国北方地区，包括东北南部、华北一带，简易日光温室发展很快，起初用于种菜，后在花卉栽培上得到推广应用，现已成为北方地区盆花和切花生产的主要设施。

20世纪80年代中期始，中国从国外（荷兰、美国、西班牙、以色列等国家）引进现代化大型温室。此阶段，中国也出现一些大型的专业温室生产厂家，在温室引进、推广和改良、设计适合中国气候特点的现代化大型温室方面起到了积极作用。

20世纪和21世纪之交，北京植物园和上海植物园分别建造了大型的植物展览温室。

目前，中国的温室设计制造厂家已从最初的仿制进口温室开始逐渐转向独立自主地开发适合中国气候特点的现代化大型温室，在解决进口现代化温室与中国气候特点和生产力发展水平不相符的问题上取得了一些有益的成果。

4.1.2.2 国外花卉保护地栽培的发展历史

罗马人在公元前已经用透明矿物质覆盖透光，烧木材和干马粪加温来栽培植物。现代意义上的温室雏形出现在法国。1385年，在法国的波依斯戴都，人们首次用玻璃建成亭子，并在其内栽培花卉。当时玻璃还是很珍贵的材料，玻璃温室难以推广应用。直到18世纪，玻璃工业发展起来以后，英国人将它改建为玻璃房，玻璃屋面的温室才普及应用。15世纪末期，西班牙和意大利建造了一种被称为"柑橘栽培室"（orangery）的温室建筑，它通常是坐北朝南，北面是砖墙，而南面则是一种类似于窗户的结构，主要种植柑橘、月桂和凤梨等植物。这种称作"一面坡式"的设计，在后来很长一段时间内都没有很大变化。1903年和1967年，荷兰人先后建成历史上的第一座双屋面温室和第一座连栋温室，为现代温室业的发展作出了巨大贡献。美国在1800年建造了第一栋商用玻璃温室。20世纪70年代初期，美国盛行由双层充气薄膜覆盖的连栋温室，其后又为玻璃钢温室所代替，至今欧洲各地则仍以玻璃温室为主。

19世纪40年代，温室的加温装置得以改进，有了热水和蒸汽的加温设备。20世纪，随着科学技术的飞跃发展，温室的结构和设备更加完善，机械化、自动化水平不断提高。在1949年，美国加利福尼亚州Farhort植物实验室创建了世界上第一个人工气候室，人们可以任意调节各种环境因子。人工气候室的发明是温室划时代的进展，起初只用于科学研究，现已用于园艺作物和林木种苗等的工厂化生产。

温室园艺是以现代化栽培设施为依托，科技含量高、产品附加值高、土地产出率高和劳动生产率高的现代栽培业，始于20世纪50年代，盛于60～70年代。目前，世界设施园艺主要生产蔬菜、花卉和水果。温室园艺技术最先进的国家当数荷兰、日本、以色列和美国，基本代表了世界设施生产的发展水平。纵观世界温室园艺的发展，世界温室园艺具有以下几个趋势：

(1) 温室大型化

随着温室技术的发展，为了追求规模化、集约化生产，以降低生产成本，发达国家的生产型温室不断向大型化方向发展。美国从1994年以来在南方新建多处大型温室，单栋面积均在20hm^2以上。荷兰、比利时的温室规模一般为2hm^2，每座温室的单栋面积都在0.5hm^2以上。日本的温室发展方向是单栋面积5000m^2以上的温室。

(2) 现代化、工厂化

花卉设施生产中的高新技术主要有无土栽培技术、营养液自动调配灌溉技术、二氧化碳施肥技术、温室环境自动控制技术、作物生长的计算机模拟控制技术、基质消毒技术、机械化作业技术、病虫害综合防治技术、新能源技术等。通过这些先进技术的使用，温室生产实现了温室栽培管理的机械化、自动化和科学化，逐步向植物工厂方向发展。

(3) 温室生产向低能耗、低成本的地区转移

随着市场一体化和交通运输业的发达，花卉产品的异地销售十分便利，温室产业向节省能源的地区转移。如在美国，能源危机后，温室发展中心转移到南方，北方只保留了冬季不加温的塑料大棚。

4.2 温　室

温室(greenhouse)是以透光材料作为全部或部分围护、覆盖材料建成的一种特殊建筑，能够提供适宜植物生长发育的环境条件。温室是花卉栽培中最重要的，同时也是应用最广泛的栽培设施，比其他栽培设施(如风障、冷床、温床、冷窖、荫棚等)对环境因子的调控能力更强、更全面，是比较完善的保护地类型。温室是北方地区栽培热带和亚热带植物的主要设施。温室有许多不同的类型，对环境的调控能力也不相同，在花卉栽培中有不同的用途。

4.2.1 温室的种类

(1) 依应用目的划分

① 观赏温室　专供陈列观赏花卉之用，一般建于公园及植物园内。温室外形要求美观、高大。有的观赏温室中有地形的变化和空间分割，创造出各种植物景观，供游人游览。如近年新建的北京植物园和上海植物园的展览温室。

② 栽培温室　以花卉生产栽培为主。建筑形式以符合栽培需要和经济实用为原则，外形美观其次。一般建筑低矮，外形简单，室内面积利用经济。如各种日光温室、连栋温室等。

③ 繁殖温室　这种温室专供大规模繁殖之用。传统方式多采用半地下式，以便维持较高的湿度和温度。而现代的繁殖温室，除了有完备的温、湿、光控制设备，与栽培温室差别不大。

④ 人工气候室　过去一般供科学研究用，可根据需要自动调控各项环境指标。现在的大型自动化温室在一定意义上就已经是人工气候室。

(2) 依热源划分

① 不加温温室　也称日光温室。只利用太阳辐射来维持温室温度。

② 加温温室　除利用太阳辐射外，还用烟道、热水、蒸汽、电热等人为加温的方法来提高温室温度，其中以烟道、蒸汽和热水3种方式应用最为广泛。

(3) 依建筑形式划分

温室的屋顶形状对温室的采光性能有很大影响。出于美观的要求，观赏温室建筑形式很多，有方形、多角形、圆形、半圆形及多种复杂的形式。生产性温室的建筑形式比较简单，基本形式有4类(图4-1)。

① 单屋面温室　只有一个向南倾斜的玻璃屋面，其北面为墙体。

② 双屋面温室　屋顶为2个相等的坡屋面，通常南北向延长，屋面分向东西两方，偶尔也有东西向延长的。

③ 不等屋面温室　屋顶为2个宽度不等的坡屋面，向南一面较宽，向北一面较

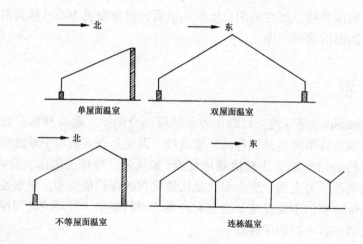

图 4-1 温室的建筑形式
（引自《花卉学》，北京林业大学园林系花卉教研组）

窄，二者的比例为 4:3 或 3:2。

④ 拱顶温室　屋顶呈均匀的弧形，通常为连栋温室。

由上述若干个双屋面或不等屋面温室，借纵向侧柱或柱网连接起来，相互通连，可以连续搭接，形成室内串通的大型温室，即为连栋温室（又名连续式温室）。现代化温室均为此类。

（4）依温室与地面位置划分（图4-2）

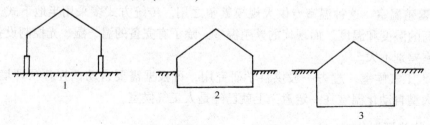

图 4-2 温室相对于地面的位置
1. 地上式　2. 半地下式　3. 地下式
（引自《花卉学》，北京林业大学园林系花卉教研组）

① 地上式温室　室内与室外的地面在同一个平面上。

② 半地下式温室　四周短墙深入地下，仅侧窗留于地面以上。这类温室保温好，室内又可维持较高的湿度。

③ 地下式温室　仅屋顶凸出于地面，只由屋面采光。此类温室保温、保湿性能好，但采光不足，空气不流通，适于在北方严寒地区栽培湿度要求大及耐阴的花卉，如蕨类植物、热带兰等。

（5）依建筑材料划分

① 土温室　墙壁用泥土筑成，屋顶上面主要材料也为泥土，其他各部分结构为木材，采光面最早为纸窗，目前常用玻璃窗和塑料薄膜。只限于北方冬季无雨季节

使用。

② 木结构温室 屋架及门窗框等都为木制。木结构温室造价低，但使用几年后，温室密闭度常降低。使用年限一般为15~20年。

③ 钢结构温室 柱、屋架、门窗框等结构均用钢材制成，可建筑大型温室。钢材坚固耐久，强度大，用料较细，支撑结构少，遮光面积较小，能充分利用日光。但造价较高，容易生锈，由于热胀冷缩常使玻璃面破碎，一般可用20~25年。

④ 钢木混合结构温室 除中柱、桁条及屋架用钢材外，其他部分都为木制。由于温室主要结构应用钢材，可建造较大的温室，使用年限也较久。

⑤ 铝合金结构温室 结构轻、强度大，门窗及温室的结合部分密闭度高，能建大型温室。使用年限很长，可用25~30年，但是造价高，是目前大型现代化温室的主要结构类型之一。

⑥ 钢铝混合结构温室 柱、屋架等采用钢制异形管材结构，门窗框等与外界接触部分是铝合金构件。这种温室具有钢结构和铝合金结构二者的优点，造价比铝合金结构的低，是大型现代化温室较理想的结构。

(6) 依温室透光覆盖材料划分

主要分为玻璃温室、塑料薄膜温室和硬质塑料板温室三大类。

① 玻璃温室(glass greenhouse) 以玻璃为覆盖材料。使用寿命和透光性能居首位，透光率约90%，且衰减缓慢，寿命长达30年以上。目前多用隔热性好的中空玻璃。中空玻璃又分为单层和双层；钢化和普通平板玻璃。钢化玻璃安全，防雹，但成本高，破碎时形成类似蜂窝状的钝角碎小颗粒。玻璃温室所需配件和密封材料价格均较高，且质量大，骨架荷载增加，骨架用量也相应增加，因此总体成本较高。温室顶部和四周可为不同玻璃材料，以降低成本。

② 塑料薄膜温室(film plastic greenhouse) 以各种塑料薄膜为覆盖材料。可用于单体拱棚、日光温室以及连栋薄膜温室以及竹木等简易结构温室，也便于做临时性温室；形式多半圆形或拱形，也有尖顶形的。单层或双层充气膜。造价低，安装使用方便，维护简单，性价比高，普及率广，使其成了温室覆盖材料的首选。目前温室塑料薄膜有聚氯乙烯(PVC)膜、聚乙烯(PE)膜、乙烯—醋酸乙烯膜(EVA)、PEP膜、乙烯—四氟乙烯共聚物(EFTE)膜和聚烯烃(PO)膜。

PVC膜 最早使用的膜，不耐高温差变化，且吸尘量大，寿命1年。

PE膜 普通PE棚膜弹性不够，老化快，寿命1年，逐渐被淘汰，取而代之是添加各种助剂的新产品，如PE无滴防老化膜(双防膜，长寿流滴膜)、PE防老化膜(长寿膜、耐老化膜)、PE保温棚膜、PE多功能复合膜等。提高了耐候性、透光性、保温性、流滴性和防雾滴效果，耐老化寿命可达18个月。

EVA膜 PE膜之后流行起来，保温效果优异，有消雾流滴功能。透光和保温性较PO膜差。消雾流滴性只有4~6个月，寿命1年。

PEP膜 为PE+EVA+PE三层共挤压复合膜。克服单层PE、EVA的缺点加以改进，在耐用性、透光率、防尘、保温性和防流滴性方面都有提高。透光率可达92%，使用寿命最长可达5年。

PO 膜　新型材料,由高级烯烃原料加助剂形成的复合膜,有不同厚度,温室外膜常为 15 丝(0.15mm)。雾度低,透明度高,且可以长久保持高透光性;升温迅速,保温性好;具有持续消雾、流滴能力;使用寿命 2~5 年及以上;有超强的拉伸强度及抗撕裂强度;防静电、不粘尘。

EFTE 膜　新型材料,实际应用开始于 20 世纪 90 年代。具目前最好的透光性,透光率可达 94%;抗拉性极强;具自洁功能;寿命达 25 年以上;防火;为可循环利用的环保材料。不仅作用于温室,也是优秀的建筑篷膜材料。英国的"伊甸园"和我国国家游泳馆水立方就应用了该材料。成本较高,目前我国已开始温室应用。

③ 硬质塑料板温室(rigid-panel greenhouse)　多为大型连栋温室。常用的主要有聚碳酸酯(PC)板、聚酯纤维玻璃(玻璃钢,FRP)。

PC 板　又称阳光板。目前国际市场有平板、双层、多层三类,包括中空板和波浪板。抗冲击性最强,质轻,重量是相同厚度玻璃的 1/15。耐候性好,在 -40~120℃下不变形;隔热效果是玻璃的 7%~25%。阻燃。经过各种技术处理,在透光性、保温性、防雾滴、耐用性等方面都不断提高。价格低于玻璃。使用寿命 10~20 年。

FRP 板　有单层和双层之分。透光率 60%~90%;抗冲击力远高于玻璃;安装方便,成本低。易变色、老化,降解后产生污染。

用于温室的覆盖材料类型很多,需要根据栽培目的、资金状况、建造地气候条件及温室的结构要求等进行选择。主要考虑透光材料的透光率、保温性、使用寿命等因素。优良的新产品在抗碰撞力、耐候性、老化速度、防滴流、抗污性、轻型、抗阻燃性、可降解性等方面都有很好的提升。

4.2.2　温室设计与建造

设计温室的基本依据是花卉作物的生态要求和当地的气候条件。温室设计是否科学和实用,主要是看它能否最大限度地满足花卉作物生长发育所要求的各项条件,即要求温室内的主要环境因子,如温度、湿度、光照、水分等通过温室环境控制设备的调控,都能够满足花卉的生态习性。目前,除大型观赏性温室和特殊植物的专类温室对温室的外观和结构设计有较高的要求或特殊要求外,一般园艺生产中所用的温室(包括日光温室、大型连栋温室等)可以与专业温室商洽商提供。专业温室生产厂家均可根据温室使用者提出的基本要求,提供温室的具体设计和配置,包括温室的外形、结构材料、覆盖材料、温室气候控制系统、温室灌溉系统等,并负责指导安装。

一个完整的温室系统通常有以下几个组成部分:温室的建筑结构、覆盖材料、通风设备、降温设备、保温节能设备、遮光/遮阳设备、加热设备、加湿设备、空气循环设备、二氧化碳施肥设备、人工光照设备、栽培床/槽、灌溉施肥设备、防虫设备、气候控制系统等。上述这些部分是否在温室中采用,通常由栽培作物的种类、当地的气候条件和经济情况来决定。

在决定建造温室时,需要注意以下几方面的问题:

(1) 要有足够的土地面积

除温室所占的土地外，还要考虑温室辅助用地的面积。不同类型的温室要求的辅助用地面积不同，要根据温室生产的性质具体确定。一般情况下，辅助设施用地面积（包括贮藏室、工作室等）为温室占地面积的10%，生产温室规模越小，辅助用地面积的比例相对越高。

(2) 温室建造的位置

建造温室的地点必须有充足的光照，不可有其他建筑物及树木遮阴。温室南面、西面、东面的建筑物或其他遮挡物到温室的距离必须大于建筑物或遮挡物高度的2.5倍。温室的北面和西北面最好有防风屏障，北面最好有山，或有高大建筑物，或有防风林等遮挡北风，形成温暖的小气候环境，可以降低温室的能耗。因温室加温设施通常在地下，而且半地下式温室在地下水位高的地方难以设置，日常管理及使用也较困难，所以要选排水良好、地下水位较低之处。选点时还应注意选择水源便利、水质优良（最好是井水）、交通方便的地方。

(3) 当地气候条件

气候条件极大地影响了温室花卉生产的地理分布。影响温室应用的首要限制因子是冬季的温度和光照强度。冬季多雾、严寒的地区基本上不具备温室生产的条件。高纬度地区光照条件越好，对温室作物冬季生产越有利，特别是对那些光照要求较高的花卉，如月季、香石竹；而对那些需要低光照的花卉则相对不利，如非洲紫罗兰、秋海棠及大多数绿色观叶植物。夏季的温度也影响温室花卉的生产。夏季高温给温室的降温带来困难，尤其是在高温、高湿的气候条件下。因而冬季不冷、夏季不热、冬季光照强度高的地区是发展温室花卉生产的最佳区域，如云南。

(4) 温室的排列

在进行大规模花卉生产的情况下，对于温室的排列及冷床、温床、荫棚等附属设备的设置，应有全面的规划。首先要避免温室之间互相遮阴，但也不可相距过远，过远不仅工作不便，而且对防风保温不利，还因延长敷设管线，增加设备投资和能源消耗。因此，在互不遮阴的前提下，温室间的距离越近越有利。温室间的合理距离决定于温室的高度及地理纬度。当温室为东西向延长时，南北两排温室间的距离通常为温室高度的2倍；当温室为南北向延长时，东西两温室之间的距离应为温室高度的2/3。当温室高度不等时，高的温室应设置在北面，矮的设置在南面，工作室及锅炉房应设在温室的北面或东西两侧。考虑温室排列时，同时要注意温室之间及温室与其他辅助设施（如工作室、贮藏室、荫棚等）尽量在同一平面上，避免设置台阶，以免影响温室与辅助设施间的运输。

(5) 温室屋面倾斜度和温室朝向

太阳辐射是温室的基本热量来源之一，能否充分利用太阳辐射热，是衡量温室性能的重要标志。对于单屋面温室，太阳辐射主要通过南向倾斜的温室屋面获得。温室吸收太阳辐射能量的多少，取决于太阳的高度角和南向玻璃屋面的倾斜角度。太阳高度角一年之中是不断变化的,而温室的利用多以冬季为主,所以在北半球,通常以冬至中午太阳的高度角为确定南向玻璃屋面倾斜角度的依据。温室南向玻璃屋面的倾斜角度不同,温室内太阳辐射强度有显著的差异,以太阳光投向玻璃屋面的投射角为90°时最大。在北京地区,为了保证在建筑结构上易于处理,又要尽可能多地吸收太阳辐射,透射到南向玻璃屋面的太阳光线投射角应不小于60°,南向玻璃屋面的倾斜角应不小于33.4°。其他纬度地区可据此适当安排。

至于南北向延长的双屋面温室,屋面倾斜角度的大小在中午前后与太阳辐射强度关系不大,因为不论玻璃屋面的倾斜角度大小,都和太阳光线投射于水平面时相同。这正是南北向延长温室白天温度比东西向延长温室相对偏低的缘故。但为了上午和下午能更多地接受太阳的辐射能量,屋面倾斜角度不宜小于30°。

温室内的连接结构影响温室内的光照条件,这些结构的投影大小取决太阳高度角和季节变化。对于单栋温室,在北纬40°以北的地区,东西向屋脊的温室比南北向屋脊温室能够更有效地吸收冬季低高度角的太阳辐射,而南北向屋脊的温室的连接结构遮挡了较多的太阳辐射。在北纬40°以南的地区,由于太阳高度角较高,温室(屋脊)多南北延长。连栋型温室不论在什么纬度地区,均以南北延长者对太阳辐射的利用效率高。

4.2.3 几种常用温室的特点

4.2.3.1 单屋面温室

仅有一个向南倾斜的透光屋面,构造简单,小面积温室多采用此种形式。温室采光面有两类:一类是半拱圆形(如鞍山Ⅱ型日光温室),一类为一斜一立式。一般跨度3~7m,屋面倾斜角度较大,可充分利用冬季和早春的太阳辐射,温室北墙可以阻挡冬季的西北风,温度容易保持,适宜在北方严寒地区采用。通常北墙高200~350cm,前墙高60~90cm,不宜过高,否则遮挡光线;有的温室不设前墙。温室高度依据栽培植物种类的高矮而定,如植株较矮,且要定植于地床者,前墙以矮为宜,也有前墙全部改为玻璃窗者,栽培植株低矮的盆花;若设置种植台,则前墙可较高。冬季温室外部一般设有保温材料(保温被、草苫),用于夜间保温(图4-3、图4-4)。

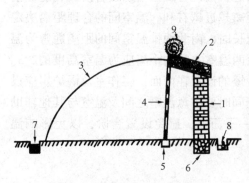

图4-3 日光温室结构示意图
1. 后墙 2. 后屋面 3. 前屋面 4. 中柱
5、6. 基础 7、8. 防寒沟 9. 保温材料
(引自《观赏园艺概论》,郭维明、毛龙生)

图4-4 改良型日光温室
侧墙和后墙为15cm厚的聚苯乙烯包铁板,外设电机传动的复合保温被,侧墙安装电动通风窗,有的内部安装加温设备。内部无立柱,采光性能好,在华北地区多用于切花和盆花生产(潘会堂摄)

单屋面温室光线充足,保温良好,结构简单,建筑容易,是中国园艺生产中采用的主要温室类型。为防止互相遮挡,一般温室间的距离约为温室本身的跨度,因此土地利用面积仅为50%左右。由于温室前部较低,不能栽植较高花卉,温室空间利用率较低,尤其是用作切花栽培时;温室空间较小,不便于机械化作业;另外,由于光线来自一面,常造成植物向光弯曲,对生长迅速的花卉种类(如草花)影响较大,所以要经常进行转盆以调整株态,对木本花卉影响较小。目前,中国花卉生产中常用的各种日光温室均为此类。

4.2.3.2 不等屋面温室

有南北两个不等宽屋面,向南一面较宽。采光面积大于同体量的单屋面温室。由于来自南面的照射较多,室内植物仍有向南弯曲的缺点,但比单屋面温室稍好。北向屋面易受北风影响,保温性不及单屋面温室。南向屋面的倾斜角度一般为22°~28°,北向屋面为45°。前墙高60~70cm,后墙高200~250cm,一般跨度为500~800cm,宜于小面积温室用。此类温室在建筑上及日常管理上都感不便,一般较少采用。

4.2.3.3 双屋面温室

这种温室因有两个相等的屋面,因此室内受光均匀,植物生长没有弯向一面的缺点。通常建筑较为宽大,一般跨度600~1000cm,也有达1500cm的。宽大的温室具有很大的空气容积,当室外气温变化时,温室内温度和湿度不易受到影响,有较好的稳定性,但温室过大时有通风不良之弊。温室有较高栽培床时,温室四周短墙的高度为60~90cm;采用低栽培床时,短墙高40~50cm。采光屋面倾斜角度较单屋面式小,一般为28°~35°。由于采光屋面较大,散热较多,必须有完善的加温设备。为利于采光,双屋面单栋温室在高纬度地区(>40°N)宜采用东西延长方向(屋脊),低纬度地区采用南北延长方向。

4.2.3.4 连栋式温室

连栋温室除结构骨架外,一般所有屋面与四周墙体都为透明材料,如玻璃、塑料薄膜或硬质塑料板,温室内部可根据需要进行空间分隔。在冬季北风较强的地区,为提高温室的保温性,温室的北墙可选用保温性能强的不透明材料。国际上大型、超大型温室皆属此式。连栋温室的土地利用率高,内部作业空间大,每日可以有充足的阳光直射时间且接受阳光区域大。一般自动化程度较高,内部配置齐全,可以实现规模化、工厂化生产,也便于机械化、自动化管理。连栋温室在冬季多降大雪的地区不宜采用,因为屋面连接处大量积雪容易发生危险。

目前,中国花卉生产中常用的连栋温室主要有以下几类:

(1)薄膜连栋温室

薄膜连栋温室有单层膜温室和双层充气膜温室两种。单层膜连栋温室以单层塑料薄膜作为覆盖材料,有拱顶和尖顶两种。多采用热浸镀锌钢骨架结构装配,防腐防锈,温室内部操作空间大,便于机械化作业,而且温室采光面积大,新膜透光率可以达到95%。由于是单层薄膜覆盖，温室造价低，但保温性能不佳，北方地区冬季运行成本太高，而在南方地区适当加温即可四季使用。

双层充气膜温室通过用充气泵不断地给两层薄膜之间充入空气，维持一定的膨压，使温室内与外界之间形成一层空气隔热层，这种温室的保温性能好。双层充气膜温室一般有两种形式：一种是侧墙为硬质板材板，顶部为双层充气膜；另一种顶部和侧墙均为双层充气膜。第一种形式应用较多。双层充气膜温室适合北方寒冷、光照充足的地方(图4-5)。

(2) 玻璃连栋温室

玻璃作为覆盖材料，常见的有双坡面温室和Venlo型温室。双坡面温室主体结构采用热浸镀锌钢材，表面防腐。Venlo型温室是一种源于荷兰的小屋面双坡面玻璃温室。结构材料、钢柱及侧墙檩条采用热浸镀锌轻钢结构，屋面托架采用桁架结构，屋面梁采用专用铝合金型材。与双坡面温室相比，它的结构特点是构件截面小、安装简单、使用寿命长、便于维护等。Venlo型温室密封性好、通风面积大，适于在多种气候条件下使用(图4-6)。

玻璃温室的造价比其他覆盖材料的温室高，但玻璃不会随使用年限的延长而降低

图4-5 拱顶连栋温室

侧墙为双层中空PC板，温室屋顶为双层充气膜(潘会堂摄)

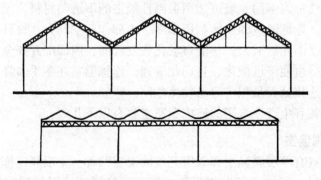

图4-6 双坡面温室(上)和Venlo型温室(下)示意图

透光率,在温室使用超过 20 年时,玻璃温室造价低于其他材料的温室。

玻璃温室透光性能最好,但玻璃导热系数大,保温性能较差,适于在冬季较温暖的地区使用,或者用于生产对光照条件要求高的花卉。在冬季(特别在严寒地区)因其采暖负荷大,运行成本比较高。

(3) PC 板连栋温室

PC 板温室又称阳光板温室,它主要是以 PC 板作为覆盖材料的一种温室。PC 板一般为双层或三层透明中空板或单层波浪板。PC 板温室骨架采用热浸镀锌钢管装配式,坚固耐用、防腐蚀、抗老化。有双坡面温室、Venlo 型温室,也有拱形顶温室。该类温室可以在中国各地推广使用,不受地区限制,唯一不足是价格较昂贵。

4.2.4　温室环境的调控及调控设备

4.2.4.1　降温系统

温室中常用的降温设施有:自然通风系统(通风窗:侧窗和顶窗等)、强制通风系统(排风扇)、遮阴网(内遮阴和外遮阴)、湿帘—风机降温系统、微雾降温系统。一般温室不采用单一的降温方法,而是根据设备条件、环境条件和温度控制要求采用以上多种方法组合。

(1) 自然通风和强制通风降温

通风除降温作用外,还可降低设施内湿度,补充二氧化碳气体,排除室内有害气体。

① 自然通风系统　温室的自然通风主要是靠开顶窗来实现的,让热空气从顶部散出。简易温室和日光温室一般用人工掀起部分塑料薄膜进行通风,而大型温室则设有相应的通风装置,主要有天窗、侧窗、肩窗、谷间窗等。自然通风适于高温、高湿季节的通风及寒冷季节的微弱换气。

② 强制通风系统　利用排风扇作为换气的主要动力,强制通风降温。由于设备和运行费用较高,主要用于盛夏季节需要蒸发降温,或开窗受到限制、高温季节通风不良的温室。排风扇一般和水帘结合使用,组成水帘—风扇降温系统(下文详述)。当强制通风不能达到降温目的时,水帘开启,启动水帘降温。

(2) 蒸发降温

蒸发降温是利用水蒸发吸热来降温,同时提高空气的湿度。蒸发降温过程中必须保证温室内外空气流动,将温室内高温、高湿的气体排出温室并补充新鲜空气,因此必须采用强制通风的方法。高温高湿的条件下,蒸发降温的效率会降低。目前采用的蒸发降温方法有湿帘—风机降温和喷雾降温。

① 湿帘—风机降温　该系统由湿帘箱、循环水系统、轴流风机、控制系统四部分组成。降温效率取决于湿帘的性能:湿帘必须有足够大的表面积与流过的空气接触,以便空气和水有充分的接触时间,使空气达到近水饱和。湿帘的材料要求有强的吸附水的能力、强通风透气性能、多孔性和耐用性。国产湿帘大部分是由压制成蜂窝结构的纸制成的。

② 喷雾降温　是直接将水以雾状喷在温室的空中,雾粒直径非常小,只有 50~

90μm,可在空气中直接汽化,雾滴不落到地面。雾粒汽化时吸收热量,降低温室温度,其降温速度快,蒸发效率高,温度分布均匀,是蒸发降温的最好形式。喷雾降温效果很好,但整个系统比较复杂,对设备的要求很高,造价及运行费用都较高。

(3) 遮阴网降温

遮阴网降温是利用遮阴网(具一定透光率)减少进入温室内的太阳辐射,起到降温效果。遮阴网还可以防止夏季强光、高温条件下导致的一些阴生植物叶片灼伤,缓解强光对植物光合作用造成的光抑制。遮阴网遮光率的变化范围为25%~75%,与网的颜色、网孔大小和纤维线粗细有关。遮阴网的形式多种多样,目前常用的遮阴材料,主要是黑色或银灰色的聚乙烯薄膜编网,对阳光的反射率较低,遮阴率为45%~85%。欧美一些国家生产的遮阴网形式很多,有内用、外用各种不同遮阴率的遮阴网及具遮阴和保温双重作用的遮阴幕,多为铝条和其他透光材料按比例混编而成,既可遮挡又可反射光线。

① 温室外遮阴系统　温室外遮阴是在温室外另外安装一遮阴骨架,将遮阴网安装在骨架上。遮阴网用拉幕机构或卷膜机构带动,自由开闭;驱动装置手动或电动,或与计算机控制系统联接,实现全自动控制。温室外遮阴的降温效果好,它直接将太阳能阻隔在温室外。缺点是需要另建遮阴骨架,同时,因风、雨、冰雹等灾害天气时有出现,对遮阴网的强度要求较高;各种驱动设备在露天使用,要求设备对环境的适应能力较强,机械性能优良。遮阴网的类型和遮光率可根据要求具体选择。

② 温室内遮阴系统　是将遮阴网安装在温室内上方,在温室骨架上拉接金属或塑料网线作为支撑系统,将遮阴网安装在支撑系统上,不用另行制作金属骨架,造价较温室外遮阴系统低。温室内遮阴网因为使用频繁,一般采用电动控制或电动加手动控制,或由温室环境自动控制系统控制。

温室内遮阴与同样遮光率的温室外遮阴相比,效果较差。温室内遮阴的效果主要取决于遮阴网反射阳光的能力,不同材料制成的遮阴网使用效果差别很大,以缀铝条的遮阴网效果最好。

温室内遮阴系统往往还起到保温幕的作用,在夏季的白天用作遮阴网,降低室温;在冬季的夜晚拉开使用,可以将从地面辐射的热能反射回去,降低温室的热能散发,可以节约能耗20%以上。

4.2.4.2 保温、加温系统

(1) 保温设备

一般情况下,温室通过覆盖材料散失的热量损失占总散热量的70%,通风换气及冷风渗透造成的热量损失占20%,通过地下传出的热量损失占10%以下。因此,提高温室保温性途径主要是增加温室围护结构的热阻,减少通风换气及冷风渗透。生产中经常使用的保温设备有:

① 室外覆盖保温设备　包括草苫、纸被、棉被及特制的温室保温被。多用于塑料棚和单屋面温室的保温,一般覆盖在设施透明覆盖材料外表面。傍晚温度下降时

覆盖,早晨开始升温时揭开。

② 室内保温设备　主要采用保温幕。保温幕一般设在温室透明覆盖材料的下方,白天打开进光,夜间密闭保温。连栋温室一般在温室顶部设置可移动的保温幕(或遮阴/保温幕),人工、机械开启或自动控制开启。保温幕常用材料有无纺布、聚乙烯薄膜、真空镀铝薄膜等。

在温室内增设小拱棚后也可提高栽培畦的温度,但光照一般会减弱30%,且不适用于高秆植物,在花卉生产中不常用。

(2) 加温系统

温室的采暖方式主要有热水加温、热风加温、电加温和红外线加温等。

① 热水加温　该系统由热水锅炉、供热管道和散热设备3个基本部分组成。热水加温系统运行稳定可靠,是玻璃温室目前最常用的采暖方式。其优点是温室内温度稳定、均匀,系统热惰性大,温室采暖系统发生紧急故障,临时停止供暖时,2h内不会对作物造成大的影响。其缺点是系统复杂,设备多,造价高,设备一次性投资较大。

② 热风加温　该系统由热源、空气换热器、风机和送风管道组成。热风加温系统的热源可以是燃油、燃气、燃煤装置或电加温器,也可以是热水或蒸汽。热源不同,热风加温系统的安装形式也不一样。蒸汽、电热或热水式加温装置的空气换热器安装在温室内,与风机配合直接提供热风。燃油、燃气的加温装置安装在温室内,燃烧后的烟气排放到室外大气中,如果烟气中不含有害成分,可直接排放至温室内。燃煤热风炉一般体积较大,使用中也比较脏,一般都安装在温室外面。为了使热风在温室内均匀分布,由通风机将热空气送入均匀分布在温室中的通风管。通风管由开孔的聚乙烯薄膜或布制成,沿温室长度布置。通风管重量轻,布置灵活且易于安装。

热风加温系统的优点是:温度分布比较均匀,热惰性小,易于实现快速温度调节,设备投资少。其缺点是:运行费用高,温室较长时,风机单侧送风压力不够,造成温度分布不均匀。

③ 电加温　该系统一般用于热风供暖系统。另外一种较常见的电加温方式是将电热线埋在苗床或扦插床下面,用以提高地温,主要用于温室育苗。电能是最清洁、方便的能源,但电能本身比较贵,因此只作为临时加温措施。

④ 红外线加温　红外线加温最初应用于温室是在20世纪70年代早期。红外线可使温室温度迅速升高。采用液化石油气红外燃烧取暖炉,燃烧系统顶部有一个铝制反射器,燃烧的能量被直接反射到下面的作物上,可直接提高植物冠层温度,预热时间短,容易控制,使用方便,可节约能量。由于叶片及土壤的温度比周围的空气的温度高,所以采用此方式有利于降低葡萄孢菌病和霉菌病等叶部病害的发生率。红外线加温燃烧效率高,用电量低,一般作为临时辅助采暖。该种方式在中国还很少采用。

中国北方地区的简易温室还常采用烟道加热的方式进行温室加温。

温室采暖方式和设备选择涉及温室投资、运行成本、生产经济效益,需要慎重考虑。温室加温系统的热源从燃烧方式上分为燃气式、燃油式、燃煤式3种。燃气式设备装置最简单,造价最低。燃油式设备造价比较低,占地面积比较小,土建投资也低,设备简单,操作容易,自动化控制程度高,有的可完全实现自动化控制;但燃油设备的运行费用比较高,相同的热值比燃煤费用高 3 倍。燃煤式设备最复杂,操作比较复杂,设备费用最高,占地面积大,土建费用比较高;有环境污染风险;但设备运行费用在 3 种设备中最低。从温室加温系统来讲,热水式系统的性能好,造价高,运行费用低;热风式系统性能一般,造价低,运行费用高。在南方地区,温室加温时间短,热负荷低,采用燃油式的设备较好,加温方式以热风式较好。在北方地区,冬季加温时间长可采用燃气热水锅炉。

4.2.4.3 遮光幕

使用遮光幕的主要目的是通过遮光缩短日照时间。用完全不透光的材料铺设在设施顶部和四周,或覆盖在植物外围的简易棚架的四周,严密搭接,为植物临时创造一个完全黑暗的环境。常用的遮光幕有黑布、黑色塑料薄膜两种,现在也常使用一种一面为白色反光、一面为黑色的双层结构的遮光幕。

4.2.4.4 补光设备

补光的目的一是延长光照时间;二是在自然光照强度较弱时,补充一定光强的光照,以促进植物生长发育,提高产量和品质。补光方法主要是用电光源补光。

用于温室补光的理想的人造光源要求:有与自然光照相似的光谱成分,或光谱成分近似于植物光合有效辐射的光谱;有一定的强度,能使床面光照强度达到光补偿点以上和光饱和点以下,一般在 30~50klx,最大可达 80klx。补光量依植物种类、生长发育阶段以及补光目的来确定。用于温室补光的光源主要有白炽灯、荧光灯、高压汞灯、金属卤化物灯、高压钠灯。它们的光谱成分不同,使用寿命和成本也有差异。

在短日照条件下,给长日照植物进行光周期补光时,按产生光周期效应有效性的强弱,各种电光源可以排列如下:

白炽灯>高压钠灯>金属卤化灯=冷白色荧光灯=低压钠灯>汞灯

荧光灯在欧美温室生产中广泛地用于温室种苗生产,很少用于成品花卉生产。金属卤化物灯和高压钠灯在欧美国家广泛地用于花卉和蔬菜的光合补光。

除用电灯补光外,在温室的北墙上涂白或张挂反光板(如铝板、铝箔或聚酯镀铝薄膜)将光线反射到温室中后部,可明显提高温室内侧的光照强度,可有效改善温室内的光照分布。这种方法常用于改善日光温室内的光照条件。

4.2.4.5 防虫网

温室是一个相对密闭的空间,室外昆虫进入温室的主要入口为温室的顶窗和侧窗,防虫网就设于这些开口处。防虫网可以有效地防止外界植物害虫(包括蓟马等微小害虫)进入温室,使温室中的农作物免受病虫害的侵袭,减少农药的使用。安装防虫网要特别注意防虫网网孔的大小,并选择合适的风扇,保证使风扇能正常运转,同时不降低通风降温效率。

4.2.4.6 二氧化碳施肥系统

二氧化碳施肥可促进花卉作物的生长和发育进程,增加产量,提高品质,促进扦插生根，促进移栽成活，还可增强花卉对不良环境条件的抗性，已经成为温室生产中的一项重要栽培管理措施，但技术要求较高。现代化的温室生产中一般配备二氧化碳发生器，结合二氧化碳浓度检测和反馈控制系统进行二氧化碳施肥，施肥浓度一般在 $600 \sim 1500 \mu L/L$ 之间，绝不能超过 $5000 \mu L/L$。二氧化碳浓度达到 $5000 \mu L/L$ 时，人会感到乏力，不舒服。

4.2.4.7 施肥系统

在设施生产中多利用缓释性肥料和营养液施肥。营养液施肥广泛地应用于无土栽培中，无论采取基质栽培还是水培，都必须配备施肥系统。施肥系统可分为开放式(对废液不进行回收利用)和循环式(回收废液，进行处理后再行使用)两种。施肥系统一般是由贮液槽、供水泵、浓度控制器、酸碱控制器、管道系统和各种传感器组成。施肥设备的配置与供液方法的确定要根据栽培基质、营养液的循环情况及栽培对象而定。自动施肥机系统可以根据预设程序自动控制营养液中各种母液的配比、营养液的 EC 值和 pH 值、每天的施肥次数及每次施肥的时间，操作者只需要按照配方把营养液的母液及酸液准备好，剩下的工作就由施肥机来操控，如丹麦生产的 Volmatic 施肥机系统(图 4-7)。比例注肥器是一种简单的施肥装置，将注肥器连接在供水管道上，由水流产生的负压将液体肥料吸入混合泵与水按比例混合，供给植物(图 4-8)。营养液施肥系统一般与自动灌溉系统(滴灌、喷灌)结合使用。

图 4-7　Volmatic 自动施肥机系统(潘会堂摄)　　图 4-8　注肥器示意图

4.2.4.8 灌溉设备

灌溉系统是温室生产中的重要设备，目前使用的灌溉方式大致有人工浇灌、漫灌、喷灌(移动式和固定式)、滴灌、渗灌及潮汐式灌溉等。浇灌、漫灌为较原始的灌溉方式，无法精确控制灌溉的水量，也无法达到均匀灌溉的目的，常造成水肥的浪费。人工灌溉现在多只用于小规模花卉生产。喷灌、滴灌、渗灌和潮汐式灌溉多为机械化或自动化灌溉方式，可用于大规模花卉生产，容易实现自动控制灌溉。

典型的滴灌系统(drip irrigation system)由贮水池(槽)、过滤器、水泵、注肥器、

图4-9　盆花滴灌系统（潘会堂摄）

输入管道、滴头和控制器等组成。使用滴灌系统时，应注意水的净化，以防滴孔堵塞，一般每盆或每株植物一个滴箭（图4-9）。

喷灌系统（sprinkling irrigation system）有固定或移动方式。固定式喷灌是喷头固定在一个位置，对作物进行灌溉的形式，目前温室中主要采用倒挂式喷头进行固定式喷灌。固定式喷灌还适用于露地花卉生产区及花坛、草坪等各种园林绿地的灌溉。移动式喷灌采用吊挂式安装，双臂双轨运行，从温室的一端运行到另一端，使喷灌机由一栋温室穿行到另一栋温室，而不占用任何种植空间，一般用于育苗温室（图4-10）。

图4-10　自走式自动喷灌机，一般用于育苗温室（潘会堂摄）

渗灌是将具孔的塑料管埋设在地表下10~30cm处，通过渗水孔将水送到作物根区，借毛细管作用自下而上湿润土壤。渗灌不冲刷土壤、省水、灌水质量高、土表蒸发小，而且降低空气湿度。缺点是土壤表层湿度低，造价高，管孔堵塞时检修困难。

潮汐式灌溉系统(ebb-and-flood system)。由营养液循环系统、操作控制系统、消毒系统和增氧装置组成。使灌溉水从栽培基质底部进入，依靠栽培基质的毛细管作用，将灌溉水供给植物。与喷灌相比，灌溉更均匀，且有利于控制病害的发生及节水节肥。

4.2.4.9 温室气候控制系统

温室气候控制系统是现代化大型温室必须具有的设备。随着技术的发展，温室变得越来越复杂，温室气候管理的内容包括温度、光照、湿度、二氧化碳浓度、水分等多种环境因子的控制，温室气候控制系统的使用极大影响着温室产品的质量和生产成本。目前，温室气候控制有4种形式，分别适用于不同的温室环境控制要求。

(1) 自动调温器(thermostat)

自动调温器有两种基本类型：一种是开关式自动调温器(on-off)；另一种是渐变式自动调温器(proportioning)。开关式自动调温器一般控制风扇、加热器等只有"运行"和"停止运行"两种状态的设备，渐变式自动调温器一般用作电子控制器的传感器。自动调温器投资少，安装简单，使用方便，但控制能力有限，精确度不高，与其他设备兼容性差，扩展性差，能源利用效率低。自动调温器一般用于只需简单温度控制的温室。

(2) 模拟控制系统(analog controls)

模拟控制系统利用渐变式自动调温器或电子传感器收集环境温度信息来驱动信号放大器和电子逻辑(决策)电路。模拟控制系统的成本高于自动调温器，但是控制作用较全面，控制效果更好，还可使加热和降温设备有效结合，并达到有序控制。模拟控制系统的成本低于计算机控制系统。可将较多的环境控制设备协调起来，全方位控制温室各环境因子。模拟控制系统的扩展性差，不适用于有多个种植分区的温室，一般用于小规模单分区温室。

(3) 计算机控制系统(computer controls)

计算机微处理器取代了模拟控制系统的放大器和逻辑电路，计算机将来自各传感器(温度、湿度、光照传感器等)的信息进行综合分析，以确定如何运行各种设备以控制环境条件(图4-11)。计算机控制系统可控制和协调最多20个设备。大多数计算机控制系统的综合控制能力优于模拟控制系统，它们操作相对简单。但该系统增容性差，只适用于简单的反馈控制，不适用于多区控制。该种控制系统适用于中等规模的温室生产。

图4-11 温室控制系统的温湿度传感器
（潘会堂摄）

图4-12 加拿大生产的Argus温室环境控制系统（潘会堂摄）

（4）计算机环境管理系统（computerized environmental management）

计算机环境管理系统可协调控制各种环境控制设备，以达到环境综合管理的目的，并可控制温室的肥水管理系统。这种系统扩展性强，可根据需要逐步增加温室的控制设施，但造价较高，如加拿大的Argus温室环境控制系统（图4-12，该系统扩展能力强，可进行多区控制），适用于有多个种植区（各区环境要求不相同）的大规模温室的环境控制，也适合于有计划地逐步扩大温室生产规模的生产者或需要精确环境控制的专业化种植者采用。

4.3 其他类型保护地

4.3.1 风 障

风障（windbreak）是用秸秆或草席等材料做成的防风设施（图4-13），是中国北方常用的简单保护设施之一。在花卉生产中多与冷床或温床结合使用，可用于耐寒的二年生花卉越冬，一年生花卉提早播种和开花，南方地区少用。

（1）风障的作用

风障是利用各种高秆植物的茎秆栽成篱笆形式，以阻挡寒风，提高局部环境温度与湿度。

风障的防风效能极为显著，能使风障前近地表气流比较稳定，一般能削弱风速10%~50%；风速越大，防风效果越显著。风障最有效的防风范围为其前风障高度1.5~2倍的宽度，风障设置排数越多，效果越好。

风障能充分利用太阳辐射能，提高保护区的地温和气温。由于风障增加了接受太阳辐射的面积，使太阳照射在风障上的辐射热扩散于风障前，因此风障前的温度比较容易保持。一般风障南面的夜间气温较开阔地高2~3℃，白天高5~6℃，距风障越近温度越高。所以风障前的土层冬天结冻晚，结冻土层浅，在春天解冻早，在风障保护下的耐寒花卉，如芍药、鸢尾等可提早花期10~15d。风障的增温效果在有风的晴天最显著，无风晴天次之，阴天则不显著。

风障还有减少水分蒸发和降低相对湿度的作用，形成良好的小气候环境。在中国北方冬春晴朗多风的地区，风障是一种常用的保护地栽培设施，但在冬季光照条件差、多南向风或风向不定的地区不适用。

(2) 风障的设置

依结构不同，分为有披风风障和无披风风障两种，前者防寒作用大。花卉栽培常用有披风风障(图4-13)，由基埂、篱笆、披风三部分组成。篱笆是风障的主体，高度为2.5~3m，一般由芦苇、高粱秆、玉米秸、细竹等构成；基埂是篱笆基部北面筑起来的土埂，一般高约20cm，用以固定篱笆，也能增强保温效能；披风是附在篱笆北面的柴草层，用来增强防风、保温功能，其基部与篱笆一并埋入土中，中部用横杆缚于篱笆之上，高度1.3~1.7m。

具体设置方法是在地面上东西向挖宽约30cm的沟，栽入篱笆后填土压实，在距地面约1.8m处扎一横杆，加基埂。披风可半个月后再加上。建成后的篱笆向南倾斜，与地面夹角75°~80°。相邻两个风障间的距离以其高度的2倍为宜，相距过近妨碍日照，相距过远又降低防寒效果。由多个风障组成的风障群，其防护功能更强。在大规模花卉栽培中，常设置许多排风障组成风障区。为进一步增强防风保温效果，通常还在风障区的东、西两面埋设围篱。

在北京地区，一般在10月底至11月初设置风障，次年3月下旬天转暖时去掉披风，以利于通风，4月上旬至4月下旬，只留最北面一排风障，余者拆除，到5月上旬可全部拆除。

目前也有用建筑彩条布或绿色帆布固定在木质或钢管架上搭成的简易风障。

4.3.2 冷床和温床

冷床和温床是花卉栽培常用的设备。冷床只利用太阳辐射热以维持一定的温度；温床除利用太阳辐射热外，还需人工加热以补充太阳辐射的不足，两者在形式和结构上基本相同。冷床和温床在花卉生产中一般用于：① 露地花卉促成栽培。如春播花卉提前播种、提早开花，球根花卉(如水仙、百合、风信子、郁金香等)的冬春季促成栽培。② 二年生草花和半耐寒盆花的保护性越冬。北京地区，雏菊、金盏菊、三色堇等"五一"用花卉的生产一般要用冷床或温床；长江流域地区，天竺葵、小苍兰、万年青、芦荟等半耐寒花卉可在冷床中保护越冬。另外，温床和冷床还可用于温室或温床生产的幼苗的过渡性栽培，以及秋冬季节木本花卉的硬枝扦插(如月季等)。

4.3.2.1 冷床(cold frame)

冷床是不需人工加热而只利用太阳辐射维持一定温度，使植物安全越冬或提早栽培繁殖的栽植床。它是介于温床和露地栽培之间的一种保护地类型，又称阳畦。冷床广泛用于冬春季节日光资源丰富而且多风的地区，主要用于二年生花卉的保护越冬及一、二年生草花的提前播种，耐寒花卉的促成栽培及温室种苗移栽露地前的锻炼期栽培。

冷床分为抢阳畦和改良阳畦两种类型。

（1）抢阳畦

由风障、畦框及覆盖物三部分组成（图4-13）。风障的篱笆与地面夹角约70°，向南倾斜，土背底宽50cm、顶宽20cm、高40cm。畦框经过叠垒、夯实、铲削等工序，一般北框高35～50cm，底宽40cm，顶宽20cm；南框高25～40cm，底宽30～40cm，顶宽25cm，形成南低北高的结构。畦宽一般约1.6m，长5～6m。覆盖物常用玻璃、塑料薄膜、蒲席等。白天接受日光照射，提高畦内温度；傍晚，透光覆盖材料上再加不透明的覆盖物，如蒲席、草苫等保温。

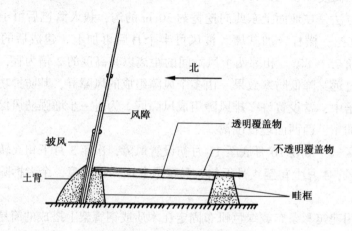

图4-13 抢阳畦断面示意图

（2）改良阳畦

由风障、土墙、棚架、棚顶及覆盖物组成（图4-14）。风障一般直立；墙高约1m，厚50cm；棚架由木质或钢质柱、柁构成，前柱长1.7m，柁长1.7m；棚顶由棚架和泥顶两部分组成，在棚架上铺以芦苇、玉米秸等，上覆10cm左右土，最后以草泥封裹。覆盖物以玻璃、塑料薄膜为主。建成后的改良阳畦前檐高1.5m，前柱距土墙和南窗各为1.33m，玻璃倾角45°，后墙高93cm，跨度2.7m。用塑料薄膜覆盖的改良阳畦不再设棚顶。

抢阳畦和改良阳畦均有降低风速、充分接收太阳辐射、减少蒸腾、降低热量损耗、提高畦内温度等作用。冬季晴天，抢阳畦内的旬平均温度要比露地高13～15.5℃，夜间最低温度为2～3℃（指有玻璃覆盖的阳畦），改良阳畦较抢阳畦又高4～7℃，增温效果相当显著，而且日常可以进入畦内管理，应用时间较长，应用范围也比较广。但在春天气温上升时，为防止高温窝风，应在北墙开窗通风。阳畦内温度

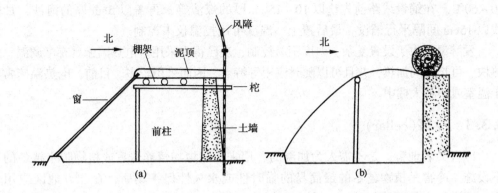

图 4-14　改良阳畦
(a)玻璃改良阳畦　(b)塑料薄膜改良阳畦
(仿《蔬菜栽培学》，北京农业大学)

在晴天条件下可保持较高，但在阴天、雪天等没有热源的情况下，阳畦内的温度会很低。

4.3.2.2　温床(hotbed)

温床除利用太阳辐射外，还需人为加热以维持较高温度，供花卉促成栽培或越冬之用，是中国北方地区常用的保护地类型之一。温床保温性能明显高于冷床，是不耐寒植物越冬、一年生花卉提早播种、二年生花卉促成栽培的简易设施。温床建造宜选在背风向阳、排水良好的场地。

温床由床框、床孔及玻璃窗(也可用塑料薄膜代替)三部分组成。

① 床框　宽 1.3～1.5m，长约 4m，前框高 20～25cm，后框高 30～50cm。为了操作方便，通常做成组合式：框板厚约 5cm、长 4m 的床框上盖有 1m 宽的玻璃窗 4 块，因而在床框上缘每距 1m 设椽木 1 条，中间开沟，以使雨水随沟流向床外。

② 床孔　是床框下面挖出的空间，是发酵温床填入酿热物的处所。床孔大小与床框一致，其深度依床内所需温度及酿热物填充量而定。为使床内温度均匀，通常中部较浅，填入酿热物少；周围较深，填入酿热物较多。

③ 玻璃窗　用以覆盖床面，一般宽约 1m，窗框宽 5cm，厚 4cm，窗框中部设椽木 1～2 条，宽 2cm，厚 4cm，上嵌玻璃，上下玻璃重叠约 1cm，成覆瓦状。为了便于调节，常用撑窗板调节开窗的大小。撑窗板长约 50cm，宽约 10cm。床框及窗框通常涂以油漆或桐油防腐。

温床加温可分为发酵热和电热两类。发酵物依其发酵速度的快慢可分为两类：马粪、鸡粪、蚕粪、米糠及油饼等发热快，但持续时间短；稻草、落叶、猪粪、牛粪及有机垃圾等发酵慢，但发热持续时间长。在实际应用中，可将两类发酵物配合使用。在填入酿热物时，要在底层先铺树叶等隔温层，厚约 10cm，然后将酿热物逐次填入，每填 10～15cm，要踏实一次，并加适量人粪尿或水，促其发酵。全部填完后覆土。电热温床选用外包有耐高温的绝缘塑料、耗电少、电阻适中的加热线作为热源，发热

50~60℃。在铺设线路前先垫以10~15cm厚的煤渣等,再盖以5cm厚的河沙,加热线以15cm间隔平行铺设,最后覆土。温度可用控温仪来控制。

发酵温床由于设置复杂,温度不易控制,现已很少采用。电热温床具有可调温、发热快、可长时间加热,并且可以随时应用等特点,因而采用较多。目前,电热温床常用于温室或塑料大棚中。

4.3.3 冷窖(cellar)

冷窖又名地窖,是不需人为加温的、用来贮藏植物营养器官或植物防寒越冬的地下设施。冷窖是植物越冬的最简易的临时性或永久性保护场所,在北方地区应用较多。冷窖具有保温性能较好、建造简便易行的特点。建造时,从地面挖掘至一定深度、大小,而后做顶,即形成完整的冷窖。冷窖通常用于北方地区贮藏不能露地越冬的宿根、球根、水生花卉及一些冬季落叶的半耐寒花木,如石榴、无花果、蜡梅等,也可用来贮藏球根如大丽花块根、风信子鳞茎等。

冷窖依其与地表面的相对位置,可分为地下式和半地下式两类:地下式的窖顶与地表面持平;半地下式窖顶高出地表面。地下式地窖保温良好,但在地下水位较高及过湿地区不宜采用。

不同的植物材料对冷窖的深度要求不同。一般用于贮藏花木植株的冷窖较浅,深度1m左右;用于贮藏营养器官的较深,达2~3m。窖顶结构有人字式、单坡式和平顶式3类。人字式出入方便;单坡式由于南低北高,保温性能较好。窖顶建好后,上铺以保温材料,如高粱秆、玉米秸、稻草等10~15cm,其上再覆土30cm厚封盖。

冷窖在使用过程中,要注意开口通风。有出入口的活窖可打开出入口通气,无出入口的死窖应注意逐渐封口,天气转暖时要及时打开通气口。气温越高,通气次数应越多。另外,植物出入窖时,要锻炼几天再行封顶或出窖,以免造成伤害。

4.3.4 荫棚(shade frame)

荫棚也是花卉栽培与养护中必不可少的设施。大部分温室花卉在夏季移出温室后,均需置于荫棚下养护,夏季花卉的嫩枝扦插及播种等也需在荫棚下进行,一部分露地栽培的切花花卉如有荫棚保护,可获得比露地栽培更好的效果。

荫棚的种类和形式很多,可大致分为永久性与临时性两类。永久性荫棚多用于温室花卉栽培,临时性荫棚多用于露地繁殖床及切花栽培。在江南地区栽培杜鹃花等时,常设永久性荫棚;栽培兰花也需要设置永久性的专用荫棚。荫棚按使用性质可分为生产荫棚和展览荫棚。

永久性荫棚多设在温室附近地势高燥、通风和排水良好的地方,一般高2.0~2.5m,以较高者为佳。用钢管或钢筋混凝土柱做成主架,棚架上覆盖竹帘、苇帘或遮阴网等。为避免上午和下午的太阳光进入棚内,荫棚的东西两端还要设遮阴帘,其下缘要离地50cm以上,以便通风。荫棚的遮光程度根据植物的不同要求而定,可选用不同遮光率的遮阴网来达到不同的要求。

露地扦插床及播种床所用的荫棚多较低矮,通常高度为0.5~1m,一般为临时性荫棚。临时性荫棚多以木材构成主架,用竹帘、苇帘或遮阴网覆盖。设置临时性荫棚对土地利用和轮作有利。临时性荫棚也有用布棚的,但在有强风之处不宜采用。布棚除用于繁殖外,也常用于紫菀、菊花等切花栽培及防虫、保湿、防风、防雨,但由于遮阴程度不能调整,而不适用于所有植物。

在具有特殊要求的情况下,可以设置(自动化或机械化)可移动性荫棚,这种荫棚多是为了在中午高温、高光照期间遮去强光并利于降温,同时又有效地利用早晚的光照。大型的现代化连栋温室的外遮阴系统即是此类,这种系统通常由一套自动、半自动或手动机械转动装置来控制遮阴幕的开启。

4.3.5 塑料大棚(plastic-covered shed, plastic house)

塑料大棚有时称为温室大棚,简称大棚。它是中国20世纪60年代发展起来的保护地设施,与玻璃温室相比,具有结构简单、一次性投资少、有效栽培面积大、作业方便等优点,是目前常用的花卉生产设施。

塑料大棚以单层塑料薄膜作为覆盖材料,全部依靠日光作为能量来源,冬季不加温。塑料大棚的光照条件比较好,光照时间长,分布均匀,无死角阴影;大棚散热面大,夜间没有保温覆盖,且没有加温设备,所以棚内的气温直接受外界自然条件的影响,季节差异明显,且日变化较棚外剧烈。塑料大棚密封性强,棚内空气湿度较高,晴天中午,温度会很高,需要及时通风降温、降湿。

塑料大棚在北方只是临时性保护设施,常用于观赏植物的春季提前、秋季延后生产。但在长江以南可用于一些花卉的周年生产。大棚还用于播种、扦插及组培苗的过渡培养等,与露地育苗相比具有出苗早、生根快、成活率高、生长快、种苗质量高等优点。

塑料大棚一般南北延长,长30~50m,跨度6~12m,脊高1.8~3.2m,占地面积180~600m²,主要由骨架和透明覆盖材料组成,棚膜覆盖在大棚骨架上。大棚骨架由立柱、拱杆(架)、拉杆(纵梁)、压杆(压膜绳)等部件组成(图4-15)。棚膜一般采用塑料薄膜,目前生产中常用的有聚氯乙烯(PVC)、聚乙烯(PE)。目前,乙烯—醋酸乙烯共聚物(EVA)膜和氟质塑料(F-clean)也逐步用于设施花卉生产。

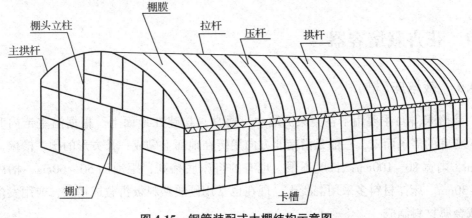

图4-15 钢管装配式大棚结构示意图

图 4-16 塑料大棚
(a) 钢结构塑料大棚，在东北地区用于春季百合切花生产　(b) 竹木结构的塑料大棚

根据大棚骨架所用的材料不同，塑料大棚可分为下列几种类型：

① 竹木结构　是初期的一种大棚类型，但目前在农村仍普遍采用。大棚的立柱和拉杆使用的是硬杂木、毛竹竿等，拱杆及压杆等用竹竿。竹木结构的大棚造价较低，但使用年限较短，又因棚内立柱较多，操作不便且遮阴，严重影响光照(图 4-16)。

② 混合结构　由竹木、钢材、水泥构件等多种材料构建骨架。拱杆用钢材或竹竿等，主柱用钢材或水泥柱，拉杆用竹木、钢材等。该种大棚既坚固耐久，又节省钢材，造价较低。

③ 钢结构　采用轻型钢材焊接成单杆拱、桁架或三角形拱架或拱梁，并减少立柱或没有立柱。这种大棚抗风雪力强，坚固耐久，操作方便，是目前主要的棚型结构，但造价较高，钢材容易锈蚀，需定期防锈维护或采用热浸镀锌钢材(图 4-16)。

④ 装配式钢管结构　主要构件采用内外热浸镀锌薄壁钢管，然后用承插、螺钉、卡销或弹簧卡具连接组装而成。所有部件由工厂按照标准规格，进行专业生产，配套安装。目前常用的有 6m、8m、10m 及 12m 跨度的大棚。该类大棚的特点是规格标准、结构合理、耐锈蚀、安装拆卸方便、坚固耐用。

4.4　花卉栽培容器

4.4.1　栽培床(槽)

栽培床(槽)主要用于各类保护地中，通常直接建在地面上。根据温室走向和所种植花卉的需求而定，一般是沿南北方向用砖在地面上砌成一长方形的槽，槽壁高约 30cm，内宽 80~100cm，长度不限。也有的将床底抬高，距地面 50~60cm，槽内深 25~30cm。床体材料多采用混凝土，现在也常用硬质塑料板折叠成槽状，或用发泡塑料或金属材料制成。

在现代化的温室中,一般采用可移动式栽培床。床体用轻质金属材料制成,床底部装有"滚轮"或可滚动的圆管用以移动栽培床。使用移动式苗床时,可以只留一条通道的空间,通常宽50~80cm,通过苗床滚动平移,可依次在不同的苗床上操作。使用移动式苗床可以利用温室面积达86%~88%,而在苗床间设固定通道的温室,其利用面积只有62%~66%。提高温室利用面积意味着增加了产量。

移动式栽培床一般用于生产周期较短的盆花和种苗。栽培槽常用于栽植期较长的切花栽培。

不论何种栽培床(槽),在建造和安装时,都应注意:①栽培床底部应有排水孔道,以便及时将多余的水排掉;②床底要有一定的坡度,便于多余的水及时排走;③栽培床宽度和安装高度的设计,应以有利于人员操作为准。一般情况下,如果是双侧操作,床宽不应超过180cm,床高(从上沿到地面)不应超过90cm。

4.4.2 花 盆

花盆是重要的花卉栽培容器,其种类很多,用于生产或园林应用。其中主要类别如下:

① 素烧盆 又称瓦盆。黏土烧制,有红盆和灰盆两种。虽质地粗糙,但排水良好,空气流通,适于花卉生长;通常圆形,规格多样。虽价格低廉,但易碎,笨重,不利于长途运输,目前用量逐年减少。

② 陶瓷盆 又称瓷盆,为上釉盆,常有彩色绘画,外形美观,但通气性差,不适宜植物栽培,仅适合做套盆,供室内装饰之用。除圆形外,也有方形、菱形、六角形等。

③ 木盆或木桶 需要用40cm以上口径的盆时即采用木盆。木盆形状仍以圆形为主,但也有方形的。盆的两侧应设把手,以便搬动。现在木盆正被塑料盆或玻璃钢盆所取代。

④ 水养盆 盆底无排水孔,盆面阔大而较浅,专用于水生花卉盆栽,如北京的"莲花盆",其形状多为圆形。球根水养用盆多为陶制或瓷制的浅盆,如"水仙盆"。

⑤ 兰盆 兰盆专用于栽培气生兰及附生蕨类植物。盆壁有各种形状的孔洞,以便流通空气。此外,也常用木条制成各种式样的兰筐代替兰盆。

⑥ 盆景用盆 深浅不一,形式多样,常为瓷盆或陶盆。山水盆景用盆为特制的浅盘,以石盘为上品。

⑦ 塑料盆 质轻而坚固耐用,可制成各种形状,色彩也极为丰富。由于塑料盆的规格多、式样新、硬度大、美观大方、经久耐用及运输方便,目前已成为国内外大规模花卉生产及流通贸易中主要的容器,尤其是在规模化盆花生产中应用更加广泛。虽然塑料盆透水、透气性能较差,但只要注意培养土的物理性状,使之疏松通气,便可以克服其缺点。

4.4.3 育苗容器

花卉种苗生产中常用的育苗容器有穴盘、育苗盘、育苗钵等。

① 穴盘(plug) 是用塑料制成的蜂窝状的有同样规格小孔穴组成的育苗容器。盘的大小及每盘上的穴洞数目不等。通常使用规格为128~800穴/盘。一方面，满足不同花卉种苗大小差异以及同一花卉种苗不断生长的要求；另一方面，也与机械化操作相配套。穴盘能保持种苗根系的完整性，节约生产时间，减少劳动力，提高生产的机械化程度，便于花卉种苗的大规模工厂化生产。中国20世纪80年代初开始利用穴盘进行种苗生产。常用的穴盘育苗机械有混料、填料设备和穴盘播种机。

② 育苗盘 也叫催芽盘，多由塑料制成，也可以用木板自行制作。育苗盘育苗有很多优点，如对水分、温度、光照容易调节，便于种苗贮藏、运输等。

③ 育苗钵 是指培育小苗用的钵状容器，规格很多。按制作材料不同可分为两类：一类是塑料育苗钵，由聚氯乙烯和聚乙烯制成，多为黑色；上口直径6~15cm，高10~12cm；育苗钵外形有圆形和方形两种。另一类是有机质育苗钵，是以泥炭为主要原料制作而成，还可用牛粪、锯末、黄泥土或草浆制作；这种容器质地疏松透气、透水，装满水后能在底部无孔情况下，40~60min内全部渗出；由于钵体会在土壤中迅速降解，不影响根系生长，移植时育苗钵可与种苗同时栽入土中，不会伤根、无缓苗期、成苗率高、生长快。

思 考 题

1. 保护地的概念、作用和特点是什么？
2. 园林花卉有哪些栽培设施及设备？
3. 与露地栽培相比，保护地栽培有哪些特点？
4. 温室有什么特点？依建筑形式如何划分？
5. 在决定建造温室时，需要考虑哪几方面的问题？
6. 一个完整的温室系统通常由哪几个组成部分？
7. 温室环境的调控及调控设备有哪些？
8. 各类温室有什么特点？
9. 简述风障的作用及其结构。
10. 简述温床和冷床的作用及其结构。
11. 简述地窖的作用及其结构。
12. 简述荫棚的作用及其结构。

推荐阅读书目

1. 设施园艺学. 李天来. 中国农业出版社, 2022.
2. 设施园艺半导体照明. 刘文科, 杨其长. 中国农业科学技术出版社, 2016.

第 5 章
园林花卉的繁殖

[**本章提要**]花卉繁殖是实现栽培和应用的第一步。本章介绍了园林花卉种子繁殖、扦插繁殖、分生繁殖、嫁接和压条、组织培养、孢子繁殖等繁殖方法的特点和技术要点等。

繁殖是园林花卉繁衍后代、保存种质资源的手段,只有将种质资源保存下来,繁殖一定的数量,才能实现园林应用,并为花卉选种、育种提供条件。不同种或不同品种的花卉,各有其不同的适宜繁殖方法和时期。依不同花卉选择正确的繁殖方法,不仅可以提高繁殖系数,而且可以使幼苗生长健壮。花卉繁殖的方式较多,可分为如下几类:

(1) 有性繁殖(sexual propagation)

有性繁殖也称种子繁殖(seed propagation),是用花卉种子进行繁殖的方法。也有将种子胚取出,进行无菌培养以形成新植株,称为"胚培养"方法。大部分一、二年生草花和部分多年生草花常采用种子繁殖,这些种子大部分为 F_1 代种子,具有优良的性状,但需要每年制种。如翠菊、鸡冠花、一串红、金鱼草、金盏菊、百日草、三色堇、矮牵牛等。

(2) 营养繁殖(vegetative propagation)

无性繁殖(asexual propagation)的一种方式,是用花卉植株体的部分营养器官(根、茎、叶、芽)为材料,利用植物细胞的全能性而获得新植株的繁殖方法。通常包括分生、扦插、嫁接、压条等方法。温室木本花卉、多年生花卉、多年生作一、二年生栽培的花卉常用分生、扦插方法繁殖。如一品红、变叶木、金盏菊、矮牵牛、瓜叶菊等。仙人掌等多浆植物也常采用扦插、嫁接繁殖。

(3) 孢子繁殖(spore propagation)

指播撒蕨类植物的孢子,繁殖成新植株。也是一种无性繁殖。孢子是由蕨类植物孢子体直接产生的,它不经过两性结合,因此与种子的形成有本质的不同。蕨类植物中有不少种类为重要的观叶植物,除采用分株繁殖外,也可采用孢子繁殖法。如肾蕨属、铁线蕨属、蝙蝠蕨属等都可采用孢子繁殖。

(4) 组织培养(tissue culture propagation)

植物体的细胞、组织或器官的一部分,在无菌的条件下接种到适宜配方的培养基上，在培养容器内进行无菌培养，从而得到新植株的繁殖方法称为组织培养，又称为微体繁殖(micropropagation)。在蝴蝶兰等花卉繁殖中广泛应用，是工厂化种苗生产的主要手段之一。

5.1 种子繁殖

种子繁殖的特点是：种子细小质轻，采收、贮存、运输、播种均较简便；繁殖系数高，短时间内可以产生大量幼苗；实生幼苗生长势旺盛，寿命长。对母株的性状不能全部遗传，易丧失优良种性，F_1代植株种子必然发生性状分离。

5.1.1 种子质量

优良种子是保证繁殖后代具有优良种性，形成良好景观的基础。除了遗传特性，优良种子还应有纯净度高、播种发芽率高、出苗整齐苗壮、含水量适宜以及健康无病虫害等特征。

花卉从开花受精到种子完全成熟所需时间，因种类不同而有很大差异，主要由遗传特性决定，但也受环境影响，因此，同种花卉的成熟期也存在着显著差异。

种子发育、成熟过程中环境条件及栽培方式对种子产量及品质有很大影响。一般说来，天气晴朗，空气湿度较低，温度适度高，光合作用强度大，有利于养分的合成和运输，对提高种子产量和正常早熟都是有利的。若种子发育期间，尤其是灌浆期阴雨连绵，空气湿度大且温度偏低，蒸腾作用降低，水分向外扩散受阻，光合作用下降，会影响种子中物质的合成，延迟种子成熟并减产。空气湿度也不能过低，过低且土壤缺水干旱，使种子过分早熟，导致籽粒瘦小、产量降低。因此，花卉种子生产多选在光照充足且时间长，空气湿度相对较低，土壤条件良好的地区。

土壤营养条件对种子产量和成熟期也有很大影响。一般缺乏氮素会使植株矮小且早衰，种子虽可提前成熟，但籽粒小且活力低；相反，如果氮素过多，又会导致茎叶徒长，营养生长和生殖生长失调，种子会明显晚熟，亦不饱满。磷、钾肥能增加粒重，应合理搭配使用。

群体密度与种子品质密切相关。合理的种植密度有利于获得高质量的种子，种植过密会降低种子的大小和质量，降低种子活力；也会影响植株通风透光，增加病害发生的概率，导致种子活力下降。

植株不同部位的种子质量也有差异。同一植株上，盛花期前后所结的种子以主茎上的种子质量较好；初开或晚开的花朵及柔弱侧枝上所结的种子质量较差，一般不宜留种。

种子采收后的清选、干燥、包装、运输等环节也会影响种子质量。轻度机械损伤破坏种皮，降低其保护作用，加速种子老化和劣变，同时易受微生物和害虫侵害，最终导致活力丧失；重度损伤则直接损坏种胚，使种子不能萌发或幼苗畸形。

种子成熟收获后应及时进行干燥，延迟干燥和干燥温度过高将使种子活力降低。干燥措施不当，如干燥温度过高或干燥剂用量过多，会使种子脱水过快，导致种胚细胞损伤，降低种子活力。种子质量还与贮藏有关，贮藏期间的温度、湿度、氧气等环境条件,以及微生物和仓库害虫的危害等,均对种子活力有影响。

5.1.2 花卉种子的寿命及贮藏

(1) 花卉种子的寿命

种子和一切生命体一样,有一定的生命期限,即寿命。种子寿命的终结以发芽力的丧失为标志。生产上一般将一批种子发芽率降低到原发芽率的50%时的时间,判定为种子的寿命。但观赏栽培和育种中,有时只要可以得到种苗,即使发芽率很低,也界定为种子有寿命。

了解花卉种子的寿命,无论在花卉栽培,还是种子贮藏、采收、交换和种质保存上都有重要意义。

植物种子达到生理成熟期,其活力也达到最高水平,以后随时间的推移,内部不断发生变化,活力逐渐下降,直到死亡,这个过程的综合效应称为种子"劣变"(deterioration)。种子劣变是不可避免的生物学规律,其过程几乎是不可逆转的。这个过程发生的快慢,即种子寿命长短,既受种子内在因素(遗传和生理代谢)的影响,也受环境条件,特别是温度和湿度的影响。目前,人类尚难以彻底改变种子的遗传特性,但可以通过控制种子贮存时的生理状态和贮存环境条件,延缓种子劣变的进程。低温干燥保存的种子寿命往往比常温未干燥保存的种子寿命高出10倍或数十倍。人类在不懈地寻找更长时间的保存方法,如目前正在开发研究的超低温保存和超干燥保存已大大延长了种子的保存时间,延长了种子寿命,理论上可以实现永久保存,为种质保存提供了光明前景。

在自然条件下,园林花卉种子寿命可分为:

短命种子(1年左右) 有些观赏植物的种子如果不在特殊条件下保存,则生活力不超过1年,如报春类、秋海棠类发芽力只能保持数个月,非洲菊更短。许多水生植物,如茭白、慈姑、灯芯草等都属于这类。

中命种子(2~3年) 多数花卉的种子属于此类。

长命种子(4~5年以上) 这类种子一般都有不透水的硬种皮,甚至在温度较高情况下也能保持其生活力。如荷花种子在中国东北泥炭土中埋藏约1000年时间,但完整的种皮破开后仍能正常发芽。

(2) 影响种子寿命的主要内在因素

在相同的外界条件下,花卉种子寿命长短存在着天然差别(表5-1),这是花卉的遗传基因所决定的。

种子采收时的生理状态和质量不同,寿命也不同。成熟、饱满、无病虫的种子寿命较长。

种子含水量是影响种子保存寿命的重要因子。种子采收处理后的含水量对种子寿命影响很大。不同的贮存方法和条件都有一个安全含水量值,过高或过低都会降低种子寿命。不同花卉种子又有差异,如飞燕草的种子,在一般贮藏条件下,寿命为2年;充分干燥后密封于-15℃的条件下,18年后仍保持54%的发芽率。另外,一些花卉的种子,如牡丹、芍药、王莲等,过度干燥时即迅速失去发芽力。常规贮存时,大多数种子含水量保持在5%~8%为宜。

表 5-1 自然条件下常见花卉种子的寿命

名　称	年　限	名　称	年　限
蓍草(Achillea)	2~3	山牵牛(Thunbergia)	2
乌头(Aconitum)	4	博落回(Macleaya)	1~3
千年菊(Acroclinium)	2~3	竹叶菊(Boltonia)	3
藿香蓟(Ageratum)	2~3	布落华丽(Browallia)	2~3
麦仙翁(Agrostemma)	3~4	金盏菊(Calendula)	3~4
蜀葵(Althaea)	3~4	翠菊(Callistephus)	2
庭荠(Alyssum)	3	美人蕉(Canna)	3~4
三色苋(Amranthus)	4~5	风铃草(Campanula)	3
牛舌草(Anchusa)	3	矢车菊(Centaurea)	2~3
春黄菊(Anthemis)	3	卷耳(Cerastium)	2~4
金鱼草(Antirrhinum)	3~4	鸡冠(Celosia)	4~3
耧斗菜(Aquilegia)	2	桂竹香(Cheiranthus)	5
南芥菜(Arabis)	2~3	山字草(Clarkia)	2~3
灰毛菊(Arctotis)	3	醉蝶花(Cleome)	2~3
蚤缀(Arenaria)	2~3	电灯花(Cobaea)	2
紫菀(Aster)	1	波斯菊(Cosmos)	3~4
赝靛(Baptisia)	3~4	蛇目菊(Coreopsis)	3~4
雏菊(Bellis)	2~3	射干鸢尾(Crocosmia)	1
观赏南瓜(Cucurbita)	5~6	花葵(Lavatera)	3
大丽花(Dahlia)	5	蛇鞭菊(Liatris)	2
飞燕草(Delphinium)	1	百合(Lilium)	2
石竹(Dianthus)	3~5	花亚麻(Linum)	5
毛地黄(Digitalis)	2~3	半边莲(Lobelia)	4
好望菊(Dimorphotheca)	2	羽扇豆(Lupinus)	4~5
扁豆(Dolichos)	3	剪秋罗(Lychnis)	3~4
蓝刺头(Echinops)	2	千屈菜(Lythrum)	2
一点樱(Emilia)	2~3	甘菊(Matricaria)	2
伞形蓟(Eryngium)	2	紫罗兰(Matthiola)	4
花菱草(Eschscholzia)	2	冰花(Mesembryanthemum)	3~4
泽兰(Eupatorium)	2	猴面花(Mimulus)	4
天人菊(Gaillardia)	2	勿忘草(Myosotis)	2~3
扶郎花(Gerbera)	1	龙面花(Nemesia)	2~3
水杨梅(Geum)	2	花烟草(Nicotiana)	4~5
古代稀(Godetia)	3~4	黑种草(Nigella)	3
霞草(Gypsophila)	5	罂粟(Papaver)	3~5
堆心菊(Helenium)	3	钓钟柳(Penstemon)	3~5
向日葵(Helianthus)	3~4	矮牵牛(Petunia)	3~5
麦秆菊(Helichrysum)	2~3	福禄考(Phlox)	1
赛菊芋(Heliopsis)	1~2	万寿菊(Tagetes)	4
矾根(Heuchera)	3	酸浆(Physalis)	4~5
黄金杯(Hunnemannia)	2	桔梗(Platycodon)	2~3
凤仙花(Impatiens)	5~8	半支莲(Portulaca)	3~4

(续)

名　称	年　限	名　称	年　限
牵牛(*Pharbitis*)	3	报春(*Primula*)	2~5
鸢尾(*Iris*)	2	除虫菊(*Pyrethrum*)	3~4
扫帚草(*Kochia*)	2	茑萝(*Quamoclit*)	4~5
五色梅(*Lantana*)	1	木犀草(*Reseda*)	3~4
香豌豆(*Lathyrus*)	2	旱金莲(*Tropaeolum*)	3~5
薰衣草(*Lavandula*)	2	洋石竹(*Tunica*)	2
一串红(*Salvia*)	1~4	缬草(*Valeriana*)	3
山字草(*Sanvitalia*)	2~4	美女樱(*Verbena*)	3~5
肥皂草(*Saponaria*)	3~5	威灵仙(*Veronica*)	2
轮峰菊(*Scabiosa*)	2~3	长春花(*Vinica*)	3
海石竹(*Statice*)	2~3	三色堇(*Viola*)	2
斯氏菊(*Stokesia*)	2	百日菊(*Zinnia*)	3

(引自《花卉学》，北京林业大学园林系花卉教研组)

(3) 影响种子寿命的环境条件

影响种子寿命的环境因素主要有：

① 空气湿度　高湿环境不利于种子寿命延长，因为种子具有吸收空气中水分的能力，从而使种子含水量增大。对多数花卉种子来说，干燥贮藏时，相对湿度维持在30%~60%为宜。

② 温度　低温可以抑制种子的呼吸作用，延长其寿命。干燥种子在低温条件下，能较长时间保持生活力。多数花卉种子在干燥密封后，于1~5℃的低温下可以贮存较长时间。在高温多湿的条件下贮藏，则发芽率降低。

③ 氧气　可促进种子的呼吸作用，降低氧气含量能延长种子的寿命。将种子贮藏于其他气体中，可以减弱氧的作用。据多项试验表明，不同花卉种类的种子贮藏于氢、氮、一氧化碳中，其效果各不相同，但优于空气中保存。

空气湿度常和环境温度共同发生作用，影响种子寿命。低温干燥有利于种子贮存。多数草花种子经过充分干燥，贮藏在低温下可以延长寿命。一些试验证明，充分干燥的花卉种子，对低温和高温的耐受力提高，即使温度增高，因水分不足，仍可阻止其生理活动，减少贮藏物质的消耗。

此外，花卉种子不应长时间暴露于强烈的日光下，否则会影响发芽力及寿命。

(4) 花卉种子的贮藏方法

一般花卉种子可以保存2~3年或更长时间，但随着种子贮存时间的延长，不仅发芽率降低，而且萌发后植株的生活力也降低，衰退程度与保存方法密切相关。因此要尽量使用新种子进行繁殖。不能及时播种也要采用适宜的方法贮藏，不同的贮藏方法对花卉种子寿命影响不同。

① 日常生产和栽培中主要贮藏方法

干燥贮藏法　耐干燥的一、二年生草花种子，在充分干燥后，放进纸袋或纸箱中保存。适用于次年将进行播种的种子短期保存。

干燥密闭法　把充分干燥的种子，装入罐或瓶一类容器中，密封起来放在冷凉处保存。稍长一段保存时间，种子质量仍然较好。

干燥低温密闭法　把充分干燥的种子，放在干燥器中，置于 1~5℃（不高于15℃）的冰箱中贮藏，可以较长时间保存种子。

湿藏法　某些花卉的种子，较长期置于干燥条件下容易丧失生活力，可采用层积法，即把种子与湿沙（也可用水苔）交互作层状堆积。休眠的种子用这种方法处理，可以促进发芽。芍药的种子采收后可以进行层积沙藏。

水藏法　某些水生花卉的种子，如睡莲、王莲等必须贮藏于水中才能保持其发芽力。即将种子装于网袋，挂于水池中。

② 作为种质资源需要长期保存的种子可以使用的贮藏方法

低温种质库　有长期、中期、短期库。不同低温库（-20~20℃）需采用不同种子含水量（库温低，种子含水量也应降低）和空气湿度（库温低，湿度也应小，一般小于60%）保存，预期种子寿命 2~5 年至 50~100 年。

超干贮藏　采用一定技术，使种子极度干燥，其含水量较低温贮存时低得多，然后真空包装后存于室内长期保存。不同种类临界含水量不同，保存效果不同。

超低温贮存　种子脱水到一定含水量，直接存入液氮中长期保存。理论预测可以永久保存。不同种类保存效果不同。

5.1.3　花卉种子萌发条件及播种前种子处理

一般花卉的健康种子在适宜的水分、温度和氧气条件下都能顺利萌发，仅有部分花卉种子有光照感应或者低温打破休眠才能萌发。

5.1.3.1　种子萌发所需要的条件

(1) 水　分

种子萌发需要吸收充足的水分。种子吸水膨胀后，种皮破裂，呼吸强度增大，各种酶的活性也随之加强，蛋白质及淀粉等贮藏物进行分解、转化，被分解的营养物质输送到胚，使胚开始生长。

种子的吸水能力随种子的构造不同差异较大。如文殊兰的种子，胚乳本身含有较多水分，播种中吸水量就少；另一些花卉种子较干燥，吸水量就大。播种前的种子处理很多情况是为了促进吸水，以利萌发。

(2) 温　度

花卉种子萌发的适宜温度，依种类及原产地的不同而有差异。通常原产热带的花卉需要温度较高，而亚热带及温带次之，原产温带北部的花卉则需要一定的低温才易萌发。如原产美洲热带地区的王莲（*Victoria amazonica*）在30~35℃水池中，经10~21d

萌发。而原产在南欧的大花葱(*Allium giganteum*)是一种低温发芽型的球根花卉,在 2~7℃条件下较长时间才能萌发,高于10℃则几乎不能萌发。

一般来说,花卉种子的萌发适温比其生育适温高 3~5℃。原产温带的一、二年生花卉种子萌发适温为 20~25℃,较高的可达 25~30℃,如鸡冠花、半支莲等,适于春播;也有一些种类发芽适温为 15~20℃,如金鱼草、三色堇等,适于秋播。

(3) 氧 气

氧气是花卉种子萌发的条件之一,供氧不足会妨碍种子萌发。但对于水生花卉来说,只需少量氧气就可满足种子萌发需要。

(4) 光 照

大多数花卉的种子,只要有足够的水分、适宜的温度和一定的氧气,都可以发芽,对光不敏感,但有些花卉种子萌发受光照影响。依种子发芽对光的依赖性不同,可将其分为:

需光种子　这类种子常常是小粒的,发芽靠近土壤表面,幼苗能很快出土并开始进行光合作用。这类种子没有从深层土壤中伸出的能力,所以在播种时覆土要薄。如报春花(*Primula malacoides*)、毛地黄(*Digitalis purpurea*)、瓶子草类(*Sarraeenia* spp.)等。

嫌光种子　这类种子在光照下不能萌发或萌发受抑制,如黑种草(*Nigella damascena*)、雁来红(*Amaranthus tricolor*)等,需要覆盖黑布或提供暗室等进行种子萌发。

5.1.3.2 花卉播种前的种子处理

不同花卉种子发芽期不同,发芽期长的种子给土地利用和管理都带来不便;有些种子在一些地区无法获得萌发所需的条件,不能萌发。播种前对种子处理可以解决上述问题,目的是打破种子休眠或促进种子萌发,或使种子发芽迅速整齐。目前专业生产中使用的种子类型主要有未处理种子(只经过清洁加工)、预发芽种子(已经过发芽诱导,不便久存)、适于机播的丸粒(微、小粒种子包泥等改变大小和形状)和包衣(种子外包润滑剂或杀菌剂)种子等。园林应用中,露地播种多使用未处理种子,而花卉种苗生产中常使用其他类型种子。

(1) 影响种子休眠的因素

① 硬种皮　此处的"硬"是指种皮的不透水性和机械阻力大。豆科、锦葵科、牻牛儿苗科、旋花科和茄科的一些花卉多具硬种皮,如大花牵牛、羽叶茑萝、美人蕉、香豌豆。

② 化学抑制物质　这些抑制物质分别存在于果实、种皮或胚中。如 ABA 就是常见的一种抑制激素,使种子不过早地在植株上萌发。如拟南芥的突变体由于缺乏 ABA 而在母株上就开始萌发。采取层积、水浸泡、GA 处理等可以消除其抑制作用。

③ 胚发育不完全或缺乏胚乳　一些观赏植物的种子成熟时,胚还没有完成形态发育,需要在脱离母株后在种子内再继续发育。如兰科的种子没有胚乳,常规条件下不能萌发,商业生产中,靠无菌培养进行营养繁殖。而育种中采用组织培养方式播种,萌发需要几十天到几个月不等。

④ 需要低温打破休眠胚　园艺上所采取的层积处理就是针对这类种子，种子需要在湿润而且低温(0~4℃)的条件下贮藏一段时间，以打破种胚的休眠。很多研究发现，层积处理是影响了抑制休眠物质(如 GA)和保持休眠物质(如 ABA)的含量消长。所以用 GA 浸泡种子可以代替层积处理，如大花牵牛(*Pharbitis nil*)、广叶山黧豆(*Lathyrus latifolium*)等。

(2) 播种前种子处理方法

① 浸种　发芽缓慢的种子使用此方法。用温水浸种较冷水好，时间也短。如冷水浸种，以不超过 24h 为好。月光花、牵牛花、香豌豆等用 30℃温水浸种一夜即可，时间过长，种子易腐烂。

② 刻伤种皮　用于种皮厚硬的种子。如荷花、美人蕉，可锉去部分种皮，以利吸水。

③ 去附属物　去除影响种子吸水的附属物绵毛等。如千日红，可在种子中掺入细沙子，轻轻搓动可去除种子附着的毛。

④ 药物处理　可产生以下作用：第一，打破上胚轴休眠。如芍药的种子具有上胚轴休眠的特性，秋播当年只生出幼根，必须经过冬季低温阶段，上胚轴才能在春季伸出土面。若用 50℃温水浸种 24h，埋于湿沙中，在 20℃条件下，约 30d 生根。把生根的种子用 50~100μL/L 赤霉素涂抹胚轴，或用溶液浸泡 24h，10~15d 就可长出茎来。有上胚轴休眠现象的花卉种子还有芍药、天香百合(*Lilium auratum*)、加拿大百合(*L. canadense*)、日本百合(*L. japonicum*)等。第二，完成生理后熟要求低温的种子。用赤霉素处理，有代替低温的作用。如大花牵牛及广叶山黧豆的种子，播种前用 10~25μL/L 赤霉素溶液浸种，可以促其发芽。第三，改善种皮透性，促其发芽。如林生山黧豆(*Lathyrus sylvestris*)种子，用浓硫酸处理 1min，用清水洗净播种，发芽率达 100%，对照组发芽率只有 76%。种皮坚硬的芍药、美人蕉可以用 2%~3% 的盐酸或浓盐酸浸种到种皮柔软，用清水洗净播种。结缕草(*Zoysia japonica*)种子用 0.5%氢氧化钠溶液处理，其发芽率显著高于对照。第四，打破种子二重休眠性。如铃兰(*Convallaria majalis*)、黄精(*Polygonatum mutatum*)等，这些种子由于具有胚根和上胚轴二重休眠特性，首先在低温湿润条件下完成胚根后熟作用，继而在较高温度下促使幼根生出，然后在二次低温下，使上胚轴后熟，促使幼苗生出。

5.1.4　播种方法

(1) 露地苗床播种

经分苗培养后再定植，此法便于幼苗期间的养护管理。

(2) 露地直播

对于某些不宜移植的直根性种类，直接播种到应用地。如需要提早育苗时，可先播种于小花盆中，成苗后带土球定植于露地，也可用营养钵或纸钵育苗。如虞美人、花菱草、香豌豆、羽扇豆、扫帚草、牵牛花及茑萝等。

一般露地苗床播种方法如下：

① 场地选择　播种床应选富含腐殖质、疏松而肥沃的砂质壤土，在日光充足、空气流通、排水良好的地方。

② 整地及施肥　播种床的土壤应翻耕30cm深，打碎土块、清除杂物，上层覆盖约12cm厚的土壤，最好用1.5cm孔径的网筛筛过，同时施以腐熟而细碎的堆肥或厩肥作基肥(基肥的施用最迟不短于播种前1周)，再将床面耙平耙细。播种时最好施些过磷酸钙，促进根系强大、幼苗健壮。其他种类的磷肥效果不如过磷酸钙。对生命周期长的花卉施过磷酸钙效果更好。此外，还可施以氮肥或细碎的粪干，但应于播种前1个月施入床内。播种床整平后应进行镇压，然后整平床面。

③ 覆土深度　取决于种子的大小。通常大粒种子覆土深度为种子厚度的3倍；小粒种子以不见种子为度。覆盖种子用土最好用0.3cm孔径的筛子筛过。

花卉种实按粒径大小分为(以长轴为准)：

大粒种子　粒径在5.0mm以上，如牵牛花、牡丹、紫茉莉、金盏菊等。

中粒种子　粒径在2.0~5.0mm，如紫罗兰、矢车菊、凤仙花、一串红等。

小粒种子　粒径在1.0~2.0mm，如三色堇、鸡冠花、半支莲、报春花等。

微粒种子　粒径在0.9mm以下，如四季秋海棠、金鱼草、矮牵牛、兰科花卉等。

④ 播后管理　覆土完毕后，在床面均匀地覆盖一层稻草，然后用细孔喷壶充分喷水。干旱季节可在播种前充分灌水，待水分渗入土中再播种覆土，这样可以较长时间保持湿润状态。雨季应有防雨设施。种子发芽出土时，应撤去覆盖物，以防幼苗徒长。

(3) 温室内盆播

通常在温室中进行，受季节性和气候条件影响较小，播种期没有严格的季节性限制，常随所需花期而定。

① 播种用盆及用土　常用深10cm的浅盆，以富含腐殖质的砂质壤土为宜。一般配比如下：

细小种子　腐叶土5，河沙3，园土2。

中粒种子　腐叶土4，河沙2，园土4。

大粒种子　腐叶土5，河沙1，园土4。

也可以采用不同配方的泥炭、蛭石和珍珠岩作为播种基质。

② 具体播种方法　用碎盆片把盆底排水孔盖上，填入碎盆片或粗砂砾，为盆深的1/3，其上填入筛出的粗粒培养土，厚约1/3，最上层为播种用土，厚约1/3。盆土填入后，用木条将土面压实刮平，使土表面距盆沿约1cm。用盆浸法将播种盆下部浸入较大的水盆或水池中，使其土面高于盆外水面之上，待土壤表面浸湿后，将盆提出，沥去过多的水分即可播种。

③ 细小种子宜采用撒播法　播种不可过密，可掺入细沙，与种子一起播入，用细筛筛过的土覆盖，厚度为种子大小的2~3倍。秋海棠、大岩桐等细小种子，覆土极薄，以不见种子为度。大粒种子常用点播或条播法。覆土后在盆面上覆盖玻璃、报纸等，以减少水分蒸发。多数种子宜在暗处发芽，像报春花等好光性种子，可用玻璃

盖在盆面，以保持湿度。

④ 播种后管理　应注意维持盆土的湿润，干燥时仍然用盆浸法给水。幼苗出土后逐渐移到日光照射充足之处。

(4) 穴盘播种

穴盘播种是穴盘育苗的第一步。以穴盘为容器，选用泥炭配蛭石作为培养土，采用机器或人工播种，一穴一种子，种子发芽率要求98％以上。花卉生产中大量播

图5-1　穴盘及穴盘苗

种时，常常配有专门的发芽室，可以精确地控制温度、湿度和光照，为种子萌发创造最佳条件。播种后将穴盘移入发芽室，待出苗后移回温室，长到一定大小时移栽到大一号的穴盘中，一直到出售或应用。这种方式育成的种苗，称为穴盘苗（图5-1）。

穴盘育苗技术（plug technology）是与花卉温室化、工厂化育苗相配套的现代栽培技术之一，广泛应用于花卉、蔬菜、苗木的育苗，目前已成为发达国家的常规栽培技术。该技术的突出优点是在移苗过程中对种苗根系伤害很小，缩短了缓苗的时间；种苗生长健壮，整齐一致；操作简单，节省劳力。该技术一般在温室内进行，需要高质量的花卉种子和生产穴盘苗的专业技术，以及穴盘生产的特殊设备，如穴盘填充机、播种机、覆盖机、水槽（供水设施）等。此外，对环境、水分、肥料需要精确管理，尤其对水质、肥料成分配比精度要求较高。

5.2　分生繁殖

分生繁殖是多年生花卉的主要繁殖方法。指将丛生植株分离，或将植物营养器官的一部分，如吸芽、珠芽等与母株分离，另行栽植成独立植株。其特点是简便、容易成活、成苗较快、新植株能保持母株的遗传性状，只是繁殖系数低于播种繁殖。

分生繁殖有以下几类：

5.2.1　分　株

将母株掘起分成数丛，每丛都带有根、茎、叶、芽，另行栽植，培育成独立生活的新植株的方法。宿根花卉通常用此法繁殖。

一般早春开花的种类在秋季生长停止后进行分株；夏秋开花的种类在早春萌动前进行分株。

5.2.2　分　球

球根地下形态变化很大，有的为变态根，有的为变态茎。

一些球根花卉如唐菖蒲、郁金香、大丽花、百合、水仙等，其母球能分裂出新球，或长出新球及多数小球（子球），将其分离，重新栽种即可长成新株。分球的时间在春天或秋天，因种类而异。

(1) 自然分球

利用球根自然分生的能力，分离栽种新的球体，大的当年可开花，小的球体有时要培养2~3年才开花(图5-2)。

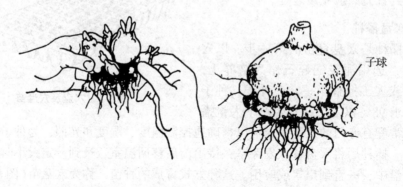

图5-2 自然分球

(2) 人工分球

有些花卉自然分球率低或不能收到效果，需要人工繁殖。

① "十"字法　地下为鳞茎的花卉可以使用。挖起球根后的1个月内，用锋利的刀子在球根底部切"十"字，深度1cm或球高的1/2。切口处可敷硫黄粉以防腐。然后，切口朝上放到贮藏架上。鳞片受到刺激，秋季中心芽会分裂，在发根处长出大量小球，同母球一起种植，1年后可长到一定大小。培养几年到成球可开花，如风信子需要3~4年。

② 挖孔法　常用于鳞茎处理。将母球掘起后充分干燥，将球底部挖掉全球的1/4~1/3，去掉中心芽，然后同"十"字法管理。此法小球量多，但小，繁殖时间长(图5-3)。

③ 分割法　将球茎分切成多个小块，每块带芽眼，分别栽植，新芽萌发后，地下形成新的球茎，也需要培养几年才能开花(图5-4)。

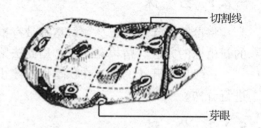

图5-3 人工分球——风信子挖孔法　　图5-4 人工分球——分割球茎

5.2.3 其他方法

(1) 分根蘖(crown division)

将根颈部或地下茎发生的萌蘖切下栽植,培育成独立的植株。如春兰(*Cymbidium goeringii*)、萱草(*Hemerocallis fulva*)、玉簪(*Hosta plantaginea*)、一枝黄花(*Solidago canadensis*)等。此外,蜀葵(*Althaea rosea*)、宿根福禄考(*Phlox paniculata*)可自根上发生根蘖。园艺上还有砍伤根部促其分生根蘖以增加繁殖系数的方法(图5-5)。

图5-5 根蘖(芦荟)

图5-6 吸芽(玉树)

(2) 分吸芽(offsets)

吸芽为一些植物根颈部或近地面叶腋自然发生的短缩、肥厚呈莲座状的短枝,其上有芽。吸芽的下部可自然生根,故可自母株分离而另行栽植。如多浆植物中的芦荟(*Aloe* spp.)、景天(*Sedum* spp.)、拟石莲花(*Echeveria* spp.)等在根颈处常着生吸芽;凤梨(*Ananas* spp.)的地上茎叶腋间也生吸芽,均可用此法繁殖。园艺上常用伤害其根部的方法,刺激其发生吸芽(图5-6)。

(3) 分珠芽(bulblets)**及零余子**(tubercle)

一些植物具有特殊形式的芽,如卷丹(*Lilium lancifolium*)的珠芽生于叶腋间,观赏葱类(*Allium* spp.)生于花序中;薯蓣类(*Dioscorea* spp.)的特殊芽呈鳞茎状或块茎状,称零余子。珠芽及零余子脱离母株后自然落地即可生根,园艺上常利用这一习性进行繁殖(图5-7)。

(4) 分走茎(runner)

叶丛抽生出来的节间较长的茎,节上着生叶、花和不定根,也能产生幼小植株。分离小植株另行栽植即可形成新株。如虎耳草(*Saxifraga stolonifera*)、吊兰(*Chlorophytum capense*)等。匍匐茎(stolon)与走茎相似,但节间稍短,横走地面并在节处生不定根及芽,多见于禾本科的草坪植物的繁殖,如狗牙根(*Cynodon dactylon*)、野牛草(*Buchloe dactyloides*)等。

上述方法多在生长季进行(图5-8)。

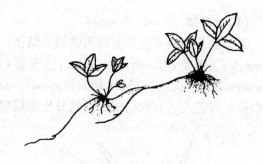

图 5-7　卷丹的珠芽　　　　　　图 5-8　草莓的匍匐茎

5.3　扦插繁殖

扦插繁殖是利用植物营养器官(茎、叶、根)的再生能力或分生机能，将其从母体上切取，在适宜条件下，促使其发生不定芽和不定根，成为新植株的繁殖方法。用这种方法培养的植株比播种苗生长快，开花时间早，短时间内可育成较大幼苗，且能保持原有品种的特性。扦插苗无主根，根系常较播种苗弱，多为浅根。对不易产生种子的花卉，多采用这种繁殖方法。它也是多年生花卉的主要繁殖方法之一。

5.3.1　扦插的种类及方法

园林花卉依扦插材料、插穗成熟度将扦插分为叶插(全叶插和片叶插)、茎插(芽叶插、软材扦插、半软材扦插)和根插。

(1) 叶插(leaf cutting)

用于能自叶上发生不定芽及不定根的种类。凡能进行叶插的花卉，大多具有粗壮的叶柄、叶脉或肥厚的叶片。叶插须选取发育充实的叶片，在设备良好的繁殖床内进行，以维持适宜的温度及湿度，获得良好的效果。

① 全叶插　以完整叶片为插穗。

平置法　切去叶柄，将叶片平铺于沙面上，以铁针或竹针固定于沙面上，叶下表面紧接沙面。大叶落地生根(Kalanchoe daigremontiana)从叶缘处产生幼小植株；蟆叶秋海棠(Begonia rex)和彩纹秋海棠(Begonia masoniana var. maculata)自叶片基部或叶脉处产生植株；蟆叶秋海棠叶片较大，可在各粗壮叶脉上用小刀切断，在切断处发生幼小植株(图 5-9)。

直插法　也称叶柄插法。将叶柄插入沙中，叶片立于沙面上，叶柄基部将发生不定芽。大岩桐(Sinningia speciosa)进行叶插时，首先在叶柄基部产生小块茎，之后产生根与芽。用此法繁殖的花卉还有非洲紫罗兰(Saintpaulia ionantha)、豆瓣绿(Peperomia arifolia)、球兰(Hoya carnosa)、虎尾兰(Sansevieria trifasciata)等。百合的鳞片也可以扦插。

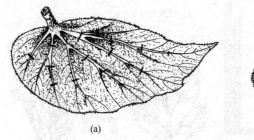
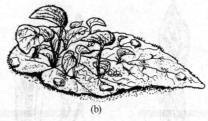

图 5-9　全叶插(平置法)
(a)刻伤叶脉　(b)生出新株
(引自《花卉园艺》,章守玉)

② 片叶插　将一个叶片分切为数块,分别进行扦插,使每块叶片形成不定芽和不定根。可用此法繁殖的花卉有蟆叶秋海棠、大岩桐、豆瓣绿、虎尾兰、八仙花等。

将蟆叶秋海棠叶柄、叶片基部剪去,按主脉分布情况,分切为数块,使每块都含有一条主脉,再剪去叶缘较薄的部分,以减少蒸发,然后将其下端插入沙中,不久就从叶脉基部发生幼小植株。大岩桐也可采用片叶插,即在各对侧脉下方自主脉处切开,再切去叶脉下方较薄部分,分别把每块叶片下端插入沙中,在主脉下端就可生出幼小植株。豆瓣绿叶厚而小,沿中脉分切左右两块,下端插入沙中,可自主脉处形成幼株。虎尾兰的叶片较长,可横切成 5cm 左右的小段,将其下端插入沙中(注意不可使其上下颠倒),则自下端可生出幼株。

(2) 茎插(stem cutting)

茎插可以在露地进行,也可在室内进行。露地扦插可以利用露地插床进行大量繁殖,依季节及种类的不同,可以覆盖塑料棚保温或荫棚遮光或采用全光喷雾(mist propagation),以利成活。少量繁殖时或寒冷季节也可以在室内进行,采用扣瓶扦插、大盆密插及暗瓶水插等方法(图 5-10)。应依花卉种类、繁殖数量以及季节的不同选用不同的扦插方法。

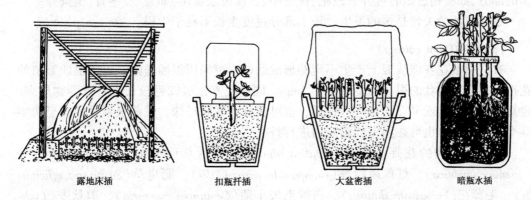

露地床插　　扣瓶扦插　　大盆密插　　暗瓶水插

图 5-10　茎　插
(引自《花卉学》,北京林业大学园林系花卉教研组)

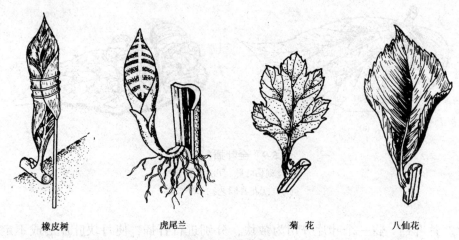

| 橡皮树 | 虎尾兰 | 菊 花 | 八仙花 |

图 5-11 单芽插

（引自《花卉园艺》，章守玉）

① 单芽插　主要用于温室花木类。插穗仅含有一芽附一片叶，芽下部带有盾形的部分茎或一小段茎，然后插入沙床中，仅露芽尖即可。插后最好盖一玻璃罩，防止水分过量蒸发。叶插不易产生不定芽的种类，宜采用此法，如橡皮树、山茶、桂花、天竺葵、八仙花、宿根福禄考、菊花的一些品种等（图5-11）。

② 软材扦插（生长期扦插）　宿根花卉常用此法。选取茎为插穗，长度依花卉种类、节间长度及组织软硬而异，通常为 5~10cm。组织以成熟适中为宜，过于柔嫩易腐烂，过老则生根缓慢，来自生长强健或年龄较幼的母本枝条，生根率较高。软材扦插必须保留一部分叶片，若去掉全部叶片则难生根。对叶片较大的种类，为避免水分蒸腾过多，可把叶片的一部分剪掉。切口位置宜靠近节下方，切口以平剪、光滑为好。多汁液种类应使切口干燥半日至数天后扦插，以防腐烂。对多数花卉宜在扦插之前剪取插条，以提高成活率。

③ 半软材扦插（semihardwood cutting）　温室木本花卉常用此法。插穗应选取较充实的部分，如枝梢过嫩时可弃去枝梢，保留中、下段枝条备用，如月季、冬青、山茶等。

茎插成活的关键是根的发生。地上部分过度生长不利于生根。

(3) 根插（root cutting）

有些宿根花卉能从根上产生不定芽形成幼株，可采用根插繁殖。可用根插繁殖的花卉大多具有粗壮的根，粗度不小于 2mm。同种花卉，根较粗较长者含营养物质多，也易成活。晚秋或早春均可进行根插，也可在秋季掘起母株，贮藏根系过冬，至次年春季扦插。冬季也可在温室或温床内进行扦插。

可进行根插的花卉有蓍草（Achillea alpina）、牛舌草（Anchusa italica）、秋牡丹（Anenone japonica）、灯罩风铃草（Campanula pyramidalis）、肥皂草（Saponaria officinalis）、毛蕊花（Verbascum thapsus）、白绒毛矢车菊（Centaurea cineraria）、剪秋罗（Lychnis senno）、宿根福禄考（Phlox drummondii）等。根插可在温室或温床中进行，把根剪成3~5cm长，撒播于浅箱、花盆的沙面上（或播种用土），覆土（沙）约1cm，保持湿

润，待产生不定芽之后进行移植。还有一些花卉，根部粗大或带肉质，如芍药(*Peonia lactiflora*)、荷包牡丹(*Dicentra spectabilis*)、博落回(*Macleaya cordata*)、宿根霞草(*Gypsophila paniculata*)、东方罂粟(*Papaver orientale*)、霞草(*Gypsophila elegans*)等，可剪成3～8cm的根段，垂直插入土中，上端稍露出土面，待生出不定芽后进行移植（图5-12）。

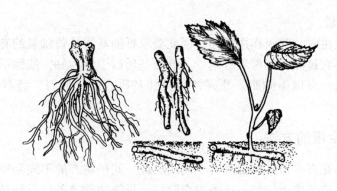

图 5-12 根 插
（引自《花卉园艺》，章守玉）

5.3.2 扦插时间

花卉扦插繁殖以生长期扦插为主。在温室条件下，花卉可全年保持生长状态，不论草本或木本花卉均可随时进行扦插，但依花卉的种类不同，各有其最适时期。

一些宿根花卉的茎插，从春季发芽后至秋季生长停止前均可进行。在露地苗床或冷床中进行时，夏季7～8月雨季期间为最适时期。多年生花卉作一、二年生栽培的种类，如一串红、金鱼草、三色堇、美女樱、藿香蓟等，为保持优良品种的性状，也可扦插繁殖。

多数木本花卉宜在雨季扦插，此时空气湿度较大，插条叶片不易萎蔫，有利成活。

5.3.3 扦插生根的环境条件

(1) 温 度

花卉种类不同，要求不同的扦插温度，其适宜温度大致与发芽温度相同。多数花卉的软材扦插宜在20～25℃进行，热带植物可在25～30℃，对于耐寒性花卉温度可稍低。基质温度(地温)需稍高于气温3～6℃可促进生根；气温低有抑制枝叶生长的作用。

(2) 湿 度

插穗在湿润的基质中才能生根。适宜的基质含水量，依植物种类的不同而不同，通常以50%土壤含水量为宜，水分过多常导致插条腐烂。扦插初期含水量可较高，后期应减少水分。为避免插穗枝叶中水分过分蒸腾，要求保持较高的空气湿度，通常以 80%~90% 的相对湿度为宜。

(3) 光　照

软材扦插一般都带有顶芽和叶片，并在日光下进行光合作用，从而产生生长素并促进生根，但强烈的日光对插条造成不利影响，因此在扦插期间往往在白天遮阳并配合间歇喷雾以促进插条生根。

(4) 扦插基质

当不定根发生时，呼吸作用增强，因此要求扦插基质具备供氧的有利条件同时保持湿润；扦插不宜过深，越深氧气越少。扦插基质以中性为好，酸性不易生根。扦插生根后立即移苗，可以不施肥。花卉常用扦插基质有沙、蛭石、蛭石与珍珠岩的混合物。

5.3.4　促进生根的方法

不同种类的花卉，对各种处理有不同的反应。同种花卉的不同品种，对一些药剂的反应也不同，这是由于年龄、插条发育阶段、母株的营养条件及扦插时期等方面的差异所致。促进插条生根的方法较多，简略介绍如下：

(1) 植物生长调节剂处理

目前广泛使用的有吲哚乙酸、吲哚丁酸、萘乙酸等，对于茎插均有显著作用，但对根插及叶插效果不明显，处理后常抑制不定芽的发生。生长素的应用方法较多，有粉剂处理、液剂处理、酯剂处理。花卉繁殖中以粉剂及液剂处理为多。粉剂处理时，将插穗基部蘸上粉末，再行扦插。生长素处理浓度依花卉种类、扦插材料而定。吲哚乙酸、吲哚丁酸及萘乙酸等应用于易生根之插条时，其浓度为 500~2000 $\mu L/L$，此浓度适于软材扦插及半硬材扦插。对生根较难的插穗，浓度为 10 000~20 000 $\mu L/L$。配制这些试剂时应先溶于酒精(95%)，然后加水定容到工作浓度。目前也有一些针对不同植物的生根剂商品可供选用。

(2) 环剥处理

花卉生长期在拟切取插穗的下端进行环状剥皮，使养分积聚于环剥部分的上端，而后在环剥处剪取插穗进行扦插，则易生根。此法常用于难生根的温室木本花卉。

(3) 软化处理

软化处理对部分温室木本植物效果良好。即在插条剪取前，先在剪取部分进行遮光处理，使之变白软化，预先给予生根环境和刺激，促进根原组织形成。用不透水的黑纸或黑布，在新梢顶端缠绕数圈，待遮光部分变白，即可自遮光处剪下扦插。注意软化处理不同于黄化处理。

此外，增加地温也是极广泛应用的方法，喷雾处理等也可大大促进扦插生根。

5.4 嫁接及压条繁殖

5.4.1 嫁接繁殖

嫁接是将植物体的一部分(接穗，scion)接到另外一个植物体(砧木，rootstock，stock)上，其组织相互融合后，形成独立个体的繁殖方法。砧木吸收的养分及水分输送给接穗，接穗又把同化后的物质输送到砧木，形成共生关系。同实生苗相比，这种方法培育的苗木可提早开花；能保持接穗的优良品质；可以提高抗逆性，进行品种复壮；克服不易繁殖的缺点(扦插难以生根或难以得到种子的花木类)。嫁接成败的关键是嫁接亲和力，即砧木与接穗的亲和程度。砧木的选择，应注意适应性及抗性，同时具有调节树势等优点。

园林花卉中除了温室木本植物采用嫁接外，草本花卉应用不多，主要有二类花卉采用。一是宿根花卉中的菊花常以嫁接法进行菊艺栽培，如大立菊、塔菊等，用黄蒿(*Artemisia annua*)或白蒿(*A. sieversiana*)为砧木嫁接菊花品种而成；二是仙人掌科植物常采用嫁接法进行繁殖，同时具有造型作用。例如，在量天尺(*Hylocereus undatus*)上嫁接绯牡丹(*Gymnocalycium mihanovichii* var. *friedrichii*)。

5.4.2 压条繁殖

压条法(layering)就是将接近地面的枝条，在其基部堆土或将其下部压入土中；较高的枝条则采用高压法，即以湿润土壤或青苔包围被切伤枝条部分，给予生根的环境条件，待生根后剪离母体，重新栽植成独立新植株。这种方法的优点是能在茎上生根，许多植物扦插不生根，用压条法则可获得自根苗，且容易成活，能保持原有品种的特性。

一般露地草花较少采用压条繁殖，但碰碰香(*Plectranthus hadiensis* var. *tomentosus*)等也可以采用此方法繁殖。一些温室花木类多用高位压条法繁殖。如叶子花、扶桑、变叶木、龙血树、朱蕉、露兜树、白兰花、山茶、常春藤等。压条生根所需时间，依花卉种类而异，草本花卉易生根而花木类生根时间较长，从几十天到一年不等；一年生枝条容易生根，当根系充分自切伤处发生后，即可自主根部下面与母本剪离重新栽植。自母本分离后，宜暂时置于背阴处，以利于其生长。

5.5 组织培养

植物组织培养(plant tissue culture)是指在无菌条件下，分离植物体的一部分(外植体)，接种到人工配制的培养基上，在人工控制的环境条件下，使其形成完整植株的过程。由于培养的对象是脱离了母体的外植体，在试管内培养，所以也称植物离体培养或试管培养。

植物组织培养是一门生物技术，应用范围和领域极其广泛。如良种快繁、茎尖培养脱病毒、植物育种、种质资源保存、培育人工种子、次生代谢产物的生产、遗传学、分子生物学、病理学研究等。良种快速繁育是目前植物组织培养技术应用最多、最广泛和最有效的领域。园艺作物、经济林木中的部分或大部分植物均可用离体繁殖的方法提供种苗，有些已实现了产业化生产，组织培养成功的园艺作物占有很高比例，其中又以花卉为主，是目前组织培养技术应用最成功的领域。

由于这一繁殖方法具有很快的繁殖速度，因此也称为快速繁殖。同时，茎尖培养是无性繁殖，可以保持良种的优良性状的遗传稳定性和一致性，也可以实现种苗脱毒。对于新育成的、新引进的及新发现的稀缺良种的快速繁殖，组织培养也是有效的繁殖途径。

5.5.1 组织培养繁殖的特点

(1) 可控性强，可周年进行

根据不同花卉对环境条件的要求进行人为控制。外植体是在人为提供的培养基质中进行生长，可根据需要随时调节营养成分及培养的条件，因而摆脱了自然四季、昼夜以及多变的气候对花卉生长的影响，形成均一的条件，更有利于花卉的生长，可以稳定地进行周年生产。

(2) 节省材料，提高繁殖率

每一株花卉的茎尖及腋芽、根、茎、叶、花瓣、花柄等均可作为培养的材料，只需取母株上的极小部分即可繁殖大量的再生植株。尤其适用于名贵、珍稀、新特的花卉中原材料少、繁殖困难的种类。

(3) 生长周期短，繁殖速度快

完全在人为控制的条件下进行，可以根据不同的花卉种类、不同的离体部位而提供不同的生长条件，因此生长繁殖速度快，生长周期短。一般草本花卉20d左右即可完成一个繁殖周期；木本花卉的繁殖周期较草本花卉长一些，一般在1~2个月内继代繁殖一次。而且每一次继代的繁殖数量以几何级数增长。例如，兰花的某些种，一个外植体在一年内可增殖几百万个原球茎，有利于大规模的工厂化生产。尤其对于采用常规繁殖方法繁殖率低或难于采用常规繁殖方法繁殖的优良花卉种类，组织培养技术是进行快速繁殖的行之有效的途径。

(4) 后代整齐一致，种苗质量高

试管繁殖实际上是一种微型的无性繁殖，取材于同一个体的体细胞而不是性细胞。因此，其后代遗传性一致，能保持原有品种的优良性状。

(5) 管理方便，生产效率高

人为提供植物生长所需要的营养和环境条件，便于进行高度集约化生产，较田间的常规繁殖和生产省去了除草、浇水、病虫害防治等烦琐的管理环节，有利于自动化和工厂化生产。

(6) 有设备和药品需求，专业性强

包括接种台、培养室、培养基用药、高压灭菌设备等。需要基本的资金保证和专门的技术支持。

5.5.2 组织培养快速繁殖的基本要求和一般程序

进行花卉组织培养快速繁殖需具备一定的条件和技术：①建立一套用于组织培养快速繁殖的实验室及试管苗移栽的配套温室：进行试管快速繁殖需要具备与生产规模配套的组织培养实验室或组培生产车间和移栽用的温室；必需的仪器和设备；培养容器及操作工具等。②具有严格的无菌操作条件：试管繁殖的全过程均是在无菌条件下进行的，如不能保证严格的无菌条件和无菌操作，不可能实现试管繁殖，将会导致繁殖的失败，造成人力、物力、财力的浪费。③有较高素质的技术人员和操作人员：花卉试管快速繁殖生产是一种综合性且科技含量高的密集型集约化生产，要求技术人员的知识范围广和生产管理水平较高；操作人员需具备较高的操作技能，进行合理分工。

总之，花卉的大规模组织培养快速繁殖生产，需要有严密的计划和组织管理，才能在花卉业中生存和发展。

花卉组织培养快速繁殖的一般程序：

外植体的选取和采集—无菌培养体系的建立—初代培养—继代增殖—生根—试管苗的锻炼及移栽。

5.5.3 成功实现组织培养繁殖的部分园林花卉

花卉种类繁多，类型各异，在植物试管繁殖中应用最多、生产效益最大，在各类植物离体快速繁殖中位居榜首。近年来，随着植物组织培养技术研究的不断深入和发展，几乎涉及所有重要的花卉，目前已有多种花卉可用试管快速繁殖（表5-2）。

表5-2中所列的花卉，有些已经形成规模化生产；有些花卉的组织培养快速繁殖还受技术、繁殖成本等一些因素的影响，没有应用于工厂化大规模生产。如卡特兰组织培养中的褐化问题是成功诱导原球茎的一大障碍；郁金香、水仙等试管繁殖系数较低，同时由于试管内形成的小球移栽后需经多年培育才能形成开花种球，因此目前郁金香的试管繁殖尚不能作为生产上的快速繁殖手段。

表5-2 组织培养繁殖的花卉

花卉类别	植物名称	拉丁学名	外植体	再生方式
球根花卉	仙客来	*Cyclamen persicum*	子叶、叶片及柄、球茎	鳞茎
	百合类	*Lilium spp.*	茎尖、鳞片、叶片、花器官	小鳞茎、芽
	唐菖蒲	*Gladiolus hybridus*	茎尖、球茎、叶片、花器官	小鳞茎、芽
	郁金香	*Tulipa × gesneriana*	鳞片、鳞茎、幼茎、心叶	小鳞茎、芽
	球根秋海棠	*Begonia tuberhybrida*	叶片	不定芽
	大丽花	*Dahlia pinnata*	茎段	丛生芽

(续)

花卉类别	植物名称	拉丁学名	外植体	再生方式
球根花卉	大岩桐	*Sinningia speciosa*	叶片、叶柄、茎尖	丛生芽
	香雪兰	*Freesia refracta*	球茎、叶、花芽、花茎	不定芽
	马蹄莲	*Zantedeschia aethiopica*	块茎	丛生芽
	风信子	*Hyacinthus orientalis*	花蕾	不定芽
	晚香玉	*Polianthes tuberosa*	块茎	不定芽
宿根花卉	香石竹	*Dianthus caryophyllus*	茎尖、茎段	不定芽
	菊花	*Chrysanthemam morifolium*	茎尖、茎段、花及柄、叶	不定芽
	大花萱草	*Hemerocallis hybrida*	茎尖、花蕾、花瓣、子房	不定芽
	中华补血草	*Limonium sinense*	芽	丛生芽
	火炬花	*Kniphofia* spp.	种子	丛生芽
	君子兰	*Clivia miniata*	子房、胚珠、茎尖、花丝	不定芽
	香叶天竺葵	*Pelargonium graveolens*	叶	不定芽
	大花天竺葵	*Pelargonium domesticum*	茎段	不定芽
	玉簪	*Hosta plantaginea*	茎尖	不定芽
	鹤望兰	*Strelitzia reginae*	胚芽	不定芽
	福禄考	*Phlox paniculate*	茎段、幼嫩叶片	丛生芽
	鸢尾	*Iris tectorum*	花序	不定芽
	洋桔梗	*Eustoma grandiflorum*	茎段	丛生芽
	丽格海棠	*Begonia × elatior*	幼叶、花瓣	胚状体、不定芽
	非洲菊	*Gerbera jamesonii*	花蕾、叶片、茎尖	丛生芽
	非洲堇	*Saintpaulia ionantha*	叶、花瓣、花柄	丛生芽
	新几内亚凤仙花	*Impatiens hawkeri*	顶芽、幼茎	丛生芽
	孔雀菊	*Aster ericoidus*	茎尖、茎段	丛生芽
一、二年生花卉	长春花	*Catharanthus roseus*	嫩果	不定芽
	霞草	*Gypsophila elegans*	芽、叶	丛生芽
	凤仙花	*Impatiens balsamina*	顶芽	丛生芽
	福禄考	*Phlox drummond*	花芽	丛生芽
	一串红	*Salvia splendens*	花枝	丛生芽
	矮牵牛	*Petunia hybrida*	叶片	丛生芽
	重瓣矮牵牛	*Petunia hybrida*	叶片	丛生芽
	翠菊	*Callistephus chinensis*	嫩茎	胚状体
	瓜叶菊	*Senecio cruentus*	叶片	不定芽
	金鱼草	*Antirrhinum majus*	茎、叶	不定芽
	雏菊	*Bellis perennis*	花托	不定芽
	矢车菊	*Centaurea cyanus*	茎托	不定芽
	四季报春	*Primula obconica*	叶片	丛生芽
兰花	大花蕙兰	*Cymbidium* spp.	假鳞茎上的侧芽	原球茎
	蝴蝶兰	*Phalaenopsis amabilis*	茎尖、花梗腋芽	原球茎
	文心兰	*Oncidium* spp.	幼芽、花梗	原球茎
	石斛兰	*Dendrobium* spp.	侧芽	原球茎
	墨兰	*Cymbidium kanran*	根状茎	原球茎

(续)

花卉类别	植物名称	拉丁学名	外植体	再生方式
室内植物	龟背竹	*Monstera deliciosa*	茎尖	不定芽
	'绿巨人'	*Spathiphyllum* 'Green Gigant'	茎尖	丛生芽
	'绿宝石'喜林芋	*Philodendron erubescens* 'Green Emerald'	顶芽、侧芽	丛生芽
	'红宝石'喜林芋	*Philodendron erubescens* 'Red Emerald'	顶芽	丛生芽
	广东万年青	*Aglaonema modestum*	块根、幼叶	丛生芽
	花叶万年青	*Dieffenbachia picta*	茎段	丛生芽
	白网纹草	*Fittonia veyschaffelti*	茎段	丛生芽
	朱蕉	*Cordyline fruticosa*	茎段	不定芽
	六月雪	*Serissa serissoides*	嫩叶	不定芽
	花叶芋	*Caladium bicolor*	幼叶、茎尖	不定芽
	绿萝	*Epipremnum aureum*	叶片、叶柄、嫩茎	丛生芽
	八仙花	*Viburnum macrocephem*	幼胚、未成熟种子	不定芽
	安祖花	*Anthurium andreanum*	幼叶、茎尖	不定芽
	蜻蜓凤梨	*Aechmea fasciata*	茎	不定芽
	红藻凤梨	*Billbergia pyramidalis*	茎尖	丛生芽
	长寿花	*Kalanchoe blossfeldiana*	茎、叶	不定芽

由此可见，组织培养技术在花卉繁殖上的应用仍有大量工作需要不断地探索、研究和深入，需要花卉工作者加倍努力。

5.6 孢子繁殖

观赏蕨类植物繁殖方法主要是分株和孢子繁殖。分株方法同宿根花卉。

5.6.1 孢子繁殖的过程

蕨类植物是一群进化水平最高的孢子植物。孢子体和配子体独立生活。孢子体发达，可以进行光合作用。配子体微小，多为心形或垫状叶状体，绿色自养或与真菌共生，无根、茎、叶的分化，有性生殖器官为精子器和颈卵器。

孢子来自孢子囊。蕨类植物繁殖时，孢子体上有些叶的背面出现成群分布的孢子囊，这类叶子称为孢子叶，其他叶称为营养叶。孢子成熟后，孢子囊开裂，散出孢子。孢子在适宜的条件下萌发生长为微小的配子体，又称原叶体(prothallism, prothallus)，其上的精子器和颈卵器同体或异体而生，大多生于叶状体的腹面。精子借助外界水的帮助，进入颈卵器与卵结合，形成合子。合子发育为胚，胚在颈卵器中直接发育成孢子体，分化出根、茎、叶，成为可观赏的蕨类植物(图5-13)。

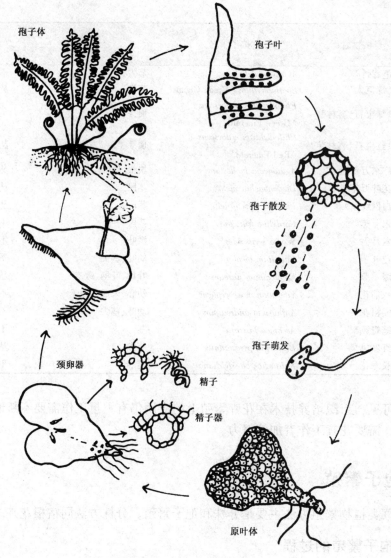

图 5-13 蕨类植物生活史
（引自 Ditter，1972）

5.6.2 孢子繁殖的方法

当孢子囊群变褐，孢子将散出时，给孢子叶套袋，连同叶片一起剪下，在 20℃ 下干燥，抖动叶子，帮助孢子从囊壳中散出，以收集孢子。然后把孢子均匀撒播在浅盆表面，盆内以 2 份泥炭藓和 1 份珍珠岩混合作为基质。也可以用孢子叶直接在播种基质上方抖动散播孢子。以浸盆法灌水，保持清洁并盖上玻璃片。将盆置于 20～30℃ 的温室庇荫处，经常喷水保湿，3～4 周"发芽"并产生原叶体（叶状体）。此时第一次移植，用镊子钳出一小片原叶体，待产生出具有初生叶和根的微小孢子体植物时再次移植。

蕨类植物孢子的播种，常用双盆法。把孢子播在小瓦盆中，再把小盆置于盛有湿润水苔的大盆内，小瓦盆借助盆壁吸取水苔中的水分，更有利于孢子萌发。

思 考 题

1. 园林花卉有哪些繁殖方法？
2. 园林花卉种子繁殖的特点是什么？
3. 什么是花卉种子的寿命？影响种子寿命的内外因素有哪些？
4. 园林花卉生产和栽培中常用的种子贮藏方法有哪些？
5. 园林花卉种子萌发所需要的条件有哪些？
6. 什么是需光种子、嫌光性种子？举例说明。
7. 影响种子发芽的休眠因素有哪些？
8. 播种前种子处理方法有哪些？
9. 园林花卉分生繁殖的特点是什么？
10. 园林花卉分生繁殖有哪些类别？
11. 园林花卉扦插的种类有哪些？
12. 促进扦插生根的方法有哪些？
13. 嫁接及压条繁殖在园林花卉中的应用情况如何？
14. 园林花卉组织培养繁殖的特点是什么？
15. 观赏蕨类植物有哪些繁殖方法？

推荐阅读书目

1. 园林植物繁殖技术手册．赵梁军．中国林业出版社，2011．
2. 穴盘苗生产原理与技术．ROGER C STYER & DAVID S KORANSKI 著．刘滨等译．化学工业出版社，2007．
3. 植物种子保存和检测的原理与技术．邓志军．科学出版社，2018．
4. 花卉育苗技术手册．常美花．化学工业出版社，2022．

第6章
园林花卉的花期控制

[**本章提要**] 目前花卉的花期控制成为园艺研究的一个新热点。花卉生产中花期控制可以保证市场周年供应，可以丰富不同季节花卉种类，满足特殊节日及花展布置的用花要求，创造百花齐放的景观。本章介绍了花期控制的目的、基本原理、常用技术和方法以及几种花卉花期调控实例。

观赏栽培中，观花植物最具观赏价值的时期是开花期。"花开花落物有时"，在自然界中，开花及开花时间是自然过程。人类对花卉美的追求，产生了"集百花于一时"的渴望，并为此进行着不懈的努力。中国就有女皇武则天为显示其皇威，命天下百花齐放，众花听命，按时开放，唯有牡丹刚直不阿，结果被贬洛阳的传说。这一传说在表达人们对牡丹热爱的同时，也表达了对花期控制的愿望。

在花卉栽培中，采用人为措施和方法，调控花卉开花时间的技术称为花期调控（flowering control），也称促成抑制栽培或催延花期技术。使花卉在自然花期之前开放的，称为促成栽培技术（forcing culture, accelerating culture）；使其在自然花期之后开放的，称为抑制栽培技术（retarding culture, inhibition culture）。

随着人们对植物生长发育过程的不断了解，尤其是花卉生产栽培中工厂化周年生产的要求，花卉花期的早晚直接影响其上市时间和商品价值，因此花期调控已经成为现代花卉生产栽培的一项核心技术，受到越来越多的重视。此外，花期调控也为杂交育种提供了方便。

虽然园林植物的季相美也是园林美之一，但由于园林花卉，尤其是草花在园林中的应用特点，有时也需要进行花期调控。园林花卉花期控制的主要目的是：①丰富不同季节花卉种类；②满足特殊节日及花展布置的用花要求；③创造百花齐放的景观；④提高园林花卉产品的经济价值。

目前对花卉的花期控制已成为园艺研究的一个新的热点。

6.1 花期调控的基本原理

花卉从种子萌发，经过一定时间的营养生长，体内营养物质积累到一定程度，完成幼年期（juvenile phase）后即进入成年期（adult phase），具备了开花的能力，此时可以对诱导开花的自身因素与外界因素产生应答，进入生殖期（reproductive phase）而开花、结实。不同花卉幼年期长短不一，从几十天到几年不等，多年生花卉一旦进入成年期，条件适宜，可以年年开花。

目前花卉生产栽培中花期调控技术的基本原理主要有三个方面：①基于花卉生长发育自身节律的认识及其环境响应，通过调控环境因子影响其生长发育节律，实现花期调控；②基于对生长节律中休眠和萌发的认识及其环境响应，通过调控环境因子调控休眠和萌发，从而调控花期；③基于对成花与开花过程的认识及其环境响应，通过调节成花和花发育环境因子实现花期控制。

6.1.1　植物生长发育节律及其调控

植物生长发育节律（plant growth rhythm）是指植物长期适应对其生存、生长发育起作用的生态因子的周期性变化，而形成与此相关的生长发育节奏和规律，突出的节点表现为物候期。掌握生长发育节律与和生态因子的依赖关系，即可以通过调节环境因子来调节生长发育节律，从而调控开花时间。

花卉生长发育过程是连续过程，任何阶段的延长或缩短，都会影响整个节律的变化。由于花卉生长发育是由内部基因、信号和外部环境条件共同作用的结果，生长发育各个环节都受到环境温度、光照、水分、养分等因子影响。因此，生长发育过程中各阶段的环境因子变化，都可能影响该阶段时间的长短，最终影响花期。例如，花卉生长发育过程中，营养生长期的长短显然直接影响花期，而该阶段长短除了受控于基因，还与植株自身营养、激素含量等生理状态和外界温度、光照、水分、养分密切相关，从而影响其成年期到来的早晚，进而影响花期。

6.1.2　植物休眠与萌发及其调控

花卉的生长发育具有时序性，生长发育正是起始于休眠解除后的萌发，调控休眠与萌发，本质上也是调控植物的生长发育节律，即通过控制生长发育开始的起点，影响整个生长发育的周期，实现花期调控。由于休眠与萌发是生长发育的起点，相对容易调控，在花期调控中人们给予其特别重视。

休眠（dormancy）是植物生长暂时停顿的一种现象。一、二年生花卉以种子为休眠器官，宿根花卉以芽为休眠器官，球根花卉以种球（其上的芽）为休眠器官。休眠有两种类型，一种是由植物自身发育进程所控制，即使给予适宜的生长条件也不能萌发，称为生理休眠（physiological dormancy），如许多花卉的种子采收后需要一段时间的干燥或低温以完成生理后熟，才能在适宜条件下开始萌发；一种称为强迫休眠（imposed dormancy），是植物生长发育期中遇到不适宜的外界环境条件，如低温、高温、干旱等，被迫处于极其缓慢或短暂静止状态，给予适宜条件，即可解除休眠开始恢复生长，如休眠的水仙、郁金香种球。

6.1.3　植物成花与开花机制及其调控

花期是指植物的花或花序绽放（开花）的一段时间。花和花序都是由花芽发育而来，其涉及植物营养生长向生殖生长不可逆的转变过程（成花），即茎尖在内部代谢途径和外在表型上发生一系列程序性转变，包括花器官各原基形成、分化、成熟，最终形成完整的花器官。

研究揭示开花相关基因的表达或抑制是实现这一转变的基础，而这些特异基因的表达或抑制受控于温度、光照等环境因子或细胞自身的生长状态的诱导。成花与开花过程是在植物体内外因子的共同作用，相互协调下完成的。目前高等植物成花机理研究取得了突破性进展，已揭示了植物6种成花诱导途径：光周期途径(photoperiod pathway)、春化途径(vernalization pathway)、赤霉素途径(Gibberellic acid pathway)、自主促进途径(autonous pathway)、碳水化合物诱导途径(Carbohydrates induction approach)和成花抑制途径(flowering inhibition pathway)。光周期和春化促进途径是植物通过感知外界环境光周期或低温信号变化控制成花转变；后4种途径是通过感知自身发育过程中内源信号的变化控制植物的成花转变。自主促进途径是受控植物内源信号，营养生长达到一定阶段就会开花；成花抑制途径是抑制开花的基因表达减弱，之后进入花发生；赤霉素途径是受体内赤霉素代谢相关基因调控，控制成花转变；碳水化合物诱导途径是体内内源物质如蔗糖、海藻糖等物质变化调控成花转变。虽然人们已经探明了一些成花途径，但是其中涉及的许多机制和过程并不完全清楚，对成花途径的认识仍然有大量的研究需要开展。

这些成花机理的揭示，使得人类可以通过调控影响成花的内外界因子，如外界的光周期和温度，或通过干预体内与成花相关的激素、糖等物质进行花期调控。从操作层面看，控制外界环境相对容易，也是目前花期控制的主要技术原理所在。

6.1.4　花期调控的技术原理

6.1.4.1　温度与开花

温度影响植物开花有量和质的作用。所谓温度质的作用，是指温度打破植物休眠和春化作用(vernalization)，即植物在一定的温度条件下才能开始生长分化和花芽分化，是对植物生长发育限制性的作用。温度量的作用，是指植物可以在比较宽的温度范围内开花和生长，但温度将影响生长速度，从而影响开花的迟早。例如，由于高温或低温促进或抑制生长，使花期提前或推迟。在花期调节方面质的作用比较受重视，许多花期调控技术也针对此展开，但在实际促成抑制栽培中，利用温度质的作用的同时，也在广泛地利用温度量的作用，温度量的作用在花期控制中也有重要意义。

(1) 诱导休眠和莲座化(rosette)

某些植物的生活史中存在着生长暂时停止和不进行节间伸长两种状态，分别称这样的情况为休眠和莲座化。植物进入休眠状态时，生长点的活动完全停止；而莲座化植物的生长点还在继续分化，只是节间不伸长，也就是说莲座化是植物处于低生长活性状态。休眠和莲座化可以是植物内在生长节律决定，也可由环境引起。

由生长节律决定休眠的典型花卉是唐菖蒲和小苍兰，它们在球根形成的时候开始进入休眠，高温和低温都不能阻止休眠的发生。大丽花和秋海棠是典型的由外界环境诱导休眠和莲座化的植物，它们在13h以上的长日照下可以不断地生长和开花，一旦移到12h以下的短日照条件下，则生长停止，不久进入休眠，即使回到长日照条件，也不能恢复生长。

（2）打破休眠和莲座化状态

休眠有不同的阶段，一般处于休眠初期和后期时，容易被打破，而处于中期的深休眠状态不易被打破。强迫休眠较生理休眠易于打破。

能够有效地打破植物休眠和莲座化的温度，因植物的种类不同而异。比如小苍兰和荷兰鸢尾等初夏休眠的植物，需高温打破休眠；而大丽花、桔梗等秋季休眠的多数植物，需低温打破休眠。低温打破休眠的有效温度一般是10℃以下，接近0℃最有效。打破休眠和莲座化的低温，还因植物的品种、苗龄、所处的生理状态而不同。

（3）春化作用

低温诱导促使植物开花的作用，称为春化作用。根据植物可以感受春化的状态，通常分为种子春化（如香豌豆）、器官春化（如郁金香）和植株整体春化（如榆叶梅）。春化作用的温度范围，不同植物种类之间差异不大，一般是 -5~15℃，最有效温度一般为3~8℃，但是最佳温度因植物种类的不同而略有差异。不同花卉要求的低温时间长短也有差异，在自然界中一般是几周时间。

从整体上看，需要春化才能开花的植物主要是典型的二年生植物和某些多年生植物。多年生植物接受低温时最适温度偏高，比如麝香百合和鸢尾的最适温度为8~10℃。一般而言，必须秋播的二年生花卉有春化现象，一年生和多年生草花一般没有春化现象。

春化作用过程没有完全结束前，就被随后给予的高温抵消，此种现象称为脱春化，但是如果给予了充分的低温，一般不会发生脱春化现象。

（4）花芽分化温度

香石竹或大丽花只要在可生长的温度范围内，或早或晚，只要生长到某种程度就进行花芽分化而开花。一般温度升高，花芽分化速度加快。但是它们的花芽正常发育需适宜的温度，温度太低会导致盲花。与之相反，夏菊花芽分化需要一定的低温，温度高于临界低温，则只营养生长，不开花。一般春夏季进行花芽分化的植物，需要在特定温度以上方能开始花芽分化。秋季进行花芽分化的植物，需要温度降至一定温度之下才能开始花芽分化。

（5）花芽发育温度

对一般植物而言，花芽可以在诱导花芽分化的温度条件下顺利发育而开花，但是有些植物花芽分化后，要接受特定的温度，尤其是低温，花芽才能顺利发育开花，如裸菀、花菖蒲、芍药等。因此很多春季开花的木本花卉和球根花卉，花芽分化往往发生在前一年的夏秋季，经过冬季之后，次年开花。有些植物在进行促成栽培时，如果低温处理的时间不够，则导致花茎不能充分伸长。如荷兰鸢尾，在促成栽培时，球根冷藏时间过长，花茎长比叶长显著增加，切花品质降低；反之，如果低温冷藏时间不足，则花茎过短，达不到切花的要求。

6.1.4.2 光周期与开花

根据植物成花对光周期的反应，可以将其分为不同类型，常见的三种类型为：短日照植物、长日照植物和日中性植物。短日照植物要求光照长度短于其临界日长才能成花，如秋菊、蟹爪兰、一品红等；长日照植物要求光照长度长于其临界日长才能成花，如矢车菊、草原龙胆、蓝花鼠尾草等；日中性植物对光照长度没有一定的要求，这类植物有扶桑、香石竹、百日草等。

植物的光周期反应与植物的地理起源有着密切的关系，通常低纬度起源者多属于短日照植物；高纬度起源者多属于长日照植物。

短日照植物和长日照植物都可以通过调节日照长度而调节花期。利用光周期调控植物花期是周年生产最常用的手段。例如，要使短日照植物秋菊在长日照季节开花，需进行遮光，缩短其光照时间，这种处理称为短日照处理；在秋冬短日照季节抑制其花芽分化，采用灯光照明以加长光期，这种处理称为长日照处理。长日照植物花期的调控则与此相反。

6.1.4.3 植物激素与开花

植物激素是指由植物自身代谢产生的一类微量有机物质，在极低浓度下就有明显的生理效应，在一定部位产生，移动到一定部位起作用，也称为植物天然激素或植物内源激素。已知的植物激素主要有生长素、赤霉素、细胞分裂素、脱落酸和乙烯五大类。而油菜素甾醇也逐渐被公认为第六大类植物激素。人工合成的具有植物激素活性的物质称为植物生长调节物质，或植物生长调节剂。

已经明确赤霉素、乙烯、生长素、细胞分裂素、脱落酸通过影响植物生长、休眠、成熟等影响开花，都与植物花期相关。其中对赤霉素的作用研究较多，已经明确赤霉素对开花影响如下：

(1) 代替长日照，促进开花

有许多花卉植物在短日照下呈莲座状，只有在长日照下才能抽薹开花。而赤霉素有促使长日照花卉在短日照下开花的趋势，如对紫罗兰、矮牵牛的作用，但赤霉素不能取代长日照。赤霉素促进长日照花卉在非诱导条件下形成花芽，起作用的部位可能是叶片。对大多数短日植物来说，赤霉素起着抑制开花的作用。

(2) 代替低温，打破休眠

对一些花卉而言，赤霉素有助于打破休眠，可以完全取代低温的作用。例如，桔梗处于休眠期任何阶段，用赤霉素溶液浸泡根系都可以打破休眠。但对蛇鞭菊而言，同样的方法处理，则只对处于休眠初期和后期的植株起作用。用赤霉素处理处于休眠初期或后期的芍药和龙胆休眠芽，也可以打破休眠。仙客来在开花前60~75d用赤霉素处理，即可达到按期开花的目的。用赤霉素浸泡郁金香鳞茎，可以代替冷处理，使之在温室中开花，并且使花卉花径增大。一些二年生花卉的干种子吸水后，用赤霉素处理，可以替代低温作用，在当年即可开花。

此外，其他一些激素或生长调节物质也影响开花：

乙烯可以打破小苍兰、荷兰鸢尾等一些夏季休眠性球根的休眠，但促进夏季高温后莲座状化的菊花的莲座状化状态。

一些植物生长调节剂，如萘乙酸（NAA）、2,4-二氯苯氧乙酸（2,4-D）、苄基腺嘌呤（BA）等都有打破花芽和贮藏器官休眠的作用。如苄基腺嘌呤（BA）可以打破宿根霞草的莲座状。如用 NAA 及 2,4-D 处理菊花，就可以延迟菊花的花期，若与赤霉素混用，效果则大为提高。

植物生长抑制剂如矮壮素（CCC）、多效唑等，在一定浓度内由于抑制植物营养生长，能促进一些花卉的花芽分化，并使叶色浓绿，花梗挺直，增加花的数目，促进开花。但高浓度使用后，由于延缓生长，又可以延迟开花。例如，用 0.25% 矮壮素灌根，可以促进天竺葵提前 7d 开花，并减少败育。多效唑浇灌土壤，可促进龙船花开花。B_9 喷洒杜鹃花蕾，可延迟杜鹃花开花达 10d。

6.2 花卉花期调控常用技术方法

园林花卉花期调控的主要技术方法有调节温度、调节光照、施用生长调节物质和利用一些繁殖栽培修剪技术。此外，土壤中水分或养分状态，有时会影响花期或开花量，因此养分、水分管理也作为花期调控的辅助手段。

6.2.1 调节温度

(1) 提高温度

主要用于促进开花，提供花卉继续生长发育的温度，以便提前开花。特别是在冬春季节，天气寒冷，气温下降，大部分花卉生长变缓，在 5℃ 以下，大部分花卉停止生长，进入休眠状态，部分热带花卉受到冻害。因此，提高温度阻止花卉进入休眠，防止热带花卉受冻害，是提早开花的主要措施。如瓜叶菊经过加温处理后，能够提前花期。芍药提前在春节开放，主要是采用加温的方法，利用经过足够低温处理打破休眠的芍药，在高温下栽培 50 多天，即可在春节开花。

(2) 降低温度

许多秋植球根花卉的种球，在完成营养生长和开花后一段时间，进入休眠期，球根发育过程中，花芽分化已经基本完成，但这时把球根从土壤里起出晾干，如不经低温处理，这些种球不开花或者开花质量差。秋植球根花卉，除了少数几个种可以不用低温处理能够正常开花外，绝大多数种类必须经低温处理才能开花。这种低温处理种球的方法，常称为球根冷藏处理。在进行低温处理时，必须根据球根花卉种类和目的，选择最适低温。确定冷藏温度之后，除了在冷藏期间连续保持一定温度外，还要注意放入和取出时逐渐降低或者提升温度。如果在 4℃ 低温条件下冷藏了 2 个月的种球，取出后立即放到 25℃ 的高温环境中或立即种到高温环境，由于温度条件急剧变化，引起种球内部生理紊乱，会严重影响其开花质量和开花期。所以低温处理时，冷藏温度一般要经过 4~7d 逐步降温（1d 降低 3~4℃），直至所需低温；再把已经完成低温处理的种球从冷藏库取出之前,也需要经过3~5d的逐步升温过程,才能保证低温处理种球的质量。

一些二年生或多年生草本花卉,花芽的形成需要低温春化,花芽的发育也要求在低温环境中完成,然后在高温环境中开花。对这样的植物,进冷库之前要选择生长健壮、没有病虫危害、已达到能够接受春化作用阶段的植株进行低温处理,否则难以达到预期目的。冷库处理的花卉植株,每隔几天要检查一次干湿情况,发现土壤干燥时要适当浇水。花卉在冷库中长时间没有光照,不能进行光合作用,势必会影响植株的生长发育。因此,冷库中必须安装照明设备。在冷库中接受低温处理的花卉植株,每天应当给予几小时的光照,尽可能减少长期黑暗给花卉带来的不良影响。初出冷库时,要将植株放在避风、避光、凉爽处,喷些水,使处理后的植株有一个过渡期,然后再逐渐加光照,浇水,精心管理,直至开花。

利用低温诱导休眠的特性,一般用2~4℃的低温冷藏球根花卉,大多数球根花卉的种球可长期贮藏,推迟花期,在需要开花前取出进行促成栽培,即可达到目的。在低温环境条件下,花卉生长变缓慢,延长了发育期与花芽成熟过程,也就延迟了花期。

(3)利用高海拔山地

除了用冷库冷藏处理球根类花卉的种球外,在南方的高温地区或北方的炎热季节,建立高海拔(800~1200m或以上)花卉生产基地,利用暖地高海拔山区的冷凉环境进行花期调控,无疑是一种低成本、易操作、能进行大规模批量调控花期的理想方法。由于大多数花卉在最适温度范围,生长发育要求的昼夜温差较大,在这样的温度条件下,花卉生长迅速,病虫危害相对较少,有利于花芽分化、花芽发育以及休眠的打破,为花期调控降低大量的能耗,同时提高产品质量。

6.2.2 调节光照

(1)短日照处理

在长日照季节里,要使长日照花卉延迟开花,需要遮光;使短日照花卉提前开花也同样需要遮光。具体的遮光方法是,在日落前开始遮光,一直到次日日出后一段时间为止,用黑布或黑色塑料膜将光遮挡住,在花芽分化和花蕾形成过程中,人为地满足植物所需的日照时数,或者人为地减少植物花芽分化所需要的日照时数。由于遮光处理一般在夏季高温期,而短日照植物开花被高温抑制的占多数,在高温条件下花的品质较差,因此短日照处理时,一定要控制暗室内的温度。遮光处理所需要的天数,因植物不同而异。如将菊花(秋菊和寒菊)、一品红在17:00至次日8:00置于黑暗中,一品红逾40d处理开花,菊花经50~70d才能开花。采用短日照处理的植株要生长健壮,营养生长达到一定的状态,一般遮光处理前停施氮肥,增施磷、钾肥。

在日照反应上,植物对光强弱的感受程度因植物种类而异,通常植物能够感应10lx以上的光强,而且上部的幼叶比下部的老叶对光敏感,因此遮光的时候上部漏光比下部漏光对开花的影响大。

(2) 长日照处理

在短日照季节里,要使长日照花卉提前开花,就需要加人工辅助照明;要使短日照花卉延迟开花,也需要采取人工辅助光照。长日照处理的方法大致可以分为3种:

① 明期延长法 在日落前或日出前开始补光,延长光照 5~6h。

② 暗期中断照明法 在半夜用辅助灯光照 1~2h,以中断暗期长度,达到调控花期的目的。

③ 终夜照明法 整夜都照明。照明的光强需要 100lx 以上才能完全阻止花芽的分化。

秋菊是对光照时数非常敏感的短日照花卉,9月上旬开始用电灯给予光照,11月上、中旬停止人工辅助光照,春节前菊花即可开放。利用增加光照或遮光处理,可以使菊花一年之中任何时候都能开花,满足人们对菊花切花周年供应的需求。

试验中发现,给大多数短日照花卉延长光照时,荧光灯的效果优于白炽灯;给一些长日照花卉延长光照时,白炽灯效果更好,如宿根霞草的加光处理。

(3) 颠倒昼夜处理

有些花卉种类的开花时间在夜晚,给人们的观赏带来很大的不便。例如,昙花在晚上开放,从绽开到凋谢最多 3~4h,所以只有少数人能够观赏到昙花的艳丽风姿。为了改变这种现象,让更多的人能欣赏到昙花开放,可以采取颠倒昼夜的处理方法,把花蕾已长至 6~9cm 的植株,白天放在暗室中不见光,19:00 至次日 6:00 用 100W 的强光给予充足的光照,一般经过 4~5d 的昼夜颠倒处理后,就能够改变昙花夜间开花的习性,使之白天开花,并可以延长开花时间。

6.2.3 应用繁殖栽培技术

(1) 调节播种期

在花卉花期调控措施中,"播种期"除了指种子的播种时间外,还包括球根花卉种植时间及部分花卉扦插繁殖时间。一、二年生花卉大部分是以播种繁殖为主,用调节播种时间来控制开花时间是比较容易掌握的花期控制技术,关键问题是要明确某个花卉种类或品种在何时、何种栽培条件和技术下播种,从播种到开花需要多少天。这个问题解决了,只要在预期开花时间之前,提前播种即可。如天竺葵在适宜生长温度条件下,从播种到开花是 120~150d,如果期望天竺葵在春节前(2月中旬)开花,那么,在9月上旬开始播种,即可按时开花。球根花卉的种球大部分是在冷库中贮存,冷藏时间达到花芽完全成熟或需要打破休眠时,从冷库中取出种球,放到适宜温度环境中进行促成栽培,给予适宜的环境条件很快开花。例如,风信子自然花期在 3~4月,如果要在春节开花,可以将采收后的种球贮存在 10~13℃冷库中,春节前 60~70d,从冷库中取出,种植在昼温 20~35℃、夜温 8~10℃ 的设施中即可开花。从冷库取出种球在适宜温度环境中栽培至开花的天数,是进行球根花卉花期控制所要掌握的重要依据。有一部分草本花卉以扦插繁殖为主要繁殖手段,开始扦插繁殖到扦插苗开花是需要掌握的花期控制依据,如四季海棠、一串红、菊花等。

（2）修剪控制

对一些花卉采取摘心、摘蕾、剥芽、摘叶等措施，调节植株生长速度，促进营养物质再分配，以达到控制花期的目的。一般摘心或修剪等可以推迟花期，还能使株形丰满，开花繁茂。例如，一串红种苗在4~5片叶子时第一次摘心，保留3~4片叶子，上盆后再摘心1~2次，最后一次摘心根据期望花期和具体品种而定，25~30d即可开花。矮牵牛可以通过反复摘心，依品种不同，最后1次摘心控制在3月底，"五一"即可以开花。

6.2.4 应用植物生长调节物质

用于花期调控的植物生长调节物质主要有赤霉素、6-苄基嘌呤（6-BA）、乙烯利、矮壮素（CCC）、琥珀酰胺酸（B_9）、多效唑、缩节胺等。

植物生长调节物质的使用方式有3种：①根际施用。例如，用8000μL/L的矮壮素浇灌唐菖蒲，分别于种植初、种植后第4周、开花前25d进行，可使花量增多，按时开放。②叶面喷施。例如，在短日照条件下，施用矮壮素可以停止叶子花植株新梢生长，促进花芽分化，从而提早开花。③局部喷施。例如，用100μL/L的赤霉素涂抹大花蕙兰花梗部位，能促进花梗伸长，从而加速开花。用乙烯利滴于凤梨叶腋或喷施叶面，凤梨不久就能分化花芽。

使用植物生长调节物质要注意配制方法及使用注意事项，否则会影响使用效果。如常用的赤霉素溶液，要先用95%的酒精溶解，配成20%的酒精溶液，然后倒入水中，配成所需的浓度。应该指出，植物生长调节物质在生产上的应用效果是多方面的，除了能够诱导花卉植物开花外，还能使植物矮化、促进扦插条生根、防止落花等。由于植物生长调节物质的不同种类或浓度可以起到不同的调节效果，因此在使用植物生长调节物质调控花卉植物的花期时，首先要清楚该物质的作用和施用浓度，才能着手处理。虽然植物生长调节物质使用方便、生产成本低、效果明显，但如果施用不当，不仅不能收到预期的效果，还会造成生产上的损失。

在园林花卉花期调控实际应用中，一、二年生花卉主要是通过栽培措施，如调整播种期、修剪和摘心，并配合环境中温度、光照、养分和水分管理实现花期控制。宿根花卉和花木类如菊花、一品红、杜鹃花等，可依据具体情况综合使用上述手段。球根花卉主要是用温度处理种球、选择栽植期与栽培管理相结合实现花期控制。

进行花期调控，除了选择正确的花期调控栽培技术外，还应考虑花卉种类、品种、配套栽培管理技术等多种因素，花期的改变是多种因素综合作用的结果。

不同花卉种类花期调控难易程度不同。要实现某种花卉的花期控制，首先要了解该种花卉的生长发育规律，特别是成花和休眠规律，如花芽分化时期及其与外界环境条件的关系、休眠特性等。目前，人类尚不能实现所有植物种类的花期调控，一方面与尚未解开植物所有的成花问题有关；另一方面与没有真正掌握不同花卉的生长发育特性有关。

由于品种特性不同，同种花卉不同品种花期调控难易程度也有不同，有些品种花期调控相对其他品种更容易，因此要通过试验选择适用品种。一般情况下，早花品种进行促成栽培比晚花品种容易成功，晚花品种较早花品种更容易实现抑制栽培。因此，进行花期调控时，需要选择适宜的品种。

此外，用于花期调控的植物器官或植株的营养状况和健康状况也会影响花期调控效果，需要选择达到一定营养状态、没有病虫害、生长充实、健壮的种子、球根或植株作为花期调控的对象。

花期调控中的常规栽培技术及花卉植株或器官贮存管理也很重要，是实现花期调控的基本保证，其本身也影响花期，应给予特别重视。

总之，花期调控技术不是单项技术，需要配合贮存、栽培、环境控制等多项技术才能实现。同一种花卉在不同地域栽培，自然花期不同。例如，芍药在我国大部分地区是春季开花，北京一般是在5月中下旬开花；智利1~2月开花；而在高纬度的北美阿拉斯加是7~8月开花。因此，花期调控是有地域性的。对一些花期控制难度较大的花卉，即使可以借鉴他人的方法和经验，也还需要根据当地的具体环境和条件进行试验，确定具体方案。这一点在环境控制有限的情况下尤其重要。

6.3 花卉花期调控的主要设施和设备

一般在进行花期调控时，需要一些设施和设备，以保证花期调控技术的进行或便于花卉的栽培管理，生产中常用设施主要有调节温度和光照的冷库、温室、荫棚和照明设备。

(1) 冷库(低温库)

冷库在花期调控中有多种用途，可以贮存种子、球根、地下器官和植株体。用途最多的是冷藏球根，用于满足花芽发育后期对低温的要求或延长其休眠期，使大部分温带地区生长的球根花卉的种植和开花得到最基本的保障；也可用于贮存一些花卉种子和宿根花卉根部(地下芽)，以满足低温需求，打破或延迟休眠；还可以将提早开花的花卉移至冷库，降低温度，延长花期，获取最好的利润和社会效益。

(2) 温 室

温室是花期调控的重要设施之一，能够提供花期控制时所需要的环境条件，并能有效地控制花期调控前后花卉生长发育的环境因子。各种花卉在现代化温室里进行栽培，控制花期相对容易，而且花卉质量远远优于露地栽培，是多年生花卉进行花卉花期调控的主要设施。

人工气候室能自动控制温度、湿度、光照，最方便花期调控，但造价较高，一般花卉生产企业和花卉个体生产者难以承受。

(3) 荫 棚

荫棚主要是配合温室使用，用于高温地区或高温季节一些花卉的花期调控。有相当部分的花卉植物是中性和阴生花卉，不适应太阳光的直接照射，在荫棚下生长可以更好地发育，以利于开花。

(4) 短日照设备

短日照设备包括棚架、黑布、遮光膜、暗房和自动控光装置等。暗房中最好有便于移动的盆架。短日照处理中，需要控制温度，保持适当通风。

(5) 长日照设备

长日照设备包括必要的电灯光照设施、自动控时控光装置等。生产实践中可以借用光合补光照明设备系统，但要注意最适光源可能不同，花期调控中延长照明有效光源主要是荧光灯或白炽灯。

在进行花期调控中，根据不同的花卉和调控技术选用不同的设施设备，有时需要同时使用多种设备。在具体实践中，要结合具体情况，灵活应用，在保证质量的前提下，尽量降低生产成本。

6.4 园林花卉花期调控实例

6.4.1 一串红(*Salvia splendens*)

一串红为多年生亚灌木，原产南美热带地区，喜温暖不耐寒，园林中常作一年生栽培。通常春播，夏秋季开花。北京地区4月下旬露地播种，以前使用的老品种花期在10月中旬，目前的品种自然花期在7~8月，但常进行花期调控，主要技术途径是调整播种期或繁殖时间，结合环境控制和栽培技术。不同品种从种植到开花的时间不同，花期调控栽培略有不同。

目前品种因栽培地域、栽培设施、栽培方式等不同，从播种到开花需要9~13周不等。可以根据用花时间和具体栽培方法，推算播种时间，在不适宜露地播种的季节，使用大棚或温室等设施进行播种及栽培，则周年都可以开花，只是生产成本有很大差异。

以"太阳神"系列在温室可控环境中栽培为例，根据用花时间，推算播种日期，控制温度，不需要摘心就可实现花期控制。

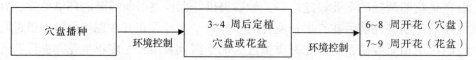

使用512孔穴盘播种，以粗蛭石为基质，pH 5.8~6.2，覆盖种子，保持基质湿润，基质温度22~24℃，光照200lx；子叶出现后基质温度降到18~21℃，逐渐加大光照强度，施用含氮、钾为14-0-14的硝酸钾肥；真叶开始生长后，每周浇1次氮、磷、钾20-10-20的全肥。3~4周后可定植，保持昼温21~24℃，夜温13~16℃。定植在穴盘中6~8周可以开花，而定植在10cm花盆中需要7~9周开花。

6.4.2 芍药(*Paeonia lactiflora*)

芍药为多年生宿根花卉，原产中国北部、日本和西伯利亚。喜凉爽，冬季休眠，在中国大部分地区自然花期5月中下旬至6月初。寿命一般为三四十年，实生苗约4年开花，分株苗直接进入成年期，可开花，二三十年后衰老，需要重新分株以复壮。

芍药花芽为混合芽，开花后在植株基部形成新芽，在夏季之前进行叶芽分化，初秋在芽体顶部形成花芽。品种不同，花芽分化的进程不同，但花芽开始分化早晚与开花期并不完全一致。一般从7月底至9月底开始形成花芽，依次形成苞片原基、花萼原基。大多数品种在10月中旬至11月形成花瓣原基，入冬休眠前形成雄蕊原基；部分品种形成雌蕊原基，然后停止发育，经过冬季低温才萌动、生长，次年早春雄、雌蕊原基进一步发育。随着花芽生长，节部伸长而逐渐露出地面，然后开花。萌发早晚与花期也不完全一致。

目前，芍药花芽分化直接诱因并不清楚，初秋的温度降低以及体内营养状况等多种因素都可能有一定作用，因此尚无通过控制花芽分化的起始而进行花期调控的技术。芍药有休眠特性，其花芽发育过程中需要一段低温才能发育成熟并开花。不同品种感受低温的状态、低温需求量、低温后栽培温度都有差异，直接影响芍药花期调控成败。芍药花期调控技术途径主要是满足低温需要，之后打破休眠，提供萌发和后期生长开花的适宜温度。

6.4.2.1 促成栽培

将花期提前到12月至次年4月中旬需利用促成栽培技术。可以利用自然低温，也可以利用冷库满足低温，依花期及栽培条件而定。

（1）利用自然低温

利用自然低温促成栽培，关键点是室外低温和入温室时间及其之后的栽培温度控制。结合9月下旬分株或土壤封冻前将植株上盆，放置在不受冰冻的环境，接受一段时间自然低温，满足低温量后，移入温室进行栽培，可以提早开花。入温室过早，低温感应量不足，花芽发育不良，容易形成盲花或开花不良，对此不同品种要求不同。北京地区'大富贵'9月下旬盆栽于基质中，放置在室外自然条件下，冬季保证0℃±4℃低温50d左右，最早1月上旬可移入温室，逐渐提高温度，给予夜温0~15℃、昼温10~25℃的不同温度组合，配合适宜光照和养分管理，最早2月中旬可开花。

也可以让植株在种植地自然过冬，满足低温量需求后，露地扣棚保温，可以提早开花。如我国菏泽地区，3月初露地扣棚，早花品种3月底至4月初即可开花。

（2）进行人工冷藏

若要将花期提早到2月中旬以前，需要人工冷藏满足低温需求。由于不同品种接受低温的状态和需冷量不同，因此，入冷库时间和处理时间长短非常重要。

何时开始冷藏很重要。对于芍药来说，不能仅看花芽的形态特征，只要进入花芽诱导状态，低温处理即有效。冷藏过程中花芽也会继续膨大。但冷藏过早，如花芽尚处于花瓣原基分化之前，虽然可以萌发，但不能保证正常开花。

一般认为，将芍药植株进行0~2℃冷藏处理，早花品种需要冷藏25~30d，中晚花品种需要冷藏40~50d，即可满足低温需求。但实际上，采用0~6℃低温，处理

30~90d 不等的成功案例都有报道。

同样以北京地区'大富贵'为例，9月下旬盆栽于基质中，10月下旬移入2℃冷库冷藏7周，最早12月中旬可移入温室，逐渐提高温度，给予夜温0~15℃、昼温10~25℃的不同温度组合，配合适宜光照和养分管理，最早1月下旬可开花。

有日本文献报道，他们的品种9月上旬冷藏植株，加温到15℃栽植，定植后60~70d可以开花。中、晚花品种由于需要较长的冷藏时间，开花会推迟，尽管如此，到12月也会开花。

6.4.2.2 抑制栽培

若要延迟开花期到6~11月，可于早春掘起尚未萌芽的植株，采用0℃湿润状态冷藏，以抑制萌芽，在适当时期定植。根据日本学者试验，在6~9月定植，30~35d后开花，3~5月及10月定植，45d左右开花。

通过这种促成和抑制栽培相结合，基本上能够做到芍药周年开花。

6.4.3 郁金香（*Tulipa gesneriana*）

郁金香为多年生球根花卉，地下为鳞茎，鳞茎寿命1年。目前栽培的郁金香为园艺杂种，其主要亲本分布于地中海沿岸、中亚细亚、土耳其、中国新疆等地。喜凉爽，耐寒，为秋植球根，生长温度5~20℃。10月中下旬至11月上旬定植后，地下根系生长，生根适温9~13℃。随着温度低于5℃以下，根系停止生长，进入休眠期。次年春季，温度回升，花梗伸出地面，生长适温15~18℃。自然花期4月中旬至5月中旬。5月下旬随气温升高，地上开始枯黄，通常6月上中旬采收时，生长点处于叶分化期，随后6月底即开始花芽分化，分化顺序为外花被片、内花被片、雄蕊、雌蕊，花芽分化适温17~23℃，高于35℃花芽分化受到抑制。通常7月下旬至8月上旬即达到雌蕊形成期，其后花芽发育减缓。

研究发现，采收后给处于叶分化阶段的球根1周34~35℃的高温处理，可以促进提早花芽分化。雌蕊形成后，还需要一定低温，保证花芽成熟与花茎伸长，才能实现花茎达到一定高度并开花，在冬季有充分低温但又不是非常寒冷的地区，球根在地下过冬后即可满足这个要求。因此，郁金香花期调控技术途径主要是满足花芽分化的温度要求和花芽发育的低温需求，并控制球根的休眠与萌发。

6.4.3.1 促成栽培

荷兰的研究表明，在冬季来临之前，提前对郁金香种球进行冷处理，可以提早到12月开花。关键点是，球根花芽发育的哪个阶段开始进行冷处理好。研究表明，在花芽的雄蕊形成阶段开始进行冷藏，开花率显著下降。在雌蕊形成阶段之后，则开花率高；在雌蕊形成的1周之后开始进行冷处理，单枝切花质量也最佳。若在花芽发育的更早阶段，即外花被片形成阶段冷藏，虽然可以正常开花，但切花品质下降。

为了达到理想的促成栽培效果，具体技术包括如下5个环节：

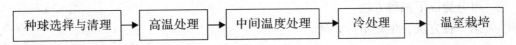

(1) 种球选择与清理

宜选用早花品种；鳞茎无病、种皮栗色、不开裂而有光泽；种球周径应达到 12cm 以上、11～12cm、10～11cm 等商品球规格。球根采收后需要清水冲洗、分级、干燥。

(2) 高温处理

得到分级的干燥球后，首先给予 23～25℃ 较高温度处理，以促进叶分化结束和花芽分化的开始。之后由于夏季自然高温抑制花芽发育，尽可能将球根放置在凉爽的条件下，这点非常重要，可使球根缓慢地进行雌蕊形成期的发育，减少盲花发生，切花品质也较好。

(3) 中间温度处理

待球根的雌蕊形成后，仅少数品种可以直接进行下一步的冷处理，大多品种还需要先进行中间温度处理，即在 17～20℃ 温度下放置一段时间，促进根系发育，防止盲花。可采用抽样方法，用解剖镜观察鳞茎花芽发育情况，一旦雌蕊完全形成（呈膨大的三角形），立即进行中间温度处理。10月15日以前进行处理，最好采用 20℃；之后宜采用 17℃。中间温度处理所需要的最短时间由品种特性、栽培方式、种球大小决定。

(4) 冷处理

一般可在雌蕊完全形成后 1 周开始冷处理。冷藏温度、时间长短依品种和温室种植时间确定。目前主要有 5℃ 和 9℃ 两种冷处理方式。经 5℃ 和 9℃ 冷处理的种球分别称为 5℃ 球和 9℃ 球。一般出口种球多为 5℃ 球。

① 5℃ 冷处理　用冷库干存种球，冷藏温度依后期种植时间而定。种植时间以 1 月 1 日为界，之前采用 5℃ 冷藏；之后采用 2℃ 冷藏。冷藏时间长短是另一个关键因子。虽然延长冷藏时间 2 周，可以提高日后在温室中的生长速度，但也会提高盲花率，所以大多数品种冷藏时间控制在 9～12 周，最长不超过 14 周。因此，9 月中旬开始 5℃ 冷藏种球，则最迟种植期不宜晚于 1 月 1 日；11 月初 2℃ 冷藏的种球，最迟种植期不宜晚于 2 月 15 日。

② 9℃ 冷处理　由于 9 月中旬前种植种球不会生根或生根质量差，故 9 月 15 日之前冷处理种球，必须先进行 9℃ 预冷处理 2～8 周（超过 8 周会引起根和茎的发育问题，且种植后没有足够的生根时间），然后种植到箱内，保持湿度，放到生根室或埋在室外土壤中继续完成全部冷处理过程，应先将基质或土壤温度降到 9℃，再进行后续冷处理。

如果 9 月 15 日之后冷处理种球，则可直接种植到箱内，然后移入生根室或在室外土壤完成全部冷处理过程。一般 12 月 15 日后不再栽植种球入生根室或埋入室外土壤，因为冷处理时间过长，温室种植后会生长很快，植株高而弱，容易产生盲花和倒伏。

可分为以下两种方法：
第一种方法，生根室冷处理。

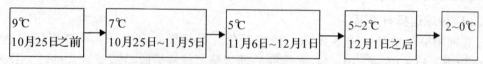

依据上述时间，依次降温。从 12 月 1 日开始，要根据芽的伸长情况及时调节温度，降到 5~2℃；由于种植箱彼此垛叠，以后根据芽的长度，控制在 2~0℃，最低 -2℃，以保证芽尖与上部箱子底部至少有 2cm 距离。注意要持续降温而不宜波动，一直到完成全部冷处理需要的周数。在生根室的最初几周，温度不能高于 11℃，高于 13℃ 则必须通过延长低温处理时间进行补偿，每高于规定温度 1℃，低温处理时间延长 1d。生根室箱内基质要保持湿度和透气，以基质握在手中感到湿润而不滴水为度。同时注意地面喷水，保持相对湿度在 90%~95%。种植后必须保证至少有 6 周冷处理时间，以保证移入温室时球根已发出一定长度的根。

第二种方法，室外土埋冷处理。

这是荷兰传统的球根冷处理方法，只适宜冬季平均温度在 9~0℃，最低为 -2℃ 的地域采用。选择无病虫害土壤，将箱子平放在土面上，种球上覆盖 5cm 厚沙，然后覆一层土，最后在土表覆盖泥炭或稻草，覆盖时间依当地气温变化而定，防止温度过低。注意检查埋入种球的湿度和温度，保持与生根室同样的条件。整个冷处理时间因品种不同，从 14~20 周不等。

种球整个冷处理所需要的最短时间受品种特性、栽培方式、种球大小决定。延长冷处理时间各有利弊，冷处理时间延长 1 周，在温室栽培时间缩短 3d，但容易出现花茎过长、叶片软、易倒伏、花苞变小等问题。近年也有在冷处理的最后 3 周采用水培，保持 5℃，获得了比基质种植更好的根系，然后移入温室中栽培。

(5) 温室栽培

冷处理后，可以在温室中进行栽培，获得开花植株。包括温室地栽和箱栽两种方式。

① 温室地栽(40~60d 开花)　5℃ 球主要的栽培方式，9℃ 球和未处理球也可以采用。在温室中整地作畦，要求排水好、pH 6、EC 值小于 1.5mS/cm 的砂壤土，郁金香根系对盐分和氯离子敏感，如果 EC 值偏高，需要进行土壤淋洗。一般不需要施肥。种植时选择合适的种植密度，控制温度(最初 2 周 9℃，以后 18~20℃)、光照、水肥和病虫害等。从温室种植到开花的时间取决于品种和前期冷处理时间，5℃ 球一般 40~60d 不等。

② 温室箱栽(25~35d 开花)　9℃ 球和未处理球的主要栽培方式。使用专门的"种球出口箱"，长×宽×高为 60cm×40cm×18cm；基质为 85% 黑泥炭和 15% 粗砂，pH 6~7，EC 值小于 1.0mS/cm，无病虫，厚度至少为 8.5cm，种球下基质厚度应 5cm 厚，上面再覆盖 1~2cm 的沙；种植密度依据种球规格、花期早晚、品种叶片数而异，每箱 85~130 个不等；种植箱和基质需要消毒，以减少病害发生；在生根室堆放时注意两层箱之间要保持 10cm 的距离。完成冷处理后直接移到温室栽培架上即可，温度控制

在18~20℃，从温室种植到开花的时间取决于品种和前期冷处理时间，25~35d不等。

也可以使用10~15cm花盆采用上述方法栽培郁金香，每盆1~7个球不等，供庭院和室内应用。但需要选择矮生品种。

因此，按照所述促成栽培技术，采用不同方式，可以保证12月到自然花期5月之前都有花开放。具体见表6-1所列。

表6-1　郁金香温室促成栽培

技术方案	冷处理	温室种植		花期
		种植时间	温度控制	
5℃球+温室地栽	8月底，干种球5℃冷藏一定周数	10月下旬，剥去球外膜	前两周土温9~10℃，气温16℃，之后18℃	12月中旬
9℃球或未处理球+温室箱栽	8月底，干种球9℃预冷藏；10月上中旬种植箱，生根室9~2℃系列低温。12月1日后未处理种球应降到2℃，9℃球依萌出芽高度控制在5~2℃	12月15日之前		1月初
未处理球+温室箱栽	9月中旬，未处理种球直接上种植箱，生根室9~2℃系列低温	1月初		1月底
9℃球+温室地栽	9月中旬，干种球9℃预冷藏；11月中旬温室地温9℃时作畦栽植，继续接受自然低温，12月1日后保持2℃	1月中旬正常栽培		2月初
未处理种球+温室地栽	11月中旬，种球直接种植温室地畦，接受9~2℃自然低温	3月初正常栽培		3月底至4月初

6.4.3.2　抑制栽培

将郁金香花期调整到6月及以后开放，需要抑制栽培。荷兰郁金香抑制栽培技术已较成熟，主要是通过控制温度，延长休眠期，控制花芽发育。主要技术如下：

将雌蕊形成期的球根，于11月种植在箱内，在9℃下2~4周内生根，之后−1.5~2℃贮藏，外盖塑料膜包裹保湿，可于任意时间取出栽培。在15℃左右温度下，6~11月间容易开花。

12月直接取−2℃贮藏的球根，1℃解冻2d，在15℃恒温下进行水培，施用氮肥及赤霉素和苄基腺嘌呤混合液，则能于冬季开花。10~11月外界气温恰巧在15℃左右，以这种方法为基础，可以探讨郁金香在10~11月上市的可能性。

6.4.4　一品红（*Euphorbia pulcherrima*）

一品红小乔木，常作宿根或一年生栽培。原产墨西哥和中美洲，喜温暖，光照充足，不耐寒。栽培的主要是园艺品种。生长温度8~30℃，<5℃或>32℃产生温度逆境；生长适温18~25℃，花芽分化适温18~21℃。

花芽分化开始于9月下旬至10月上旬，茎顶端分生组织分化最初的花序，其正下方的3枚叶原基的腋芽发育，并分别分化2枚苞叶和2个花序（二次花序），然后各苞叶的腋芽发育，分化1枚苞叶（二次苞叶）和花序（三次花序）。以后苞叶腋芽的发育同样重复,这样持续形成花序,直到次春。花芽分化顺序为萼片、花瓣、雄蕊、雌蕊。有一些小花雄蕊退化,仅雌蕊发育;另一些小花雌蕊退化,仅雄蕊发育,于是形成雌花和雄花。花芽形成极快,从花芽开始形成到花粉和胚珠形成仅需3周时间。

一品红花芽分化受光照和温度的双重影响,在夜温低于21℃以下时,为典型的短日照植物。春夏长日照下营养生长,当夜温在18~21℃、日照长度短于12.5h的秋季进入花芽分化状态,分化花芽、苞叶,45~55d后的秋末冬初,苞片着色、开花。

实际上,不同品种临界日长不同,从7.5~12.5h不等。一品红大多数品种在夜温20℃左右、13h日照长度(有些品种甚至在长日照下)条件下也可以成花,但8~9h短日照可以促进花芽形成和开花,仅需要40~50d,13h日照则花芽分化推迟30d以上。在北半球,这样的条件大约在9月20日以后开始,不同地区稍有差异。在早晚多云、夜温较低地区,花芽分化会提早,反之会延迟。花发育也要求短日照条件,苞片开始变色后才不受光周期的影响。一般情况下,10月以后在自然光照条件下就能开花。

研究表明,一品红花芽分化所需要的短日照时数除了与品种有关,还与当时的温度有关,在10~21℃时,临界日长为12~13h;在27℃则为9~10h。有些品种夜温高于26℃、9h日照下,花叶分化也困难;而有的品种夜温高于21℃时,即使在短日照条件下,花芽分化也完全停止。栽培期的平均温度也会影响花期。温度高,则花芽分化加快,开花早,同时影响苞片的大小。20℃是苞片分化和发育的最适温度,而到后期,温度降低到16~18℃有利于苞片变色,减缓花序发育速度,减少提早落花。不同品种对这一时期的温度要求也有差异。

在我国大部分地区自然条件下,9月中下旬开始花芽分化,一般花芽分化完成后45~55d开花,自然花期为11月中旬前后。因此,为在圣诞节、元旦、春节上市而进行的栽培,需要推迟开花期,进行抑制栽培。而"十一"应用,则要提早花期,进行促成栽培。

6.4.4.1 促成栽培

选择早花品种,以节约成本。由于高温影响花芽分化,因而在夏季进行短日照处理时,可以在高寒山地和凉爽地区栽培。8~9h的短日照条件,需要40~50d开花,但10月以后仍以自然日照为好。通过早晚遮盖黑布,模拟日出和日落,增加夜长时间,每天保持14h暗期,即18:00至翌日8:00进行遮光,夜温控制在18~21℃,直到开花为止。一般品种4周左右苞片变色,6~8周可开花。如果"十一"用花,可在7月底至8月初开始进行遮光处理,9月20日可以开花。同时注意水肥、通风等管理。如果夜温高于21℃,需要加长遮光处理的时间。

6.4.4.2 抑制栽培

尽量选用晚花品种。通过控制栽培期的温度、肥水,一些晚花品种会在圣诞节开放。抑制栽培主要是通过延长光照,延迟花芽开始分化的时间。落日后继续人工光照数小时,将光照时间延长至16h;更有效的办法是光中断,即每$4m^2$用1盏60W的白炽灯,在植株上1m处,于半夜进行2~4h的光中断,可以抑制花芽分化。无论哪种方法,为了充分抑制开花,最好保持100lx以上的连续光照,一直持续到期望的花芽分化开始。长日照结束的时间,可以依据期望花期,推算具体品种在适宜的短日照条件下到达开花所用的时间来定。

在实际生产中延长光照,不仅会推迟成花和开花,同时导致节数增多,茎伸长,破坏株型。若是采用推迟扦插时间,控制开花时茎较低矮,又会造成发育期温度不足,茎叶生长瘦弱。为了解决这个矛盾,在栽培上可以考虑在有足够温度的时期进行扦插,当茎过长时,用5000μL/L 琥珀酰胺酸(B_9)处理其顶部。

思 考 题

1. 园林花卉为什么要进行花期控制?
2. 花卉花期控制的基本原理有哪些?
3. 园林花卉的花期控制有哪些方法?
4. 各栽培类型的园林花卉主要采用哪些花期控制方法?

推荐阅读书目

1. 花卉花期控制. 小西国义等. 淑馨出版社,1996.
2. 植物花发育的分子生物学. 孟繁静. 中国农业出版社,2000.
3. 花期调控原理与技术. 虞佩珍. 辽宁科学技术出版社,2003.
4. 120种花卉的花期调控技术. 胡惠蓉. 化学工业出版社,2008.
5. 花卉花期调控新技术. 黄定华. 中国农业出版社,2009.

第7章 一、二年生花卉

[本章提要] 本章介绍一、二年生园林花卉的含义及类型，园林应用特点，生态习性和繁殖栽培要点；介绍了40种(类)常用一、二年生园林花卉。

7.1 概 论

7.1.1 含义及类型

一、二年生花卉除了含义界定的种类外，在实际栽培中还有多年生作一年生或二年生栽培的，同时这两类花卉中除了严格要求春化作用的种类，在一个具体的地区，依无霜期和冬、夏季的温度特点，有时也没有明显的界线，可以作一年生栽培也可以作二年生栽培。在冬季寒冷、夏季凉爽的地区，如中国的东北地区、西北的兰州和西宁等地，大多数花卉作一年生栽培。因此，实际栽培应用中的一、二年生花卉是指花卉的栽培类型。

(1) 一年生花卉(annual)

栽培类型为一年生花卉的种类，主要来自下述两类花卉：

① 典型的一年生花卉　在一个生长季内完成全部生活史的花卉。花卉从种子萌发到开花、死亡在当年内进行，一般春季播种，夏、秋季开花，冬季来临时死亡。如凤仙花、百日草。

② 多年生作一年生栽培的花卉　有几个原因，即花卉在当地露地环境中多年生栽培时，对气候不适应，不耐寒或生长不良或两年后观赏效果差。同时，这类花卉具有容易结实，当年播种当年开花的特点。如长春花、一串红。

(2) 二年生花卉(biennial)

栽培类型为二年生花卉的种类，主要来自下述两类花卉：

① 典型的二年生花卉　在两个生长季完成生活史的花卉。即花卉从种子萌发到开花、死亡跨越两个年头，第一年营养生长，然后经过冬季；第二年开花结实、死亡。一般秋季播种，种子发芽，营养生长，次年的春季或初夏开花、结实，在炎夏到来时死亡。

真正的二年生花卉，要求严格的春化作用，种类不多，有羽衣甘蓝、紫罗兰等。

② 多年生作二年生栽培的花卉　园林中的二年生花卉，大多数种类是多年生花卉中喜欢冷凉的种类，因为它们在当地露地环境中作多年生栽培时对气候不适应，不耐炎热、生长不良或两年后观赏效果差。但具有容易结实，当年播种次年开花的特点。如雏菊、金鱼草等。

(3) 既可以作一年生栽培也可以作二年生栽培的花卉

这类花卉依耐寒性和耐热性及栽培地的气候特点而定。一般情况下，花卉抗性较强，有一定耐寒性，同时不怕炎热。如在北京地区蛇目菊、月见草可以春播也可以秋播，生长情况一致，只是开花时植株高矮和花期有区别。还有一些花卉，喜温暖，忌炎热；喜凉爽，不耐寒，也属此类栽培类型。如霞草、香雪球，只是秋播生长状态优于春播；而翠菊、美女樱只要冬季在阳畦中保护一下，也可以秋播。

7.1.2　园林应用特点

一、二年生花卉繁殖系数大，生长迅速，见效快；对环境要求较高；栽培程序复杂，育苗管理要求精细，二年生花卉有时需要保护过冬；种子容易混杂、退化，只有良种繁育才能保证观赏质量。可用于花坛、种植钵、花带、花丛花群、地被、花境、切花、干花、垂直绿化。

园林应用特点：

➢ 一年生花卉是夏、秋季景观中的重要花卉，二年生花卉是春季景观中的重要花卉。

➢ 色彩鲜艳美丽，开花繁茂整齐，装饰效果好，在园林中起画龙点睛的作用，重点美化时常常使用这类花卉。

➢ 是花卉规则式应用形式如花坛、种植钵、窗盒等的常用花卉。

➢ 易获得种苗，方便大面积使用，见效快。

➢ 每种花卉开花期集中，方便及时更换种类，保证较长期的良好观赏效果。

➢ 有些种类可以自播繁衍，形成野趣，可以当宿根花卉使用，用于野生花卉园。

➢ 蔓性种类可用于垂直绿化，见效快且对支撑物的强度要求低。

➢ 为了保证观赏效果，一年中要更换多次，管理费用较高。

➢ 对环境条件要求较高，直接地栽时需要选择良好的种植地点。

7.1.3　生态习性

(1) 一、二年生花卉生态习性的共同点

① 对光的要求　大多数喜欢阳光充足，仅少部分耐半阴环境，如夏堇、醉蝶花、三色堇等。

② 对土壤的要求　除了重黏土和过度疏松的土壤，都可以生长，以深厚的壤土为好，有些种类耐干旱瘠薄。

③ 对水分的要求　不耐干旱，根系浅，易受表土影响，要求土壤湿润。

(2) 一、二年生花卉生态习性的不同点

对温度的要求不同。一年生花卉喜温暖，不耐冬季严寒，大多不能忍受0℃以下的低温，生长发育主要在无霜期进行，因此主要是春季播种，又称春播花卉、不耐寒性花卉。它们之间耐寒性和耐热性上也有差异。

二年生花卉喜欢冷凉，耐寒性强，可耐0℃以下的低温，有些种类要求春化作用，一般在0~10℃下30~70d完成，自然界中越过冬天就通过了春化作用；不耐夏季炎热，因此主要是秋天播种，又称秋播花卉、耐寒性花卉。

7.1.4 繁殖栽培要点

一、二年生花卉在繁殖和栽培中有许多共同点。

(1) 繁殖要点

以播种繁殖为主。不同地区以及同一地区每年气候有变化，播种时间也需要依此而调整。

① 一年生花卉 在春季晚霜过后，即气温稳定在大多数花卉种子萌发的适宜温度时可露地播种。为了提早开花或开花繁茂，也可以借助温室、温床、冷床等保护地提早播种育苗。北京地区正常播种时间在4月25日至5月5日，为了提早开花，为"六一"或"七一"用花，可以在2月底（温室）或3月初（阳畦）播种；为了延迟花期，如"十一"用花，也可以延迟播种，于5~7月播种。华南地区正常春播时间为2月底至3月下旬，华中地区为3月中旬至下旬。

② 二年生花卉 一般秋季播种，种子发芽适宜温度低，早播不易萌发，保证出苗后根系和营养体有一定的时间生长即可。在冬季特别寒冷的地区，如青海和西宁，则在春季播种，作一年生栽培。一些二年生花卉可以立冬至小雪（11月下旬）土壤封冻前露地播种，使种子在休眠状态下越冬，并经冬春低温完成春化作用；或于早春土壤刚刚化冻10cm时露地播种，利用早春低温完成春化作用，但不如冬播生长好，如锦团石竹、月见草。这两个时间尤其适宜二年生花卉中直根性、不耐移植的种类，它们适宜直接播种在应用地。如花菱草、霞草、虞美人、飞燕草、矢车菊等。北京地区正常播种时间为8月25日至9月5日；华中地区可以在9月下旬至10月上旬播种；华南地区可以在10月中下旬播种。

多年生作一、二年生栽培的种类，有些也可以扦插繁殖，如矮牵牛、半支莲。除了为保持品种特点，一般不采用此法。

(2) 栽培要点

园林中一、二年生花卉的栽培有两种含义，一是直接在应用地栽植成苗，这时的栽培实质上是管理；二是从种子培育花苗，可以直接在应用地播种，也可以在花圃中先行育苗，然后在应用地使用，这时的栽培包括育苗和管理。

播种育苗增加了育苗过程，需要专门的设备和人员，但可以根据设计要求育苗，有一定的主动性。直接在应用地播种，需要间苗，育苗管理不便，到达开花的时间也较长，难形成一定的图案，花期有时不一致，但简化了育苗步骤，景观自然，在自然环境和家庭庭院中栽种花卉时可以使用。为了获得整齐一致的花卉，常常采用在花圃育苗的方式。直接使用成苗，尤其是穴盘苗，方便灵活，种苗有良好的根系，生长较好，但受限于市场提供的种类。

① 成苗的栽培　园林中栽培的一、二年生花卉，可以直接使用花卉生产市场提供的育成苗，直接栽植在应用位置。这类成苗目前主要在温室中采用穴盘(plug)育苗方式培育。移栽到应用地前，需要先整地。对土壤有益的整地是秋季耕地深翻，在春季使用时再整地作床。一、二年生花卉生长期短、根系浅，一般土壤耕翻20~30cm深即可；砂质壤土宜深，黏质壤土宜浅。新开垦的土地和多年使用的土地最好秋季深翻后施入有机肥；种植床土壤过于贫瘠或土质差，可将上层30~40cm客土换成培养土。作床后进行定植，大多数花卉带土坨移植容易缓苗。以后的管理主要是适时浇水、控制杂草、去残花，只有花期很长的花卉需要进行1~2次追肥。一些二年生花卉花后重剪，追1次肥加强管理，秋凉后还可以再次开花，如金鱼草、香雪球等。

② 观赏栽培　也可以在露地从播种育苗开始。

一年生花卉　整地作床—播种—间苗—移苗—(摘心)—定植—同成苗管理。

二年生花卉　整地作床—播种—间苗—移苗—越冬—移植—(摘心)—定植—同成苗管理。

整地作床：露地花圃育苗，先作播种床，一般情况下床内不施肥。移植后的栽培床可以使用基肥，土壤肥力较高也可以不施肥，仅在育苗期间补充1~2次液肥。定植床整理与栽培成苗时要求一致。

播种：见第5章。

间苗：出苗后，幼苗长出1~2片真叶时，留下苗壮的幼苗，去掉弱苗、徒长苗及杂苗。间苗可以扩大幼苗生长空间。

移苗：可在长出3~4片真叶时进行。第一次移苗是裸根移，要边移边浇水。以后移苗带土坨，2~3次后可定植。移苗会伤根，从而促使更多的须根发生；多次移苗的植株低矮苗壮，开花晚但花多而繁茂。

摘心：摘除枝梢顶芽，促进分枝，使全株低矮、株丛紧凑。可以摘心的花卉，如一串红、白晶菊、美女樱等。而一些花卉通常不摘心，如凤仙花、鸡冠花、三色堇、翠菊等。

二年生花卉越冬：不同地区越冬方式不同。北京地区可以在阳畦中过冬。在10月底至11月初，将播种苗以一定株行距定植或带小土坨囤在阳畦中。阳畦管理依天气而定，晴天9:00~16:00打开覆盖物；天冷可缩短打开时间；大风天仅打开两头通气；雪天不打开，并及时清扫覆盖物上的雪。现在也有用塑料膜覆盖过冬的，每天打开膜两端通风，管理同上；寒冷时还可以加覆盖物。但后一种温度较高，光线弱，管理不良时苗易徒长。

移植：次年3月上中旬小苗出阳畦，一些花卉可以适当摘心。

定植：将移栽过的种苗最后种植在盆、钵等容器待应用，或依设计要求直接种植在应用地土壤中。

耐寒性差的种类要在温室中进行栽培，露地气温适宜时，移栽到室外或以盆钵的方式应用。

7.2 各论

1. 熊耳草 *Ageratum houstonianum*

科属：菊科　藿香蓟属
别名：心叶藿香蓟、紫花藿香蓟
英名：Floss Flower
栽培类型：一年生花卉
园林用途：花坛、花境、花带、岩石园

位置和土壤：全光到微阴；肥沃疏松土壤
株高：15~30cm
花色：雪青、蓝、粉、玫瑰红、白
花期：7月至霜降

"*Ageratum*"为希腊语"不老"，指花常开不败；"*houstonianum*"为人名。本种原产秘鲁、墨西哥。同属植物30余种。

➢ 茎基部多分枝，株丛紧密。叶卵状，基部心形，具绒毛。花小，头状花序缨珞状，集生枝顶呈球形，盛花时覆盖枝叶，花质感细腻柔软，花蓝紫色，色彩淡雅，从初夏到晚秋开花不断。分枝能力极强，可以修剪控制高度，是优良的花坛花卉。

➢ 喜温暖湿润的环境，不耐寒；喜阳光充足。喜肥沃疏松的土壤，耐微碱性土壤。耐修剪，修剪后能迅速开花。

➢ 播种、扦插或压条繁殖。春播，种子发芽适温18~25℃，喜光，不需覆盖，8~10d出苗。幼苗15~18℃培养10~12周开花。分枝能力强，可结合修剪取嫩枝接穗，冬春在温室扦插，10℃较易生根。靠近地面的枝易生根，可进行压条繁殖。

喜日照充足的环境，光照是开花的重要因子，栽培中应保持每天不少于4h的直射光照射。炎热夏季，最好下午有部分遮阴。过分湿润或氮肥过多开花不良。定植后管理粗放。依品种定植株行距为15~30cm。

➢ 花朵繁多，色彩淡雅，是花坛和边缘种植的优良花卉。株丛有良好的覆盖效果，也是良好的地被植物，适宜花丛、花群、花带或小径沿边种植。

➢ 有纯蓝、白、粉、玫瑰红等花色品种。矮生品种高15cm。园林中可见同属花卉有藿香蓟(*A. conyzoides*)，多年生作一年生栽培，花较小，雪青色；叶长椭圆状，叶基平。也有蓝紫、粉紫品种。全草可入药。

2. 锦绣苋 *Alternanthera bettzickiana*

科属：苋科　莲子草属
别名：五色草、红绿草
英名：Calico Plant, Joseph's Coat
栽培类型：多年生作一年生栽培
园林用途：模纹花坛

位置和土壤：全光；排水好
株高：修剪控制在10cm左右
观赏部位：绿叶或褐红色叶
观赏期：5~10月

原产巴西。同属植物约200种。中国有4种，产自西南至东南地区，野生于湿地。

➤ 匍匐多年生草本，株高20~50cm，分枝多，呈密丛状。叶纤细，椭圆状，披针或阔披针形，绿、暗紫红或具黄等彩斑或异色，叶柄短，基部下延。极耐低修剪。

➤ 喜阳光充足，略耐阴；喜温暖湿润，畏寒；喜高燥的砂质土壤，不耐干旱和水涝。盛夏生长迅速，秋凉叶色艳丽。

➤ 扦插繁殖，极易生根。在气温20~25℃，土温18~24℃，相对湿度70%~80%条件下，4~7d生根，15d左右即可定植。

生长期保持湿润，多次摘心和修剪可保持低矮的株型。定植株距视苗的大小，一般定植密度为350~500株/m²。一般8月下旬或9月初选取优良插条，扦插于浅箱，9月中下旬移入温室，作为次年春天扦插用的母株，温室中要控制水分，温度保持16~18℃。北方6月后可以露地扦插，夏季扦插需略遮阴。需肥不多，施肥过多容易徒长；关键是需砂质土壤，若花坛土壤不适，可掺沙改良。

➤ 株丛紧密，分枝性强，极耐低修剪，株高可控制在5~10cm，最适用于模纹花坛，也是目前立体、模纹花坛常用植物。有绿、红、褐色以及不同宽窄、大小叶品种。也可用于花境边缘及岩石园。全株入药。

园林中所谓的模纹花坛植物"五色草"实际是5种（品种）植物的统称，包括该种的3个品种，有绿色'小叶绿'、亮紫红色'小叶红'和茶褐色'小叶黑'，还包括同科血苋属红叶苋（*Iresine herbsii*）的暗红色尖叶品种和景天科景天属佛甲草（*Sedum lineare*）的灰绿色品种。

➤ 同种常用品种：

'小叶绿'：株高15~20cm。茎斜出，分枝直立，节间中长。叶长4cm，较狭，长椭圆披针形，端尖；叶鲜嫩绿，常具黄色斑。从中选出'大叶绿'：株高20~25cm。茎平卧斜出，分枝匍匐，株形松散，节间中长。叶长8cm，匙状广卵形；叶片薄而肥大，浅绿色带黄晕。'微叶绿'：株高10cm。茎直立，株形紧凑分枝多，节间极短。叶小，长1~1.5cm，三角状卵形，间或皱；叶稍革质，绿色，有光泽，多不具色斑。

'小叶黑'：植株较高，25~30cm。茎直立，分枝斜出，节间长。叶长2~3cm，三角状卵形，先端尖；叶初呈绿褐色，遇光变为茶褐色，秋凉呈红褐色，间或有彩晕。从中选出'皱叶黑'：叶面皱，嫩叶尤明显。'微叶红'（'邯郸'小叶红）：植株低矮，约10cm。茎直立，株形紧凑分枝多，节间短。叶极小，1~1.5cm，三角状卵形叶，稍皱；叶革质，叶面深红色，叶背鲜红色，有光泽，入秋后颜色更艳丽。

'小叶红'：株高10~15cm。茎平卧斜出，匍匐性，分枝较少。叶长3~5cm，叶狭，椭圆形披针状，先端圆或尖，叶面常具橙、粉红、玫瑰红斑，初秋呈红、黄、橙相间，秋凉后老叶转为紫红色。从中选出'柳叶黑'：株高25~30cm。茎直立斜出，株丛散，分枝较多，节间长。叶长5~7cm，卵状披针形，端尖；叶脉明显，叶片光滑平展；初为绿褐色或茶褐色，不如小叶红鲜艳，后期出现色斑，秋凉变黑紫红色。

其他"五色草"植物：

'尖叶'红叶苋（'花大叶'）：红叶苋（*Iresine herbsii*）的品种。苋科血苋属多年生草本。株高25~30cm。茎直立，节间长，分枝量中。叶大，叶长6~8cm，宽2~4cm，卵状披针形,端尖;叶平展光滑,叶脉明显,茎、叶暗紫色,嫩叶暗绿色,沿叶脉具不规则浅红色斑。

'白草'(*Sedum lineare* 'Albamargina'):佛甲草(*Sedum lineare*)的银边品种。景天科景天属多年生肉质草本。全株灰绿色,株高10~20cm。茎丛生,初生时直立后横卧。叶长1~2cm,三叶轮生,无柄,线形而端尖;叶肉质多汁,绿色,叶缘白色。

3. 金鱼草 *Antirrhinum majus*

科属:玄参科 金鱼草属
别名:龙头花、龙口花
英名:Dragon's month, Snapdragon
栽培类型:多年生作二年生栽培
园林用途:花坛、花境、切花、岩石园
位置和土壤:全光,稍耐半阴;肥沃、排水好
株高:15~120cm
花色:白、黄、橙、粉、红、紫、古铜色及复色
花期:3~6月

"*Antirrhinum*"原为希腊语,为"似鼻子形状";"*majus*"意为"在5月开花的"。同属植物约50种,主要分布于北半球。本种原产地中海沿岸及北非。园艺品种很多。

➤ 植株挺直,可以形成很好的竖线条。基部叶对生,上部叶螺旋状互生,披针形至阔披针形。顶生总状花序,长20~60cm,小花密生,二唇形,花色鲜艳丰富;花由花葶基部向上逐渐开放,花期长。茎色与花色有相关性,茎晕红者花色为红、紫;茎色绿者为其他花色。除蓝色外,白、黄、橙、粉、红、紫、古铜色及复色等都有。

➤ 喜凉爽气候,忌高温多湿,较耐寒;喜光,稍耐半阴;喜疏松肥沃、排水良好的土壤,稍耐石灰质土壤。能自播繁衍。

➤ 播种或扦插繁殖,以播种为主。种子细小、喜光,覆土薄易发芽。发芽适温15~20℃,播后1~2周发芽。生长适温13~18℃,10~14周开花。为延长花期,气候适宜地区分期播种,可自春至秋不断开花。华北地区秋播后冷床越冬,次年6~7月开花;华东地区秋播,露地越冬,4~5月开花。也可早春播于冷床,9~10月开花,但不及秋播生长发育好,且花期缩短。扦插繁殖用于重瓣品种或保持品种特性,在6~9月进行,半阴处2周可生根。

对日照要求高,光照不足易徒长,开花不良。主茎有4~5节时可摘心,促进多分枝多开花。喜肥,除栽植前施基肥外,在生长期每隔7~10d追肥一次,并保持土壤湿润,促使植株生长旺盛,开花繁茂。花后去残花,开花不断。夏季花后重剪,适当追肥,10月还可以开花。易天然杂交而造成品种退化,留种株需隔离,年年选种。

➤ 株形挺拔,花色浓艳丰富,花形奇特,花序挺直,适用于花坛、种植钵、花境、切花、盆栽。

➤ 全株入药。有清热、凉血、消肿功效。

➤ 有不同花色、花型和高矮的品种,常见栽培品种有数百种。株高类型有:高型(90~120cm),少分枝,是重要的草本切花,还可作背景种植;中型(45~60cm),分枝多,花色丰富,主要用于园林中花坛和丛植;矮型(15~25cm),分枝多,花小,

花色丰富，可用于岩石园、窗盒、种植钵或边缘种植；半匍匐型，花型秀丽，花色丰富，用在岩石园或作地被观赏。花型有金鱼形和钟形。有花型特大的四倍体和杂种F_1代。

4. 木茼蒿 *Argyranthemum frutescens*

科属：菊科　木茼蒿属
别名：木春菊、蓬篙菊、玛格丽特、茼蒿菊、法兰西菊、木菊
英名：Marguerite, Paris daisy
栽培类型：多年生亚灌木作一、二年生栽培

园林用途：花坛、盆花、丛植
位置和土壤：全光；肥沃、排水好
株高：40~100cm
花色：白、淡黄、粉色、红、复色
花期：周年，2~4月

➤ 原产加那利群岛。常绿亚灌木，全株无毛，多分枝。叶二回羽状深裂，裂片线形，端突尖，叶柄有狭翼。头状花序多数，具长花梗，生上部叶腋；花径4~5cm；舌状花白色或淡黄色，管状花黄色；有粉色品种。同属植物约10种。

➤ 喜凉爽、湿润气候，不耐炎热，不耐寒。喜肥，要求富含腐殖质、疏松、肥沃、排水良好的土壤。

➤ 扦插繁殖为主，依所需开花期而定。"五一"开花者，9~10月扦插，11月定植盆栽，室内养护；需要早春开花者，6月扦插。选6~8cm枝条作插穗，20~24℃ 10~15d可生根。苗高10~15cm摘心，促分枝，以形成丰满株形。

生长适温10~15℃。忌高温多湿，夏季炎热和雷雨时，应注意遮阴、防雨，否则枝叶极易枯黄而死亡。6月后渐入夏季休眠期，应减少浇水，停止施肥，剪去上部枝叶。耐寒力不强，在最低温度5℃以上的温暖地区才能露地越冬。

➤ 开花整齐，花期长，花坛或盆栽观赏。

5. 四季秋海棠 *Begonia semperflorens*

科属：秋海棠科　秋海棠属
别名：四季海棠
英名：Wax Begonias
栽培类型：多年生作一年生栽培
园林用途：花坛、盆花、种植钵

位置和土壤：全光；肥沃、排水好
株高：15~30cm
花色：白、粉色、红
花期：6~10月

"*semperflorens*"意为"常年开花的"。原种产巴西，目前栽培的四季秋海棠为多源杂种。同属植物约1400种。

➤ 常绿植物。茎直立，肉质，光滑。叶互生，厚而有蜡质，有光泽，卵形至广卵形；边缘有锯齿，绿色或紫红色。聚伞花序腋生；温度适宜，可四季开花。

➤ 喜温暖，不耐寒，忌高温。喜散射光，耐半阴。喜肥沃疏松排水好的微酸性土壤，不耐干燥，亦忌积水。

➢ 播种、扦插和分株繁殖。春播，种子细小，覆土宜浅；4~5 片真叶时，移栽。温室四季可播，12 月至次年 1 月最宜。扦插每段插穗最少带 3 个芽，切口要平滑。结合春季换盆可分株繁殖。

生长适温 15~22℃，低于 10℃ 生长缓慢。夏季忌阳光直射。浇水见干见湿，忌积水，浇水后注意通风，以免过湿引发白粉病和灰霉病。摘心可促多发侧枝，开花繁密。

➢ 植株低矮，株形圆整，盛花时，植株表面为花朵所覆盖；花色丰富，色彩鲜明，是夏季花坛的重要材料。

➢ 有紫、红不同叶色、花色，大小不同等品种。

6. 雏菊 *Bellis perennis*

科属：菊科　雏菊属　　　　　位置和土壤：全光，微阴；排水好
别名：春菊、延命菊　　　　　株高：7~20cm
英名：English Daisy　　　　　花色：白、粉、玫瑰红、复色、红
栽培类型：多年生作二年生栽培　花期：春季
园林用途：花坛、种植钵、花带

"*Bellis*"意为"白菊"，含有美丽的意思；"*perennis*"表示"多年生"。同属植物约有 7 种。原产西欧、东欧、中欧。

➢ 植株矮小。叶匙形基生。头状花序单生，直径 3~5cm，花葶自叶丛中抽出，长 10~15cm，可抽生多数花葶。

➢ 喜冷凉，较耐寒，可耐 -4~-3℃ 低温；不耐炎热，炎夏极易枯死。重瓣大花品种耐寒力弱。喜全日照，也耐微阴。对土壤要求不严，但以疏松肥沃、湿润、排水良好的砂质土壤为好。不耐水湿。

➢ 播种、分株或扦插繁殖，主要播种繁殖。秋播，种子喜光，发芽适温 15~20℃，播后 5~10d 可出苗。定植株距 15~20cm。生长适温 5~18℃，播种后 15~20 周开花。中国北部越冬困难可春播；夏季凉爽、冬季温暖地区可调整播种期周年开花。夏凉地区可用分株繁殖。雏菊极耐移栽，大量开花时也可移栽。

喜水、喜肥，生长期间保证充足的水分供应，薄肥勤施，每周追肥 1 次。夏季花后，老株分株，加强肥水管理，秋季又可开花。

➢ 植株娇小玲珑，花色丰富，为春季花坛常用花材，也是优良的种植钵和边缘花卉，还可用于岩石园。

➢ 有单瓣和重瓣品种，园艺品种均为重瓣类型。有大花和小花型品种。花型有蝶形、球形、扁球形等。还有大花、半重瓣品种及重瓣品种——头状花序开谢后从总苞片腋部又抽出几朵小花(实为花序)。还有 10cm 高的四倍体矮生品种及斑叶品种。

7. 羽衣甘蓝 *Brassica oleracea* var. *acephala*

科属：十字花科　芸薹属	位置和土壤：全光；肥沃、排水好
别名：叶牡丹	株高：20~50cm
英名：Ornamental Cabbage，Flowering Cabbage	观赏部位：叶，外层叶绿色，内层叶红、白、粉、紫、复色
栽培类型：二年生花卉	观赏期：冬、春季
园林用途：花坛、切花(切叶)	

原产欧洲。同属植物约40种。

➢ 叶基生，幼苗与食用甘蓝极像，但长大后不结球。叶大而肥厚，叶色丰富，叶形多变，开花时总状花序高可达1.2m。

➢ 喜冷凉，较耐寒，忌高温多湿；喜阳光充足；喜疏松肥沃的砂质壤土，耐微碱性土壤。

➢ 播种繁殖。秋播。发芽适温20~25℃，10~13d可发芽。生长适温5~20℃，播种后12周即可观赏。6~8片叶时可定植。

花坛定植株行距30cm×30cm，定植后充分浇水。叶片生长过分拥挤，通风不良时，可适度剥离外部叶子，以利生长。

➢ 植株低矮，叶色彩美丽、鲜艳，叶形多变，是华中以南地区冬季花坛的主要材料。也可盆栽或作切花，实为切叶，但整株切剪，当作一朵"花"来使用。

➢ 品种丰富，有紫红、白、黄、玫瑰红等叶色；有圆叶、裂叶、皱叶等叶型。

8. 金盏菊 *Calendula officinalis*

科属：菊科　金盏花属	位置和土壤：全光；肥沃含石灰质土壤
别名：金盏花、长生花	株高：25~60cm
英名：Pot Marigold	花色：黄、橙、乳白
栽培类型：二年生花卉	花期：春季
园林用途：花坛、盆花、切花	

"*Calendula*"意为"月的第一天"即"月月开花"之意；"*officinalis*"意为"药用"。同属植物约20种，原产地中海、西欧和西亚地区。

➢ 全株被软腺毛，有气味。多分枝。叶互生，长圆至长圆状倒卵形，基部抱茎。头状花序单生，直径可达15cm。花淡黄至深橙红色，夜间闭合。

➢ 喜冷凉，忌炎热，较耐寒，小苗能抗-9℃低温，但大苗易遭冻害。喜阳光充足。性强健，对土壤要求不严，耐瘠薄土壤，但以疏松肥沃、排水良好、略含石灰质的壤土为好。遇干旱时花期延迟。

➢ 播种繁殖。春播或秋播，但春播不及秋播生长开花好，花小不结实。在21~24℃下，播种后7~10d发芽，生长适温15~24℃，16~18周开花。秋播后在低温温室栽培，12月底至次年1月开花。北京露地秋播，阳畦过冬，"五一"开花。4~5片真叶时摘心，促进侧枝发育。定植观赏株行距20cm×30cm。

生长快，枝叶肥大，早春应及时分株，并注意通风；喜肥，若缺肥，则会出现花小且多为单瓣，极易造成品种退化；生长期间不宜浇水过多，保持土壤湿润即可，后期控制水肥。花谢后及时去花梗，以利其他花开放。越夏植株枯萎，但在秋凉时又可开花。

➢ 花大色艳，花期长，为春季花坛常用花材。也可盆栽观赏或作切花。对二氧化硫、氟化物、硫化氢等有毒气体均有一定抗性。

➢ 含芳香油。全草入药。性辛凉，微苦。可发汗利尿、醒酒。欧洲人喜欢揉下金盏花的舌状花瓣，晒干贮藏，用来炖汁或汤调味。最初欧洲作为药用或食品染色剂栽培，较早引入中国，《本草纲目》有记载。

➢ 园艺品种多为重瓣，重瓣品种有平瓣型和卷瓣型。有适作切花的长花茎品种。有花色淡黄至深橙色品种，还有黑色、棕色"花心"的品种。有播种10周可开花的矮品种。还有托桂花型品种。

9. 翠菊 *Callistephus chinensis*

科属：菊科　翠菊属
别名：江西腊、七月菊、蓝菊
英名：China Aster, Common China-aster
栽培类型：一、二年生花卉
园林用途：花坛、花境、盆花、切花

位置和土壤：全光；肥沃的土壤
株高：15～100cm
花色：白、乳白、红、紫、蓝、粉
花期：春、秋季

"*Callistephus*"源于希腊文"美冠"；"*chinensis*"指中国原产。同属植物仅1种，中国特产。原产中国东北、华北以及四川、云南各地。

➢ 茎被白色糙毛，直立，粗壮，上部多分枝。叶互生，上部叶无柄，匙形；下部叶有柄，阔卵形或三角状卵形。头状花序单生枝顶，直径3～15cm。野生原种舌状花1～2轮，浅堇至蓝紫色；栽培品种花色丰富，有白、粉、红、紫、蓝等色，深浅不一。管状花黄色。有多种花型。

➢ 耐寒性不强，不喜酷热；喜阳光充足的环境；喜肥沃、湿润、排水良好的砂质土壤，忌涝；浅根性。

➢ 播种繁殖。四季都可进行播种。发芽适温为18～21℃，5～8d可发芽。生长适温15～27℃，13周可开花。苗高10cm即可定植，幼苗期需要1个月的长日照。摘心可以促进分枝。定植株距20～30cm。耐移植，矮型品种开花时也可移植，中高型品种早移为好。

根系很浅，夏季干旱时需经常灌溉。高型品种需设支架。喜肥，栽植地应施足基肥，生长期15d追肥一次。忌连作，需隔4～5年才能再栽，也不宜与其他菊科花卉连作。花期因品种和播种时间的不同而异，春播者夏、秋开花，秋播者春季开花。盛花期较短，约十几天。在炎热环境中花期延迟或开花不良。

➢ 翠菊品种多，类型丰富，花期长，花色多样、鲜艳，是园林中重要的花卉。

高型品种主要用作切花，是重要的草本切花，水养持久，也作背景花卉；中型品种适于花坛、花境。矮型品种可用于花坛或作镶边材料，亦可盆栽，有盆栽品种。是氯气、氟化氢、二氧化硫的监测植物。

➢ 花、叶均可入药。性平，味甘。具清热、凉血之功效。

➢ 品种丰富。株形有直立形、半直立形、分枝形和散枝形等。分为矮型（30cm以下）、中型（30～50cm）和高型（50cm以上）。花型有平瓣类和卷瓣类，有单瓣型、芍药型、菊花型、放射型、托桂型和驼羽型等。花色分为绯红、桃红、橙红、粉红、浅粉、紫、墨紫、蓝、白、乳白、乳黄等。

10. 长春花 *Catharanthus roseus*

科属：夹竹桃科　长春花属　　　　位置和土壤：全光，半阴；排水好
别名：日日草、山矾花、五瓣莲　　　株高：20～60cm
英名：Vinca, Periwinkle　　　　　　花色：玫瑰红、白、杏黄、粉、红、浅紫
栽培类型：多年生作一年生栽培　　　花期：夏季
园林用途：花坛、花境、盆花

原产非洲东部。同属植物约6种。

➢ 常绿，茎直立，分枝少。叶对生，叶柄短，倒卵状矩圆形，两面光滑无毛，浓绿而有光泽，主脉白色明显。花单生或数朵腋生，高脚杯状，有5枚平展的花冠裂片，通常喉部色更深，有纯白、白色喉部具红黄斑的品种。

➢ 喜温暖，忌干热，不耐寒。喜阳光充足，耐半阴。不择土壤，耐贫瘠、耐旱忌水涝。

➢ 播种或扦插繁殖。春播发芽较整齐，24～26℃条件下，3～6d发芽。生长温度18～24℃，播种后8～10周（夏播）或10～14周（春播）开花。2～3片真叶时分栽或上小盆。

摘心2～3次，促进分枝，使花繁叶茂。6～7月定植于园地或花坛，定植观赏株距20cm。养护管理要求不高，喜薄肥，每月施肥一次，生长期适当灌水，但不能积水，雨季及时排涝。主根发达，侧根、须根较少，应带土团移植，并在植株较小时进行，大苗移栽则恢复生长较慢，甚至不易成活。花后剪除残花，花期适当追肥，可延长花期。

➢ 花期较长，开花繁茂，色彩艳丽，是优良的花坛花卉。可盆栽观赏。矮生品种布置春夏花坛极为美观。有抗性不同的品种。有的耐炎热和干燥，有的在高温、高湿条件下生长良好，有的适合寒冷潮湿环境。有高型品种，株高50～60cm，适于花丛和切花；矮型品种，株高15～35cm，适于花坛、种植钵和盆花；还有垂吊型品种，花期长，花大，播后12～15周出现垂蔓习性，长势强健，多分枝。在光照充足，炎热干燥的条件下生长更好。株高15～20cm者，适于种植钵和吊盆。

➢ 白花长春花全草含抗肿瘤成分长春新碱，可入药，有止痛、消炎作用。

11. 鸡冠花 Celosia cristata

科属：苋科 青葙属
别名：鸡冠头、红鸡冠
英名：Common Cockscomb, Celosia
栽培类型：一年生花卉
园林用途：花坛、花境、盆花、切花

位置和土壤：全光；肥沃、排水好
株高：15~120cm
花色：深红、鲜红、淡红、橙黄、黄、白、粉、紫、橘红
花期：夏、秋季

"Celosia"源于希腊文，意为"燃烧的"，是指花色；"cristata"意为"冠毛"，指花形似鸡冠。同属植物约60种，分布于非洲、美洲和亚洲热带和温带地区。

➤ 茎粗壮直立，光滑具棱，少分枝。叶互生，卵状至线状变化不一。穗状花序肉质顶生，具丝绒般光泽，花序上部退化成丝状，中下部成干膜质状，生不显著细小花。花序鸡冠状，有羽状品种，有深红、鲜红、橙黄、黄等色。叶色与花色常有相关性。

➤ 喜阳光充足、炎热和空气干燥的环境，不耐寒。喜疏松、肥沃、排水良好的土壤，不耐瘠薄。忌积水，较耐旱。怕霜冻，一旦霜期来临，植株即枯死。可自播繁衍。短日照下花芽分化快，火焰型花序分枝多，长日照下鸡冠状花序形体大。

➤ 播种繁殖。春播，鸡冠状品种发芽时需光，羽状品种对光不敏感。在21~26℃时，播后6~10d发芽；种子细小，覆土宜薄。生长适温17~20℃，播后12~14周开花。直根性，4~5枚叶时即可移植。定植株行距：矮型品种为25cm×25cm，中高型品种为55cm×55cm。

忌水涝，但在生长期间特别是炎热夏季，需充分灌水。苗期不宜施肥，因为多数品种叶腋易萌发侧枝，一经施肥，侧枝生长茁壮，会影响主枝发育。如要欣赏主枝花序，则要摘除全部腋芽，到鸡冠生成后，可施薄肥，促其长大；如欣赏丛株，则保留腋芽，不能摘心。花期要通风良好，植株高大，花序硕大者应设支柱，以防倒伏。品种易退化。

➤ 花序顶生，显著，形状奇特，色彩丰富，有较高的观赏价值，是重要的花坛花卉。矮型及中型鸡冠花用于花坛和盆栽观赏；高型鸡冠花用于花境和切花，切花瓶插能保持10d以上。也可制成干花。

➤ 鸡冠花序、种子可入药，茎和叶可食。

➤ 园艺变种、变型很多。按花型分为头状和羽状（凤尾）两大类；按高矮分为高型鸡冠(80~120cm)、中型鸡冠(40~60cm)和矮型鸡冠(15~30cm)。

➤ 同属常见栽培的花卉有：

青葙(C. argentea)：高60~100cm，茎紫色，叶晕紫，花序火焰状，紫红色。性极强健，适宜任何土壤。

12. 醉蝶花 Cleome hassleriana

科属：白花菜科 醉蝶花属
别名：西洋白花菜、紫龙须、凤蝶草

英名：Spider flower　　　　　　　　　　　　土壤
栽培类型：一年生花卉　　　　　　　　　　　株高：80~100cm
园林用途：花境、花丛、蜜源花卉　　　　　　花色：白、浅紫、粉红
位置和土壤：全光到半阴；肥沃、排水好的　　花期：6~10月

原产美洲热带，中国广泛栽培。同属植物约150种，主要产于美洲和非洲。

➤ 茎直立挺拔，分枝少。全株具黏毛，有强烈的气味。掌状复叶，总叶柄细长，基部有2枚托叶变成的小钩刺，小叶5~7枚，全缘，长椭圆披针形，小叶短柄。顶生总状花序，小花由下向上层层开放，在上部密集呈花团，具长梗，花瓣4片，倒卵状披针形，有长爪，初开白色后变成粉色至淡紫色，微香；雄蕊6枚，细长，为花瓣长的2~3倍，伸出花冠外。花后立即结出细圆柱状蒴果，成熟后易开裂，花果同时出现。

➤ 喜阳光充足，温暖通风好的环境，耐半阴，耐热，不耐寒，遇霜冻植株即枯死。生长势强健，喜肥沃疏松和排水良好的土壤。较耐旱。能自播繁衍。

➤ 常用播种繁殖。春播，4月播于露地，发芽适温20~30℃，播后1~2周发芽，幼苗生长较慢，播后需及时间苗，具2~3真叶时按10cm左右距离分栽1次，当苗高5~6cm时，以30~40cm的株行距定植于园地。也可提早于2~3月温室盆播。室内盆播经1次移植后，当幼苗长出3~4片真叶时，上盆，每盆1株，露地温度适宜时脱盆定植。也可直播于需要栽种的园地。生长适温15~30℃。

不耐移植，宜在小苗期移植，以利成活。分苗或定植时应细心管理，及时浇水，防晒防风。可以摘心促进分枝，促进多开花。能耐干旱，但空气湿度大，长势更好。定植初期施薄肥1次。花期极长，生长期或开花期20d左右施1次薄肥，施肥过多易徒长，影响株形。种子易散落，需及时采收。花后不断去残花可以明显延长花期。通风不良易生白粉病。

➤ 花序从下至上节节开花，层层结果，花先淡白后转为淡红，最后呈现粉白色，雄蕊伸出，像翩翩飞舞的粉蝶，非常美丽。花序轴挺拔，下部具有明显的层层小花苞片和放射状轮生的长柄细蒴果，顶部具深浅不一的展开花朵，观赏价值极高。

醉蝶花是花境中非常优美的独特株形植物，极适合与其他花卉搭配丛植，还可以切花水养。同时，醉蝶花也是优良的抗污花卉，对二氧化硫、氯气的抗性都很强，而且还是极好的蜜源植物。

13. 彩叶草 *Coleus sutellarioides*

科属：唇形科　鞘蕊花属　　　　　　　　位置和土壤：全光；排水好，疏松肥沃土壤
别名：锦紫苏、洋紫苏、五彩苏　　　　　株高：30~80cm
英名：Coleus, Flame Nettle　　　　　　　叶色：绿、紫、黄、复色
栽培类型：多年生作一年生栽培　　　　　观赏期：4~10月
园林用途：花坛、盆栽

"*Coleus*"源于希腊语"koleos"，意为"鞘"，指其花的雄蕊联合成管状或鞘状；

"blumei"为记录该种的荷兰作家。原产印度尼西亚的爪哇岛。同属有90～150种，主要分布在非洲、亚洲、大洋洲和太平洋岛屿。

➢ 全株具柔毛，茎四棱形。叶卵形，缘具钝齿芽，绿色叶面具黄、红、紫等斑纹。顶生总状花序具白色小花，花期8～9月。园艺品种多。

➢ 喜高温，不耐寒；喜阳光充足；喜疏松肥沃、排水良好的土壤。

➢ 播种繁殖为主，也可扦插繁殖。温室内可四季进行繁殖。一般先行育苗后露地使用。种子喜光，发芽适温18℃，播后10～15d发芽。扦插适温15℃。冬季保持10℃以上，生长适温20～25℃。幼苗期摘心促分枝，氮肥过多叶色暗淡，可多追磷肥。生长期注意控制水分，防止徒长。

➢ 叶色丰富美丽，是重要的观叶植物。纯色常用于花坛配色，复色和叶形奇特品种常用于盆栽。

➢ 有众多叶形、大小和叶色变化丰富的品种，也有耐阴品种。有学者认为目前的栽培品种是许多近源种的杂交后代，故拉丁名也用 Coleus × hybridus。有皱叶变种，适合盆栽。

14. 波斯菊 *Cosmos bipinnatus*

科属：菊科　秋英属　　　　　　　位置和土壤：全光；不择土壤
别名：秋英、扫帚梅、大波斯菊　　株高：50～120cm
英名：Common Cosmos, Cosmos　　花色：白、粉、粉红、红、深红、浅紫
栽培类型：一年生花卉　　　　　　花期：9月至霜降
园林用途：花境、花篱、花丛、地被、切花

"Cosmos"源于希腊文，意为"秩序井然"，指花美丽的意思；"bipinnatus"为"二回羽状的"，指叶形。同属植物有25种以上，原产墨西哥及南美洲。

➢ 茎纤细而直立，株丛开展。叶对生，羽状全裂，较稀疏。头状花序顶生或腋生，总梗长，花序直径5～10cm，管状花明显。短日照花卉，秋季大量开花。

➢ 喜温暖，不耐寒，也忌酷热。喜光。耐干旱瘠薄，肥水过多则茎叶徒长而少花，易倒伏。宜排水良好的砂质土壤。忌大风，宜种背风处。具有极强的自播繁衍能力。

➢ 播种、扦插繁殖。晚霜后露地直播，在18～25℃时，播后6d发芽，生长迅速，播种至开花10～11周。也可在初夏用嫩枝扦插繁殖，容易生根成活。幼苗4片真叶时可摘心。定植株距50cm。管理粗放。常在夏季枝叶过高时修剪数次，促使矮化，并增加开花量。为防止倒伏，肥水不宜过大。各变种和品种之间容易杂交而退化。

➢ 植株高大，花朵轻盈艳丽，开花繁茂自然，有较强的自播能力，成片栽植有野生自然情趣。可成片配植于路边或草坪边及林缘，可作花群和花境配植或作花篱和基础栽植，也可作切花观赏。

有托桂型、重瓣和半重瓣品种，有对短日照不敏感的品种。变种有白花波斯菊

(var. *albiflorus*)：花纯白色；大花波斯菊(var. *grandiflorus*)：花较大，有白、粉红、紫诸色；紫花波斯菊(var. *purpurea*)：花紫红色。同属常见的有硫华菊(*C. sulphureus*)：一年生，高20~200cm，叶裂片宽，花较小，舌状花全黄或橘黄。

15. 石竹类 *Dianthus* spp.

科属：石竹科 石竹属
英名：Dianthus, Pink
栽培类型：多年生作一、二年生栽培
园林用途：花坛、切花、花境
位置和土壤：全光；肥沃含石灰质土壤
株高：20~50cm
花色：白、红、粉、粉红、紫红、复色
花期：春季

"*Dianthus*"源于希腊语，为"圣花"之意。同属植物有600种，多为宿根，有少量一、二年生花卉。中国有16种10变种，大部分用于园林观赏，分布于欧洲、亚洲和非洲。原产地为地中海地区，在中国东北、西北至长江流域山野均有分布。

➢ 耐寒性强，要求高燥、通风凉爽的环境；喜阳光充足，不耐阴；喜排水良好、含石灰质的肥沃土壤，忌潮湿水涝，耐干旱瘠薄。

➢ 以播种繁殖为主。一般秋播，发芽适温20~22℃，播后7~10d可发芽，苗期生长适温15~22℃。秋播后14~18周开花，春播后12~13周开花。也可扦插繁殖，将枝条剪成6cm左右的小段，插于沙床。

幼苗间苗后移植一次，华北地区稍加覆盖即可越冬。次年春天定植，株距20~30cm。定植后每隔3周施一次肥，摘心2~3次，促进分枝。花期4~5月。花后剪去花枝，每周施肥一次，9月以后又可开花。

➢ 花朵繁密，花色丰富，色泽艳丽，花期长；叶似竹叶，青翠，柔中有刚。用于花坛、花境和镶边布置，也可布置岩石园；花茎挺拔，水养持久，是优良的切花。

➢ 石竹在唐代已广泛栽培。全草入药，有清热利尿功效。

➢ 园林中常用种类：

(1) 须苞石竹 *Dianthus barbatus*

别名：五彩石竹、美国石竹
英名：Sweet William

株高40~50cm，茎直立、光滑、粗壮，微有细棱，分枝少。叶较宽，中脉明显。花小而多，密集成聚伞花序，花序直径达10cm以上，花苞片先端须状，花色丰富，有白色系、红色系及复色，稍有香气。原产欧洲、亚洲，由美国传入中国，又名"美国石竹"。花芽分化要求春化作用。多年生作二年生栽培。主要应用于花坛，还可作切花。有许多品种。

(2) 石竹 *Dianthus chinensis*

别名：洛阳花
英名：Rainbow Pink, China Pink

株高30~50cm。叶绿色或灰绿色，长3~5cm，宽2~4mm。花白、粉、红色，花

径3~4cm。原产中国北部、朝鲜、蒙古和俄罗斯东南部。多年生作一、二年生栽培。用于花境、花坛、盆花。有大量变种和园艺品种。有株高20~25cm的矮品种，有花径6~7cm的大花品种。

(3) 锦团石竹 *Dianthus chinensis* 'Heddewigii'

别名：繁花石竹

英名：Heddewig Rainbow

植株较矮，株高20~30cm。茎叶被白粉，呈蓝绿色。花大，直径4~6cm，重瓣性强，先端齿裂或羽裂，色彩变化丰富。多年生作一、二年生栽培或短期多年生栽培，栽培多年后观赏效果差。可应用于花坛或作盆栽。

(4) 石竹梅 *Dianthus latifolius*

别名：美人草、覆叶石竹

英名：Button Pink, Broadleaved Pink

株高25~35cm，为石竹和须苞石竹的杂交种，形态介于两者之间，拉丁名写法有 *D.* ×*lactiflius*, *D. chinensis* × *barbartus*。花瓣表面常具银白色的边缘，背面全为银白色，多复瓣和重瓣。花期6~8月。花芽分化要求春化阶段。多年生作二年生栽培。主要用于花坛。有许多品种，有20~25cm的矮品种。有白、粉、红、紫、复色等各种花色。

16. 毛地黄 *Digitalis purpurea*

科属：玄参科 毛地黄属	位置和土壤：全光、半阴；不择土壤
别名：自由钟、洋地黄	株高：80~120cm
英名：Common Foxglove	花色：紫红、黄白、粉红、白、橘红
栽培类型：多年生作二年生栽培	花期：春季
园林用途：花坛、花境、盆花	

"*Digitalis*"意为"手指或足趾"；"*purpurea*"意为"紫色的"。同属植物约有25种，原产欧洲和亚洲中部，中国各地均有栽培。

➢ 植株高大，茎直立，少分枝，除花冠外，全株密生短柔毛和腺毛。叶粗糙、皱缩，由下至上逐渐变小。顶生总状花序着生一串下垂的钟状小花，花冠紫红色，花筒内侧浅白，并有暗紫色细点及长毛。

➢ 植株强健，喜温暖湿润，较耐寒，忌炎热。喜阳光充足，耐半阴。耐干旱瘠薄土壤，喜中等肥沃、湿润、排水良好的土壤。

➢ 播种繁殖。春、夏季播于疏松肥沃土壤中，播种适温20℃，如播种时间过迟，则翌春不能开花，或仅有少数开花。初期生长缓慢，幼苗长至10cm移植，次年定植露地，株距30cm。老株也可分株繁殖。

薄肥勤施。夏季育苗应尽量创造通风、湿润、凉爽的环境。冬季在北方需冷床保护，次年5~7月开花，夏、秋季因酷热而枯死。如环境适宜，花后剪去花梗，留在原地过冬，次年再次抽薹开花。

> 植株高大，花序挺拔，花形优美，色彩艳丽，为优良的花境竖线条材料，丛植更为壮观。有大量园艺品种。盆栽多为促成栽培，早春赏花。可作切花，是重要的草本切花。

> 叶入药，为强心剂，利尿。

17. 银边翠 *Euphorbia marginata*

科属：大戟科 大戟属	位置和土壤：全光；排水好
别名：高山积雪	株高：60~120cm
英名：Snow-on-the-mountain	观赏部位：顶部变色的叶子
栽培类型：一年生花卉	观赏期：夏、秋季
园林用途：花坛、花境、丛植、切花	

原产北美洲。同属植物约2000种，遍布世界各地。

> 全株具柔毛和白色乳液。茎直立，上部有时有分枝。叶卵形，无柄，全缘；叶缘白色，尤其是夏季开花时，顶端叶片边缘或全部小叶银白色，为主要观赏部位。花小，白色，单性花同株。花期夏、秋季。

> 喜温暖向阳，不耐寒；对土壤要求不严，耐干旱。能自播繁衍。

> 播种或扦插繁殖。春播，直根性，宜直播；种子嫌光，发芽适温18~20℃，播后10~21d发芽。春、秋季扦插易生根。

幼苗摘心可促分枝，生长迅速，栽培容易，管理简单。种植株行距为30cm×30cm。

> 植株浅绿，顶端银白色，在夏季给人凉爽之感。银白色彩可用于花坛配色。栽培容易，又可自播繁衍，可作花境背景或片植。切花水养持久。

> 植株汁液可能引起皮肤过敏或感染。干植株有时也有此作用。叶可入药。乳液可提取橡胶，也可制口香糖。

18. 花菱草 *Eschscholtzia californica*

科属：罂粟科 花菱草属	位置和土壤：全光；排水好
别名：金英花、人参花	株高：25~35cm
英名：Californian Poppy	花色：黄、乳白、橙、粉、橘红、玫瑰红、复色
栽培类型：多年生作二年生栽培	
园林用途：花带、花境、盆栽	花期：春季

原产美国西海岸，是加利福尼亚的州花。同属植物12种。

> 全株被白粉呈灰绿色。株形稍铺散。叶基生为主，有少量茎生叶，互生，羽状细裂。花单生枝顶，具长梗；花瓣4枚，金黄色，十分光亮。花朵在阳光下开放，阴天或夜晚闭合。

> 喜冷凉干燥气候，不耐湿热，炎热的夏季处于半休眠状态，常枯死，秋后萌发，耐寒；肉质直根，怕涝，宜排水良好、深厚疏松的土壤；喜阳光充足。能大量自

播繁衍。

➢ 种子繁殖。秋播,直根性,宜直播或盆钵育苗。种子嫌光,发芽适温15~20℃,2~3周发芽。北部地区设风障或覆盖即可露地越冬。移苗、定植时植株需带宿土或用盆钵苗,定植株距为40cm。

肉质直根,春夏雨水过多时要及时排水,以防根茎霉烂。苗期保证良好的水肥供应,薄肥勤施。

➢ 枝叶细密,开花繁茂,花姿独特优美,花瓣有丝质光泽,舒展而轻盈,具有自然气息,是优良的花带、花境和盆栽材料。因株形比较松散,花期短,不适合花坛应用。

➢ 全株入药,叶可作蔬菜。

➢ 栽培品种有乳白、橙、橘红、浅粉等色,有单瓣和重瓣品种,也有高矮不同品种。

19. 勋章菊 *Gazania rigens*

科属:菊科　勋章菊属
别名:勋章花、非洲太阳花
栽培类型:多年生常作二年生栽培
园林用途:花坛、花带、花境

位置和土壤:全光;肥沃排水好,耐贫瘠
株高:20~30cm
花色:黄、橙、紫、粉和白色
花期:4~5月

原产南非。同属植物16种。

➢ 叶丛生,叶披针形或倒卵状披针形,全缘或羽状深裂;厚革质;叶面深绿,叶背银白色。头状花序单生,具长梗,花径7~10cm;舌状花1~3轮,有光泽,花色丰富,基部常有紫黑、紫色等彩斑,或花瓣中间带有深色条纹。

➢ 喜光照充足;喜凉爽,忌炎热,有一定耐寒力;喜疏松、肥沃、排水良好的砂壤土,耐干旱和贫瘠,不耐积涝。

➢ 播种和扦插繁殖。春播或秋播,发芽适温16~18℃,播后14~30d发芽。1对真叶时移植,晚霜后可定植露地。作宿根栽培的地区种子有自播繁衍能力。春、秋季扦插取带2片叶的茎段,插入沙床,保持温度20~24℃,20~25d可生根。

光照充足下开花,且花量大。生长适温15~25℃,越冬温度高于5℃,能耐短时0℃低温;我国华中地区保护越冬,华南可作宿根栽培。忌夏季高温。浇水太勤容易烂根,保持土壤潮湿即可。

➢ 株形低矮,花期长,花大色艳,形似勋章,故名。常用于花坛、花台种植,也适合花境、花带和丛植布置。

20. 千日红 *Gomphrena globosa*

科属:苋科　千日红属
别名:火球花、红光球、千年红
英名:Globe Amaranth, Bachelor's Button

栽培类型:一年生花卉
园林用途:花坛、种植钵、自然干花、花境
位置和土壤:全光;不择土壤

株高：15~60cm　　　　　　　　　花期：7月初至霜降
花色：紫红、白、粉

原产中美洲的巴拿马和危地马拉。世界各地广为栽培。同属植物约100种。

➢ 茎直立，上部多分枝。叶对生，椭圆形至倒卵形。头状花序球形，1~3个着生于枝顶，有长总花梗，花小密生，膜质苞片有光泽，紫红色，干后不凋，色泽不褪。

➢ 喜炎热干燥气候，不耐寒；喜阳光充足。性强健，不择土壤。

➢ 播种繁殖。春播。因种子外密被纤毛，易互相粘连，一般用冷水浸种1~2d后挤出水分；然后用草木灰拌种，或用粗沙揉搓使其松散便于播种。发芽温度21~24℃，播后10~14d发芽，矮生品种发芽率低。生长温度15~30℃，出苗后9~10周开花。定植株距20~30cm。

性强健，栽培管理粗放。生长期不宜浇水过多，每隔15~20d施肥一次。花期应不断地摘除残花，促使开花不断；花后修剪、施肥可再次开花。植株抗风雨能力较弱，种植宜稍密，以免倒伏。

➢ 植株低矮，花繁色浓，是优良的花坛材料，也适宜于花境、岩石园、花径等应用。球状花主要由膜质苞片组成，干后不凋，是良好的自然干花。采集开放程度不同的千日红，插于瓶中观赏，宛若繁星点点，灿烂多姿，切花水养持久。对氟化氢敏感，是氟化氢的监测植物。

➢ 干花序可泡茶用。

➢ 有高型和矮型品种，花色有紫红、粉红、白等色。

21. 霞草 *Gypsophila elegans*

科属：石竹科　石头花属　　　　　切花
别名：满天星、丝石竹、缕丝花　　　位置和土壤：全光；排水好、含石灰质
英名：Common Gypsophila　　　　　株高：40~50cm
栽培类型：一、二年生花卉　　　　　花色：白、粉红
园林用途：花丛、花境、地被、岩石园、　花期：春季

原产高加索至土耳其、伊朗一带。现中国广泛栽培。同属植物有150种。

➢ 茎叶光滑，被白粉呈灰绿色；茎直立，叉状分枝，上部枝条纤细。单叶对生，上部叶披针形，下部叶矩圆状匙形。聚伞状花序顶生，稀疏而扩展，花小繁茂，犹如繁星，白色或粉红色。

➢ 喜阳光充足、高燥、通风、凉爽的环境，忌酷暑、多雨。耐寒，耐干旱瘠薄，也耐盐碱。在腐殖质丰富、排水良好的石灰性砂壤土上生长良好。

➢ 播种繁殖。直根性，宜直播，小苗带土尚可移植。寒冷地区宜春播，5月中旬开花；南方不结冻地区秋播，或立冬播或小雪播，加覆盖物越冬，次年5月开花。直播于园地或盆播。发芽适温21~22℃，7~10d幼苗出土，定植株距30~40cm。

适应性强，栽培管理简单。生长期每2周施稀薄肥水一次，可使植株生长旺盛，开花多。

➢ 繁星点点，花丛蓬松，在园林中有云雾般效果。可用于花丛、花境、岩石园，尤其适合与秋植球根花卉配置。常用于切花配花，也可制成干花。

➢ 切花品种较多。有重瓣、大花、矮生等品种。

22. 麦秆菊 *Helichrysum bracteatum*

科属：菊科　蜡菊属
别名：蜡菊、贝细工
英名：Strawflower
栽培类型：一年生花卉
园林用途：花坛、丛植、干花

位置和土壤：全光；肥沃的黏质壤土
株高：30~90cm
花色：白、黄、橙、褐、红
花期：夏、秋季

原产澳大利亚，现世界各国均有栽培。同属植物约13种。

➢ 全株被微毛。茎粗硬直立，仅上部有分枝。叶互生，长椭圆状披针形。头状花序单生枝端；总苞片含硅酸而呈膜质，酷似舌状花，有白、黄、橙、褐、红等色；管状花黄色；花晴天开放，阴天及夜间闭合。

➢ 喜温暖和阳光充足的环境，不耐寒，忌酷热。喜湿润、肥沃、排水良好的土壤，宜黏质壤土。

➢ 播种繁殖。春播，种子喜光，覆土宜薄，发芽适温15~20℃，1周左右出苗。生长适温18~20℃，播后10~12周开花。幼苗3~4片真叶时移植，7~8片真叶时定植。定植株距30cm。

生长期摘心2~3次，促使分枝。多开花，单花期长达1个月，每株陆续开花可长达3~4个月。花期8月至霜降。阳光不足或酷热时，生长不良或停止生长，开花不良或很少。

➢ 麦秆菊苞片坚硬如蜡，触摸沙沙有声，色彩绚丽光亮，干燥后花形、花色经久不变、不褪，是天然干花。也可用于花境或丛植。

➢ 品种有高型(50~90cm)、中型(50~80cm)、矮型(30~40cm)，大花和四倍体特大花，还有重瓣品种。

23. 凤仙花 *Impatiens balsamina*

科属：凤仙花科　凤仙花属
别名：指甲花、小桃红、急性子、透骨草
英名：Garden Balsam, Touch-me-not
栽培类型：一年生花卉
园林用途：花坛、花境、花篱、盆花

位置和土壤：全光或微阴；排水好、微酸性
株高：60~100cm
花色：紫红、朱红、桃红、粉、雪青、白及杂色
花期：7~9月

"*Impatiens*"意为"无耐心的"，指果实成熟后很易弹裂；"*balsamina*"意为"香膏

的"。原产中国南部、印度和马来西亚，同属植物有900种，主要产于热带及亚温带山地和非洲，少数产亚洲和欧洲温带及北美洲。中国各地园林和庭院栽培较广。中国有凤仙花属植物220余种，资源极丰富。

➢ 茎直立肉质，光滑有分枝，浅绿或晕红褐色，常与花色相关。叶互生，阔披针形，缘具细齿，叶柄两侧具腺体。花单生或数朵簇生于上部叶腋；花色有紫红、朱红、桃红、粉、雪青、白及杂色，有时瓣上具条纹和斑点。

➢ 喜温暖，不耐寒，怕霜冻。喜阳光充足，稍耐微阴，对土壤适应性强，适宜湿润、肥沃、深厚、排水良好的微酸性土壤，不耐干旱。具有自播能力。

➢ 播种繁殖。春播，在23~25℃下，4~6d即可发芽。播种到开花经7~8周。定植株距30cm。可调整播种期以调节花期，但播种期晚，则生长期短，花期也短。为了收种子，需早播。

要求种植地高燥通风，否则易染白粉病。全株水分含量高，因此不耐干燥和干旱，水分不足时，易落花落叶，影响生长。定植后应及时灌水，但雨水过多应注意排水防涝，否则根茎容易腐烂。耐移植，盛开时仍可移植，恢复容易。对易分枝而又直立生长的品种可进行摘心，促发侧枝。

➢ 凤仙花是中国民间栽培已久的草花之一，红色花含丰富的凤仙花色素，花瓣可用来涂染指甲，也可作纺织、皮革、化妆品和食品色素。因其花色品种极为丰富，是花坛、花境的好材料，也可作花丛和花群栽植，高型品种可栽在篱边庭前，矮型品种亦可盆栽。是氟化氢的监测植物。

➢ 凤仙花古称金凤花。茎、叶、花均可入药。种子在中药中称为"急性子"，可活血、消积。

➢ 我国曾有许多古老品种，清朝赵学敏的《凤仙谱》就记载了许多品种。但目前栽培品种很少，较多栽培的为株高40~70cm品种。曾栽培的优良品种有'平顶'凤仙，主茎和分枝顶部着花，重瓣，腋生花少，为单瓣；有龙爪型品种，茎水平分枝，龙游状；有株高仅20~30cm的矮生重瓣品种。同属的水金凤（*I. noli-tongere*）原产我国北方地区，一年生，花黄色，具橙红斑点。

24. 非洲凤仙花 *Impatiens walleriana*

科属：凤仙花科　凤仙花属　　　　　位置和土壤：半阴；湿润而排水好的土壤
别名：苏丹凤仙花、玻璃翠　　　　　株高：30~60cm
英名：Impatiens, Busy Lizzie　　　　花色：粉红、玫瑰红、红、粉、橙、乳白、
栽培类型：多年生作一年生栽培　　　　　　　白、复色
园林用途：花坛、种植钵、吊盆、窗盒、盆花　花期：6月至霜降

➢ 原产东非洲。

➢ 常绿多年生亚灌木花卉。全株肉质。茎具红色条纹。叶有长柄，叶色翠绿有光泽。四季开花，多花，花色丰富。

➢ 喜温暖、湿润气候，不耐寒，不耐热，生长适温15~25℃。不耐旱，怕水涝。

喜半阴，夏季怕直射光。
> 播种、扦插繁殖。种子喜光，播种后不需覆盖，萌芽期间最好是散射光，忌直射光。发芽适温21~24℃，7~10d出苗。种子萌芽期要求高温且湿度均衡，发芽后应逐渐降低温度和湿度。生长温度17~19℃，播种到开花，单瓣品种需7~8周，重瓣品种需10~12周。经一次移植后即可上盆。一般温室育苗。温度合适，全年可扦插，取顶芽10cm插于素沙中，温度保持在25℃，20d可生根。

生长期适当摘心，肥水充足时最易徒长，可用矮壮素控制高度，可修剪以控制株形。在栽培过程中适当控制灌水和施肥有利于促发侧枝和提早花期。超过极限温度8~35℃，叶和花苞易脱落。

> 植株矮小，分枝多，花团锦簇，花期持久，色彩艳丽，是优良的花坛花卉，可配植在路边行道树下作花带、花境；还是种植钵的好材料。可以室内盆栽。

> 园艺品种极丰富，有各种花色和不同高度、单瓣和重瓣品种。有种子繁殖的有性系、F_1代和扦插繁殖的营养系品种。

25. 地肤 *Kochia scoparia*

科属：藜科　地肤属　　　　　　　位置和土壤：全光；不择土壤
别名：扫帚草　　　　　　　　　　株高：50~100cm
英名：Burningbushgrass, Morenita　　叶色：嫩绿、红色
栽培类型：一年生花卉　　　　　　观赏期：整个生长季
园林用途：花坛、花境、花群、花丛

原产于欧洲及亚洲中部和南部地区。同属植物约35种。
> 株丛紧密，卵圆至圆球形，草绿色。主茎木质化，分枝多而纤细，叶线形、稠密。秋季全株呈紫红色。主要观赏株形和嫩绿色。较原种分枝多，植株圆整茂密，叶片较狭窄。

> 喜温暖，不耐寒，极耐炎热。对土壤要求不严。及易自播繁衍。喜光。耐干旱、瘠薄和盐碱。

> 播种繁殖。春播，发芽适温21~22℃，2周可发芽，发芽迅速整齐。间苗后移植1次，6月初苗高10~15cm可定植，定植株距50~100cm。对水肥要求不严，管理粗放。可修剪造型成球形、方形等。为防止自播过多，可在叶色尚未变红时割除。采种可选取株型端正，大部分胞果花被变红后，取全株，晒干脱粒。

> 外形似千头柏，枝叶细密柔软，嫩绿，入秋泛红。可用作花坛材料，也可自然式丛植，还可作短期绿篱。

> 种子含油量15%，可供食用和工业用。果实称"地肤子"，全株和种子可入药。嫩茎、叶可食。植株枯干后可拔出压扁，扎成扫帚。

26. 六倍利 *Lobelia erinus*

科属：桔梗科　半边莲属　　　　　别名：南非山梗菜

英名：Creeping Daisy, Mini Marguerite　　　　株高：12～20cm
栽培类型：多年生作二年生栽培　　　　　　　　花色：蓝、雪青、紫、白、桃红、红等色
园林用途：花坛、种植钵、花境、吊盆　　　　　花期：5～6月
位置和土壤：全光；富含腐殖质

原产非洲南部。同属植物350余种。

➤ 半蔓生，分枝纤细。叶互生，顶部叶条形、尖；上部叶倒披针形，基部叶倒卵形或匙形，具圆齿。总状花序顶生，小花具柄，花冠先端5裂，下面3裂片大而平展，喉部白或黄等色。

➤ 喜光，喜凉爽，不耐寒，忌酷热。喜富含腐殖质、湿润排水好的壤土。

➤ 秋播繁殖。种子细小，不需覆土。温度高不易萌发，发芽适温15～20℃，20d可以发芽。播种后65d可开花。

生长适温12～18℃，耐寒能力较差，不耐霜寒，北方不能露地过冬；也不耐酷热，炎夏适当遮阴。生长期摘心可促进侧芽生长，分枝多，开花量大。浇水见干见湿，生长期多施肥。

➤ 开花时整株圆整，开花整齐，花色亮丽，特有的蓝色品种是春季花坛的重要花卉。适合作花坛、花境镶边或盆栽、吊盆布置。

27. 香雪球 *Lobularia maritima*

科属：十字花科　香雪球属　　　　　　　　　位置和土壤：全光、微阴；肥沃、排水好
别名：小白花、玉蝶球、庭荠　　　　　　　　株高：15～25cm
英名：Sweet Alyssum　　　　　　　　　　　　花色：白、粉、淡紫、玫瑰红
栽培类型：多年生作一、二年生栽培　　　　　花期：春、秋季
园林用途：花坛、花境、盆花、地被

"*Lobularia*"意为"小裂片"，指有分叉的毛；"*maritima*"意为"海的"，指生海边之意。同属植物约5种，原产地中海地区及加那列群岛，世界各地均有栽培。

➤ 植株矮小，茎叶纤细，分枝多，匍匐生长，被灰白色毛。总状花序顶生，着花繁密成球形，花白色或淡紫色，微香。

➤ 喜冷凉、干燥气候，稍耐寒，忌酷暑。喜光，亦稍耐阴。对土壤要求不严，耐干旱瘠薄，忌涝渍。耐海边盐碱空气。能自播繁殖。

➤ 播种或扦插繁殖。秋播或春播，秋播生长良好。播种适温21～22℃，播后8～10d发芽，5～6周开花。种子细小，不覆盖或覆盖一层薄细土。幼苗长到3～4片复叶时定植于盆中，在冷床或冷室越冬，次年脱盆定植于露地或盆栽应用，观赏株距15～20cm。

夏季炎热有休眠现象，花后将其花序自基部剪掉，秋凉时能再次开花。茎、叶易受肥害，施肥时不要污染茎叶。

➤ 植株低矮匍地，盛花时晶莹洁白，花质细腻，芳香而清雅，非常美丽。是优

美的岩石园花卉，也是花坛，尤其是模纹花坛及花坛镶边、花境的优秀花卉。可作小面积地被应用，也可盆栽观赏。

➤ 有许多园艺品种。有叶缘为白色或淡黄色斑叶的品种，有株高在10cm以内的矮生品种，有不同花色品种，有四倍体大花品种。

28. 紫罗兰 *Matthiola incana*

科属：十字花科　紫罗兰属
别名：春桃、草桂花、草紫罗兰
英名：Common Stock
栽培类型：多年生作二年生栽培
园林用途：花坛、花境、花带、盆花、切花
位置和土壤：全光、微阴；肥沃
株高：20~60cm
花色：白、黄、雪青、紫红、玫瑰红、桃红
花期：4~5月

"*Matthiola*"是人名；"*incana*"是拉丁文"灰白的"。原产于欧洲地中海沿岸，同属植物约50种。

➤ 全株被灰色星状柔毛。茎直立，基部稍木质化。叶互生，长圆形至披针形，全缘。总状花序顶生，有粗壮的花梗；花淡紫色和深粉红色，具香气。

➤ 喜冷凉，忌燥热，耐寒，冬季能耐短暂-5℃低温，在中国华南地区可露地越冬。喜光照充足，稍耐半阴。喜通风良好的环境。要求肥沃、湿润、深厚的中性或微酸性土壤。幼苗需春化作用才能开花，一年生品种除外。

➤ 以播种繁殖为主，也可扦插。秋播，发芽适温15~22℃，播后7~10d发芽。生长适温10~20℃，18~12周开花。秋播不可过晚，否则植株矮小影响开花。一年生栽培品种，在夏季比较冷凉地区，一年四季均可播种。因直根性强，须根不发达，应较早移植，移植时多带宿土，少伤根，以提高成活率。定植株距30cm。不可栽植过密，否则通风不良，易受病虫害。

薄肥勤施。若作花坛布置，春季需控制水分，使植株低矮紧密。花后剪去残枝，加强管理，可再次开花。盛夏季节干枯死亡，或处于休眠状态而不开花。夏季高温高湿要防治病虫害。

➤ 花朵丰盛，色艳香浓，花期长，是春季花坛的重要花卉，也可作花境、花带、盆栽和切花。

➤ 栽培品种极多，依株高分为高、中、矮3类；高型品种是重要的草本切花。花型有单瓣和重瓣；花期有夏、秋、冬；依栽培习性分为一年生和二年生；变种有香紫罗兰(var. *annua*)：一年生，香气浓。

29. 白晶菊 *Mauranthemum paludosum*

科属：菊科　白晶菊属
别名：小白菊
英名：Creeping Daisy, Mini Marguerite
栽培类型：多年生作二年生栽培
园林用途：花坛、花境、花群、花丛
位置和土壤：全光；不择土壤
株高：15~25cm
花色：白色
花期：4~5月

同属4种。原产北非和欧洲西南部。

➢ 茎多分枝。叶披针形，1~2回羽裂，裂片端尖，稍肉质。头状花序顶生，直径2~3cm，舌状花白色，管状花黄色。

➢ 喜凉爽湿润的环境，较耐寒，不耐高温。喜阳光充足，不耐阴。喜疏松肥沃排水性好的壤土，但土壤适应性强，不耐积涝。

➢ 秋播繁殖。发芽适温15~20℃。发芽时间5~8d。播种后11~12周开花。2~3片真叶时分苗，4~5片真叶后移入苗床或营养钵中培育。

➢ 露地-5℃以上能安全越冬。秋播后，寒冷地区需要阳畦保护越冬，晚间盖蒲席防寒。也可在塑料大棚或冷室越冬，令其继续生长，适时浇水施肥，次年早春用于花坛，提高观赏性。光照不足开花不良。生长适温15~25℃，忌高温多湿；30℃以上生长不良。宜种植在疏松、肥沃、湿润的壤土或砂质壤土中。保持土壤湿润，忌长期过湿，造成烂根。花期长，生长期每半个月施一次肥。花谢后随时剪去残花，可促发侧枝，产生新蕾，二次开花。

➢ 植株低矮，花朵繁密，花期早而长，成片栽培时繁花覆叶，形成很好的色块，耀眼夺目，是优秀的花坛和花境花卉。

➢ 常见栽培的相似花卉有茼蒿菊属的黄晶菊(*Chrysanthemum multicaule*)：英名Yellow Daisy。原产阿尔及利亚。二年生花卉。株高15~20cm，半匍匐状。叶肉质，长匙形，羽状深裂。头状花序顶生，花茎细长，挺直，直径2~3cm，亮黄色。喜温暖湿润，阳光充足，耐半阴，不耐高温。繁花覆叶，可形成很好色块。是优秀的花坛、花境花卉，也可作地被和岩石园花卉，还可以作种植钵。

30. 紫茉莉 *Mirabilis jalapa*

科属：紫茉莉科　紫茉莉属　　　　　位置和土壤：喜半阴、耐全光；不择土壤
别名：草茉莉、夜饭花、地雷花、胭脂花　　株高：30~100cm
英名：Four-O'clock, Marvel-of-Peru　　　花色：白、黄、红、粉、紫、复色
栽培类型：多年生作一年生栽培　　　　花期：夏、秋季
园林用途：自然丛植

原产美洲热带，现普遍栽培。同属植物约50种。

➢ 地下有小块根。植株开展，多分枝，近光滑。叶卵形或卵状三角形，对生，先端尖。花数朵集生枝端，花冠高脚杯状，先端5裂，有白、黄、红、粉、紫、红黄相间等色。花傍晚开放至早晨，次日中午前凋谢。果实圆形，成熟后黑色，表面皱缩，形似地雷，所以又叫地雷花。

➢ 喜温暖湿润的气候条件，不耐寒。冬季地上部分枯死；在中国南方冬季温暖地区，地下根系可安全越冬而成为多年生。耐炎热，在稍庇荫处生长良好。不择土壤，喜土层深厚肥沃之地。边开花边结籽，花期6~9月。可自播繁衍。

➢ 播种、扦插或分生繁殖。直根性，春季直播，因种皮较厚，播前浸种可加快

出苗。出苗后2周可开花。尽早移栽、定植。定植观赏株距40~50cm。春、秋季剪取成熟的枝条扦插，易生根。也可将块根于秋季挖出，贮于3~5℃冷室中，次年再栽植。

性强健，幼苗生长迅速，管理粗放。

➤ 花期长，从夏至秋开花不绝，可用于林缘周围大片自然栽植或房前屋后、路边丛植，尤其宜于傍晚休息或夜间纳凉之地布置。因株形比较松散，不适合花坛栽植。对二氧化硫、一氧化碳具有较强抗性。

➤ 根可入药，治月经不调，外治跌打、疮毒。种子内的胚乳研成细粉后，是制作化妆香粉的上等添加剂。

31. 红花烟草 *Nicotiana* × *sanderae*

科属：茄科　烟草属　　　　　　位置和土壤：全光、微阴；肥沃湿润土壤
英名：Sander's Tobacco　　　　　株高：20~90cm
栽培类型：多年生作一年生花卉　　花色：淡黄色、白、桃红、紫红
园林用途：丛植、花坛、花境　　　花期：8~10月

"*Nicotiana*"源于人名Jean Nicot。本种为园艺杂交种，亲本为花烟草 *N. alata* 和 *N. forgetiana* 的杂种。

➤ 全株被细毛。叶卵形，基生叶缘波状。顶生圆锥花序，着花疏散，小花高脚碟状，红色，花冠5裂，喇叭状，边缘圆浑，无急尖。

➤ 喜温暖、不耐寒。喜阳，耐微阴。为长日照植物。喜肥沃、疏松而湿润的土壤。

➤ 播种繁殖。春播，种子喜光，发芽适温21~24℃，14~15d发芽，经一次移植后，可摘心促分枝。生长温度15~17℃，播种后9~10周开花。定植露地，株行距30cm×30cm。

栽培中要充分光照。光照不足易徒长，着花少而疏，色淡。管理粗放。

➤ 开花醒目，色彩艳丽，可作为花坛、花境材料，也可散植于林缘、路边，矮生品种可盆栽。有芳香和高达90cm的品种。商业销售时，常列在花烟草名下。

➤ 同属栽培的还有花烟草(*N. alata*)，原产巴西。多年生作一年生栽培。高60~150cm。叶卵形，茎生叶向上渐小。花芳香，有许多品种，有白、粉、红、紫各色，花期夏季。常与红花烟草混称。

32. 虞美人 *Papaver rhoeas*

科属：罂粟科　罂粟属　　　　　位置和土壤：全光；排水好
别名：丽春花、舞草、百般娇　　株高：25~60cm
英名：Common Poppy　　　　　　花色：红、粉红、淡紫、紫红、朱红、白、
栽培类型：一、二年生花卉　　　　　　乳白、黄、橙、花边及复色
园林用途：花境、花丛、花群、种植钵　花期：4月

"*Papaver*"拉丁文，意为"罂粟"；"*rhoeas*"拉丁文，意为"红罂粟的"。原产欧洲。同属植物约100种，主要产于欧洲中南部及亚洲温带，少数产于美洲，中国有6~7种，产于中国西北部至东北部，大部分有观赏价值。

➢ 全株具毛，茎细长。叶羽状深裂，质感柔中有刚，鲜绿色。花梗细长，高出叶面，顶生花蕾初时下垂，渐渐抬头，绽放出各色浅杯状花冠。花梗、花蕾及开花过程皆具有观赏性。花色极为丰富，薄薄的花瓣具有丝质般的光泽，微风吹过，花梗轻轻摇曳，花冠随之翩翩起舞，故有"舞草"之称。

➢ 喜冷凉，忌高温，多作二年生栽培。生长发育温度5~25℃。春、夏季温度高的地区，花期缩短。昼夜温差大，尤其夜温低，有利于生长开花。在中国夏季凉爽的兰州、西宁、华南等高海拔山区生长更好，花色更艳丽。

➢ 播种繁殖。种子细小，覆土宜薄。发芽适温15~20℃，播后7~12d发芽。生长温度10~13℃，从播种到开花需要14~16周。可依地区不同，按预期要求的花期，于秋季、立冬或早春直播于园地，冬季寒冷地区需覆草防寒过冬。直根性，根系长，不耐移植，出苗后适当间苗，逐渐扩大株距，最后保持20~30cm观赏株距。花圃育苗后使用，应采取营养钵育苗，具4枚真叶时，带土坨移栽到园地。不需太多肥水管理。

不宜种植于湿热过肥之地，否则易生病。忌连作，设计中注意不宜在同一位置连续几年种植。可以自播繁衍。及时除去生长弱、开花过早的植株，以保证开花的整体效果。花后蒴果成熟不一，需分批采收。高温多湿的夏季来临后，植株很快枯死。注意及时剪去残株。

➢ 单花2~3d就凋落，尤其重瓣品种单花花期更短。但同株上花蕾极多，此凋彼开，具有很长的观赏期。为延长花期，气候合适地区可分期播种，只是播种过晚，植株矮小，着花少。作切花时，须在花蕾半开时采切，及时插入温水，防止乳汁外流过多，而造成花枝很快萎蔫，花朵不开放。

➢ 虞美人不同于园林中禁种的罂粟(*P. somniferum*)，其乳汁中提炼不出吗啡，但有镇咳、镇痛、止泻功效，用来治咳嗽、腹痛及痢疾。其根可入药。据《本草纲目》记载：花及根味甘、微温、无毒，主治黄疸。过去，欧洲人常用花煎水作止咳剂或加入蔗糖作镇咳剂。花瓣还可榨汁，用作食品染料。

33. 矮牵牛 *Petunia* × *atkinsiana*

科属：茄科　矮牵牛属　　　　　　　位置和土壤：全光、半阴；肥沃、排水好
别名：碧冬茄、灵芝牡丹、杂种撞羽朝颜　　株高：10~60cm
英名：Petunia, Common Petunia　　　　花色：白、粉、红、紫、蓝、黄、褐和复色
栽培类型：多年生作一年生栽培　　　　花期：四季开花
园林用途：花坛、种植钵、吊盆、盆栽观赏

"*Petunia*"意为"烟草"；"*hybrida*"意为"杂种"。为 *P. violacea* 与 *P. axillaris* 的园艺杂交种。同属植物约25种。原产热带美洲。

➢ 全株具黏毛，匍匐状。叶质柔软，卵形，全缘，近无柄。花冠漏斗形，先端具波状浅裂，白色或紫色。花大色艳，培育良好，开花时不见茎叶。

➢ 喜温暖，不耐寒。在干热的夏季开花繁茂。喜阳光充足，耐半阴。喜疏松、排水良好及微酸性土壤，忌积水雨涝。

➢ 播种和扦插繁殖。温度适宜随时可播种，因不耐寒且易受霜害，露地春播宜稍晚。种子喜光，发芽适温20~25℃，播后7~10d可发芽。生长适温17~18℃，夏季9~13周开花，春季12~16周开花。可调整播种期，结合使用不同品种，周年开花。晚霜后定植露地，株距30~40cm。重瓣或大花品种不易结实，花后可剪去枝叶，取其新萌发出来的嫩枝进行扦插，在20~23℃，15~20d即可生根。

移植恢复较慢，宜于苗小时尽早定植，并注意勿使土球松散。摘心可促分枝。重瓣品种对肥水的要求高。短日照促进侧芽发生，开花紧密；长日照分枝少，花多顶生。高温高湿则开花不良。气候适宜地可作多年生栽培。

➢ 多花，花大，开花繁茂，花期长，色彩丰富，是优良的花坛和种植钵花卉，也可自然式丛植；大花及重瓣品种供盆栽观赏或作切花。气候适宜或温室栽培可四季开花。

➢ 种子入药，有驱虫之功效。

➢ 栽培品种极多，依花型有单瓣、重瓣、皱瓣等品种；依花大小不同，有巨大轮(9~13cm)、大花(7~8cm)和多花型小轮(5cm)品种；依株型有高型(40cm以上)、中型(20~30cm)、矮丛型(低矮多分枝)、垂吊型和花篱型品种；依花色有白、粉、红、紫、堇至近黑色以及各种斑纹品种。目前园林中常用大花型和多花型品种。适宜作吊盆的垂吊型品种在室内外广泛应用，花径5~7cm，12周内花茎可蔓生达120cm，抗寒亦抗热。还有花篱型品种，灌丛状，花径5cm，多花，可覆盖整个植株。持续开花。种植距离30cm，可形成40~55cm高的花篱。

➢ 常见栽培的形态相似花卉有舞春花（*Calibrachoa* × *hybrida*）：舞春花属（小花矮牵牛属、万铃花属），别名舞春花、小花矮牵牛、万铃花。首个商业品种为'Millin Bells'，故也称为百万铃。为舞春花属和矮牵牛属的属间杂交种。原产巴西、秘鲁。多年生作一年生栽培。株高20~40cm，匍匐状，全株密被细茸毛。叶狭椭圆形或倒披针形，全缘。花冠喇叭状，端部波状深裂。品种繁多，有单瓣、重瓣、瓣缘皱褶或不规则锯齿花型，有红、白、粉、紫、黄及斑点、条纹等花色；有垂吊型、花篱型、紧凑型、重瓣型等类型。花期4~10月底。花、叶与矮牵牛极相似，但较小，花径1.5~2cm，花瓣更厚，花朵挺展，着花更多、更密；单花期更长。喜光、耐半阴。喜温暖，生长适温15~30℃；不耐寒，过冬温度高于10℃。喜酸性土，pH5.5~6为宜。喜肥，喜排水好土壤，较耐雨淋。不耐移植。春或秋季扦插繁殖为主，有播种繁殖品种。株形美观，开花繁茂，可作花坛或种植钵及吊盆观赏。

34. 蓝目菊 *Osteospermum ecklonis*

科属：菊科　骨子菊属　　　　　　栽培类型：多年生常作一、二年生栽培
别名：南非万寿菊、非洲万寿菊、非洲雏菊　　园林用途：花坛、花带

位置和土壤：全光；排水好，耐贫瘠 　　花色：黄、红、蓝、紫、粉和白色
株高：20~30cm 　　花期：6~9月

"*Osteospermum*"来自于希腊语"Os – teon"和拉丁文"spermum"，前者为"骨头"，后者为"种子"。原产南非。同属植物16种。

➢ 多年生常绿宿根。近年来从国外引进，在我国常作一、二年生栽培。茎多分枝。叶长椭圆形，先端尖，基部渐狭成楔形，边缘具稀疏齿牙，或近全圆或具浅缺刻；茎上部叶有时较窄。头状花序单生，花径5~10cm；舌状花花色繁多，管状花为蓝色。

➢ 喜光，喜温暖，稍耐寒，喜疏松肥沃的砂质壤土。耐干旱。

➢ 露地春播为主，发芽适温18~20℃，发芽时间7~10d。播种到开花约100d。

➢ 保证栽培环境湿润、通风良好。生长温度18~25℃，可忍耐 -5~3℃低温。分枝性强，不需摘心。花期长，适应性强，栽培容易，养护简单。可种于岩石园。

➢ 花色丰富，早春即可开花，是花坛、种植钵的优秀材料。也适合山石和墙边丛植。

35. 牵牛类 *Pharbitis* spp.

科属：旋花科　牵牛属 　　位置和土壤：全光；排水好
英名：Pharbitis 　　花色：红、粉红、蓝、白、玫瑰红
栽培类型：一年生花卉 　　花期：夏季
园林用途：垂直绿化

"*Pharbitis*"源于希腊语"色"。同属植物约24种，主要分布于温带和亚热带。

➢ 茎蔓性，有毛或光滑。叶互生，全缘或具裂。聚伞花序腋生，花大，一至数朵，漏斗状，常具美丽的颜色。

➢ 性强健，喜温暖，不耐寒；喜阳光充足；耐贫瘠及干旱，忌水涝，但栽培品种也喜肥。短日照花卉。花朵通常只在清晨开放，某些种类及品种开放较久。

➢ 播种繁殖。春播。为硬实种子，播种前最好先温水浸种。5月上中旬播种，7月下旬开花，但8月播种，因在短日照条件下，9月也可开花，植株纤细而花少，结实不良。直根性，直播或尽早移植。发芽适温25~28℃。

光照不足则开花差。喜肥，生长季15d施一次肥。栽培中及时设支架。摘心可促分枝。

➢ 牵牛花类为夏、秋季常见的蔓性草花，花朵向阳开放，宜植于游人早晨活动之处，也可作小庭院及居室窗前遮阴和小型棚架、篱垣的美化。不设支架可作地被。

➢ 圆叶牵牛种子入药，称"黑丑""白丑"。根据《本草纲目》，相传一农夫服用其种子治好痼疾，牵着水牛到其蔓生处感谢，此植物因而得名。

➢ 园林中常用种类：

(1) 裂叶牵牛 *Pharbitis hederacea*

别名：喇叭花、黑丑、白丑、牵牛

英名：Ivy-leef Morning Glory

叶常3裂，深达叶片中部。花1~3朵腋生，堇蓝、玫瑰红或白等色；花萼呈长尖的线状披针形，平展或反卷；花期7~9月。原产南美。河堤、荒地多见野生。

(2) 大花牵牛 *Pharbitis nil*

别名：朝颜

英名：Imperial Japanese Morning Glory

叶浅3裂，两侧裂片有时又浅裂，中央的裂片特大。花1~3朵腋生，总梗短于叶柄，花径可达10cm；萼片狭窄，但不开展。原产亚洲、非洲热带。本种日本栽培最盛，并选育出园艺品种甚多，有平瓣、皱瓣、裂瓣等类，花色极富变化，尚有非蔓性直立矮生品种，宜盆栽观赏。也有白天整日开放品种。

(3) 圆叶牵牛 *Pharbitis purpurea*

英名：Common Morning Glory

叶阔心脏形，全缘。花小，白、玫瑰红、堇蓝等色；1~5朵腋生；萼片短，卵状披针形，端不反卷；花期6~10月。原产美洲热带，中国南北均有野生。

36. 半支莲 *Portulaca grandiflora*

科属：马齿苋科 马齿苋属	位置和土壤：全光；不择土壤
别名：龙须牡丹、松叶牡丹、大花马齿苋、死不了、太阳花	株高：15~20cm
英名：Moss Rosa	花色：白、粉、红、紫红、橙、黄、杏黄、斑纹及复色
栽培类型：一年生花卉	花期：6~10月
园林用途：花坛、花径、种植钵	

"*Portulaca*"是拉丁原名；"*grandiflora*"意为"大花"。原产南美洲巴西等地。中国各地习见栽培。同属植物约200种。

➢ 植株低矮。茎匍匐状或斜生。叶圆棍状，肉质。花顶生，开花繁茂，花色极为丰富，有白、粉、红、黄、橙等深浅不一或具斑纹等复色品种。

➢ 喜高温，不耐寒；喜光；喜砂壤土，耐干旱瘠薄，不耐水涝。能自播繁衍。花在日中盛开，其他时间或阴天光弱时，花朵常闭合或不能充分开放。但近几年已经育出全日性开花的品种，对日照不敏感。

➢ 播种或扦插繁殖。春播，种子喜光，发芽适温20~25℃，播后7~10d发芽。摘取新梢进行扦插，易生根。播种繁殖难以保持品种的花色纯一，如要求单一色彩时，可于初花时扦插育苗。

栽培容易。在肥沃、排水好的砂壤土上生长良好，花大而多，色艳。土壤贫瘠或光照不足徒长，开花少。移植后容易恢复生长，大苗也可裸根移栽。种子成熟不一，易脱落。

➢ 色彩丰富而鲜艳，株矮叶茂，是良好的花坛用花，可用作毛毡花坛或花境、花丛、花坛的镶边材料，也可用于窗台栽植或盆栽，但无切花价值。

➢ 有大花和全日性开花品种。同属栽培的有马齿苋（*P. oleracea*）：一年生，叶宽大，长椭圆形。

37. 茑萝类 *Quamoclit* spp.

科属：旋花科　茑萝属
栽培类型：一年生花卉
园林用途：垂直绿化
位置和土壤：全光；不择土壤

株高：1~3m
花色：红、橘红、玫瑰红、白
花期：6~10月

同属植物约10种。原产美洲热带。中国栽培有3种。

➢ 一年生缠绕草本。茎柔弱，细长光滑。叶互生。花红、橘红、玫瑰红、白色，漏斗状、高脚碟状或钟状，常清晨开放。

➢ 喜阳光充足；喜温暖，不耐寒；对土壤要求不严。初夏至秋凉开花。

➢ 播种繁殖。春播。直根性，需直播或苗小时及早移栽。

栽培养护容易。苗高30cm可摘心促分枝。需要足够的生长空间，才能生育良好。种植不宜太密，定植株行距30cm×(60~80)cm。

➢ 茑萝松及橙红茑萝茎叶细美，花姿玲珑，如在浅色墙面，疏垂细绳让其缠绕，极为美观。葵叶茑萝枝叶浓密，可作矮篱或小型棚架的绿化美化材料，掩蔽或遮阴效果均好。各种茑萝也可作地被花卉，不设支架，随其爬覆地面。

➢ 园林中常用种类：

(1) 橙红茑萝 *Quamoclit coccinea*

英名：Star Ipomoea
别名：圆叶茑萝

一年生，缠绕茎长达3~4m，多分枝而繁密。叶卵圆状心形，全缘，有时在下部有浅齿或角裂，叶脉掌状。聚伞花序，着花3~6朵，小花橘红色，喉部带黄色，高脚碟状，冠檐5深裂。

(2) 茑萝松 *Quamoclit pennata*

英名：Cypress Vine, Star Glory
别名：羽叶茑萝、锦屏封

原产美洲热带。一年生，茎柔弱，长达6~7m。叶羽状细裂，裂片整齐。聚伞花序腋生，高出叶面；花冠鲜红色，高脚碟状，冠檐浅裂、五角星形，筒部细长；还有纯白及粉花品种。

茑萝松中午烈日下闭合。最常见栽培的有白色品种，但分枝较红色品种差，生长发育也慢。

(3) 葵叶茑萝 *Quamoclit sloteri*

英名：Cardinal Climber, Cardinal Starglory

别名：掌叶茑萝、槭叶茑萝、杂种茑萝

为茑萝松和橙红茑萝的杂交种，生长势较强。茎长约 4m。叶宽卵圆形，掌状裂，裂片长而锐尖。聚伞花序腋生，小花 1~3 朵，高脚碟状，大红至深红色，喉部色浅。

38. 一串红 *Salvia splendens*

科属：唇形科　鼠尾草属	位置和土壤：全光、半阴；肥沃、湿润
别名：墙下红、撒尔维亚	株高：15~90cm
英名：Scarlet Sage	花色：鲜红、红、白、粉、紫、复色
栽培类型：多年生作一年生栽培	花期：7~10 月
园林用途：花坛、花境、盆栽	

"*Salvia*"是"安全"的意思；"*splendens*"是"灿烂"的意思。原产南美洲，中国园林中广泛栽培。同属植物约 1050 种，分布于热带或温带。

➢ 全株光滑。茎多分枝，四棱，茎节常为紫红色。叶对生，先端渐尖，叶缘有锯齿。顶生总状花序，似串串爆竹；花唇形，伸出萼外，花萼与花冠同色，花落后花萼仍有观赏价值；有鲜红、红、白、粉、紫、复色等多种颜色和矮生品种。

➢ 不耐寒，多作一年生栽培；喜阳光充足，但也能耐半阴；忌霜害；喜疏松肥沃的土壤。

➢ 播种或扦插繁殖。借助保护地，播种时间以开花期而定。北京地区"五一"用花需 8 月中下旬秋播，10 月上中旬假植在温室内，10 余天后根系生长，于 11 月中下旬可陆续上盆栽培，供"五一"用。"十一"用花，早春 2 月下旬或 3 月上旬在温室或阳畦播种。种子喜光，发芽适温 21~23℃，10d 可发芽。生长温度 15~21℃，9~10 周开花。扦插常用盆栽，在温室越冬；次年剪取不带花蕾的侧枝 6~8cm，带叶 4~5 片作插穗，生根容易。在 15℃以上的温床，任何时期都可扦插，10d 左右生根，30d 就可分栽。扦插苗至开花期较实生苗短，植株高矮也易于控制。晚插者植株矮小，生长势虽弱，但对花期影响不大，开花仍繁茂，更便于布置。"十一"用的一串红，于 7 月上旬扦插，此时天气炎热，应注意遮阴，多雨时要注意防雨排涝。

小苗高 10 cm 时摘心，促生 4~6 侧枝。最适生长温度 20~25℃，在 15℃以下叶黄至脱落。如在花前追施磷肥，开花尤佳。花期长，开花后每月追全肥，可延长花期。花显色时移至花坛。一串红花萼日久褪色而不落，供观赏布置时，需随时清除残花，可保持花色鲜艳而开花不绝。

盆土用砂土、腐叶土与粪土混合，土肥比例以 7:3 为宜。用马掌、羊蹄甲等作基肥，生长期施用稀释 1500 倍的硫酸铵，以改变叶色，效果较好。

➢ 植株紧密，开花时覆盖全株，花色极亮丽，是优良的花坛花卉。矮生种尤其适宜作花坛用。还可以作花带、花境。品种极多，有各种色系。一般白色、紫色品种的观赏价值不及红色品种。一串红在中国北方地区也常盆栽观赏。

➢ 同属常见栽培的还有：

(1) 朱唇 Salvia coccinea

又名红花鼠尾草。多年生或多年生作一年生栽培。高 30~60cm，全株有毛。花冠鲜红，下唇长于上唇 2 倍，7~8 月开花。易自播繁衍。适应性强，栽培容易。原产北美洲南部。

(2) 一串蓝 Salvia farinacea

英名：Blue Salvia, Mealy-cup Sage

又名粉萼鼠尾草。原产北美。多年生或多年生作一年生栽培。植株多分枝，株高 40~55cm。花冠青蓝色，被柔毛。种子喜光，发芽适温 14℃，10~14d 发芽。生长温度 15~20℃，12~14 周开花。花冠不易脱落，花色保持好，花期长，北京地区花期为 5~10 月。耐干旱，尤其耐炎热，病虫害少，抗性强，目前栽培广泛，有蓝色、白色、复色品种。种植距离 30cm×30cm，生长整齐，是花坛和种植钵的理想花卉，还可作切花和干花。

(3) 彩苞鼠尾草 Salvia viridis

英名：Joseph Sage, Clary Scage

原产南欧。一年生。株高 30~60cm，基部多分枝。全株具灰白色长绒毛。上部叶着生密集，膜质，似蝴蝶，显出透亮美丽的色彩，且有绿色的网状脉。花小，紫、堇、雪青色；花萼较小，筒状，有茸毛；花期 6~8 月。

39. 银叶菊 Senecio cineraria

科属：菊科　千里光属　　　　　位置和土壤：全光；富含腐殖质
别名：白妙菊、雪叶菊、雪叶莲　　株高：15~40cm
英名：Cineraria, Dusty Miller　　观赏部位：主要观赏叶
栽培类型：多年生或多年生作一年生栽培　　观赏期：整个生长期
园林用途：花坛、花境、丛植、盆栽

原产地中海沿岸。同属植物约 1300 种。

➢ 全株具白色绒毛，呈银灰色。叶质厚，羽状深裂。头状花序成紧密的伞房状，花黄色，花期夏、秋季。

➢ 喜温暖，不耐高温；喜光照充足；喜疏松肥沃的土壤。

➢ 以扦插繁殖为主，也可以分株、播种繁殖。取带顶芽的嫩茎作插穗，20~30d 生根。种子发芽适温 15~20℃。

生长适温 15~25℃，栽培中有时需保护地。幼苗可摘心促分枝。施肥要均衡，氮肥过多，叶片生长过大，白色毛会减少，影响美观。温度过高呈半休眠状，栽培环境力求通风凉爽，使其顺利越夏。秋季转凉后修剪，加强肥水管理，促其生长。气候适宜地可作多年生栽培，在我国主要作一年生栽培。

➢ 全株覆盖白毛，犹如披被白雪。在欧美称其银叶植物。是观叶花卉中观赏价

值很高的花卉。用不同时期的扦插苗，可保证植株低矮。是花坛中难得的银色色调。丛植及布置花境也很美观。

➤ 常见栽培的品种有'细裂'银叶菊('Silver Dust')：叶质较薄，叶裂图案如雪花，极雅致美丽，观赏价值更高。栽培管理无特殊要求。

40. 万寿菊 *Tagetes erecta*

科属：菊科　万寿菊属
别名：臭芙蓉
英名：African Marigold
栽培类型：一年生花卉
园林用途：花坛、花境、花丛、切花

位置和土壤：全光、半阴；肥力中等、湿润的土壤
株高：25～90cm
花色：黄、乳白、橘红
花期：6～10月

"*Tagetes*"是拉丁原名；"*erecta*"意为"直立的"。原产墨西哥。同属植物约30种。

➤ 茎粗壮。叶对生或互生，羽状全裂，裂片有锯齿，叶缘背面有油腺点，有强烈臭味，因此无病虫，也可保护周围其他花卉不生病虫。头状花序单生；花黄色或橘黄色，舌状花有长爪，边缘皱曲；花期6～10月。

➤ 喜温暖，也能耐早霜。喜阳光充足，半阴处也生长开花。抗性强，对土壤要求不严，较耐干旱。在多湿、酷暑下生长不良。

➤ 播种和扦插繁殖。以春播为主，发芽适温22～24℃，播后5～10d可发芽。生长温度18～20℃，从播种到开花需7～12周。春播可用于"五一"花坛，夏播可用于"十一"花坛。亦可夏季露地扦插，2周生根，1个月可开花。

幼苗期生长迅速，苗高15cm可摘心促分枝。对肥水要求不严，在土壤过分干旱时适当灌水。栽培容易。开花期每月追肥可延长花期，但注意氮肥不可过多。种子易退化。

➤ 花大色艳，花期长，其中矮型品种最适宜作花坛布置或花丛、花境栽植，还可作窗盒、吊篮和种植钵；高型品种花梗长且挺直，切花水养持久。

➤ 叶有腺点，有强烈气味，得名"臭芙蓉"。花晾干，裹面后油炸可食。

➤ 近年来，美国园艺家利用万寿菊雄性不育系培育出早花、大花、矮型的多数优良品种，又与孔雀草杂交而获得三倍体品种，即使在盛夏也开花繁茂。园艺品种和杂种很多，株高、花色、花形变化均较丰富。常见栽培的品种群主要有4个。①非洲(African)亲本为*T. erecta*。株型紧凑，花大，重瓣，径达12cm。②法-非洲(Afro-French)：亲本为*T. patula*和*T. erecta*的杂交种。有许多小型、单瓣或重瓣、黄色或橙色花，花径2.5～6cm。③法国(French)：亲本为*T. patula*。一般为重瓣红棕、黄色或部分橙色舌状花。④印章(Signet)：亲本为*T. tenuifolia*。小花多，单瓣，黄色或橙色花。

➤ 同属常见栽培种还有：

(1) 细叶万寿菊 *Tagetes tenuifolia*

一年生。高30～60cm。叶羽裂，具锐齿缘。舌状花数少，常仅5枚。有矮型变

种，高 20~30cm。原产墨西哥。

（2）孔雀草 *Tagetes patula*
英名：French Marigold

又名红黄草。一年生。高 20~40cm。茎多分枝，细长而晕紫色，花红黄复色。播种及幼苗生长适温同万寿菊，但播种到开花一般仅需要 6~7 周。有红、黄、橙等纯色品种。花型有单瓣型、重瓣型、鸡冠型等。

41. 蓝猪耳 *Torenia fournieri*

科属：玄参科　蝴蝶草属　　　　　　　位置和土壤：全光、半阴；不择土壤
别名：夏堇、花公草　　　　　　　　　株高：10~30cm
英名：Wishbone Flower　　　　　　　　花色：蓝紫、玫瑰红、白、乳黄等复色
栽培类型：一年生花卉　　　　　　　　花期：6~9 月
园林用途：花坛、种植钵、地被

原产亚洲热带、非洲林地。同属植物约 80 种。

➢ 植株低矮，多分枝，成簇生状。茎四棱，光滑。叶对生，卵形而端尖，叶缘有细锯齿。花二唇状，上唇浅紫色，下唇深紫色，基部色渐浅，喉部有醒目的黄色斑点。

➢ 喜高温，耐炎热，不耐寒；喜光，耐半阴；对土壤要求不严，耐旱。可以自播繁衍。

➢ 播种繁殖。春播，华南秋播，但需要保护过冬。种子粉末状，喜光，播种要注意保湿。发芽温度 20~30℃，发芽适温 22~24℃，播后 10~15d 可发芽。生长温度 18~21℃，12~13 周开花；15~30℃，13~14 周开花。

苗高 10cm 时可移植。生长健壮，需肥量不大。在阳光充足、适度肥沃湿润的土壤上开花繁茂。花坛定植株行距(15~25)cm ×(15~25)cm。

➢ 叶色淡绿，花期极长，耐炎热和高湿，花姿轻逸飘柔，花冠喉部与花瓣裂片不同色，常为白色，故显花色淡雅，为夏季花卉匮乏时的优美草花。也可用于种植钵。

➢ 目前，园林栽培较多的是株高 15~20cm 品种，这些品种尤其适宜花坛应用。还有株高 10~20cm 的极矮品种，播种后 2 个月可开花。还有垂吊品种，可用于吊篮和种植钵。

42. 旱金莲 *Tropaeolum majus*

科属：旱金莲科　旱金莲属　　　　　　绿化
别名：旱莲花、荷叶七　　　　　　　　位置和土壤：全光；排水好
英名：Garden Nasturtium　　　　　　　株高：蔓长可达 1.5m；匍匐地面高 20cm
栽培类型：多年生作一、二年生栽培　　花色：乳白、浅黄、橘红、深红及红棕，深
园林用途：吊盆、种植钵、岩石园、垂直　　　　色网纹及斑点等复色

花期：7~9月

"Tropaeolum"是拉丁文"胜利"的意思，因为古时候欧洲人有用盾牌或武器做成战胜敌人的纪念物的风俗，此字意指旱金莲的叶形似盾牌，象征着胜利的纪念物；"majus"的意思是"火的"。原产墨西哥、智利等地。同属植物约80种。

➢ 茎叶稍带肉质，灰绿色。茎细长，蔓长可达1.5m，半蔓性或倾卧。叶互生，近圆形，具长柄，盾状着生。花腋生，花梗甚长；5枚萼片中的1枚，向后延伸成距；花瓣5枚，具爪，有乳白、浅黄、橘红、深红及红棕等深浅不一花色，或具深色网纹及斑点等复色。

➢ 喜凉爽，但畏寒，不耐热，一般能耐0℃的低温。宜栽于排水良好的砂质壤土，忌过湿或受涝。要求阳光充足的环境。温度适宜地区作多年生栽培，四季可开花。

➢ 以播种繁殖为主，也可扦插繁殖，成活容易。春播不宜过晚。种子嫌光，种皮厚，播前用40~45℃温水浸种12h。发芽适温15~20℃，播后7~10d可发芽。一般在2~3月于温室或温床播种，晚霜后移植露地，可供5~6月花坛用。供秋初观花，可在5月播种。取带3~5个芽的嫩茎扦插，10~15℃，2周可开花。

可以摘心促分枝。如要求秋季开花时，小苗夏季培育时务必排水良好，并尽可能创造凉爽与通风环境。定植株行距40cm×40cm。控制氮肥使用，叶子过于茂盛可适当摘叶，促开花。炎夏生长不良，不开花时，可齐地面重剪，数月后又可开花，但3年生以上植株即衰老，需要更新。

➢ 花大色艳，形状奇特，花期很长；叶也有较高观赏价值。宜自然式丛植，或在灌丛间地面覆盖。岩石园应用，利用其蔓性，使其生长于假山隙间，依石而生，别具趣味。蔓性品种设支架或做成花篮状供悬挂观赏。

➢ 全株可入药。有清热解毒功效。鲜株捣烂外敷，可治结膜炎和痈疖毒肿。嫩梢、花、新鲜的种子可作辛辣的调味品。

➢ 常见栽培的有重瓣、大花品种。

43. 美女樱 *Verbena* × *hybrida*

科属：马鞭草科　马鞭草属	位置和土壤：全光；不择土壤
别名：美人樱、铺地马鞭草	株高：10~50cm
英名：Garden Vencain，Verbena	花色：白、粉、红、玫瑰红、紫和复色
栽培类型：多年生作一、二年生栽培	花期：6~9月
园林用途：花坛、种植钵、窗盒、吊盆	

种间杂种。其原种产于巴西、秘鲁及乌拉圭等地，现少有栽培。同属植物87种。

➢ 全株有细绒毛，植株丛生而铺覆地面。茎四棱。叶对生，深绿色。穗状花序顶生，开花部分呈伞房状，花小而密集，有白、粉、红、玫瑰红、紫等不同色，也有复色品种，略具芳香。

➢ 喜温暖，忌高温多湿，有一定耐寒性；喜阳光充足；对土壤要求不严，但在湿润、疏松而肥沃的土壤中，开花更为繁茂。能自播繁衍。

➢ 播种或扦插繁殖。春播。种子嫌光，发芽率低，发芽较慢而不整齐。发芽适温 20~22℃，播后 15~20d 发芽。生长温度 18~24℃，12~13 周开花。多为异花授粉，故播种繁殖难以保持花色纯正。扦插，取 5~6 节茎段，浅插于基质中，约 15d 可生根。

小苗侧根不多，移植成活尚易，但缓苗慢，株形差。可以摘心促分枝。光照不足易徒长。北方如提早于 3~4 月在温室或温床中盆栽，花期可以提前，但开花期间应经常追肥。也可秋播作二年生栽培，于冷床或低温温室越冬，春暖移植露地，于 5 月可开花。

➢ 分枝紧密，低矮，铺覆地面，花序繁多，花色丰富秀丽，是优良的花坛、种植钵和边缘花卉。矮生品种仅 20~25cm 高，也适作盆栽。

➢ 品种丰富，有匍匐型和矮生型，花色各样。匍匐型：株高 30cm，冠幅 60cm，适宜种植钵用；矮生型：直立，高 20cm，适宜花坛使用。

➢ 园林栽培的同属花卉有：

(1) 加拿大美女樱 Verbena canadensis

多年生。高 20~50cm，茎直立而多分枝。叶卵形至卵状长圆形，常具 3 深裂。花粉、红、堇、紫或白色。原产美国西南部。

(2) 细叶美女樱 Verbena tenera

多年生。基部木质化。茎丛生，倾卧状，高 20~40cm。叶二回深裂或全裂。花蓝紫色。原产巴西。叶形细美，株丛整齐，很适草坪边缘自然带状栽植。

上述两种习性、栽培及应用都与美女樱近似，管理较为粗放。

44. 大花三色堇 *Viola × wittrockiana*

科属：堇菜科　堇菜属
别名：杂种堇菜
英名：Pansy, Garden Pansy
栽培类型：多年生作二年生栽培
园林用途：花坛、种植钵、窗盒、花境

位置和土壤：全光；肥沃排水好的土壤
株高：15~20cm
花色：白、黄、蓝、砖红、棕红、褐、橙、紫、复色等
花期：5~6 月

园艺杂种为三色堇和耕地堇菜的杂交后代 (*V. tricolor × V. arvensis*)。亲本原产欧洲。同属植物 500 余种。

➢ 茎直立，分枝或不分枝。基生叶多，卵圆形；茎生叶长卵圆形，叶缘有整齐的钝锯齿。花顶生或腋生，挺立于叶丛之上；花瓣 5 枚，花朵平展，近圆形；花大，花径 3.5~12.5cm，花瓣常互相重叠；大部分品种有深色花心，有单色和复色，红、蓝、紫、棕、粉、白等色系都有。

➢ 喜冷爽，较耐寒，忌高温多湿；喜光，稍耐阴；要求肥沃湿润的壤土，在贫

瘠的土地上品种易退化。

➤ 播种繁殖。秋播。种子发芽适温15~20℃，10~15d发芽。高温不易发芽时，在湿润条件下5~8℃处理1周有利于萌发。生长温度5~23℃，播种到开花需14~15周。如果春季播种，可将播种花盆在冰箱中存放8~10周，然后放置室外栽培。

性强健，栽培管理简单。3~4枚真叶时移植一次。花期长，生长期可20d施1次肥。北京地区秋播后，可在阳畦过冬，作"五一"花坛用花。及时去残花，可以明显延长花期。小花品种花坛定植距离15~20cm，大花品种25~30cm。

➤ 传统的园林花卉。株型低矮，花色浓艳，花小巧而有丝质光泽，在阳光下非常耀眼。是优秀的花坛和花境花卉。美丽叶丛上的花朵随风摇动，似蝴蝶翩翩飞舞，装饰效果好，是窗盒和种植钵的优良花卉。水养持久，可以作切花，还可盆栽观赏。

➤ 有250多个品种，花色极丰富，有红、紫、黄、蓝、棕、橙、粉、橘红、杏黄、肉粉、白等色系和复色品种。大多数品种成系列，每个系列中品种花色、花瓣形状、抗性等不同。有花瓣边缘波状和冬花品种。有些品种有香甜味，清晨更明显。

➤ 目前园林中常见栽培的同属花卉有：

(1) 角堇 *Viola cornuta*
英名：Horned Viola，Horned Pansy，Johnny Jump-Up
原产西班牙和比利牛斯山脉。多年生花卉，地下具细根茎，多作二年生栽培。株高可达30cm。叶似三色堇，但比后者小；托叶顶端裂片三角形。花形似三色堇，但距较长，达10~15mm；花径2~4cm，紫色或淡紫色；花期4~6月。开花量大，较大花三色堇耐热，喜微阴。有红、紫、黄、白和复色品种。

(2) 三色堇 *Viola tricolor*
别名：蝴蝶花、人面花
英名：Johnny Jump-Up，Wild Pansy
原产欧洲。多年生作二年生栽培。株高10~30cm，茎直立或横卧。托叶顶端裂片狭披针形，全缘或有钝齿。花有3~6mm的短距，花径4~5cm，花色丰富，花形似大花三色堇，但常具花心放射的细深色线，花期4~5月。开花量大，较大花三色堇耐寒，喜光耐微阴。有很多亚种、杂种和品种。

此外，栽培的F_1代还有三色堇和角堇及大花三色堇和角堇的杂种后代。

45. 百日草 *Zinnia elegans*

科属：菊科　百日菊属
别名：对叶梅、百日菊、步步高
英名：Common Zinnia
栽培类型：一年生花卉
园林用途：花坛、花带

位置和土壤：全光；肥沃、湿润
株高：25~90cm
花色：除蓝色系外，红、黄、粉、紫色、白
花期：7~10月

"Zinnia"是纪念一位药学家；"elegans"是拉丁文"华丽的"。原产墨西哥，分布于美洲。同属植物约20种。

➤ 全株有短毛。茎直立,侧枝成叉状分生。叶抱茎对生,卵形至长椭圆形,全缘。头状花序单生,舌状花多轮,近扁盘状,花色极丰富。

➤ 喜光;喜温暖,忌酷暑,耐早霜;要求肥沃湿润的土壤,在贫瘠干旱的土壤上开花质量明显降低。

➤ 播种繁殖。春播。发芽适温20~25℃,4~6d可发芽。生长温度15~21℃,播种后9~10周可开花。

株高10cm左右,留下2对真叶摘心,以促腋芽生长。侧根少,移植后恢复慢,应于苗小时定植,若大苗时再行移植,常导致下部枝叶干枯而影响观赏。花坛定植距离25~40cm。光照不足易徒长,开花不良。夏季生长迅速。百日草虽花期长,但后期植株生长势衰退,茎叶杂乱,花径小而瓣小。故欲供秋季花坛布置,常夏播,并摘心1~2次。花后剪去残花,可减少养分的消耗,促使多抽花蕾,且枝叶整齐,利于观赏。

➤ 生长迅速,花色繁多而艳丽,是炎夏园林中的优良花卉。可用于花坛、花境;株丛紧凑、低矮的品种可以作窗盒和镶边花卉。切花水养持久。

➤ 目前园林用百日草品种极多,多为F_1代,本种为主要亲本。花有纽扣、鸵羽、大丽花等不同花型;有高、中、矮株型;有斑纹等各种花色。有专供切花用品种。

➤ 园林中栽培的同属花卉有:

(1) 小百日草 *Zinnia angustifolia*

英名:Creeping Zinnia, Narrow Leaf Zinnia

一年生。高20~30cm,多分枝。枝叶均极细致,叶阔披针形。头状花序小,径2.5~4.0cm;舌状花单轮,黄橙色,瓣端及基部色略深,中盘花突起,花开后转暗褐色。株型散,不整齐。发芽适温21~22℃,5~8d发芽。生长温度18~21℃,9~10周开花。耐热、耐涝、耐干旱品种,生长势强,抗病。适宜大面积种植,管理较粗放。

(2) 细叶百日草 *Zinnia linearis*

英名:Classic Zinnia

一年生。高30~40cm,多分枝。叶线状披针形。花径4~5cm,舌状花单轮,浓黄色,瓣端带橘黄色,中盘花不突起,也为黄色。其枝叶纤细,紧密丛生,尤其在生长后期仍保持整齐的株型和繁茂的花朵。花从初夏至霜降持续开放。是优美的花坛、花境材料,又可作丛植或镶边之用及小面积的地被栽植。习性同百日草,栽培简单。

思 考 题

1. 一、二年生花卉是指什么?有哪些类型?

2. 一、二年生花卉园林应用有哪些特点？
3. 一、二年生花卉生态习性是怎样的？
4. 一、二年生花卉繁殖栽培要点有哪些？
5. 举出20种常用一、二年生花卉，说明它们主要的生态习性和应用特点。

推荐阅读书目

1. 园林花卉．陈俊愉，刘师汉等．上海科学技术出版社，1980．
2. 花卉学．北京林业大学园林系花卉教研室．中国林业出版社，1990．
3. 一年生花卉120种．薛聪贤．河南科学技术出版社，2000．
4. 一年生和二年生园林花卉．肖良，印丽萍．中国农业出版社，2001．
5. 一二年生花卉彩色图说．克里斯托弗·威尔逊著，陈素梅，徐正龙译．中国农业出版社，2002．
6. 一二年生草本花卉．孙光闻等．中国电力出版社，2011．

第 8 章 宿根花卉

[**本章提要**] 介绍宿根园林花卉的含义及类型，园林应用特点，生态习性和繁殖栽培要点；介绍了 41 种(类)常用宿根园林花卉。

8.1 概 论

8.1.1 含义及类型

宿根花卉(perennials)指多年生、地下根系正常的草本花卉。通常可以生活几年到许多年而没有木质茎。事实上，一些种类多年生长后其基部会有些木质化，但上部仍然呈柔弱的草质状，应称为亚灌木，但一般也归为宿根花卉，如菊花。宿根花卉可以分成两大类。

(1) 落叶类

冬季地上茎、叶全部枯死，地下部分进入休眠状态。其中大多数种类耐寒性强，在中国大部分地区可以露地过冬，春天再萌发。耐寒力强弱因种类而有区别。主要原产温带寒冷地区，如菊花、风铃草、桔梗。

(2) 常绿类

冬季茎叶仍为绿色，但温度低时停止生长，呈现半休眠状态，温度适宜则休眠不明显，或只是生长稍停顿。耐寒力弱，在北方寒冷地区不能露地过冬。主要原产热带、亚热带或温带暖地，如竹芋、麦冬、冷水花。

8.1.2 园林应用特点

宿根花卉可以用于花境、花坛、种植钵、花带、花丛花群、地被、切花、干花、垂直绿化。园林应用特点如下：

- 使用方便经济，一次种植可以多年观赏。
- 大多数种类(品种)对环境要求不严，管理相对简单粗放。
- 种类(品种)繁多，形态多变，生态习性差异大，应用方便，适于多种环境应用。

- 观赏期不一，可周年选用。
- 是花境的主要材料，还可作宿根专类园布置。
- 适于多种应用方式，如花丛花群、花带，播种小苗及扦插苗可用于花坛布置。
- 许多种类抗污染，耐瘠薄，是街道、工矿区、土壤瘠薄地美化的优良花卉。
- 不同地区可露地过冬的宿根花卉种类不同，因此是一类可以形成地方特色的植物。

8.1.3 生态习性

宿根花卉一般生长强健，适应性较强。不同种类，在其生长发育过程中对环境条件的要求不一致，生态习性差异很大。

(1) 对温度的要求

耐寒力差异很大。早春及春季开花的种类大多喜冷凉，忌炎热；而夏、秋季开花的种类大多喜温暖。

(2) 对光照的要求

对光照的要求不一致。有些喜阳光充足，如宿根福禄考、菊花；有些喜半阴，如玉簪、紫萼；有些喜微阴，如耧斗菜、桔梗。

(3) 对土壤的要求

对土壤要求不严。除砂土和重黏土外，大多数可以生长，一般栽培2～3年后以黏质壤土为佳，小苗喜富含腐殖质的疏松土壤。对土壤肥力的要求也不同，金光菊、荷兰菊、桔梗等耐瘠薄；而芍药、菊花则喜肥。多叶羽扇豆喜酸性土壤；而非洲菊、宿根霞草喜微碱性土壤。

(4) 对水分的要求

根系较一、二年生花卉强壮，抗旱性较强，但对水分要求也不同。如鸢尾、乌头喜欢湿润的土壤；而黄花菜、马蔺、紫松果菊则耐干旱。

8.1.4 繁殖栽培要点

(1) 繁殖要点

宿根花卉以营养繁殖为主，包括分株、扦插等。最普遍、简单的方法是分株。为了不影响开花，春季开花的种类应在秋末进行分株，如芍药、荷包牡丹；而夏、秋季开花的种类宜在早春萌动前分株，如桔梗、萱草、宿根福禄考。还可以用分根蘖、吸芽、走茎、匍匐茎繁殖。

此外，有些花卉也可以采用扦插繁殖，如荷兰菊、紫菀、随意草等。

有时为了育种或获得大量植株可采用播种繁殖。根据生态习性不同，分为春播、秋播。播种苗有的1～2年后可开花，也有的要5～6年后才开花。

(2) 栽培要点

园林应用一般是使用花圃中育出的成苗。小苗的培育多在花圃中进行，培育工作要精心细致，栽培管理同一、二年生花卉，定植以后管理粗放。主要工作如下：

宿根花卉为一次栽植后多年生长开花，根系强大，因此，整地时要深耕至40~50cm，同时施入大量有机肥作基肥。栽植深度要适当，一般与根颈齐，过深过浅都不利于花卉生长。栽后灌1~2次透水。以后不需精细管理，在特别干燥时灌水即可。

为使花卉生长茂盛、开花繁茂，可以在生长期追肥，也可以在春季新芽抽出前绕根部挖沟施有机肥，或在秋末枝叶枯萎后进行施肥。

秋末枝叶枯萎后，自根际剪去地上部分，可以防止病虫害的发生或蔓延。

对不耐寒的种类要在温室中进行栽培；对耐寒性稍差的种类，入冬后要培土或覆盖过冬；对生长几年后出现衰弱、开花不良的种类，可以结合繁殖进行更新，剪除老根、烂根，重新分株栽培；对生长快、萌发力强的种类要适时分株；对有自播繁衍能力的花卉要控制其生长面积，以保持良好景观。

8.2 各 论

1. 蓍草类 *Achillea* spp.

科属：菊科 蓍属	位置和土壤：全光、半阴；不择土壤
英名：Yarrow	株高：5~100cm
栽培类型：宿根花卉	花色：白、粉、黄、紫
园林用途：花境、岩石园、切花	花期：夏、秋季

"*Achillea*"是人名，古希腊医生，他发现本植物的药效。同属植物约200种，分布于北温带，中国有10种，多产于北部。

➤ 茎直立。叶互生，羽状深裂。头状花序小，常伞房状着生，形成开展的平面。

➤ 耐寒；性强健，对环境要求不严，日照充足和半阴地都能生长；以排水好、富含有机质及石灰质的砂壤土为最好。

➤ 以分株繁殖为主，也可播种繁殖，春、秋季皆可进行。发芽适温18~22℃，播后1~2周可发芽。

定植株距30~40cm。栽培管理简单。花前追1~2次液肥，有利于开花。临冬季剪去地上部分，浇冻水。每2~3年分株更新一次。

➤ 蓍草类是重要的夏季园林花卉。花序大，开花繁密，开花时能覆盖全株，是花境中很理想的水平线条的表现材料。片植能表现出美丽的田野风光。也可以作切花。

➤《本草纲目》记载："蓍，长也，色黄为百药之长，故名。""味甘，微温，未毒，陇西者微补，白水者冷补，赤色者作膏，消肿。"黄蓍之功有五："补诸虚不足一也，益元气二也，壮脾胃三也，去肌热四也，排脓、止痛、活血、伤寒，尽脉不至，补肾脏元气，乃上中下内外三焦之药也……"

> 园林中常用种类：

(1) 蕨叶蓍 *Achillea filipendulina*

别名：凤尾蓍

英名：Fernleaf Yarrow

园林用途：花境、干花、切花

株高：100cm

花色：鲜黄

花期：6~8月

"*filipendulu*"意为"似丝状下垂的"。原产土耳其、阿富汗、高加索地区。

全株灰绿色。茎具纵沟及腺点，有香气。羽状复叶互生，小叶羽状细裂，叶轴下延；茎生叶稍小。头状花序伞房状着生，花芳香。有白、黄、粉、紫色品种。种子有春化作用要求，秋播种子次年开花，春播种子当年不开花。

(2) 千叶蓍 *Achillea millefolium*

别名：西洋蓍草、锯叶蓍草、蓍、欧蓍草

英名：Common Yarrow

园林用途：花境、丛植、切花

株高：30~100cm

花色：白

花期：6~8月

"*millefolium*"意为"千叶的"。原产欧亚及北美，中国北方有分布。有很高的观赏价值。

全株鲜绿色。茎直立，稍具棱，上部有分枝，密生白色柔毛。叶无柄，羽状深裂为线形。头状花序多密生成复伞房状，白色，有香气。有黄、红、粉、紫色品种。全株入药。茎叶含芳香挥发油，可作香料。

同属常见栽培的还有：①高山蓍（*A. alpina*）：多年生，全株被柔毛；高30~80cm；中部以上叶腋常有不育枝；花白色或淡红色；花期7~8月。②珠蓍（*A. ptarmica*）：株高30~100cm；着花密，花序球状，白色，花期7~9月。耐干旱、瘠薄土壤，有切花品种。

2. 乌头类 *Aconitum* spp.

科属：毛茛科　乌头属　　　　位置和土壤：半阴；湿润土壤

英名：Monkshood　　　　　　株高：60~180cm

栽培类型：宿根花卉　　　　　花色：蓝、紫、紫红、黄、白

园林用途：花境、丛植、切花　花期：夏、秋季

"*Aconitum*"源于"akone"，意为"峭壁"或"岩石"，因为该属多数种类生长在此类环境中；或是源于"箭""镖"，土著人使用它们的汁液给箭布毒。同属植物约350种，分布于北温带山地；我国有167种，分布于东北和西南等地。此属大部分种类有剧

毒，块根内含有乌头碱，可作麻醉药。

➤ 茎直立、伏卧或具缠绕性，少分枝，有块状或粗厚的根。叶常掌状裂，互生。总状或圆锥状花序，花蓝紫色，花形独特，花瓣小2~5枚，萼片5，花瓣状，顶端一枚大而呈帽状或头盔状（图8-1）。

➤ 喜凉爽不耐炎热，较耐寒；喜半阴和湿润环境；在肥沃排水好的砂壤土中生长良好，忌干旱和酷热。

➤ 播种和分株繁殖。秋播为好，春播当年不易发芽。秋季花后分株，春季分株常生长不良。播种苗生长慢，2~3年可开花。

生长期忌移栽。在贫瘠的土壤中易徒长，要防止

图8-1 乌头类的花

长势过高，影响观赏效果。摘心可控制高生长。茎脆弱，后期要设支柱。花后回剪可促进再次开花。夏季注意降温和排涝。

➤ 叶形美丽，花形奇特，多为蓝紫或白色，是园林中重要的夏季花卉。尤其适用于花境，作为背景花卉，下部枝干若被前面的花卉遮挡，只露出上半部分的花叶，则观赏效果更佳。也适宜在灌丛和林缘栽植，体现群体美。水养持久，可作切花。

➤ 园林中常用种类：

世界各地园林中常用种类不同，欧洲有属间杂交品种和一些变种应用，我国目前园林应用不多，是有开发利用价值的野生花卉。

（1）乌头 *Aconitum carmichaelii*

别名：草乌、五毒

英名：Common Monkshood, Azure Monkshood

株高：1.0~1.5m

花色：深蓝色

花期：9~10月

原产中国中部，主要分布在长江中下游各地，北上可达山东、陕西、河南。四川栽培的药材最佳，故称川乌。

茎直立，下部光滑，上部具柔毛。地下具倒圆锥形块根，暗褐色。茎生叶叶柄短，叶五角形深裂，裂片有缺刻，革质。顶生总状花序，花成串侧向排列，花形奇特。

块状主根常带侧根（子根），入药称为"附子"，有回阳逐冷、去风湿作用。

国外有供花园栽培的品种，花序长、花大、着花多。

（2）瓜叶乌头 *Aconitum hemsleyanum*

别名：藤乌

英名：Hemsley Monkshood

园林用途：垂直绿化

花色：蓝紫色

花期：7~8月

分布于我国四川、江西、浙江、安徽、河南、陕西。

全株无毛或近无毛，具倒圆锥形块根。茎缠绕，有分枝，向阳面常呈紫色。茎中部叶片五角形，掌状三深裂，中央裂片最大，顶端锐尖，叶缘有粗齿牙。总状花序着花2~12朵，蓝紫色，花期8~9月。此种为本属中稍耐热的种类。

3. 蜀葵 *Althaea rosea*

科属：锦葵科　蜀葵属	位置和土壤：全光、半阴；肥沃土壤
别名：一丈红、熟季花、端午锦	株高：1.2~1.8m
英名：Hollyhock	花色：白、粉、桃红、大红、朱红、深红、墨红、淡黄、橙红、雪青、深紫
栽培类型：宿根花卉	
园林用途：花境、丛植	花期：6~8月

"*Althaea*"的中文意思是"医治"；"*rosea*"的拉丁文意思是"粉红的、淡红的"。原产中国。同属植物60余种。

➢ 全株被毛。茎直立，不分枝，高可达3m。单叶互生，具长柄；5~7掌状浅裂或波状角裂，叶面粗糙多皱。花大，腋生，成总状顶生花序；花色丰富，有白、黄、蓝、红等色。

➢ 性强健，耐寒，华北地区可露地越冬。喜光，耐半阴。喜肥沃、深厚的土壤。能自播繁衍。

➢ 播种繁殖，也可进行分株和扦插繁殖。多在秋季播种，播后1周可发芽，北方阳畦过冬；也可以春天露地直播。扦插仅用于特殊的优良品种和重瓣品种，用基部萌蘖作插穗，长8cm。

栽培管理简单。生长期施肥可促使开花繁茂，花期应适当浇水。播种苗2~3年后生长开始衰退，可以作二年生栽培；也可以在花后从地面上15cm处剪除，次年开花更好；一般栽培4年左右就要更新。定植株距50cm。

➢ 花色丰富，花大色艳，是重要的夏季园林花卉。在建筑物前或墙垣前丛植或列植，有很高的观赏价值。是优良的花境材料，在其中作竖线条的花卉。植株易衰老，注意及时更新，以免影响景观效果。

➢《尔雅》曰："蜀葵，似葵，花似木槿花。"它原产中国四川，故名曰"蜀葵"。又因其可达丈许，花多为红色，故名"一丈红"。相传，唐代诗人白居易、元稹曾用一种叫蜀葵的纸作诗。蜀葵叶绿平滑，落墨润泽，书写适宜。据载，用蜀葵叶捣烂研汁，抹于竹纸之上，稍干后用石压平而成。

嫩叶和花瓣还可以食用，味道鲜美。其秸皮含纤维，《群芳谱》载："取皮为缕，可织布及绳用。"种子可榨油；花瓣中的花色素可以溶于酒精和热水中，作饮料或糕点的着色剂。

蜀葵味甘，性凉，根有清热解毒、排脓利尿之功效；籽有利尿通淋之功效；花有通利大小便、解毒散结之功效。

➢ 国外育成很多品种。有半重瓣、重瓣品种，有各种花形。同属栽培的还有葵花蜜 *A. officinalis*：多年生，为药用蜀葵，花红至淡粉色。原产东欧和西亚，中国新疆有野生。

4. 庭荠类 *Alyssum* spp.

科属：十字花科　庭荠属　　　　位置和土壤：全光；不择土壤
英名：Alyssum, Modwort　　　　株高：10~40cm
栽培类型：宿根至亚灌木花卉　　花色：白、黄
园林用途：花坛、岩石园　　　　花期：春、夏季

同属植物约170种，主要分布于地中海及中东地区。有一、二年生种类。

➢ 植株低矮，茎叶细小。叶互生，线形或条形。总状花序着花繁密，花小，开花时覆盖株丛。

➢ 喜光。喜冷凉，耐寒。不择土壤，但在稍含石灰质及排水良好的土壤上生长更佳。忌酷暑和湿涝。

➢ 播种或扦插繁殖。秋播，发芽适温20℃，以幼苗感受春化作用，华北阳畦过冬。夏季取6~8cm嫩枝扦插，1个月可生根，次年可开花。

幼苗移植时，根系应多带土，否则不易成活。栽培管理简单。

➢ 植株低矮，花小而繁密，喜微石灰质土壤，是优良的岩石园花卉。可作园林花境的镶边花卉；也可用于吊篮和窗盒。枝叶纤细，花小细密，质感柔和，宜与山梗菜、勿忘草等配植。

➢ 园林中常用种类：

(1) 山庭荠 *Alyssum montanum*

英名：Montanum Alyssum
园林用途：花境、岩石园、盆栽
株高：10~20cm
花色：黄
花期：6~7月

"*montanum*"意为"山"。原产欧洲中南部及高加索地区。株形低矮而紧密。叶倒卵状长圆形至线形，被星状银灰色毛。总状花序松散，花芳香，香味较浓。有大花变种 var. *grandiflorum*，花期5~6月。

(2) 岩生庭荠 *Alyssum saxatile*

英名：Saxatile Alyssum, Golden Tuft, Basket-of-Gold
园林用途：花坛、岩石园、盆栽
株高：20~30cm
花色：金黄
花期：4~6月

原产欧洲南部及中部。常绿，茎丛生，为直径30~40cm的垫状，基部木质。叶倒披针形，有浅齿，灰绿色，被软毛。有株高15cm的矮生种。有柠檬花色和重瓣品种。

5. 耧斗菜类 *Aquilegia* spp.

科属：毛茛科　耧斗菜属
英名：Columbine
栽培类型：宿根花卉
园林用途：花境、岩石园、切花
位置和土壤：半阴；肥沃、湿润、排水好
株高：50~120cm
花色：堇紫、紫红、黄、复色
花期：春季

"*Aquilegia*"为拉丁文，意指"抽水者"。同属植物有70种，分布于北温带；中国有13种，产于西南、西北、华北及东北。

➢ 株形松散直立，全株质感轻薄。2~3回三出复叶，小叶深裂。花顶生，花形独特；萼片花瓣状；花瓣基部成长距，直生或弯曲，从花萼间伸向后方；花大但不失轻盈（图8-2）。园艺品种多，目前栽培的多为园艺品种。

➢ 性强健，耐寒，华北和华东可露地过冬，忌酷暑。喜半阴。喜肥沃、湿润、排水好的土壤，忌干燥。

➢ 以分株繁殖为主，也可播种繁殖。早春或晚秋进行分株。春播或秋播。

忌涝，在排水良好的土壤中生长良好。春季可在全光条件下生长开花，但夏季最好进行遮阴，否则叶色长势不好，呈半休眠状。花前追肥可以促进开花。栽培管理简单。耧斗菜类发芽早，种间易杂交，要得到纯种需进行种间隔离。

图8-2　耧斗菜类的花

➢ 种和品种繁多，是重要的春季园林花卉。植株高矮适中，叶形优美，花形奇特，是花境的优良材料。丛植、片植在林缘和疏林下或山地草坡，可以形成美丽的自然景观，表现群体美，大量使用非常壮观。可用于岩石园，也是切花材料。

➢ 园林中常用种类：

(1) 加拿大耧斗菜 *Aquilegia canadensis*

英名：Wild Columbine

株高：50~70cm

花色：红、黄

花期：5~6月

原产加拿大和美国。叶黄绿色。花大，萼片红色，花瓣黄色，开花繁茂。有高20cm的矮变种 var. *nana*。杂种耧斗菜的品种有许多与之相似之处。

(2) 欧耧斗菜 *Aquilegia vulgaris*

别名：西洋耧斗菜

英名：European Columbine

株高：40~80cm

花色：紫、白

花期：5~6月

原产欧洲和西伯利亚地区。茎直立，多分枝；花茎细柔下垂，距稍内弯。有众多变种，如大花、白花、重瓣、斑叶。也有一些杂交品种，具有不同的花色(蓝、紫、红、粉、白、淡黄等)。

(3) 杂种耧斗菜 *Aquilegia × hybrida*

别名：大花耧斗菜

英名：Hybrid Columbine

株高：90cm

花色：紫红、深红、黄

花期：5~8月

为园艺杂交种，有很高的观赏价值。主要亲本有花色艳丽的加拿大耧斗菜 *A. canadensis* 和黄花耧斗菜 *A. chrysantha*，后者花期稍晚，7~8月开花，花期较其他种长1个月。

杂种耧斗菜茎多分枝；2~3回三出复叶；花朵侧向开展，花大，色彩丰富，花瓣距长，花瓣先端圆唇状。为目前各国园林栽培的主要种。有众多的园艺品种，花色有黄、红、蓝、紫、粉、白各色及复色，花期不一。

(4) 华北耧斗菜 *Aquilegia yabeana*

英名：Yabe Columbine

株高：50~60cm

花色：紫

花期：5月

原产中国华北山地草坡，陕西、山西、山东、河北有分布。植株茎上部密生短腺毛。1~2回三出复叶，茎生叶较小，具长柄。花顶生下垂；萼片狭卵形，花瓣状，与花瓣同数同色，紫色，距末端狭，内弯。发芽适温要求严格，为15~20℃，过高不易发芽。

6. 紫菀类 *Aster* spp.

科属：菊科　紫菀属

英名：Aster

栽培类型：宿根花卉

园林用途：花坛、花境、花丛、切花

位置和土壤：全光，通风好；湿润、肥沃

株高：15~150cm

花色：舌状花白、蓝紫、红、紫红

花期：夏、秋季

"*Aster*"源于古希腊文"*astron*",意为"星",指花序的形状。同属植物约有250种。原产欧亚大陆和北美洲。

➢ 茎直立,多分枝。叶窄小,互生,全缘或有不规则锯齿。头状花序,总苞数层,外层常较短。

➢ 喜阳光充足、通风良好的环境;耐寒;宜湿润、排水好的肥沃土壤,忌夏日干燥。

➢ 以分株或扦插繁殖为主,也可播种繁殖。萌蘖多,分株易成活。扦插于5~6月进行,取幼枝作插穗,18℃下2周可以生根移栽。播种发芽温度18~22℃,1周可以发芽。

苗高6~8cm可以移栽。定植株距30~50cm。适当摘心以促分枝。每3~4年分株更新。

➢ 枝繁叶茂,开花整齐,是重要的园林秋季花卉。是"十一"花坛的好材料,高型类可布置在花坛的后部作背景。紫菀花朵清秀,花色淡雅,生长强健,是花境的常用材料。美国紫菀叶、茎均有粗毛,在路旁丛植可以体现出野趣之美;也可在林缘及坡岸边丛植或片植。

➢ 有些种类可药用。《本草纲目》记载紫菀:"其根紫而柔菀故名紫菀。"《广群芳谱》曰:"紫菀肺病要药。"

➢ 此属内种间杂交品种多。园林中常用种类:

(1) 高山紫菀 *Aster alpinus*

英名:Alpine Aster

园林用途:岩石园、花境

株高:15~25cm

花色:深紫、堇、红、粉白、黄

花期:5~6月

"*alpinus*"意为"高山"。原产欧洲、亚洲、美洲西北部,中国中部山区和华北有分布。植株低矮,全株被软毛,呈白灰色。叶匙形。花浅蓝色或蓝紫色。园艺品种很多,适宜在岩石园应用。

(2) 美国紫菀 *Aster novae-angliae*

别名:红花紫菀

英名:New England Aster

园林用途:花境、花丛

株高:60~150cm

花色:深紫、堇、红、粉白、黄

花期:9~10月

原产北美洲东北部。全株具柔毛,上部伞房状分枝。叶披针形至宽线形,全缘,具黏性茸毛,叶基稍抱茎。头状花序聚伞状排列,花较大,花径约5cm。有很高的观赏价值。有很多栽培品种,花色和株高不同。切枝水养不开放,不宜作切花。

（3）荷兰菊 *Aster novi-belgii*

英名：Michaemas Daisy, New York Aster

园林用途：花坛、花境、花丛、盆栽

株高：60~100cm

花色：深蓝紫、白、紫红

花期：9~10月

"*novi-belgii*"意为"纽约的"。原产北美洲。全株被粗毛。叶线状披针形，近全缘，光滑，无黏性茸毛。头状花序伞房状着生，花较小，舌状花1~3轮。品种很多，目前栽培的品种株高40cm，有不同花色。有单瓣和重瓣品种。

花前20d左右摘心，以促使花蕾形成。"十一"花坛用苗，北京地区7月中旬到8月下旬扦插，9月10日左右摘心。

（4）紫菀 *Aster tataricus*

别名：青菀

英名：Tatarian Aster

园林用途：花境、花丛

株高：40~100cm

花色：淡紫

花期：8~9月

"*tataricus*"意为"鞑靼族的"。原产中国、日本及西伯利亚地区。茎直立，粗壮，具粗毛。基部叶矩圆状或椭圆状匙形，上部叶狭小，厚纸质，两面有粗短毛，叶缘有粗锯齿。头状花序排成复伞房状，舌状花1~3轮。

7. 落新妇类 *Astilbe* spp.

科属：虎耳草科 落新妇属	位置和土壤：半阴；湿润、肥沃
英名：Astilbe	株高：15~100cm
栽培类型：宿根花卉	花色：红色系、白色、紫色、粉色系
园林用途：花境、花丛、切花	花期：春、夏季

同属植物约18种，主要分布于亚洲东南部及北美洲。中国约7种，广布华东、华中和西南。

➢ 茎直立。单叶或多出复叶。圆锥花序，花小，两性或单性，白色至粉色。

➢ 性强健；喜半阴；耐寒；喜肥沃、湿润、疏松的微酸性和中性土，也耐轻碱；忌高温干燥和积涝。

➢ 分株或播种繁殖。分株秋季进行。播种覆土宜浅，否则不易出苗。

幼苗可摘心促分枝。定植前施足基肥，花后及时去残花，有利于延长花期。生长2~3年需要分株更新。栽培管理简单。

➢ 株形挺立，叶片秀美，花色淡雅，高耸于叶面，观赏价值很高。是花境中优良的竖线条材料。适宜种植在疏林下、溪边、林缘，亦可与山石搭配。

> 此属内种间杂交品种多。园林中常用种类：

(1) 落新妇 Astilbe chinensis
别名：升麻、虎麻
英名：Chinese Astilbe
株高：50~100cm
园林用途：花境、丛植、切花
花色：红紫
花期：7~8月

"chinensis" 意为"中国的"。原产中国，长江流域和东北都有分布；朝鲜、俄罗斯也有分布。地下具粗壮的块状根茎，有棕黄色长柔毛及褐色鳞片。茎直立。基生叶多，小叶具长柄，叶缘有重锯齿，叶两面具短刚毛；茎生叶少。花序轴被褐色卷曲长柔毛。有花紫色、花萼粉色的变种大卫落新妇(var. davidiihe)和矮生、紫粉色花的矮生落新妇(var. pumila)。

春播为好，发芽适温25~30℃。种子有休眠现象。250mg/L赤霉素或500mg/L丙酮液可以打破部分种子的休眠。

(2) 杂种落新妇 Astilbe × arendsii
别名：美花红升麻
英名：Hybrida Astilbe, False Sprirea
株高：60~90cm
园林用途：花境、丛植、切花
花色：红、白、粉、紫
花期：5~9月

园艺杂交种，目前广为栽培。叶羽状，小叶卵圆形，缘有锯齿。花序高出叶丛；有各种花色。喜阴凉潮润、排水好土壤，阳光充足条件下需保证水分持续供应。

8. 射干 *Belamcanda chinensis*

科属：鸢尾科　射干属　　　位置和土壤：全光；排水好土壤
别名：扁竹兰、蝴蝶花　　　株高：50~100cm
英名：Blackberry Lily　　　花色：橙至橘黄
栽培类型：宿根花卉　　　　花期：7~8月
园林用途：花丛、花境

"Belamcanda" 为马来西亚语中植物原名；"chinensis" 意为"中国的"。原产中国、日本及朝鲜。同属植物2种。

> 具粗壮的根状茎。叶剑形，扁平而扇状互生，被白粉。二歧状伞房花序顶生；外轮花瓣有深紫红色斑点；花谢后，花被片呈旋转状。

> 性强健。耐寒性强。喜干燥。对土壤要求不严，以含砂质的黏质土为好。自然界多野生于山坡、田边、疏林之下乃至石缝间。

➢ 分株繁殖，也可播种繁殖。春天分株，每段根茎带少量根系及 1~2 个幼芽，待切口稍干后即可种植，约 10d 出苗，苗高 3cm 方可松土除草。春播或秋播，播种后约 2 周才能发芽，幼苗达 3~4 片真叶后再定植，2 年可开花。栽培管理简便，春季萌动后及花期前后略施薄肥，以利开花。

➢ 生长健壮，花姿轻盈，叶形优美，可作基础栽植，或在坡地、草坪上片植或丛植，或作小路镶边，是花境的优良材料。也是切花、切叶的好材料。

➢ 根茎入药，具有清热解毒、消肿止痛功效。茎叶为造纸原料。

9. 风铃草类 *Campanula* spp.

科属：桔梗科　风铃草属　　　　位置和土壤：全光、半阴；排水好
英名：Bellflower　　　　　　　　株高：10~100cm
栽培类型：宿根花卉　　　　　　花色：蓝紫、白、粉、黄
园林用途：花境、盆栽、岩石园、切花　　花期：夏、秋季

"*Campannla*" 意为"小铃"。同属植物约 250 种，多数种类为多年生草本，主产北温带及地中海沿岸；中国约 20 种，多数分布于西南地区。少数种为一年生草本。

➢ 茎直立。叶互生或基生，多不分裂；茎生叶较基生叶小而狭。花顶生或腋生，或总状、圆锥状聚伞花序；花冠多为钟状。

➢ 喜冷凉而干燥的气候，忌高温多湿。喜光，但忌夏季强光直射。喜肥沃、疏松、排水好的土壤，在石灰质土壤上生长尤佳。

➢ 分株、扦插、播种繁殖均可。春、秋季均可分株，秋季进行分株不会影响次年开花；栽培品种常分老株基部滋生的吸芽。初春取茎顶部 2~3cm 扦插，在 10~15℃ 条件下较易生根。春播或秋播，秋播时间过晚会影响次年开花。风铃草属的种子在采收后具有一定时间的休眠现象，长短因种而异，一些种类用 100μL/L 的赤霉素可打破休眠。发芽温度 13~30℃，大多在 20℃。种子吸水后，放在 0~5℃ 环境下 2 周，可明显提高发芽力。光对多数种类的发芽有促进作用。

种子发芽后，应及时进行间苗，土壤不宜过湿。选择地势高燥处，定植株距依种不同，一般为 25~40cm。夏季应注意遮阴，适当喷水。花后及时去除残花茎，保持株丛整齐，使通风良好。

➢ 属内杂交品种多。园林中常用种类：

(1) 欧风铃草 *Campanula carpatica*

别名：丛生风铃草
英名：Carpathian Bellflower
园林用途：岩石园、丛植
株高：15~45cm
花色：蓝紫、白
花期：6~9 月

原产东欧。全株无毛或仅下部有毛。茎软，上部披散。叶丛生，卵形，基部叶柄

较长，叶缘有齿。花单生，直立，杯状，鲜蓝色、白色和由蓝至淡紫各色。有许多园艺品种，有白、淡蓝色及矮生种等。

(2) 聚花风铃 Campanula glomerata

别名：聚铃花

英名：Clustered Bellflower, Danesblood

园林用途：花境、丛植

株高：40～100cm

花色：蓝、白、紫

花期：5～9月

"glomerata"意为"密集成头状的"。原产欧洲、北亚及日本，中国东北有野生。全株被细毛。茎直立，多不分枝。叶互生，粗糙，卵状披针形，基生叶具长柄；茎上部叶半抱茎。数朵花集生于上部叶腋，顶端更为密集。有大花、重瓣、矮型变种和品种。var. acaulis 高仅5cm，花大，适于盆栽观赏；var. superba 浓紫色，花大，作切花栽培的多为此变种。

(3) 桃叶风铃草 Campanula persicifolia

英名：Peach-Leafed Bluebell

园林用途：花境、丛植、切花

株高：30～90cm

花色：蓝

花期：6～8月

原产欧亚大陆温带。全株无毛。具匍匐根。茎粗壮，直立，少分枝。基生叶多数，长椭圆形具长柄；茎生叶为数不多，线状披针形，无柄；上部叶线形。花顶生或腋生，花冠阔钟形，蓝至蓝紫色。变种和品种多；变种有白色、淡紫色和半重瓣、重瓣。栽培品种白色、深蓝色和重瓣。

枝叶较疏散，花色淡雅，花似钟状，玲珑可爱，丛植于夏季园林中，让人备感清新凉爽。高型者常作花境及切花栽培；矮型者多盆栽观赏或布置岩石园。

同属栽培的有风铃草（*C. medium*）：二年生花卉。茎粗壮直立，有糙硬毛，株高50～120cm。基生叶多数；茎生叶对生，无柄，具细圆齿或波状。总状花序顶生；花冠有不同深浅的蓝紫、淡红或白色，呈膨大的钟形或坛形；花期5～6月。

10. 矢车菊类 *Centaurea* spp.

科属：菊科　矢车菊属

英名：Centaurea, Knapweed

栽培类型：宿根花卉

园林用途：花境、花坛、切花

位置和土壤：全光；不择土壤

花色：白、蓝、蓝紫

花期：春、夏季

"*Centaurea*"意为"神话中半人半马的物",据说他发现此植物的药用价值。同属植物 500~600 种,主产欧洲地中海沿岸、亚洲及北非;中国约 10 种。有一、二年生种类。

➢ 全株被白毛。叶互生,全缘或羽状浅裂。头状花序具长梗,单生或为圆锥状,全部为管状花,边缘花通常发达或成放射状,紫、蓝、黄或白色,先端 5 裂,多不孕。

➢ 喜光;依种类不同,耐寒性有差异;不择土壤,但在肥沃、湿润的砂质壤土上生长最佳。

➢ 分株、播种或扦插繁殖。春播或秋播。分株繁殖 4~5 年进行一次。可 9 月扦插,冬季在室内越冬。也可用根插。

需水量中等。生长期少量施肥有利于开花。花后及时剪去残花枝,秋季可再次开花。忌连作。依种类不同 2~3 年或 4~5 年需要分株更新。

➢ 株丛秀美,花色淡雅,质地柔软,观赏价值高,是园林中的优良花卉。依株型不同在园林中的应用有差异,高型种可作花境材料;矮生种用于花坛。作切花应用时水养持久。

➢ 园林中常用种类:

(1) 大矢车菊 *Centaurea americana*

英名:Basketflower Centaurea

园林用途:丛植、切花

株高:180cm

花色:粉、红、紫

花期:5~7 月

"*americana*"意为"美国的"。原产北美南部。植株高大。花大,径可达 8~12cm,总苞片边缘膜质;花白天开放,夜里闭合。有白色变种。

(2) 山矢车菊 *Centaurea montana*

别名:高山矢车菊

英名:Mountain Cornflower

园林用途:花坛、岩石园、盆栽

株高:30~40cm

花色:蓝

花期:5~7 月

原产欧洲中部。茎不分枝,有匍匐茎和翼。叶阔披针形,全缘,具银色茸毛;基生叶有柄,茎生叶互生,向上渐短。头状花序单生顶端,舌状花发达,4~5 裂成指状;有蓝、紫、粉、白不同花色品种。耐寒,耐旱,生长健壮。

同属常见栽培的有一年生种矢车菊(*C. cyanus*):英名 Cornflower 株高达 90cm。花色有蓝、紫、紫红、淡红、粉、白;花期春夏。能自播繁衍。矮生种可用于花坛,用作切花，水养持久。

11. 铁线莲类 *Clematis* spp.

科属：毛茛科　铁线莲属　　　　　　　位置和土壤：半阴；黏质壤土
英名：Clematis　　　　　　　　　　　株高：1~2m
栽培类型：宿根花卉　　　　　　　　　花色：白、红、紫、黄
园林用途：垂直绿化、丛植　　　　　　花期：春、夏季

"*Clematis*"意为"爬蔓的植物"。同属植物约300种，广布北半球温带；中国约108种，各地有分布，西南为集中分布区，许多种有较高的观赏价值。

➤ 攀缘藤本，少数呈直立草本或灌木。叶对生，单叶或羽状复叶，全缘。花单生或成圆锥状花序，无花瓣，萼片花瓣状；雌雄蕊明显，花后羽状花柱伸长并宿存。瘦果聚集成头状果实群。多数种类自花不孕，异花授粉易结实。

➤ 适应性强，生长旺盛。喜凉爽，耐寒。喜基部半阴、上部较多光照的环境。喜肥沃、排水好的黏质壤土；大多喜微酸性和中性土，少数喜微碱性土。忌积水和夏季干旱。

➤ 通常用扦插、嫁接、压条繁殖，也可用播种、分株繁殖。扦插在5~8月进行，取当年生新梢作插穗，具2节，于节下2cm处切断；切口在1万~5万倍吲哚乙酸中浸2~3h可促进生根，一般3~4周生根。压条适用于藤本类，春季进行，3个月后可分栽。木质藤本和灌木多用意大利铁线莲或当地野生种嫁接，于2~3月在温室中进行。3~4年生植株可分株，秋季进行，栽于背风向阳处。播种繁殖多用于原生种，秋播，春播要沙藏处理后次年春播；因种类不同，需经1~2个春化阶段才发芽，也有20℃下1~2周发芽的(黄花铁线莲、棉团铁线莲、辣蓼铁线莲)；一般种子3℃下冷藏40d发芽整齐，或用1000mg/L的赤霉素或丙酮液浸泡2~4h，30d后50%出芽。

吸收根少，与其他植物竞争力弱，生长期不易移栽，于早春或晚秋进行移植。种植前要深耕，施足基肥。种植穴不小于40cm。定植株距60~80cm。花前追肥有利于开花。及时设支架。可以通过修剪，呈球形或篱状。

➤ 茎、叶、花均美丽，花期在夏秋，花大色艳，花朵显著，是重要的园林攀缘植物。尤其适合作篱垣棚架的垂直绿化材料，观赏价值很高。盆栽也不失为很好的观赏手段，也是切花材料。

➤《广群芳谱》记载："花、叶具似西番花，心黑如铁线，故名铁线莲。"全草可入药。

➤ 此属内种间杂交品种多。园林中常用种类：

(1) 铁线莲 *Clematis florida*

别名：番莲

英名：Cream Clematis
园林用途：垂直绿化、盆栽、切花
位置和土壤：半阴；喜石灰质壤土、排水良好的土壤
株高：1~2m
花色：乳白
花期：6~9月

"*florida*"意为"多花的，繁花的"。原产中国，分布在华北、西北。多年生攀缘草质藤本。茎棕色或紫红色，具棱，节膨大。叶对生，似木香。花单生于老枝的叶腋，具长花梗；萼片6片，白色，花瓣状；雄蕊暗紫色。在肥沃、排水良好的石灰质土壤中生长良好。耐干旱，忌积水。

(2) 杰克曼氏铁线莲 *Clematis* 'Jackmanii'
英名：Jackman Clematis, Hybrid Clematis
株高：1~2m
花色：天鹅绒紫色
花期：6~9月

"*jackmanii*"为育种人名。由原产中国的毛叶铁线莲(*C. lanuginosum*)和原产南欧的意大利皮革花(*C. viticella*)于1858年在英国的Jackman & Sons苗圃育成。

多年生攀缘草质藤本，支撑良好，茎可高达3m。叶对生，三角形，5~10cm长。花大，最大花径可达18cm；花期较晚，6~9月开放；有白、红、紫、粉、紫堇各色，有单瓣和重瓣品种。春季与初夏压条繁殖为主。

(3) 转子莲 *Clematis patens*
英名：Large Flower Clematis
别名：大花铁线莲
株高：1~4m
花色：白或淡黄
花期：5~6月

原产中国山东崂山和辽宁东部。多年生攀缘草质藤本。茎圆柱状，棕黑至暗红色，具6条棱。羽状复叶，小叶3~5枚，基出3~5主脉，纸质，小叶柄扭曲。花单生，纯白或淡黄色；花蕊紫红色；花梗有毛；花期5~6月。品种众多，形成了品种群，有单瓣和重瓣品种，各种花色。

播种繁殖，种子采收后需要冷藏处理。需要0~3℃的低温处理40d，播种前进行12h温水浸种有利种子萌发，发芽温度20℃。

12. 金鸡菊类 *Coreopsis* spp.

科属：菊科　金鸡菊属　　　　　　　栽培类型：宿根花卉
英名：Coreopsis　　　　　　　　　　园林用途：花境、丛植、切花

位置和土壤：全光；不择土壤

株高：30~90cm

花色：黄、棕、粉

花期：夏、秋季

"Coreopsis"意为"似臭虫的"（指种子的形状）。同属植物约100种，分布于美洲、非洲及夏威夷群岛。

➢ 茎直立。叶多对生，全缘或有裂。花单生或成疏圆锥花序。有一年生种类。

➢ 性强健，耐寒，喜光。对土壤要求不严，耐干旱瘠薄。可自播繁衍。

➢ 分株繁殖。根部易生萌蘖，分株易成活。也可春、秋播种或夏季扦插繁殖。

栽培管理简单。栽培中肥水不宜过大，以免徒长。定植株行距20cm×40cm。生长快，3~4年需要分株更新。入冬前剪去地上部分，浇冻水过冬。

➢ 花色亮黄，鲜艳，花叶疏散，轻盈雅致，是优良的丛植或片植花卉，自然丛植于坡地、路旁，微风拂过，摇曳生姿，别有一番田野风光。可用于花境，也是切花的材料。

➢ 此属内种间杂交品种多。园林中常用宿根种类：

(1) 大花金鸡菊 Coreopsis grandiflora

别名：大花波斯菊

英名：Bigflower Coreopsis

株高：30~60cm

花色：金黄

花期：6~10月

"grandiflora"意为"大花的"。原产美国南部。全株稍被毛。茎分枝。下部叶羽状全裂，裂片披针形，顶端裂片尤长。头状花序大，具长总梗，总苞片外层较短。有重瓣和黄色矮生品种。喜光，稍耐阴。

(2) 剑叶金鸡菊 Coreopsis lanceolata

别名：大金鸡菊

英名：Lance Coreopsis

株高：30~90cm

花色：黄

花期：6~8月

原产北美洲。各国有栽培或逸为野生。叶多簇生基部，茎生叶少，下部叶全缘，长匙形或披针形，全缘，基部有1~2个小裂片。总苞片内外层近等长。有大花、重瓣、半重瓣品种。

(3) 轮叶金鸡菊 Coreopsis verticillata

英名：Thread-Leaf Coreopsis

株高：30~90cm

花色：红、粉、柠檬黄、橘红、红黄复色

花期：6～7月

原产北美洲及墨西哥。叶掌状3深裂，各裂片又细裂。喜光耐半阴，喜肥沃、湿润、排水好的土壤，但耐干旱。有粉色品种。

13. 翠雀花类 *Delphinium* spp.

科属：毛茛科　翠雀属　　　　　　　位置和土壤：全光；湿润、排水好
英名：Larkspur, Delphinium　　　　　株高：30～200cm
栽培类型：宿根花卉　　　　　　　　花色：蓝、红、橙红、黄、白
园林用途：花境、花丛、花群　　　　花期：春、秋季

"*Delphinium*"源于希腊文"海豚"。同属植物300余种，原产北半球温带，热带非洲高山也有分布；中国约有113种，南北各地都有分布。园艺品种多，有单瓣和重瓣品种，有花坛、花境、切花品种。有一、二年生种类。

➢ 茎直立；掌状三出复叶或掌状浅裂至深裂。总状花序或穗状花序直立；花形奇特，萼片5，花瓣状，一枚向后延伸成距，花瓣2～4枚，重瓣者多数，上面一对有距且突伸于萼距内（图8-3）；花多为蓝色，也有红、橙红、黄、白色种类和品种；花梗高10～200cm不等。

➢ 喜光，耐半阴；耐寒，忌炎热，喜夏季凉爽；要求肥沃、湿润、排水好的砂质壤土。

➢ 分株、扦插、播种繁殖。秋播，种子发芽适温15℃左右，播后2～3周发芽。春、秋季均可分株。春季新芽长到15cm时取插穗扦插，当年夏、秋季即可开花；夏季花后也可扦插。

图8-3　翠雀类的花

栽培简单。花后自地面20cm重剪，管理良好和气候适宜时可再次开花。3～4年分株1次，可以防止病虫感染。定植株距20～30cm。

➢ 花序长而挺拔，是春末夏初重要的园林花卉。尤其在花境中，是较好的竖线条花材，颜色雅致，冷色中不乏艳丽，能很好地调和春夏季的色彩。丛植于路旁角隅，具有很高的观赏价值。也是一种重要的切花。

➢ 花形似飞鸟，花序硕大成串，花色鲜艳。全株有毒，种子毒性更大，主要含有萜生物碱，误食会引起神经系统中毒，严重时则会发生痉挛、呼吸衰竭而死。草可入药，治风湿骨疼。

➢ 本属有大量杂交品种。园林中常用种类：

(1) 颠茄翠雀 *Delphinium × belladonna*

别名：美丽飞燕草
英名：Belladonna Delphinium
株高：50～100cm
花色：蓝

花期：5~6月

为种间杂种，是当前主要栽培的园艺品种系列之一，具有很高的观赏价值。茎多分枝；叶互生，掌状分裂；总状花序顶生。耐寒性较强。易倒伏，生长期多施磷、钾肥。

(2) 高翠雀花 Delphinium elatum

别名：飞燕草、穗花翠雀、高飞燕草

英名：Bee Delphinium, Delphinium

株高：120~180cm

花色：蓝、白、紫

花期：6~8月

原产欧洲南部及中部至西伯利亚，中国有分布。植株高大。叶大，稍被毛。花序长。花色有紫红、白、淡紫等。园艺品种极多，是目前广泛栽培的品种系列之一。

(3) 翠雀 Delphinium grandiflorum

别名：大花飞燕草

英名：Chinese Larkspur, Siberian Larkspur

株高：60~100cm

花色：白、粉、红

花期：6~9月

原产中国北方及西伯利亚地区。园艺品种极多，是目前栽培的主要种类。茎直立，多分枝，茎叶密布柔毛。叶互生，掌状深裂，裂片线形。花大，总状花序长；萼片淡蓝、蓝或莲青色，距直伸或稍弯；花瓣4枚，2侧瓣蓝紫色，有距，2后瓣白色，无距。全株可入药。

14. 菊花 Chrysanthemum morifolium

科属：菊科　茼蒿菊属

别名：黄花、节花、九花、金蕊、更生

英名：Garden Mum, Mum

栽培类型：宿根花卉

园林用途：花坛、盆花、切花

位置和土壤：全光；肥沃、排水好土壤

株高：20~150cm

花色：白、粉红、玫瑰红、紫红、墨红、淡黄、黄、淡绿

花期：全年

"Chrysanthemum"意为"形如树的"，"morifolium"意为"似桑叶的"。原产中国。据典籍约有3000年栽培历史。原产中国的多种野菊参与了杂交，由古人不断选育而成为中国栽培菊。现在的栽培品种是高度杂交的园艺品种。日本菊是由传入日本的中国栽培菊和日本的野菊杂交而成；中国栽培菊也是西洋菊的重要亲本。

菊花有2000多个品种，除茎直立外，其他部分变化很大。叶互生，羽状浅裂或深裂，叶缘有锯齿，背面有毛，其大小、形状因品种而变化。花梗高出叶面，顶生头状花序，微香；花瓣有平、管、匙形，花型多样，花色变化丰富；花期可以延续全

年。极具观赏性。

品种可按自然花期、花(序)直径、花(瓣)型、整枝方式和应用分类。

(1) 依自然花期分类

夏菊：花期6~9月。中性日照。10℃左右花芽分化。

秋菊：花期10月中旬至11月下旬。花芽分化、花蕾生长、开花都要求短日照条件。15℃以上花芽分化。

寒菊：花期12月至次年1月。花芽分化、花蕾生长、开花都要求短日照条件。在15℃以上花芽分化，高于25℃，花芽分化缓慢，花蕾生长、开花受抑制。

四季菊：四季开花。花芽分化、花蕾生长要求中性日照，对温度要求不严。

(2) 依花(序)直径分类

大菊：花(序)直径10cm以上。

中菊：花(序)直径6~10cm。

小菊：花(序)直径6cm以下。

(3) 依花型、瓣型分类

中国目前使用的主要是中国园艺学会、中国花卉盆景协会于1982年在上海的菊花品种分类学术会议上，对花径在10cm以上晚秋菊的分类方案。把菊花分为5个瓣类，包括30个花型和13个亚型。在实际应用中没有使用亚型，并且对30个花型中一些相似花型作了合并。

(4) 依整枝方式和应用(菊艺)分类

独本菊(标本菊)：一株一茎一花。

立菊：一株多干数花。

大立菊：一株数百至数千朵花。

悬崖菊：通过整枝、修剪，整个植株体呈悬垂式。

嫁接菊：在一株花卉的主干上嫁接各种花色的菊花。

案头菊：与独本菊相似，但低矮，株高20cm左右，花朵硕大，供桌面上摆设。

菊艺盆景：由菊花制作的桩景或盆景。

➤ 园林栽培的庭院菊主要是中小菊，多为秋菊，喜凉爽，有一定耐寒性；喜肥沃、排水好的土壤，不耐涝；忌连作；喜阳光充足。

➤ 庭院菊、盆花菊、切花菊及不同的菊艺栽培方式都不同。庭院小菊主要是秋菊，以扦插繁殖为主，也可分株。剪去开过花的茎上部，待长出侧芽，长到8~10cm时可作插穗，扦插后15d左右可发根，发根幼苗1周内移植。早移植生长健壮。

栽植在肥沃、地势高、排水良好的土壤上。定植前施足基肥。缓苗后及时摘心，只留下部5~6片叶，可以摘心数次，但7月底至8月初要停止摘心，以免影响花芽分化。老株开花效果差，每年扦插更新开花好。栽培中忌连作，忌积水。

➤ 菊花是中国的传统名花，花文化丰富，被赋予高洁品性，为世人称颂，是重要的秋季园林花卉。适于园林中花坛、花境、花丛、花群、种植钵等应用，也是世界著名的优良盆花和切花。

> 我国古代流传的赏菊名句和故事甚多：屈原的"朝饮木兰之坠露兮，夕餐秋菊之落英。"陶渊明的"采菊东篱下，悠然见南山。"《红楼梦》中也有咏菊花诗的故事。农历九月九日重阳节，古人有佩茱萸囊和采摘菊花戴于鬓发之中的习俗。菊"苗可蔬，叶可啜，花可饵，根实可药，囊之可枕，酿之可饮，自本至末，罔有不功"，实为人间良友。

中国目前栽培的有观赏菊和药用菊两大类。后者有杭白菊、徽菊等。

菊花品种很多，主要大类有切花菊、盆花菊和庭院菊，各类下有很多栽培品种。这些品种在色彩、花期、抗性、株高等方面不同。

15. 宿根石竹类 *Dianthus* spp.

科属：石竹科　石竹属　　　　　　位置和土壤：全光；湿润、排水好
英名：Dianthus　　　　　　　　　株高：5~60cm
栽培类型：宿根花卉　　　　　　　花色：粉、白、紫、红
园林用途：花境、镶边花卉、地被、岩石园　　花期：春~秋季

"*Dianthus*"意为"二花的"。同属植物约600种，大部分产于欧洲、亚洲，少数产北非和美洲；中国产16种，南北均有分布。多为园林观赏或药用。

> 植株直立或呈垫状。茎节膨大。叶对生。花单生或为顶生聚伞花序及圆锥花序，苞片2至多枚；花瓣具爪。种间杂交易产生后代，该属园艺品种丰富。

> 喜凉爽，不耐炎热。喜光。喜肥沃、排水良好的土壤。喜高燥、通风，忌湿涝。

> 播种、分株和扦插繁殖。春播或秋播，大多数发芽适温15~18℃，温度过高抑制萌发。春季分株。春季扦插易成活。

幼苗移植两次可定植。摘心可以促分枝。栽培多年后生长衰退，注意及时更新。

> 色若彩霞，带有清雅的微香，是传统的园林花卉。在坡地若成片栽植，可表现出野生的自然气息。常夏石竹、西洋石竹等矮生种类，枝蔓状丛生，枝叶纤细，开花繁密，是优良的岩石园花卉材料，也是良好的镶边材料。瞿麦、香石竹等高型种类，轻盈美丽，可用于花坛、花境和岩石园。香石竹也是重要的切花花卉。

> 花枝纤细，叶似竹，青翠成丛，故名石竹。

中药学中将石竹称为"瞿麦"。《本草经》曰："瞿麦，性滑利，能通小便，降阴火，除五淋，利血脉。"

> 园林中常用种类：

(1) 香石竹 *Dianthus caryophyllus*

别名：麝香石竹、康乃馨
英名：Carnation, Clove Pink
园林用途：花境、花坛、切花
株高：30~100cm
花色：白、紫、红、黄、杂色

花期：园林中 5~7 月

常绿亚灌木，作多年生或一、二年生栽培。原产欧洲。目前栽培的香石竹实际上是原生种与 *D. chinensis* 等杂交产生的。栽培品种极多，分为切花品种和花坛品种两大类。切花品种四季开花，有单朵大花的标准型和多朵小花的散枝型，作多年生或一年生栽培。花坛品种为多花头，作二年生栽培。园艺品种、花色极为丰富。

全株被白粉，灰绿色。茎直立，多分枝。叶窄，披针形，基部抱茎。花多单生，或 2~5 朵成聚伞花序，稍芳香。园林栽培品种有一定耐寒性；喜肥沃的微酸性黏质壤土；喜高燥通风；忌湿涝和连作。

在欧美一些国家，被视作纯洁的母爱的象征，称其为"母亲花"，在每年 5 月的第二个星期日"母亲节"时佩带。

(2) 少女石竹 *Dianthus deltoides*

别名：西洋石竹

英名：Maiden Pink

园林用途：岩石园、花境、地被

位置和土壤：全光；疏松、肥沃、排水好的石灰质土壤

株高：15~25cm

花色：白、粉、淡紫

花期：5~6 月

"*deltoides*" 意为"正三角形的"。原产英国、挪威、日本。植株低矮，灰绿。营养茎匍匐地面，着花茎直立，叉状分枝，稍被毛。叶小，密而簇生，线状披针形。花单生于茎端，具长梗，有须毛，喉部常有"－"或"∨"形斑；花色丰富，芳香四溢。有自播繁衍能力，只是幼苗越冬困难。有一些不同花色的园艺品种。

(3) 常夏石竹 *Dianthus plumarius*

别名：羽裂石竹

英名：Cottage Pink

园林用途：岩石园、地被、花境、切花

位置和土壤：全光；疏松、肥沃、排水好的石灰质土壤

株高：20~30cm

花色：白、粉红、紫

花期：5~7 月

原产奥地利及西伯利亚地区。株丛密集低矮。植株光滑被白霜，灰绿色。茎簇生，上部有分枝，越年基部木质化。叶细而紧密，叶缘具细齿，中脉在叶背隆起。花 2~3 朵顶生，花瓣剪绒状，质如丝绒，芳香浓郁。园艺品种多，花色丰富。有半重瓣、重瓣及高型品种。

(4) 瞿麦 *Dianthus superbus*

英名：Fringed Pink

园林用途：花境、切花

株高：30～40cm

花色：白、蓝紫、淡红

花期：5～6月

"*superbus*"意为"骄傲的"。原产欧洲及亚洲温带，中国多数地区均有分布，秦岭有野生。植株不具白霜，浅绿色。叶平展。花单生或成稀疏的圆锥花序，花瓣深裂成羽状，萼筒长，先端有长尖；花色丰富，具芳香。有园艺品种。

16. 荷包牡丹类 *Dicentra* spp.

科属：罂粟科 荷包牡丹属
英名：Bleeding Heart
栽培类型：宿根花卉
园林用途：花境、丛植

位置和土壤：半阴；疏松、肥沃
株高：30～60cm
花色：白、粉红、红
花期：春季

"*Dicentra*"意为"两个距"。同属植物约12种，分布于北美洲和亚洲；中国产2种。

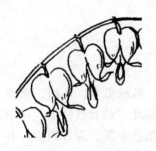

图8-4 荷包牡丹的花

➤ 茎直立，地下茎水平生长，稍肉质。三出复叶极似牡丹。花序顶生或与叶对生，呈下垂的总状花序；花形独特，萼片小而早落，4枚花瓣交叉排成两轮，外轮2枚基部膨大呈囊状，对合形成心形(图8-4)。

➤ 耐寒，忌夏季高温。喜半阴，生长季内日光直射时，需侧方遮阴。喜湿润，不耐干旱；喜疏松、湿润的土壤，在黏土中生长不良。

➤ 以春秋分株繁殖为主。也可夏季扦插，茎插或根插，成活率高，次年可开花。种子秋播或层积处理后春播，3年可开花。

栽培管理容易。定植株距40～60cm。夏季注意遮阴、排涝。栽植在树下等有侧方遮阴的地方，可以推迟休眠，延长观赏期1个月。在春季萌动前和生长期追肥，则开花更好。3～4年分株更新一次。

➤ 植株丛生而开展，叶翠绿色，形似牡丹，但小而质细。花似小荷包，悬挂在花梗上优雅别致。是花境和丛植的好材料，片植则具自然之趣。矮生品种也可作地被或盆栽置于案头欣赏。切花可水养3～5d。

➤ 花朵似荷包，叶子像牡丹，故名荷包牡丹。

➤ 本属内种及品种杂交有不同深浅叶色和不同深浅粉色和白色品种。园林中常用种类：

(1) 缕毛荷包牡丹 *Dicentra exima*

英名：Fringed Bleeding Heart

株高：30～50cm

花色：红紫

花期：5~8月

"exima"意为"不同凡响的"。原产美洲东海岸。叶基生，长圆形，稍带白粉。总状花序无分枝；花红色，下垂。有一些观赏价值很高的园艺品种。

(2) 美丽荷包牡丹 *Dicentra formosa*

英名：Western Bleeding Heart，Pacific Bleeding Heart

株高：50~60cm

花色：粉红、暗红

花期：5~6月

"*formosa*"意为"美丽的"。原产北美洲。叶细裂，株丛柔细。总状花序有分枝，花粉红色。在北京长势弱，生长期不能移植。

(3) 荷包牡丹 *Dicentra spectabilis*

别名：铃儿草、兔儿牡丹

英名：Bleeding Heart

株高：30~60cm

花色：白、粉红

花期：4~5月

"*spectabilis*"意为"美的、醒目的"。原产中国，河北、东北有野生。地下茎稍肉质。叶被白粉。总状花序横生，花朵着生在一侧，下垂；花瓣长约2.5cm，内轮白色，外轮粉红色。有白花变种 var. *alba*，叶黄绿色，花全白。可根插繁殖。可促成栽培，秋季将植株上盆，保持12~15℃和湿润环境，70~80d开花。

17. 紫松果菊 *Echinacea purpurea*

科属：菊科 松果菊属　　　　　位置和土壤：全光、半阴；不择土壤

别名：松果菊　　　　　　　　　株高：60~150cm

英名：Purple Coneflower　　　　花色：淡粉、洋红至紫红、黄白、橘红、橘

栽培类型：宿根花卉　　　　　　　　　　黄色

园林用途：花丛、花境、切花　　花期：6~10月

"*Echinacea*"意为"刺猬、海胆"；"*purpurea*"意为"紫色的"。原产北美洲。同属植物约9种，中国引入1种。

➢ 全株具粗硬毛。茎直立。基生叶端渐尖，基部阔楔形并下延与叶柄相连，边缘具疏浅锯齿；茎生叶叶柄基部略抱茎。头状花序单生枝顶；苞片革质，端尖刺状；舌状花一轮，瓣端2~3裂；中心管状花突起成半球形，深褐色，盛开时橙黄色。

➢ 喜温暖，性强健而耐寒。喜光。耐干旱。不择土壤，在深厚肥沃富含腐殖质土壤上生长良好，花大、色艳。可自播繁衍。

➢ 播种或分株繁殖，春秋均可进行。种子发芽适温20~25℃，3~4周萌发，早春播种当年可开花。经1~2次移植后即可定植，株距50~60cm。但栽培品种播种繁殖性状发生分离。

夏季干旱时，应适当灌溉。及时去残花，花前施液肥可延长花期。栽培管理简单粗放。

➤ 生长健壮而高大，风格粗放，花期长，是野生花园和自然地的优良花卉。也可用于花境或丛植于树丛边缘。水养持久，是优良的切花。全株入药，可治疗上呼吸道感染。

➤ 品种丰富。有不同花色的品种，包括白色系、黄色系、粉色系、红色系、复色系列品种。花型也有不同，主要是盘心花多变，呈半球、托挂等形状；有的品种舌状花数目很少或花瓣变短。

同属栽培的还有苍白紫松果菊 *E. pallida*：株高 80 cm，花粉色、紫色。舌状花瓣窄条状，盘心花半球状。

18. 宿根天人菊 *Gaillardia aristata*

科属：菊科　天人菊属　　　　　　位置和土壤：全光；排水好
别名：大天人菊　　　　　　　　　株高：60~90cm
英名：Perennial Gaillardia　　　　花色：黄和橘红
栽培类型：宿根花卉　　　　　　　花期：6~10月
园林用途：花境、丛植、片植

"*Gaillardia*"为人名；"*aristata*"意为"有芒的"。原产北美洲西部。

➤ 全株具长毛。叶互生，基部叶多匙形，上部叶较少，披针形及长圆形，全缘至波状羽裂。头状花序单生，总苞鳞片线状披针形，基部多毛；舌状花黄色，基部红褐色，管状花裂片尖或芒状。有许多变种，花色不同。

➤ 性强健，耐寒。喜温暖。喜阳光充足。宜排水良好的砂质土。耐热，耐旱，易生长。

➤ 播种、扦插、分株繁殖。播种于春、秋季进行，春播当年可开花。春季可根插，于8~9月嫩枝扦插。可在3~4月或9月分株繁殖。

栽培容易。花期长，适当追肥有利于开花。及时去残花，可延长花期。2~3年分株更新。定植株距30cm。

➤ 株丛松散，花色艳丽，花朵较大，是花境中的优良材料。丛植或片植于草坪、林缘、坡地等处也有很高的观赏价值。

➤ 同属常见栽培的有天人菊 *G. pulchella*：一年生，株高 30~50cm，外观与本种相似，但茎分枝多，叶全缘或基部呈琴状裂。

19. 萱草类 *Hemerocallis* spp.

科属：百合科　萱草属　　　　　　位置和土壤：全光、半阴；不择土壤
英名：Daylily　　　　　　　　　　株高：30~150cm，花茎高60~120cm
栽培类型：宿根花卉　　　　　　　花色：黄、橘黄、橘红、红、紫、复色
园林用途：花境、花丛花群　　　　花期：夏季

"*Hemerocallis*"源于希腊语,意为"一日之美",指原种花期短而易凋谢,日出而开,日落而谢。同属植物约14种,分布于中欧至东亚;中国有11种,各地都有分布。

➤ 根茎短,常肉质。叶基生,成簇生长,带状。花茎高出叶丛,上部有分枝;花大,漏斗形;原种单花期1d,花朵开放时间不同,有的朝开夕凋,有的夕开次日清晨凋谢,有的夕开次日午后凋谢。

➤ 耐寒性强;喜光,亦耐半阴;耐干旱;对土壤的适应性强,喜深厚、肥沃、湿润及排水良好的砂质土壤。

➤ 以分株繁殖为主,也可播种或扦插繁殖。分株多在秋季进行,次年夏天开花。播种需经冬季低温后萌发,一般秋播。春播需沙藏处理,发芽整齐一致。花后扦插茎芽易成活,次年即可开花。

定植株距50~60cm。栽前施足基肥。适应性强,栽培管理简单。定植3~5年内不需特殊管理,以后分栽更新。栽培品种3~4年要分株更新,秋季要追肥,管理需精细。

➤ 此类植物株型变化很大,从30~150cm不等。春天萌芽,叶丛美丽,花莛高出叶丛,花色艳丽,是优良的夏季园林花卉。适宜花境应用,也可丛植于路旁、篱缘、疏林边,能够很好地体现田野风光。也可作切花。

➤《本草纲目》:"萱草本作谖。谖,忘也。"古人以为萱草可以使人忘忧,故谓之忘忧草。萱草为名花、名菜,亦为名药。《本草求真》:"萱草味甘而性微凉,能去湿利水,除热通淋,止渴消烦,开胸宽膈,令人心平气和,无有忧郁。"各种萱草根都可入药,有利水、凉血之功效。

一些种类蕾期采集晒干则为著名的干菜——黄花菜。

➤ 园林中常用种类:

(1) 黄花菜 *Hemerocallis citrina*

别名:黄花、金针菜、柠檬萱草

英名:Citron Daylily

园林用途:花境、花丛

株高:1m以上

花色:淡黄

花期:7~8月

"*citrina*"意为"柠檬黄色的"。原产中国长江及黄河流域。具纺锤形膨大的肉质根。叶二列状基生,带状。花茎稍长于叶,有分枝,着花可达30朵;花被淡黄色;花芳香,夜间开放,次日中午闭合。干花蕾可食,是作为蔬菜种植的主要种。

(2) 萱草 *Hemerocallis fulva*

别名:忘忧草、忘郁

英名:Tawny Daylily

园林用途:花境、花丛

株高:60cm,花茎高可达120cm

花色：淡白绿、米黄、深金黄、粉、深玫瑰红、淡紫、深雪青

花期：6~7月

"*fulva*"意为"略呈黄色的"。原产中国南部、欧洲南部及日本。同属植物约20种。

具短根状茎及纺锤形膨大的肉质根；叶基生，长带形；花茎粗壮，着花6~12朵，盛开时花瓣裂片反卷。变种很多：千叶萱草 var. *kwanso*，为半重瓣；长筒萱草 var. *longitub*；玫瑰萱草 var. *rosea*；斑花萱草 var. *maculata*，花瓣内部有红紫色条纹。栽培广泛。是庭院中较早种植的种之一。

（3）大花萱草 *Hemerocallis* × *hybrida*

英名：Daylily

园林用途：花带、地被、花境、丛植

株高：30~100cm

花色：乳白、黄、橘红、红、粉红、紫及条纹

花期：6~8月

为多亲本杂交而成的现代栽培品种，有几万个注册品种，多为四倍体杂种，也有个别三倍体品种。一般花朵较大，花瓣质地较厚，花茎粗壮，花色、花型和株高等都极其丰富，花瓣宽窄不同，株高30~100cm不等，是目前园林及庭院种植的主要类群。

20. 红花矾根 *Heuchera sanguinea*

科属：虎耳草科　矾根属

别名：珊瑚钟

英名：Coral Bells

栽培类型：宿根花卉

园林用途：花境、岩石园

位置和土壤：全光、半阴；肥沃、湿润

株高：50cm

花色：红、白、粉

花期：5~9月

原产美国的亚利桑那州、新墨西哥州和墨西哥北部。分布在湿润多石的高山、峭壁上。同属510种，主要原产北美洲，许多种观赏价值高。一些种栽培后育出园艺品种，在欧美园林中栽培较多。中国目前有大量引进的该属观叶品种。幼苗生长较慢，成苗后生长快，是优秀的阴生地被，但大多耐寒性不强，北方无法露地越冬。

➢ 常绿，全株密生细茸毛。叶基生，阔心形，波状缘，形似瓜叶；深绿色。圆锥花序，花茎细长，高出叶丛，上面疏生钟形小花。

➢ 喜温暖，耐寒；忌炎热、湿涝。喜光，耐阴。宜肥沃、湿润的土壤。

➢ 播种或分株繁殖。春、秋季均可播种，种子需光，发芽适温20~25℃，2~3周萌发，次年开花。秋季也可用带叶柄的叶作全叶插。

定植地要向阳、排水好。株距30cm。浅根系，不耐旱，生长期应保持土壤湿润。花后去残花可延长花期。夏季和雨季要注意通风。

➢ 姿态优雅，花小巧，花姿轻盈可爱，在绿叶衬托下非常美丽。花色鲜艳，花期长，是花境中优良的独特花材，也适合丛植于草坪、林缘。是岩石园的好材料；还可以作为切花栽培。

➢ 杂交选育出许多园艺品种，有白、粉、大红各种花色。

21. 芙蓉葵 *Hibiscus moscheutos*

科属：锦葵科　木槿属　　　　　　位置和土壤：全光；不择土壤
别名：草芙蓉、紫芙蓉、大花秋葵　　株高：1～2m
英名：Common Rose Mallow　　　　花色：白、粉红、粉紫
栽培类型：亚灌木状宿根花卉　　　　花期：6～8月
园林用途：花境、花丛

"*Hibiscus*"意为埃及神名；"*moscheutos*"意为"有麝香气的"。原产北美洲。同属植物约200种。

➢ 茎亚灌木状，粗壮，丛生，斜出，光滑被白粉。单叶互生，叶背及柄密生灰色星状毛，叶形多变，3浅裂或不裂，基部圆形，缘具疏齿。花大，单生茎上部叶腋；花萼宿存。

➢ 性强健；喜温暖和阳光充足，耐寒；不择土壤，但在肥沃、排水好的土壤上生长更好。

➢ 播种、分株或扦插繁殖。种子种皮厚，播种前刻伤或用55℃温水催芽10h，也可用浓硫酸处理3～5min，清水冲洗后再播，以利萌发；两年开花。种子变异大，易劣变，应使用新鲜种子。春、秋季均可分株。春季或夏季可扦插。

幼苗需覆盖越冬。长江以北地区露地栽培成宿根性，每年地上部分枯萎，次春萌发新枝。栽培管理简单。

➢ 花大，株形高，色彩丰富，可作花境的背景材料。丛植于路旁、坡地等阳光充足处，自成一景，也颇美丽。与观赏草配用效果很好。

➢ 同属栽培花卉：

槭葵 *Hibisus coccineus*
别名：红秋葵、槭叶秋葵

"*coccineus*"意为"深红色的"。多年生草本。株高1～3m；花色深红，花期7～9月。原产北美洲。茎直立，丛生，半木质化；全株光滑，被白粉；茎及叶柄紫红色；叶互生；花大，单生于上部枝的叶腋。耐寒性差，在华中可露地过冬；宜肥沃、深厚和排水良好的石灰质壤土。

22. 玉簪类 *Hosta* spp.

科属：百合科　玉簪属　　　　　　位置和土壤：半阴；湿润、排水好
英名：Plantainlily, Hosta　　　　　株高：15～40cm
栽培类型：宿根花卉　　　　　　　　花色：白、蓝紫、蓝
园林用途：花境、花丛、花群　　　　花期：夏、秋季

"*Hosta*"纪念一位植物学家Host。同属植物约40种，主要分布在中国、日本等东亚国家；中国有3种，分布甚广，多为美丽的观赏植物。

➤ 株丛低矮，圆浑。地下茎粗大。叶基生，簇状，具长柄。总状花序高出叶丛，着花稀疏；花瓣基部合生成长管状，白、蓝或蓝紫色。

➤ 性强健，耐寒。喜阴，忌强光直射。喜肥沃、湿润、排水好的土壤。

➤ 以分株繁殖为主，也可播种繁殖。春、秋季皆可分株。播种苗3年可开花。近年来用组培的方法能获得幼苗，生长速度快且能提早开花。

定植株距40~50cm。栽种前要施足基肥。选荫蔽之地种植，在浓荫处生长旺盛。生长季保持湿润。春季或花前施氮、磷肥，生长更好。栽培管理简单。

➤ 花或洁白如玉或淡紫温良，晶莹素雅。无花时宽大的叶子有很高的观赏价值。喜阴，可在林下片植作地被应用；于建筑物北面种植，可以软化墙角的硬质感。矮生及观叶的品种可用于盆栽观赏。

➤ 白玉簪花味甘、性凉、有毒，有清咽、利尿、治痛经之功效；根叶有清热解毒、消肿止痛之功效；花含芳香油，可提制芳香津膏。紫萼根汁可治牙痛。

➤ 园林中常用种类：

(1) 狭叶玉簪 *Hosta lancifolia*

别名：狭叶紫萼、日本玉簪

英名：Japanese Plantainlily

株高：40cm

花色：淡紫

花期：8月

"*lancifolia*"意为"披针形"。原产日本。根茎细。叶灰绿色，披针形至长椭圆形，两端渐狭。花茎中空，花淡紫色。变种和品种很多。喜高燥。

(2) 玉簪 *Hosta plantaginea*

别名：玉春棒、白鹤花、小芭蕉

英名：Fragrant Plantainlily

株高：30cm

花色：白

花期：6~7月

"*plantaginea*"意为"似车前草的"。原产中国。叶基生成丛，具柄，叶柄有沟槽；叶片具明显的弧形脉。总状花序顶生，高出叶丛，渐渐自下而上绽放管状漏斗状的花朵；花未开时形似头簪，洁白如玉；花柱长；花香甜袭人，傍晚开始开放。有变种重瓣玉簪 var. *plena*。

庭院中常见栽培称为玉簪的，实为杂交品种（*H. hybrids*）。株高15~40cm，花茎高20~90cm，夏、秋季开花，叶色在绿、黄绿、黄之间有系列变化，有斑叶品种，叶形大小、宽窄、质地也有不同。

(3) 紫萼 *Hosta ventricosa*

别名：紫花玉簪
英名：Blue Plantainlily
株高：40cm
花色：紫
花期：6~8月

"*ventricosa*"意为"杯状开展的"，指花冠开放时的形状。原产中国、日本，西伯利亚也有分布。叶较窄小，质薄，叶基常下延呈翼，叶柄沟槽浅。花淡紫色，无香味，较玉簪小，白天开放。株丛较玉簪小。

23. 鸢尾类 *Iris* spp.

科属：鸢尾科 鸢尾属
英名：Iris
栽培类型：宿根花卉
园林用途：专类园、丛植、花境、切花
株高：20~150cm

位置和土壤：全光、半阴；肥沃、排水良好土壤，或水边、水中、干旱贫瘠土壤、盐碱地
花色：白、蓝紫、棕红、黄
花期：春、夏季，常绿种类全年观赏

"*Iris*"意为"虹，虹彩"。同属植物约300种，分布在北温带；中国约有60个种，广布全国，集中分布在西北部和北部，南部很少。同属的大多数种类具有很高的观赏价值，形态、株形、花色、花型各不相同，生态习性有较大差异，是春、夏季园林中传统的花卉。鸢尾园也是传统的专类园。

➢ 地下部分为块状或匍匐状根茎，或为鳞茎、球茎；叶基生，多革质，剑形或线形，绿色深浅不同；花茎从叶中抽生，蝎尾状聚伞花序或圆锥状聚伞花序。花构造独特(图8-5)，是高度发达的虫媒花。

➢ 根茎类鸢尾耐寒性强，一些种类有积雪覆盖时，可耐 -40℃低温，早春萌动早。大多数种类喜光，有些种类耐阴。对土壤和水分的要求不同。园林中常用根茎类鸢尾。可根据其对土壤和水分要求分为3类：

I. 喜肥沃、适度湿润、排水良好、含石灰质的微碱性土壤

(1) 法国鸢尾 *Iris florentina*

英名：Fragrant-root Iris
园林用途：花境、丛植、香料花卉
位置和土壤：全光；排水良好的石灰质土壤
株高：50cm，花茎高可达90cm
花色：白色有淡蓝色晕
花期：5月

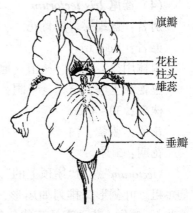

图8-5 鸢尾花部构造

原产中南欧和西南亚。根茎粗壮，有香味。叶与德国鸢尾相似。花大，苞片浅棕色；垂瓣中央有须毛及斑纹。习性同德国鸢尾。

（2）德国鸢尾 *Iris germannica*

英名：German Iris

园林用途：花坛、花境、丛植

位置和土壤：全光；肥沃、排水良好的石灰质土壤

株高：60cm，花茎高可达90cm

花色：紫或淡紫

花期：4~5月

"germannica"意为"德国的"。原产欧洲。园艺品种极丰富，由原产欧洲的原种杂交，目前仍不断有新品种育成，花色、花大小、花型多变，世界各地广为栽培，是栽培最广泛的鸢尾。根茎粗壮。叶剑形，质厚，革质，绿色被白粉而成灰绿色。花茎高70~90cm，有2~3分枝；垂瓣中央有黄白色须毛及斑纹。喜光，耐干旱。

（3）香根鸢尾 *Iris pallida*

别名：奥地利鸢尾、银苞鸢尾、白鸢尾

英名：White Iris

园林用途：花境、丛植、香料花卉

位置和土壤：全光；排水良好的石灰质土壤

株高：50cm，花茎高可达120cm

花色：淡紫

花期：5月

原产南欧及阿尔卑斯山。根茎粗大，有香味，可提炼香精。植株丛生状。叶剑形，质较德国鸢尾薄，被白粉，灰绿色。花茎高于叶丛，有2~3分枝；苞片银白色干膜质；垂瓣中央有黄色须毛及深色斑纹。习性同德国鸢尾。有斑叶及花瓣具斑点品种。

（4）鸢尾 *Iris tectorum*

别名：蓝蝴蝶、扁竹花

英名：Roof Iris

园林用途：花境、丛植、地被

位置和土壤：全光、半阴；肥沃、排水良好的石灰质土壤

株高：30~40cm

花色：蓝紫、白

花期：5月

"tectorum"意为"屋顶上的"。原产云南、四川、江苏、浙江等地。植株低矮。根茎短粗。叶剑形，排列如扇形，淡绿色，薄纸质。花茎稍高于叶丛，有1~2分枝，着花1~3朵；花垂瓣具蓝紫色条纹，瓣基具褐色纹，中央有鸡冠状突起，白色带紫纹；旗瓣较小，弓形直立，基部收缢，色较浅（图8-5）。性强健，耐寒、耐旱、耐湿、耐阴。根系较浅。

Ⅱ. 喜水湿和酸性土壤

(1) 玉蝉花 *Iris ensata*

别名：花菖蒲、东北鸢尾、紫花鸢尾

英名：Garden Sword-like Iris

园林用途：水边丛植、专类园、切花

位置和土壤：全光；潮湿、微酸性土壤

株高：60cm，花茎高 40~80cm

花色：深蓝紫

花期：6~7 月

"*ensata*"意为"剑形的"。原产中国东北、朝鲜及日本。根茎粗壮。叶较窄，中脉明显。花茎稍高于叶丛，着花 2 朵；垂瓣光滑。是本属园艺化程度较高的种，有数百品种。花色有黄、白、红、紫、蓝紫等色，有大花、重瓣品种。耐寒。

(2) 蝴蝶花 *Iris japonica*

别名：日本鸢尾、兰花草

英名：Fringed Iris, Butterfly Flover

园林用途：花境、丛植、地被

位置和土壤：半阴；潮湿、微酸性土壤

株高：20~40cm，花茎高 30~80cm

花色：淡紫

花期：4~5 月

"*japonica*"意为"日本的"。常绿草本。原产中国长江流域与日本。根茎较细，入土浅。叶嵌叠着生呈阔扇形，深绿色有光泽。花茎高 30~80cm，有2~3分枝；花大，花垂瓣边缘具波状锯齿，中部有橙色斑点及鸡冠状突起，旗瓣稍小，上部边缘有齿。稍耐寒，长江流域可露地过冬；喜半阴。常见栽培有其变型 f. *pallescens*。

(3) 燕子花 *Iris laevigata*

别名：平叶鸢尾、光叶鸢尾

英名：Rabbitear Iris, Japanese Iris

园林用途：水边丛植、专类园、切花

位置和土壤：全光；潮湿、微酸性土壤

株高：60cm

花色：深紫

花期：6~7 月

"*laevigata*"意为"光滑的"。原产中国东北、朝鲜和日本。高 60cm，叶较宽，无中肋，质地柔软。花茎稍高出叶面，着花 3 朵；花浓紫色，基部稍带黄色。有红、白、翠绿色变种。园艺品种极多。

(4) 黄菖蒲 *Iris pseudacorus*

别名：黄鸢尾

英名：Yellowflag Iris

园林用途：水边或水中丛植、花境

位置和土壤：全光；喜浅水及微酸性土壤

株高：60~70cm

花色：淡黄

花期：5~6月

原产南欧。适应性极强，引种到世界各地。植株高大。根茎短粗。叶剑形，挺拔，中脉明显，黄绿色。花茎稍高于叶丛；垂瓣光滑，有斑纹或无。有大花、深黄、白色及重瓣品种。适应各种生态环境，对温度、土壤、水分要求极宽，但水边生长最好。

(5) 溪荪 *Iris sanguinea*

别名：红鞘鸢尾、东方鸢尾

英名：Bloodred Iris

位置和土壤：全光；潮湿、微酸性土壤

园林用途：水边丛植

株高：60cm

花期：5月下旬至6月下旬

花色：深紫

"sanguinea"为"血红色"之意。原产中国东北，西伯利亚地区及日本。叶仅1.5cm宽，中脉明显，叶基红色。花茎与叶等高；苞片晕红色；垂瓣中央有深褐色条纹，浅紫色的旗瓣基部黄色有紫斑。有白花变种。在水边生长好。

Ⅲ. 适应性强，在任何土壤上均生长良好，极耐干旱，也耐水湿

(1) 马蔺 *Iris lactea* var. *chinensis*

别名：马莲、紫蓝草

英名：Chinese Iris

位置和土壤：全光；不择土壤

园林用途：水边丛植、切花

株高：30~60cm

花色：堇蓝

花期：5~6月

原产中国及中亚细亚。根茎粗短，须根细而坚韧。叶丛生，革质而硬，灰绿色，很窄，基部具纤维状老叶鞘，叶下部带紫色。花茎与叶等高，着花2~3朵；垂瓣光滑，花瓣窄。耐践踏、耐寒、耐旱、耐水湿。根系发达，可用于水土保持和盐碱地改良。

(2) 拟鸢尾 *Iris spuria*

别名：欧洲鸢尾

英名：False Iris

园林用途：水边丛植、花境

位置和土壤：全光；不择土壤

株高：80～100cm

花色：淡蓝紫、白、乳黄

花期：6～7月

原产欧洲。株丛挺立。根茎细小。叶线形，灰绿色，有异味。花茎与叶等高，着花1～3朵；垂瓣光滑，花瓣极窄。喜水湿，适应性强，不择土壤。

➢ 以分生繁殖为主，也可播种繁殖。分根茎时，每块根茎带2～3个芽，前两类（Ⅰ，Ⅱ）剪去地上叶丛1/3～1/2，易成活。大量繁殖时可分切根茎扦插于湿沙中，在20℃条件下，2周可出不定芽。

第一类（Ⅰ）栽植时将根茎平放，深度不宜大，一般覆土5cm。栽植过深易烂。第二类（Ⅱ）一般覆土2.5cm即可，过深生长不良。第三类（Ⅲ）要求不严，以不埋没根颈为度。栽植前施足基肥，尤其磷、钾肥要充分。2年后开花减少，因此2～4年分株一次，有利于根茎发育和地上开花。根茎类在华北地区都能露地过冬，管理简单。

➢ 叶基生，叶丛美丽，花大艳丽或轻巧淡雅，观赏价值高。不仅用于园林的种类多，而且生态习性差异大，传统应用形式是鸢尾专类园。鸢尾类是优良的园林花卉，尤其是花境和水生植物园的重要材料。此外，可以作花丛、花群，蝴蝶花、鸢尾等可以作地被，根茎类鸢尾切花可水养2～3d。球根类水养可达1周，多用于切花生产。

➢ 鸢尾类根茎可入药，外治跌打肿痛、外伤出血、痈疽。有几种鸢尾花根还可提取香精，具有诱人的紫罗兰芳香；把根研成粉末，乃上等香粉。法国还把鸢尾的图案画在国徽上，定为国花。

24. 火炬花类 *Kniphofia* spp.

科属：百合科　火把莲属

英名：Torch-lily

栽培类型：宿根花卉

园林用途：花境、花丛、花群、切花、岩石园

位置和土壤：全光；不择土壤

株高：50～60cm，花茎高40～200cm

花色：橙红—红、橙红—黄

花期：夏、秋季

"*Kniphofia*"意为"剑叶兰属"。同属植物约70种，原产非洲东部和南部。

➢ 常绿植物。具粗壮直立的根茎。地上茎极短。叶基生，丛生状。总状花序，花茎高于叶丛；小花圆桶形，裂片极短，小花梗短，在花序轴上倒挂，花蕾色深，下部开放的花色浅。观赏价值高。

➢ 性强健，耐寒；喜光；不择土壤，但以肥沃、排水好的轻黏质壤土为好。成株耐旱。种间杂交易结实。

➢ 以分株繁殖为主，在春、秋季进行，华北秋季为好。挖出地下部分，剪去老叶，露出基部的短粗茎，连根一起分株。种子与湿苔藓混合后封于塑料袋，在冰箱中

存4~6周或沙藏后播种。播种发芽适温20~30℃，3~4周发芽，次年大量开花结实。

华北可露地栽培。生长期要保证水分充足。花后去花茎，防止结实，有利于提高抗寒力。秋凉后不要修剪植株，以利越冬。连续数年开花后，养分消耗多，抗寒力下降，3~5年分株更新，施足基肥。定植株距：小型30~40cm，大型60cm。

➢ 花茎挺直，花序着花密集丰满，颜色红黄并存，是花境中优良的竖线条花材；丛植于草坪上也能平添几分情趣；作为背景栽植时，注意前方不要遮挡过高；矮生类可用于岩石园，高型类也是优良的切花材料。

➢ 本属易种间杂交，有大量品种。园林中常用种类：

(1) 杂种火炬花 *Kniphofia hybrida*

又名杂交火把莲。种间杂种，品种很多，花色淡黄到白、绿白、橘黄、淡黄白色，花瓣尖端变为橘黄色和褐色等。

(2) 小火炬花 *Kniphofia triangularis*

园林用途：岩石园、切花

株高：花茎高40~50cm

花色：橙红、黄

花期：7~10月

又名三棱火把莲，原产南非。植株明显矮小，叶细长，尤其适合作切花和岩石园应用。

(3) 火炬花 *Kniphofia uvaria*

别名：火把莲、火杖

英名：Common Torch Lily, Poker-plant, Torch-flower

园林用途：花境、花丛、花群、切花

株高：90~150cm，花茎高达120cm

花色：红、黄

花期：6~10月

"*uvaria*"意为"一串葡萄状的"。原产南非。叶基生成丛，广线形，叶背有脊，缘有细锯齿，被白粉。圆锥形总状花序长25cm，密生下垂小花；蕾红色至深红色，自下而上开放变为黄色，红黄并存，颇为可爱，形似"火炬"。是栽培最普遍的种。有许多变种也供观赏。

25. 多叶羽扇豆 *Lupinus polyphyllus*

科属：豆科　羽扇豆属
别名：鲁冰花
英名：Washington Lupine, Manyleaves Lupine
栽培类型：宿根花卉
园林用途：花境、花丛、切花

位置和土壤：全光、微阴；排水好的微酸性土壤
株高：60~150cm
花色：白、淡粉、粉红、橙红、亮朱红、紫红、黄

花期：5~6月

"*Lupinus*"意为"狼"；"*polyphyllus*"意为"多叶的"。原产北美洲，从华盛顿州至加利福尼亚州。同属植物约200种。

➤ 茎粗壮直立，光滑或疏被柔毛。掌状复叶多基生，叶柄很长，但上部叶柄短；小叶表面平滑，叶背具粗毛。顶生总状花序。园艺品种多，花色极富变化，多为双色。

➤ 喜凉爽，耐寒，忌炎热；喜光，耐微阴；遇夏季梅雨易枯死。要求微酸性至中性土壤，碱性土不能生长，喜富含腐殖质的砂壤土。

➤ 播种、分株或扦插繁殖。秋播或春播，前者开花早；种皮坚硬，播前要刻伤或浸种，过夜后沙藏，发芽温度20℃，3~4周发芽。小苗需覆盖越冬。播种第一年无花，次年开始着花。有些品种只有用扦插才可保持种性。春季取茎的萌发枝6~8cm扦插，秋季可定植露地。分株于秋季或早春进行。

直根性，不耐移植，小苗要尽早移苗、定植，定植株距30~50cm。花后及时去残花，利于次年开花。

➤ 植株高大，挺拔；叶秀美；花序丰硕，花色艳丽，花序长30~60cm，观赏价值极高，是花境中优秀的竖线条花卉。也可丛植，切花水养持久。

26. 芍药 *Paeonia lactiflora*

科属：芍药科　芍药属	切花
别名：将离、婪尾春、没骨花、白芍、殿春花	位置和土壤：全光，花后有微阴；疏松、排水良好的砂质壤土
英名：Herbaceous peony	株高：60~120cm
栽培类型：宿根花卉	花色：白、粉、红、黄、紫、洒金
园林用途：专类园、花境、花丛、花群、	花期：5月

"*Paeonia*"意为"神话中的医生"；"*lactiflora*"意为"乳白色的"。原产中国北部、日本及西伯利亚地区。同属植物约33种；中国有13种。

➤ 地下具粗壮肉质纺锤形根，每年从其上发细根，在根颈部产生新芽。初生长时，茎叶或茎红色或有紫红晕。小叶通常3深裂，椭圆形，绿色。花顶生茎上，有长花梗。春季开花。

➤ 喜冷凉，忌高温多湿，北方均可露地越冬，华南适合在高海拔地栽培。喜光。肉质根，怕积水，宜肥沃、湿润及排水良好的砂质壤土，忌盐碱及低洼地。

➤ 以分株繁殖为主，也可播种繁殖。分株应在秋季9~10月上旬进行，切忌在春季进行，中国有"春分分芍药，到老不开花"的谚语。种子随采随播，或湿沙保存。种子有上胚轴休眠习性，播种后当年地上不萌发，次春地上生长；次年后生长快，4~5年可开花。

栽植前应深耕并施足基肥。根颈覆土2~4cm，园林中定植距离50~100cm，因品种和栽培目的而异。生长期保持土壤湿润，尤其花前不能干旱，否则花易凋谢。及时疏去侧花蕾，可以集中养分供主蕾，使花大色艳。为保证开花质量，可以在早春和秋末施肥。花瓣脱离后要及时去残花，否则影响观赏价值。多年生长后开花差，大多品种10年以后开始衰老，芽多但小，开花不良，要通过分株更新。

➢ 芍药是中国传统名花，因其与牡丹外形相似而被称为花相。花大色艳，栽培简单，是重要的春季园林花卉，常与牡丹共同组成牡丹芍药园。丛植或孤植于庭院中，也能充分地展示其雍容华贵的姿态。芍药水养持久，是优良的切花。

➢《诗经·郑风》："维士与女，伊其相谑，赠之以勺药"。古代男女交往以芍药相赠，作为结情之约。或表示惜别之情，故又名将离、将离草、离草或可离。晋开始作观赏栽培，佛前供花最盛，以后有多部专著问世。

唐宋文人有谓芍药为婪尾春，婪尾乃巡酒中的最后一杯，而芍药花期在春末，故芍药又有婪尾春之名。《芍药谱》载："昔有猎人在中条山中见白犬入地中，掘之得一草根，携归植之，次年开花，乃芍药叶也，故又名曰犬。"

➢ 品种很多，中国主要是庭院品种，国外有切花品种。

27. 观赏罂粟类 *Papaver* spp.

科属：罂粟科　罂粟属　　　　　位置和土壤：全光；排水好土壤
英名：Poppy　　　　　　　　　 株高：10～140cm
栽培类型：宿根花卉　　　　　　花色：红、黄、橙、白、蓝
园林用途：花境、丛植、切花　　花期：春、夏季

"*Papaver*"意为"罂粟"。同属植物约100种，主产欧洲和美洲的温带；中国有7种。多数种有观赏价值。有一、二年生和多年生种类。

➢ 植株具毛或被粉，有乳汁。叶通常浅裂或羽裂。花美丽，花梗细长，顶生花蕾，蕾期下垂，开花时向上，花瓣薄纸状。花色丰富。

➢ 喜光。耐寒，喜冷凉，忌酷热；在高温地区花期缩短；在昼夜温差大的地区有利于生长开花。不择土壤，在肥沃疏松的砂壤土上生长良好；忌湿涝。

➢ 分株、播种或根插繁殖。秋季分株，一般两年才能完全恢复生长。栽培品种多秋季根插繁殖。春播或秋播，北京地区小苗需覆盖过冬。

直根性，不耐移植，宜直播或直插在应用地或使用育苗钵育苗。定植株距40cm。花后去残花，加强肥水管理，秋凉后可少量开花。应选用向阳及砂质壤土，生长良好。忌连作，多年生长易染立枯病，5～6年分株更新。

➢ 花极美丽，或艳丽夺目或淡雅诱人，叶丛中美丽的花朵有动感。东方罂粟深绿色的叶丛衬托硕大色艳的花朵，在花境中展现其优美的独特花姿。在坡地、林缘片植，能体现出浓郁的田园气息。但由于株丛疏散，不宜作花坛布置。冰岛罂粟优雅、秀美，花稍下垂，有香味，除了作花境，展示花姿外，还可以盆栽置于案头。还可作切花。

➢ 罂为古时盛酒之器，口小腹大。罂粟果实为圆球形，上有盖，下有蒂，犹如

古代酒罂，故得名罂粟。《瓶史》记载，唐代的司空图喜欢在自己的庭园篱笆配栽罂粟与蜀葵，两花开放，相互衬托，颇为妍美。司空图称之为"鸾台"。这里的"罂粟"具体种不详。目前园林中罂粟为禁种。罂粟壳制鸦片。虽为毒品，但也有一定的药用价值。民间用罂粟果壳和种子治病，有镇痛、止咳和止泻的功效。

➢ 园林中常用观赏种类：

（1）冰岛罂粟 *Papaver nudicaule*
别名：野罂粟、山罂粟、小罂粟
英名：Nudicaulous Poppy
园林用途：花境、盆花
株高：30cm 左右
花色：黄、橙红、粉、白
花期：5~6 月

原产西伯利亚地区。全株有毛，株丛细弱。叶基生，具长柄，羽状浅裂。花单生于细弱的花茎上，芳香。有园艺品种，花色为粉、白、橙色等。本种有时也作二年生栽培。在中国华北有野生变种，山罂粟 *P. nudicaule* subsp. *rubro-aurantiacum* var. *chinense*，花黄色，轻盈优美。

（2）东方罂粟 *Papaver orientale*
别名：鬼罂粟
英名：Oriental Poppy
园林用途：花境、切花
株高：60~90cm
花色：白、紫、深红、粉红
花期：5~7 月

"*orientale*"意为"东方的"。原产高加索地区、伊朗北部、土耳其东北部。株丛粗大。直根系，根粗大，长可达1m。叶基生，羽状深裂，粗糙有毛。花茎从基部抽出，花大，单生于花茎顶端，基部有黑斑。有各种花色和单、重瓣品种。春季孕蕾前追肥，有利于开花。

28. 天竺葵类 *Pelargonium* spp.

科属：牻牛儿苗科　天竺葵属　　　　园林用途：花坛、种植钵、盆花
别名：入腊红　　　　　　　　　　　位置和土壤：全光、半阴；肥沃土壤
英名：Geranium, Pelargonium　　　　　株高：30~80cm
栽培类型：多年生亚灌木常作一、二年生　花色：红、紫、白、粉色或复色
　　　　栽培　　　　　　　　　　　花期：仲春至初夏

同属植物 250 种。分布于热带，主要产于南非。

➢ 全株有强烈气味。茎粗壮多汁，直立或半蔓性。叶对生，圆形、肾形或扇形，具长柄，叶缘有缺刻。伞形花序腋生，圆球状。

➤ 喜冷凉，忌高温，生长适温 15~25℃，不耐寒，冬季不能低于 5℃。喜光，耐半阴。喜肥沃、排水好的土壤，稍耐干旱，不耐水涝。

➤ 以扦插繁殖为主，也可播种繁殖。春、秋季均可扦插，取健壮的枝条，剪成 6~10cm，切口宜稍干燥后扦插，土温 10~12℃，2 周可生根。播种温度 13℃，7~10d 发芽，半年至 1 年可开花。

定植成活后摘心 1 次，促分枝；避免长期潮湿。盆栽时，花期为冬季，炎夏易休眠，可适当疏枝叶，置阴凉通风处，控制浇水。及时除去残花有利于花期延长。

➤ 园林中应用的种类植株低矮，株丛紧密，花极繁密，花团锦簇，花期长，是仲春和初夏的重要园林花卉，为优良的花坛和种植钵花卉。盆栽从初冬到初夏开花不断。

➤ 园林中常用种类：

(1) 大花天竺葵 *Pelargonium domesticum*

别名：蝴蝶天竺葵、洋蝴蝶

英名：Regal Geranium, Fancy Geranium

杂交种。茎直立，高 50cm。全株具软毛，叶口无蹄纹，广心脏状卵形至肾形，叶缘齿牙尖锐，不整齐。花大，有紫、红、白各色，花期 4~6 月。扦插繁殖，开花需要低温春化处理。主要作盆花。

(2) 天竺葵 *Pelargonium hortorum*

别名：洋葵、洋绣球

英名：Zonal Geranium, House Geranium

园艺杂交种。植株高 20~50cm。茎直立。全株被细茸毛。园艺品种极多，叶色有绿、黄绿、斑叶、紫红；花色丰富。北京 5~6 月开花，华东等地除炎热夏季，其他季节都开花。美国园林中常用于花坛、丛植。

(3) 盾叶天竺葵 *Pelargonium peltatum*

别名：藤本天竺葵、常春藤叶天竺葵

英名：Ivy Geranium, Hanging Geranium

原产南非好望角。常绿。茎半蔓性，多分枝，匍匐或下垂。叶革质，有光泽，盾形，5 浅裂。有众多园艺品种，花色为白、粉、紫、红等。是优良的吊盆和种植钵、窗盒花卉。欧洲园林中常用于种植钵和窗盒。

29. 钓钟柳类 *Penstemon* spp.

科属：玄参科　钓钟柳属	位置和土壤：全光；排水好土壤
英名：Beardtongue, Penstemon	株高：30~80cm
栽培类型：宿根花卉	花色：红、堇、白、蓝
园林用途：花境、岩石园	花期：春~秋季

"*Penstemon*"意为"5 个雄蕊"。同属植物约 250 种，多数原产北美洲东部和西南

部多砾石的高山，少数产北美洲东部和西部的林缘、草地。

➢ 有基生叶和茎生叶，单叶对生或轮生，上部叶无柄，基生叶有柄。顶生总状或圆锥花序，花冠二唇形。

➢ 原产地不同，生态习性差异大。分布在高山和低海拔山区的种类，喜凉爽、湿润、忌炎热；分布在沙漠、半沙漠和平原地带的种类，喜温暖，耐干旱，宜排水良好土壤。有一些种类有很强的耐盐碱力。多数种类在华北地区可露地过冬。

➢ 分株、扦插及播种繁殖。春、秋季分株。播种繁殖，后代易发生性状分离；20~30℃，2~3周发芽，但出苗不整齐，幼苗生长慢。夏季用5cm的茎梢扦插，20~30d可生根。

幼苗需精细管理。夏季要注意排涝。可摘心促分枝。夏季开花最盛，生长期反复摘心，花期可延长到秋季。生长期需要充足的水分，栽培管理简单。一般寿命不长，几年后基部木质化，开花差，3~5年分株更新。

➢ 花色亮丽，整体花期持久，是花境的优良材料，其中喜石灰质土壤的种类也是岩石园的传统花卉。

➢ 有许多属内杂交品种。园林中常用种类：

(1) 红花钓钟柳 *Penstemon barbatus*

别名：草本象牙红、五蕊花

英名：Bearded Penstemon

园林用途：花境、岩石园

位置和土壤：全光、半阴；不择土壤

株高：60~90cm

花色：红

花期：6~9月

"barbatus"意为"有髯毛的，具有一簇软毛的"。原产北美洲，分布在美国的科罗拉多州、内华达州，以及墨西哥的低山或干旱峡谷的林中。基生叶常绿。茎光滑，稍被白粉。叶对生，基生叶长圆形至卵圆形，茎生叶线形或披针形，全缘。花冠为两唇，下唇内有紫色条纹，基部有黄色须毛。喜温暖，耐寒；喜光，耐半阴；对土壤要求不严，耐瘠薄，但在排水良好的石灰质砂壤土上生长好。本种有一定耐盐碱能力。

(2) 钓钟柳 *Penstemon campanulatus*

英名：Harebell，Beard-tongue

园林用途：花境、岩石园

位置和土壤：全光；排水好土壤

株高：40~60cm

花色：紫红、淡紫、粉红、白

花期：5~6月或7~10月

"campanulatus"意为"钟状的"。原产墨西哥及危地马拉。全株被腺状软毛。茎直立，丛生，多分枝。单叶交互对生。花3~4朵簇生或单生于叶腋总梗上，呈不规则总状花序。喜光；喜温暖，不耐寒；忌干燥炎热，喜空气湿润、排水好的环境；对土壤要求不严，忌涝。在肥沃的石灰质砂壤土上生长好。

(3) 杂种钓钟柳 *Penstemon ×gloxinioides*

园林用途：花境、岩石园、切花

位置和土壤：全光；排水好土壤

株高：30～70cm

花色：紫红、粉红、白

花期：7～10月

本种为电灯花 *P. cobaea* 与 *P. hartwegii* 的杂交种。花大，色彩明快。园艺品种很多，有红、粉、白各色；矮生类高30～40cm，是花坛专用品种；高生类高60～70cm，作切花栽培及花坛应用。半耐寒，北方作二年生栽培。

30. 宿根福禄考类 *Phlox* spp.

科属：花荵科　福禄考属

英名：Phlox

栽培类型：宿根花卉

园林用途：花坛、花境、切花

位置和土壤：全光；湿润、排水好

株高：15～120cm

花色：蓝、紫、粉红、红、白、复色

花期：夏季

"*Phlox*"意为"火焰"。同属植物约66种，仅有1种产西伯利亚地区，其余均产北美洲。一般把匍匐茎种类称匍匐类福禄考，直立茎种类称宿根类福禄考。

➢ 茎直立或匍匐。叶全缘，对生或上部互生。聚伞花序或圆锥花序；花冠基部紧收成细管样喉部，端部平展；开花整齐一致。

➢ 性强健，耐寒；喜阳光充足；忌炎热多雨。喜石灰质壤土，但一般土壤也能生长。匍匐类福禄考尤其抗旱。

➢ 以早春或秋季分株繁殖为主。也可以在春季扦插繁殖，新梢6～9cm时，取3～6cm作插穗，易生根。种子可以随采随播。实生苗花期、高矮差异大。

可摘心促分枝。生长期要保持土壤湿润，夏季不可积水。花后适当修剪，促发新枝，可以再次开花。宿根类3～4年分株更新；匍匐类5～6年分株更新。

➢ 开花紧密，花色鲜艳，是优良的夏季园林花卉。宿根类可用于花境，开花繁密，成片种植可以形成良好的水平线条；一些种类扦插的整齐苗可用于花坛。匍匐类福禄考植株低矮，花大色艳，是优良的岩石园和毛毡花坛材料，在阳光充足处也可大面积丛植作地被，在林缘、草坪等处丛植或片植也很美丽。可作切花栽培。

➢ 园林中常用种类：

(1) 福禄考 *Phlox nivalis*

英名：Pineland Phlox, Pine Phlox

园林用途：模纹花坛、岩石园、地被

株高：15cm

花色：白、粉、淡紫

花期：春季

"*nivalis*"意为"似雪的，雪的"。原产北美。全株被茸毛。茎低矮，匍匐呈垫状。叶锥状，长2cm。花径约2.5cm，花冠裂片全缘或有不整齐齿牙缘。外形与丛生福禄考相似。

（2）宿根福禄考 *Phlox paniculata*

别名：天蓝绣球

英名：Summer Perennial Phlox

园林用途：花坛、切花

株高：60~120cm

花色：白、红紫、浅蓝

花期：6~9月

"*paniculata*"意为"圆锥状的"。原产北美洲，广泛栽培。茎直立，不分枝。叶交互对生或上部叶子轮生，先端尖，边缘具硬毛。圆锥花序顶生，花朵密集；花冠高脚碟状，先端5裂，粉紫色；萼片狭细，裂片刺毛状。花色鲜艳、丰富，具有很好的观赏性。园艺品种众多。

（3）丛生福禄考 *Phlox subulata*

别名：芝樱、针叶天蓝绣球、针叶福禄考

英名：Moss phlox, Mosspink

园林用途：模纹花坛、岩石园、地被

株高：10~15cm

花色：白、粉红、粉紫

花期：3~5月

原产北美。植株呈垫状，常绿。茎密集匍匐，基部稍木质化。叶锥形簇生，质硬。花具梗，花瓣倒心形，有深缺刻。耐热，耐寒，耐干燥。有很多变种，花色各异。

31. 随意草 *Physostegia virginiana*

科属：唇形科　假龙头花属

别名：芝麻花、假龙头花

英名：Obedient Plant, Virginia False-dragon-head

栽培类型：宿根花卉

园林用途：花境、花坛、切花

位置和土壤：全光；排水好土壤

株高：60~120cm

花色：淡紫、深红、粉红

花期：7~9月

"*Physostegia*"意为"泡状似盖子顶的"；"*virginiana*"意为"弗吉尼亚的"。原产北美洲。同属植物约有15种。

➢ 茎丛生而直立，稍四棱形；地下有匍匐状根茎。叶阔披针形，端锐尖，缘有锯齿。顶生穗状花序20~30cm，花唇形。

➢ 耐寒，喜温暖；喜光；对土壤要求不严，但以疏松、肥沃、排水良好的壤土或砂质壤土为佳。

➢ 分株或播种繁殖。2~3年分栽一次即可；地下匍匐茎易萌发繁衍，自行产生幼苗。4~5月可播种繁殖。

定植后可摘心促分枝。夏季干燥则生长不良，且叶片易脱落，应保持土壤湿润。早春或冬季应对老株整枝。一般3年后需分株更新。

➢ 枝茎挺直，叶整齐，花序上花明显从下向上绽放，自然、秀丽。宜群体观赏。是花境的好材料，播种苗整齐时可用于花坛。由于易萌生幼苗，株丛大小不一，片植或丛植可体现自然之美。可作切花栽培，水养持久。

➢ 变种和品种很多，有白花的 var. *alba*，植株低矮的 var. *nana*，植株高达2m以上、花暗红的 var. *gigantea* 等。品种有白、粉紫、粉红等不同花色；株高40~100cm；有斑叶和切花品种。

32. 桔梗 *Platycodon grandiflorus*

科属：桔梗科　桔梗属　　　　　　位置和土壤：全光、微阴；排水好土壤
别名：僧冠帽、六角荷、道拉基　　　株高：40~120cm
英名：Balloon Flower　　　　　　　花色：白、蓝、粉
栽培类型：宿根花卉　　　　　　　　花期：7~9月
园林用途：花丛、岩石园、切花

"*Platycodon*"意为"宽钟"；"*grandiflorus*"意为"大花的"。本属仅1种，原产日本；中国南北各地均有分布。

➢ 地上茎直立，有乳汁，通常不分枝。叶互生、对生或3枚轮生，背具白粉。花常单生叶腋，有时数朵聚生茎顶。春、夏季开花，花冠钟形，呈鲜明的蓝色、白色或雪青色。含苞未绽开之前，花瓣密合，六角状，酷似鼓鼓的小气球，被称为"中国气球"。

➢ 耐寒，喜冷凉，生长适温15~25℃。喜阳光充足，也耐微阴。要求肥沃、排水好的砂壤土。

➢ 播种或分株繁殖，也可扦插繁殖。春、秋季均可进行。种子发芽适温15~20℃，播种后覆土约0.5cm，保持湿润，15~20d发芽。偶可自播繁衍。

直根性，不耐移植，最好采用直播。摘心可促分枝。土壤以排水良好、含腐殖质的砂质壤土为好。日照要充足，夏季高温时应强剪枝条，保持阴凉。性强健，易栽培。管理中不需要经常分株。可通过去残花明显延长花期。

➢ 本种花大、花期长，在自然界中多生长于山坡草丛间，有很强的田园气息。高型品种可用于花境，展示其优美华贵的花姿花色；中矮型品种可点缀岩石园，以其鲜艳的颜色增加岩石园的亮丽。

➢ 桔梗花在含苞欲放之时，恰似和尚帽，亦称"僧冠花"。吉林延边朝鲜族自治州乃歌舞之乡，朝鲜族欢迎客人就用桔梗花，年轻的朝鲜族姑娘唱的"桔梗谣"说的就是处处盛开的美丽的桔梗花。桔梗的根茎是一种常用的中药材，清肺止咳；还有食用价值，渍成咸菜，甘鲜可口。桔梗根富含淀粉，可以酿酒。

33. 金光菊类 *Rudbeckia* spp.

科属：菊科　金光菊属	位置和土壤：全光；不择土壤
英名：Coneflower	株高：30~270cm
栽培类型：宿根花卉	花色：黄、橙黄、棕黄
园林用途：花境、花丛、切花	花期：夏、秋季

"*Rudbeckia*"是为了纪念瑞典的植物学家 Rudbeck 父子。同属植物约 45 种，原产北美洲。有一年生种类。

➢ 茎直立。单叶或复叶，互生。头状花序单生茎顶，舌状花黄色或基部棕褐色。

➢ 适应性强。喜温暖，极耐寒；喜光，耐半阴；不择土壤，要求排水好；耐干旱。自播繁衍能力强。

➢ 播种、分株或扦插繁殖。春秋均可分株。春播或秋播，发芽适温 10~15℃，2 周发芽，次年可开花。生长快，栽培容易，管理粗放。

➢ 金光菊类风格粗放、耐炎热、花期长，不同种类株高不同，是夏、秋季园林中常用花卉，可用于花境。有的可以长成高大株丛，丛植屋前。管理粗放，在路边或林缘自然栽植效果也很好。一些种类可作切花，可水养 1 周。

➢ 园林中常用种类：

(1) 全缘叶金光菊 *Rudbeckia fulgida*

英名：Brilliant Coneflower, Orange Coneflower

园林用途：花境、丛植、切花

株高：120cm

花色：黄、褐

花期：5~9月

原产北美洲东部。全株被粗糙硬毛，深绿色。茎具棱，有分枝。基生叶 3~5 浅裂，茎生叶互生，长椭圆形，全缘或具疏齿，叶柄较基生叶短。头状花序多单生枝顶，高出叶丛，舌状花单轮，黄色，管状花深褐色。

'Goldsturm'是著名的老品种，可以吸引蝴蝶。种实冬季景观很好，是花境的优秀材料。和观赏草搭配很好。不断去除残花可以延长花期。

(2) 黑心金光菊 *Rudbeckia hirta*

英名：Black-eyed Susan

园林用途：花境、丛植

株高：30~200cm

花色：黄、褐红

花期：7~10月

原产北美洲。全株被粗毛，下部叶近匙形，叶柄有翼；上部叶披针形，全缘无柄。舌状花单轮，黄色；管状花紫黑色。

有非常多的园艺品种，花瓣宽窄、株高变化不一，有的品种舌状花基部或全部红褐色。目前园林中栽培的多为其品种。

其根汁液可以治疗感冒、水肿，热的根提取液可以用来冲洗褥疮与蛇咬伤口。花瓣可以制染料。

同属还有舌状花为两色的种类，即上部黄色，基部为橙黄、棕红、橘黄色而与管状花不同色，如二色金光菊(*R. bicolor*)：一年生花卉，高30~60cm。

34. 林荫鼠尾草 *Salvia nemorosa*

科属：唇形科　鼠尾草属　　　　位置和土壤：全光；不择土壤
别名：森林鼠尾草、林地鼠尾草　　株高：30~70cm
英名：Woodland Sage　　　　　　花色：蓝紫、白、粉紫
栽培类型：宿根花卉　　　　　　　花期：6~10月
园林用途：花境、花丛

"*Salvia*"源自"salvere"意为"安全"；"*nemorosa*"意以为"林地的"。原产欧洲及中国西南部。园艺品种丰富。

➢ 茎多分枝，植株呈圆丛状。叶对生，阔披针形，具粗毛，缘锯齿，主脉清晰；芳香。茎生叶小，基部稍抱茎，下部叶大。总状花序长40cm，小花密集，6朵轮生。

➢ 喜光，耐半阴。耐寒。喜肥沃、湿润、排水良好的土壤，耐干旱。

➢ 分株繁殖为主，也可播种。春、秋分株容易成活。生长旺盛，每两三年需要分株更新。栽培管理粗放。移除残花可以延长花期。株型不整齐可重剪塑形。

➢ 耐寒。株形圆浑，花序挺立，丛植可形成花境中竖线花卉。还可用于花丛、种植钵、蝴蝶花园。

35. 景天类 *Sedum* spp.

科属：景天科　景天属　　　　　位置和土壤：全光；不择土壤
英名：Stonecrop　　　　　　　　株高：5~80cm
栽培类型：宿根花卉　　　　　　花色：黄、粉
园林用途：花境、岩石园、地被　　花期：夏、秋季

同属植物约470种，又分8个亚属，以北温带为分布中心。中国有124种，1亚种，14变种，1变型。南北各地都有分布。此属主要野生于岩石地带，因此，岩石的间断会影响其分布的连续性。同种由于地理条件的不同，形态和习性也有变化。

➢ 园林中常用种类：

(1) 费菜 *Sedum aizoom*
别名：土三七、景天三七
英名：Aizoom sedum, Stonecrop
园林用途：花境、岩石园、地被

位置和土壤：全光，不择土壤

株高：20~50cm

花色：黄

花期：6~7月

原产中国东北、华北、西北和长江流域。日本、蒙古、俄罗斯也有分布。茎丛生，不分枝，全体无毛。叶无柄；狭形、椭圆或卵状披针形，端渐尖，基部楔形，上缘具粗齿，下缘全缘。聚伞花序顶生。喜凉爽，耐寒，耐旱，喜光。对土壤要求不严，在湿润排水好的砂质壤土上生长更好。春播、扦插、分株繁殖。可作地被。

(2) 堪察加景天 *Sedum kamtschaticum*

别名：金不换、北景天、堪察加费菜

英名：Orange Stonecrop

园林用途：花境、岩石园

位置和土壤：全光、微阴、通风好；排水良好土壤

株高：15~40cm

花色：黄、橘黄

花期：6~7月

"*kamtschaticum*"意为"堪察加的"。原产亚洲东北部。中国河北、山西、吉林、内蒙古等地有分布。根状茎粗壮而木质化；茎斜伸，簇生，常不分枝，稍有棱。叶互生，偶有对生，倒披针形至狭匙形，先端钝，具疏齿，基部渐狭。聚伞花序顶生，大而具密集小花。有较强的耐寒力；喜阳光充足，稍耐阴；宜排水良好的土壤；耐干旱。以分株、扦插繁殖为主，也可早春播种。种子寿命1年。栽培管理简单。可用于岩石园。

(3) 佛甲草 *Sedum lineare*

别名：白草、玉米芽

英名：Lineare Stonecrop

园林用途：模纹花坛、岩石园、盆栽

位置和土壤：全光；排水好土壤

株高：10~20cm

花色：黄

花期：5~6月

"*lineare*"意为"线形的，条形的"。原产中国及日本。中国广东、云南、四川、甘肃等地有野生。植株低矮，肉质，绿白色。茎初时直立，后匍匐，有分枝。3叶轮生，无柄。有一定耐旱性。喜排水好的砂壤土。扦插繁殖易成活。栽培简单。是五色草材料之一。在模纹花坛中与'小叶绿''小叶黑''小叶红'配用。为目前北京屋顶绿化主要种。

(4) 垂盆草 *Sedum sarmentosum*

别名：爬景天、狗牙齿

英名：Gold Moss, Stringy Stonecrop
园林用途：地被、岩石园
位置和土壤：半阴；湿润
株高：9～18cm
花色：黄
花期：7～9月

"*sarmentosum*"意为"具长匍茎的"。原产中国、朝鲜和日本。中国华东、华北多数地区有栽植。植株光滑无毛，匍匐于地面，低矮，常绿，肉质。茎纤细，匍匐或倾斜，近地面茎节易生根。3叶轮生，叶小，扁平。无花梗，聚伞花序，小花繁密。垂盆草生于低山坡岩石上、山谷中，耐寒，耐干旱瘠薄；喜半阴的环境和肥沃的黑砂壤土。分株繁殖，一般在4～5月或秋季用匍匐枝繁殖。生长力强，能节节生根。为防止夏季高温日晒，宜选适当的树荫处栽植。养护管理简便，生长期间要保持土壤湿润，最好适当追施液肥。

垂盆草绿色期长，是园林中较好的耐阴地被植物，叶子质地肥厚多汁，不耐践踏。也是花坛材料。可以盆栽。

(5) 八宝景天 *Sedum spectabile*
英名：Showy Stonecrop
别名：蝎子草、长药八宝
园林用途：花境、岩石园、切花
位置和土壤：全光、通风好；排水良好土壤
株高：30～50cm
花色：白、红、暗紫
花期：8～9月

"*spectabile*"意为"可以看见的"。原产中国。具地下根状茎，地上茎粗壮直立；全株稍肉质，被白粉呈粉绿色。叶对生或3叶轮生，具短柄，倒卵形，中脉明显。伞房花序顶生，大而具密集小花。耐寒性强；喜光照充足；要求通风良好；宜排水良好的砂质土，耐干旱瘠薄。春季分株或生长季扦插繁殖，也可播种繁殖。管理粗放。勿使水肥过大，以免徒长，引起倒伏。八宝花序大而丰满，覆盖整个植株，在花境中是水平线条极好的材料；春季新发的叶子呈莲座状，蓝绿色，也有很高的观赏价值，是花叶俱佳的庭院花卉。在花坛和岩石园中也可应用。有深粉红色、绿白色花等品种。

36. 一枝黄花类 *Solidago* spp.

科属：菊科　一枝黄花属
英名：Goldenrod
栽培类型：宿根花卉
园林用途：花境、花丛、切花
位置和土壤：全光；不择土壤
株高：30～150cm
花色：黄
花期：夏、秋季

"*Solidago*"意为"金棒"。本属植物约120种，多分布于北美洲；中国有4种，

3个亚种。
- ➤ **茎直立**。单叶互生。头状花序甚多，排成聚伞状圆锥花序；舌状花和管状花黄色。本属植物含挥发油。
- ➤ **性强健**。喜凉爽，耐寒；喜光；耐旱、耐瘠薄，对土壤要求不高，在砂质壤土中生长良好。
- ➤ 春、秋季分株或播种繁殖。在适温下，种子一般10~15d发芽。分株易成活。摘心可以促分枝。定植地宜选在向阳、土壤肥沃处，否则易徒长，引起倒伏。栽培管理简单粗放。2~3年分株更新。
- ➤ 一枝黄花类高型者，植株高大，质感温和，花色纯正，是优良的花境材料，也可<u>丛</u>植或栽于道路两侧。矮型类株<u>丛</u>繁密，可以<u>丛</u>植。一枝黄花类水养持久，可用作切花。
- ➤ 园林中常用种类：

(1) 加拿大一枝黄花 *Solidago canadensis*

别名：一枝黄花
英名：Canadian Goldenrod
园林用途：花境、丛植、切花
株高：150cm
花色：黄
花期：7~8月

"*canadensis*"意为"加拿大的"。原产北美洲东部。植株高大，全株被粗毛。叶披针形，质薄，有3行明显的叶脉，表面粗糙，叶背有柔毛。圆锥状花序生于枝端，稍弯曲而偏于一侧。盛花后中度修剪，"十一"可再次开花。注意控制生长，地下茎扩展迅速。在中国长江以南地区已成为入侵植物。

(2) 毛果一枝黄花 *Solidago virgaurea*

别名：一枝黄花
英名：European Goldenrod，Woundwart
园林用途：切花、花境、丛植
株高：30~90cm
花色：黄
花期：7~9月

原产北半球及欧洲，中国新疆阿尔泰山、俄罗斯、蒙古有分布。茎粗糙而强健。叶披针形，基生叶大。头状花序大，排成密集的圆锥花序，生枝顶；变种多，有作切花栽培的 var. *gigantea*，还有矮生种 var. *praecox*，以及株高仅3~7cm的 var. *minutissima*，可盆栽。

37. 穗花婆婆纳 *Veronica spicata*

科属：玄参科　婆婆纳属　　　　英名：Spike Speedwell

栽培类型：宿根花卉　　　　　　　　　　株高：20~60cm
园林用途：花境、花坛、岩石园　　　　　花色：蓝、粉
位置和土壤：全光、半阴；不择土壤　　　花期：6~8月

"*Veronica*"为圣经故事中一妇女名，取意为"可带来胜利"；"*spicata*"意为"具穗状花序的"。本种原产北欧和亚洲，分布在石灰质草甸和多砾石山地。同属植物约250种，广泛分布于全球；中国有61种，多集中于西南，多有观赏价值，多种在园林中栽培。

➢ 植株直立或倾斜。叶对生，有时轮生，质厚，缘有锯齿。总状花序着花密而向上，尖部稍弯；小花具梗。

➢ 喜光，耐半阴；对土壤适应性强，喜富含腐殖质的砂质壤土；忌冬季湿涝。

➢ 分株、播种或扦插繁殖。春季露地播种，易发芽。实生苗易发生变异。春季取2~3节茎作插穗扦插，秋季可开花。定植株距35~40cm。花后剪去残花可延长花期。2~3年分株更新。

➢ 穗状花序长5~9cm，花小而密，是花境中优良的低矮竖线条花卉。可作切花应用。矮型品种还可用于岩石园。

➢ 变种 var. *corymbosa*：株高约6cm，矮型，花穗长18cm，花深紫色，较耐干旱，适于岩石园应用。有不同花色的园艺品种。

➢ 同属多种植物在世界各地园林中栽培，我国园林中栽培的还有：

长叶婆婆纳(*V. longifolia*)：别名兔儿尾苗、长尾婆婆纳。原产新疆、黑龙江、吉林，欧洲、朝鲜有分布。多年生宿根，株高40~100cm；茎单生或丛生，直立，不分枝或上部分枝；叶对生，偶3~4枚轮生，节具环连接叶柄基部，叶披针形，缘尖锯齿，常夹重锯齿；总状花序顶生，长穗状，花紫色或蓝色，花期6~10月。春播繁殖。喜光，耐寒，稍耐旱，不择土壤。嫩苗可食。

思 考 题

1. 宿根花卉指什么？有哪些类型？
2. 宿根花卉园林应用有哪些特点？
3. 宿根花卉一般生态习性是怎样的？
4. 宿根花卉繁殖栽培要点有哪些？
5. 举出25种常用宿根花卉，说明它们主要的生态习性和应用特点。

推荐阅读书目

1. 园林花卉. 陈俊愉, 刘师汉. 上海科学技术出版社, 1980.
2. 中国牡丹与芍药. 李嘉珏. 中国林业出版社, 1999.

3. 宿根花草150种. 薛聪贤. 河南科学技术出版社, 2000.
4. 多年生园林花卉. 印丽萍, 肖良. 中国农业出版社, 2003.
5. 中国菊花图谱. 薛守纪. 中国林业出版社, 2004.
6. 玉簪花. 余树勋, 康晓静, 余晓东. 中国建筑工业出版社, 2004.
7. 宿根花卉. 孙光闻, 徐晔春. 中国电力出版社, 2011.

第 9 章 球根花卉

[本章提要] 本章介绍球根园林花卉的含义及类型,园林应用特点,生态习性和繁殖栽培要点;介绍了25种(类)常用球根园林花卉。

9.1 概 论

9.1.1 含义及类型

9.1.1.1 含 义

多年生草花(herbaceous)中地下器官(包括根和地下茎)变态膨大的花卉总称为球根花卉(bulbs)。球根花卉都具有地下贮存器官(storage organs),这些器官可以存活多年,有的每年更新球体,有的只是生长点逐年移动,完成新老球体的交替,从而形成多年生状态。大多为落叶,也有少数常绿。

9.1.1.2 类 型

(1) 依地下变态器官的结构划分

球根花卉可分为鳞茎、球茎、块茎、根茎、块根5类(图9-1)。

① 鳞茎(bulb) 地下变态茎。茎极度短缩,成为扁盘状的鳞茎盘;鳞茎盘上生不定根;大部分叶变成肥厚多肉的鳞片,少数叶正常,共同着生在鳞茎盘上。鳞茎中贮藏丰富的有机物质和水分,借以度过不利的气候条件。又可分为:有皮鳞茎(tunicated bulb):鳞茎外面有干皮或膜质皮包被,大多数鳞茎为此类,如水仙、郁金香、风信子、朱顶红等;无皮鳞茎(imbricated bulb):鳞茎外面无包被,种类较少,常见的如百合。

鳞茎的顶芽常抽生真叶和花序。有的鳞茎本身只存活1年,如郁金香、球根鸢尾、大百合等,地上生长的同时,地下老鳞茎下面或旁边有新的鳞茎产生,新球数量依种和品种不同而异。大多数鳞茎本身可以存活多年,鳞片叶之间发生腋芽,每年由腋芽处形成一至数个子鳞茎,最终从老鳞茎中分离出来,可用来繁殖,如水仙、百合、朱顶红等。还可以利用鳞叶扦插加速繁殖,这在百合的繁殖中已广泛应用。

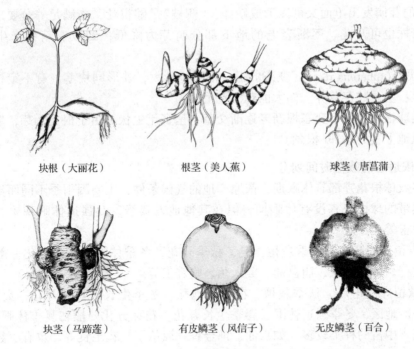

图 9-1　球根的类型

②　球茎(corm)　地下变态茎。茎短缩肥厚近球状，基部为茎盘状，从此处萌发不定根；球茎上有节、退化的膜质叶片及侧芽。球茎贮藏一定的营养物质，借以度过不利气候条件。如唐菖蒲、小苍兰、狒狒花、番红花、慈姑。

球茎顶部抽生真叶和花序，发育开花后，养分耗尽则球茎萎缩。球茎上的叶丛基部膨大，形成新球，新球旁边产生子球，数量因种或品种而异。将新球及小球分离开另行栽植，实现繁殖目的。为加快繁殖也可以把球茎分切成数块，每块带芽，另行栽植。

③　块茎(tuber)　地下变态茎。茎肥厚，外形不一，多近于块状；根系自块茎底部发生；块茎顶端通常具几个发芽点，表面也分布一些芽眼可生侧芽。块茎贮藏一定的营养物质，借以度过不利气候条件，如仙客来、球根海棠、白头翁、马蹄莲。

块茎上的芽发育成地上部分；地下部分可以存活多年。有些花卉的块茎不断增大，其中一部分逐渐衰老，衰老部分的芽萌发率降低或不萌发，如马蹄莲；有的块茎生长多年后开花不良，需要淘汰后重新繁殖。有些花卉不能自然分生块茎或分生能力很差，需借助人工分割，如仙客来。块茎花卉大多容易获得种子，因此常采用播种繁殖。

④　根茎(rhizome, tuberous stem)　地下变态茎。茎明显膨大，成根状，稍成蔓性水平状；地下茎的先端生芽，下方生根。根茎内部贮存养分。如美人蕉、蕉藕、荷花、睡莲等。这类花卉里有些种类根茎膨大不特别明显，管理与宿根花卉相似，在栽培时也归为宿根花卉，如鸢尾类等。

根茎顶端的芽发育成地上部分，地下部分不断伸长，并形成地下"侧枝"。"侧枝"顶端的芽萌发出土面又可以形成新株，"侧枝"足够粗壮，能满足养分要求时，其形成的新株也可开花。逐渐衰老的地下部分萌芽力降低，到没有新芽产生时自然枯萎。

⑤ 块根（tuberous root） 变态的根。根明显膨大，外形同块茎，有不定根，但上面没有芽；主要贮存营养。如大丽花、花毛茛。

这类球根花卉地下变态根新老逐渐交替，呈多年生状。由于根上无芽，繁殖时必须保留原地上茎的基部（根颈）。

（2）依适宜的栽植时间划分

大多数球根花卉都有休眠期，依原产地的气候条件，主要因雨季不同而异。有少数原产热带的球根花卉没有休眠期，但在其他地方栽培，有强迫休眠现象，如美人蕉、晚香玉等。

① 春植球根花卉 春季栽植，夏、秋季开花，冬季休眠。花芽分化一般在夏季生长期进行。如大丽花、唐菖蒲、美人蕉、晚香玉等。

② 秋植球根花卉 秋季栽植，在原产地秋、冬季生长，春季开花，炎夏休眠；在冬季寒冷地区，冬季强迫休眠，春季生长开花。花芽分化一般在夏季休眠期进行。在球根花卉中占的种类较多，如水仙、郁金香、风信子、花毛茛等。也有少数种类花芽分化在生长期进行，如百合类。

9.1.2 园林应用特点

球根花卉与其他类花卉相比，种类较少，但地位很重要，几千年以来一直深受人们喜爱。它们具有用途多样、携带方便、栽植易成功等特点，因而较其他花卉更容易远播他乡。此外，球根花卉在宗教上也有特殊的地位，如圣经上常提到郁金香、百合、水仙；佛教中象征和平与永生的荷花。

球根花卉是园艺化程度极高的一类花卉，相对而言，种类不多的球根花卉，品种却极丰富，多数花卉都有几十至上千个品种。

➢ 可供选择的花卉品种多，易形成丰富的景观。但大多种类对环境中土壤、水分要求较严，条件适宜才能保证连年开花。

➢ 球根花卉大多数种类色彩艳丽丰富，观赏价值高，是园林中色彩的重要来源。

➢ 球根花卉花朵仅开一季，随后进入休眠而不被注意，方便使用。

➢ 球根花卉花期易控制，整齐一致，只要种球大小一致，栽植条件、时间、方法一致，即可同时开花。

➢ 球根花卉是早春和春天的重要花卉。

➢ 球根花卉是各种花卉应用形式的优良材料，尤其是花坛、花丛花群、缀花草坪的优秀材料；还可用于混合花境、种植钵、花台、花带等多种形式。有许多种类是重要的切花、盆花生产用花卉。有些种类可用作染料、香料等。

➢ 许多种类可以水养栽培，便于室内绿化和在不适宜土壤栽培的环境使用。

9.1.3 生态习性

球根花卉分布很广,有2个主要原产区。原产地不同,所需要的生长发育条件相差很大。

(1) 对温度的要求

因原产地不同而异。

① 春植球根 主产夏季降雨地区,主要原产热带、亚热带及温带。包括非洲南部各地、中南美洲、北半球温带地区。土耳其和亚洲次大陆地区最多。生长季要求高温,耐寒力弱,秋季温度下降后,地上部分停止生长,进入休眠(自然休眠或强迫休眠)。原产热带耐寒性弱的种类需要在温室中栽培。

② 秋植球根 主产冬雨地区。原产地中海地区和温带,主要包括地中海地区,小亚细亚半岛,南非的开普敦、好望角,美国的加利福尼亚州。喜凉爽,怕高温,较耐寒。秋季气候凉爽时开始生长发育,春季开花,夏季炎热到来前地上部分休眠。耐寒力差异也很大,如山丹、卷丹、喇叭水仙可耐 -30℃低温,在北京地区可以露地过冬;小苍兰、郁金香、风信子在北京地区需要保护过冬;中国水仙不耐寒,只能温室栽培。

(2) 对光照的要求

除了百合类有部分种耐半阴,如山百合、山丹等,大多数喜欢阳光充足。一般为中日照花卉,只有铁炮百合、唐菖蒲等少数种类是长日照花卉。日照长短对地下器官形成有影响,如短日照促进大丽花块根的形成,长日照促进百合等鳞茎的形成。

(3) 对土壤的要求

大多数球根花卉喜中性至微碱性土壤;喜疏松、肥沃的砂质壤土或壤土;要求排水良好有保水性的土壤,上层为深厚壤土,下层为沙砾层最适宜。少数种类在潮湿、黏重的土壤中也能生长,如番红花属的一些种类和品种。

(4) 对水分的要求

球根是旱生形态,土壤中不宜有积水。尤其是在休眠期,过多的水分造成腐烂。但旺盛生长期必须有充分的水分;球根接近休眠时,土壤宜保持干燥。

9.1.4 繁殖栽培要点

9.1.4.1 繁殖要点

球根花卉主要采用分球繁殖。鳞茎、球茎可以分栽自然增殖或人工增殖的球;适合干存的种类一般在采收后就将自然产生的新球依大小分开贮存,在适宜种植时间种植即可,适合湿存的种类需要在种植前再分开老球与新球,以防伤口感病,块根、块茎、根茎可以种植前切割母球,然后分开种植。

块根(花毛茛、大丽花)和块茎(仙客来、大岩桐、马蹄莲)中可以产生种子的花卉,可以播种繁殖。

有些种类可以扦插繁殖,如百合、美人蕉、大丽花可以采用嫩枝插;球根秋海棠、大岩桐可以采用叶片插,百合可以采用鳞片插。

也可以利用其他繁殖器官繁殖,如卷丹可以采用分珠芽等方法繁殖。

9.1.4.2 栽培要点

园林中一般球根花卉栽培过程为:整地—施肥—种植球根—常规管理—采收—贮存。

(1) 整 地

深耕土壤40~50cm,在土壤中施足基肥。磷肥对球根花卉很重要,可在基肥中加入骨粉。排水差的地段,在30cm土层下加粗沙砾(可占土壤的1/3)或采用抬高种植床的办法以提高排水力。点植种球时,在种植穴中撒一层骨粉,铺一层粗沙,然后铺一层壤土。种植钵或盆可使用泥炭:粗沙砾:壤土=2:3:2,按每升5g的量加入基肥和每升1.4g的量加园艺石灰作基质。

(2) 施 肥

球根花卉喜磷肥,对钾肥需求量中等,对氮肥要求较少,追肥时注意肥料比例。

(3) 球根栽植深度

取决于花卉种类、土壤质地和种植目的。大多数球根花卉栽植深度是球高的2~3倍,间距是球根直径的2~3倍。朱顶红、仙客来要浅栽,要求顶部露出土面;晚香玉、葱兰覆土至顶部即可;而百合类则要深栽,栽植深度为球高的4倍以上。相同的花卉,土壤疏松宜深,土壤黏重宜浅;观花宜浅,养球宜深。

(4) 常规管理

注意保根保叶,由于球根花卉常常是一次性发根,栽后在生长期尽量不要移栽;发叶量较少因此要尽量保护叶片。花后剪去残花,利于养球,有利于次年开花。花后浇水量逐渐减少,但仍需注意肥水管理,此时是地下器官膨大时期。

(5) 采 收

依当地气候,有些种类需要年年采收,有的可以隔几年掘起分栽。年年采收并对球分级,可使开花整齐一致。而隔年采收时,由于地下球根大小不一,开花大小和早晚也有不同,效果比较自然。园林中水仙可隔5~6年;番红花、石蒜及百合可隔3~4年;美人蕉、朱顶红、晚香玉等可每隔3~4年分栽一次。

采收应在生长停止、茎叶枯黄,但尚未脱落时进行。采收过早,球根不够充实;过晚,茎叶脱落,不易确定球根所在地下的位置。采收时,土壤宜适度湿润。掘起球根后,大多数种类不可在炎日下暴晒,需要阴干,然后贮存。大丽花、美人蕉只需阴干至外皮干燥即可,不可过干。

(6) 贮 存

贮存的球根要保证无病虫、干净;可用药剂浸泡消毒、晾干后贮存。

① 球根贮存 主要有湿存和干存两种方式。

湿存 适用于对通风要求不高,需要保持一定湿度的种类,可以埋在沙子或锯末中,保持潮湿状。块根、根茎、块茎类球根花卉中许多种类需要湿存贮存,如大丽花、美人蕉、蕉藕、大岩桐等。无皮鳞茎，如百合类和少数有皮鳞茎，如玉帘属、雪滴花属（*Leucojum*），也要湿存贮存。

干存　适用于要求通风良好、充分干燥的球根。可以使用网兜悬挂、多层架子（层间距至少30cm以上，以使球根通风良好）。球茎类花卉一般都可干存，如小苍兰、唐菖蒲。鳞茎类的大多花卉也可以干存，如水仙、郁金香、晚香玉、球根鸢尾等。少数块根，如花毛茛、银莲花以及块茎，如马蹄莲也需要干存。

② 贮存环境条件　贮存场所要干净，防止病虫害发生，避免老鼠啃食。冬季贮存春植球根，环境温度不低于0℃或高于10℃，不同的球根花卉具体要求不同，但一般可保持在4~5℃，不可闷湿。夏季贮存秋植球根，尽量保持凉爽和高燥，避免闷热和潮湿。

9.2　各　论

1. 观赏葱类 *Allium* spp.

科属：百合科　葱属　　　　　　　位置和土壤：全光；排水好
英名：Onion　　　　　　　　　　　株高：15~90cm
栽培类型：球根花卉，秋植球根　　　花色：白、粉、红、紫、黄
园林用途：花径、花境、岩石园、切花　花期：春、夏季

"*Allium*"原意是"大蒜"，意味辛辣。同属植物约500种，多作蔬菜、草药和香料植物栽培，有观赏种类。主要分布在北半球。

➤ 地下具鳞茎。叶为狭窄中空的圆柱状。花茎顶端着生伞形花序，着小花极多，外形为球形或扁球形；花白、粉、红、紫、黄色。

➤ 耐寒，喜阳光充足，忌湿热多雨。适应性强，不择土壤，能耐瘠薄干旱土壤，但喜肥沃黏质壤土。能自播繁衍。

➤ 以播种或分鳞茎法繁殖。

秋植。栽植时选排水良好的地方。鳞茎大的栽植深度15cm，株距15~45cm；鳞茎小的栽植深度3cm，株距3~10cm。次年3月叶片出土后，应及时浇水松土，并进行追肥。常绿种类除冬季和炎夏外，其他时间均可移植。适应性强，栽培管理简单，同宿根类。在北方栽培也可以露地越冬，不必年年取出，几年分球一次即可。

➤ 矮生类是良好的地被和岩石园花卉，也可作花径，与对比色花卉，如黄色花卉，配植景观很好。高型类可作切花。大花葱生势强健，适应性强，早春萌发时叶尖粉紫色，有观赏价值。花期长、花序球状、花色淡雅，是花境中独特的花卉。由于其花茎长而壮，还可以作切花。

➤ 园林中常用种类：

(1) 大花葱 *Allium giganteum*

别名：高葱、砚葱

英名：Giant Ornamental Onion

原产亚洲中部和喜马拉雅地区。鳞茎球形，灰黄色，径7~8cm。叶狭披针形。伞形花序径10~12cm；花葶高1.2m；花淡紫色；花期6~7月。本种鳞茎分生能力极弱，几乎不分生子球。

(2) 黄花葱 *Allium moly*

别名：药葱

英名：Golden Garlic, Moly Gartic

原产欧洲。叶阔披针形，蓝灰绿色。花茎高30~45cm；花序径7cm；花鲜黄色。鳞茎自然繁衍力强。花叶观赏价值均高。

(3) 南欧葱 *Allium neapolitanum*

别名：葱葫、那波利葱、纸花葱

英名：Dafodic Garlic, False Garlic

原产南欧。株高20~30cm。鳞茎小，1.5cm高，纺锤形。叶灰绿色，广线形，弯曲。花白色；4~5月开花。种子繁殖容易，次年可开花。是唯一无葱刺激味的观赏葱。宜作切花，可植假山石缝间。

2. 白及 *Bletilla striata*

科属：兰科 白及属	园林用途：岩石园、林下配植
别名：凉姜、紫兰、朱兰	株高：30~60cm
英名：Common Bletilla	花色：淡紫红
栽培类型：球根花卉，春植或秋植球根	花期：3~5月
位置和土壤：半阴；排水好	

原产中国东南部山区至西南各地，广布于长江流域一带。朝鲜、日本也有分布。同属植物6种，仅本种见栽培，在自然界常野生于山谷林下或山坡丛林内。只发现1个变种白花白及（var. *alba*），花白色。中国有4种。

➢ 地下具块根状假鳞茎，黄白色。叶3~6枚，基部下延呈鞘状抱茎而互生，平行叶脉明显而突起，使叶片皱褶。总状花序顶生，着花3~7朵；花淡红色；花被片6，不整齐，唇瓣3深裂，中裂片具波状齿。

➢ 喜温暖且凉爽湿润的气候，不耐寒，华东地区可露地越冬。宜半阴环境，忌阳光直射。华北各地在温室栽培。在排水良好、富含腐殖质的砂质壤土中生长良好。

➢ 分生繁殖。可在早春或秋末掘取根部，将假鳞茎分割数块，每块带1~2个芽，每穴一株，覆土3cm。栽后稍填压再浇水。种子发育不全，需用组培方法播种。

栽前应施足基肥。生育期间保持空气和土壤湿润，并追施2~3次液肥。冬季若有10℃以上的温度便可提早开花。中国长江流域可露地过冬，栽培似宿根，不必年年取出。北方春植冬季采收后，在潮湿沙中贮存，保持5~10℃。

➢ 花叶清雅，园林中多与山石配置或自然式栽植于疏林下、林缘边或岩石园中，颇富野趣。也可丛植于花径两边，蜿蜒向前，引导人的视线。

> 假鳞茎可入药。补肺止血、消肿生肌。

3. 美人蕉类 *Canna* spp.

科属：美人蕉科　美人蕉属
英名：Canna
栽培类型：球根花卉，春植球根
园林用途：花坛、花境、花带、盆栽
位置和土壤：全光、半阴；不择土壤
株高：70~200cm
花色：橘红、大红、粉红、橙、橙黄、淡黄、紫红、洒金等
花期：6~10月，华南地区四季开花

"Canna"源于希腊语"kanna"，意为"芦苇"，指植株高大。原产美洲、亚洲及非洲热带地区；中国大部分地区都有种植。同属植物55种。

> 地下为根茎。地上茎是由叶鞘互相抱合而成的假茎，丛生状；假茎和叶片常有一层蜡质白粉。叶片较大，圆至椭圆披针形，全缘，有粉绿、亮绿和古铜色，也有黄绿镶嵌或红绿镶嵌的花叶品种。花瓣萼片状，艳丽的花瓣实际是瓣化的雄蕊；总状花序。

> 喜温暖湿润，不耐寒，在全年温度高于16℃的地区，可周年开花；在低于16℃的环境中，地上部分生长缓慢，直至休眠。喜光，耐半阴。性强健，适应性强，几乎不择土壤。花朵于清晨开放，当空气相对湿度在98%以上时，每朵花的观赏时间为2d；空气湿度低于70%时，花朵开放时间仅有0.5d。要求阳光充足，日照时间如低于7h，则会出现徒长现象，花朵变小。

> 分根茎或播种繁殖。全年可分生，北方在5月进行。将根茎切离，每丛保留2~3个芽就可栽植（切口处最好涂以草木灰）。为培育新品种，可用播种繁殖。种皮坚硬，播种前应将种皮刻伤或开水浸泡。发芽温度25℃以上，2~3周即可发芽，定植后当年便可开花。

春植球根，株距30~40cm。水分充足，生长极旺盛。在肥沃的土壤上生育好。可每隔1~2个月追肥1次。喜高温多湿，生长期适温24~30℃，可耐短期水涝。不起球时，冬季齐地重剪，由于地下生长快，最少每2~3年分生一次。采收后在潮湿沙中贮存，也可干燥贮存。

> 花大色艳，茎叶繁茂，花期长，开花时正值炎热少花的季节，在园林中应用极为普遍。叶丛高大、浓绿，花色艳丽，宜作花境背景或花坛中心栽植，也可丛植于草坪边缘或绿篱前，展现其群体美。还可用于基础栽植，遮挡建筑死角，柔化钢硬的建筑线条。矮生美人蕉可作阳性地被或斜坡地被，亦可盆栽欣赏。它还是净化空气的好材料，对有害气体的抗性较强，可用于工矿区的绿化。

> 根茎及花可入药。有些种嫩叶可作蔬菜。根茎富含淀粉，可作农作物。茎叶还可作动物饲料。种子可提取染料。

> 园林中常用种类：

目前庭院种植的多为园艺品种，有观叶类、密花类、意大利类、花叶类、温室类、迷你类、斑叶类和水生类等不同系列。水生种或品种可种植在水边，近年我国有引种。

常见栽培的种有：

(1) 蕉藕 *Canna edulis*

别名：食用美人蕉、姜芋、蕉芋

英名：Edible Canna

植株粗壮高大，2~3m。茎紫色。叶背及叶缘晕紫色。花期 8~10 月，但在中国大部分地区不开花。原产西印度和南美洲。作背景花卉。

(2) 大花美人蕉 *Canna generalis*

别名：法国美人蕉、红艳蕉

英名：Canna

"*generalis*" 意为"普通的"。为法国美人蕉系统的总称，是多种源杂交的园艺杂种，为目前广泛栽培种，也是最艳丽的一类。株高 30~150cm，花瓣质地轻柔，直立而不反卷，花较大，有深红、橙红、黄、乳白色。观赏性强。有矮型和不同叶色品种。

(3) 美人蕉 *Canna indica*

别名：小花美人蕉

英名：India Canna

株高 1~1.3m。茎叶绿而光滑。花小，着花少，红色。原产美洲热带。

(4) 紫叶美人蕉 *Canna warscewiezii*

别名：红叶美人蕉

英名：Warscewicz Canna

植株高 1~1.2m。茎叶紫红色被白粉。总苞褐色，花大，红色。原产哥斯达黎加和巴西。主要观叶。

4. 铃兰 *Convallaria majalis*

科属：百合科　铃兰属

别名：草玉铃、君影草

英名：Lily-of-the-valley

栽培类型：球根花卉，秋植球根

园林用途：林下地被、花境、岩石园、盆栽、切花

位置和土壤：半阴、全光；湿润、富含腐殖质

株高：20~30cm

花色：白

花期：4~5 月

"*Convallaria*" 意为"谷中百合"；"*majalis*" 为"5 月开花"之意。原产北半球温带，欧洲、亚洲及北美洲都有分布。同属植物仅 1 种，中国东北林区、秦岭以及北京附近的山区有野生。

➤ 地下部分具平展而多分枝的根茎。叶基生，常 2 枚，具弧形脉，基部有数枚套叠状叶鞘。花葶从叶旁边伸出；总状花序；花小、白色、铃状下垂，有浓郁的香气。浆果球形，红色。

➤ 在自然界常野生于林下，故性喜凉爽、湿润、半阴的环境，阳光直射处也可

生长开花。忌炎热，耐严寒。要求富含腐殖质、酸性或微酸性的壤土或砂质壤土，pH4.5~6。中性及微碱性土壤也可生长。

➤ 分株繁殖。其根茎上有大小不等的幼芽，在秋季地上部枯萎后将株丛掘起，每个顶芽带一段根茎剪切下来栽植，就能成一新株。

秋植。种植宜浅，稍覆薄土即可。夏季炎热则进入休眠。定植株距5~8cm。华北可露地栽培，似宿根，不必年年采收。每3~4年分株更新。不宜在同一地段长久栽培。

➤ 铃兰植株矮小，花芳香怡人，优雅美丽，开花后绿茵可掬，入秋时红果娇艳，是传统的园林花卉。宜植于稀疏的树荫下，如与鸢尾、紫萼等耐阴花卉相配，更能收到良好效果。铃兰不但素雅，而且性较强健，可点缀于花境、草坪、坡地以及自然山石旁和岩石园中，悠悠清香弥漫在空气中，能营造祥和宁静的气氛。还可以作切花或盆栽欣赏。

➤ 全草可入药。可强心利尿、医治充血性心力衰竭。

➤ 有粉红、白色重瓣和叶上有条纹的品种。

5. 文殊兰类 *Crinum* spp.

科属：石蒜科　文殊兰属　　　　　　位置和土壤：全光、半阴、微阴；不择土壤
别名：十八学士、白花石蒜、文珠兰　　株高：1~1.5m
英名：Crinum　　　　　　　　　　　　花色：白
栽培类型：球根花卉，春植球根　　　　花期：7~9月
园林用途：花境、丛植

本种原产亚洲热带，现各地广为栽培。中国海南、台湾均有野生种，常生于海滨地区或河边沙地。同属植物100余种，分布在热带和亚热带。

➤ 常绿植物。地下为鳞茎。叶基部抱茎，阔带形或剑形，平行叶脉。花葶直立，高于叶丛；伞形花序顶生，着花20朵；花瓣细条状，反卷，白、有红条纹或带红色；花漏斗形。

➤ 喜温暖湿润。各种光照条件都可生长，夏季忌烈日暴晒。性强健、耐旱、耐湿、耐阴。耐寒力因种而异，华南地区露地栽培。耐盐碱土壤，肥沃、湿润的土壤生长好。一般生长适温25~30℃，冬季休眠温度10℃为宜。

➤ 分株或播种繁殖。春季分株，将其吸芽分离母株，另行栽植。栽植不宜过深。种子采收后应立即播下，种子大，浅埋土中，保持湿度，极易发芽。

北方春植。浅栽,土壤没过球顶即可,生长期需肥水充足,特别是开花前后以及开花期更需充足的肥水。夏季需置于荫棚下,充分浇水,及时补肥。花后要及时剪去花梗。10月底移入室内,冬季在温室越冬。华南地区2~3年分球一次。

➤ 植株洁净美观，常年翠绿色。花生于粗壮的花茎上，花瓣细裂反卷，秀丽脱俗，开花时芳香馥郁，花色淡雅。宜盆栽，布置厅堂、会场。在南方及西南诸地可露地栽培，在花境中作独特花型花卉。丛植于建筑物附近及路旁。

➤ 根和叶可入药。

> 园林中常用种类：

(1) 文殊兰 *Crinum asiaticum* var. *sinicum*

别名：十八学士、白花石蒜

英名：St Johnis Lily

株高 1～1.5m。鳞茎长圆柱形，较大。叶多数密生，在鳞茎顶端莲座状排列，长带状，边缘波状。花茎从叶腋抽出，着花 10～20 朵；花被片窄线形，花被筒细长；花白色，具芳香；花期 7～9 月。

(2) 红花文殊兰 *Crinum* × *amabile*

别名：苏门答腊文殊兰

英名：Giant Spiderlily

株高 60～100 cm。鳞茎小。叶鲜绿色。花大，花瓣背面紫红色，内面白色带有明显的白红色条纹；花有强烈芳香；花期夏季。不结实。

6. 番红花类 *Crocus* spp.

科属：鸢尾科　番红花属　　　　位置和土壤：全光、半阴；排水良好
英名：Crocus　　　　　　　　　株高：10～20cm
栽培类型：球根花卉，秋植球根　　花色：白、黄、雪青至深紫
园林用途：地被花卉、花境、岩石园、盆　花期：春或秋
　　　　栽、水养

"*Crocus*"源于希腊语，意为橙黄色。

同属植物有 75 种，仅分布于西经 10°至东经 80°，北纬 30°～50°的范围内，但大部分野生于巴尔干半岛和土耳其，离这些地区越远，分布越少。中国新疆地区也有分布。生于林地、灌丛或草地。但目前世界各地常见栽培 8～10 种及其约 30 个品种。分春花种类和秋花种类。

> 地下具球茎，圆或扁圆形，被干质膜或革质外皮。叶基生，线形。花单生茎顶，常与叶等高。

球茎寿命为 1 年，在老球上面形成新球。夏季花芽分化。

> 喜温和凉爽，不耐炎热，夏季休眠。具一定耐寒性，北方冬季需有防寒设施。喜光，有些种类喜蔽荫和湿润，耐阴。要求富含有机质和腐叶土的疏松、排水良好的砂质壤土。有些种类可在贫瘠至肥力适中的土壤中生长。

> 分球繁殖，秋花种在 8 月下旬至 9 月上旬进行；春花种则在 9 月下旬至 10 月上旬进行。小子球沟栽为好，1～2 年可开花。

春花种或秋花种均为秋植球根。生长期间应注意经常灌水，保持土壤湿润，忌高温多湿。生育适温 15～20℃。不宜多施肥，否则易使球茎腐烂。忌连作。采收后干燥贮存。

> 植株矮小，叶丛纤细，花朵娇柔优雅，开放甚早，是早春重要花卉。适宜作花坛、花境镶边和岩石园。成片种植，有极壮观的自然感染力。可按不同花色组成模

纹花坛，也可三五成丛点缀岩石园或自然布置于草坪上，还可盆栽或水养以供室内观赏。

➢ 有些种类有重要的经济价值。如番红花主要是作为药材或染料植物栽培，其入药部分是花柱，称"藏红花"，为妇科名贵药材，具镇静、镇痛、通经止血之功效。

➢ 园林中常用种类：

Ⅰ．春花种类

种类多。花茎先于叶抽出。花期 2～3 月。一般球茎较小，要求排水好，9 月底至 11 月底种植。

(1) 番黄花 *Crocus maesiacus*

英名：Yellow Crocus

球茎扁圆形，径 2.5cm。叶狭线形，明显高于花茎。苞片 2；花金黄色；花被片长 3～3.5cm；花期 2～3 月。产欧洲东南部及小亚细亚半岛西部。

(2) 高加索番红花 *Crocus susianus*

别名：金线番黄花

英名：Cloth-of-gold Crocus

球茎卵圆形，径 1.8cm。叶狭线形。苞片 2；花被片长 3.5cm，内侧鲜橘黄色，外侧晕棕色；花星形。原产高加索及克索米亚南部。全光至半阴皆可生长。

(3) 番紫花 *Crocus vernus*

别名：春番红花

英名：Spring Crocus，Dutch crocus

球茎扁圆形。叶宽线形，与花茎近等高。苞片 1；花雪青色或白色，常具紫斑；花被片长 2.5～3.5cm；花期 3 月中下旬。产欧洲中南部山岳地带。有紫色、黄色品种，全光及半阴皆可生长。

Ⅱ．秋花种类

大多数种类花茎常于叶后抽出。北半球花期 9～10 月。有些种叶前开放，要求排水好，8～10 月种植。

(1) 番红花 *Crocus sativus*

别名：藏红花、西红花

英名：Saffron Crocus

球茎扁圆形，端部呈冠状。叶多数，长可达 30～40cm，灰绿色，常与花同时抽出。花大，芳香；花被片长 3.5～5cm，雪青色、红紫色或白色；花期 9～10 月。

(2) 美丽番红花 *Crocus speciosus*

英名：Pretty Crocus

球茎扁圆形，径 3cm。苞片 2，甚长；花大，色艳；花被片长 5cm，内侧雪青色带紫晕，外侧深蓝色；花期 10 月中下旬。本种花大，色明亮艳丽，为秋花种类中观赏价值较高者。

7. 大丽花 *Dahlia pinnata*

科属：菊科　大丽花属
别名：大理花、大丽菊、天竺牡丹、苕菊
英名：Common Dahlia, Garden Dahlia
栽培类型：球根花卉，春植球根
园林用途：花坛、花境、切花、盆花
位置和土壤：全光；富含腐殖质、排水好的砂壤土
株高：15~150cm
花色：白、粉、黄、橙、红、紫红、堇、紫以及复色等
花期：6~10月

"*Dahlia*"表示由瑞典植物学家 Dr. Anders Dahl 定名。原产墨西哥、危地马拉及哥伦比亚一带。在中国各地均有栽培，其中以东北地区吉林、长春、沈阳、辽阳、齐齐哈尔等地最盛。同属植物约15种，多分布在海拔1500m以上的山地。

目前栽培的为现代大丽花，是 *D. pinnata* 和 *D. coccinea* 的园艺杂种后代，品种有几万个，有不同株型、花色、花期、花型的品种；有切花、园林和盆栽不同系列。

➤ 地下为粗壮的块根。茎较粗，多直立，绿色或紫褐色，平滑，中空。叶对生，1~2回羽状分裂，边缘具粗钝锯齿。头状花序顶生，花大小、色彩及形状因品种不同而不同。园林用品种多为植株低矮，开花繁密，中或小花，花期长，花色丰富。

➤ 为短日照花卉，在日照10~12h迅速开花。每年需一段低温时间休眠。

喜光，但阳光又不宜过强；喜凉爽，既不耐寒，又畏酷暑，在夏季气候凉爽、昼夜温差大的地方，生长开花尤佳。以富含腐殖质和排水良好的砂质壤土为宜。

➤ 播种、扦插、分株繁殖。种子喜光，发芽适温15~25℃。扦插：可于早春将块根置于温床中进行催芽，即将块根种植于床内，覆上湿砂土，使根冠露出土面，待芽高6~7cm时，下留2枚叶片切取插穗，进行扦插；也可用母本茎扦插，温度15~22℃，约20d生根，只要温度和湿度适宜，四季均可进行扦插。分株：春季发芽前将贮存的块根进行分割，每块根需带根颈芽1~2个，用草木灰涂抹切口处，植于花槽或花盆内，成活率高，苗壮，花期早。

摘心可促分枝。定植前施足基肥。生长期避免高温高湿，适当追肥，但注意不要生长过旺，影响地下根发育。栽培中适当疏蕾、去叶可以提高开花质量。生长适温10~30℃。采收后用微潮湿砂土贮存。

➤ 花色艳丽，花型多变，品种极其丰富，是重要的夏、秋季园林花卉，尤其适用于花境或庭前丛植。矮生品种最宜盆栽观赏或花坛使用。高型品种宜作切花。

➤ 块根内含菊糖，在医学上有葡萄糖之功效，还可入药。

8. 花贝母 *Fritillaria imperialis*

科属：百合科　贝母属
别名：璎珞百合、皇冠贝母
英名：Crown Imperial Fritillary
栽培类型：球根花卉，秋植球根
园林用途：花境、丛植
位置和土壤：全光、半阴；排水良好
株高：1m以上
花色：黄、橘红、红
花期：4~5月

"*Fritillaria*"源于拉丁语"fritillus",意为"骰子匣",指花形。本种原产喜马拉雅山区至伊朗等地,栽培历史约400年。栽培品种有各种花色,如黄、红色等及重瓣类型。同属植物约80种,分布在北半球温带地区,有些种类为重要药材和观赏植物。

➢ 鳞茎大,晕黄色,具浓臭味。茎高达1m以上,带紫斑点。叶3~4枚轮状丛生。伞形花序腋生,下具轮生的叶状苞;花下垂,长6cm,紫红色至橙红色,基部常呈深褐色并具白色大型蜜腺;花期4~5月。

➢ 喜光,夏季宜半阴凉爽环境。喜凉爽、湿润气候,忌炎热,有一定耐寒性。要求腐殖质丰富、土层深厚肥沃、排水良好而湿润的砂质壤土,以微酸性至中性土为宜。

➢ 播种或分球繁殖。秋植球根,栽植深度应较其他球根深,为10~20cm。在华北地区冬季略加覆盖即可越冬。栽培管理容易,避免干燥和高温环境,尤其生长时期要保持充足的土壤水分。种植后不需年年取出。夏季休眠期应保持土壤适当干燥,以免鳞茎腐烂。

➢ 植株高大,花大而艳丽,是花境中优良独特的花材,也可丛植。

9. 雪滴花 *Galanthus nivalis*

科属:石蒜科 雪滴花属　　　　　　　　植、盆栽
别名:雪花莲、铃花水仙、小雪钟　　　　位置和土壤:全光;肥沃土壤
英名:Common Snowdrop　　　　　　　株高:10~20cm
栽培类型:球根花卉,秋植球根　　　　　花色:白
园林用途:花丛、花境、岩石园、庭院栽　花期:2~3月

"*Galanthus*"源于希腊语"gala"(乳)和"anthus"(花)的合成词,指花乳白色;"*nivalis*"意为"雪白的"。原产欧洲中部和亚洲林缘及坡地。同属植物有8~9种。与雪滴花形态相似,但叶少,花茎实心。生态习性与雪滴花属基本相同。

➢ 鳞茎球形,径1.5~3cm,具黑褐色皮膜。株高10~20cm。叶线形,粉绿色。花茎实心,着花1朵;花白色,钟形,单生茎顶,先端向下,花被片6,外轮3枚较内轮3枚长,内轮花被片端部具绿色斑。花期2~3月,叶和花茎同时抽出。有许多栽培品种。

➢ 喜凉爽,湿润和半阴环境,早春要求阳光充足,春末夏初宜半阴。耐寒力很强,华北地区可露地越冬。

➢ 以分球繁殖为主。秋植球根,一般在9月下旬至11月上旬栽种。选择肥沃、疏松、保水力强的土壤,种植前应施足底肥。栽植深度1.5cm左右,株距5~6cm。冬、春季应注意及时浇水,防止干旱,并要及时追肥。花后还应追施一次肥料,以利鳞茎的生长。鳞茎应每2~3年采收分栽。采收后用微湿砂土埋藏于凉爽处。

也可种子繁殖,即采即播,发芽适温13~18℃,出苗后遮阴。播种苗2~3年后开花。

➢ 植株低矮，花姿清雅可人，花期早，宜作早春花坛的镶边植物，也是岩石园的优秀花材，还可以种植在疏林下、岸边坡地或草坪边缘，塑造宁静的气氛，或丛植于假山石旁。每平方米栽直径4~5cm球50~60个。深度5cm。

10. 唐菖蒲 *Gladiolus hybridus*

科属：鸢尾科　唐菖蒲属
别名：菖兰、剑兰、扁竹莲、什样锦
英名：Hybrid Gladiolus
栽培类型：球根花卉，春植球根
园林用途：花境、切花

位置和土壤：全光；肥沃、排水好的砂质土壤
株高：40~60cm
花色：白、粉、黄、橙、红、紫、蓝等或复色及斑点条纹
花期：夏、秋季，人工调控下可周年开花

"*Gladiolus*"源于拉丁语"Gladiolus"，意为"小的剑"，指其叶剑形。同属植物有250种，原产于地中海沿岸、非洲热带，尤以南非好望角最多，为世界上唐菖蒲野生种的分布中心，但栽培育种中利用了不到1/5。现在栽培品种广布世界各地。

为园艺杂种，高度园艺化，品种非常多。目前栽培的主要是园艺品种，有不同高度、不同花色、不同花型及不同抗性的品种，有切花和园林用品种。按花期分有早花（春花）及夏花两大类。早花类较耐寒，暖地可秋植，次春开花，一般茎叶纤细，球小，花也小，花色变化少。夏花类花姿优美，花大，色彩丰富，目前栽培广泛。

➢ 地下具球茎。基生叶剑形，互生成两列，草绿色。花茎自叶丛中抽出；穗状花序顶生，每穗着花8~20朵；花朵硕大，质薄如绸似绢，娇嫩可爱，花瓣边缘有皱褶或波状等变化。

长日照植物。在春夏季长日照条件下花芽分化和开花。球茎寿命为1年，老球花后萎缩，在茎基部膨大，最后在其上方形成一个大新球，周围有数量不等的小子球。

➢ 喜冬季温暖、夏季凉爽的气候，不耐寒；喜光；对土壤要求不严，但以排水好、富含有机质的砂壤土为宜，不耐涝。栽培中忌使用过磷酸盐作磷肥。

➢ 以分球繁殖为主。播种多用于新品种的培育。秋季采收后将新生的大球及所附的小球逐一用手掰下，按大小分级，次春种植。小球需培育1~2年后开花。

生长期需要充足的水分。长到7片叶子后，将抽出花穗，随着花穗体积的膨大，植株上部重量也迅速增加，因此要采取防倒伏措施。球茎在温度4~5℃时萌动，白天20~25℃，夜间10~15℃生长最好。一年中有4~5个月生长期的地区都能种植。中国东北地区由于夏季气候凉爽，很适合唐菖蒲的生长开花习性以及小球的生育。秋季球茎掘起后，充分晾干后贮藏于5~10℃的通风干燥处。大多品种的商品球周径大于10cm，只有少数品种球径在8~9cm可以开花。

➢ 园林中常见的球根花卉之一。花茎挺拔修长，着花多，花期长，花型变化多，花色艳丽多彩，如采用促成栽培可四季开花，是重要的切花生产花卉。是花境中优良的竖线条花卉，也可用于专类园。

➢ 球茎可入药，治痈疮、腮腺炎等。茎叶可提取维生素C。它对氟化氢等有毒气体敏感，还可以作为监测大气污染的指示植物。

11. 杂种朱顶红 *Hippeastrum hybridum*

科属：石蒜科　朱顶红属
别名：杂种百枝莲
英名：Amaryllis Barbados Lily
栽培类型：球根花卉，春植球根
园林用途：花境、丛植、切花、盆栽
位置和土壤：稍阴；肥沃、湿润、排水好
株高：30~60cm
花色：白、粉、红、暗朱红、深红、白花红边等
花期：春、冬(温室)

"*Hippeastrum*"来自希腊语，意为"骑士之星"。同属植物约75种，600多个品种，原产美洲热带，从阿根廷北部到墨西哥都有分布，目前栽培的为园艺杂交种，是现在广泛栽培的园艺改良种的总称，其亲本有：朱顶红(*H. vittatum*)、红百枝莲(*H. puniceum*)、王百枝莲(*H. reginae*)、美丽孤挺花(*H. aulicum*)等。品种很多，花有白、粉、红、暗朱红、深红、白花红边、红花喉部白和白花有朱红条纹等色。多为温室品种，但暖地可露地种植。

➤ 鳞茎卵状球形。叶4~8枚，二列状着生，略肉质。花茎自叶丛外侧抽出，粗壮而中空，扁圆柱形；伞形花序；花大型，漏斗状，花色繁多，十分艳丽。

➤ 喜温暖、湿润、阳光不过于强烈的环境，稍耐寒，在中国云南地区可全年露地栽培，华东地区稍加覆盖便可越冬，而华北地区仅作温室盆栽。要求富含腐殖质、疏松肥沃而排水良好的砂质壤土。

➤ 分球和播种繁殖。分球，于3~4月将大球周围着生的小鳞茎剥下另行栽种。注意要浅栽，勿伤小鳞茎的根，栽时需将小鳞茎的顶部露出地面。种子采收后，应立即播种，约1周后发芽，发芽率高。

生长期需给予充分的水肥。夏季宜凉爽，温度18~22℃；冬季休眠期要求冷凉干燥，气温10~13℃，不可低于5℃。

➤ 杂种朱顶红花大色艳，喇叭形，壮丽悦目，加上叶片鲜绿洁净，故特别适合盆栽。园林中可用于花境、丛植。其茎干较长，还可用作切花。

12. 风信子 *Hyacinthus orientalis*

科属：百合科　风信子属
别名：洋水仙、五色水仙
英名：Common Hyacinth
栽培类型：球根花卉，秋植球根
园林用途：花坛、花境、种植钵、盆栽、水养、切花
位置和土壤：全光；排水好、肥沃土壤
株高：20~30cm
花色：红、粉、白、蓝、紫、黄、橘黄
花期：3~5月

"*Hyacinthus*"源于希腊神话中神的名字；"*orientails*"意为"东方的"。原产南欧地中海东部沿岸及小亚细亚半岛一带。栽培品种极多，现在世界上荷兰最多，和郁金香一样为其重要的外贸商品。中国各地均有栽培。

➤ 鳞茎球形或扁球形，具有光泽的皮膜，常与花色相关。叶基生，4~6枚，带状披针形，质肥厚，有光泽，质感敦厚。总状花序；小花密生在花茎上部，着花6~

12朵或10~20朵；花钟状，斜伸或下垂，裂片端部向外反卷。整个花序看起来充实而丰盈。多数园艺品种具香气。

➤ 喜凉爽、空气湿润、阳光充足的环境。较耐寒；喜肥；宜在排水良好、肥沃的砂壤土中生长，在低湿黏重地生长极差。

➤ 以分球繁殖为主。秋季栽植前将母球周围自然分生的子球分离，另行栽植。为培育新品种，亦可以播种繁殖，种子采收后即播，培养4~5年能开花。

秋植球根，在冬季不寒冷地区，种植后4个月，即次年3月花蕾即可出现，3周后可开花。栽培时要施足基肥。冬季及开花前后还要各施追肥1次。采收后不宜立即分球，以免分离后留下的伤口于夏季贮藏时腐烂，种植时再分球。干燥保存。

➤ 重要的秋植球根花卉。植株低矮而整齐，花期早，花色艳丽，是春季布置花境、花坛的优良材料。可以在草地边缘成丛成片种植，增加色彩。还可以盆栽欣赏或像水仙一样水养，将球茎置于小口的锥形玻璃瓶上，让其根刚好触及水面，既可以欣赏开花后的风姿，还可以观察根的动态。高型品种可以用作切花。

13. 水鬼蕉类 *Hymenocallis* spp.

科属：石蒜科　水鬼蕉属　　　　位置和土壤：全光、半阴；肥沃、疏松
英名：Hymenocallis, Spiderlily　　株高：30~200 cm
栽培类型：球根花卉，春植球根　　花色：白、黄
园林用途：丛植、花境、盆栽　　　花期：春、夏季

原产中南美洲。同属植物50种。

➤ 有皮鳞茎大，卵形。叶阔带形。伞形花序顶生；花瓣细裂达基部，花丝基部合生呈杯状或漏斗状，似花瓣筒；花白色，芳香。

➤ 喜温暖、湿润。全光、半阴、微阴都可以生长。宜富含腐殖质的砂质壤土或黏质壤土。性强健，耐旱也耐湿。在温室常作常绿球根花卉栽培；露地作春植球根栽培。

➤ 分球繁殖。春季分球，温室春季结合换盆进行。

春季栽植，选光照良好的地方栽植，浅栽，覆土2~3cm，间距15~20cm。生长期需充分灌水。生育适温22~30℃，低于10℃需要防寒。干燥保存。

➤ 花瓣细长，副冠皿形，花奇特素雅，芳香。可用于花境、盆栽。温暖地区可在林缘、草地边带植、丛植。

➤ 园林中常用种类：

(1) 水鬼蕉 *Hymenocallis littoralis*
别名：蜘蛛兰、美洲水鬼蕉、蛛水鬼蕉
英名：Amarican Hymenocallis, Beach Spiderlily
原产美洲热带。常绿，株高30~70cm。鳞茎球7~11cm。叶剑形，多直立，鲜绿色。花茎扁平；花白色，无梗，3~8朵呈伞状着生，芳香；花筒部长短不一，带绿色；花被片线状，一般比筒部短；副冠钟形或阔漏斗形，具齿牙缘。花期春末夏初。

耐旱力强。

(2) 美丽水鬼蕉 *Hymenocallis speciosa*
别名：美丽蜘蛛兰
英名：Spider Lily
原产美洲热带。株高 30～80cm。叶丛生，质厚，叶背中脉突出，基部有纵沟。花茎从叶丛中抽出，粗大略扁；伞形花序着花 4～10 朵；花雪白色，有香气；花期秋末。

栽培的还有蓝花水鬼蕉（*H. calathina*）：又名蓝花蜘蛛兰，常绿球根，花无梗，白色，花筒内部并有深绿色条纹，绿色，芳香，仲夏开花。黄水鬼蕉（*H. amancaes*）：又名黄蜘蛛兰，花大，鲜黄色，花筒内部有绿色条纹。

14. 雪片莲类 *Leucojum* spp.

科属：石蒜科 雪片莲属　　位置和土壤：半阴；肥沃、排水好
英名：Snowflake　　　　　　花色：白
栽培类型：球根花卉，春植或秋植球根　　花期：春、秋季
园林用途：花丛、花境、岩石园、盆栽、切花

原产中欧及地中海沿岸。同属植物有 9～10 种。

➤ 地下具小鳞茎。叶基生；线形至带状；春花种类，叶与花同出；秋花种类，叶于花后抽出。花茎直立，中空；花单生或数朵成伞形花序，稍高于叶丛；花白色，如倒扣小钟；每一花被片的端部具一绿色或红色圆斑点。

➤ 喜凉爽、湿润的环境。喜肥沃而富含腐殖质土壤。半阴下可生长良好。生长强健，适应性强。

➤ 分球繁殖。栽培管理简单。秋花种类在夏季花前种植；春花种类于秋凉种植。每隔 2～3 年采收和分栽一次。采收后于潮湿沙中贮存。

➤ 本属株丛低矮，花叶繁茂，清秀雅致，可植于林下、坡地和草坪上。也可以作花丛及假山石旁或岩石园布置。也是花境的优良材料，增加活泼之感。还可以水栽、盆栽或作切花。

➤ 园林中常用种类：

(1) 夏雪片莲 *Leucojum aestivum*
英名：Summer Snowflake
原产南欧。秋植。鳞茎卵形，径 2.4～4cm。株高 30～50 cm。叶被白粉，较宽。花茎扁圆形，边稍呈翼状，着花 3～8 朵；花阔钟状，下垂，花梗长短不一；花被片白色，端部具一草绿色圆点；花期 5～6 月。有矮型及大花品种。常用于沼泽园。

(2) 秋雪片莲 Leucojum autamnale

英名：Autumn Snowflake

春植。本种植株矮小，高 8~25cm。鳞茎球形，直径 1~2cm。叶丝状，常在花后抽出。花茎细，着花 1~3 朵，花梗长而下垂；花被片端具浅红色圆斑点；花期初秋。

(3) 雪片莲 Leucojum vernum

英名：Spring Snowflake

秋植。鳞茎球形，径 1.8~2.5cm。株高 10~30cm。花单生，下垂，小花梗短；花被片端部具绿斑点；花期 3~4 月。也有花被片具黄斑点或一茎着 2~3 朵花的品种。栽植株距 10cm。

15. 蛇鞭菊 Liatris spicata

科属：菊科　蛇鞭菊属	位置和土壤：全光；不择土壤
别名：舌根菊	株高：60~90cm
英名：Spike Gayfeather, Button Snakeroot	花色：紫红
栽培类型：球根花卉，春植球根	花期：7~9 月
园林用途：花境、切花	

原产北美洲墨西哥湾及附近大西洋沿岸一带，世界各国均有栽培。

➢ 地下具块根。全株无毛或散生短柔毛。叶互生，条形，全缘，上部叶较小。头状花序排列成密穗状，穗长 15~30cm；头状花紫红色，由上而下次第开放。

➢ 性强健。喜光。较耐寒，北京地区可露地越冬。对土壤选择性不强，但以疏松、肥沃、排水好的土壤为好。

➢ 春、秋季分株繁殖。块根上应带有新芽一起分株。块根坚硬，不易分割。栽植前施堆肥等作基肥，对生长有利。生长期要保持土壤湿润。开花时易倒伏而造成花茎折曲，可设支柱支撑。也可播种繁殖。华北地区可露地似宿根类栽培，不必年年采收。

➢ 茎秆挺拔，花穗直挺，花小巧而繁茂，花色雅洁，盛开时竖向效果鲜明，景观宜人，是花境中的优秀花材。可作切花栽培，通常在花穗先端有 3cm 左右花序开放时切取。矮生变种可用于花坛。

变种有矮蛇鞭菊（var. montana）：株高 25~50cm，叶较原种宽，花穗稍短，花为蓝紫色。

16. 百合类 Lilium spp.

科属：百合科　百合属	位置和土壤：全光或半阴；肥沃砂质壤土
英名：Lily	株高：50~150cm
栽培类型：球根花卉，秋植球根	花色：除蓝色以外的各种颜色，有复色
园林用途：花坛、花境、专类园、盆栽、切花	花期：5~9 月

"Lilium"源于希腊语"Leirin",意为"百合"。同属植物约110种,主要分布地区是中国、日本、北美洲和欧洲等温带地区。中国是世界百合的分布中心,约42种,其中以西南地区和华中地区为多,很多具有观赏价值。

➢ 地下具鳞茎,外无皮膜,由多数的鳞片抱合而成。鳞片的外形是种的分类依据之一。大多种类地下有基生根和茎生根,前者为正常根系,后者在鳞茎抽出的地下茎上发出。地上茎直立。叶多互生或轮生;具平行脉。花单生、簇生或成总状花序;花大形,漏斗状或喇叭状或杯状等;花被片6,形相似,十分美丽,且常具芳香(图9-2)。

百合类鳞茎为多年生,鳞片寿命约为3年。鳞茎中央的芽伸出地面,形成直立的地上茎后开花,同时在其上发生1至数个新芽,自芽周围向外形成鳞片,并逐渐扩大增厚,几年后分生成为新鳞茎。在茎生根部位也产生小鳞茎。有些种类地上部分叶腋可以产生珠芽。

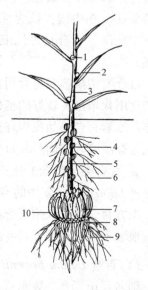

图9-2 百合植株模式
1. 珠芽 2. 叶 3. 地上茎
4. 小鳞茎 5. 地下茎 6. 基根(上根) 7. 老球 8. 基盘
9. 基根(下根) 10. 新球
(引自《花卉园艺》,章守玉)

➢ 百合种类多,分布广,所要求的生态条件不同。大多数种类和品种喜半阴,部分喜强光,部分耐阴。百合类绝大多数喜冷凉、湿润气候;多数种类耐寒性较强,耐热性较差。要求肥沃、腐殖质丰富、排水良好的微酸性土壤,少数适应石灰质土壤。忌连作。

花芽分化多在球根萌芽后并生长到一定大小时进行。花后进入休眠,休眠期因种而异。

➢ 可分球、分珠芽、扦插鳞片以及播种繁殖,有些种可组培繁殖。以分球繁殖最为常用,将自然形成的小球与母球分离,另行栽植即可。对有珠芽的种类可采收珠芽,春季播种,2~3年可开花。取鳞片扦插,顶端微露出土面,内侧面朝上,3年可成为开花球。

园林中百合类为秋植。当年发基生根,越冬后早春萌生地上部分,地上茎达到一定高度后顶端分化花芽,开花。然后进入休眠状态。经过夏季高温即可打破休眠,秋凉后又开始发根。冬季低温是来年花芽分化的必需条件。百合类栽植宜深。最好深翻后施入大量腐熟堆肥、腐叶土、粗沙等以利通气。以微酸性土为宜。春季萌芽后和旺盛生长时适当灌溉、追肥,有利于开花。生长季不需特殊管理。注意茎生根分布浅,不要损伤。一次种植可多年观赏。一般3~4年分栽一次,不宜多年种植一处不移动。采收后贮存于微潮湿的砂土中。

➢ 百合花姿雅致,叶子青翠娟秀,茎干亭亭玉立,花色鲜艳,是盆栽、切花和点缀庭院的名贵花卉。在园林中,适合布置成专类花园,如巧妙地利用不同种类的自然花期之差异及种与品种间花色之变化,可做到自5月中旬至8月下旬的3个多月时间里,均有不同颜色的花不断开放。高大的种类和品种是花境中独特的优良花材。中高类还可以于稀疏林下或空地上片植或丛植。低矮的种类则适宜作切花。

➤ 宋《尔雅》记载:"百合小者如蒜,大者如碗,数十片相累,状如白莲花,古名百合,谓百片合成也。"因此取名百合。百合历来受世界各国人民的喜爱,作为圣洁的象征。在中国,认为百合有"百事合心"之意,故民间每逢喜庆日常以百合相赠。在法国,百合是古代王室权利的象征,早在2世纪,法国人便把百合花作国徽图案。

百合类中鳞茎多可食用,国内外多有专门生产基地。如中国南京、兰州等地对百合的食用栽培已有较好的基础和经验。食用百合中以卷丹、川百合、山丹、百合、毛百合及沙紫百合等品质为好。多种百合还可入药,为滋补上品。花具芳香的百合还可提制芳香浸膏,如山丹、百合等。

➤ 百合类从功能上分三大类:食用百合、庭院百合和切花百合。切花百合为园艺杂种 *Lilium hybrida* 中的专用品种。根据杂交亲本来源不同,品种可分为亚洲百合系、东方百合系、铁炮百合系等。庭院百合有园艺杂种,也有观赏价值较高的原种,各国地域不同,种类上有些差别。我国园林中偶见栽培的有:

(1) 百合 *Lilium brownii* var. *viridulum*

别名:山百合、香水百合、天香百合、龙牙百合

英名:Greenish Lily

原产中国华北及华中地区。鳞茎扁平球形,径2~5cm,白色有紫晕。地上茎直立,高可达200cm,略带紫色。叶散生,倒披针形,向上部渐小。1~4朵花呈伞形排列;花乳白色,基部黄色,背面中肋带褐色纵条纹;喇叭形,水平开放;极芳香;花期5~6月。

其为野百合(布朗百合)的变种。原种叶片较窄。鳞茎除食用外还可入药。花可提取香精。本种多野生于山坡林缘草地上,喜半阴环境,耐寒,也较耐热。

(2) 渥丹 *Lilium concolor*

别名:山丹

英名:Morningstar Lily

主要分布于中国华北、吉林山地。鳞茎卵圆形,径2~2.5cm,鳞片较少,白色。地上茎高30~50cm;具有小乳头状凸起。叶窄,条形。1~5朵花呈伞形或总状排列;花深红色,无斑点;星形,直立开放,有光泽;花期6~7月。花有黄色、绯红色,花被片具黑点的变种。鳞茎可食或酿酒,也可入药。花含芳香油,可作香料。喜光照,适应石灰质土壤。

(3) 川百合 *Lilium davidii*

别名:大卫百合

英名:David Lily

主要分布于中国西南,河南、山西、湖北有分布。鳞茎扁卵形,径约4cm,白

色。地上茎高50~120cm，略被紫褐色粗毛。叶多而密集；线形；叶缘反卷。花2~20朵呈总状排列；花砖红色至橘红色，基部带黑点；下垂，花被片反卷；花期7~8月。该种广泛应用于欧洲百合育种。其变种兰州百合 var. *willmottiae*，花被片橙色，无斑点，鳞茎大，是著名的食用百合。喜光照，适应石灰质土壤。

(4) 卷丹 *Lilium tigrinum*

英名：Lanceleaf Lily

中国、日本、朝鲜有分布。株高80~150cm，鳞茎圆形至扁圆形，径4~8cm，白色至黄色。地上茎高50~150cm，具紫褐色条纹和白色绵毛。叶矩圆状披针形，上部叶腋具深紫黑色珠芽。花3~6朵总状排列；花梗粗壮；花橘红色，内散生紫黑色斑点；花朵下垂，开后反卷，呈球状；花期7~8月。鳞茎可食用或药用，花芳香，可作香料。喜光，畏涝。

(5) 麝香百合 *Lilium longiflorum*

别名：铁炮百合

英名：Longflower Lily

原产中国台湾。鳞茎球形或扁球形，黄白色。地上茎高45~100cm，绿色，基部淡红色。叶多数，散生，披针形，端渐尖，深绿。花单生或2~3朵生于短花梗上；蜡白色，基部带绿晕，筒长10~15cm，上部扩张呈喇叭状；具浓香；花期5~6月。是主要的切花之一。花含芳香油，可作香料。喜光，耐半阴，生长旺盛，耐石灰质土壤。

(6) 山丹 *Lilium pumilum*

别名：细叶百合

原产中国，俄罗斯、朝鲜、蒙古也有分布。鳞茎卵形或圆锥形，径2.5~4.5cm，白色。茎高15~60cm，有小乳头状突起，有的带紫色条纹。叶散生，中脉下面突出，边缘有乳头状突起。花单生或数朵呈总状排列；鲜红色，偶有少数斑点；下垂，花被片反卷；花期7~8月。本种在花被片未卷时与渥丹 *Lilium concolor* 难于区别，但本种花大，花被片长4~4.5cm，而后者花小，花被片长2~3.5cm。鳞茎可食用，亦可入药，可提取香料用。耐寒，喜阳光充足，略耐阴，喜微酸性土。

(7) 岷江百合 *Lilium regale*

别名：王百合、王香百合、峨眉百合、千叶百合

英名：Regale Lily

原产四川。鳞茎卵形至椭圆形，紫红色，径5~12cm。地上茎高60~200cm，直立或拱形，绿色带斑点。叶密生，线形，深绿色，细软而下垂。花1~20朵，通常4~5朵，多达25朵；花白色，内侧基部黄色，外被粉紫色晕；喇叭状，横生；极芳香；花期6~7月。为花境中的优良花卉。喜半阴，耐光照，适应石灰质土壤，但忌碱性强的土壤。

17. 石蒜类 *Lycoris* spp.

科属：石蒜科　石蒜属
英名：Lycoris
栽培类型：球根花卉，春植或秋植球根
园林用途：林下地被、岩石园、花境、切花
位置和土壤：半阴；不择土壤
花色：白、粉、红、黄、橙、紫红等
花期：夏、秋季

"*Lycoris*"为希腊神话中女海神的名字。同属植物20种，主要产于中国和日本，中国为本属植物的分布中心。华东、华南及西南地区多有野生，观赏价值高，开发前景很大。

➢ 地下具鳞茎，球形，外被皮膜。叶基生；花前或花后抽生。伞形花序顶生；花冠漏斗状或向上部开张反卷；雌雄蕊长而伸出花冠外。待夏秋叶丛凋枯时，花茎抽出并迅速生长而开花，故雅名为"叶落花挺"。

➢ 适应性强，耐寒力因产地不同而异。性强健，喜半阴，耐阴。自然界常野生于缓坡林缘、溪边等比较湿润及排水良好的地方。不择土壤，但喜腐殖质丰富的土壤和阴湿而排水良好的环境。

➢ 以分球繁殖为主。春、秋季均可栽植，一般温暖地区多秋植，较寒冷地区则宜春植。石蒜类栽植不宜过深，以球顶刚埋入土面为宜。栽植后不宜每年挖采，一般4~5年挖出分栽一次。栽培管理简便。采收后贮存在干燥通风处。

➢ 石蒜类有些种冬季叶色翠绿，夏、秋季鲜花怒放，宜作林下地被植物，也是花境中的优良材料，可丛植或用于溪边石旁自然式布置。亦可盆栽水养或作切花。

➢ 多数种类含石蒜碱，鳞茎有毒或剧毒，可作农药。石蒜粉可作建筑涂料，可入药，可消肿止痛、催吐，但有毒，要慎用。

➢ 园林中常用种类：

(1) 忽地笑 *Lycoris aurea*
别名：黄花石蒜、铁色箭、大一枝箭
英名：Golden Lycoris
"*aurea*"意为"金黄色的"。原产中国，华南有野生。鳞茎较大，皮膜黑褐色。叶阔线形，粉绿色，花后开始抽生。花茎高30~50cm，着花5~10朵；花大，黄色；花被裂片向后反卷；花期7~8月。

(2) 长筒石蒜 *Lycoris longituba*
英名：Longtube Lycoris
"*longituba*"意为"长筒的"。本种花茎最高，达60~80cm；花冠筒亦最长，4~6cm。着花5~17朵；花大，白色，略带淡红色条纹；花期7~8月。原产中国江浙一带。

(3) 石蒜 *Lycoris radiata*
别名：蟑螂花、老鸦蒜、红花石蒜、一枝箭

英名：Shorttube Lycoris, Red Spider Lily

鳞茎广卵圆形，皮膜紫褐色。叶线形，深绿色，中央有一条淡绿色条纹，花后抽生。花茎直立，高30~60cm，着花5~7朵或4~12朵；花鲜红色；花被裂片狭倒披针形，上部开展并向后反卷；雌、雄蕊长，伸出花冠外并与花冠同色；花期9~10月。分布广，长江流域和西南各地有野生。

（4）换锦花 *Lycoris sprengeri*
英名：Sprenger Lycoris

本种形似鹿葱，但其鳞茎较小。叶亦较窄，色较淡，蓝绿色。花茎高60cm；花瓣裂片淡紫红色，端带蓝色。原产中国云南和长江流域。耐寒性差，华北地区不能露地过冬。

（5）鹿葱 *Lycoris squamigera*
别名：夏水仙、叶落花挺、野大石
英名：Magic Lily, Autum Lycoris

鳞茎阔卵形。叶阔线形。花茎高60~70cm，着花4~8朵；花粉红色具莲青色或水红色晕；花被裂片斜展，雄蕊与花被片等长或稍短；花芳香；花期8月。原产中国及日本。本种耐寒，北京有野生。

18. 蓝壶花类 *Muscari* spp.

科属：百合科　蓝壶花属	位置和土壤：全光，半阴；肥沃排水好土壤
英名：Grape Hyacinth	株高：10~30cm
栽培类型：多年生球根花卉，秋植球根	花色：紫、蓝、白
园林用途：地被花卉、花境、岩石园、盆栽	花期：3月中旬至5月上旬

"*Muscari*"来源于希腊语"麝香"。同属植物30种，园林应用的仅4~5种。此属植物有香味。原产地中海流域和亚洲西南部。

地下具鳞茎，球形，有皮膜。叶基生，线形，稍肉质，宽松，看起来不太整齐，常绿或落叶。花茎自叶丛中抽出，高10~30cm，直立；总状花序顶生，稍成圆锥形；小花多数，密生而下垂，深紫、各种蓝色；花被片联合呈壶状或坛状，故有"蓝壶花"之称。现有白、淡蓝等品种。

➤ 性强健，适应性强。耐寒，在我国华北地区可露地越冬，不耐炎热，夏季地上部分枯死。在全光、半阴环境中皆可以生长。喜深厚、肥沃和排水良好的砂质壤土，但微碱、微酸土壤也能生长。

➤ 分球繁殖。将母株周围自然分生的小球分开，秋季另行种植，培养1~2年即能开花。具有自播繁衍的能力，可以用种子繁殖。

秋植，栽植深度8cm，定植株距10cm。栽培管理简单，但要注意栽前施足基肥，生长期适当追肥有利于开花。华北可露地过冬，栽培似宿根类，不必年年取出。

➤ 蓝壶花类株丛低矮，花色明丽，花朵繁茂花期早而长达2个月，宜作林下地被花卉。栽培管理粗放，丛植在以黄色为主基调的花境中，十分醒目。与红色郁金香配植，是早春园林中美丽的景观。在草坪边缘或灌木丛旁形成花带也非常美丽。性强健，种植在岩石园中，可以体现其旺盛的生命力，给人以蓬勃向上的动感。此外，还是切花和盆栽的优良花卉。

➤ 园林中常见栽培的有两个种：

(1) 亚美尼亚蓝壶花 Muscari armeniacum

英名：Grape Hyacinth

花期：4~5月

株高10~20cm。鳞茎球形。叶丛生，深绿色。总状花序呈或坛状或坛状圆锥形，小花色亮蓝色，坛状，下垂，端部白色，花冠边缘不整齐缺刻。品种丰富，有各种蓝色或白色，以及重瓣品种。

原产欧亚大陆。

(2) 葡萄风信子 Muscari botryoides

英名：Common Grape Hyacinth

"botryoides"意为"总状的"。株高15cm。地下鳞茎卵状球形，皮膜白色。叶基生，线形，稍肉质，边缘常向内卷，也常伏生地面。总状花序顶生，窄小；小花多数，密生而下垂，碧蓝色；花被片联合呈壶状。有白、上下淡蓝中间深蓝色等品种。原产地中海和亚洲西南部。

19. 水仙类 Narcissus spp.

科属：石蒜科　水仙属　　　　　位置和土壤：喜光，耐微阴；排水好土壤

英名：Narcissus, Daffodil　　　　株高：20~80cm

栽培类型：球根花卉，秋植球根　　花色：白、黄、晕红

园林用途：片植、花境、花坛、地被、切　花期：春季
　　　　　花、水养

同属植物约60种，主要原产北非、中欧及地中海沿岸，其中法国水仙分布最广，自地中海沿岸一直延伸到亚洲。有许多变种和亚种。目前常见栽培的多为园艺品种。

➤ 地下具肥大的鳞茎，卵圆形，大小因种而异。叶基生，多数种类互生两列状，绿色或灰绿色。花单生或多朵成伞形花序着生于花茎端部，下具膜质总苞；花茎直立；花多为黄色、白色或晕红色，部分种类具浓香；花被片6，花被中央有杯状或喇叭状的副冠，是种和品种分类的主要依据。

鳞茎为多年生，自然分生力强。

➤ 喜温暖、湿润及阳光充足的地方，尤以冬无严寒、夏无酷暑、春、秋季多雨的环境最为适宜，但多数种类也耐寒，在中国华北地区不需保护即可露地越冬。如栽植于背风向阳处，生长开花更好。对土壤要求不严格，但以土层深厚肥沃、湿润而排水良好的黏质壤土为最好，以中性和微酸性土壤为宜。

➤ 以分球繁殖为主，将母球上自然分生的小鳞茎(俗称脚芽)掰下来作种球，另行栽植。为培育新品种则可采用播种法。

秋植。覆土为球高 2 倍，覆土过浅、小球发生多，影响开花。水仙喜肥，除要求有充足的基肥外，生育期还应多施追肥。浇水视气候条件、球龄、生长发育期而定。

➤ 植株低矮，花姿雅致，花色淡雅，芳香，叶清秀，是早春重要的园林花卉。可以用于花坛、花境，尤其适宜片植。适应性强的种类，一经种植，可多年开花，不必每年挖起，是很好的地被花卉。水仙也可以水养，将其摆放在书房或几案上，严冬中散发淡淡清香，令人心旷神怡。也可用作切花。

➤ 园林中常用种类：

庭院中栽培的主要是园艺品种，株高 15～50cm，花单瓣或重瓣，通常为白黄纯色或二者复色，也有橘红、粉、绿色副冠，与花被同色或异色。定植株行距 10～20cm。

重要亲本有：

(1) 仙客来水仙 *Narcissus cyclamineus*

英名：Cyclamen-flow-ered Daffodil

叶狭线形，背隆起呈龙骨状。花 2～3 朵聚生；花冠筒极短，花被片自基部极度向后反卷，黄色；副冠与花被片等长，鲜黄色，边缘具不规则的锯齿。

(2) 丁香水仙 *Narcissus jonquilla*

别名：长寿花、黄水仙、灯芯草水仙

英名：Jonquil

"*jonquilla*" 为灯芯草的属名，意为"结合"。原产南欧及阿尔及利亚。叶 2～4 枚，长柱状，有明显深沟，浓绿色。花茎高 30～35cm；花 2～6 朵聚生，侧向开放，具浓香；花高脚碟状，花被片黄色；副冠杯状，与花被片同长、同色或稍深，呈橙黄色；花期 4 月。

(3) 红口水仙 *Narcissus poeticus*

别名：口红水仙

英名：Poets Narcissus, Pheasants-eye

"*poeticus*" 意为"诗的"。原产法国、希腊至地中海沿岸。叶 4 枚，线形。花茎二棱状，与叶同高；花单生，少数 1 茎 2 花；花被片纯白色；副冠浅杯状，黄色或白色，边缘波皱带红色；花期 4～5 月。耐寒性较强。

(4) 喇叭水仙 *Narcissus pseudo-narcissus*

英名：Common Daffodil, Trumpet Narcissus

别名：洋水仙、漏斗水仙、黄水仙

"*pseudo-narcissus*" 意为"假水仙"。原产瑞典、西班牙、英国。叶扁平线形，灰绿色而光滑。花茎高 30～35 cm；花单生，大型，黄或淡黄色，稍具香气；副冠与花被片等长或稍长，钟形至喇叭形，边缘具不规则齿牙和皱褶；花期 3～4 月。极耐寒，北京可露地越冬。是各国园林中常用的种类。片植可形成极好的景观。有很多变种，花的重瓣性、植株高矮都有变化。

(5) 中国水仙 *Narcissus tazetta* subsp. *chinensis*

英名：Chinese Narcissus

别名：水仙花、金盏银台、天蒜、雅蒜

"*tazetta*"意为"小盘"；"*chinensis*"意为"中国的"。中国水仙是法国水仙的重要变种之一，主要集中于中国东南沿海一带。叶狭长带状。花茎与叶等长，高30~35cm；每茎着花3~11朵，通常3~8朵，呈伞房花序；花白色，芳香；副冠高脚碟状，较花被短得多；花期1~2月。为三倍体，不结种子。耐寒性差。最易水养观赏。

中国福建漳州地区是栽培生产中心，生产水养观赏的漳州水仙，还有传统艺术雕刻方法，将水仙球经过一定的艺术加工，雕刻或拼扎成各种各样的造型。如蟹爪形、桃形、茶壶形、孔雀开屏等，宛如一幅幅有生命的立体的艺术珍品，深受人们的喜爱。因此，家家户户都喜欢用它作"岁朝清供"的年花。中国水仙的鳞茎可以入药，其花还可以提取香精。北方不可露地栽培。

20. 晚香玉 *Polianthes tuberosa*

科属：石蒜科　晚香玉属　　　　　位置和土壤：全光；肥沃、疏松

别名：夜来香、月下香、玉簪花　　　株高：80~90cm

英名：Tuberose　　　　　　　　　　花色：白

栽培类型：球根花卉，春植球根　　　花期：7~11月

园林用途：花境、丛植、夜花园、岩石园、切花

"*Polianthes*"源于希腊语，意为"灰白色花朵"；"*tuberosa*"意为"块状茎"。原产墨西哥及南美洲。温带地区分布广泛，现在世界各地广为栽培。同属植物13种。

➤ 常绿植物。地下具鳞块茎（上部为鳞茎，下部为块茎）。叶基生，带状披针形，茎生叶短，且愈向上愈短并呈苞状。总状花序顶生，着花12~32朵；花白色，漏斗状，具浓香，夜晚香气更浓，故有"夜来香"之称。

鳞块茎寿命1年，前一年开过花的老球（北京称"老残"）不再开花，在其周围长出许多小球。

➤ 喜光。喜温暖，怕寒冷。最适生长温度昼25~30℃，夜20~22℃。在热带和亚热带地区无休眠期，一年四季都可开花，其他地区则冬季落叶休眠。对土质要求不严，以黏质土壤为宜，砂土中不易生长；对土壤湿度反应较敏感，喜肥沃、潮湿而不积水的土壤，干旱时，叶边上卷，花蕾皱缩，难以开放。

➤ 分球繁殖。把大球、"老残"、小球分开栽种，大球可开花，小球养球，1~2年后可开花。"老残"可以再发新小球。

春季栽植。栽种时再分开大小球，将较大球的块茎基部切去后，蘸草木灰后种植。大球株距20~30cm，小球株距10~20cm。一般需要浅栽，目的不同栽植深度有差异，"深养球，浅抽葶"，小球和"老残"稍深些，顶部与土面齐即可，大球顶芽要露出土面。出苗缓慢，从栽种到萌芽约1个月，以后生长快，因此前期灌水不必多。芽出齐，表土干时需浇水。出叶后浇水不宜过多，以利根系生长发育。当花茎抽出

时，要施追肥并给以充足的水分。

采收后，在室内摊开晾干后贮存。也可采收后将球根块茎部分切去，露出白色，然后晾干贮存。球根中心易腐烂，要在干燥条件下贮存。北京黄土岗（今花乡）花农用火炉熏蒸，将球根吊起来，下面放火炉，最初保持室温 25～26℃，使球脱水外皮干皱时，降温到 15～20℃贮存。忌连作，最好 2 年换一个地方栽植。

➤ 美丽的夏季观赏花卉。花序长，着花疏而优雅，是花境中的优良竖线条花卉。花期长而自然，丛植或散植于石旁、路旁、草坪周围、花灌丛间，具有柔和视觉效果，渲染宁静的气氛。也可用于岩石园。花浓香，是夜花园的好材料。

➤ 花朵可提炼香精油。

21. 白头翁 *Pulsatilla chinensis*

科属：毛茛科　白头翁属
别名：老公花、毛姑朵花
英名：Chinese Pulsatilla
栽培类型：球根花卉，秋植球根
园林用途：花坛、盆栽、林下栽植

位置和土壤：微阴；排水良好
株高：20～40cm
花色：蓝紫
花期：4～5 月

原产中国，华北、东北、江苏、浙江等地均有野生。

➤ 地下茎肥厚，根圆锥形，有纵纹。全株被白色长柔毛。叶基生，三出复叶具长柄。花茎自叶丛中央抽出，顶端着花一朵；萼片呈花瓣状，蓝紫色，外被白色柔毛；花谢后，宿存的银丝状花柱在阳光下闪闪发光，十分美丽。

➤ 喜凉爽气候，耐寒性较强，忌暑热。在微阴下生长良好。喜排水良好的砂质壤土，不耐盐碱和低湿地。

➤ 播种或分割块茎繁殖。可在秋末掘起地下块茎，用湿沙堆积于室内，次年 3 月上旬在冷床内栽植以催芽，萌芽后将块茎用刀切开，每块要带有萌发的顶芽，栽于露地或盆内。

栽培管理简单，华北地区可露地过冬，似宿根类栽培。

➤ 白头翁全株被毛，十分奇特，园林中常配置于林间隙地及灌木丛间，或以自然的方式栽植在花境中。也可以用于花坛或盆栽欣赏。

➤ 其根可入药，有清热解毒的功效。

同属其他花卉有：日本白头翁（*P. cernua*）：花暗紫红色；欧洲白头翁（*P. vulgaris*）：全株被长毛，花蓝色至深紫色。

22. 花毛茛 *Ranunculus asiaticus*

科属：毛茛科　毛茛属
别名：芹菜花、波斯毛茛、陆地莲
英名：Common Garden Ranunculus, Persian Buttercup
栽培类型：球根花卉，秋植球根

园林用途：切花、盆栽、花坛、花带
位置和土壤：半阴、全光；排水好、肥沃
株高：20～45cm
花色：黄、红、白、橙、紫、栗等
花期：4～5 月

"*Ranunculus*"源于拉丁语"rana",意为"青蛙",指的是它多数种类喜湿的特性。原产欧洲东南部及亚洲西南部。同属植物约600种,广布于全世界。现今园艺品种很多,花常高度瓣化为重瓣型。中国各大城市均有栽培。

➤ 地下块根纺锤形,常数个聚生根颈部。茎单生或细分枝,具毛。基生叶3裂;茎生叶羽状细裂,无柄。花单生枝顶或数朵生于长柄上,有丝质光泽,原种为鲜黄色,品种花色极丰富。

➤ 喜凉爽,忌炎热,较耐寒,但冬季在0℃时会受冻害,在中国长江流域可以露地越冬。喜半阴环境,也可在光下种植。要求腐殖质多、肥沃而排水良好的砂质或略黏质土壤,以中性或微碱性为宜。

➤ 分球或播种繁殖。分球可于秋季将块根带根颈,顺自然生长状态,用手掰开,以3~4根为一株栽植。秋播,采用人工低温催芽,即种子湿润后在7~10℃下20d可发芽,发芽适温15~20℃,次年可开花。

栽培中忌高温多湿,要保持通风。园林栽培管理简单,盆栽精细。采收后于干燥通风处贮存。

➤ 花密集,花姿美丽,花大,花色鲜艳夺目,单瓣花纤巧而秀雅,重瓣花艳丽而奔放。可以用于布置花坛,配植在素雅的花境中,可增添活泼之感。在林缘和草地上丛植,景观美丽。也可以盆栽观赏,为室内增添一抹春意。

23. 绵枣儿类 *Scilla* spp.

科属:百合科 绵枣儿属　　　　位置和土壤:全光、半阴;排水好土壤
别名:海葱、蓝钟花　　　　　　株高:10~20cm,花茎高15~45cm
英名:Squill　　　　　　　　　　花色:蓝紫、白、玫瑰紫
栽培类型:球根花卉,秋植球根　花期:4~5月
园林用途:林下地被、岩石园、花坛、盆栽

"*Scilla*"源于古希腊语,意为"有害",指鳞茎有毒。同属植物约90种,主要分布于欧洲、非洲和亚洲温带地区。中国有1种1变种。

➤ 地下为有皮或无皮鳞茎,卵圆形。高5~6cm,径2~4cm。叶基生,线形至披针形,浓绿色。总状花序,花茎直立,花小而密,稍下垂。该属鳞茎及外部形态与风信子近似,唯其球小,高5~6cm,花被片分离。

➤ 耐寒力因原产地不同而有差异。大多喜温暖、湿润。喜光。适应性强,耐寒,耐旱并耐半阴。对土壤要求不严,除极度黏重土壤或砂土外,任何土壤均能正常生长,但在富含腐殖质和排水良好的土壤上以及向阳条件下,生长尤为繁茂。

➤ 以分球繁殖为主,也可播种繁殖。播种苗3~4年开花。

秋植,浅栽,球的一半要露出地面,气候适宜2周后就发芽,冬季以莲座状营养叶过冬。寒冷地区早春开始迅速生长。定植株行距25~35cm。春季需施较浓的肥水1~2次。一般定植后不宜每年挖起,可任其生长,经2~4年后,再挖球分栽一次。

➢ 绵枣儿属株丛低矮整齐，花色明快，适应性强，栽植后可自行繁衍，最宜作疏林下或草坪上的地被植物，也可作岩石园和花坛材料，还可盆栽。

➢ 园林中常用种类：

（1）聚铃花 Scilla hispanica
别名：蓝钟花、西班牙蓝钟花
英名：Spanish Blubell
原产葡萄牙和西班牙。鳞茎不规则卵状椭圆形，直径6~7cm。叶与花茎等长。小花12朵或更多，钟形，下垂，蓝色至玫瑰紫色；花期5~6月。不耐高温多湿。栽培品种很多。

（2）地中海蓝钟花 Scilla peruviana
别名：地中海绵枣儿、秘鲁绵枣儿
英名：Peruvian Squill
原产地中海一带。园艺品种有白、红、堇、紫等色。鳞茎较大，径6~7cm，呈不规则卵状椭圆形。株高15~30cm。叶多，深绿有光泽，平卧地面呈莲座状，开花后渐渐竖起。花茎粗壮，1~3支，小花多而密生，可达50朵以上，在花茎顶端组成一个蓝紫色的大花球；花期4~5月。

24. 郁金香 *Tulipa* × *gesneriana*

科属：百合科　郁金香属
别名：洋荷花、草麝香
英名：Tulip
栽培类型：球根花卉，秋植球根
园林用途：花坛、花境、丛植、种植钵、岩石园、盆栽、切花

位置和土壤：全光；排水好、肥沃土壤
株高：20~90cm
花色：白、粉、红、紫、褐、黄、橙等色系或复色
花期：3~5月

"*Tulipa*"源于波斯语，是"帽子"和"伊斯兰头巾"的意思。郁金香的栽培已有2000多年的历史。中国约产10种，主要分布在新疆。

➢ 地下具鳞茎。茎、叶光滑，被白粉。叶3~5枚，带状披针形至卵状披针形，全缘并呈波状，常有毛。花单生茎顶，大型，形状多样：花被片6，离生，有白、黄、橙、红、紫红等单色或复色，并有条纹、重瓣品种。花白天开放，傍晚或阴雨天闭合。

➢ 喜冬季温暖、湿润，夏季凉爽、稍干燥的环境。生长温度5~22℃，生长适温18~22℃。花芽分化适温17~23℃。喜光照充足。

鳞茎寿命1年。母球在当年开花并分生新球及子球后便干枯死亡。品种间子球数量差异大。根系再生力弱，断折后难继续生长。

➢ 分球繁殖。秋植，要深耕整地，施足基肥，筑畦或开沟栽植。覆土厚度为球高的2倍，过深易烂球。栽后需适当灌水，促使生根。北方寒冷地区，冬季可适当加覆盖物，早春化冻前及时除去覆盖物。

目前栽培的现代郁金香是本属植物的园艺杂交种。其花色、花型是春季球根花卉中最丰富的。依株形、花期、花色、花型差异有丰富的品种。有庭院栽植、切花、盆花等不同用途品种，也有一些原种在园林中应用，各国不同。

➢ 郁金香为"花中皇后"，是最重要的春季球根花卉。花色丰富，开花非常整齐，令人陶醉，是优秀的花坛或花境花卉，丛植草坪、林缘、灌木间、小溪边、岩石旁都很美丽，也是种植钵的美丽花卉，还是切花的优良材料及早春重要的盆花。

25. 紫娇花 *Tulbaghia violacea*

科属：石蒜科　紫娇花属
别名：洋韭菜、野蒜、非洲百合
栽培类型：球根花卉，春植或秋植球根
园林用途：花境、花带、地被、岩石园

位置和土壤：全光；排水好，耐贫瘠
株高：30～60cm
花色：粉红，紫红
花期：5～7月

"*violacea*"意为紫色的，指花的颜色。紫娇花原产南非。

➢ 形态与韭菜相似，且该植物全株均有浓郁韭菜味。鳞茎肥厚，呈球形，直径约2cm，丛生状。叶多为半圆柱形，中央稍空，长约30cm。花茎直立，伞形花序球形，小花多数，径2.5cm，花被粉红色或紫红色，花被片卵状长圆形，基部稍结合；花期5～7月。

➢ 喜光，栽培处全日照、半日照均理想，但不宜庇荫。喜高温，耐热，生育适温24～30℃。对土壤要求不严，耐贫瘠。但肥沃而排水良好的砂壤土或壤土上开花旺盛。

➢ 以分球繁殖为主，入秋挖出地下球根进行分栽。也可播种繁殖，播种苗3～4年开花。

紫娇花叶丛翠绿，花朵俏丽，花瓣肉质，花期长，是夏季难得的花卉；适宜作花境中景，或作地被植于林缘或草坪中。也是良好的切花花卉。也可如韭菜一般食用，故亦名洋韭菜。

26. 葱莲类 *Zephyranthes* spp.

科属：石蒜科　葱莲属
别名：玉帘、菖蒲莲
英名：Zephyr Lily
栽培类型：球根花卉，春植或秋植球根
园林用途：花坛、花径、地被、盆栽

位置和土壤：全光，半阴；排水好，富含腐殖质
株高：15～30cm
花色：白、粉、黄
花期：4～10月

同属植物约50种，主要分布在美洲。

➢ 成株丛生状。地下为有皮鳞茎。叶浓绿色，基生；花茎从叶丛中抽出，顶生一花。花冠漏斗状，花药黄色，较大，非常明显。

➢ 喜光照充足，温暖、湿润环境，亦耐半阴和潮湿。有一定耐寒性。要求排水良好、富含腐殖质的砂质土壤。

➢ 分球繁殖，华北春植，长江以南可秋植。鳞茎分生能力强，成熟的鳞茎可以从基盘上分生10多个小鳞茎。一般在秋季老叶枯萎后或春季新叶萌发前掘起老株，将小鳞茎连同须根分开栽种，每穴种3~5个，栽种深度以鳞茎顶稍露土为度，一次分球后可隔2~3年再行分球。

生长强健，耐旱，耐高温，生长适温22~30℃。在生长旺期应视苗势酌情浇水、追肥。养护管理粗放。

➢ 葱莲类植株低矮，叶丛碧绿，开花后密集的花朵覆盖整个株丛，色彩或浓艳或淡雅，观赏价值极高。最适合作花坛、花径、草地镶边栽植，亦可作半阴处地被花卉。可爱的粉红花若与素雅的葱兰丛植、散植于绿茵之中，将是引人注目的夏季缀花草坪。也可盆栽观赏。

➢ 有种间杂交品种。园林中常见栽培的同属花卉：

(1) 葱莲 *Zephyranthes candida*

别名：葱兰、玉帘、葱叶水仙、白花菖蒲莲

原产阿根廷、秘鲁。株高15~20cm，鳞茎长卵形，较韭兰小。叶线形，具纵沟，似圆柱状，浓绿色，基生。花单生花葶顶部，花冠漏斗形不明显，白色；花较韭兰小，苞片白色或膜质苞片红色；花期7~10月。抗性强，半阴处也生长良好。

(2) 韭莲 *Zephyranthes grandiflora*

别名：韭兰、红玉帘、红花菖蒲莲、风雨花

原产墨西哥。株高15~30cm，鳞茎卵圆形，有淡褐色外皮，颈短。叶扁平线形，绿色，基生。花单生花葶顶部；花漏斗形，粉红色或玫瑰红色，苞片粉红色；花径5~7cm，花期4~9月。耐阴性稍差。

思 考 题

1. 什么是球根花卉？球根花卉有哪些类型？
2. 球根花卉园林应用有哪些特点？
3. 球根花卉生态习性是怎样的？
4. 球根花卉繁殖栽培要点有哪些？
5. 举出20种常用球根花卉，说明它们主要的生态习性、栽植时间、栽植深度、采后贮存方法和应用特点。

推荐阅读书目

1. 园林花卉. 陈俊愉，刘师汉等. 上海科学技术出版社，1980.
2. 花卉学. 北京林业大学园林系花卉教研室. 中国林业出版社，1990.
3. 漳州水仙. 朱振民，林颖. 复旦大学出版社，1991.

4. 百合——球根花卉之王. 龙雅宜, 张金政. 金盾出版社, 1999.
5. 多肉植物球根花卉 150 种. 薛聪贤. 河南科学技术出版社, 2000.
6. 多年生园林花卉. 英国皇家园艺学会观赏植物指南. 印丽萍, 肖良译. 中国农业出版社, 2003.
7. 球根花卉. 英国皇家园艺学会观赏植物指南. 韦三立, 李丽虹译. 中国农业出版社, 2003.
8. 球根花卉. 张金政, 孙国峰. 安徽科学技术出版社, 2003.
9. 球根花卉. 周厚高. 广东世界图书出版公司, 2006.
10. 中国球根花卉研究进展. 穆鼎, 李思锋. 陕西科学技术出版社, 2011.

第10章 园林水生花卉

[**本章提要**] 本章介绍园林水生花卉的含义及类型，园林应用特点，生态习性和繁殖栽培要点；介绍了20种(类)常用园林水生花卉。

10.1 概 论

10.1.1 含义及类型

10.1.1.1 含 义

园林水生花卉指生长于水体中、沼泽地、湿地上，观赏价值较高的草本花卉，包括一年生花卉、宿根花卉、球根花卉。

10.1.1.2 类 型

园林水体中的花卉主要分为：

(1) 挺水花卉(emergent plant)

扎根于泥土中，茎叶挺出水面之上，包括沼生到150cm水深的植物，栽培中一般是80cm水深以下。如荷花、千屈菜、水生鸢尾、香蒲、菖蒲等。

(2) 浮水花卉(floating-leaved plant)

扎根于泥土中，叶片漂浮于水面上，包括水深150~300cm的植物，栽培中一般是80cm水深以下。如睡莲类、萍蓬草、王莲、芡实等。

(3) 漂浮花卉(floating plant)

根生长于水中，植株体漂浮在水面上。如凤眼莲、浮萍。

(4) 沉水花卉(submerged plants)

扎根于泥土中，整个植株沉没于水面之下，仅在开花时花柄、花朵才露出水面。叶片无气孔，有完整的通气组织，能适应水下氧气含量较低的环境。常分布于400~500cm水中。如苦草、金鱼藻、狸藻等。

园林中作为景观的水生花卉主要是挺水和浮水花卉，也使用少量漂浮花卉。沉水植物在园林中的大水体中自然生长，可以起净化水体的作用，没有特殊要求一般不专门栽植这类植物。

10.1.2 园林应用特点

园林水生花卉是从湿生、沼泽和水生植物中选择出来的高观赏价值种类，由于特殊的生境适应性，成为园林中重要而特别的一类植物。水是园林的灵魂，水体及其周边园林花卉的科学和艺术应用可以产生良好的景观和生态效益。园林应用特点如下：

①是水生园、水景园等专类园的主要种类。

②是湿地生态修复、绿化美化的重要植物。

③可以地栽、容器栽，地栽以丛植和群植为主，盆栽可用于不同环境布置。

④养护管理与陆生植物不同，虽然比较简单，但有独特的要求。耐寒性不同需采用不同栽培和越冬方式。

10.1.3 生态习性

世界各地都有分布。由于生态环境变化没有陆地剧烈，因此同一种花卉分布的地域常常较广。

(1) 温度要求

因原产地不同而有很大的差异。睡莲的耐寒种类可以在西伯利亚露地生长；而王莲生长适温40℃，在中国大部分地区不能露地过冬，需要在温室中栽培。

(2) 光照要求

要求阳光充足。

(3) 土壤要求

喜黏质土壤，池土含有丰富的腐殖质。

(4) 水分要求

园林水生花卉要求水深不同。生长于水体内的挺水和浮水花卉的种和品种一般要求40~100cm的水深；近沼生习性的花卉20~30cm水深即可；湿生花卉只适宜种在岸边潮湿地。同种花卉随生长发育变化，适宜水深也不同。水体中水有一点流动性，对花卉生长有益，可以提供更多的氧气。

10.1.4 繁殖栽培要点

10.1.4.1 繁殖要点

大多数水生花卉是多年生花卉，因此主要繁殖方式为分生繁殖，即分株或分球。一般在春季开始萌动前进行，适应性强的种类初夏亦可分栽。

播种繁殖一般是种子随采随播。还可以扦插繁殖，方法同宿根花卉。

①盆播 种子播于培养土中，上面覆土或细沙，然后浸入水池或水槽中，保持0.5cm水层，然后随种子萌发进程而逐渐增加水深。出苗后分苗、定植。

②直播 在夏季高温季节，把种子裹上泥土沉入水中，条件适宜则可萌发生长。

10.1.4.2 栽培要点

在园林水体中栽种水生植物有3种不同方式：①自然水体种植。需要围堰抽水，露出泥土面种植水生花卉；②人工池塘池底砌筑栽植槽，放入培养土，将水生花卉植入土中；③将水生花卉种在容器中，再将容器沉入水中，方便移动。北方冬季须把容器取出来收藏以防严寒；春季换土、加肥、分株的时候，方便操作，比较灵活省工；也能保持池水的清澈，清理池底和换水也较方便。

(1) 土壤和养分管理

选用池底有丰富腐烂草的黏质土壤的水体。地栽种类主要在基肥中解决养分问题。新挖的池塘缺少有机质，需施入大量有机肥。盆栽用土也以富含腐殖质的泥塘土配一般栽培用土，使土壤为黏质壤土。

(2) 种植深度要适宜

不同的水生花卉对水深的要求不同，同一种花卉对水深的要求一般是随着生长要求不断加深，旺盛生长期达到最深水位。

(3) 越冬管理

耐寒种类直接栽植在池中或水边，冬季不需要特殊保护，休眠期对水深浅要求不严。半耐寒种类直接种在水中，初冬结冰前提高水位，使花卉根系在冰冻层下过冬；盆栽沉入水中观赏的花卉，入冬前取出，倒掉积水，连盆一起放在冷室中过冬，保持土壤湿润即可。不耐寒种类要盆栽观赏，冬天移入温室过冬。特别不耐寒的种类，大部分时间要在温室中栽培，夏季温暖时可以放在室外水体中观赏。

(4) 水质要清洁

清洁的水体有益于水生花卉的生长发育，水生植物对水体的净化能力是有限的。水体不流动时，藻类增多，水浑浊，小面积可以使用硫酸铜，分小袋悬挂在水中，用量为 $1kg/250m^3$；大面积可以采用生物防治，放养金鱼藻、狸藻等水草或螺蛳、河蚌等软体动物。轻微流动的水体有利于植物生长。

(5) 防止鱼食

同时放养鱼时，在植物基部覆盖小石子可以防止小鱼损害；在花卉周围设置细网，稍高出水面以不影响景观为度，可以防止大鱼啃食。

(6) 去残花枯叶

残花枯叶不仅影响景观，也影响水质，应及时清除。同时注意疏除过度生长的植物。

10.2 各 论

1. 菖蒲 *Acorus calamus*

科属：天南星科 菖蒲属
别名：臭蒲子、水菖蒲、白菖蒲
英名：Calamus, Drug Sweetflag
栽培类型：宿根、挺水花卉
栽培水深：5~10cm

园林用途：水边栽植、盆栽观叶、切花
株高：60~80cm
花色：黄绿
花期：7~9月

"*calamus*"意为"芦苇"。原产中国及日本，广布于世界温带和亚热带地区。中国南北各地均有分布。同属植物4种。

➤ 常绿草本。根茎稍扁肥，横卧泥中，具芳香。叶基生，长90~150cm，中部宽1~3cm，二列状着生，剑状线形，端尖，基部鞘状，对折抱茎；革质具有光泽；中肋明显并在两面隆起，边缘稍波状。花茎似叶稍细；叶状佛焰苞长达30~40cm，内具圆柱状锥形肉穗花序；花小型，黄绿色。

➤ 喜生于沼泽、溪边或浅水中。耐寒性不甚强，在华北地区呈宿根状态，每年地上部分枯死，以根茎潜入泥中越冬。

➤ 春季分株繁殖。

因本种适应性较强，栽植后保持潮湿或盆面有一定水位即可，不需多加管理。生长适温18~23℃，10℃停止生长。有一定耐寒性。

➤ 叶丛挺立而秀美，并具香气，最宜作岸边或水面绿化材料，也可盆栽观赏。

➤《本草·菖蒲》载曰："典术云：尧时降精于庭为韭，感百阴之气为菖蒲，故曰：尧韭。方士隐为水剑，因叶形也。"因此，菖蒲又名尧韭。先民把其作神草崇拜，把农历4月14日定为其生日，"四月十四，菖蒲生日，修剪根叶，积海水以滋养之，则青翠易生，尤堪清目。"古人称菖蒲"叶如剑刀"，有辟邪的功能，在我国传统文化中，它是防疫驱邪的灵草，民间有在端午节将其与艾草一起插于门楣的习俗。除此之外，端午节古人还制作菖蒲酒，可以去毒、"避蛊气"。或以根入酒，或配雄黄，或饮用、或外敷或"浑洒床帐间"，各朝各地有不同的制法和用法。

全株芳香，可作香料或驱蚊虫药；茎、叶可入药。

2. 金钱蒲 *Acorus gramineus*

科属：天南星科 菖蒲属
别名：钱蒲、小石菖蒲、石菖蒲、随手香
英名：Grassleavd Sweetflag, Japanese Sweetflag
栽培类型：宿根、挺水花卉
栽培水深：5~10 cm

园林用途：水边栽植、盆栽观叶、切花、地被
株高：30cm
花色：淡黄绿
花期：5~6月

"*gramineus*"意为"如禾草的"。原产中国及日本,越南和印度也有分布。在中国主要分布于长江流域以南各地。

➤ 常绿植物。根茎及茎芳香,全株具香气。叶基生,基部对折,线形狭而短,叶宽不到0.6cm,平行脉稍隆起。肉穗花序直立或斜向上;佛焰苞与花序等长;花小型,淡黄色。

➤ 喜阴湿、温暖的环境,在自然界常生于山谷溪流中或有流水的石缝中。具一定的耐寒性,在长江流域虽可露地越冬,但叶丛上部常干枯;在华北地区则变为宿根状,地上部分枯死,根茎在土中越冬。

➤ 早春分株繁殖。

适应性强,生长强健,栽培管理粗放简单。生长期间注意松土、浇水,保持阴湿环境,切勿干旱。

➤ 金钱蒲姿态挺拔舒展,淡雅宜人,丛植于岩石旁、水榭边、桥头,或成片种植岸边能产生良好的景观效果。还可作林下和阴处地被。

可入药,有开窍、祛痰、理气、活血、散风、去湿之功效;可治癫痫、热病神昏、健忘、气闭耳聋、心胸烦闷、胃病、风寒、跌打损伤等。可提炼芳香油供化妆品用。

➤ 栽培品种多,株高3~5cm。常见栽培的有:钱蒲(var. *pusillus*):又名银线蒲。株丛矮小,叶极窄而硬,长仅10cm;'花叶'石菖蒲('Variegatus'):株丛矮小,叶具黄色条纹。'金叶'石菖蒲('Ogan'):株丛矮小,叶黄绿色。常用于山石盆景中。

3. 花蔺 *Butomus umbellatus*

科属:花蔺科 花蔺属	园林用途:水边栽植、盆栽观赏
英名:flowering-rush, water-gladiolus	株高:50~120cm
栽培类型:宿根、挺水花卉	花色:浅粉
栽培水深:小于30cm	花期:5~7月

"*umbellatus*"意为"具伞状的",指其具有伞形花序。花蔺属仅有1种。分布遍及北美洲及欧亚大陆的温带地区,我国东北、华北及华东地区有分布,生于池塘、湖泊和沼泽。

➤ 根状茎粗壮,横生。叶基生,长30~120cm,宽3~10mm,上部伸出水面,条形,基部近三棱状。伞形花序;花葶圆柱形;花被片6,外轮3枚小,萼片状,绿色晕红;内轮3枚较大,花瓣状,粉红色至淡红色。蓇葖果,种子多数。花期5~7月,果期6~9月。

➤ 喜光,喜温暖、湿润,亦耐寒。在通风良好的环境中生长最佳。能自播繁殖。

➤ 分株或播种繁殖。春播,种子采收后经水藏过冬,4~5月播种。分株可于春、秋季进行。

栽培宜选择阳光充足处,光照不足时着花少。气温低于15℃时停止生长。

> 花蔺的花、叶美观，开花时点点粉红色花浮在翠绿的叶丛之上，轻盈优美。可用于园林中溪边、池旁成片栽植，也可盆栽观赏。

叶可作编织及造纸原料，根茎可酿酒，也可制淀粉。

4. 旱伞草 *Cyperus alternifolius*

科属：莎草科　莎草属
别名：风车草、水竹
英名：umbrella papyrus
栽培类型：宿根、挺水花卉
栽培水深：10～30cm

园林用途：水边绿化、盆栽观赏
株高：40～150cm
观赏部位：茎叶
观赏期：4～11月

"*Cyperus*"为希腊语，意为莎草。"*alternifolius*"是拉丁语，意为"互生叶"。原产非洲，我国南北各地有栽培应用。

> 常绿宿根，具短粗的地下根状茎。秆丛生，粗壮，近圆柱形。叶退化成鞘状，包裹茎基部。叶状苞片，约20枚，近等长，呈螺旋状排列，向四周展开形如伞，故名。聚伞花序疏散，辐射枝发达。花期5～7月，果期7～10月。

> 喜温暖、阴湿及通风良好环境，不耐寒。对土壤的要求不严格，但喜腐殖质丰富、保水力强的黏性土壤，沼泽地及长期积水地也能生长良好。

> 分株或扦插繁殖。于3月将老株挖起，分割成数块，每块带有2～3个小芽，直接栽种于种植区。将顶生叶作插穗，留叶柄长5～8cm，将伞形叶剪短1/3插于用沙和细土混合的插床中，浇透水，保持浅水位，用小拱棚盖上塑料膜密封，上盖遮阴网，15d后揭去塑料膜。

> 夏季忌强光直射，需要放在半阴处养护。室内种植应用，尽量放在光线明亮的地方，并每隔一两个月移到室外半阴处或遮阴养护1个月。最适生长温度为18～30℃，忌寒冷霜冻，冬季气温降到4℃以下进入休眠状态，北方冬季应放入温室越冬，此时应适当控制水分，稍见光。盆栽植株生长1～2年后，当茎秆密集、根系布满盆中时，应及时分盆移栽。

> 旱伞草株丛繁茂，苞片奇特如伞，姿态潇洒飘逸，不乏绿竹之风韵，是良好的观叶水生植物。宜带状布置于湖畔的浅水处，也可丛植于溪流岸边假山石的缝隙作点缀，别具天然景趣。也可盆栽观赏或作切叶。

5. 凤眼莲 *Eichhornia crassipes*

科属：雨久花科　凤眼莲属
别名：水葫芦、水浮莲、凤眼兰
英名：Common Water-hyacinth
栽培类型：宿根、漂浮花卉

栽培水深：60～100cm
园林用途：水面绿化、切花
花色：堇紫
花期：7～9月

"*Eichhornia*"源于人名；"*crassipes*"意为"有粗柄"。原产南美洲，中国引种后广为栽培，尤其在西南地区的池塘水面极为常见，现长江、黄河流域也广为引种，北京地区已引种成功。

➢ 须根发达，长达30cm，悬垂水中。茎极短缩。叶近基生，5~10枚莲座状排列；叶倒卵状圆形或卵圆形，全缘，鲜绿色而有光泽，质厚，叶柄长，叶柄中下部膨胀呈葫芦状海绵质气囊。生于浅水的植株，其根扎入泥中，植株挺水生长，叶柄气囊状膨胀不明显。花茎单生，高20~30cm，端部着生短穗状花序，小花堇紫色。

➢ 对环境的适应性很强，在池塘、水沟和低洼的渍水田中均可生长，但最喜水温18~23℃。具有一定耐寒性，北京地区虽已引种成功，但种子不能成熟，老株尚需保护方可露地越冬。喜生浅水，在流速不大的水体中也能生长，随水漂流。繁殖迅速，一年中，一单株可布满几十平方米水面。生长适温20~30℃，超过35℃也能正常生长，气温低于10℃停止生长，冬季越冬温度不低于5℃。

➢ 以分株繁殖为主，春季将母株丛分离或切离母株腋生小芽（带根切下），放入水中，可生根，极易成活。也可播种繁殖，但不多用。种子寿命长，可保存10~20年。

种植密度为50~70株/m²。栽培管理简单。生长期间酌施肥料，可促其花繁叶茂。盆栽宜用腐殖土或塘泥并施以基肥，栽植后灌满清水。寒冷地区冬季可将盆移至温室内，室温10℃以上越冬。

➢ 叶色光亮，花色美丽，叶柄奇特，是重要的水生花卉。可以片植或丛植水面。还可以用于鱼缸装饰。有很强的净化污水能力，可以清除废水中的汞、铁、锌、铜等金属和许多有机污染物质。对砷敏感，在含砷水中2h，叶尖即受害。注意在生长适宜区，常由于过度繁殖，阻塞水道，影响交通。

➢ 凤眼莲的名字来自它的花朵形状。它的花朵中间有一片特大的花瓣，为堇蓝色，中间有一块蓝斑，在蓝斑中央有一鲜黄色的小斑块，状如传说中的凤眼，故名凤眼莲。又因其颜色是蓝色，花形似兰花，所以又有凤眼蓝、凤眼兰的别名。另外，凤眼莲的叶柄中部以下膨大为气囊，状如葫芦，浮于水面，所以人们又称它为水葫芦。全株入药。叶可作饲料。凤眼莲的花还可作切花用。

6. 芡 *Euryale ferox*

科属：睡莲科　芡属　　　　　　园林用途：水面绿化
别名：芡实、鸡头莲、鸡头米　　　花色：紫红
英名：Gordon Euryale　　　　　　观赏期：6~10月
栽培类型：一年生、浮水花卉　　　花期：7~8月
栽培水深：深水、浅水均可，水深小于100cm

"*ferox*"意为"多刺的"。1属1种，广布于东南亚、俄罗斯、日本、印度和朝鲜。中国各地的湖塘中多有野生。

➢ 全株具刺。根茎肥短。叶丛生，沉水叶箭形或椭圆肾形，较小，直径4~10cm，无刺；浮水叶革质，浮于水面，圆状盾形或圆状心脏形，直径可达1.2m，最

大者可达 3m 左右；叶脉隆起，两面均有刺。花单生叶腋，具长梗，挺出水面；花瓣多数，紫色；浆果球形，外密生硬刺，状如鸡头，故称鸡头米。

> 多为野生，适应性强，深水或浅水均能生长，而以气候温暖、阳光充足、泥土肥沃之处生长最佳。

> 常自播繁衍。园林水体中栽植或盆栽时可播种繁殖。因种皮坚硬，播前先用 20~25℃ 水浸种，每天换水，15~20d 萌发，然后播于 3cm 水深的泥土中，待苗高 15~30cm 时移入深水池中。

在肥沃的黏土中生长良好。幼苗期应注意除草，否则容易被杂草侵害。待植株长大，叶面覆盖度增加时就不易受侵害。管理简单。种子采收时应注意提前采收，最好连同花梗一起割下，以防种子成熟自行脱落。生长适温 20~30℃，低于 15℃ 生长缓慢，10℃ 以下停止生长。全年生长期为 180~200d。雨季水深超过 1m 时，要排水。

> 生势强健，适应性强。叶片巨大，平铺于水面，极为壮观。叶形、花托奇特，用于水面水平绿化颇有野趣。

> 种子含淀粉，是制作菜肴的"芡粉"，还可食用、酿酒或药用。全草为猪饲料，还可作绿肥。

7. 水罂粟 *Hydrocleys nymphoides*

科属：花蔺科　水罂粟属	园林用途：水面绿化
别名：水金英	观赏部位：叶、花
英名：Water-poppy	花色：黄、白
栽培类型：宿根、浮水花卉	花期：6~9 月

"Hydro"源于希腊语"hudor"，意为"水"；"kleis"意为"钥匙"；"*nymphoides*"即"像睡莲"。原产南美洲的巴西、委内瑞拉及中美洲；中国有引种栽培应用。

> 株高 5cm。茎圆柱形。叶簇生于茎上，叶近圆形，具长柄，直径约 5cm，叶背有长条形海绵质贮气组织，叶柄有横隔。花单生，具长柄，挺出水面，杯状，花瓣 3，黄色，基部深褐色；花期 6~9 月。

> 喜光，喜温暖、湿润的气候环境，不耐寒。低温或高温对植株的正常生长均会产生影响。在缓水中生长良好。

> 自交不亲和，结籽较小，故多用根茎分株繁殖，于每年 3~6 月进行。

宜选择光照充足处，至少要让植株每天接受 3~4h 的散射日光。在 18~28℃ 的温度范围内生长良好，越冬温度不宜低于 5℃。

> 叶片清秀、有光泽，花黄色亮丽，观赏价值高，宜布置于小水面的浅水处。因生长势强，应慎重应用。

8. 南美天胡荽 *Hydrocotyle verticillata*

科属：伞形科　天胡荽属	英名：Water Pennywort
别名：香菇草、铜钱草	栽培类型：宿根、挺水花卉

栽培水深：5~10cm　　　　　　　　株高：15~30cm
园林用途：水面绿化、岸边片植、盆栽　　观赏部位：茎、叶
　　　　　观赏　　　　　　　　　　　观赏期：5~10月，花期6~8月

"kotyle"意为"小杯"，指叶子的形态；"*verticillata*"意为轮生的。原产欧洲、北美、非洲。

➢ 多年生匍匐草本，株高10~40cm。茎发达，节上常生根。叶圆形盾状，直径2~4cm，缘有粗锯齿，叶柄细长。花黄绿色；花期6~8月。

➢ 性强健。喜光，亦耐半阴；喜温暖、湿润，不耐寒，北京地区不能露地越冬。宜在肥沃的土壤中生长，喜生于浅水中，也可栽种在旱地较湿润处。

➢ 分株或扦插繁殖。分株于3~5月进行。

适宜在10cm以下浅水中生长，水位过高可成漂浮状态。对水质要求不严，水体pH 6.5~7.0，水温20~25℃处生长良好。

南美天胡荽株形美观，叶色青翠，叶形独特如铜钱，夏秋开小小的黄绿色花，植株清秀可爱，十分耐看，是最受家庭园艺喜爱的水生花卉之一。栽培管理简单，生长迅速，成型快，宜成片栽植于水体、湿地中，也适于室内水体绿化及水族箱栽培，还可盆栽观赏。

根茎叶可以当蔬菜料理；全草可入药，具有利尿之功效。

9. 千屈菜 *Lythrum salicaria*

科属：千屈菜科　千屈菜属　　　　园林用途：水边丛植、水池栽植、盆栽观
别名：水枝柳、水柳、对叶莲　　　　　　　　赏、花境
英名：Purple Loosestrife, Spiked Loosestrife　　株高：30~100cm
栽培类型：宿根、挺水花卉　　　　　花色：紫红
栽培水深：5~10cm　　　　　　　　花期：7~9月

"*Lythrum*"意为"黑血"，指花色；"*salicaria*"意为"似柳的"。同属植物约35种，原产欧亚两洲的温带，广布全球；中国南北各地均有野生。

➢ 地下根茎粗硬，木质化。茎四棱形，直立多分枝，基部木质化。植株丛生状。叶对生或轮生，披针形，有毛或无毛。长穗状花序顶生，小花多而密集，紫红色。

➢ 喜强光和潮湿以及通风良好的环境。尤喜水湿，通常在浅水中生长最好，但也可陆地栽植。耐寒性强，在中国南北各地均可露地越冬。对土壤要求不严，但以表土深厚、含大量腐殖质的壤土为好。

➢ 以分株繁殖为主，也可用播种、扦插等方法繁殖。早春或秋季均可分栽。将母株丛挖起，切取数芽为一丛，另行栽植即可。扦插可于夏季进行，嫩枝盆插或地床插，及时遮阴并放置荫处，30d左右可生根。播种宜在春季盆播或地床播。盆播时将播种盆下部浸入另一水盆内，在15~20℃下经10d左右即可发芽。

栽培管理较简单。陆地栽培或水池、水边栽植，仅需冬天剪除枯枝，任其自然过

冬。盆栽时,应选用肥沃壤土并施足基肥,在花穗抽出前经常保持盆土湿润并不积水,待花将开放前可逐渐增加水深,并保持水深5~10cm,这样可使花穗多而长,开花繁茂。生长期间应将盆放置在阳光充足、通风良好处;冬天将枯枝剪除,放入冷室越冬。

➢ 株丛整齐清秀,花色鲜艳醒目,姿态娟秀洒脱,花期长。水边浅处成片种植千屈菜,不仅可以衬托睡莲、荷花等的艳美,同时也可遮挡单调的驳岸,对水面和岸上的景观起到协调的作用。丛植岸边也很美丽。也是花境中重要的竖线条花卉。

➢ 常见栽培的有其变种毛叶千屈菜(var. *tomentosum*):全株被茸毛,花穗大。品种有花穗大、深紫色的'紫花'千屈菜;花穗大,暗紫红色的'大花'千屈菜;花穗大,桃红色的'大花桃红'千屈菜。

10. 荷花 *Nelumbo nucifera*

科属:睡莲科　莲属　　　　　　　园林用途:美化水面、盆栽观赏
别名:莲、芙蓉、芙蕖　　　　　　株高:100cm
英名:East Indian Lily, Lotus　　　花色:红、粉红、白、乳白、黄
栽培类型:球根、挺水花卉　　　　花期:群体花期6~9月
栽培水深:60~80cm

"*Nelumbo*"意为"莲花"(斯里兰卡语);"*nucifera*"意为"坚果"。同属植物2种,另一种黄睡莲(*N. lutra*)分布在北美洲、西印度群岛和南美洲。荷花的分布以温带和热带亚洲为中心,其确切原产地说法不一,以前认为在亚洲热带的印度等地,近年来根据一些新的考证,认为中国南方为原产地。至今中国是世界上栽培荷花最普遍的国家之一。目前除西藏、内蒙古和青海等地外,绝大部分地区都有栽培。

➢ 栽培品种很多,依应用目的不同分为藕莲、子莲和花莲。藕莲类以生产食用藕为主,植株高大,根茎粗壮,生长势强健,但不开花或开花少。子莲类开花繁密,单瓣花,但根茎细。花莲根茎细而弱,生长势弱,但花的观赏价值高;开花多,群体花期长,花型、花色丰富。

➢ 地下根茎膨大,有节,其上生根,称为藕;在节内有多数通气的孔眼。叶基生,具长柄,有刺,挺出水面;叶盾形,全缘或稍呈波状,表面蓝绿色,被蜡质白粉,背面淡绿色;叶脉明显隆起;幼叶常自两侧向内卷。花单生于花梗顶端,具清香;雌蕊多数,埋藏于倒圆锥形、海绵质的花托(莲蓬)内,以后形成坚果,称莲子。

➢ 种藕顶芽萌发,产生第1片叶,不出水,称为"钱叶";之后,顶芽向前长出细长根茎,称"藕鞭",其节处产生须根,向上长叶,浮于水面,称"浮叶";"藕鞭"向前生长到一定长度后,节处向上长出的叶大,有粗壮的叶柄,叶挺出水面,称"立叶"。此后,每30~90cm有节,就产生立叶和须根,直到5月底至6月初抽生出花蕾。立秋后不再抽生花蕾,最后当"藕鞭"变粗形成新藕时,向上抽生最后一片大叶,称"后把叶",在其前方抽生1个小而厚、晕紫的叶称"止叶"。以后停止发叶,根茎向深泥中长去,逐渐肥大成为新藕,藕节还可分生出藕(图10-1)。

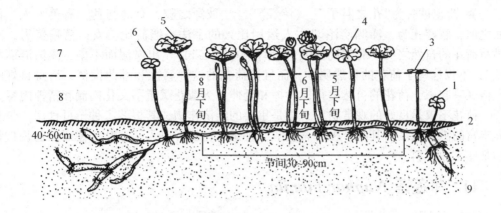

图 10-1　荷花生长发育示意图
1. 钱叶　2. 藕鞭　3. 浮叶　4. 立叶　5. 后把叶　6. 止叶
7. 水面　8. 土面　9. 母藕
（引自《花卉园艺》，章守玉）

➤ 喜光和温暖，炎热的夏季是其生长最旺盛的时期。其耐寒性也很强，只要池底不冻，即可越冬；中国东北地区南部尚能在露地池塘中越冬。23～30℃为其生长发育的最适温度。对光照的要求也高，在强光下生长发育快，开花也早。喜湿怕干，缺水不能生存，但水过深淹没立叶，则生长不良，严重时可导致死亡。

➤ 以分株繁殖为主，也可播种繁殖。种皮坚硬，播前需刻伤后浸种，每天换1次水，长出2～3片幼叶时，再播种；发芽适温25～30℃，次年可开花。清明前后选择生长健壮的根茎，每2～3节切成一段作为种藕，每段必须要带顶芽并保留尾节，用手保护顶芽以20°～30°斜插入缸、盆中或池塘内。

春季栽植。池栽前先将池水放干，翻耕池土，施入基肥，然后灌入数厘米深的水。灌水深度应按不同生育期逐渐加深，初栽水深10～20cm，夏季加深至60～80cm，至秋冬冻冰前放足池水，保持深度1m以上，以免池底泥土结冰，以保证根茎在不冰冻的泥土中安全越冬。栽种后每隔2～3年重新分栽一次。喜肥，栽培要有充足的基肥。池塘栽培时，一般不施追肥。盆、缸栽植若基肥充足，也不必施追肥。追肥需掌握薄肥轻施的原则。不同栽培类型，不同品种对肥分的要求不同，花莲、子莲类的品种喜磷、钾较多的肥料，而藕莲类品种则喜含氮较多的肥料。

池塘栽植荷花需解决鱼、荷共养以及不同品种的混植问题。要使池塘内鱼、荷并茂，则应在池塘内设法分割出一部分水面栽荷，使荷花根茎限制在特定范围内，以免窜满整个池塘。如果多品种同塘栽培，必须在塘底砌埂，埂高约1m，以略低于水面为宜，每埂圈内栽植一个品种，防止生长势强盛品种的根茎任意穿行。

➤ 荷花碧叶如盖，花朵娇美高洁，是园林水景中造景的主题材料。可以在大水面上片植，形成"接天莲叶无穷碧，映日荷花别样红"的壮丽景观。一般小水面可以丛植。也可盆栽或缸栽布置庭院。还可以作荷花专类园。此外，有极小型的品种，可以种在碗中观赏，称碗莲。

➤ 荷花被誉为"花之君子"。《诗经》云:"彼泽之陂,有蒲与荷。有美一人,伤如之何,寤寐无为,涕泗滂沱。"古人运用比兴的手法,把荷比美女,蒲喻美男,来描写荷花的自然之美。北宋周敦颐《爱莲说》中的名句:"出淤泥而不染,濯清涟而不妖",不仅描写了荷花的自然属性,而且把荷花的这种属性和鄙薄世俗、洁身自好的人格联系起来,荷花的自然美得以发挥和延伸,为荷花赋予了文化内涵和精神内容。

荷花不仅是良好的观赏材料,也是重要的经济作物,其根茎、种子可食用,是营养丰富的滋补食品。其叶、梗、蒂、节、种子、花蕊可以入药。叶、梗还是包装材料和某些工业原料。

11. 萍蓬莲 *Nuphar pumila*

科属:睡莲科 萍蓬草属
别名:萍蓬草、黄金莲、贵州萍蓬草、台湾萍蓬草
英名:Yellon Pond-lily, Cowlily Spatterdock
栽培类型:球根、浮水花卉

栽培水深:30~60cm
园林用途:水面绿化、盆栽
花色:金黄
花期:5~7月

"*Nuphar*"为希腊文的植物原名;"*pumila*"是拉丁文,意为"矮生的"。同属植物约25种,原产北半球寒温带,分布广,中国、日本、欧洲、西伯利亚地区都有。中国有5种,东北、华北、华南均有分布。此种黑龙江至广东都有分布。

➤ 地下具横走的根状茎。叶基生,浮水叶卵形、广卵形或椭圆形,先端圆钝,基部开裂且分离,裂深约为全叶的1/3,近革质,表面亮绿色,背面紫红色,密被柔毛;沉水叶半透明,膜质;叶柄长,上部三棱形,基部半圆形。花单生叶腋,伸出水面,金黄色,径2~3cm;萼片呈花瓣状。

➤ 喜温暖、阳光充足。喜流动的水体,生池沼、湖泊及河流等浅水处。不择土壤,但以肥沃黏质土为好。生长适温15~32℃,低于12℃时停止生长。

➤ 以分球繁殖为主,春季分割根状茎,长6cm左右,每块带芽。或生长期6~7月分株,切开地下茎即可。

养护管理简单。华东地区可露地水下越冬,北方冬季需要保护,休眠期温度保持0~5℃即可,保留5cm水深。

➤ 初夏开放,叶亮绿,金黄娇嫩的花朵从水中伸出,小巧而艳丽,是夏季水景园的重要花卉。可以片植或丛植,也可盆栽装点庭院。一般小池以3~5株散植于亭、榭边或桥头,有如"晓来一朵烟波上,似画真妃出浴时",花虽小,但淡雅飘逸,饶有情趣。

➤ 种子和根茎可食,根可净化水体,根茎可入药。

12. 睡莲类 *Nymphaea* spp.

科属:睡莲科 睡莲属
英名:Water lily
栽培类型:球根、浮水花卉
栽培水深:10~60cm

园林用途:美化水面、盆栽观赏
花色:深红、粉红、白、紫红、淡紫、蓝、黄、淡黄
花期:群体花期6~9月

"*Nymphaea*"为希腊和古罗马神话中的女神名。同属植物约35种,大部分原产北非和东南亚的热带地区,少数产于北非、欧洲和亚洲的温带和寒带地区。中国原产5种。本属还有许多种间杂种和品种。目前栽培的多为园艺杂种,有上百种。

➤ 据耐寒性不同可分为两类:

Ⅰ.不耐寒类

原产热带,耐寒力差,需越冬保护。其中许多为夜间开花种类。热带睡莲属于此类。主要种类有:

(1) 蓝睡莲 *Nymphaea nouchali* var. *caerulea*

叶全缘。花浅蓝色,花径7~15cm,白天开放。原产非洲。

(2) 埃及白睡莲(齿叶睡莲)***Nymphaea lotus***

叶缘具尖齿。花白色,花径12~25cm,傍晚开放,午前闭合。原产非洲。

(3) 红花睡莲(印度红睡莲)***Nymphaea rubra***

花深红色,花径15~25cm,夜间开放。原产印度。有很多品种,白天开放。

(4) 黄睡莲(墨西哥黄睡莲)***Nymphaea mexicana***

叶表面浓绿具褐色斑,叶缘具浅锯齿。花浅黄色,稍挺出水面,花径10~15cm,中午开放。原产墨西哥。

热带睡莲在叶基部于叶柄之间有时生小植株,称为"胎生"(viviparity)。

Ⅱ.耐寒类

原产温带,白天开花。适宜浅水栽培。

(1) 睡莲(矮生睡莲)***Nymphaea tetragona***

"*tetragona*"意为"四角的",指花托的形状。叶小,心状卵形或卵状椭圆形,纸质,基部深裂至全叶的1/3处,表面绿色,背面暗红色。花白色,花径3~5cm,每天下午到傍晚开放;花期6~8月,单花期3d。为园林中最常栽种的原种。

(2) 香睡莲 *Nymphaea odorata*

叶革质全缘,叶背紫红色。花白色,花径8~13cm,具浓香,午前开放。原产美国东部和南部。有很多杂种,是现代睡莲的重要亲本。

(3) 白睡莲 *Nymphaea alba*

叶圆,幼时红色。花白色,花径12~15cm。有许多园艺品种。是现代睡莲的重要亲本。

➤ 地下根状茎平生或直生,有的种类为块茎或球茎。叶基生,具细长叶柄,浮于水面;叶光滑近革质,圆形或卵状椭圆形,上面浓绿色,背面暗紫色。花单生于细长的花柄顶端,有的浮于水面,有的挺出水面;花色有深红、粉红、白、紫红、淡紫、蓝、黄、淡黄等。

➤ 喜阳光充足、通风良好、水质清洁环境。要求肥沃的中性黏质土壤。喜温暖。

➤ 以分球繁殖为主。也可播种繁殖。分球繁殖,耐寒类于3~4月间进行,不耐寒类于5~6月间水较温暖时进行。将根茎挖出,用刀切成数段,每段长约10cm,另行栽植。种植方式有直立式和平卧式两类(图10-2)。播种繁殖宜于3~4月进行。因种子沉入水底易流失，故应在花后加套纱布袋使种子散落袋中，以便采种。又因种皮很薄，干燥即丧失发芽力，故宜种子成熟即播或贮藏于水中。通常盆播，播前20~30℃温水浸种，每天换温水。盆土距盆口4cm，播后将盆浸入水中或盆中放水至盆口。温度以25~30℃为宜。不耐寒类10~20d发芽，次年即可开花，耐寒类常需1~3个月才能发芽。

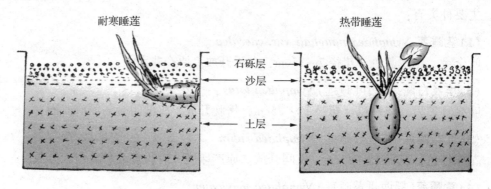

图10-2　睡莲种植方法

(引自《睡莲》，黄国振)

在气候适宜地，常直接栽于大型水面的池底种植槽内；小型水面则常栽于盆、缸中后，再放入池中，便于管理。也可直接栽入浅水缸中。边生长，边提高水位，最深不超过1m。通常池栽者，应视生长势强弱、繁殖需求以及布置的需要，每2~3年挖出分株一次，而盆栽或缸栽者，可1~2年分株一次。在生育期间均应保持阳光充足，通风良好，否则生长势弱，易遭蚜虫。施肥多在春季盆、缸沉入水中之前进行。冬季应将不耐寒类移入冷室或温室越冬。

➢ 睡莲飘逸悠闲，花色丰富，花型小巧，体态可人，是现代园林水景中重要的浮水花卉，最适宜丛植，点缀水面，丰富水景，尤其适宜在庭院的水池中布置。

➢ 睡莲自古以来就与人们的文化生活密切相关。古埃及视其为太阳的象征和神圣之花，上至历代王朝的加冕仪式，下至民间的壁画和雕刻工艺品，都把它当作供品和装饰品，渗透了人们对睡莲的情思，并留下了许多动人的传说。睡莲也是泰国的国花。

13. 荇菜 *Nymphoides peltata*

科属：龙胆科　荇菜属　　　　　　栽培水深：100~200cm
别名：莕菜、水荷叶、大紫背浮萍、水镜草　　园林用途：水面绿化
英名：Shield Floating-heart, Floating Bogbean　　花色：鲜黄
栽培类型：宿根、漂浮花卉　　　　　花期：6~10月

"*Nymphoides*"意为"似睡莲"；"*peltata*"为"盾状的"的意思。同属植物约20种，广布于温带至热带的淡水中；中国有6种。本种广布于中国华东、西南、华北、东北

和西北等地。

> 茎细长柔弱，多分枝，匍匐水中，节处生须根扎入泥中。上部叶对生，下部叶互生，心状椭圆形或圆形，近革质，基部开裂呈心脏形，全缘或微波状，表面绿色而有光泽，背面带紫色，漂浮于水面。伞形花序腋生，小花鲜黄色。单花期短，群体花期长。

> 对环境适应性强，常野生于湖泊、池塘静水或缓流中。可自播繁衍。对土壤要求不严，以肥沃稍带黏质的土壤为好。生长适温15～30℃，低于10℃停止生长。能耐一定低温，但不耐严寒。

> 分生繁殖，切匍匐茎分栽即可，易成活。

种植于静水区，能迅速生长，不需多加管理，极易成活。保持0～5℃，可在冻层下过冬。盆栽初期水浅，旺盛生长期则需水深20～30cm。

> 荇菜在我国古老《诗经》中就有记载："关关雎鸠，在河之洲。窈窕淑女，君子好逑。参差荇菜，左右流之……"显示了古人对其的关注。其根茎可供食用，可作蔬菜煮汤，在上古时代是人们餐桌上的美食。荇菜叶小而翠绿，黄色小花覆盖水面，很美丽，在园林水景中大片种植可形成"水行牵风翠带长"之景观。荇菜与荷花伴生，微风吹来，花颤叶移，姿态万端。在造景中，还要注意荇菜的动态美，留有足够的空间。

> 植株发酵后可作猪饲料或沤制绿肥。全株入药。鲜草捣烂后敷于伤口可治蛇咬伤。

14. 大藻 *Pistia stratiotes*

科属：天南星科　大藻属　　　　　　园林用途：水面绿化
别名：大叶莲、水浮莲、水莲、芙蓉莲　　株高：10～20cm
英名：Water Lettuce　　　　　　　　　观赏部位：叶
栽培类型：宿根、漂浮花卉　　　　　　观赏期：生长季
栽培水深：小于1m

同属仅此1种。原产中国长江流域，广布热带和亚热带地区。中国长江以南地区的河流、湖泊中常见。

> 具横走茎，须根细长。叶基生，莲座状着生，无柄，倒卵形或扇形，两面具茸毛，草绿色；叶脉明显，使叶呈折扇状。叶腋可抽生匍匐茎，端部生长小植株。成株开花绿色。

> 喜光和高温，不耐寒，生长适温20～35℃。温度高，营养生长快；温度偏低，匍匐茎多。温度低于14℃不能生长，低于5℃不能生存。

> 分株繁殖，春秋进行，分匍匐茎上的小植株，放入水中即可。温度适宜，3d可增加1倍。

栽培管理简单。随时除去老叶和枯叶，保持水质清洁。

> 株形美丽，叶色翠绿，质感柔和，犹如朵朵绿色莲花漂浮水面，别具情趣，

是夏季美化水面的好材料。还可盆栽观赏。有很强的净化水体的作用，可以吸收污水中的有害物质和富氧化物质。

➤ 全草入药。可作猪、鸭饲料，也可沤制绿肥。

15. 梭鱼草 *Pontederia cordata*

科属：雨久花科 梭鱼草属
别名：北美梭鱼草
英名：Pickerelweed
栽培类型：宿根、挺水花卉
栽培水深：15~30cm

园林用途：水边栽植、盆栽观叶、切花
株高：80~150cm
花色：蓝
花期：6~10月

"*cordata*"意为"心脏形的"，指叶片形状。原产北美。

➤ 株高20~80cm。全株鲜绿色，具粗壮地下茎。叶基生，具圆筒形长叶柄；叶形多变，多为倒卵状披针形，叶基广心形；叶面光滑。花莛直，通常高出叶面；顶生穗状花序，15cm左右，密生蓝紫色小花，上方两花瓣各有两个黄绿色斑点。花期夏、秋季。同属植物约25种。

➤ 喜温暖湿润和阳光充足，忌风吹，不耐寒，静水及水流缓慢的水域中均可生长。耐瘠薄。

➤ 分株或播种繁殖。春播，发芽适温25~28℃，保持盆土湿润，20d可发芽。最好随采随播，可播在保护地，覆沙后加2cm高的水，出苗后加到3cm高的水。分株可在春、夏季进行。

适宜在20cm以下的浅水中生长，生长适温15~30℃，10℃停止生长，冬季不宜低于5℃，寒冷地区要保护越冬。生长迅速，繁殖能力强，管理粗放，条件适宜可在短时间内覆盖大片水域。

➤ 梭鱼草叶色翠绿，花色迷人，花期较长，串串紫花在翠绿叶片的映衬下，淡雅别致。可用于园林湿地、水边、池塘绿化，也可盆栽观赏。

➤ 种子可食，制成面粉等。全株入药，可提炼收缩剂类药。

16. 慈姑 *Sagittaria trifolia* subsp. *leucopetala*

科属：泽泻科 慈姑属
别名：茨菰、燕尾草、华夏慈姑
英名：Oldworld Arrow-head
栽培类型：球根、挺水花卉
栽培水深：10~20cm

园林用途：水边栽植、盆栽观叶、切花
株高：100cm
花色：白
花期：7~9月

"*trifolia*"意为"三角形叶的"。同属植物约25种；中国约6种，南北各地均有栽培。本种广布于亚洲热带和温带地区，欧美也有栽培。

➤ 地下具根茎，其先端形成球茎即慈姑。叶基生，出水叶片戟形，大小及宽窄变化大，顶端裂片三角状披针形，基部具二长裂片。圆锥花序；花白色，夏秋开放。

➢ 对气候和土壤的适应性很强，池塘、湖泊的浅水处、水田中或水沟渠中均能良好生长，但最喜气候温暖、阳光充足的环境；土壤以富含腐殖质而土层不太深厚的黏质壤土为宜。喜生浅水中，但不宜连作。

➢ 分球繁殖，也可播种繁殖。分球时，种球最好在次春栽植前挖出，也可在种球抽芽后挖出栽植。最适栽植期为晚霜过后。整地施基肥后，灌以浅水，耙平，将种球插入泥中，使其顶芽向上隐埋泥中。播种繁殖于3月底至4月初进行。种子播在小盆内，覆土镇压后，将小盆放入大水盆内，保持水层3~5cm，25~30℃下，经7~10d即可发芽，次年便可开花。

园林栽培时，管理较简单粗放。盆栽在4月初种植，盆土以含大量腐殖质的河泥并施入马蹄片作基肥为好；株距15~20cm；泥土上面保持水层10~20cm；放置在向阳通风处；霜降前取出根茎，晾干沙藏。如在园林水体中种植，若根茎留原地越冬时，须注意不应使土面干涸，应灌水保持一定水深，以免泥土冻结。

➢ 慈姑叶形独特，植株美丽，在水面造景中，以衬景为主。在园林水景中，一般数株或数十株散植于池边，对浮叶花卉起到衬托作用。

➢ 它的球根色泽白而莹滑，生食味道鲜美而甘甜。中国南方，人们把它当作一种时令水果或蔬菜。

17. 水葱 *Schoenoplectus tabernaemontani*

科属：莎草科　藨草属
别名：莞、翠管草、冲天草、欧水葱
英名：Bulrush Soft-stem
栽培类型：宿根，挺水花卉
栽培水深：5~10cm

园林用途：水面绿化、岸边、池旁丛植、盆栽观赏
株高：1.5~1.8m
观赏部位：茎、花
观赏期：5~10月，花期6~8月

"*Schoenoplectus*"为拉丁文原名；"*tabernaemontani*"为植物学家人名。同属植物约200种，广布于全世界；中国有40种左右，7种生于水中，各地多有分布。本种在北京和河北北部有野生。

➢ 地下具粗壮而横走的根茎。地上茎直立，圆柱形，中空，粉绿色。叶褐色，鞘状，生于茎基部。聚伞花序顶生，稍下垂。

➢ 性强健。喜光，喜温暖、湿润。耐寒、耐阴，不择土壤。在自然界中常生于湿地、沼泽地或池畔浅水中。

➢ 春季分株繁殖，露地每丛保持8~12根茎秆，盆栽每丛保持5~8根茎秆，温度保持20~25℃，20d可发芽生根。

生长温度15~30℃，低于10℃停止生长。喜肥，栽种前施足基肥。盆栽植时宜用腐殖质丰富的轻松壤土，上面经常保持5~10cm深的清水。夏季，宜放半阴处，并在叶面上经常喷水以保持叶面清洁。待霜降后剪除地上枯茎，将盆放置地窖中越冬。

➢ 株丛翠绿挺立，色泽淡雅洁净，引来蜻蜓等昆虫在上驻足，十分有趣。常用于水面绿化或作岸边、池旁点缀，是典型的竖线条花卉，甚为美观。也常盆栽观赏。

可切茎用于插花。
> 茎可入药。秆可作造纸原料，可以编织席子和草包。

主要变种是花叶水葱（var. *zebrinus*）：其茎面有黄白斑纹，观赏价值极高，常盆栽观赏。

18. 水竹芋 *Thalia dealbata*

科属：竹芋科　再力花属　　　园林用途：水边栽植、盆栽观叶
别名：再力花、塔利亚、水莲蕉　株高：80~150cm
英名：Hardy water canna, powdery thalia　花色：紫
栽培类型：宿根、挺水花卉　　花期：夏、秋季
栽培水深：10cm

原产南美洲。
> 多年生湿生草本。植株挺拔，地下根茎发达，株高可达1m以上。叶基生；叶柄极长，叶鞘大部分闭合；叶长卵形，先端突出。圆锥花序，花柄可高达2m以上；小花无柄，紫色，苞片状，形如飞鸟，甚优美；花期夏至秋季。可观花也可观叶。
> 喜温暖和光照充足，喜富含有机质的土壤，对土壤适应性强，耐微碱性土壤。可在水边的湿地上生长。
> 分株繁殖，春季进行。

宜选择阳光充足处，光照不足易徒长，着花少而疏，色淡。栽培管理粗放。
> 株形美观洒脱，叶灰绿色，质感厚重美丽，为珍贵水生花卉。是池塘、湿地和沼泽花园常用花卉。

19. 长苞香蒲 *Typha domingensis*

科属：香蒲科　香蒲属　　　　园林用途：水边栽植、盆栽观叶、切花
别名：蒲黄、鬼蜡烛　　　　　株高：150cm
英名：Longbract Cattail　　　观赏部位：叶及花
栽培类型：宿根、挺水花卉　　花期：5~7月
栽培水深：20~30cm

1科1属，约18种；中国原产约10种。本种广布于中国东北、西北和华北地区。
> 地下具匍匐状根茎。地上茎直立，不分枝。叶由茎基部抽出，二列状着生，长带形，向上渐细，端圆钝，基部鞘状抱茎，色灰绿。穗状花序呈蜡烛状，浅褐色，雄花序在上，雌花序在下，中间有间隔，露出花序轴。
> 对环境条件要求不甚严格，适应性强，耐寒，但喜阳光，喜深厚肥沃的泥土，最宜生长在浅水湖、塘或池沼内。
> 以分株繁殖为主。春季将根茎切成10cm左右的小段，每段根茎上带2~3芽，栽植后根茎上的芽在土中水平生长，待伸长30~60cm时，顶芽弯曲向上抽出新叶，向下发出新根，形成新株，其根茎再次向四周蔓延，继续形成新株。连续生长3年

后，根茎交错盘结，生长势逐渐衰退，应更新种植。

栽培管理粗放。如生长环境四季湿润，且土壤富含腐殖质，则生长良好。

➤ 叶丛秀丽潇洒，雌雄花序同花轴，整齐圆滑形似蜡烛，别具一格，是水边丛植或片植的好材料，可以观叶和花序。

➤ 叶丛基部（蒲菜）和根茎先端的幼芽（草芽）为蔬菜；花粉可加蜜糖食用（蒲黄），花可入药止血；叶可编织蒲包；花序浸透油可以代替蜡烛。

同属栽培的水烛（*T. angustifolia*）：植株高大，叶片较长，雌花序粗大，与长苞香蒲外形相似，但其雄花序轴具较多褐色毛。分布广泛。小香蒲（*T. minima*）：植株低矮，50~70cm，茎细弱，叶线形，雌雄花序不连接。原产中国西北、华北，欧洲和亚洲中部有分布。宽叶香蒲（*T. latifolia*）：粗壮，株高100cm，叶较宽，雌雄花序连接。原产欧亚和北美，中国南北都有分布。

20. 王莲 *Victoria amazonica*

科属：睡莲科　王莲属	园林用途：水面绿化
别名：亚马孙王莲	观赏部位：主要观叶
英名：Royal Water Lily, Amazon Water Lily	花色：白、淡红、深红
栽培类型：宿根、浮水花卉	观赏期：6~9月
栽培水深：30~40cm	花期：夏、秋季

同属植物约3种，原产南美洲，不少国家的植物园和公园已有引种。中国北京、华南及云南的植物园和各地园林机构也已引种成功。

➤ 地下具短而直立的根状茎。叶有多种形态，从第1到第10片叶，依次为针形、箭形、戟形、椭圆形、近圆形，皆平展。第11片及以后的叶具有较高的观赏价值，圆形且大，直径1~2.5m，叶缘直立高8cm左右；表面绿色，背面紫红色，有凸起的具刺网状叶脉；叶柄粗有刺；成叶可承重50kg以上。花单生，花瓣多数；每朵花开2d，第一天白色，第二天淡红色至深紫红色，第三天闭合，沉入水中。

➤ 喜高温高湿、阳光充足和水体清洁的环境。通常要求水温28~32℃；室内栽培时，室温需要25~30℃，若低于20℃便停止生长。空气湿度以80%为宜。王莲喜肥，尤以有机基肥为宜。

➤ 在中国多作一年生栽培，用播种繁殖。种子采收后需在清水中贮藏，否则失水干燥，丧失发芽力。一般于12月至次年2月间将种子浸入28~32℃温水中，距水面3cm深，经20~30d便可发芽。种子先在15℃下沙藏8周，发芽率最高。待长出2~3片叶和根后进行上盆。

盆土宜用草皮土或砂土。将根埋入土中，务必将生长点露出水面，然后将盆浸入水池内距水面2~3cm处。幼苗生长很快，每3~4d可生长一片新叶。随着植株生长，逐次换盆，每次的盆径要比原盆大2~3cm，并逐次调整距水面的深度，从最初2~3cm至15cm。后期换盆应加入少量的基肥。幼苗期需光照充足，光照要12h以上，冬季光照不足，需要灯光照明。

温室水池栽培，经5~6次换盆，叶片生长至20~30cm时，水温24~25℃，可以定植。栽植一株王莲，需水池面积 30~40m², 池深 80~100cm，池中设立种植槽或台，并设排气管和暖气管，保证水体清洁和水温正常。水深随生长而加深，生长旺季距水面 30~40cm 为宜。

➤ 叶巨大肥厚而别致，漂浮水面，十分壮观，是水池中的珍宝，美化水体有极高的观赏价值，是优美的水平面花卉。

➤ 种子含丰富的淀粉，可供食用，有"水中玉米"之称。

同属的克鲁兹王莲(*V. cruziana*)也有栽培。其叶径小于前种，生长期始终为绿色，叶背亦为绿色，叶缘直立部分高于前种，花色也淡，要求的温度较低，生长温度18~32℃，低于15℃停止生长；同样条件下，10~15d 可发芽。

思 考 题

1. 什么是水生花卉？有哪些类型？
2. 水生花卉在园林应用中有哪些特点？
3. 水生花卉生态习性是怎样的？
4. 水生花卉繁殖栽培要点有哪些？
5. 举出 10 种常用水生花卉，说明它们的适宜栽植水深、越冬管理和应用特点。

推荐阅读书目

1. 中国荷文化. 李志炎，林政秋. 浙江人民出版社，1995.
2. 水生花卉. 邹秀文，邢全，黄国振. 金盾出版社，1999.
3. 水生花卉. 赵家荣. 中国林业出版社，2002.
4. 荷花·睡莲·王莲——栽培与应用. 李尚志等. 中国林业出版社，2002.
5. 湿地植物与景观. 吴玲. 中国林业出版社，2010.
6. 水生植物与水体生态修复. 吴振斌等. 科学出版社，2011.
7. 中国荷花品种图志. 王其超，张行言. 中国林业出版社，2005.
8. 睡莲. 黄国振等. 中国林业出版社，2009.
9. 中国荷花品种中国志. 张行言，陈龙清. 中国林业出版社，2011.

第 11 章 观赏草类

[**本章提要**] 本章介绍观赏草的含义及类型,园林应用特点,生态习性和繁殖栽培要点;介绍了园林常用观赏草 14 种(类)。

11.1 概 论

11.1.1 含义及类型

11.1.1.1 含 义

观赏草(ornamental grass)是禾本科中茎秆、叶丛和花果序具有较高观赏价值的种类以及其他科属中景观类似于该类禾草的单子叶草本植物的统称。它们不同于草坪草和竹类,具有独特的观赏价值和景观风格。

观赏草姿态优美,色调与众不同,常单株分蘖密集呈丛状,叶线形或线状披针形,花序和果序形态各异,色彩斑斓;适应性强,管理粗放,是水土保持和园林绿化的优良材料。

这是基于园林应用角度,将景观风格相似而归类的植物,以禾本科和莎草科植物为主,主要有芒属、狼尾草属、乱子草属、拂子茅属、针茅属、大油芒属、画眉草属、蒲苇属、白茅属、野古草属、芨芨草属、须芒草属、藜属等禾本科以及莎草科、灯芯草科、木贼科、香蒲科、天南星科菖蒲属植物。

11.1.1.2 类 型

根据观赏草对温度的适应性,可分为两大类:

(1)冷季型观赏草

喜冷凉气候。秋凉或早春开始生长,春季萌芽早,秋季枯黄晚,春、初夏开花,春秋季生长旺盛,夏季常处于休眠或半休眠状态。如燕麦草属、针茅属、羊茅属、箱根草属等。

(2)暖季型观赏草

喜温暖。春季开始生长,夏季生长旺盛,秋季叶变色,冬季休眠干枯,呈白色、褐色、淡黄色。多数种类喜光，耐阴性弱，耐旱性强。如狼尾草属、芒属、蒲苇属、柳枝稷属等。

11.1.2　园林应用特点

虽然观赏草中的一些种类早就作为园林花卉在应用，如花叶芦竹、蒲苇、菖蒲等。但是作为专类园林植物，集中展示其独特景观，出现在20世纪80年代英国园艺师在美国的实践作品，我国在2000年前后才逐渐开始应用。目前观赏草类已有400多种，上千个品种。园林应用特点如下：

➢ 具有独特的观赏价值，可产生或自然野趣或浪漫的不同风格景观效果。色彩迷人，深浅不一的绿、红、银、蓝、褐色及斑叶；随发育而变色的花果序，有白、浅粉、浅黄、稻草黄、金、银、紫等不同色彩；质感鲜明而不同，株型多变，加之细长而宽窄不同的叶片以及大小长短不一，疏密收张不同的穗状、总状、圆锥状花果序，给人或柔弱或刚硬的多种质感。

观赏期长，景观持久。株形结构清晰，色彩持久，休眠期及枯萎后仍然具有观赏价值，是园林绿地特殊质感及秋冬色彩的重要来源。

➢ 生长迅速，成景快。种后即可观赏株型、叶色。

➢ 种类丰富。最佳观赏期不同，可供周年选用。

➢ 使用方便经济。以多年生宿根为主，一次种植可以多年观赏。

➢ 维护成本低。适应性好，分蘖力强，根系发达，耐瘠薄、抗病虫、耐旱、管理粗放，可用于工矿区及水土保持绿化和节水园林、低维护园林。

➢ 结实性强。可为蝴蝶、鸟类等有益生物提供食物和栖息地，丰富物种多样性。

➢ 应用形式多样。可孤植、丛植、列植、片植；可用于花境、专类园、水边及水生园、旱景园、岩石园、容器种植、基础种植、背景种植、地被、花带、花丛花群；可单独种植，也可以与其他花卉配置。

➢ 需要谨慎科学对待。要很好掌握生态习性，根据具体地域和场地选择正确种类和品种，结合科学管理才能产生良好景观效果，并避免成为杂草，同时需防止繁衍过快，造成入侵等生态灾害。

11.1.3　生态习性

观赏草多生长强健，适应性较强。不同种类，在其生长发育过程中对环境条件的要求不一致，生态习性差异很大。

(1) 对温度的要求

耐寒和耐热性差异较大。一般冷季型观赏草大多喜冷凉，忌炎热，有一定耐寒性，耐热性差；暖季型观赏草多喜温暖，不耐寒，但是也有耐寒的种类和品种，如狼尾草、芒类、柳枝稷、蒲苇等能在华北露地越冬。

(2) 对光照的要求

大多数喜阳光充足，有不同的耐阴性，仅少数种类喜半阴，多为低矮的地被类，如崂峪薹草、箱根草等。

(3) 对土壤的要求

对土壤要求不严,多数种类耐瘠薄。

(4) 对水分的要求

多数种类对水分适应性宽泛,抗旱性较强,也有少数喜湿润,如溪水薹草等。

11.1.4 繁殖栽培要点

(1) 繁殖要点

观赏草多数为多年生宿根植物,主要采用分株繁殖,春或秋季进行。也可以播种繁殖。

(2) 栽培要点

观赏草生性强健,萌发力强,容易栽培,少病虫害,整体管理粗放。要点是筛选可在本地安全越冬和越夏的适宜种类。

冷季型观赏草生长适温16～24℃,一般春、秋季种植。暖季型观赏草生长适温27～35℃,一般春季种植。

多数种类生长旺盛,一般多年生种类栽植株行距约等于成株高度。小型种类如蓝羊茅、细茎针茅等株行距为30～50cm;中型种类如狼尾草、粉黛乱子草等株行距为60～80cm;大型种类如芒类、花叶芦竹等株行距1.2～1.5m。

对水肥要求不高,暖季型观赏草一般要少给肥、水,从而控制生长并保持株形;而冷季型则过度干旱时要注意浇水。

栽培管理中要注意修剪,银边草、蓝羊茅等冷季型观赏草可夏季修剪;花叶芦竹、狼尾草、日本血草等暖季型观赏草则冬季或早春修剪;狼尾草、柳枝稷、花叶蒲草等需花后修剪。

注意每3～4年秋末或早春分株促更新,防止从中心枯死。

栽培管理中需要特别注意,是否有退化返祖现象和过度蔓延。一般丛生类观赏草侵入性低,但具有根茎的散生类观赏草在其生长适宜区容易入侵周边植物。注意土壤肥力不可过高,同时及时控制过度生长,必要时清除或重新分栽。

11.2 常用种类

1. 银边草 *Arrhenatherum elatius* f. *variegatum*

科属:禾本科 燕麦草属
别名:丽蚌草、球茎燕麦草
英名:Tuber Oatgrass
栽培类型:冷季型 宿根
园林用途:花境、丛植、地被

位置和土壤:全光至半阴;不择土壤
株高:60～90cm
观赏:观叶
观赏期:全年

"*Arrhenatherum*"意为"雄性,麦芒状的";"*elatius*"意为"较高的";"*bulbosum*"意为"球根的"。原产欧洲。同属植物约 6 种。

➢ 多年生草木地下茎白色念珠状,地上茎簇生,光滑。叶丛生,线状披针形,长约 30cm,宽约 1cm,有黄白色边缘。圆锥花序具长梗,约 50cm,有分枝。

➢ 喜湿润凉爽,性强健,耐寒又耐旱,不择土壤。盛夏地上部常枯萎而休眠,9 月初再次萌芽生长。

➢ 分株繁殖,春季 3~4 月初抽新叶时或 9 月休眠后进行。将老株掘起后进行分离,每株宜带 2~3 个新芽,连同念珠状地下茎一起分离。老株每年应注意修剪,叶片不要过长,当地下茎露出后应及时培土,株丛会旺盛而优美。栽培中施肥过多或过少时,叶片白斑就会消失,全呈绿色而影响观赏效果。

➢ 叶色明亮美丽,园林中多与山石搭配栽植或丛植,也可作地被。还可用于花境和岩石园。

2. '花叶'芦竹 *Arundo donax* 'Versicolor'

科属:禾本科 芦竹属	位置和土壤:全光;不择土壤
别名:斑叶芦竹、彩叶芦竹	株高:0.6~2m 及以上
英名:Whitestripe Giant-reed	观赏:观叶、花序
类型:暖季型 宿根	观赏期:全年
园林用途:花境、丛植、水景园	

"*Arundo*"意为"芦苇";"*donax*"意为"芦苇状的"。原产欧洲,中国多栽植,观赏价值高。同属植物约 12 种。

➢ 多年生宿根。植株高大,秆粗壮,不易分枝,形似竹子。叶线状披针形,有白色条纹,依季节不同条纹颜色常有变化,夏季白色增多。圆锥花序密而直立。

➢ 性强健,不择土壤,不耐干旱,耐水湿。生长良好,北京及华东地区均可露地越冬。

➢ 分株繁殖。栽培管理极简单粗放。

➢ 为主要的观叶植物,多在花境中应用或水边丛植,在水中形成的倒影也能增加不少趣味。花序还可作为切花的材料。

3. 拂子茅类 *Calamagrostis* spp.

科属:禾本科 拂子茅属	位置和土壤:全光;不择土壤
英名:Reed Grass	株高:90~150cm
类型:冷季型 宿根	观赏:株形、花序
园林用途:花境、丛植、屏障	观赏期:全年

"*Calamagrostis*"意为"芦苇草",本属约 15 种,多分布东半球温带。世界范围内

应用广泛。

➢ 多年生宿根。丛生。秆直立。叶线形，质地柔软。圆锥花序紧密，长约25cm，宽约7cm，后期缩成线形；花期5~9月。花序上的小穗宿存，可保持至冬季。

➢ 喜凉爽，耐寒。半阴至全光照下均能正常生长，喜湿润、水良好的土壤，黏重土表现好。不耐干旱。

➢ 分株繁殖，宜春季或秋季进行。几乎不产生可育种子。

➢ 株形整齐，可孤植欣赏，也可列植引导视线，或与其他观赏草和花卉配置花坛和花境。适宜盆栽欣赏，不需保护可室外越冬。花序可用作鲜切花或干花。

➢ 此属常见种类：

(1) '卡尔'拂子茅 *Calamagrostis* × *acutiflora* 'Karl Foerster'

为拂子茅 *C. epigejos* 和野青茅 *C. arundinacea* 的自然杂交种细穗拂子茅 *C.* × *acutiflora* 的品种，也是商业应用最广泛的品种。株高90~150cm，冠幅45~75cm。植株直立性强，竖向线条明显。叶灰绿色。圆锥花序紧缩，春末开花。耐湿润土壤，较耐热。

(2) '花叶'拂子茅 *Calamagrostis* × *acutiflora* 'Overdam'

株丛密集，直立，微拱形叶片上具有乳白色的纵向条纹，冬季变为棕褐色。植株长势较弱，花序较小。干爽、冷凉气候生长旺盛，不耐湿热。

4. 薹草类 *Carex* spp.

科属：莎草科　薹草属	位置和土壤：全光或半阴；干燥或湿润土壤
英名：Carex	株高：15~50cm
类型：冷季型　宿根	观赏：株形、叶
园林用途：花境、丛植、边缘	观赏期：全年

"Carex" 意为"苔、苇、蒲"。同属约2000种。全球分布，北美和东亚温带为分布中心。

➢ 多年生宿根花卉。秆三棱状，丛生或散生。株型多样。株高1.2~1.5m。叶基生或兼具秆生，线形，质地柔软，少数边缘。圆锥花序紧密，长约25cm，宽约7cm，后期缩成线形；花期5~6月。花序上的小穗宿存，可保持至冬季。

➢ 喜凉爽，耐寒。半阴至全光照下均有生长。

➢ 根系发达，适应性好，适合片植，是优秀的地被植物。

➢ 同属园林应用的有：

(1) 披针叶薹草 *Carex lanceolata*

密集丛生，呈垫状开展，株高30cm，叶细，狭长，绿色。喜半阴、中性至微酸性疏松土壤。质感柔软，嫩绿。适宜片植，是优良的地被植物。

(2) 青绿薹草 Carex leucochlora

丛生，株高 8~40cm。茎秆和叶纤细，叶硬，边缘粗糙。适应性强，全光至半阴。质感细腻柔美，适宜作地被。

5. 蒲苇 Cortaderia selloana

科属：禾本科　蒲苇属　　　　　位置和土壤：全光；不择土壤
英名：Pampas Grass　　　　　　株高：2~3m
类型：暖季型　宿根　　　　　　观赏：观叶、花序
园林用途：花境、丛植、水景园　　观赏期：全年

"Cortaderia"源自其阿根廷名称"Cortadera"，意为"剪切的"；"selloana"源自19世纪德国探险家 Friedrich Sello 的名字。原产美洲，现各地多引种栽培。

➢ 多年生宿根花卉。丛生。雌雄异株。茎秆高大，粗壮，高 2~3m。叶片质硬，狭窄，簇生于秆基，长 1~3m，边缘锯齿状，粗糙。圆锥花序庞大稠密，长 50~100cm，银白色至粉红色；雌花序较宽大，雄花序较狭窄；花期 8~10 月。

➢ 喜光，喜肥，耐湿亦耐旱。耐寒性较差，可耐 -15℃ 低温，北京地区不能自然越冬。

➢ 播种或分株繁殖，宜春季进行。实生苗当年不能开花。北方地区冬季需移入温室。

植株高大挺拔，花序大而美丽，初展时闪耀着银色的光芒，壮观而雅致。宜滨水应用，或在交通环岛、街头绿地种植。花序可作切花、干花材料，需在花序未完全开放时剪切，以减少小穗脱落。

➢ 常见品种：

'矮'蒲苇 Cortaderia selloana 'Pumila'

多年生宿根，植株矮小，高 1~1.2m。羽毛状的花序引人注目。耐寒性较强，北京地区可露地越冬。适宜花境、花园、庭院等小尺度的园林环境配置应用。

6. 丽色画眉草 Eragrostis spectabilis

科属：禾本科　画眉草属　　　　位置和土壤：全光；不择土壤
英名：Purple Love Grass　　　　株高：40~80cm
类型：暖季型　宿根　　　　　　观赏：观叶、花序
园林用途：花境、丛植、地被　　　观赏期：全年

"Eragrostis"意为"爱之草"；"spectabilis"意为"美的，醒目的"。原产北美洲，中国多栽培。

➢ 多年生宿根。丛生。须根发达。秆斜向上生长，株高 40~60cm。叶片深绿色，质硬，宽约 1cm。圆锥花序尖塔形，疏松开展。小花紫红色，小穗紫色，颖果，红褐色，粒小。花果期 8~10 月。

➢ 喜光，耐轻度遮阴。喜疏松肥沃土壤。耐旱，耐寒，耐盐碱，耐贫瘠。

➢ 播种或分株繁殖，宜春季进行。长势强健，不需特别管护。种子较易自播，有入侵风险，可在开花后种子成熟前剪除花序。

➢ 株丛繁茂，是优良的地被植物。花序繁密，开花时如紫红色烟雾笼罩叶丛，可作色带或用于花境前景。

7. 蓝羊茅 *Festuca glauca*

科属：禾本科　羊茅属　　　　　位置和土壤：全光；中性或弱酸性土壤
英名：Blue Fescue　　　　　　　株高：20~40m
类型：冷季型　宿根　　　　　　 观赏：观叶、花序
园林用途：花境、丛植、地被、盆栽　　观赏期：全年

"*Festuca*"来源于拉丁语，意为"稻草"；"*glauca*"意为"被白粉"。原产法国南部，各地多引种栽培。

➢ 多年生宿根。丛生，株高20~40cm，冠幅约40cm。叶片蓝绿色，内卷成针状，密集簇生。圆锥花序，长5~10cm，初为浅绿色，后变为棕褐色；花期5~6月。

➢ 喜凉爽，耐寒，夏季多休眠。喜光，稍耐阴。耐旱，不耐积水。在中性或弱酸性疏松土壤长势良好。

➢ 分株繁殖，生长期注意控肥，持续干旱时及时浇水，冬末春初进行修剪。多年生长易发生空心现象，需分株更新。

➢ 株型紧凑，色彩美丽，少有的蓝色是其突出的观赏特征，是园林中重要的冷色调植物，可成片种植或用作镶边植物，也适于花坛、花境或种植钵应用。

8. 日本血草 *Imperata cylindrical* '**Rubra**'

科属：禾本科　白茅属　　　　　位置和土壤：全光；湿润排水良好土壤
别名：血草　　　　　　　　　　株高：40~60cm
英名：Japanese Blood Grass　　　观赏：观叶、花序
类型：暖季型　宿根　　　　　　观赏期：春、夏、秋季
园林用途：花境、丛植、色带

"*Imperata*"源自"imperial"，意为"帝王，君王"；"*cylindrical*"意为圆柱状的，指其花序形态。原种白茅原产中国、非洲北部、中亚及地中海地区。

➢ 多年生宿根。散生，株高40~60cm。叶丛生，剑形，深血红色。圆锥花序，小穗银白色；花期夏末。

➢ 喜温暖，较耐寒，喜光，喜湿润而排水良好的土壤。

➢ 播种或分株繁殖，分株宜春、秋季进行。地下根茎发达，在气候适宜地区容易逸生，栽培中注意控制根系，有入侵风险。

➢ 叶片直立如剑，丛生繁茂，色彩醒目，极富观赏性，是优良的彩叶观赏草，

适于花境、色带、种植钵等应用。

9. 芒类 *Miscanthus* spp.

科属：禾木科　芒属　　　　　　　　位置和土壤：全光；不择土壤
英名：Chinese Silver Grass　　　　　株高：1.2~3m
类型：暖季型　宿根　　　　　　　　观赏：观叶、花序
园林用途：花境、丛植、水景园　　　观赏期：全年

"*Miscanthus*"源自希腊语"miskos"和"anthos"，即"茎"和"花"，指其小穗有柄。原产亚洲，中国广布。现世界各地广泛栽培。

➤ 多年生宿根。丛生。秆中空，叶扁平，宽大，绿色，长20~50cm，中脉白色，明显。顶生圆锥花序直立、开展、长15~40cm，小花繁密，花序干枯时变为银白色。花期8~10月。

➤ 喜光，耐旱，耐短期浅水，砂质至黏质土壤均可生长。

➤ 春播或分株繁殖，在热量充足、气候湿润的地区容易自播繁殖，有入侵风险，引种栽培时需注意。

品种较多，叶色、株形、花序等观赏性状差异较大，广泛应用于园林绿地中，适于孤植、丛植、列植以及花境、种植钵等多种应用形式。

➤ 此属常见栽培种类：

(1) '细叶'芒 *Miscanthus sinensis* 'Gracillimus'

植株挺拔秀丽，株形圆整，株丛高1.5~2m。叶片绿色，纤细、狭长，顶端呈拱形。圆锥花序紫红色或粉红色，花期9月下旬。叶、花、植株皆可观赏。长势旺盛，生长健壮，适应性强。花色出为粉色变为红色，秋季转为银白色，最佳观赏期5~11月。喜光，耐轻度遮阴，适合湿润排水好处种植。

(2) '花叶'芒 *Miscanthus sinensis* 'Variegatus'

株形较开散，株高1.2~1.5m。叶弧形几乎弯至地面，较长，宽约1.5cm，叶面镶嵌乳白色条纹，有时叶缘有红色细线。花序高出叶丛30~50cm，花深粉色；花期9~10月。花叶明显，生长势一般。较耐干旱。

(3) '晨光'芒 *Miscanthus sinensis* 'Morning Light'

株形紧密规整，株高1.2~1.5m。叶片狭窄，宽4~5mm，叶缘白色，不明显，整体呈灰绿色。是优良的盆栽和花境植物。

(4) '斑叶'芒 *Miscanthus sinensis* 'Zebrinus'

株形直立挺拔，株高1.8~2.4m。叶片稍宽，约2cm，叶面具不规则横向分布的黄色斑纹，早春气温较低常没有斑纹，高温下斑纹会减少。圆锥花序，最佳观赏期9~10月。花序长30cm，成熟时乳白色。叶宽1.3cm。

(5) '矢羽'芒 *Miscanthus sinensis* 'Siberfeder'

株形直立挺拔，株高可达2m。叶片宽厚下垂。冬季霜后叶转成红色。圆锥花序，穗色初为红色，秋季转为银白色。花期9~10月。生长健壮，适应性强。不耐干旱。

（6）荻 *Miscanthus sacchariflorus*

多年生宿根。散生，具发达匍匐根状茎。秆直立，高 1.5~3m。叶片扁平，宽线形，中脉白色，粗壮。圆锥花序疏展成伞房状，长可达 36cm，宽约 10cm；花序银白色，花期 9~10 月。喜光，耐旱也耐水湿，耐瘠薄土壤，是良好的滨水植物。株高 60~90cm。最好容器种植，防止蔓延。

10. 粉黛乱子草 *Muhlenbergia capillaris*

科属：禾本科　乱子草属	位置和土壤：全光；不择土壤
别名：毛芒乱子草	株高：80~1.5m
英名：Pink Muhlygrass, Pink Hair Grass	观赏：观叶、花序
类型：暖季型　宿根	观赏期：秋
园林用途：花境、丛植、地被、切花	

"*Muhlenbergia*" 纪念 19 世纪美国植物学家 Gotthilf Henry Ernest Muhlenberg；"*capillaris*" 意为 "像毛发的"，指其细长浓密的芒。原产北美洲，中国引种栽培。

➢ 多年生宿根。丛生。叶片基生，深绿色，光亮。圆锥花序庞大、繁密，初绽时粉色至粉红色，干枯时淡米色。花果期 9~11 月。

➢ 喜光，耐旱，不耐寒。

➢ 播种或分株繁殖，栽培中不宜遮阴。北京地区不能自然越冬，需温室保护或当作一年生栽培。

➢ 花序松散，小花色彩朦胧，盛开时如云霞一般。丛植或片植可营造梦幻效果，适宜盆栽或作地被片植，也可用作切花。

11. 柳枝稷 *Panicum virgatum*

科属：禾本科　柳枝稷属	位置和土壤：全光；不择土壤
英名：Switch Grass	株高：1.0~1.5m
类型：暖季型　宿根	观赏：观叶、花序
园林用途：花境、丛植、地被、水土保持	观赏期：全年

"*Panicum*" 意为 "小米"。原产北美，中国引种栽培。

➢ 多年生宿根。丛生。秆直立，质较坚硬。叶线形，绿色，秋季变金黄色；圆锥花序 15~55cm 长，开展，分枝粗糙，疏生小枝与小穗。小穗椭圆形，绿色或带紫色，种子成熟时变为黄色。花果期 6~10 月。

➢ 喜光，耐阴。极耐旱、耐积水与短期水淹。适应砂质至黏质各种土壤。

➢ 播种或分株繁殖。冬末春初修剪植株，可使新芽整齐。

➢ 株丛紧密，花序雾状摇曳，可孤植或也可丛植、片植。茎秆可宿存到冬季，既有景观效果又可为野生动物提供栖息环境。根系发达，是优良的水土保持植物。

➢ 常见栽培品种：

'重金属'柳枝稷 *Panicum virgatum* 'Heavy Metal'

多年生宿根。丛生。秆直立，质较坚硬，高1.2~1.5m，竖向感强。叶线形，蓝绿色，直立性强。冬季下霜后叶色转成黄色或黄褐色。圆锥花序开展，花果期7~10月。

12. 狼尾草类 *Pennisetum* spp.

科属：禾本科　狼尾草属　　　　　位置和土壤：全光；不择土壤
英名：Fountain Grass　　　　　　株高：0.5~1.2m
类型：暖季型　宿根　　　　　　　观赏：观叶、花序
园林用途：花境、丛植、水土保持　 观赏期：全年

"*Pennisetum*"意为"羽毛"，指其花序轻盈。原产亚洲、大洋洲及非洲；中国广布。本属约140种。

➤ 多年生宿根。丛生。秆直立，高50~120cm，花序以下密生柔毛。叶线形，长可达80cm，宽约1cm，弧形弯曲。穗状花序，长达25cm，刚毛初为淡绿色，盛开时紫色至白色，观赏价值高。花果期7~10月。

➤ 喜光照充足，适合温暖、湿润的气候条件，当气温达到20℃以上时，生长速度加快。耐半阴；耐旱、耐湿；抗寒性强。抗倒伏。

➤ 分株繁殖，宜春季进行。栽培容易，栽植成活后一般不需其他养护，春季萌芽前剪除枯死茎叶。可自播繁殖。

➤ 花序繁密、整齐，高于叶丛上，状如喷泉。宜丛植或片植，景象壮观。也适合与其他观赏草和花卉配置，应用于花境或种植钵。根系发达，叶丛密实，完全覆盖地面，是良好的水土保持植物，可用于边坡防护。

➤ 同属常见栽培种类：

(1) '小兔子'狼尾草 *Pennisetum alopecuroides* 'Little Bunny'

也称'小布尼'狼尾草。株高30~45cm；花序短粗，花黄色，花期8~10月，叶在初秋有黄褐色条斑纹，晚秋变为褐色。喜光，耐半阴。秆直立性较差，遇大雨易倒伏。比原种生长稍慢，适于湿地、林地公园、岩石园，也可盆栽观赏。

(2) 东方狼尾草 *Pennisetum orientale*

株高40~60cm，株形与花序均较狼尾草松散。叶绿色至灰绿色。圆锥花序穗状，粉白色，柔软，质地柔美。花期6~10月。耐旱、耐高温、耐寒；不耐阴，不耐积水，植株生长较缓慢。可孤植或盆栽观赏，适宜丛植、片植，或配置花坛、花境。

➤ 常见栽培的还有：'紫叶'狼尾草（*Cenchrus setaceum* 'Rubrum'）为禾本科，蒺藜草属植物。为羽绒狼尾草的品种。丛生。株高1.5m，其叶片、茎秆、花序均为酒红色，叶宽约2cm，6月下旬开始抽穗开花，穗状圆锥花序长达30cm有余。观花期可持续到10月下旬。不耐寒，华北作一年生栽培，适宜用作花坛、花境配置植物，或盆栽观赏。

13. 丝带草 *Phalaris arundinacea* var. *picta*

科属：禾本科　虉草属
别名：花叶虉草、玉带草
类型：冷季型　宿根
园林用途：花境、丛植、地被

位置和土壤：全光或微阴；不择土壤
株高：60~120cm
观赏：观叶
观赏期：春、夏、秋

"*Phalaris*"来源于希腊语的一种草名；"*arundinacea*"来源于"*arundo*"一词，意为"像芦苇的"。其原种分布于欧亚大陆和北美，我国南北广泛分布。

➢ 散生，具根状茎。秆常单生，或少数丛生。叶上有乳白色的纵纹绿色，质地柔软。圆锥花序紧密、较狭窄，长10~20cm。花期5~6月。

➢ 喜温暖，耐寒，喜光，稍耐阴。喜肥沃湿润土壤，耐盐碱，不耐干旱。夏季高温高湿生长缓慢。

➢ 播种或分株繁殖，分株可于春秋两季进行。栽植时需做地下防护或定期清理，以防止其地下根茎过度扩展。

➢ 叶色美丽，花穗也有一定观赏价值。在园林中多与山石搭配栽植或丛植，也可作地被。也适宜用于花境和湿地建植，或用于生态治理。

14. 细茎针茅 *Stipa lessingiana*

科属：禾本科　针茅属
别名：墨西哥羽毛草
英名：Mexican Feather Grass
类型：冷季型　宿根
园林用途：花境、丛植、盆栽

位置和土壤：全光；排水好土壤
株高：40~60cm
观赏：观叶、花序
观赏期：全年

"*Stipa*"来源于希腊语，意为"纤维"；"*tenuissima*"意为"最苗条的"，指其叶片纤细如发丝。原产美洲，各地引种栽培。

➢ 多年生宿根。密簇丛生。茎秆直立，株高50cm。叶黄绿色，纵卷细如发丝。圆锥花序柔软下垂，羽毛状，长约30cm，芒长10~15cm，初为浅绿色，后变为黄褐色，干枯不收缩。花果期5~8月。

➢ 喜光，耐轻度遮阴。喜排水良好的土壤，耐旱性强。炎热季节休眠。

➢ 繁殖栽培播种、分株繁殖。适宜春、秋季节栽植。

➢ 茎叶柔美、细腻，花序蓬松闪亮，柔软下垂，形态优美，微风吹拂，分外妖娆，即使在冬季变成黄色时仍具观赏性。是质感较好的观赏草之一。丛植、片植、盆栽观赏皆宜。与岩石或粗线条的植物相配，对比鲜明。叶、花均可作切花。

思 考 题

1. 观赏草与草坪草有何区别？在园林中有哪些应用价值？
2. 列出 8 种常见观赏草，简述其类型及栽培管理要点。
3. 列出 8 种常见观赏草，并分析比较其观赏期、色彩和株型特征。

推荐阅读书目

1. 草坪植物与观赏草．刘建秀，周久亚．东南大学出版社，2001．
2. 观赏草及其景观配置．兰茜·J·奥德诺著．刘建秀译．中国林业出版社，2004．
3. 竹子与观赏草．阿德尔若著．袁玲，刘可译．湖北科学技术出版社，2013．
4. 观赏草与景观．袁小环．中国林业出版社，2015．

第 12 章
岩生花卉

[**本章提要**]本章介绍岩生花卉的含义及类型，园林应用特点，生态习性和繁殖栽培要点；列出岩石园花卉名录。

12.1 概 论

12.1.1 含义及类型

12.1.1.1 含 义

岩生花卉(岩生植物 rock flower, rock plant)：指适用于营建岩石园(rock garden)、可呈现自然界中岩石与植物和谐相生景观的植物。岩石园有高山岩石园、岩石坛、岩石台地、岩石墙等多种形式，因此，适用的种类也不尽相同，但是具有共同的特征，园林中优秀的岩生花卉通常具有如下特点：

①株形紧凑、密集；低矮、丛生、蔓生、匍匐或垫状；节间短，叶小，开花繁密，色彩艳丽。

②生长缓慢，生活周期长，能较长期保持其观赏价值。

③大多耐干旱瘠薄，抗逆性强。可有少量喜水或耐水湿。

岩生花卉以多年生宿根、球根植物为主，也包括矮小的常绿针叶植物、低矮灌木、亚灌木、或是自播繁衍的一、二年生花卉。

12.1.1.2 类 型

园林中岩石花卉可以是野生花卉也可以是栽培品种，主要来源于以下几类：

(1) 高山花卉

高山花卉指高山乔木分界线以上至雪线一带的野生花卉。这些地区光照强，土层薄，土壤贫瘠，风大，因此植物多低矮、垫状，花色艳丽。由于高海拔区气候与山下不同，海拔 2000m 以上的高山花卉中只有少数种类可以引种山下，因此，这类花卉通常是高山植物园的主角，在低海拔岩石园中仅有少量应用。是典型的岩生花卉。

(2) 低海拔山区的野生花卉

山区的悬崖峭壁、石缝等处，山坡、河滩的碎砾石上生长的低矮、观赏价值高的野生花卉。它们具有地域特点，容易形成特色，引种成功后是园林中优秀的岩石园植物。

(3) 适用于岩石园布置的商品花卉

现有的花卉中形态、习性符合岩石园布置的要求，或专门为岩石园布置选育的品种。通常具有高山植物的外形特征，如低矮、蔓生或匍匐或垫状，株高 5～20cm，喜石灰质土壤，或耐干旱瘠薄。由于方便获得，是园林中岩石园最常用的种类。

(4) 部分仙人掌和多浆植物等

多浆植物中源自沙漠区或高山干旱区的低矮、丛生型、耐干旱的种类，本身可以形成专类园，也可以采用和岩石搭配的方式，形成岩石园。

12.1.2　园林应用特点

①植物专类园之岩石园的主体材料。可以用于高山植物园中的岩石区，低海拔自然式岩石园、室内外岩石坛、岩石台地等布置。

②山区废弃矿坑等场地的绿化美化。

③环境中石头堆砌的各类挡土墙等护坡绿化美化。

④可以用于石质种植钵的组合盆栽。

12.1.3　生态习性

(1) 对温度的要求

岩石园主要是室外布置，因此要求大多数花卉有一定的耐寒性，在当地可以露地过冬。室内岩石园对花卉耐寒性要求不高。

(2) 对光照的要求

岩石园的形式有多种，不同形式有不同的光照条件，依具体设计，从喜光到耐阴的种类都可以使用。以喜光种类为主。

(3) 对土壤的要求

岩石园中供花卉生长的土壤厚度有限，同时为避免植物过度生长，一般比较贫瘠，因此要求使用的花卉耐瘠薄。

(4) 对水分的要求

依岩石园的形式而定，一般要求耐干旱的花卉，但是有小溪等设计时，也需要使用耐水湿的种类。

12.1.4　繁殖栽培要点

(1) 繁殖要点

岩生花卉有一、二年生和多年生花卉，与前述的各类花卉繁殖要点相同。

(2) 管理要点

管理粗放。但过度干旱时要浇水；过度生长时要适时分株；管理中注意摘心和修剪，控制生长并保持株形；根据具体情况也可以适当追肥，补充营养；多年后生长不良要重新栽植。

12.2 常用种类目录*

(1) *Achillea* (菊科蓍草属)

容易栽培。花期长，垫丛状，具有细裂的银白色叶子。要求向阳、排水良好的地方。宜分株繁殖，或播种繁殖。

希腊蓍草 *A. ageratifolia*　　高 10cm，叶、花白色，花期夏季。
银叶蓍草 *A. clavennae*　　高 15cm，叶、花白色，花期夏季。
绒毛蓍草 *A. tomentosa*　　高 22cm，花黄色，叶有绒毛，花期夏季。
伞花蓍草 *A. umbellata*　　高 15cm，花白色，叶银白色，花期夏季。

(2) *Aethionema* （十字花科岩芥菜属）

半灌木。喜热及砂质壤土。可播种繁殖。

大花岩芥菜 *A. grandiflorum*　　高 25cm，花粉红色，花期夏季。
灰蓝岩芥菜 *A. schistosum*　　高 15cm，花粉红色，花期 6 月。
瓦尔勒岩芥菜 *A. warleyense*　　高 15cm，花深粉红色，花甚多，花期 4~6 月。

(3) *Alyssum* （十字花科庭荠属）

喜向阳，一般壤土均生长良好。扦插繁殖。

岩生庭荠 *A. saxatile*　　高 15~20cm，花浅黄色，重瓣，花期 4~6 月。
黄岩生庭荠 *A. saxatile* var. *luteum*　　高 15~20cm，花暗黄色，花期 4~6 月。
红刺庭荠 *A. spinosum* var. *roseum*　　高 15~20cm，花粉红色，花期夏季。
山庭荠 *A. montanum*　　高 25cm，花黄色。
高山庭荠 *A. alpestre*　　高 10cm，花黄色。

(4) *Androsace* （报春花科点地梅属）

喜排水良好之坡地，宜富含腐殖质的砂质壤土或壤土，喜向阳或半阴处，播种或扦插繁殖。

长匍茎点地梅 *A. sarmenrosa*　　有匍匐茎，高 10cm，花粉红色，花期 5~6 月。
长毛点地梅 *A. lanuginosa*　　高 5cm，花淡紫色，叶银白色，花期夏季至初秋。
长生草状点地梅 *A. sempervivoides*　　高 8cm，花淡粉色，花期 5~6 月。
矮点地梅 *A. chamaejasme*　　高 8cm，花白色，花期 4~5 月。
肉色点地梅 *A. carnea*　　高 8cm，花红粉色，花期 5~6 月。
报春状点地梅 *A. primuloides*　　高 10cm，花红色。

---

* 本节引自《花卉学》，北京林业大学园林系花卉教研室。

(5) *Anemone* (毛茛科银莲花属)

喜石灰质土壤，以富含腐殖质的壤土为宜。播种繁殖，种子成熟后即播为宜。

大花哲伦银莲花 *A. magellanica major*　　高 25cm，花硫黄色，花期春季。喜向阳。

林生银莲花 *A. sylvestris*　　高 45cm，花白色。喜湿润土壤。

亚平宁银莲花 *A. apennina*　　高 8~10cm，花蓝色。

希腊银莲花 *A. blanda*　　高 8~10cm，花蓝色。

栎林银莲花 *A. nemorosa*　　高 15cm，花白色，花期 7 月。

(6) *Aquilegia* (毛茛科耧斗菜属)

喜排水良好之半阴处。以播种繁殖为主。

洋牡丹 *A. flabellata*　　高 23cm，花蓝或白色，花期春季。

岩生耧斗菜 *A. scopulorum*　　高 10cm，花浅蓝色，叶银白色，花期春季。

高岩耧斗菜 *A. bertolonii*　　高 8cm，花浅蓝色，花期春季。

多色耧斗菜 *A. discolor*　　高 5cm，花蓝或白色，花期春季。

高山耧斗菜 *A. alpina*　　高 15~30cm，花白或蓝色，花期春季。

蓝花耧斗菜 *A. coerulea*　　高 15~30cm，花白或蓝色，花期春季。

腺毛耧斗菜 *A. glandulosa*　　高 15~30cm，花白或蓝色，花期春季。

(7) *Arabis* (十字花科筷子芥属)

喜向阳，适应性强。

白色筷子芥 *A. albida*　　高 8cm，花粉色，花期春季。

南庭芥状筷子芥 *A. aubrietioides*　　高 10cm，花紫红色，花期夏季。

(8) *Arenaria* (石竹科蚤缀属)

宜向阳或半阴处。播种、分株或扦插繁殖。

山蚤缀 *A. montana*　　高 10cm，花白色，花期春、夏季。

紫花蚤缀 *A. purpurascens*　　高 5cm，花堇粉色，花期春季。

丛生蚤缀 *A. verna*　　枝密生，花白色，花期夏季。

(9) *Asperula* (茜草科车叶草属)

适应各种土壤，以腐殖质壤土最好。分株繁殖。

牛皮消状车叶草 *A. cynanchica*　　高 30cm，花白或粉色，花期 6 月。

香车叶草 *A. odorata*　　高 15~30cm，花白色。

硬毛车叶草 *A. hirta*　　高 5cm，花粉红或白色，花期春季。

顾桑氏车叶草 *A. gussoni*　　高 8cm，花暗粉红色，花期 5~7 月。

木栓车叶草 *A. suberosa*　　高 8cm，花粉色，花期 6 月。

(10) *Aubrieta deltoides* 三角齿南庭荠 (十字花科南庭荠属)

喜向阳、排水良好之处。播种、分株或扦插繁殖。花后予以短截，使之紧密成丛。

(11) *Campanula* (桔梗科风铃草属)

此类多种于岩石园中，花多蓝色，夏季开花。多用分株繁殖，也可播种或春天扦插繁殖。

东欧风铃草 *C. carpatica* 高 15~45cm，花白色或蓝色。
垂枝风铃草 *C. garganica* 高 5~15cm，匍匐，花白色至浅蓝色。
波氏风铃草 *C. portenschlagiana* 高 10cm，花蓝色。
沃氏风铃草 *C. waldsteiniana* 高 15cm，花堇蓝色。
圆叶风铃草 *C. rotundifolia* 高 20~25cm。

(12) *Cerastium tomentosum* 绒毛卷耳(石竹科卷耳属)

高 20cm，叶银白色，花白色，花期 5 月。喜向阳，生长强健。播种、分株或扦插繁殖。

(13) *Dianthus* (石竹科石竹属)

在石竹类中仅有一部分种可适用于岩石园中。喜向阳，喜砂质壤土。以播种繁殖为主，也可分株或扦插繁殖。

高山石竹 *D. alpinus* 高 8cm，花粉红至深紫红色，花期夏季。喜石灰质土壤。
蓝灰石竹 *D. caesius* 高 15cm，花深粉色，花期夏季。
欧维尼石竹 *D. arrernensis* 高 15cm，花带紫色，花期夏季。喜石灰质土壤。
弗雷恩石竹 *D. freynii* 高 8~15cm，花粉红色，花期 5~7 月。
花岗石竹 *D. graniticus* 高 8~15cm，花粉红色，花期 5~7 月。
林生石竹 *D. sylvestris* 高 15cm，花深粉色，花期夏季。
冰山石竹 *D. neglectus* 高 10cm，花粉红色，花期夏季。
西洋石竹 *D. deltoides* 高 15cm，花粉红色，花期夏季。
红萼石竹 *D. haematocalyx* 高 5cm，花粉红色，花期夏季。

(14) *Draba* (十字花科葶苈属)

喜富含腐殖质之壤土。

迪德氏葶苈 *D. dedeana* 高 15cm，花白色，花期 4~8 月。
褐叶葶苈 *D. brunifolia* 高 8cm，花黄色，花期 4~8 月。

(15) *Dryas* (蔷薇科仙女木属)

喜向阳、腐殖质壤土，需凉爽气候。

仙女木 *D. octopetala* 高 5cm，花白色，花期夏季。
德拉蒙氏仙女木 *D. drummondi* 茎蔓生，花黄色，花期夏季。

(16) *Erodium* (牻牛儿苗科牻牛儿苗属)

喜向阳、干燥。叶多细裂，灰绿色。播种或扦插繁殖。

红石蚕叶太阳花 *E. chamaedryoides* var. *roseum* 高 5cm，花粉红色，耐寒力弱。
黄花太阳花 *E. chrysanthum* 高 15cm，花暗黄色，叶甚美，花期夏季。
小斑太阳花 *E. guttatum* 高 15cm，花白色，花期夏季。

(17) *Gentiana* (龙胆科龙胆属)

这些高山植物类型的种类要求凉爽的气候,宜半阴处。

无茎龙胆 *G. acaulis*　高8cm,花蓝色,花期春季。较耐干旱。

七裂龙胆 *G. septemfida*　高15cm,花蓝色,茎匍匐,花期夏季。喜向阳或半阴处,宜湿润的腐叶土。

法勒氏龙胆 *G. farreri*　高8cm,花蓝色,花期夏末。喜向阳或半阴处,宜湿润的腐叶土。

(18) *Geranium* (牻牛儿苗科老鹳草属)

喜向阳、湿润之处,宜砂质壤土。播种或扦插繁殖。

血红花老鹳草 *G. sanguineum*　高8cm,花粉红色有深脉,花期夏季。

灰老鹳草 *G. cinereum*　高8cm,花粉或白色,花期夏季。

(19) *Geum* (蔷薇科水杨梅属)

一般土壤均可生长。播种或分株繁殖。

山水杨梅 *G. montanum*　高20cm,花金黄色,花期春季。

匍匐水杨梅 *G. reptans*　高15~23cm,花黄色,花期初夏。

(20) *Gypsophila* (石竹科丝石竹属)

喜向阳、壤土或砂质壤土。播种或扦插繁殖。

匍匐丝石竹 *G. repens*　茎匍匐,花白色,花期初夏。

红色匍匐丝石竹 *G. repens var. rosea*　花红色。

卷耳状丝石竹 *G. cerastioides*　花白色,花期7月。

(21) *Hepatica triloba* (*Anemone hepatica*) 獐耳细辛(毛茛科獐耳细辛属)

在新叶生出以前开花,高10cm,花白色、粉色或蓝色,花期春季。向阳及阴处均生长良好。

(22) *Hypericum* (金丝桃科金丝桃属)

喜向阳、干燥处。播种或扦插繁殖。

考勒斯金丝桃 *H. coris*　高15cm,花黄色,花期夏季。

匍匐金丝桃 *H. reptans*　高2.5cm,垫丛状,花黄色,花期夏季。

多叶金丝桃 *H. polyphyllure*　高15cm,花大,黄色,花期夏季。

奥林匹斯金丝桃 *H. olympicum*　高20cm,花大,黄色,花期夏季。

路豆金丝桃 *H. rhodopeum*　高15cm,花黄色,花期夏季。

(23) *Iberis* (十字花科屈曲花属)

喜向阳。播种或扦插繁殖。

常青屈曲花 *I. sempervirens*　高15cm,花白色,花期春季。

石生屈曲花 *I. saxatilis*　高2cm,花白色,花期春季。

(24) *Iris* (鸢尾科鸢尾属)

低矮的种类均可用于岩石园中。喜向阳,宜腐殖质丰富的壤土。播种或分株繁殖。

奥里根鸢尾 *I. tenax*　高20cm，花淡紫色，花期春季。
冠状鸢尾 *I. cristata*　高10cm，花暗紫色，花期5～6月。
矮鸢尾 *I. pumila*　高20cm，花蓝、白、紫、黄等色，花期4～5月。
鸢尾 *I. tectorum*　高30～40cm，花天蓝色，花期6月。
网状鸢尾 *I. retieulata*　高15cm，花浅紫蓝色，花期3月。
细叶鸢尾 *I. gracilipes*　高10～15cm，花暗蓝色，花期5～6月。
矮湖生鸢尾 *I. lacustris*　高8cm，花蓝色，花期6月。

(25) *Linum* (亚麻科亚麻属)
低矮种类适用于岩石园。喜向阳、干燥地方。播种或扦插繁殖。
高山亚麻 *L. alpinum*　高15cm，花蓝色，花期6月。
金黄亚麻 *L. flavum*　高25cm，花金黄色，花期夏季。
猪毛菜状亚麻 *L. salcoloides* var. *nanum*　高5cm，花白色，花期夏季。

(26) *Oenothera* (柳叶菜科月见草属)
喜向阳、干燥处。
无茎月见草 *O. acaulis*　高15cm，花白色，花期夏季。以扦插繁殖为主。
丛生月见草 *O. caespitosa*　高15cm，花白色，花期夏季。以扦插繁殖为主。
福勒蒙特月见草 *O. fremontii*　高10cm，花黄色，叶银白色，花期夏季。以扦插繁殖为主。

(27) *Phlox* (花荵科福禄考属)
垫丛状。喜向阳，宜砂土或砂质壤土。扦插繁殖。花后修剪。
愉悦福禄考 *P. amoena*　高15cm，花粉红色，花期夏季。
道格拉斯福禄考 *P. douglasii*　高2.5cm，花白、粉、红或堇紫色，花期春季。
丛生福禄考 *P. subulata*　高10cm，花白、粉、红或堇紫色，花期春季。

(28) *Polemonium* (花荵科花荵属)
喜向阳，宜砂质壤土。
臭花荵 *P. confertum*　高15～20cm，花蓝色，花期5～7月。
匍匐花荵 *P. reptans*　高30cm，花蓝色，花期4～5月。
低矮花荵 *P. humile*　高20cm，花蓝色，花期6～7月。

(29) *Potentilla* (蔷薇科委陵菜属)
喜向阳及石灰质土壤。播种、扦插或分株繁殖。定植3～4年后进行分株。
矮委陵菜 *P. verna* var. *nana*　高2.5cm，花黄色，花期春季。
多裂委陵菜 *P. multifida*　高10cm，花橙黄色，花期春季。
重瓣金黄委陵菜 *P. aurea* var. *plena*　高8cm，花黄色，花期春季。
毛委陵菜 *P. criocarpa*　高5cm，花黄色，花期夏季。

(30) *Pulsatilla* (毛茛科白头翁属)
喜向阳、腐殖质壤土。种子成熟后立即播种。

高山白头翁 *P. alpina*　　高30~45cm，花白色，花期春季。
金黄高山白头翁 *P. alpina* var. *sulphurea*　　高20~45cm，花鲜黄色，花期春季。
欧白头翁 *P. vulgaris*　　高15~30cm，花白、紫、粉或红色，花期春季。

(31) *Ranunculus*（毛茛科毛茛属）
下列两种宜肥沃砂质壤土，喜向阳，生活年限较长。播种或分株繁殖。
抱茎毛茛 *R. amplexicaulis*　　高20cm，花白色，有时半重瓣，花期初夏。
禾叶毛茛 *R. gramineus*　　高15cm，花黄色，花期初夏。

(32) *Saponaria*（石竹科肥皂草属）
下列两种茎蔓性，宜悬垂于岩石上，花期夏季。喜热而干燥处，播种或扦插繁殖，可自播繁衍。
岩生肥皂草 *S. ocymoides*　　高5cm，花粉白色。
红岩生肥皂草 *S. ocymoides* var. *rubra compacta*　　高5cm，花浅红色。

(33) *Saxifraga*（虎耳草科虎耳草属）
虎耳草种类甚多，大部分可以用于岩石园中。现就应用最普遍者介绍于后，大多数在春季或初夏开花，多喜石灰质壤土和干燥的地方，不宜在日照强烈及多雨地区生长。
艾宗虎耳草 *S. aizoon*　　高10~15cm，花黄、红或白色，花期夏季。
尖头虎耳草 *S. apiculata*　　高10cm，花淡黄色，花期1~3月。
白塞氏虎耳草 *S. burseriana*　　高8cm，花白色，花期2~3月。
蜗牛虎耳草 *S. cochlearis*　　高23cm，花白色，花期6~7月。
厚叶虎耳草 *S. cotyledon*　　高45cm，花白色，花期7月。
舌状虎耳草 *S. lingulata*　　高30cm，花白色，花期5~6月。
角状边虎耳草 *S. marginata*　　高10cm，花白色，花期4月。

(34) *Sedum*（景天科景天属）
喜干燥、日照充足，喜砂质壤土，耐炎热。以观叶为主。繁殖多用分株法。
匙叶景天 *S. spathulifolium*　　高8cm，花黄色，具有多种美丽的叶色，花期夏季。
高加索景天 *S. apurium*　　高8cm，花红色，花期夏末。
叶状景天 *S. dasyphyllum*　　高8cm，花白或红色，花期5~6月。
金钱掌 *S. sieboldii*　　茎匍匐，花淡红色，花期秋季。

(35) *Sempervivum*（景天科长生草属）
耐高温和干燥。以观赏莲状叶丛为主。播种、扦插、分株繁殖。
蛛丝长生花 *S. arachnoideum*　　高10cm，花粉或红色，花期6~7月。
暗紫长生花 *S. atropurpureum*　　高10cm，叶褐色，花期6~7月。
碱地长生花 *S. calcareum*　　高10cm，叶淡绿色或褐色，花期6~7月。
屋顶长生花 *S. teotorum*　　高5~8cm，花粉红色，花期夏季。

(36) *Silene*（石竹科麦瓶草属）
喜砂质壤土。分株、播种或扦插繁殖。

无茎麦瓶草 S. acaulis   高5cm，花暗粉色，花期春季。
岩石雪轮 S. saxatilis   高5cm，花暗粉色，花期春季。
高山麦瓶草 S. alpestris   高15cm，花白色，有重瓣品种，花期春季。
夏弗塔雪轮 S. achafta   高15cm，花粉色，花期秋季。

(37) Thymus（唇形科百里香属）
喜向阳干燥处。茎叶呈垫丛状，有香气。
长毛百里香 T. lanuaginosua   高2.5cm，有长绵毛，花粉红色，花期夏季。
欧百里香 T. serpyllum   高2.5cm，花白、红色，花期夏季。

(38) Petrorhagia saxifraga 膜萼花（石竹科裙花属）
高13cm，花粉红色，有白色、红色及重瓣品种，花期夏季。喜砂质壤土。

(39) Veronica（玄参科婆婆纳属）
喜向阳，宜壤土。分株或播种繁殖。
岩生婆婆纳 V. fruticans (V. saxatilis)   高15cm，花蓝色，花期夏季。
红梳状婆婆纳 V. pectinata var. rosea   高10cm，花粉红色，叶有绵毛，花期夏季。
平卧婆婆纳 V. prostrata (V. rupestris)   高10cm，花蓝、粉或白色，花期夏季。
穗花婆婆纳 V. spicata   高15~30cm，花蓝或粉红色，花期夏季。
卷毛婆婆纳 V. teucrium   高15cm，花蓝色，花期夏季。
阿龙氏婆婆纳 V. allioni   高10cm，花深蓝色，花期夏季。

(40) Viola（堇菜科堇菜属）
喜向阳，喜腐殖土或壤土。
香堇 V. odorata   高15cm，花堇紫色。
角堇（簇生堇菜）V. cornuta   高15cm，花堇紫色，有白花种，垫丛状，花期夏季。
希腊堇菜 V. gracilis   高5~15cm，花橙红色，叶银白色，垫丛状，花期春夏。
北方堇菜 V. septentrionalis   高15cm，花白色，花期春季。
鸟足堇菜 V. pedata   高8cm，花紫堇色，花期5月，有白色品种。

适用于墙园的岩生植物

　　颖状刺矶松 Acantholimon glumaceum
　　茸毛蓍草 Aehillea tomentosa
　　大花岩芥菜 Aethionema grandiflorum
　　密花岩生庭荠 Alyssum saxtile var. compactum
　　点地梅属 Androsace
　　耧斗菜属 Aquilegia
　　南芥属 Arabis
　　科西嘉蚤缀 Arenaria balearica
　　南庭荠类 Aubrieta spp.

细小风铃草 *Campanula caespitosa*
圆叶风铃草 *C. rotundifolia*
蓝灰石竹 *Dianthus caesius*
香石竹 *D. caryophyllus*
西洋石竹 *D. deltoides*
岩生石竹 *D. petraeus*
常夏石竹 *D. plumarius*
罗马牻牛儿苗 *Erodium romanum*
匍匐丝石竹 *Gypsophila repens*
珊瑚钟 *Heuchera sanguinea*
匍枝金丝桃 *Hypericum reptans*
埃及金丝桃 *H. aegypticum*
常青屈曲花 *Iberis sempervirens*
穗状福禄考 *Phlox divaricata*
丛生福禄考 *P. subulata*
越橘叶蓼 *Polygonum vaccinifoliurn*
高山苣苔 *Ramonda myconi*
岩生肥皂草 *Saponaria ocymoides*
常春藤叶虎耳草 *Saxifraga cymbalaria*
长叶虎耳草 *S. longifolia*
叶状景天 *Sedum dasyphyllum*
费菜 *S. kamtschaticum*
金钱掌 *S. sieboldi*
长生草属 *Sempervivum*
高山麦瓶草 *Silene alpestris*
夏弗塔雪轮 *S. schafta*
柠檬百里香 *Thymus citriodorus*
长毛百里香 *T. lanuginosus*
欧百里香 *T. serpyllum*
洋石竹 *Tunica saxifraga*
梳状婆婆纳 *Veronica pectinata*
白叶婆婆纳 *V. incana*
岩生婆婆纳 *V. saxatilis*

思 考 题

1. 什么是岩生花卉？主要从哪些花卉中选择？
2. 岩生花卉应具有哪些生态习性特点？
3. 列出 20 种岩生花卉。

推荐阅读书目

Rock Garden Plants. Baldassare Mineo. Timber Press, 1999.

第 13 章
室内花卉

[**本章提要**] 本章介绍室内花卉的含义及类型，应用特点，生态习性和繁殖栽培要点；介绍了 18 种（类）室内观花植物和 47 种（类）室内观叶植物。

13.1 概 论

13.1.1 含义及类型

13.1.1.1 含 义

室内花卉（houseplants，indoor plant）指从众多的花卉中选择出来，具有很高的观赏价值，比较耐阴而喜温暖，对栽培基质水分变化不过分敏感，适宜在室内环境中较长期摆放的一类花卉。包括蕨类植物、种子植物、草本和木本花卉。

13.1.1.2 主要类别

（1）观花类

开花时为主要观赏期，有些既可观花也可观叶。如非洲紫罗兰、蟹爪兰、杜鹃花、金鱼花等。

（2）观果类

果期有较高的观赏价值。如朱砂根、薄柱草等。

（3）观叶类

主要观赏绿色叶或彩色叶，种类繁多，近年在世界花卉贸易中占一定份额，是室内绿化的主要材料。有蕨类植物、草本和木本花卉。

值得注意的是，随着人们回归自然的渴望不断提高，室内环境中的植物种类不断丰富。为了满足需求，一些非室内植物也用于室内观赏，如盆花中的许多种类，它们不能长期适应室内环境，但可以短期装饰室内；一些观赏价值高的露地环境栽培花卉，盆栽后进入室内。这些花卉在室内的观赏期相对较短，只适宜开花期在室内摆放，一般花后就遗弃。

13.1.2 应用特点

室内生态环境改善和调节，以及室内园林化的要求，使室内植物的地位上升。只有选择适宜的种类，才能实现良好的愿望。

- 主要用于室内绿化装饰布置。
- 较适应室内低光照、低空气湿度、温度较高、通风差的环境。
- 有木本和草本，大小高低不同；有观花和观叶，叶色、花色不同；可供选择的种类多。
- 有直立和蔓性；株形和叶形差异大；可以采用多种应用形式。
- 是室内花园的主要材料。

13.1.3 生态习性

由于种类繁多，原产地不同，生态习性差异较大，依花卉种类不同有很大差异。

(1) 对温度的要求

室内花卉原产地不同，对温度的要求也不同。一般在 15～25℃，大多数能正常生长；高于 30℃，一些种类生长减慢；但一些原产热带的花卉要求 25～30℃生长温度。越冬温度也因原产地不同而不同。原产热带的种类要求 15℃以上；原产温带的种类只要保持 5℃以上即可。另外，原产热带的花卉一般不要求昼夜温差。

(2) 对光照的要求

室内花卉比较耐阴，但耐阴性有很大差异，因种和品种而异。有些喜光，如伽蓝菜、苏铁等；有些耐微阴，如海芋、朱蕉等；有些耐半阴，如非洲紫罗兰、常春藤、喜林芋类等；有些极耐阴，如广东万年青、一叶兰等。

(3) 对土壤的要求

由于是在室内环境下栽培，为了卫生，草本花卉一般采用基质栽培，基质主要是由泥炭和蛭石等配成；小型木本花卉用园土和泥炭配制；大型木本花卉用园土，但要消毒，保证无病虫。基质和土壤性状依花卉种类而定。

(4) 对水分的要求

依花卉种类不同而异，有些不严格，失水后补水即可成活，如白鹤芋；有些不耐短期干旱，缺水造成死亡，如竹芋类的一些种类；有些喜水湿，如袖珍椰子；有些喜干燥，如棕竹。室内栽培重要的影响因素是空气湿度，在温度适宜的前提下，常常是湿度太低造成栽培困难，如竹芋类。

13.1.4 繁殖和栽培要点

13.1.4.1 繁殖要点

主要是营养繁殖，以分株和扦插（包括水插）繁殖为主，也可以采用压条、播种方法繁殖。只要温度适宜，四季都可进行。

13.1.4.2 栽培要点

- 根据植物种类给予适宜的光照条件。同种植物，不同季节可以采用放置在不同位置来满足光照要求。
- 许多种类有休眠期，这时与生长期相比，对水分的要求是不同的。生长期除注意基质浇水外，要注意增加空气湿度。休眠期注意控制水肥。
- 木本花卉要及时修剪、整枝和换盆。多年生长后要换盆，去除老根和分株，使株形美观，生长健壮。
- 经常擦拭叶片，不仅使观叶植物美观，也利于光合作用。
- 根据生长需要及时补给肥料。一般观叶植物对氮肥的需求量较高。

13.2 各 论

13.2.1 室内观花花卉

1. 花烛类 *Anthurium* spp.

科属：天南星科 花烛属（安祖花属、火鹤花属）
英名：Anthurium
栽培类型：宿根花卉
放置环境：微阴或半阴；生长适温 20℃ 以上
株高：20~50cm
花色：深红、玫瑰红、粉、白、浅黄、绿
花期：全年

"*Anthurium*"意为"花尾巴"。同属植物约550种。原产美洲热带。有许多园艺品种，一类为切花品种；另一类为观花或观叶的盆花品种。

- 常绿植物。有茎或无茎，直立。叶革质，全缘或分裂。佛焰苞卵圆形、椭圆形或披针形，革质，开展或弯曲，深红、玫瑰红、粉、白、黄等色。肉穗花序黄或白色，直伸或卷曲。
- 喜温暖、潮湿。观花品种需要光线充足，但忌直晒；观叶品种喜半阴且温度稍高些。一般最低温度不低于16℃。
- 分株、扦插、播种、组培繁殖。分株主要用于观花类，分蘖蘗另行栽植即可。扦插用于叶不旺盛的植株，去掉叶子，将茎切成小段，保留芽眼，直立扦插在泥炭藓和沙均等混合物中，全部覆盖到顶，加地温至25~35℃，2~3周即可生根出叶。播种用新鲜成熟的种子，发芽适温约25℃，2~3周可发芽。
冬季保持20~22℃的室温，叶面喷水，保持高空气湿度，但不要喷在花序上。栽培管理简单。
- 中小型盆花。叶及花皆美丽，有金属光泽，花色丰富，花期极长，有很好的装饰效果。

目前栽培的多为属间杂交品种。常见栽培的主要种有：

(1) 红鹤芋 *Anthurium andraeanum*

别名：大叶花烛、红掌、花烛

英名：Tailflower, Palette Flower

著名高档切花。原产南美洲哥伦比亚西南部热带雨林。高 40~50cm。无茎。叶鲜绿色，长椭圆状心脏形，长柄四棱形。花茎高出叶面；佛焰苞阔心脏形，表面波状，有各种颜色；肉穗花序黄色，直立。全年开花。品种甚多，如'密叶'花烛、'白色'花烛和'红色'花烛等。生长适温 20~30℃，10℃ 停止生长。不耐干燥，要求 80% 的相对湿度。也可作中型盆花。作切花，水养可达半个月。

(2) 水晶花烛 *Anthurium crystallinum*

别名：晶状安祖花

英名：Crystal Anthurium

原产哥伦比亚的新格林纳达。茎叶密生。叶阔心形；幼叶绿色，后碧绿色；叶脉粗，银白色，叶背淡紫色。花茎高出叶面；佛焰苞窄、褐色；肉穗花序黄绿色。叶非常美丽，是优良的中小型观叶花卉。需高湿环境，对水分变化敏感，不易栽培。

(3) 安祖花 *Anthurium scherzerianum*

别名：火鹤花、猪尾花烛

英名：Common Anthurium, Flamingo Plant

本属为最著名种。原产哥斯达黎加、危地马拉。高 30~50cm，直立。叶阔披针形，深绿色，革质。花梗红色，佛焰苞长椭圆形，火焰红色；肉穗花序扭曲为螺旋状；几乎全年开花。园艺品种很多，有各种花色。稍喜光，忌夏季强光。生长适宜温度 20~25℃，温度高时停止生长，高于 25℃ 着花少，冬天需高于 15℃。主要为盆栽品种。

2. 秋海棠类 *Begonia* spp.

科属：秋海棠科　秋海棠属	足或半阴；排水好
英名：Begonia	株高：10~150cm
栽培类型：宿根或亚灌木花卉	观赏：叶或花，花多红、粉色
位置和土壤：室外全光或半阴，室内光线充	花期：全年

"Begonia"源自人名 M. Begen（法）。同属植物有 1000 多种，除澳大利亚外，世界各地热带和亚热带广泛分布；中国约 90 种，主要分布于南部和西南部各地。栽培种类很多，形态、习性、园林用途等差异较大。主要有庭院种类、观叶种类、花叶同赏种类。该属植物多生长在林下、沟边或阴湿的岩石上，喜温暖、阴湿的环境。大多数种类在北方通常温室栽培。

➤ 茎基部常具块状茎或根状茎。叶基生或互生于茎上，叶基常偏斜。花单性同株，雄花常先开放，花被片 4，分两轮；雌花被片 5。

栽培种类依据地下器官及茎形状，分为以下几类：

① 球根类　块茎肉质，扁圆形或球形，灰褐色，周围密生须根。夏秋花谢后地上部分枯萎，球根进入休眠。本类以球根秋海棠（*B. tuberhybrida*）为代表种。

② 根茎类　根状茎匍匐地面，粗大多肉。叶基生，花茎自根茎叶腋中抽出，叶柄粗壮。6~10月为生长期，要求高温多湿。花期不定，经常开花。开花后进入休眠期。一般不用播种繁殖，以叶插（一般4~5月进行）或分株（多在4月下旬结合换盆进行）繁殖。本类以观叶类秋海棠为主，常见的有蟆叶秋海棠（*B. rex*）、枫叶秋海棠（*B. heracleifolia*）、铁十字秋海棠（*B. masoniana*）等多种。

③ 须根类　多为常绿亚灌木或灌木。地下须根状。地上部较高大且多分枝。花期主要在夏秋两季，冬季休眠。通常分为四季秋海棠、竹节秋海棠和毛叶秋海棠3组。本类多用扦插繁殖，早春进行较好。生长健壮，温度高于12℃即可越冬。

➤《采兰杂志》载："昔有妇人，怀人不见，情理洒泪于北墙之下，后洒处生草，其花甚媚，色如妇面，其叶正绿反秋开，名曰断肠花，即今秋海棠也。"《本草纲目拾遗》亦载："相传昔人有以思而喷血阶下，遂生此，故亦名相思草。"秋海棠含草酸等成分，故全株可入药。《陆川本草》云：秋海棠之花、茎、叶"能生肌、消肿，捣敷治疮痈溃疡"。

➤ 秋海棠根性寒，味酸涩，有活血化瘀、止血、清热、消肿之功效。

➤ 目前常见种类：

(1) 丽格秋海棠 *Begonia* × *hiemalis*

英名：Rieger Begonia

原产阿尔比亚地区冬季开花的盾叶秋海棠（阿拉伯秋海棠）*B. socotrana* 和原产秘鲁、玻利维亚夏季开花的几种球根秋海棠的杂交种，品种非常丰富。

具肉质根茎，根系细弱。没有明显膨大的地下器官，也不结种子，常于冬、春季开花。喜冷凉。喜光，但应避免夏季阳光直射；短日照花卉，日照超过14h进行营养生长。扦插繁殖。生长适温15~22℃，越夏困难。低于10℃或高于32℃生长停滞，低于5℃受冻。生长期保持土壤见干见湿，叶面不要淋水；保持80%~85%的高空气湿度，现蕾后湿度降低。摘心可以促进分枝。

是室内流行的观赏盆花。

(2) 大王秋海棠 *Begonia rex*

别名：蟆叶秋海棠、虾蟆秋海棠、毛叶秋海棠

与近源种的种间杂交和品种间杂交产生了许多园艺品种。植株低矮。具根茎。叶基生，盾状，叶基歪斜；叶面有不同色彩和图案。

喜温暖、湿润的环境，要求温度20℃以上和较高的空气湿度。要求散射光充足。以肥沃、排水好的砂质壤土为宜。扦插繁殖。片叶插，将叶剪成每片带主脉小片，斜插于基质，半个月生根。生长期注意保持空气湿度和土壤湿润，但过湿根茎易烂。冬季保持温度10℃以上，少浇水。

植株矮小，叶极美丽，是小型盆栽观叶植物。

(3) 球根秋海棠 *Begonia* × *tuberhybrida*

种间杂交种，是以原产秘鲁、玻利维亚的一些秋海棠，经100多年杂交育种而成。

中花型,是花色最丰富的一种。株高30~100cm。茎直立或铺散,有分枝,肉质,有毛。叶缘具齿牙和缘毛。雄花大,具单瓣、半重瓣和重瓣;雌花小,5瓣。栽培品种很多,园艺上分为三大品种类型:大花类、多花类、垂枝类。花期夏秋。

喜温暖、湿润、半阴环境。要求疏松肥沃排水良好的微酸性砂质壤土。播种繁殖为主,也可扦插和分割块茎繁殖。温室周年可播种,但以1~4月为宜,为提早花期可秋播。种子细微,播后不覆土。春末夏初扦插,可保留优良品种或不易收到种子的重瓣品种。切取带芽、叶的茎,长7~10cm,保留顶端1~2片叶,稍晾干后扦插。早春块茎即将萌芽时进行分割,每块带1个芽眼种植。浅根性花卉,栽植不宜过深,块茎半露出土面为宜。生长适温15~20℃,不耐高温,气温超过30℃时,茎叶枯萎,脱落。空气湿度在70%~80%最适宜其生长发育。不耐寒,冬季温度不能低于10℃。在昆明等暖地,春季萌发生长,夏秋开花,冬季休眠;在北京则夏季休眠,冬春开花生长。

姿态优美,或花大色艳或花小繁密,是世界著名的夏秋盆栽花卉。垂枝类品种适宜室内吊盆观赏;多花类品种适宜盆栽和布置花坛,是北欧露地花坛和冬季室内盆花的重要材料。

3. 蒲包花 *Calceolaria crenatiflera*

科属:玄参科 蒲包花属　　用途:盆栽观赏
别名:荷包花　　　　　　　株高:20~40cm
英名:Pocketbook Plant, Lady's Purse　　花色:黄、红、紫色及各色斑点 花期:2月
栽培类型:多年生作一年生栽培　　　　　　至次年5月
放置环境:全光;生长适温12~16℃

"*Calceolaria*" 意为"拖鞋",指花的形状。园艺杂种。为同属多亲本杂交而成。主要供盆栽。主要亲本原产南美洲厄瓜多尔、秘鲁、智利。同属植物约310种,主产自墨西哥。

➤ 全株疏生茸毛。茎上部常分枝。叶对生或轮生,淡绿色或黄绿色,叶脉下凹。花形奇特,花冠二唇,上唇小而前伸,稍呈袋状,下唇大,膨胀呈荷包状;花色丰富,单色花有黄、白、红系各种花色,复色有橙粉、褐、红等色斑点。

➤ 喜凉爽、潮湿、通风良好的环境,忌高温闷热。喜阳光充足,但忌夏季的强光;为长日照花卉,长日照有利于花芽分化和花蕾发育。喜肥沃的微酸性土壤。

➤ 播种繁殖为主,也可扦插。8月下旬至9月室内盆播,过早高温高湿易引起幼苗易腐烂;过晚影响开花。种子细小,播后不需覆土或覆一层水苔。发芽适温20℃左右,1周后出苗,出苗后温度降至15℃。2~3片真叶时可移苗,4~5片真叶时上小盆,每盆一株,年底可定植。

不耐严寒,越冬温度8℃以上。供水肥时勿沾叶面。土壤水分不可过高,空气湿度保持80%以上。开花时可轻微喷雾,不断去残花。11月开始延长光照时间,每天6~8h,1月底可开花。

➤ 中小型盆花。株形低矮,开花繁密覆盖株丛,花形奇特,花色丰富而艳丽,花期长,是优良的春季室内盆花。

➢ 大花系(Grandiflora)：花径3~4cm，花茎长46cm，花色丰富，多为有色斑。多花矮生系(Multiflora Nana)：花径小，2~3cm，着花数多而植株低，耐寒性强，适于盆栽。多花矮生大花系(Multiflora Nana Grandiflora)：介于上述二者之间。现栽培品种以大花系和多花矮生大花系品种为多。

4. 君子兰 *Clivia miniata*

科属：石蒜科　君子兰属　　　放置环境：半阴；生长适温15~25℃
别名：大花君子兰　　　　　　株高：30~50cm
英名：Scarlet Kafirlily　　　　花色：橙黄、橙红、红等
栽培类型：宿根花卉　　　　　花期：2~5月

"*Clivia*"意为"克维亚(Clive)家族(英)"；"*miniata*"意为"朱红色的"。原产南非一带的山地森林中。同属植物有3种，主产南非；中国引入栽培2种，东北地区普遍栽培，长春市为中国大花君子兰栽培和育种的中心。

➢ 常绿植物。根系肉质粗大，少分枝。茎短粗，假鳞茎状。叶有光泽，革质，全缘，深绿色，宽大扁平带状，二列交叠互生。伞形花序顶生，花茎直立、扁平，高出叶面，着花7~50朵；花漏斗状，花橙红、橙黄、红色系各色；单株可抽2~3个花茎，单花序可开1个月，有时8~9月还开花。浆果成熟时红色。

➢ 喜温暖、湿润，宜半阴环境。不耐寒，忌炎热，喜深厚肥沃疏松的土壤。

➢ 播种或分株繁殖。播种苗3~4年开花。人工授粉才结实，授粉后8~9个月果实变红可采收。采种后在通风透光处放置10~15d完成后熟，40℃温水催芽24h，室温20~25℃，10~15d可发芽。叶长4~5cm时可分苗上盆。分株繁殖宜可在3~4月换盆时进行，用手掰离母株叶腋抽出的吸芽，另行栽植。

高于30℃徒长，低于10℃生长缓慢，低于5℃休眠，0℃受冻害。生长期间应保持环境湿润，但忌积水，以免烂根。夏天光照不宜太强，应置荫棚下栽培。叶寿命2~3年，植株寿命20~30年。根系粗壮发达，宜用深盆栽植。10月后开始减少浇水，直至花芽长至15cm时，增加水分，年初即可开花。长势强健，栽培管理简便。注意转盆，以保持叶序整齐。

➢ 中型盆花。花、叶、果兼美，观赏期长，叶片青翠挺拔、高雅端庄，花亭亭玉立，仪态文雅，而且色彩绚丽。是优良的盆花。

➢ 有花色深红、矮生和斑叶的品种。变种有黄花君子兰(var. *aurea*)：花黄色，基部色略深；斑叶君子兰(var. *stricta*)：叶有斑。同属栽培的还有垂笑君子兰(*C. nobilis*)：叶较窄，叶缘有坚硬小齿；花茎高30~45cm，着花40~60朵，花漏斗状，橘红色，开放时下垂；花期夏季；原产南非好望角。

5. 鲸鱼花 *Columnea microcalyx*

科属：苦苣苔科　鲸鱼花属　　　放置环境：半阴；生长适温 15~20℃
别名：可伦花、大红金鱼花、大花鲸鱼花　　花色：大红
英名：Goldenfish Plant　　　　　花期：冬、春季
栽培类型：宿根花卉

"*Columnea*"源于人名；"*gloriosa*"意为"著名的，华丽的"。原产马达加斯加。

➢ 常绿植物。茎匍匐，长达90cm，密集丛生状。叶对生，节间短，肥厚，具红色微毛。花腋生；花冠筒状，基部有距，先端明显呈唇形，外形似金鱼，红色，喉部黄色。

➢ 喜温暖、湿润，不耐寒；喜光照充足，但忌强光直射；喜疏松肥沃、排水良好的腐殖质土壤。

➢ 扦插繁殖。花后取嫩枝扦插，穗长10~15cm，每段应有3对叶片，最下面的一对剪掉。

栽培较难，管护要求高。生长适温15~20℃，夜间宜10℃以上；冬季保持基质适度干燥，夜温13~18℃。对空气湿度要求高，生长季需经常在叶周围喷雾，保证60%空气湿度。浇水太多则花早落，太少则叶枯黄。花后可修剪枝条。

➢ 枝条下垂，叶小而排列整齐，如一条垂下的绿带。开花时，从其间伸出红金鱼似的小花，花色艳丽，排成行，观赏价值极高。是优良的盆栽悬吊植物。

➢ 同属常见的栽培种还有邦吉金鱼花(*C. banksii*)：茎多分枝；叶光滑而具蜡质，叶背红色，叶更小，深绿色；着花更繁茂，花大红色，唇瓣有黄纹。观赏价值更高。

6. 仙客来 *Cyclamen persicum*

科属：报春花科　仙客来属　　　株高：20~30cm
别名：兔子花、萝卜海棠、一品冠　花色：白、粉、绯红、玫瑰红、紫红、大
英名：Florist's Cyclamen　　　　　红、黄
栽培类型：球根花卉　　　　　　花期：10月至次年5月上旬
放置环境：全光；生长适温18~20℃

"*Cyclamen*"源自希腊语，植物原名；"*persicum*"意为"属于波斯的"。原产地中海东北部，从以色列、叙利亚至希腊的沿海低山森林地带。同属植物约20种。

➢ 块茎紫红色，肉质，外被木栓质。叶丛生，心脏状卵形，边缘光滑或有浅波状锯齿，绿色或深绿色，有银白色斑纹。花单生，褐红色长柄；花瓣基部联合呈筒状，花蕾期先端下垂，花开后花瓣向上反卷直立形似兔耳，故又名"兔子花"；受精后花梗下弯。

➢ 喜凉爽、湿润及阳光充足的环境。

➢ 播种繁殖为主，9~10月进行，从播种到开花约需12~15个月。发芽温度20~22℃，遮光，20d萌发。叶片完全展开后可第1次移苗；3片叶可定植，次年冬季可

开花。结实不良的优良品种可切割块茎繁殖，8月下旬块茎将萌动时，将其自顶部纵切分成几块，每块都应带有芽眼，切口涂草木灰，稍微晾干后分栽。也可用组织培养法繁殖。

宜浅栽，顶端生长点部分需露出土面。秋冬春三季为生长期，生长适温18～20℃，气温达到30℃，植株进入休眠；冬季室温不宜低于10℃，否则花易凋谢，花色黯淡。在中国，夏季炎热地区皆处于休眠或半休眠状态，在夏季凉爽、湿润的昆明地区，不休眠继续生长。叶片要特别注意保持洁净，以利光合作用的进行。土壤宜微酸性。属于日中性植物，影响花芽分化的主要环境因子是温度，适温为15～18℃。3年生以上老球根生活力逐渐衰退，应予以淘汰。

➢ 中小型盆花。叶挺硬开展，花蕾低垂，开放时亭亭玉立，具有动感；花色多彩，娇美秀丽，观赏价值极高。加之其花期恰逢元旦、春节等传统节日，深受人们喜爱。

➢ 目前栽培品种有同源四倍体和 F_1 代的大花、中花、微型品种。

7. 喜荫花 *Episcia cupreata*

科属：苦苣苔科　喜荫花属　　　　　　株高：15～20cm
别名：红桐草　　　　　　　　　　　　英名：Flame Violet
栽培类型：宿根花卉　　　　　　　　　花色：红
放置环境：半阴；生长适温20～22℃　　花期：夏、秋季

"*cupreata*"意为"铜色的"。原产巴西、哥伦比亚。同属植物8种。

➢ 常绿植物。半蔓生状，全株密生细毛。叶对生，基部心形，具锯齿；叶脉银白色，叶面绿色，背面红色。叶腋可生匍匐茎。花单生叶腋，亮红色，喉部黄色。

➢ 喜温暖、湿润、明亮、通风好的环境。喜疏松、肥沃、排水良好的中性基质。

➢ 分株、扦插繁殖为主，春末夏初进行。从种子发芽到成苗需较长时间，故很少采用播种繁殖。分株宜在当匍匐茎先端的子株长到4～6片叶，叶长约5cm时进行，切下直接种植。茎插、叶插均可，散射光下保持20℃，4～6周发根，易生根。

放置高湿和通风好的位置，适当庇荫。开花期宜室内光照充足，但忌强光直射。生长适温为20～22℃，不耐寒，越冬温度16℃，低于10℃冻死。

➢ 小型盆花。株形矮小，叶片美丽，花色浓艳，耐阴，是优秀的室内喜荫花卉。于室内茶几、窗台等处陈设，也可吊盆或瓶栽悬挂观赏。

8. 一品红 *Euphorbia pulcherrima*

科属：大戟科　大戟属　　　　　　　　放置位置：全光；生长适温25～29℃
别名：象牙红、圣诞花、猩猩木、老来娇　株高：30～250cm
英名：Common Poinsettia　　　　　　　花色：（观总苞）朱红、粉、白、黄
栽培类型：小乔木至灌木常作一年生栽培　花期：12月下旬至次年2月

"*Euphorbia*"源于人名Euphorbus（罗马），他是摩利达尼亚王Juba的医生。原产墨

西哥和中美洲。在中国云南、广东、广西等地可露地栽培,小乔木状;华东、华北地区作温室盆栽,霜前移入温室。同属植物约 1000 种。一品红园艺品种多,株高、叶色等有变化。

➢ 茎光滑,含乳汁。叶互生,具大缺刻,背面有软毛;茎顶部花序下的叶较狭,苞片状,通常全缘,开花时呈朱红色,为主要观赏部位。真正的花是顶部簇生的鹅黄色小花,为杯状花序。花期恰逢圣诞节前后,所以称它为"圣诞花"。

➢ 喜温暖、湿润及阳光充足的环境。对土壤要求不严,喜微酸性肥沃的砂质壤土。

➢ 扦插繁殖为主。取 1 年生木质化或半木质化枝条约 10cm 为插穗。温室内可于 3 月下旬扦插,室外可于 4 月下旬至 9 月下旬扦插,以 5~6 月最好。将切口流出的白色乳液用水浸去,并涂草木灰,或用火烧一下后扦插。

生长适温白天 25~29℃,夜温 18℃;花序显色后可降至昼温 20℃,夜温 15℃。生长期地温低常引起落叶。夏季遮去强烈直射光。生长旺盛,适当控制水分,以免徒长,破坏株形。为短日照植物,极易控制花期,在每天光照 8~9h,温度 20℃条件下,50d 左右即可开花。作多年生栽培时,为了使植株低矮,枝条分布均匀,株态优美,采用整枝作弯的措施;通常于花后枝条水分较少时进行,且最后一次作弯应在开花前 20d 左右。

➢ 株形端正,叶色浓绿,花色艳丽,开花时覆盖全株,色彩浓烈,花期长达 2 个月,有极强的装饰效果,是西方圣诞节的传统盆花。我国多作盆花观赏或用于室外花坛布置,是"十一"常用花坛花卉。也可用作切花。插花用的枝条要先用火烧一下切口,防止乳液外流,能延长花期。华南地区可作花篱。

➢ 有各种不同色彩,高度,单、重瓣品种。'一品白':顶部总苞下叶片显白色;'一品粉':顶部总苞下叶片显粉红色,色泽不鲜艳,观赏价值不高;'重瓣一品红':顶部总苞下叶片和瓣化的花序形成多层的瓣化瓣,重瓣状,呈红色,开花期稍晚,观赏价值高。

9. 香雪兰 *Freesia refracta*

科属:鸢尾科　香雪兰属　　　　　株高:30~45cm
别名:小苍兰、小菖兰、菖蒲兰　　　花色:白、粉、桃红、橙红、淡紫、大红、紫
英名:Common Freesia　　　　　　　　　红、蓝紫、鲜黄等
栽培类型:球根花卉　　　　　　　　花期:12 月至次年 2 月(春季)
放置环境:全光;生长适温 15~20℃

"*Freesia*"源于人名 H. Th. Freese(德);"*refracta*"意为"曲折的"。原产南非好望角一带。同属植物 2 种,均产南非。有许多园艺品种,有切花和盆花两大类。

➢ 球茎长卵形或圆锥形,白色,外有黄褐色的皮。基生叶约 6 枚,二列互生,质较厚;线状剑形。花序轴平生或倾斜,稍有扭曲;花漏斗状,偏生一侧,疏散而直立;具甜香。花色丰富。地下球茎一年生,每年更新。老球枯死,在老球上长出 1~3 个新

球，每新球又有1~5个小球，称为子球。花期长达1个月以上。一株有5~6朵花。

➢ 喜凉爽、湿润环境。喜光充足。

➢ 分球繁殖为主，也可播种繁殖。新球茎直径达1cm，栽植后可以开花；小新球茎则需培养1年后才能成为开花球；子球通常经过1~2年栽培后也可开花。一般种子6月成熟，7~8月播种，发芽适温20~22℃，3~5年可开花。

秋植球根。生长适温15~20℃，冬季14~16℃为宜，昆明地区可全年在露地栽培。小苍兰有上、下根，故栽植时宜稍深。栽种时只覆土1cm，待真叶3~4cm时再添土至2.5cm。易感染病害，应避免连作，并进行土壤消毒。为使株形丰满低矮，宜晚栽，一般不迟于11月下旬至次年2月上旬。作切花栽培时，于下部两朵小花开放时剪下，置于2~5℃的条件下处理2h，然后供应市场。

➢ 小型盆花。株态清秀、挺拔，花色浓艳，芳香馥郁，是重要的盆花，也是优良的香花切花材料。对二氧化硫敏感。

10. 倒挂金钟 *Fuchsia hybrida*

科属：柳叶菜科　倒挂金钟属　　　　放置环境：半阴；生长适温10~15℃
别名：吊钟海棠、吊钟花、灯笼海棠　　株高：30~90cm
英名：Common Fuchsia　　　　　　　花色：粉红、紫红、杏红、白、蓝紫等
栽培类型：常绿亚灌木或灌木　　　　　花期：春、夏季

"*Fuchsia*"源于人名 L. Fuchs(德)；"*hybrida*"意为"杂交种的"。是种间杂种。亲本原产南美洲秘鲁及智利南部。同属植物约100种，大部分产于美洲热带及新西兰。中国引入栽培的主要有5种，各地均有栽培。目前栽培的主要是此杂种，其园艺品种极多，色彩、株形、大小变化丰富。

➢ 株直立光滑，细长，嫩枝带粉红或紫色晕，老枝木质化。叶对生，卵形至卵状披针形，先端尖，缘有疏齿。花腋生，花梗长而柔软，花朵下垂；花萼长，深红色，裂片平展或反卷；花瓣4枚，长于萼筒，有各种颜色；雄蕊长，伸出花外。

➢ 喜温暖、湿润，夏季宜冷凉、潮湿和通风环境。喜肥沃、疏松、排水好的土壤。

➢ 扦插繁殖为主，育种时播种繁殖。扦插周年可进行，以春、秋两季为宜。插穗应随剪随插，以健壮的顶部枝为好，10~15℃，10~12d生根。生根后应及时上盆，否则根易腐烂。播种繁殖要进行人工授粉，种子应随采随播。

生长发育适温10~15℃，5℃以下易受冻害；安全越夏很重要，超过22℃生长受阻；30℃呈半休眠状态；35℃以上枝叶枯萎，甚至死亡。炎夏叶子枯萎时，可将上部的枝条剪除，控制浇水，停止给肥，使其逐渐进入休眠。夏季宜放半阴处，忌雨淋。生长迅速，开花多，生长期应加强肥水供应。常用摘心控制花期，每次摘心后2~3周即可开花。趋光性较强，要经常转盆，以免长偏。每年春季开始生长前应修剪枝条，以后定期修剪，易于着花。

➢ 花形奇特，花朵秀丽，色彩艳丽，盛开时犹如一个个悬垂倒挂的彩色灯笼，是优良的室内盆花。如果摘除侧芽，使枝条充分生长，先端下垂，则可用作吊篮或吊盆。

在夏季凉爽地区可设支架露地丛植。

➢ 根据习性及花型，品种分为3类：单瓣类，花瓣4枚；重瓣类，花瓣10余片；垂挂类。有耐酷暑的品种，如'天使飞旋''秋千'中型盆花。

11. 非洲菊 *Gerbera jamesonii*

科属：菊科 大丁草属	放置环境：全光；生长适温 20~30℃
别名：扶郎花	株高：20~60cm
英名：Flameray Gerbera	花色：白、橙、红、黄、粉、橘黄等
栽培类型：宿根花卉	花期：5~6月、9~10月

"*Gerbera*"源于人名 T. Gerber(德)。原产南非及亚洲温暖地区。同属植物约45种，产于亚洲和非洲南部；中国有5种。现世界各地广为栽培。

➢ 叶基生，具长柄，羽状浅裂或深裂，叶背具长毛。花茎高出叶丛；舌状花1~2轮或多轮，倒披针形，端尖，三齿裂；筒状花较小，常与舌状花同色，管端二唇状；冠毛丝状，乳黄色。可周年开花。

➢ 喜温暖、阳光充足、空气流通的环境。要求疏松、肥沃、微碱性砂质土壤。

➢ 播种或分株繁殖。结实力弱，种子发芽率也低，花期进行人工辅助授粉，可提高结实率。种子采收后风干1周即播种为好，否则易丧失发芽力；发芽适温20~25℃，10~14d发芽。也可以叶片为外植体用组织培养法繁殖。

生长期适温20~30℃，冬季12~15℃，低于10℃停止生长，12℃以上可不休眠，周年开花。浇水时勿使叶丛中心水湿，否则花芽易烂。经常摘除生长旺盛而过多的外层老叶，有利于新叶和新花芽的发生，也有利于通风，能使之不断开花。忌连作。通常3年分株一次，母株的第一次盛花期过后进行为宜。栽植新分割的株丛不宜过深，根茎应露出土面。中国华南地区可露地越冬，作宿根花卉栽培；华东地区则需覆盖越冬；华北地区可于地窖或冷床中越冬，也可在霜降时带土移栽温室植床或切花促成栽培。

➢ 花色艳丽、明亮，花期长，单花期10~15d，瓶插可观赏2~3周，是重要的切花花卉。暖地可以布置花境和自然丛植；我国北方多盆栽观赏。

➢ 全株可供药用，有清热止泻功效。

➢ 栽培品种很多，有单瓣、重瓣品种，各种花色和花瓣形状。本种尚有许多远缘杂种，如以其为母本，以金鸡菊或茼蒿菊为父本杂交者，其杂种花型较多似父本。

12. 新几内亚凤仙花 *Impatiens hawkeri*

科属：凤仙花科 凤仙花属	放置环境：散射光充足；生长适温 21~24℃
别名：四季凤仙	株高：15~60cm
英名：New Guinea Impatiens	花色：红、紫、粉、白、橙
栽培类型：宿根花卉	花期：全年

亲本原产新几内亚、爪哇岛和西里伯岛，经30多年驯化、育种而成。目前栽培的为其园艺品种，有盆花和花坛品种，生长快而整齐，适合工厂化育苗。

➢ 植株挺直，株丛紧密。茎含水量高而稍肉质。叶互生，披针形，绿色、深绿、古铜色；叶表有光泽，叶脉清晰，叶缘有尖齿。花大，簇生叶腋；花色丰富，有红、紫、粉、白等色。

➢ 喜温暖、半阴环境，不耐寒。喜疏松、排水好的微酸性土壤。

➢ 播种或扦插繁殖。取母株6~7cm健壮枝条，留5~6片叶，蘸1500倍ABA可促生根。插后前3d保持高湿度，以后逐渐降低，7~10d可生根。F_1代播种繁殖，种子需光，对温度敏感，要求20~25℃，过高过低都不利于萌发。

光照50%~70%为宜，不足易徒长，严重时不开花。生长适温21~26℃，30℃易发生灼伤，开花不良。株高6cm时摘心可促分枝。生长期注意保持土壤湿润，但浇水不要浇到叶面上。

➢ 株丛紧密，开花繁茂，花期长，是目前流行的室内观赏盆花，暖地可以用于露地花坛。

13. 报春花类 *Primula* spp.

科属：报春花科　报春花属	位置和土壤：半阴；湿润微碱性土
别名：樱草类	株高：5~50cm
英名：Primrose	花色：各种
栽培类型：宿根花卉，盆栽多作一、二年生栽培	花期：冬、春季

"*Primula*"意为"最早的"。同属植物约580种，多分布于北温带和亚热带高山地区，少数产南半球；中国约有400种，大部分具有观赏价值。主产于西部和西南部，云南是世界报春花属植物的分布中心。有些种类和品种适宜盆栽，有些适宜园林种植。

➢ 叶基生，有柄或无柄；叶丛莲座状。伞形花序或头状花序；花冠漏斗状或高脚杯碟状；花萼有白色的樱草碱，花萼形状为种间识别特征；花柱两型，有的植株花柱长，雄蕊生于花冠筒中部，有的植株花柱短，雄蕊生于花冠筒的口部，这有利于异花传粉；花期一般12月至次年5月。

➢ 种间习性差异大。一般喜温暖、湿润，夏季要求凉爽、通风环境。不耐炎热，较耐寒，耐寒力因种而异。在酸性土（pH 4.9~5.6）中生长不良，叶片变黄。栽培土要含适量钙质和铁质才能生长良好。可以自播繁衍。

报春花属植物受细胞液酸碱度的影响，花色有明显变化，pH 3为红色，pH 4为粉色，pH 5~8为堇紫色，pH 9为蓝色，pH 10为蓝绿色，pH 11为绿色。

许多种类的叶、花茎、花萼上的纤毛含有樱草碱（Primin），具刺激性，有人对它敏感，接触后可用苏打水洗去。

➢ 种子繁殖为主。为保持优良品种及重瓣品种的性状，也可分株繁殖。种子细小，寿命短，宜采收后立即播种。播种后可不覆土，用光滑木板将种子压入土中，也可稍覆细土,以不见种子为度。幼苗经 2 次分苗,即可上盆栽植。

上盆要掌握好深度,过浅露根易倒伏,过深盖住叶柄易腐烂,最佳深度是莲状叶柄以基质面齐平。依品种不同适当满足水分要求,空气湿度不宜过低。生长适温 13～18℃。

➤ 报春类植株低矮,花色丰富,花期较长,是园林中的重要花卉。不同种类观赏特点不同,有的植株纤细优美,花色淡雅;有的株丛浑圆,花色丰富浓艳。中国北方适宜室内盆栽的有报春花、四季报春、藏报春、多花报春。在暖地适宜露地栽培的有多花报春、欧洲报春等。盆栽报春在叶丛之上有密集的花朵,或淡雅或艳丽,整株观赏价值都高。在园林中因种不同,可用于岩石园、专类园、沼泽园、地被、花境、花带、丛植、片植、花坛、种植钵等,植株低矮,开花繁密,有很好的景观。

➤ 园林中常用种类:

(1) 四季报春 *Primula obconica*

别名:鄂报春、仙鹤莲、四季樱草

英名:Top Primrose

"*obconica*"意为"倒圆锥形的"。原产中国南部、西南部。与杜鹃花、龙胆齐名,为中国三大自然名花之一。

株高 20～30cm。叶有长柄,叶缘有浅波状齿。花茎多数,伞形花序;花白、洋红、紫红、蓝、淡紫至淡红色;花萼呈"V"形;花期依播种期不同而有不同,以冬春为盛。日照中性,温度适宜四季可开花。更喜温暖、湿润,生长期温度适宜,要保证水分充足,但温度低而土壤水分多时,常发生白叶病,可进行换盆或移植温度较高处。含樱草碱明显,不耐酸性土。从播种到开花约需 6 个月。冬季室温保持 8～10℃。

既适宜盆栽点缀厅堂居室,又宜作切花。

(2) 多花报春 *Primula × polyantha*

别名:西洋报春

"*polyantha*"意为"多花的"。本种是经过园艺专家长期选育而成的,有认为是种间杂种,有认为是一个种的品种。其品种丰富,主要是花色、花径不同。

株高 15～30cm。叶条形,叶色浓绿,叶基渐狭成有翼的叶柄。花茎比叶长;伞形花序多数丛生;花有红、粉、黄、堇、褐、白、青铜色等;花期春季。耐寒,露地栽培不择土壤,不过分干燥即可生长。夜温高于 10℃ 可正常开花。北方冬季需要阳畦保护越冬。除播种外,还可春、秋季分株繁殖。

植株低矮,开花繁茂,花色丰富而艳丽,可用于花坛、种植钵、花境和片植。也是岩石园的好材料。春花坛边缘栽植时株距 7～8cm,栽于花坛内部时株距 12～15cm。

(3) 藏报春 *Primula sinensis*

别名:篦齿报春、年景花

英名:Chinese Primrose

"*sinensis*"意为"中国的"。原产中国四川、湖北、甘南和陕西。

株高 15～30cm。全株密被腺毛。叶缘具缺刻状锯齿,叶有长柄。伞形花序 1～3

轮；花有粉红、深红、淡蓝和白色等；萼基部膨大，上部稍紧缩；花期冬春。耐寒性不如四季报春和报春花，喜湿润。生长适温白天20℃，夜间5~10℃。多在6~7月播种，发芽适温15~20℃，11月开始开花，次年1~2月为盛花期。

株丛圆浑，开花时覆盖植株，除了色彩以红、紫为多，浓烈而不艳丽外，景观与瓜叶菊相似，是优良的盆花。

(4) 报春花 *Primula malacoides*
别名：小种樱草、七重楼、阿勒泰报春花
英名：Fairy Primrose

"*malacoides*" 意为"柔软的，黏质的"。原产中国云南和贵州。

株高20~40cm。叶具长柄。轮伞花序2~7层，宝塔形，层层升高；花淡紫、粉红、白、深红等色，有香气。耐寒性较强，越冬温度5~6℃。生长充分条件下，10℃低温处理可以促进花芽分化，同时进行短日照，分化更完全。在15℃、长日照下可提早开花。播种繁殖，一般6~7月播种，发芽适温16℃，次年2~3月开花。生长期间不宜干燥。含樱草碱明显。

报春花花枝细，花茎高出叶面，着花繁茂，花序在细枝上摇曳飘拂，姿态洒脱，且开花早，适宜盆栽点缀室内环境，也是切花瓶插的好材料。是暖地良好的庭院花卉。耐寒，北京早春可定植于露地。

14. 非洲堇 *Saintpaulia ionantha*

科属：苦苣苔科　非洲堇属　　　　放置环境：半阴；生长适温18~26℃
别名：非洲紫苣苔、非洲紫罗兰　　　花色：蓝紫、白、粉红等
英名：African Violet　　　　　　　花期：夏、秋季
栽培类型：宿根花卉

"*Saintpaulia*" 源于发现者圣保罗（Saintpaul）氏。原产热带非洲南部。同属植物约有11种。国际上栽培的是本种与东非紫罗兰（*S. confusa*）的杂种。园艺品种非常多。

➢ 常绿植物。叶基生，莲座状；肉质，具绒毛；卵圆形或长圆状心脏形，基部稍心形，表面暗绿色，背面常带红晕。花茎红褐色；花形似堇花，故又名"非洲堇"；花色十分丰富。

➢ 喜温暖、湿润的环境，宜通风良好，夏季忌强光和高温。

➢ 播种、扦插和分株繁殖。从播种到开花需180~250d，以9~10月播种最好。种子细小，播后不必覆土，适温20~25℃，15~20d发芽。全叶插，只插入叶柄，叶柄基部须修平，约20d生根，从扦插到开花需4~6个月。分株一般在春季换盆时进行。除此之外，还可用组织培养繁殖。

生长适温18~26℃，冬季室温以15℃左右为宜。生长期间浇水时要掌握待盆土稍白时才浇。浇水、施肥时要注意勿使肥水沾在叶片上，以免引起腐烂。

➢ 小型盆花。植株矮小，花色丰富，气质高雅，花姿妩媚，极适宜室内环境，是优良的室内耐阴盆花，有"室内花卉皇后"的美称。

➢ 目前栽培的有三大品种系列：大花系（Grandiflora）、间色系（Vasuegata）和重瓣系（Flore pleno）。

15. 瓜叶菊 *Senecio cruentus*

科属：菊科　瓜叶菊属
别名：千日莲、瓜叶莲
英名：Florists Cineraria
栽培类型：多年生作一年生栽培
放置环境：全光；生长适温 10~15℃

株高：茎高 20~50cm
花色：红、紫红、粉、蓝、白或具有斑纹、斑点等颜色
花期：冬、春季

"*Senecio*" 意为"老人"；"*cruentus*" 意为"暗红色的"。原产地中海加纳列群岛。同属植物约 1000 种，广泛分布于全世界。现各国温室普遍栽培。

➢ 全株密被柔毛。茎直立。叶大，具长柄，心脏形，具不规则缺刻或浅裂，形似黄瓜叶。头状花序簇生成伞房状；花色、花形多变。品种很多，有株高、株形、花色、花期不同的各类品种。

➢ 喜凉爽，耐 0℃ 低温。喜肥沃、排水好的砂质壤土。

➢ 播种繁殖为主。覆土宜薄；3 月播种元旦开花；5 月播种春节开花；8 月播种，次年 4~5 月开花，可供"五一"使用。如对花期无要求，则以 8~9 月播种为宜。发芽最适温度为 20℃。播后 20d 左右长出 2~3 片真叶时进行移苗，株行距均为 5cm；40d 左右，有 4~5 片真叶时上盆，每盆一株；60d 左右可定植，定植时施足基肥。重瓣品种用腋芽扦插繁殖，花后芽长 6~8cm，去基部大叶，留 2~4 枚嫩叶插于粗沙，20~30d 生根。5 月后宜在室外育苗，放在荫棚下避免阳光直射。雨季注意防涝并切忌施肥。在花蕾将出现时进行摘心，促其多生侧枝，多开花。

温暖地区可作露地二年生栽培。白天温度低于 20℃、夜温高于 5℃ 环境发育良好。生长期要求光照充足、空气流通并保持适当干燥。短日照促进花芽分化，长日照促进花蕾发育。越夏困难，畏烈日高温，怕雨水，应避免阳光直射。

➢ 中小型盆花。株丛紧密，盛开时花朵覆盖全株，花色丰富艳丽，渲染出热烈的气氛，是重要的节日花卉。除冬春室内装饰外，3 月底后可用于园林花坛、花带布置。

16. 大岩桐 *Sinningia hybrida*

科属：苦苣苔科　大岩桐属
英名：Hybrid Sinningia
栽培类型：球根花卉
放置环境：半阴；生长适温 22~24℃

株高：12~25cm
花色：白、粉、红、紫、堇青等，也常见镶白边的品种
花期：5~10 月，夏季为盛花期

"*Sinningia*" 为拉丁文，源于人名 W. Sinning（德）。是同属种间杂种及其品种的统称。同属植物约 70 种，大多原产巴西。

➢ 常绿植物。全株密生白茸毛。具块茎，初为圆形，后为扁圆形，中部下凹，根着生在块茎的四周，为一年生。地上茎极短，绿色，常在二节以上转变为红褐色。叶

对生，肉质较厚，平伸，边缘有钝锯齿；叶背稍带红色。花茎肉质而粗，比叶长；花冠阔钟形，裂片矩圆形。花色艳红，质呈丝绒毛状，下有丰厚柔软的椭圆形大叶片陪衬，极美丽。

➢ 喜温暖、潮湿。喜半阴，忌阳光直射。喜肥。

➢ 播种繁殖为主，也可扦插、分球或组培繁殖。从播种到开花需 5～8 个月。种子极细小，覆土宜薄或轻轻镇压不覆土，发芽适温 20～22℃，10～15d 发芽。温室周年可播种，以 10～12 月最佳。2 枚真叶及时分苗，以防猝倒病发生，栽植距离为 1.5cm。经 2 次移植后，定植于 14～16cm 盆中。可芽插和叶插。块茎上新芽长 4cm 左右时，选留 1～2 个芽继续生长，其余的均可取之扦插。21～25℃ 温度和较高的湿度，3 周后可生根。可用全叶插或半叶插，温室中可全年进行，但以 5～6 月及 8～9 月最好。

生长适温 22～24℃，夏季放在通风处。定植时施足基肥，每次移植 1 周开始追施稀薄液肥，每周 1～2 次。经 1 个月以上休眠的块茎，依开花期要求，可随时取出栽植。温室内从栽植到开花，一般需 5～6 个月。4 月以后中午要适当遮阴。冷水浇灌易使茎基腐烂。施肥切勿施于叶片上，以免叶腐烂。雄蕊早熟，多自花不孕，为采种要进行人工辅助授粉。受精后应剪除花瓣，使其充分见光。花后块茎有休眠，此时叶片全部枯干，冬季休眠期保持干燥，温度控制在 8～10℃。作一年生栽培观赏价值更高。

➢ 小型盆花。大岩桐花朵大，花色浓艳多彩，花期可随栽植期的不同而异，故花期长，尤其能盛开于夏季室内花卉较少时。控制栽植期，可使它在"五一"和"十一"节日开放，为重大节日提供优美的室内布置材料。是极高雅的观花植物。

17. 鹤望兰 *Strelitzia reginae*

科属：芭蕉科　鹤望兰属　　　　放置环境：全光；生长适温 25℃
别名：极乐鸟之花　天堂鸟　　　株高：100～200cm
英名：Bird-of-paradise-flower　　花色：外花被片橙黄色，内花被片天蓝色
栽培类型：宿根花卉　　　　　　花期：9 月至次年 6 月

"*Strelitzia*" 源于一位英国女王 Strelitz 的名字。原产南非。同属植物有 4 种；中国各地常见栽培，观赏价值极高。

➢ 常绿植物。根粗壮，肉质。茎短，不明显。叶近基生，对生呈两侧排列，革质；叶柄比叶片长 2～3 倍，有沟槽。花茎与叶近等长，每个花序着花 6～8 朵；小花花型奇特，开放有顺序，宛如仙鹤引颈遥望，栩栩如生，故名"鹤望兰"。每朵花开放近 1 个月，1 个花序可开放约 2 个月，花期长达 3～4 个月。鹤望兰是典型的鸟媒花卉，它在故乡非洲热带地区开花时，要靠一种体重仅为 2g 的小蜂鸟来传播花粉，获得种子。

➢ 喜温暖、湿润、光照充足。喜肥沃、排水好的黏质壤土。耐旱，不耐水湿。

➢ 分株繁殖为主，也可播种或用吸芽繁殖。分株宜在 4～5 月间进行。切口应涂木炭粉或草木灰，以防腐烂；尽量减少根系损伤，以免引起衰弱。为鸟媒植物，若为留种，需人工授粉方能结实。种子成熟后立即播种，发芽适温 25～30℃，2～3 周发芽；3～5 年后，有 9～10 枚叶时开花。

生长适温25℃左右，夏季宜放荫棚下栽培，保证水分、光照充足，否则开花不良。夏季除日常浇水以外，还需经常向叶片和周围地面浇水。冬季要适当减少浇水，室温以10℃左右为宜。栽植宜用深盆，每2～3年换一次盆；注意室内空气流通，否则易发生介壳虫。

➤ 叶大姿美，四季常青，花序色彩夺目，形状独特，成株一次能开花数十朵，有极高的观赏价值。盆栽点缀于厅堂、门侧或作室内装饰，能营造出热烈而高雅的气氛。在中国华南地区可用于庭院丛植或花境。水养可观赏15～20d，是高档切花。

鹤望兰原产南非的一个叫"天堂鸟村"的地方，所以得名"天堂鸟"。1984年，在美国洛杉矶举行的23届奥运会宣布，在本届运动会上凡获得金牌者，都将赠送一枝鹤望兰以资奖励。于是，鹤望兰便成了"胜利者"的象征，身价骤升。

18. 马蹄莲 *Zantedeschia aethiopica*

科属：天南星科　马蹄莲属　　　　放置环境：全光或半阴；生长适温20℃
别名：水芋、观音莲、海芋　　　　株高：60～100cm
英名：Calla Lily　　　　　　　　花色：白
栽培类型：球根花卉　　　　　　　花期：12月至次年6月，2～4月为盛花期

"*Zantedeschia*"源于人名 Zantedeschi（德）。原产非洲南部的河流旁或沼泽地中。同属植物有8种。中国广泛栽培的为本种。

➤ 常绿植物。具块茎。叶基生，箭形或戟形，具平行脉；叶片鲜绿有光泽，全缘。花茎大体与叶片等长；花苞乳白色，状若马蹄形；洁白的佛焰苞中，露出鲜黄色的肉穗状花序，花序上部着生雄花，下部则为雌花；花期很长，整个花期达6～7个月。依气候不同，冬、春季开花，夏季休眠；或夏季开花，冬季休眠。

➤ 喜温暖、湿润，不耐寒，不耐旱，喜冬季光照充足，其他季节可半阴处生长。

➤ 分球繁殖为主，也可播种繁殖。花后植株进入休眠，剥离块茎四周形成的小球另行栽植，次年便可开花。种子随采随播，发芽适温20℃左右。

生长适温20℃，温度不宜低于10℃。其休眠期随地区不同而异，在冬季不冷、夏季不热的亚热带地区，全年不休眠。在中国长江流域及北方均作盆栽，冬季移入温室，冬春开花，夏季因高温干燥而休眠。生长期要经常保持湿润，否则叶柄易断。花前勤施肥，促花期延长。花后逐渐减少浇水，放置阴凉处，促使休眠。将枯叶剪除至秋季再行分株。不分株的母株陆续浇水、施肥，使其生长旺盛，8～9月又可第二次开花。温暖地区可种植于室外浅水边；也盆栽，将盆完全浸于水盆中栽培。

➤ 叶色翠绿，叶柄修长，苍翠欲滴，花茎挺拔，花朵苞片洁白硕大，宛如马蹄，秀嫩娇丽，给人以纯洁感，是优良的盆花，也是重要的切花材料。

➤ 块茎可入药，预防破伤风和外治烫（烧）伤。

➤ 目前作切花栽培的彩色马蹄莲主要有黄色佛焰苞的种及其品种，它们的叶有白色或透明斑点；夏季开花，冬季休眠。主要种有：

①黄金马蹄莲（*Z. pentlandii*）　佛焰苞金黄色，喉部紫红色。

② 黄花马蹄莲（Z. elliottiana） 佛焰苞深黄色，外侧黄绿色。
③ 紫心黄马蹄莲（Z. melanoleuca） 佛焰苞浅黄色，喉部紫红色。
④ 红花马蹄莲（Z. rehmanni） 植株低矮，高 40~50cm，叶有白色或透明斑点，品种多，佛焰苞为红色、紫红色、粉红色等。

此外，杂交品种的佛焰苞色彩丰富，有奶白色、黄色、粉色、红色、紫色等。

13.2.2 室内观叶植物

1. 光萼凤梨类 *Aechmea* spp.

科属：凤梨科　光萼荷属　　　　　　　株高：30~60cm
英名：Aechmea　　　　　　　　　　　叶色：绿，具各色斑纹；花：红、橙、黄
栽培类型：宿根花卉　　　　　　　　　观赏部位：叶、花
放置环境：全光；生长适温 18~25℃

"Aechmea" 来自希腊语 "aichme"，意为 "矛头"，因本属植物叶片带刺，尖尖如同长矛。同属植物约有 255 种，原产中美和南美洲的热带和亚热带地区。

➢ 常绿附生草本，也可地生。茎甚短。叶丛生，10~20 枚基部呈莲座状围成筒状，革质，长 30~60cm，可以贮水。叶色变化丰富。穗状花序直立，多分枝，密聚成阔圆锥状球形花头。本属植物在植株生长成熟后才开花，大多春夏季开花；花谢后，苞片及叶片可持续观赏数月之久，基部老叶逐渐枯萎。

➢ 喜温暖和阳光充足环境。不耐寒，耐半阴，较耐干旱，要求疏松排水好的基质。

➢ 分株和播种繁殖。本属植物开花后须人工授粉，获得种子。种子细小，保持 25℃ 左右，约 1 个月出苗，3~4 年后可开花。但花叶品种播种繁殖容易失去母本优良性状，多采用分株繁殖，即母株开花后，基部蘖芽长至 8~10cm，用利刀自蘖芽基部切下，稍阴干或涂抹草木灰，插于砂土中培养，生根后，新叶开始生长时，上盆栽植。

生长期需水量大，但盆土湿润即可，勿积水，叶筒要经常灌满水。盛夏中午需遮去直射强光。盆土宜稍干，利于花芽形成，但叶面及周围场所要经常喷水，保持 50%~60% 空气湿度。花后期和冬季休眠季节须保持盆土适当干燥，越冬温度保持 5℃ 以上。冬季置于光照充足处，温度低于 15℃，倒掉叶筒内贮水，否则植株易腐烂。

➢ 中、小型盆栽。光萼荷属植物叶形、叶色及叶片的花纹、斑块富于变化，花苞硕大艳丽，挺立贮水杯中，犹如出水芙蓉，是花叶俱美的室内观赏植物。小型植株可吊挂。

➢ 常见种类：

蜻蜓凤梨 *Aechmea fasciata*

别名：美叶光萼荷、粉菠萝、银纹凤梨
英名：Fasciata Aechmea

"*fasciata*"意为"扁化的"，指其叶片有横纹，较薄。株高60cm。叶片条形或剑形，蜡质，被灰色鳞片，灰绿色，有虎斑状银白色横纹，边缘密生黑色小刺。花茎直立，高约30cm；苞片淡玫瑰红色；小花初开为紫色，后变为桃红色；苞片可观赏2~3个月。

2. 广东万年青类 *Aglaonema* spp.

科属：天南星科　广东万年青属　　　　放置环境：半阴或全阴；生长适温20~30℃
英名：Poisondart, Aglaonema　　　　　　株高：50~60cm
栽培类型：宿根花卉　　　　　　　　　　叶色：浓绿，或散布彩色斑点

"*Aglaonema*"源于希腊语"aglaos"和"nema"，意为"有明亮的线"，指雄蕊像亮丝。同属植物约50种，原产亚洲南部，主要是印度尼西亚、马来半岛、泰国、菲律宾等地；中国有2种，产于云南、两广南部的山谷湿地。

➢ 常绿植物。具地下茎，萌蘖力强，根系分布较浅。茎直立，肉质，不分枝。叶丛生茎上，叶片椭圆状卵形，具鞘状叶柄。佛焰苞浅绿色，雄蕊着生在肉穗花序上部。

➢ 喜温暖、湿润的半阴环境。较耐寒，只要盆土不结冰，植株次春可正常生长。耐阴性强，忌强光直射。以疏松、肥沃、排水良好的微酸性土壤为宜。

➢ 扦插或分株繁殖。扦插繁殖多在春秋季进行，剪取10cm左右茎段，插于砂土中，保持25~30℃及较高的空气湿度，1~2个月生根。其汁液有毒，操作时应戴手套，切勿溅落眼中或误入口中。分株可结合春季换盆进行，切断地下根茎，分别栽种。
初上盆时适当控制浇水，恢复生长后正常管理。高温季节保证充足水分及半阴环境，并经常叶面喷水，保证良好通风，以避免介壳虫、红蜘蛛的发生。多年老株茎干下部叶片易黄化脱落，移植过迟、根系较多、冬季低温时间过长、室内湿度较低等都能是诱因。

➢ 中型盆栽。此属植物株形丰满端庄，叶形秀雅多姿，叶色浓绿、有光泽或五彩缤纷，又具有极强的耐阴、耐寒力，特别适宜其他观叶植物无法适应的阴暗场所，如走廊、楼梯等处。可以瓶插水养，也是良好的切叶。

➢ 本属植物鲜叶具有清热解毒、消肿止痛的功效。因植株汁液有毒，多外用不内服。

➢ 常见种类：

(1) '银后'粗肋草 *Aglaonema* 'Silver Queen'
别名：'银后'亮丝草、'银后'万年青

为杂交种。株高30~40cm。茎极短，基部易分蘖。叶片披针形，狭窄，暗绿色有灰绿斑纹；叶柄顶部圆柱形，基部鞘状抱茎，长8~12cm。

(2)'白柄'亮丝草 *Aglaonema commutatum* 'Pseudo Bracteatum'

别名：'金皇后'万年青

为细斑亮丝草（*Aglaonema commutatum*）的突变种。株高45～65cm。叶卵状长椭圆形或卵状披针形，主、侧脉两旁有羽状黄色或淡黄色斑纹，叶柄及茎上有黄白绿色的斑纹。

(3) 广东万年青 *Aglaonema modestum*

别名：亮丝草、粤万年青、粗肋草、大叶万年青

英名：China Green, Chinese Evergreen

原产中国广东等地。株高50～60cm。茎直立，无分枝，青绿色；茎上有节，节部有凸起的环痕，状似竹节，节上常残存黄褐色叶鞘。叶片椭圆状卵形，有4～6对侧脉，基部浑圆，顶端渐尖，叶柄长。株形紧密庄重，适宜于美化书房、客厅或作盆花的陪衬植物。

3. 海芋 *Alocasia odora*

科属：天南星科　海芋属　　　　放置环境：全光或半阴；生长适温20～30℃
别名：滴水观音、广东狼毒　　　　株高：2～3m
英名：Gain Upright Elephant Ear　　叶色：鲜绿
栽培类型：常绿球根花卉

同属植物约70种，分布于亚洲和美洲热带；中国产4种，产于南部和西南部。本种原产亚洲热带，中国华南、西南及台湾常见山谷、沟边，东南亚也有分布。

➤ 根状茎肉质，白色多汁，外具褐色皮膜。直立生长时，高可达2～3m。茎短缩，叶丛生其上，具长柄，叶大，盾形，鲜绿色。

➤ 喜温暖湿润的明亮环境，耐半阴，不耐寒。对土壤的要求不高，但在排水良好、含有机质的砂质壤土或腐殖质壤土中生长好。

➤ 播种、分株或扦插繁殖。种子秋后随采随播。也可结合换盆分株。多年生老株可从距地面5cm处截干，切成长度约15cm茎段，置阴处晾半天，插入砂壤土；顶端部分剪除所有成型叶片后直接独株上盆，扦插与培植同步进行，2个月可生根。

初上盆小苗应适当控制浇水，恢复生长后再正常管理。生长期需高湿度，70%～80%空气湿度，需散射光充足。忌烈日暴晒，以免灼伤。夏季置荫棚下，保证充分肥水供应，常叶面喷水，提高空气湿度。冬季需光照充足；不可低于8℃，少浇水，否则处于休眠状态的根茎易腐烂，植株倒伏。多年生老株及时疏剪拥挤、生长位置不合理的叶片以保持株形。在室内环境摆放时间不长。

➤ 大中型盆栽植物。株形独特，叶形美观，风格独特，典雅豪华，观赏价值高，装饰性强。是室内重要观叶植物。

➤ 此属植物块茎或根茎含有使舌头麻木并且胀大的物质。长时间的煮沸或处理后可以作为药用，勿轻易食用，可能引起中毒。

> 常见种类：

（1）黑叶芋 *Alocasia* × *amazonica*

别名：黑叶观音莲、观音莲

英名：Amazonian Elephan's Ear

为美叶观音莲 *A. sanderiana* 和娄氏海芋 *A. lowii* 的杂交种。茎短缩，叶较大，更宽，常生有 4~6 枚叶片。叶箭形盾状，叶缘缺刻浅，近全缘，具极窄的银白色环线；叶端锐尖；主叶脉掌状三叉状，其上又分出 5~7 对羽状侧脉，银白色；叶背紫褐色或背脉紫褐色。不耐寒，15℃时植株进入休眠，更耐旱。

（2）美叶观音莲 *Alocasia sanderiana*

原产菲律宾。较上种叶色浅，叶小，叶柄较粗，叶背绿色。叶缘缺刻较深。更适合低光照。

4. 异叶南洋杉 *Araucaria heterophylla*

科属：南洋杉科　南洋杉属　　　放置环境：全光；生长适温 15~25℃
别名：南洋杉、诺和克南洋杉、猴子杉　　株高：1~3m 不等
英名：Norfolk Island Pine　　　　叶色：深绿
栽培类型：常绿木本花卉

"*Araucaria*" 源自原产地之一的智利南部阿拉乌卡州（Arauca）的州名，或来源于智利南部印第安人部落 Araucani（阿劳坎人）；"*heterophylla*" 意为"异形叶"，即叶形奇异。同属植物约 18 种，原产南美洲、大西洋的诺福克岛及澳大利亚东北部诸岛，现广泛分布于热带及亚热带地区。在中国华南和云南南部作为庭院观赏树种栽植。同属植物 18 种。

> 常绿乔木。树皮暗灰色，呈片状剥落。树冠窄塔形，大枝平展、轮生；小枝下垂。叶片质地柔软，深绿色，针形，略福带弯曲，表面有多数气孔线和白粉。

> 喜温暖、湿润和阳光充足环境，不耐寒，耐阴。喜疏松肥沃、排水良好的酸性砂质壤土；不耐干旱、盐碱。

> 播种、扦插和高位压条繁殖。种子坚硬，播种前先将种皮擦破，15℃以上可发芽。一般 5 年生方可应用，故少用播种繁殖。扦插以 6~7 月为宜，选取当年生半木质化的主干直立枝条，剪取 8~10cm，插于湿沙中，保持 20~25℃ 及半阴、湿润环境，约 3 个月可生根；如果用侧枝扦插，成活后植株无法直立生长。高空压条，选取 2 年生侧枝的中后部，环状剥皮，宽 1~1.5cm，用苔藓或泥炭土裹住切口，外面用塑料薄膜包扎，3~4 个月生根。

不耐寒，越冬温度 5℃ 以上。耐阴性强，夏季忌强光暴晒。盆栽苗期应注意扶正茎干，保持株形美观。生长期需水肥量大，可每天叶面喷水，保持盆土及空气湿润。夏季室外放置在避风、湿润环境，忌温度剧变。秋后可逐渐降温。冬天减少浇水量，放向阳处养护，若光线过弱，室温太高，叶片极易脱落或枯黄。盆栽时通过适当控制肥水控制株高；过高可切取主干顶部扦插，以矮化树体。不耐修剪，自然生长层次分

明，树冠规整，只需在换盆时或生长期内剪除枯黄侧枝及叶片。室内摆设注意转盆，避免主干趋光弯曲。

➤ 中型盆栽。树形呈金字塔形，枝繁叶茂，亭亭玉立，有松柏的风格。也可作为圣诞树用。中国南方可用于园林绿化。

5. 天门冬类 *Asparagus* spp.

科属：百合科　天门冬属　　　　　放置环境：全光或半阴；生长适温22~28℃
英名：Asparagus　　　　　　　　株高：30~50cm
栽培类型：宿根或亚灌木花卉　　　　叶色：绿

"*Asparagus*"为希腊语"强刺的"，指本属植物有强刺。同属植物约300种，作为观叶或切叶被利用的几乎全原产热带南非；中国有24种，分布于南北各地。

➤ 根系稍肉质，具小块根。茎柔软丛生。叶片多退化，呈鳞片状；其"叶"实为窄细的叶状茎。

➤ 喜温暖、湿润环境，耐寒，不耐高温。喜光，耐半阴。

➤ 播种或分株繁殖。2~4月种子成熟后随采随播或沙藏。播种前浸种24h。发芽温度15~20℃，30~40d可出苗。苗高5~10cm可分苗。分株结合春季换盆进行，分割株丛密集的植株，每丛3~5株，分别栽植。

室内以明亮散射光充足处最好，耐半阴；夏季阳光直射，极易造成叶片发黄、焦灼。可耐2~3℃低温，气温高于32℃时停止生。春夏生长旺季，保证充足浇水施肥，尤其是空气湿润，干旱或积水生长不良，但浇水过多易使叶片发黄、脱落、烂根。秋后控制水肥。冬季置于室内光照充足处，经常叶面喷水，保持空气湿润，利于叶色亮丽，果实变为鲜红。

➤ 小型盆栽。株丛茂密，色浓绿或翠绿，"叶"细碎，质感柔和，是美丽的绿色植物。一些种类适宜室内盆栽或垂直绿化，一些可用于花坛，也是重要的切叶花卉。

➤《本草纲目》记载："此草蔓茂而功同麦门冬，故名天门冬。"根块药用，有养阴清热、润燥生津之功效。近代药理证明，天门冬还有抗肿瘤作用。

➤ 常见种类：

(1) 天门冬 *Asparagus cochinchinensis*

别名：天冬草
英名：Chinese Asparagus

茎攀缘，常呈拱枝状。叶状枝3枚簇生，稍镰刀状，翠绿，浆果红色。用于花坛布置。

(2) '狐尾'天门冬 *Asparagus densiflorus* 'Myers'

别名：狐尾武竹、迈氏非洲天门冬
英名：African Asparagus

株高30~50cm。茎自植株基部以放射形生出，直立向上。叶状枝密生，呈圆筒状，针状而柔软，形似狐尾。盆栽观叶或切叶。

(3) 蓬莱松 *Asparagus retrofractus*
别名：绣球松、松叶天冬
英名：Ming Asparagus Fern
常绿亚灌木。具纺锤状块根。株高可达 1m 左右，一般盆栽高 40～60cm。茎直立，丛生，多分枝，茎上有刺。叶状枝针形，密集簇生，浓绿色，犹如小松针。小花白色，有香气。可盆栽观赏，宛如小松树，为重要的切叶花卉。

(4) 文竹 *Asparagus setaceus*
别名：云片竹、羽毛天门冬
英名：Asparagus Fern
"*plumosus*" 意为"羽毛状的"。多年生攀缘草本。幼时茎直立，生长多年可长达几米以上。茎细，绿色，其上具三角形倒刺。叶状枝纤细，刚毛状，6～12 枚成簇，水平排列呈羽毛状。6～7 月开花，小型，白色。浆果黑色呈球形。有低矮的栽培品种。

茎叶纤细，质感轻柔，叶状枝成层分布，亭亭玉立，恰似缩小的迎客松，小型盆栽或点缀山石盆景，或置于案头、茶几，显得格外幽雅宁静。成龄植株攀附于各种造型支架上，置于书房、客厅、窗前，犹如拨云散影，情趣盎然。

6. 一叶兰 *Aspidistra elatior*

科属：百合科 蜘蛛抱蛋属	放置环境：半阴或全阴；生长适温 10～20℃
别名：蜘蛛抱蛋、大叶万年青、箬兰	株高：40～60cm
英名：Common Aspidistra	叶色：深绿
栽培类型：宿根花卉	

"*Aspicistra*"源于希腊语"aspis"(盾)和"astron"(星)，指其花柱柱头像盾；"*elatior*"意指在本属中较高的。同属植物有约 11 种，分布于亚洲的热带和亚热带地区；中国产 8 种，分布于长江以南各地。本种原产中国，后引入世界各地栽培。

➢ 常绿植物。根状茎粗壮，横生。叶基生，丛生状；长椭圆形，深绿，叶缘波状；叶柄粗壮挺直而长。花单生短花茎上，贴近土面，紫褐色，外面有深色斑点。球状浆果，成熟后果皮油亮，外形好似蜘蛛卵，靠在不规则状似蜘蛛的块茎上生长，故得名"蜘蛛抱蛋"。

➢ 喜温暖、湿润的半阴环境，耐阴、耐寒。对土壤要求不严，以疏松、肥沃壤土为宜。

➢ 分株繁殖。早春新芽萌发前结合换盆进行。剪去枯老根和病残叶，带叶分割根状茎，每段带 3～5 个芽，分别上盆，浇足水，半年后即长满盆。

野生于树林边缘或溪沟岩石旁，适应性强。耐阴性及耐寒性较强，有"铁草"之称，可长期置于室内阴暗处养护，盆栽 0℃ 不受冻害，叶色翠绿，室外栽植能耐 -9℃ 低温。生长期需薄肥勤施，水分充足。夏秋叶面需常喷水，加强通风，否则介壳虫侵蚀叶柄和叶背，在叶面产生黄斑。夏季阳光暴晒极易造成叶面灼伤。室内放置半阴处时间过长，或室内空气湿度过低时，叶片缺乏光泽，发生黄化，并影响来年新叶萌发和生长，应定期放至明亮处养护，尤其新叶萌发生长期，不宜太阴，否则叶片细长，失去观赏价值。

➤ 中型盆栽。叶片浓绿光亮，质硬挺直，植株生长丰满，气氛宁静，整体观赏效果好，又耐阴、耐干旱，是室内盆栽观叶植物的佳品。还可作切叶。

➤ 根状茎可入药，四季采挖，晒干或鲜用，具有活血散瘀、补虚止咳的功效。

7. 水塔花 *Billbergia pyramidalis*

科属：凤梨科　水塔花属
别名：红藻凤梨、比尔见亚、红笔凤梨、水槽凤梨
英名：Pyramidal Billbergia
栽培类型：宿根花卉
放置环境：半阴；生长适温 20~25℃
株高：50~60cm
叶色：浅绿
观赏部位：叶、花
花期：冬、春季

"*pyramidalis*" 意为"锥形的"。原产巴西。同属植物 60 种。

➤ 茎短。叶丛莲座状，基部抱合呈杯状，可以贮水而不漏，故称水塔花；成株叶片 10~15 枚，阔披针形，肥厚宽大，表面有较厚的角质层和鳞片，端急尖，缘有细锯齿。穗状花序直立，高出叶面，初时圆球形，后渐渐伸长；苞片披针形，粉红色；花冠鲜红色，花瓣反卷，边缘带紫色。

➤ 常绿植物。喜温暖、湿润和光照较好的环境，不耐寒。要求疏松、肥沃、排水良好的土壤，以沙与泥炭或腐殖土混拌为宜，忌黏重土壤。

➤ 分株繁殖。开花前后其基部可萌生数个分蘖芽，待蘖芽长至 4~5 片叶时，用利刀自基部切下，伤口阴干后扦插沙床上，生根后再上盆栽植。

耐半阴，忌强光暴晒，但每天须保证 4h 以上的直射光。生长期需要充足水分，除保持盆土湿润外，还要把叶丛中心叶筒灌满水，并经常喷湿叶片及周围场地，保持较高的空气湿度，并注意定期于叶面追施磷、钾肥，利于花色艳丽。冬季置于光照充足处，不遮阴，减少浇水，越冬温度 10℃ 以上。花后有短暂休眠期，应控水停肥。开花后老株逐渐萎缩，可待春季换盆时将老株切除，只栽植新芽，保证次年植株生长健壮，株形优美。

➤ 中型盆栽。株形典雅，叶片青翠亮泽，花色鲜艳夺目，为优良的观花赏叶的室内盆栽花卉，其别致的杯形叶筒，可贮水不漏，趣味无穷。开花时植株叶绿花红，十分醒目，可用来烘托节日气氛。

8. 花叶芋 *Caladium bicolor*

科属：天南星科　花叶芋属
别名：彩叶芋、二色芋、五彩芋
英名：Caladium, Angel-wing
栽培类型：球根花卉
放置环境：半阴；生长适温 25~30℃
株高：30~75cm
叶色：叶面绿色，有黄、白、粉、红等各色斑点或斑纹

"*Caladium*" 源自马来语"keladi"，大意是此属植物具有可食用的根；"*bicolor*" 意为"二色的"。同属植物约 16 种，原产南美洲热带地区，尤其以巴西和亚马孙河流域

分布最广。现广为栽培的都是种间杂种的园艺品种，叶色及大小极其丰富。

➤ 地下具膨大的扁圆形块茎。叶基生，盾状，大小差异很大，薄呈纸质，有细长的叶柄；叶面图案美丽而多彩，变化多样，为主要的观赏部位。

➤ 喜高温、高湿和半阴环境，不耐低温。喜光照充足。要求疏松、肥沃、排水良好的微酸性腐殖土。

➤ 分株繁殖。3~4月将块茎周围的小块茎剥下，晾干数日，上盆栽培；或块茎萌芽时，用刀纵切块茎，每块带2~3个芽，切口涂草木灰，稍晾干后栽种，保温及给予充足的光照，发根后可上盆栽植。也可组培繁殖。

保证光照充足，光照不足，叶色差，易徒长，叶柄伸长，叶片易折断，株形不均衡，但忌强光暴晒。气温高于20℃开始发芽生长，6~10月为生长旺期，可适度遮阴，经常向叶面喷水，保持充足水肥。及时摘掉花蕾，抑制开花；剔除枯萎的叶片，尽可能延长叶片的观赏寿命，后期促进地下茎的膨大。秋季低于12℃，地上叶片枯黄时停止浇水。植株进入休眠，可去除地上枯叶，贮存在温暖地方，不耐低温，越冬块茎贮藏温度不低于15℃，否则易受冻腐烂。或把块茎取出，稍晾干，贮存在干燥的砂土中，保持15~18℃，次年再行种植。

➤ 中、小型盆栽。叶片色彩斑斓，顶生在细长叶柄上，飘逸潇洒，是室内重要的彩叶花卉。

9. 肖竹芋类 *Calathea* spp.

科属：竹芋科　肖竹芋属　　　　　　放置环境：半阴；生长适温16~28℃
英名：Calathea　　　　　　　　　　　株高：30~60cm
栽培类型：宿根花卉　　　　　　　　　叶色：色彩变化丰富

"*Calathea*"源于希腊语"calathes"（手篮），原产地利用本属植物的叶编制手提的篮。同属植物约有150种，绝大多数种类具有美丽的叶片，叶面斑纹颜色变化极为丰富，并且幼叶与老叶常具有不同的色彩变化。大多原产巴西，分布在南美至中美洲热带地区，部分产于非洲以及大洋洲与印度尼西亚之间的群岛，生长于热带雨林。中国的广东、广西、云南可露地栽培。

➤ 常绿植物。叶片密集丛生，叶柄从根状茎长出。叶单生，平滑，具蜡质光泽，全缘，革质。穗状或圆锥状花序自叶丛中抽出，小花密集着生。

➤ 喜温暖、湿润的半阴环境，不耐寒。要求排水良好、富含腐殖质的肥沃砂质壤土。

➤ 分株繁殖。春、秋季皆可进行，气温20℃以上，每丛带3~5芽另行栽植。上盆初期适当控水，发出新根后再充分灌水。

该属植物对直射光及空气湿度十分敏感，短时间阳光暴晒，可造成日灼病，叶片卷曲、变黄；空气湿度低，叶片打卷。但过阴叶柄较弱，叶片失去特有的光泽。室内室外养护均应放在背阴、半阴、无强风处。生长期需保持较高的空气湿度，叶面喷水或擦拭。盆土浇水过量可能引起根腐烂。夏季超过32℃时，叶缘和叶尖枯焦，新芽萌发少，新叶停止生长，叶色变黄，应及时改变栽培环境，并剪除黄枯叶片。不耐寒，越冬温度须高于10℃。

➢ 中、小型盆栽。株态秀雅，叶色绚丽多彩，斑纹奇异，有如精工雕刻，别具一格，是优良室内观叶植物。

➢ 常见种类：

(1) 黄苞肖竹芋 Calathea crocata

别名：金花肖竹芋、金花冬叶、黄苞竹芋。

"crocata"意为"矮小的"。株高15~20cm。叶椭圆形；叶面暗绿色，叶背红褐色。花为橘黄色；花期为6~10月。其株形小巧玲珑，花叶观赏价值俱佳，常用作微型盆花、瓶景、盆景等，点缀于几架、茶几、书桌之上，美丽动人。

(2) 箭羽竹芋 Calathea insignis

别名：披针叶竹芋、花叶葛郁金、紫背肖竹芋

英名：Oliveblotch Calathea

"lancifolia"意为"披针叶的"。叶披针形至椭圆形，直立伸展，长可达50cm，形状恰似鸟类的羽毛；叶面灰绿色，边缘色稍深，与侧脉平行，又嵌有大小交替的深绿色斑纹，叶背红色；叶缘似波浪状起伏。整个叶片富于浪漫情趣。

(3) 孔雀竹芋 Calathea makoyana

别名：天鹅绒竹芋、斑马竹芋、马寇氏兰花蕉

英名：Makoy Calathea

"makoyana"源于"makoyana"，意为"孔雀"，又有说法为纪念Makoyana氏。株高30~60cm。因叶表面密集的丝状斑纹从中心叶脉伸向叶缘，状似孔雀的尾羽而得名。叶底色为灰绿色，斑纹为暗绿色，叶背紫红色，并有同样斑纹；叶柄深紫红色。

(4) 彩虹竹芋 Calathea roseo-picta

别名：玫瑰竹芋、彩叶竹芋、红边肖竹芋

英名：Red Margin Calathea, Red Margin Calathea

"roseo-picta"意为"粉红色的"。植株矮生，高20~30cm。叶片长15~20cm；叶面橄榄绿色，叶脉两侧排列着墨绿色线条纹，叶脉和沿叶缘有黄色条纹，犹如金链，叶背紫红斑块，有时条纹可能会褪色成银白色。适宜于室内小型盆栽。

(5) 绒叶肖竹芋 Calathea zebrina

别名：斑叶竹芋、斑纹竹芋、斑马竹芋

英名：Zebra Plant

"zebrina"意为"有斑马样条纹的"。株高30~80cm。叶大，长圆形；叶面有浅绿色和深绿色交织的斑马状的阔羽状条纹，具天鹅绒光泽，叶背初为灰绿色，随后变成紫红色。

10. 短穗鱼尾葵 Caryota mitis

科属：棕榈科　鱼尾葵属　　　　　　　　　别名：分株鱼尾葵、丛立孔雀椰子

英名：Tufted Fishtail Palm　　　　　　株高：2~4m
栽培类型：常绿木本花卉　　　　　　　叶色：淡绿
放置环境：全光；生长适温20~30℃

"*Caryota*"源于希腊语"karyotos"，意为"坚果状的"。同属植物约有12种，原产亚洲热带地区，主要分布在印度、缅甸、马来半岛、菲律宾；中国的广东、广西、海南等地可露地栽培。

➢ 常绿丛生灌木。茎干分枝力强，有纤维状褐色棕丝包被。大型二回羽状复叶，长达1.2~3m，小叶形似鱼尾，窄而长，长约15cm，质地薄而脆。穗状花序密而短，分枝少。果实蓝黑色。

➢ 喜温暖、湿润和阳光充足的环境，耐阴。要求疏松、肥沃、排水良好的微酸性砂质壤土。

➢ 播种和分株繁殖。种子发芽容易，原产地可直播成苗。盆播保持25℃，2~3个月可出苗。可结合早春翻盆分株，用刀紧贴主干茎盘，切割分蘖，不宜分株丛太小，影响树形。

生长健壮，易栽培。较耐寒，尤其当空气湿度较大时，能耐短期零下低温；根系浅，不耐干旱，亦不耐积水；耐阴性强，夏季勿强光暴晒。盆栽需控制生长，过高时可截顶，降低主干高度，促进侧枝萌发；随时清除枯败枝叶，保持株形圆整。室内养护尽量多见阳光，利于分蘖发生及叶片亮丽。生长季充分浇水，但忌积水，否则植株下部叶片易枯萎。高温、高湿、通风不良极易使叶片发病，变成黑褐色。可喷药防治，加强通风，随时剪除病叶。冬季适当保温，一般只要土壤不冻，植株不会死亡。

➢ 大型盆栽，其树体优美，叶形奇特，具有较高的观赏价值，相当耐阴，适宜于盆栽装饰室内环境。常用布置具西式建筑风格的大厅、阳台、花园、庭院等。

11. 袖珍椰子 *Chamaedorea elegans*

科属：棕榈科　竹节椰属　　　　　　放置环境：半阴；生长适温18~25℃
别名：玲珑椰子、矮生椰子、袖珍棕　　株高：30~160cm
英名：Parlor Palm, Good Luck Parm　　叶色：绿
栽培类型：常绿木本花卉

"*Chamaedorea*"源于希腊语植物名；"*elegans*"意为"优美的"。同属植物约120种，原产墨西哥、危地马拉等中南美洲热带地区。现在世界各地均有盆栽种植。

➢ 常绿小灌木，高30~160cm。雌雄异株。株形小巧。茎干独生，直立，不分枝，上有不规则的环纹。叶深绿色，有光泽，羽状复叶成披针形，叶鞘筒状抱茎。肉穗花序腋生，雄花序直立，雌花序稍下垂，花黄色呈小球形。果实橙红色。

➢ 喜温暖、湿润和半阴环境，不耐寒。要求肥沃、排水良好的砂质壤土，耐干旱。

➢ 播种繁殖。春、夏季进行。种子坚硬，播前进行催芽处理。种子发芽适温25~

30℃，播后3~6个月才能出苗，次年可分苗上盆栽植。

植株生长缓慢，一般可2~3年换盆1次。进入生长期要及时浇水，保持盆土湿润。忌强光直射，高温期应置于荫棚下，遮去50%的阳光，同时经常叶面喷水，增加空气湿度。冬季进入室内，保持12~14℃，不低于10℃保持盆土稍干，多见阳光，如光线太暗，则叶片发黄。

➢ 中、小型盆栽。幼苗即具有很高观赏价值，其株形小巧玲珑，叶片青翠亮丽，耐阴性强，是室内观赏的佳品，极富南国热带风情。

12. 吊兰 *Chlorophytum comosum*

科属：百合科　吊兰属　　　　　　放置环境：散射光充足或半阴；生长适温
别名：挂兰、窄叶吊兰、纸鹤兰　　　　　　　15~20℃
英名：Tufted Bracketplant　　　　　株高：10~20cm
栽培类型：宿根花卉　　　　　　　叶色：绿色

"*Cholorophytum*"源于希腊语"Chloros"（黄绿色）和"phyton"（植物），意为绿色植物。原产南非热带丛林，同属植物约有100种；中国有5种，产于中国西南部和南部地区。

➢ 常绿草本。根肉质粗壮，具短根茎。叶基生，细长带状，拱形，全缘或稍波状。叶丛中常抽生走茎，上着花序，小花白色，四季可开花，春、夏季花多。走茎先端簇生叶丛，带根，形如纸鹤，故又名"纸鹤兰"。

➢ 喜温暖、湿润的半阴环境。要求疏松肥沃、排水良好的土壤。

➢ 分生繁殖。温室内四季皆可进行，常于春季结合换盆，将栽培2~3年生的植株，分成数丛，分别上盆，先于阴处缓苗，恢复生长后正常管理。或分割匍匐枝顶端小植株另栽植。个别品种开白色花后结果，可采集种子繁殖，但子代叶色会发生退化，影响观赏价值。

生长势强，栽培容易。可以忍耐较低的空气温度。生长适温15~20℃，冬季不可低于5℃。生长季置半阴处，忌强光直射，以避免叶片枯焦死亡。但长期光照不足，不长匍匐枝。浇水浇透，并经常叶面喷水，保持湿润，如盆土及环境过干、通风不良，极易造成叶片发黑、卷曲。平时追肥应适量，尤其花叶品种，追肥过多，叶片斑纹不明显。由于生长旺盛，应每2年分栽或移植1次，并经常除去枝叶，对于过长的匍匐枝，可随时疏除，以保持良好株形。

➢ 中小型盆栽或吊盆植物。株态秀雅，叶色浓绿，走茎拱垂，是优良的室内观叶植物。也可点缀于室内山石之中。室内亦可采用水培，置于玻璃容器中，以卵石固定，既可观赏花叶之姿，又能欣赏根系之态。还有吸收有毒气体的作用。

➢ 根叶均可入药，有养阴清热、润肺止咳、活血祛瘀的功效。

➢ 栽培的园艺品种有：①'中斑'吊兰（'Vittatum'）：栽培最普遍，叶片中央为黄绿色纵条纹。②'镶边'吊兰（'Variegatum'）：叶面、叶缘有白色条纹。③'黄斑'吊兰（'Mandaianum'）：叶面、叶缘有黄色条纹。还有宽叶吊兰（*C. capense*）：植株生长旺盛，叶片长而宽大，淡绿色。也有许多品种。

13. 散尾葵 *Chrysalidocarpus lutescens*

科属：棕榈科　散尾葵属　　　　　放置环境：散射光充足；生长适温 25~30℃
别名：黄椰子　　　　　　　　　　株高：3~5m
英名：Butterfly Palm, Areca Palm　　叶色：淡绿
栽培类型：常绿木本花卉

原产非洲马达加斯加岛。同种植物约 20 种。中国海南、广东、广西、福建、台湾、云南等地可以露地栽培，长江以北地区多行盆栽。

➤ 常绿丛生灌木或小乔木，高可达 3~5m，偶有分枝。茎干光滑，橙黄色；茎部膨大，分蘖较多，而呈丛状。羽状复叶，平滑细长，呈淡绿色，细长叶柄稍弯曲，黄色，故称"黄色棕榈"。茎干基部叶片常脱落，残留的叶痕形成竹节状的茎，漂亮美观。

➤ 喜温暖、湿润的环境，喜光亦耐半阴，不耐寒。喜富含腐殖质、排水良好的微酸性砂质壤土。

➤ 分株或播种繁殖。结合春季换盆分株，选取分蘖多、株丛密的植株，用刀从基部连接处分割数丛，伤口涂抹草木灰，每丛 2~3 株，分别上盆栽植，置于 20~25℃下养护，恢复成型较快。播种繁殖，需采收果实，放置于阴凉、通风处，取出种子，晾干后即可播种，3 年就可长成大株。忌强光暴晒；生长旺季置于半阴处，保持盆土湿润和周围较高的空气湿度。冬季则需充足阳光和防寒，气温低于 5℃叶片易受冻害；空气湿度较大时可耐短期低温。一般需 3 年换盆 1 次，保持株型良好。由于基部蘖芽位置比较靠上，换盆或上盆时，应深植，以利芽更好扎根。大型盆栽散尾葵，每年春季应及时清除枯枝残叶，并根据植株生长情况，疏剪基部过于密集的株丛，通风透光，促进新株丛萌发，长期保持优美的株形。

➤ 根据株丛大小，可作大、中、小型盆栽。株形高大丰满，潇洒婆娑，干茎美丽挺拔，叶丛柔美洒脱，充满着热带风情，可布置于客厅、书房、会场、宾馆等。也是优美的切叶材料。

14. 菱叶葡萄 *Cissus alata*

科属：葡萄科　白粉藤属　　　　　放置环境：半阴；生长适温 15~20℃
别名：菱叶粉藤、葡萄藤　　　　　株高：蔓生型
英名：Crapeivy, Rhombicleaf Grape　叶色：深绿
栽培类型：常绿木质藤本花卉

"Cissus"源于希腊语"kissos"，意为"常绿藤"；"*rhombifolia*"意为"菱形叶"。同属植物约 160 种，可分为攀缘植物与多浆植物两大类，仅少数种可作室内观赏植物栽培。原产中南美洲，广泛分布于世界各热带至温带地区。

➤ 常绿木质藤本植物。枝条柔软。叶掌状 3 小叶，酷似葡萄叶状；小叶片菱形，

有短柄，叶缘有粗锯齿；幼叶密被银白色茸毛，成熟叶面光滑，叶背有细小的棕色茸毛，自下而上逐渐脱落。卷须末端分叉卷曲，适宜于攀附其他物体上。

➢ 喜温暖和半阴环境，不耐寒。喜散射光充足，忌强光暴晒。要求疏松、肥沃、排水良好的腐叶土，不耐干旱。

➢ 扦插繁殖。选取当年生半木质化枝条，长10~15cm，留上部1~2片复叶，插于湿砂土中，保持25℃，半个月生根。也可长枝压条或水养生根，成活率高。

盆栽菱叶葡萄，耐旱性差，越冬温度须大于8℃以上，低于5℃受冻。生长期充分浇水。盛夏高温干燥，可自叶面喷浇水，提高空气湿度。秋后逐渐减少浇水，以盆土稍干状态越冬。冬季置于阳光充足处，盆土少浇水，叶面多喷水。该植物适应性强，生长旺盛，可于每年早春换盆时剪除老根，更换宿土，同时剪除过密、过长枝蔓，清除基部干枯枝叶。生长期间定期修剪过密枝，及时立支架，保持优美株形。

➢ 小型盆栽，其枝条蔓生，茎节细长，具自然美感，可吊盆栽培，茎蔓随风摇曳，自然洒脱；也可使茎蔓攀附或悬垂于篱架、围栏、扶梯上，作为室内绿色屏障；或缠绕立柱上。

15. 变叶木 *Codiaeum variegatum*

科属：大戟科　变叶木属　　　　放置环境：全光；生长适温20~35℃
别名：洒金榕　　　　　　　　　株高：50~250cm
英名：Variegated Leaf Croton　　叶色：黄、绿、橙、红、紫、青铜、褐、黑
栽培类型：常绿木本花卉　　　　　　等，斑块或斑纹混杂镶嵌

"*Codiaeum*"源于希腊语"codiae"（头），意思是叶片可作花环套于头上；或源于"kodiho"，指一种原产马来西亚的具三裂片的植物名称。"*variegatum*"意为"变色的"。原产太平洋热带岛屿和澳大利亚。目前广为栽培的绝大多数是杂交培育出来的园艺品种。同属植物约15种。

➢ 常绿灌木或小乔木。茎直立，多分枝。全株具乳汁。单叶互生，光滑无毛，厚革质；叶片形状、大小及色彩变化丰富，自卵圆形至线形，全缘或开裂，边缘波状或扭曲，叶面具各种颜色斑纹、斑块。

➢ 喜温暖、高湿和适当光照。耐热，不耐寒。喜疏松、肥沃、排水良好的壤土。

➢ 常用扦插繁殖。春季剪取1年生带顶尖的枝条，长8~10cm，洗去切口乳汁，涂抹草木灰后插于湿沙中，保持25℃及80%以上空气湿度，20~30d生根。也可生长期高位压条或剪取当年生枝条水插，生根容易。

盆栽时，除盛夏适当遮阴外，其他时间应置于光照充足处，光照越强，叶色越亮丽。夏季适宜30℃以上的高温；耐寒性差，冬季温度要高于10℃，低于10℃7d左右，下部叶片脱落。生长季节多施肥，忌偏施氮肥。供给充足的水分，但忌盆土积水，否则易烂根。此期叶片变化并脱落，多是由于光照不足或断水的原因。空气干燥及通风不良时，易受介壳虫和红蜘蛛危害。冬季低温期要保持盆土稍干，夜间进行保温，忌温度剧变，防止下部叶片脱落。为解决根量过密，可2年翻盆1次，更换新土，同时对

越冬植株适当修剪、整形、疏除病枯枝、缩剪主干，压低株形，促发分枝。也可培养单干式，即待主干一定高度后截顶，促使顶端枝条萌发，扩大树冠。

> 中、大型盆栽。叶形千变万化，叶色绚丽多彩，质感厚重，犹如油画色彩，是室内高档的彩叶植物。

> 全株可入药。叶片有微毒，具有消炎祛肿的功效，可外敷治疗创伤、红肿。蒴果有清热理肺的功效。

16. 朱蕉类 *Cordyline* spp.

科属：百合科 朱蕉属 栽培类型：常绿木本花卉
别名：铁树   放置环境：微阴；生长适温 20~25℃
英名：Cordyline   叶色：红、白、粉、紫及不同色彩的条纹

"*Cordyline*"源于希腊语"cordy"（棍棒），表示该属植物有多肉质的根茎。同属植物约有15种，原产东南亚洲、非洲、大洋洲、新西兰热带、亚热带。中国原产1种，零星分布于华南亚热带地区，北方盆栽。许多种和变种有观赏价值，有许多园艺品种。

> 株高可达4m，盆栽2m。茎直立，单干，极少分枝。叶片因种和品种不同而呈长椭圆形、卵形、披针形或带状，全缘，先端尖；多斜上伸展，聚生茎的中上部；叶面有黄、乳白、绿、红、紫褐等各种彩纹；大多数有短叶柄。

> 喜温暖、湿润的环境，不耐寒。喜微阴，对光照的适应性强，全日照、半日照或荫蔽处均能生长，因种类不同有差异。

> 扦插繁殖为主。6~10月，剪取成熟顶端枝条作插穗，至少具3个茎节，顶部留2~3叶，插于湿润砂土中，保温保湿，25℃左右30d可生根。或高枝压条，5月中旬利用成熟枝条顶端压条。或夏末秋初采收成熟的种子，泡洗干净，播于疏松、湿润的砂土中，很快发芽。也可切取地下根茎，每段2~3cm，或切取3~5cm茎干，横排于培养土中，覆土1cm，保湿，不久生根发芽。

朱蕉属植物具叶片斑纹品种，喜60%~70%光照，强光下易日灼，夏季需遮光。光照不足或地下根系密集，易造成叶色消退。环境过于干燥、长期不换盆、冬季空气湿度过低等，都能造成叶片顶端枯萎，下部叶片脱落。多年生长的植株下部叶片脱落严重，影响观赏效果，应及时短截，促发侧枝，扩大冠幅。室内通风不良、干燥，极易诱发红蜘蛛、介壳虫，应及早控制，叶面勤擦洗、喷水，并多见阳光，保持叶色艳丽。冬季温度应大于12℃以上，有些种类能耐更低温度。忌积涝。

> 株形变化大，叶色、叶形多变，为优美的室内观叶植物。盆栽幼苗为中、小型盆栽，优雅别致，适宜于办公室及居室几架上点缀。

> 新西兰的毛利人有食用朱蕉属植物根系的癖好。

> 常见种类：

朱蕉 *Cordyline fruticosa*

别名：铁树、千年木、朱竹、红叶铁树
英名：Fruticosa Dracaena, Tree of Kings

丛生常绿灌木。株高1~3m。茎直立，多不分枝。叶片聚生茎顶，呈二列状旋转排列；叶面绿色或带紫红色、粉红色条斑；叶阔披针形至长椭圆形。喜光，不耐阴。

常见品种：① 三色朱蕉（'Tricolor'）：叶片具乳黄、浅绿色条斑，叶缘具红、粉红色条斑。喜散射光充足，耐阴；②小朱蕉（'Baby Ti'）：又称红朱蕉。植株低矮，叶片窄小，仅中部少量为铜绿色，大部分为红色。喜散射光充足，耐阴。

17. 栉花芋类 *Ctenanthe* spp.

科属：竹芋科　栉花芋属　　　　　株高：60~100cm
英名：Never Never Plant　　　　　叶色：叶面深绿色，具各色斑纹，叶背紫红色
栽培类型：宿根花卉
放置环境：半阴；生长适温18~28℃

同属植物约有15种，原产巴西、哥斯达黎加等地。

➤ 常绿植物。植株高大。茎干直立，常有分枝。叶片披针形或长椭圆形，革质，坚挺；叶面暗绿色，由中脉沿侧脉有各色条斑构成各色图案。

➤ 喜温暖、湿润和半阴的环境。对温度变化敏感，不耐寒。要求肥沃、疏松和排水良好的砂质壤土。

➤ 分株或扦插繁殖。春季结合换盆分株。春、秋扦插，剪取充实的上部叶枝，插于沙床中，保持25~28℃和较高空气湿度，20~25d生根，2周后可上盆。

栉花芋属植物生长期要求空气湿度高，盆土不要过湿，需经常叶面喷水，否则叶片容易卷曲。斑叶品种盆土过于干燥时，叶片易全部变成绿色并卷起，这时可摘除绿叶，同时适量浇水，保持盆土湿润即可。入冬后盆土应偏干，只需叶面喷水，置于室内注意保暖防寒。光照不足时叶片停止生长，叶色易变淡，影响观赏价值。越冬温度应不低于16℃，若室内低温，叶片易卷曲、变黄；夏季高温干燥易引起叶缘枯黄。

➤ 中型盆栽。植物植株高大，枝叶疏密有致，色泽清丽秀雅，令人赏心悦目。是室内美丽的观叶植物。

➤ 常见种类：

银羽竹芋 *Ctenanthe setosa*
别名：毛柄栉花竹芋、银羽密花竹芋。
英名：Grey stay
原产巴西。叶基生，具紫色长叶柄，近叶基为绿色；叶片椭圆形，端具突尖；叶银白色，叶脉两侧为绿色，叶背紫色。观赏价值高，给人凉爽清新的感觉。

18. 黛粉芋类 *Dieffenbachia* spp.

科属：天南星科　花叶万年青属　　　放置环境：半阴；生长适温25~30℃
英名：Dumb cane　　　　　　　　　株高：50~100cm
栽培类型：宿根花卉　　　　　　　　叶色：绿色嵌入白、黄绿色斑

"*Dieffenbachia*" 源于德国植物学家 Dieffenbach。原产美洲热带，同属植物约 30 种。有许多园艺品种。

➢ 常绿亚灌木状草本。株形直立。茎干粗圆，节间较短。叶片长椭圆形或卵形，全缘；主脉粗，稍向左倾斜；叶色绿，常有斑点或大理石状波纹；叶柄粗，有长鞘。佛焰苞花序较小，浅绿色，短于叶柄，隐藏于叶丛之中。

➢ 喜高温、高湿和半阴的环境，不耐寒。要求疏松肥沃、排水良好的土壤。

➢ 扦插繁殖为主。25℃ 条件下可随时进行扦插，剪取 10～15cm 长嫩枝，保留上部叶片，插入湿润砂土，30d 可生根。也可水插，生根后上盆栽植。

喜散射光充足，夏季生长旺盛应置于半阴处，忌强光直射；充分浇水施肥，较耐肥。可喷雾提高空气湿度，否则其叶片大而柔软，易弯垂，不挺直。叶面经常喷水，并注意通风；浇水过多或闷热天气，根颈处易发生茎腐病。入秋后开始控制浇水，以增强抗寒力。冬季置于明亮光线处，保持温度 10～15℃ 以上，低于 10℃ 叶片发黄脱落，根部腐烂。

➢ 中型盆栽。植株直立挺拔，气势雄伟，叶色翠绿清新，常具有美丽的色斑，是优良的室内观叶植物。装饰于宾馆、饭店及居室，有浓郁的现代气息。

➢ 本属植物有毒，也叫哑甘蔗，茎的切口所分泌的汁液，入口会引起肿胀，导致短时的聋哑，毒液接触皮肤，易引起皮肤的炎症。

➢ 常见种类：

(1) 大王黛粉叶 *Dieffenbachia amoena*

别名：大王万年青、巨万年青、可爱花叶万年青

英名：King Dumbcane

原产哥伦比亚、哥斯达黎加。为本属株形最大的种。株高 1～2m。叶片大，长椭圆形；叶面浓绿，主脉两侧有黄白色的斜线状斑纹。少分枝，萌蘖力强。适应性强，耐干旱，耐寒力比其他种类稍强，因此作为室内应用发展得很快。

(2) 黛粉芋 *Dieffenbachia sequine*

别名：花叶万年青、大王万年青、黛粉叶

英名：Spotted Dumbcane

原产热带美洲。株高 1m 左右。茎干直立，粗壮，少分枝，表皮灰绿色，多汁，每节上宿存有残留的叶柄，茎基部稍有匍匐。叶片大而光亮，长椭圆形，集生茎顶；叶片主脉浓绿，叶大部分呈黄绿色。园艺品种极多，有各种斑纹。常见栽培的有'六月雪'万年青('Summer Snow')：别名'夏雪'黛粉叶。'热带之雪'('Tropical Snow')：株高 1m；叶片长椭圆形，舒展、宽阔，沿侧脉有较大面积的乳白色或白色斑纹；节间较短。其株形丰满洒脱，给人以质朴、自然之感。常用品种为'白玉'黛粉叶('Camilla')：株高 40cm，叶片乳白色，叶缘周边深绿色。

19. 孔雀木 *Dizygotheca elegantissima*

科属：五加科 孔雀木属　　　　　别名：美叶楤木

英名：Finger Aralia, False Aralia　　　　　株高：1.8m
栽培类型：常绿灌木花卉　　　　　　　　　叶色：深绿，或带白边
放置环境：全光；生长适温20～28℃

"*Dizygotheca*"源于希腊语"dizyx"或"dizygos"，指该植物的药囊是一般植物的2倍；"*elegantissima*"意为"优雅"。同属植物有17种，原产澳大利亚和太平洋群岛，中国台湾也有分布。

➤ 茎干和叶柄具有白色斑点。叶革质，互生，掌状复叶，小叶5～9枚，小叶柄短，线形，边缘为整齐的锯齿，中脉明显，色浅；叶片初生时呈铜红色，后变成深绿色，有特殊的金属光泽。

➤ 喜温暖、湿润、光照充足的环境。喜疏松、肥沃的砂质壤土。

➤ 扦插繁殖。选取当年生成熟枝条或早春新枝萌发前的枝条，长8～10cm，扦于砂土中，保持温湿条件，1个月后生根。也可播种繁殖，种子随采随播，发芽率极高，2～3年可以成苗。

栽培中忌变温及干燥空气，忌过湿和干燥的土壤，否则落叶。夏秋充分浇水，结合叶面喷水，既有利于生长，又可抑制介壳虫的发生。幼苗不耐寒，冬季温度须大于15℃。冬季半休眠态，减少浇水，忌全天烈日直射。生长缓慢，一般2～3年换1次盆，在新芽萌发的早春进行，换土并增施基肥，适当修剪。也可于生长季摘心促分枝，扩大树冠，丰满树体。注意随时剪去过大的叶片和过密枝条，保持整齐简洁。

➤ 大、中型盆栽。树形优美，叶窄而奇特美丽，姿态自然洒脱，别具风格，嫩叶更具风姿，是名贵的观叶植物。

20. 龙血树类 *Dracaena* spp.

科属：百合科　龙血树属　　　　　　　　20～30℃
英名：Dragon-tree, Dragon Blood Tree　　株高：60～300cm
栽培类型：常绿木本花卉　　　　　　　　叶色：绿，具黄、白等斑纹或斑点
放置环境：散射光充足、半阴；生长适温

"*Dracaena*"源于希腊语"drakaina"，是"雌龙"或"蛇"的意思，源于本属的一种 *Dracaena draco*（龙血树），其伤口分泌出所谓的龙血的汁液。同属植物有约40种，原产加拿利群岛、热带和亚热带非洲、亚洲及亚洲和大洋洲之间的群岛；中国产5种，分布于云南、海南、台湾等地。

➤ 植株高大挺拔，少有分枝。叶片长剑形，常无叶柄而抱茎；叶簇生枝顶或生于茎上部；纯绿色或有黄白色斑纹。与朱蕉属的区别：龙血树类根为黄色或红色，子房3室，每室1胚珠；朱蕉属根为白色，子房3室，每室多胚珠。

➤ 喜高温、多湿。喜光照充足，耐阴。对土壤及肥料要求不严。

➤ 扦插或压条繁殖。取半木质枝条，10cm左右或具有7～8片叶，插于清洁无菌的湿砂土中，下部入土2～3cm，勿过深，保持25～30℃及较高的空气湿度，1～2个

月成株上盆。

生长期间应适当多浇水,并经常叶面喷水,增加空气湿度,又兼防红蜘蛛发生;湿度不足具黄色条斑叶片常出现横纹。室内长期荫蔽,叶失去光泽;强光易引起烧叶,叶色变差。低于13℃进入休眠,越冬温度为5~10℃。植株应2年换盆1次,一般在6~7月进行。发现烂根应及时用水清洗,并切去烂处,换新土栽植上盆。对于下部叶片脱落,外观不良植株,可剪枝整形,保持优美株形。龙血树属植物耐修剪,只要剪去枝干,剪口下部的隐芽就会萌发成新枝,1~5个簇生枝顶。

➢ 中型至大型盆栽。树体健壮雄伟,叶片宽大,叶色优美,质地紧实,有现代风格。尤其适用于公共场所的大厅或会场布置,增添迎宾气氛。也可作切叶。

➢ 夏威夷的卡拿卡族少女利用龙血树的树叶作跳呼啦舞的草裙。

➢ 常见种类:

(1)'密叶'竹蕉 *Dracaena deremensis* 'Compacta'

别名:'阿波罗'千年木、'太阳神'、'密叶'龙血树

英名:Unpleasant Dracaena

茎干直立,无分枝,节间极短。叶片密集轮生,排列整齐,长椭圆状披针形,无叶柄;叶色青翠油亮。耐旱,较耐阴;空气湿度高有利于生长,过干、冬季温度低于15℃,叶尖易干枯。

(2)香龙血树 *Dracaena fragrans*

别名:巴西铁树、巴西木、幸福之树、缟千年木

英名:Fragrant Dracaena, Cornplant

"*fragrans*"意为"香的"。原产几内亚、埃塞俄比亚及东南非洲热带。株高可达4m,盆栽50~200cm。株形整齐。叶片长椭圆状披针形,绿色,叶缘波浪状起伏。成熟后开浅紫色的花,晚上有香味。品种非常多。

对光照适应性强,但老叶和斑叶品种在阴暗处斑色消失。将老干切成10~20cm,可以放在水盆中水养,寿命2年。盆栽常采用达到一定粗度的成株茎干,截成数段,按不同高度配植在大型花盆中,茎干上部又可萌生叶片,错落有致。可用来布置会场、客厅和大堂,富有热带情调。也可小型水养或盆栽,点缀居室、书房和卧室,高雅大方。

主要品种:①'金边'香龙血树('Lindenii'):又名'金边'巴西铁。叶缘有宽的金黄色条纹,中间有窄的金黄色条纹。②'中斑'香龙血树('Massangeana'):又名'金心'巴西铁。叶中心有宽的金黄色条纹。

(3)红边竹蕉 *Dracaena marginata*

别名:缘叶龙血树、红边千年木

英名:Madagascar Dragon Tree

常绿小乔木,株高1m以上。茎干细长而分枝,蜿蜒蛇状扭曲生长,其上具有明显的三角形叶痕。叶片细长,剑形,革质,硬挺,长30~50cm,宽1cm左右,基部抱茎,簇生茎干上部,向四周辐射状。其园艺品种很多,最具特色的是绿色叶片上,镶有红

边，具有红、绿、黄、白色交替的条纹，鲜亮而别具特色。常见中型盆栽，置于室内明亮光线处。

主要品种：'三色'千年木（'Tricolor'）：又名'彩虹'龙血树、'五彩'竹蕉。叶片细而软，边缘桃红色，中间绿色，在红绿色之间为黄色。

（4）百合竹 *Dracaena reflex*

别名：短叶竹蕉

株高可达9m，盆栽2m左右。长高后易弯曲，多分枝。叶剑状披针形，厚革质，短锐尖；叶色浓绿而有光泽。有黄色条纹的品种。全光或半阴皆可生长，但喜半阴。对水分要求不严，剪下茎干插在水中也可生根。是优良的室内中、大型盆栽植物。也可切枝观赏。

（5）富贵竹 *Dracaena sanderiana*

别名：白边龙血树、山德氏龙血树、仙达龙血树、丝带树

英名：Sanders Dracaena

株高可达4m，盆栽多40~60cm。植株细长，直立，不分枝，常丛生状。叶长披针形，长12~22cm，宽1.8~2cm。园艺品种多，叶常具黄白条纹。生长快，扦插极易成活。耐阴湿，空气干燥叶尖易干枯。中、小型盆栽或花瓶水养。目前市场常见截取不同高度茎干捆扎，堆叠成塔形，或用其茎干编扎成各种造型，置于浅水中养护。因其茎干及叶片极似竹子，布置于窗台、书桌、几架上，疏挺高洁，悠然洒脱，给人以富贵吉祥之感。另外，其光滑翠绿的茎干、绚丽的叶色，已广泛应用于切枝，高雅美丽。

主要品种：①'金边'富贵竹（'Virescens'）：叶缘具黄色宽条纹。②'银边'富贵竹（'Margaret'）：叶缘具白色宽条纹。

21. 熊掌木 × *Fatshedera lizei*

科属：五加科　熊掌木属	放置环境：半阴；生长适温10~16℃
别名：五角金盘、五角常春藤	株高：1.8m以上
英名：Tree Ivy	叶色：深绿
栽培类型：常绿木质藤本花卉	

"Fatshedera"源于'毛斯'八角金盘（*Fatsia japonica* 'Moseri'）和常春藤（*Hedera helix*）的属间杂交种，有亲本的特性。"lizei"是法国的一位苗圃学家的名字。本属1种。

➤ 植株幼时茎直立，不断摘心可形成丛生状，也可设支架供攀缘。叶片5裂，形似常春藤，薄而大，叶面波浪状或有扭曲；新叶密被茸毛，老叶浓绿而光滑；叶柄长8~10cm。成株秋季开绿色丛生小花。

➤ 喜冷凉、湿润的半阴环境，耐寒；忌酷热。

➤ 扦插繁殖。剪取8~10cm长茎干或枝条，扦插于湿润的砂土中，保持18~25℃及较高的空气湿度，20d左右生根。

忌酷热，高温闷热易使下部叶片脱落；耐寒性强，冬季室内2~3℃可安全越冬。

耐阴性强，阳光直射易使叶片灼伤黄化，但阴暗处放置时间太长，植株茎干细，节间长，降低观赏价值。栽培中需要经常叶面喷雾，冬季少浇水。栽培多年后，茎干下部的老叶片脱落严重，可在春季结合换盆，新芽未萌动前，缩剪茎干至基部10~20cm处，促萌发新枝，重新培养株形。

➢ 幼苗作为小型盆栽，成株作大、中型盆栽。其生长缓慢，叶色浓绿，株形优美，生长健壮，尤其许多花叶或斑叶品种，观赏价值更高，优秀的室内耐阴植物。

22. 八角金盘 *Fatsia japonica*

科属：五加科 八角金盘属　　放置环境：半阴；生长适温18~25℃
别名：手树、日本八角金盘　　株高：2m以上
英名：Japan Fatsia　　叶色：深绿
栽培类型：常绿木本花卉

"*Fatsia*"属名源于日语"hachi"，意为"8个"；"*japonica*"意为"日本"。原产东南亚，尤其是日本和中国台湾。同属植物有2种。目前也有与常春藤杂交的小型花叶品种，皆适于室内装饰。

➢ 植株高大，干丛生，树冠伞形。叶片形状奇特，具7~9裂，形状好似伸开的五指；新发幼叶呈棕色毛毡状，而后逐渐平滑，稍革质，富于光泽，中心叶脉清晰，叶色浓绿，叶片直径20~40cm。

➢ 喜温暖，忌酷暑，较耐寒。忌干旱及强光直射。要求疏松、肥沃的砂质壤土。

➢ 播种、扦插或分株繁殖。5月果实成熟后种子随采随播。春季换盆时分株。可春季扦插繁殖，剪取茎基部萌发的粗壮侧枝，带叶插入砂土中，遮阴保湿，20~30d生根。

生活力强，室内宜置于半阴处，可短时间置于明亮处。宜阴湿，强光、高湿或干燥及贫瘠土壤，都会导致叶片变黄枯萎。夏季超过30℃叶片易变黄，且诱发病虫害。室内通风不良易生介壳虫。忌温差变化过大和室温长期偏低，会导致叶色不鲜明，中部叶片脱落。冬季能耐0℃低温。植株本身直立生长优势明显，叶片易集中枝条顶端，影响株形，生长中应及时缩剪或幼时压低株高，促发基部萌生枝叶，丰满树体。

➢ 中、大型盆栽。四季常青，叶形掌状，奇特美丽，是重要的耐阴观叶植物。适于室内弱光处布置。可切叶。

➢ 果皮含有越橘苷、槲皮素等黄酮类物质，叶内含有皂苷，均可用于制药工业。

23. 榕类 *Ficus* spp.

科属：桑科 榕属　　放置环境：散射光充足；生长适温20~30℃
英名：Fig, Fig-tree　　株高：矮生至高大型
栽培类型：常绿木本花卉　　叶色：绿色，或具黄、白色斑纹

"*Ficus*"意为"无花果"。同属植物约有1000种，原产热带和亚热带地区；中国有

98种，3亚种，43变种，2变型。分布于西南至东南一带。

➢ 常绿乔木或灌木。有乳汁。叶片互生，多全缘；托叶合生，包被于顶芽外，脱落后留一环形痕迹。花多雌雄同株，生于球形、中空的花托内。

➢ 喜高温、多湿和散射光环境。喜光线充足和通风良好。以疏松、肥沃、排水良好的砂质壤土为宜。

➢ 扦插或高位压条繁殖。5~7月枝插或芽叶插，取1年生、生长充实的枝条中段作插穗，每插穗3~4节，上部留1~2片叶，切口涂抹草木灰，稍晾干，插入湿润砂土中，保持25~30℃高温，约1个月生根。压条6月中下旬选取母株茎干上生长充实的半木质化枝条，环状剥皮，宽约茎干粗的1/10，随即包以苔藓或湿润的腐叶土，用塑料薄膜包扎其外，维持基质湿润，1个月左右生根。待根系发育良好，于秋季剪下上盆栽植。

室内养护要求：盆栽幼株上盆后生长较快，应及时摘心，促进侧枝萌发，一般保持3个主枝，丰满树体。生长旺期植株需水肥量大，可每10d追肥1次，并充分浇水。越冬温度5℃以上，个别种类耐寒性强；冬季控制浇水，将盆置于阳光充足处，并经常叶面喷水，或清洁叶面。生长多年的植株，当盆土表面出现少量地上根时要及时换盆，一般2年1次。培育小型盆栽植株，为避免植株旺长，可在春季换盆时，适量断根，栽种到稍大一号的盆中；或在夏季生长期，适当修剪整枝，促下部萌枝，矮化树体。

➢ 中、大型盆栽，因种不同而风格各异，或粗犷厚重，或高雅潇洒，是室内常用的观叶植物。

➢ 常见种类：

(1) 垂榕 *Ficus benjamina*

别名：垂叶榕、细叶榕、小叶榕、垂枝榕

英名：Benjamin Fig, Weeping Fig

原产印度、东南亚、澳大利亚一带。自然分枝多，小枝柔软如柳、下垂。幼树期茎干柔软，可进行编株造型。叶片革质，亮绿色，卵圆形至椭圆形，有长尾尖。叶片茂密丛生，质感细碎柔和。

常见栽培的主要品种有'花叶'垂枝榕（'Gold Princess'）：常绿灌木，枝条稀疏，叶缘及叶脉具浅黄色斑纹。

(2) 橡皮树 *Ficus elastica*

别名：印度榕、印度橡皮树、印度胶榕、橡胶榕

英名：Indiarubber Fig, India Rubber Tree

"elastica"意为"有弹性的"，是指该植物为橡皮的原料。原产亚洲热带湿润的森林地带，多分布在印度及马来西亚等地。

树体高大、粗壮。叶片厚革质，有光泽，长椭圆形，长10~30cm，叶面暗绿色，背面淡绿色；幼叶初生时内卷，外面包被红色托叶，叶片展开时托叶即脱落。中国南方可露地栽培，耐0℃低温。园艺品种极多。

(3) 琴叶榕 *Ficus pandurata*

别名：琴叶橡皮树

英名：Fiddle Leaf Fig

常绿乔木。自然分枝少。叶片宽大，呈提琴状，厚革质，深绿色有光泽。叶脉粗大凹陷，叶缘波浪状起伏，风格粗犷，质感粗糙。

24. 网纹草类 *Fittonia* spp.

科属：爵床科　网纹草属　　　　放置环境：半阴；生长适温 20~30℃

别名：费通花属　　　　　　　　株高：10~15cm

英名：Fittonia, Nerve Plant　　　叶色：暗绿，网状叶脉为红色或银白色

栽培类型：宿根花卉

"*Fittonia*" 源于 19 世纪英国生物学家 Elizabeth Fitton 和 Savan Marry 两位女士的名字。原产秘鲁和南美洲热带雨林。同属植物 2 种。

➢ 常绿植物，植株低矮。茎呈匍匐状，落地茎节易生根。叶片卵形至椭圆形，十字对生；叶脉网状，十分明晰，因种类不同，色泽多变。茎枝、叶柄、花梗均密被茸毛。一般春季开花；顶生穗状花序，层层苞片呈十字形对称排列，小花黄色。

➢ 喜高温、多湿和半阴环境，不耐寒。喜疏松、肥沃、通气良好的砂质壤土。

➢ 扦插繁殖。春季剪取 5~10cm 匍匐茎的茎段，去掉下部叶片，晾干 2~3h，插入沙床中，保持 25℃ 及较高空气湿度，15~20d 生根。商品生产多采用组培法，繁殖量大，植株生长整齐健壮。

盛夏高温植株生长快，应充分浇水，干燥导致叶片萎蔫、卷曲、脱落。叶面喷水易发生腐烂，宜喷水增加空气湿度。以散射光为好，生长期适当遮阴，光线太强植株生长缓慢、矮小，叶片卷缩，失去原有色彩；过阴，节间徒长，叶色退化，无光泽。秋后逐渐减少浇水，增强植株耐寒力。冬季置于室内明亮处，保持 20℃ 左右，低于 15℃ 叶片易脱落，植株枯萎。忌干燥，室内空气过干易遭受介壳虫侵害。北方室内盆栽越冬后基部叶常脱落，可结合重剪进行扦插繁殖更新。幼苗上盆后可多次摘心，以促分枝；或多株幼苗合栽同一盆中，快速成型。

➢ 微小型盆花。该属植物叶片花纹美丽独特，娇小别致，惹人喜爱，适合小型盆栽，点缀书桌、茶几、窗台、案头、花架等，美观雅致。也可作室内吊盆和瓶景观赏，小巧玲珑，楚楚动人。

➢ 常见种类：

(1) 网纹草 *Fittonia albivensis*

别名：红网纹草、红费通花、红网目草、粉脉费通花

英名：Painted Net Leaf

叶片卵圆形，深绿色，网纹脉红色。

(2) '小叶'白网纹草 *Fittonia albivensis* 'Minima'

叶小，卵圆形，翠绿色，网纹银白色。

25. 果子蔓类 *Guzamania* spp.

科属：凤梨科　果子蔓属　　　　　　　株高：30~60cm
英名：Guzamania　　　　　　　　　　　叶色：淡绿
栽培类型：宿根花卉　　　　　　　　　　观赏部位：苞片，红或橙红
放置环境：半阴，生长适温 22~28℃

同属植物约 120 种，多数为附生种类，原产南美洲热带地区。有观叶和观花种类。
➢ 常绿附生植物。茎短缩。叶丛生，莲座状于短茎上；多为带状，叶薄而柔软，淡绿色，有光泽，叶缘无刺。叶量大，开花时约 25 片。多数种类在春季开花，总花茎不分枝，挺立于叶丛中央，鲜红色的苞片可观赏数月之久。
➢ 喜温暖、高湿的环境。喜半阴。要求富含腐殖质、排水良好的土壤。
➢ 播种或分蘖芽繁殖。人工杂交才能结种。将种子播于水苔，约 1 个月后发芽，培育 3~4 年可开花。常用分蘖芽繁殖，母株开花后从株丛基部萌发子株，待子株长至 10~12cm 高，一般具有 8 片叶时切割下来，插于疏松腐叶土中，根系发育充分后上盆。目前生产上大量采用腋芽组培繁殖。

弱光性，春夏秋三季需遮去 50%~60% 的阳光，冬季不遮光或少遮光。除开花期稍干外，要保持盆土湿润及较高的空气湿度。生长旺期叶筒始终满水，可定期倾倒更换清水，保持水质清洁；并每隔 15d 叶面或叶筒施液肥。秋天减少浇水。冬季只要叶筒底部湿润即可，因室内空气干燥，通常每周叶面喷水 1 次。越冬温度 10℃ 以上，冬末至初春开花，低于 10℃ 容易受害。
➢ 观赏凤梨根系少，盆栽宜选择小盆，一般 2~3 年后母株开始凋萎，应及时更新。为促进开花，可采用乙烯利倒入叶筒的水中，熏蒸植株，处理 3 个月左右即可开花，同时开花前后应适当控水，保证花茎充实。
➢ 中型盆栽。叶色终年常绿，苞片色艳耐久，花梗直立挺拔，色姿优美，适于室内观赏。
➢ 常见种类：

星花凤梨 *Guzamania lingulata*

别名：果子蔓、姑氏凤梨、红杯凤梨
英名：Tongueshaped Guzamania

株高 30cm。叶片舌状，基生，长达 40cm，宽约 4cm，弓状生长，全缘，绿色，有光泽。花序苞片鲜红色，小花浅黄白色，每朵花开 2~3d。栽培品种丰富。

26. 常春藤 *Hedera helix*

科属：五加科　常春藤属　　　　　　　栽培类型：常绿木质藤本花卉
别名：欧洲常春藤、英国常春藤、西洋常　　放置环境：半阴或全光；耐寒
　　　春藤　　　　　　　　　　　　　　株高：藤本，茎长可达 30m
英名：English Ivy　　　　　　　　　　叶色：绿色、黄斑、白斑等花叶类型

"*Hedera*"源于一种植物 hedera，意为"抓住"，是指其依附支撑物攀缘生长；"*helix*"意为"旋转状的"。同属植物有5种，原产欧洲、非洲和亚洲西部。本种原产英国，特别是英格兰。园艺品种丰富。中国广泛栽培。

➢ 茎节上附生气生根，吸附其他物攀缘；茎红褐色，长可达30m。叶3~5裂，心脏形；叶面暗绿色，叶背黄绿色；全缘或浅裂。叶形、叶色在幼时极易发生变异，变化丰富，有大量园艺品种。

➢ 生性强健，较耐寒。喜光照充足。对土壤和水分要求不严，喜湿耐干。

➢ 扦插、分株、压条繁殖。温度适宜全年皆可进行，但春、秋生长旺季更易生根。

栽培养护简单。室内置于光线明亮处，忌强光直射或过阴环境。光照弱、气温高、通风不良生长衰弱，易生病虫。生长季充分浇水，冬季保持干燥即可安全越冬。根系发育快，应及时结合分株进行整枝。

➢ 小型盆栽，是优美的攀缘性植物。叶亮丽光泽，四季常青，是垂直绿化的重要材料。有些品种暖地可作疏林下地被，又耐室内环境，适于室内垂直绿化或小型吊盆观赏，布置在窗台、阳台等高处，茎蔓柔软，自然下垂，易于造型。也是切花装饰的特色配材。

➢ 全株可入药，能祛风湿和活血消肿。

➢ 有黄、白边或叶中部为黄、白色的彩叶及叶形变化的各类品种。同属栽培的还有：

加拿利常春藤 *Hedera canariensis*
别名：阿尔及利亚常春藤、爱尔兰常春藤
英名：Algerian Ivy, Canary Island Ivy

"*canariensis*"为原产地名，即北非的加拿利群岛。茎具星状毛，茎及叶柄为棕红色，叶片为常春藤属最大，一般幼叶卵形，成叶卵状披针形，全缘或掌状3~7浅裂，革质，基部心形，叶面常常具有黄白、绿等各色花斑。其茎蔓披垂飘逸，叶片端庄素雅，广泛应用于室内营建绿柱、绿墙或吊挂，自然气息浓郁。

27. 蒲葵 *Livistona chinensis*

科属：棕榈科　蒲葵属　　　　　　　栽培类型：常绿木本花卉
别名：扇叶葵、葵树、葵竹、铁力木　　放置环境：全光；生长适温20~25℃
英名：Chinese Fan Palm, Chinese Fountain Palm　　　　　　株高：1~3m
　　　　　　　　　　　　　　　　　　叶色：绿

同属植物约30种。原产中国南部的广东、广西、海南、福建等地。

➢ 茎干外披瓦棱状叶鞘，重叠排列整齐。叶阔肾状扇形，直径80~100cm，掌状开裂，40~60枚裂片，每裂片先端再分成2小裂，裂片披针形，柔软下垂；叶柄三角锥形，两侧具逆刺；叶面翠绿有光泽，叶背浅绿，无光泽。

➢ 喜温暖、湿润和阳光充足环境，略耐阴，不耐寒。喜肥沃、疏松、排水良好砂质壤土，不耐干旱。

➢ 播种繁殖。种子常采自 20 年以上的健壮母株。核果成熟后呈紫黑色，被白粉，采收后用温水浸泡除去果皮，种子晾干后沙藏催芽，胚芽突破种皮后点播于苗床，温度适宜后 30~50d 发芽。

忌强光暴晒，略耐阴。不耐干旱，能耐短期积水。幼苗期保证水分充足，并适当遮阴，注意通风。初生幼叶易遭受蛾蝶类害虫的幼虫危害，造成叶片多孔沟，影响观赏，应在春季生长初期提早防治。一般 2~3 年换盆 1 次。生长旺期定期施肥，并充分浇水，同时多向叶面喷水。入冬放置室内光照充足处养护，经常擦洗叶面灰尘，保证叶色光亮；可耐短时间 0℃ 低温。

➢ 大型盆栽。植株粗壮挺拔，生长势强，寿命长，叶片硕大美观，气度雄伟，具有浓厚的热带风光气息，是优美的大型观叶植物。

➢ 本属许多种类可作经济树种，叶片可用于制作圆扇、凉席、花篮、凉帽等；叶脉是制作牙签的高级材料；果实可入药，对肿瘤、白血病、哮喘病有辅助疗效。蒲葵属对二氧化硫等有毒气体抗性较强。

➢ 同属栽培的还有圆叶蒲葵(*L. rotundifolia*)：单干。叶圆形，掌状浅裂；叶平展，翠绿；叶柄具粗锐齿。幼株盆栽观赏价值高。

28. 竹芋类 *Maranta* spp.

科属：竹芋科　竹芋属　　　　　　　放置环境：半阴；生长适温 18~28℃
英名：Maranta Arrowroot　　　　　　株高：15~30cm
栽培类型：宿根花卉　　　　　　　　叶色：叶面绿色，有各色花纹或斑纹

"*Maranta*" 源于 18 世纪意大利威尼斯的植物学家 Maranta。同属植物约有 23 种，原产热带美洲。

➢ 常绿植物。本属植物株形矮小，大多数种类地下具有块状根。叶片圆形或卵形，具各色美丽的斑纹，为主要欣赏部位。

➢ 喜温暖、湿润和半阴环境，不耐寒，不耐高温。以肥沃、疏松、排水良好的微酸性腐叶土为好。

➢ 分株及扦插繁殖。分株结合早春换盆，气温达到 15℃ 以上时进行，去除宿土将根状茎扒出，选取健壮整齐的幼株分别上盆；栽后充分浇水并置于半阴处养护。扦插切取带 2~3 叶的幼茎，插于沙床中，半个月可生根。

竹芋属植物在夏秋季节以半阴环境为好，甚怕强光。不耐高温，夏季温度超过 32℃生长受抑制。不耐土壤和空气干燥，在生长期，盆土保持湿润，并且每天叶面喷水，增加空气湿度。秋后盆土应保持稍干，无须浇水过大，重要的是经常叶面喷水。冬季植株处于半休眠状态，越冬温度不低于 10℃，置于散射光充足处，保持盆土稍干燥，可以保持地上叶片不凋，叶色亮丽。盆栽竹芋属植物根系较浅，多用浅盆栽植。生长数年的成株，茎过于伸长，破坏株形，应及时剪枝，剪下枝叶可用于扦插；同时，地下根状茎易老化，萌枝力减弱，应重新分株更新。

➢ 小型盆栽。植株低矮，叶片斑纹清新雅致，具有浪漫的异国情调，可采用普通小型盆栽或吊篮悬挂。

➢ 常见栽培：

豹斑竹芋（*Maranta leuconeura*）的各园艺品种。原产巴西。株高 20~30cm，茎短缩，地下具块状根。叶片椭圆形至卵圆形，光滑无毛或有稀疏毛；叶面灰绿色，中脉两侧有 5~8 对黑褐色大斑块，叶背淡紫色；叶片夜间向上聚拢闭合。花白色有紫斑。

主要品种：①哥氏白脉竹芋（*M. leuconeura* 'Kerchoveana'）：别名兔斑竹芋。叶片浅绿色，叶脉两侧有深绿色或深褐色的斑，如兔足迹状。褐色斑点随叶片成熟而转成绿色。②豹纹竹芋（*M. leuconeura* 'Massangeana'）：植株低矮，叶片较小。叶面蓝绿色，沿中脉有鱼尾状白斑排列，与银白色脉纹构成精美图案，在脉纹间为紫色的斑晕。③红脉豹纹竹芋（*M. leuconeura* 'Erythroneura'）：别名鱼骨草、红叶葛郁金。植株低矮，生长缓慢。叶片多呈横向伸展；叶椭圆形，绿色；主脉及羽状脉红色，主脉两侧具银绿色至黄绿色的齿状斑纹，叶背紫红色，叶面花纹如鱼骨状；叶柄有翼。

29. 龟背竹 *Monstera deliciosa*

科属：天南星科 龟背竹属	栽培类型：常绿木质藤本花卉放置环境：半阴；生长适温 20~25℃
别名：蓬莱蕉、电线草、穿孔喜林芋、团龙竹	株高：藤本，茎长可达 10m 以上
英名：Ceriman	叶色：深绿

"*Monstera*"来自"monstrum"，意为"异常、怪物"，指带裂口的叶形；"*deliciosa*"意为"美味的"，指其果实可食用。同属植物约 50 种，原产墨西哥、美洲的热带雨林中。中国云南的西双版纳也有野生。

➢ 攀缘藤本植物。茎粗，蔓长，节明显，其上生有细柱状的气生根，褐色，形如电线，故称"电线草"。幼叶无裂口，心形，长大后羽状深裂，叶脉间有椭圆的穿孔，孔裂纹如龟背图案，又称龟背竹；成熟叶片长可达 60~80cm，椭圆形。

➢ 喜温暖、湿润和半阴的环境，耐寒，不耐高温。喜半阴。适宜富含腐殖质的中性砂质壤土，不耐干旱。

➢ 扦插和播种繁殖。切取带 2~3 茎节的茎段扦插，去除气生根，带叶或去叶插于砂土中，保持 25~30℃和较高湿度，20~30d 生根。北方盆栽很少开花，可人工授粉得到种子。种子粒大，播种前用 40℃温水浸种 10~12h；保持 25~30℃，25~30d 发芽。实生苗生长迅速，可 2~3 株移植同一盆中，攀附图腾柱，成型较快，但实生苗叶片多不分裂和穿孔，观赏效果较差。

忌强光暴晒和干燥，光照时间越长，叶片越大，周边裂口越多、越深。耐阴，低光照条件下室内可放置数月，叶片仍然翠绿；但过于荫蔽叶面又常喷水时，易发生斑叶病或褐斑病，尤其是冬季低温，管理不当，更易发生；冬季叶片应少喷水或不喷水，并注意叶面无积水。盆栽盛夏生长快，不耐高温，气温高于 35℃进入休眠，应置于半阴处，叶面经常喷水。应尽量引导下部气生根入土，使其增加吸收能力。耐寒性强，越冬温度高于5℃即可。室内栽通风不良茎叶易发生介壳虫危害。生长过程中应架设立竿或吊绳，绑扎扶持；或成株及时截茎，让母株重新萌发新茎叶。

➤ 大、中型盆栽或垂直绿化。叶形奇特而高雅，盆外数条细长气生根气势蓬勃。叶片及株形巨大，适宜布置厅堂、会场、展览大厅等大型场所布置。独特的切叶材料。

➤ 其肉穗花序鲜嫩肉质，可用来做菜食，花序外面的黄色苞叶可生食。果实成熟时暗蓝色，被白霜，具香蕉的香味，可以做水果食用。

30. 酒瓶兰 *Nolina recurvata*

科属：百合科　酒瓶兰属	放置环境：全光；生长适温20～22℃
别名：象腿树、酒壶兰	株高：2～3m
英名：Pony Tail, Elephant Foot	观赏部位：干灰白而基部膨大；叶色浅绿
栽培类型：常绿木本花卉	

原产墨西哥东南部。同属植物有15种；中国引种已有数十年的历史，栽培广泛。

➤ 茎直立，基部膨大，呈酒瓶状。叶簇生于茎顶端，革质，长线形，下垂，蓝绿或灰绿色，像山林中野生的兰花，故得名"酒瓶兰"。

➤ 喜温暖、湿润、光照充足的环境。耐寒力强，不耐高温。要求疏松、排水良好和富含有机质的土壤。

➤ 播种或扦插繁殖。播种苗期生长十分缓慢，可用浅盆栽种，每盆数株，养护2～3年后换盆。或截取茎干和分枝扦插繁殖。

上盆时茎基部膨大部埋入土，不能种得太深。夏季气温高于33℃，生长停滞。生长季保证充分水肥，促茎基部膨大。应放置于光照充足处，背阴处放置久后，叶片黄绿细长。要定期转盆，以防枝干扭曲。有一定的耐旱性。耐寒力强，越冬温度0℃以上，不结冰则不会受害。随茎基部膨大要逐年换盆。换盆时注意将底部长出的不定根用盆土盖住，以防伤根，不能吸水致使酒壶部分发瘪，因此花盆大小比植株茎基膨大部分稍大即可。

➤ 中、大型盆栽。茎基膨大圆实，叶片细长飘逸，株形优美，具有独特的情调，又耐旱易养，是室内美化布置的优良花卉，放置于厅堂，充满浓郁的热带气息。

31. 马拉巴栗 *Pachira glabra*

科属：木棉科　马拉巴栗属	放置环境：全光或半光；生长适温20～30℃
别名：发财树、美国花生、瓜栗、老瓜栗	株高：6m
英名：Chestnut, Guiana Chestnut, Money Tree	叶色：鲜绿或黄绿、白绿花叶
栽培类型：常绿或半落叶乔木	

"*Pachira*"属名源于圭亚那语，意为"在水中"。原产中美洲和南美洲。同属植物8种。

➤ 播种苗干基膨大，叶多密生于茎上部，绿色；具长柄，掌状复叶，4～7枚小叶。野生状态高可达 18m。

➤ 喜温暖，不耐寒，喜阳光充足，耐半阴。不择土壤，但更喜肥沃、排水好的壤土，耐干旱。在原生境生长在沼泽地。

➤ 播种或扦插繁殖。成熟种子寿命短，采后 1 周内应播种，发芽适温 22~26℃，细沙播种发芽容易。

➤ 放置日照充足处，长期半阴放置会徒长或生长不良。生长适温 20~30℃，温度不高的环境，盆土宜保持干燥，不宜浇水过多，宁干勿湿。株形不良可于春季修剪，减去绿茎上部，保留下部 2~3 个芽，促进枝叶更新。室外栽培生长旺盛，需要每 1~2 个月施用 1 次全肥，室内可不勤施肥。除单干株型外，常见幼时 3~5 干编织成辫子的多干株型。

➤ 种子可食，味似花生。花和叶子也可食用。

➤ 有黄绿或白绿相间的斑叶品种，如黄绿斑的'斑叶'马拉巴栗（*P. macrocarpa* 'Variegata'）。

32. 豆瓣绿类 *Peperomia* spp.

科属：胡椒科　草胡椒属　　　　　　放置环境：半阴；生长适温 20~25℃
英名：Peperomia　　　　　　　　　　株高：20~40cm
栽培类型：宿根花卉　　　　　　　　叶色：深绿色，具各色斑纹和斑点

"*Peperomia*" 由希腊语 "peperi"（胡椒）和 "omma"（相似）组成，表示类似胡椒的近缘种之意。同属植物约 1000 种，原产美洲的热带和亚热带地区；中国有 9 种，分布于中国西南部和中部，均未见于观赏栽培。而常用于观叶植物的多为美洲原产，几乎均为小型叶类型。

➤ 常绿肉质草本。全株光滑。直立或丛生，叶密集着生，不同种类叶形各异，全缘，多肉，叶面多有斑纹或透明点。花小，两性，密集着生于细长的穗状花序柱上。

➤ 喜温暖、湿润环境，忌高温。喜散射光。要求腐殖质丰富而排水良好的砂质壤土。

➤ 扦插繁殖。直立型种类可用枝插，在 5~6 月进行，选取顶端枝条 4~5cm，留上部 3~4 叶，晾 1d 使切口干缩，插于半湿润的细砂土中，适温下 20d 左右生根。丛生型种类可用叶扦，切取充实的叶片，带 2~3cm 长的叶柄，约 1 个月根，但此法易使叶面斑纹消失。也可春季结合换盆分株。

放置在散射光明亮处。生长期须保持盆土湿润和足够的空气湿度，但盛夏气温超过 30℃生长受抑制。盆土不宜过湿，室外也应避免雨淋，以防烂根。可叶面喷雾或周围喷水，增加空气湿度，忌自上而下叶面淋浇。春秋季适量施用稀薄液肥，切勿过量，尤其少用氮肥，以避免花叶品种斑纹消失。秋后控制浇水。冬季盆土稍干，越冬温度不低于 10℃。丛生型叶片生长快，生长期可剪取过密叶或叶柄过长叶片扦插。直立型生长强健，可摘心促侧枝萌发，丰满株形。每 2 年换盆 1 次，剪除地下部老根及地上

部叶柄过长叶片，保持株形整齐匀称。

➢ 微小型盆栽。植物株形或小巧玲珑，或直立挺健，叶片肉质肥厚，青翠亮泽，用于点缀案头、茶几、窗台，娇艳可爱。蔓生型植株可攀附绕柱，别有一番情趣。

➢ 常见种类：

（1）西瓜皮椒草 *Peperomia argyreia*

别名：西瓜皮、银白斑椒草

英名：Water Melon Peperomia

丛生型。原产巴西。植株低矮，株高 20~25cm。茎极短。叶近基生，心形；叶脉浓绿色，叶脉间为白色，半月形的花纹状似西瓜皮；叶片厚而光滑，叶背为紫红色；叶柄红褐色。多作小型盆栽。

（2）皱叶椒草 *Peperomia caperata*

别名：皱叶豆瓣绿

英名：Peperomia Caperata

丛生型。植株低矮，高 20cm 左右。茎极短。叶长 3~4cm，叶片心形，多皱褶，整个叶面似波浪起伏，暗褐绿色，具天鹅绒般的光泽；叶柄狭长，红褐色。穗状花序白色，长短不一；一般夏、秋季开花。有观赏价值。多作小型盆栽。

（3）'乳纹'椒草 *Peperomia magnolifolia* 'Variegata'

别名：'花叶'豆瓣绿、'花叶'椒草

英名：Pepper Face Desert Privet

直立型草本。茎褐绿色，短缩。叶片宽卵形，长 5~12cm，宽 3~5cm，绿色，有黄白色花纹。可作小型盆栽或吊挂摆设。

（4）'垂'椒草 *Peperomia scandens* 'Variegata'

别名：'蔓生'豆瓣绿

英名：Cupid Peperomia

蔓生草本。茎最初匍匐状，随后稍直立；茎红色，圆形，肉质多汁。叶片长心脏形，先端尖；嫩叶黄绿色，表面蜡质；成熟叶片淡绿色，上有乳白色斑纹。穗状花序长 10~15cm。多作悬挂栽培。

33. 喜林芋类 *Philodendron* spp.

科属：天南星科　喜林芋属　　　　放置环境：半阴；生长适温 20~30℃

英名：Philodendron　　　　　　　　株高：藤本，茎长 2~4m

栽培类型：宿根花卉　　　　　　　　叶色：绿、花叶

"*Philodendron*" 由希腊语 "philos"（喜爱）和 "dendron"（树木）合并而来，指该种喜攀缘树木生长。本属植物约 275 种，大多原产中、南美洲的热带地区。目前又有许多变种及种间杂交种，不断有新品种出现。

➢ 常绿植物。蔓性、半蔓性或直立状。观赏部位主要是多样化的叶形和叶色，

并且部分种类幼龄叶与老龄叶的形态区别很大。佛焰苞花序多腋生，不明显。

➤ 喜温暖、湿润的半阴环境，较耐阴。喜富含腐殖质、疏松、肥沃的砂质壤土。

➤ 扦插繁殖为主。将茎蔓切成2～4节，插入湿润砂土中或下部用水苔包缚，部分种类也可水插，保持高温高湿，生根容易。也可分株繁殖，生长季剥离植株基部已生根的萌蘖，另行栽植。

喜林芋属植物常见栽培形式为绿柱式。不耐干燥环境 生长期保持盆土湿润，尤其夏季需水多，可经常叶面喷水或自柱子顶端淋水，并增施追肥；水肥不足下部叶片变黄脱落，生长瘦弱。入冬生长缓慢，减少浇水，并置于室内明亮处养护，大多数种类不耐寒，越冬温度10～15℃以上，部分种类可耐5℃低温。保持室内较高温度可避免叶褪色；低温干燥极易造成下部叶片黄化脱落。次年春季生长前，切取茎上部分，促进下端腋芽伸长，更新植株。

➤ 大型盆栽，此属植物株形优雅美丽，端庄大方，叶大而美丽，是室内优良的观叶植物。

➤ 常见种类：

(1) 红苞喜林芋 Philodendron erubescens

别名：红柄喜林芋、芋叶蔓绿绒

英名：Redbract Philodendron, Blushing Philodendron

"erubescens"意为"变红的"。常绿攀缘植物。茎幼龄时绿色至红色，老龄时呈灰色。叶鞘深玫瑰红色，不久脱落；叶柄深红色；叶片长楔形，基部半圆形，叶面深绿色有光泽，晕深红紫色，边缘为透明的玫瑰红色，幼龄叶深紫褐色。一般不开花，若开花表明植株将死亡。盆栽多柱式栽培，应用广泛。

主要品种：①'绿宝石'('Green Emerald')：茎和叶柄均为绿色，嫩梢和叶鞘亦为绿色。②'红宝石'('Red Emerald')：嫩梢红色，叶鞘玫瑰红色，不久脱落，叶柄紫红色，叶片晕紫红色，所以又名'红翠'喜林芋、'大叶'蔓绿绒。

(2) 心叶蔓绿绒 Philodendron hederaceum

别名：心叶藤

英名：Heart Leaf Philodendron, Sweet Head Plant

茎细长。叶较小，圆形，叶基浅心形，先端有长尖、全缘；叶片绿色，少数叶片也会略带黄色斑纹。

(3) 琴叶喜林芋 Philodendron panduraeforme

别名：琴叶蔓绿绒、琴叶树藤

英名：Fiddleleat Philodendron, Panda Plant

常绿藤蔓植物。茎节处有气生根，可攀附支柱上。叶掌状5裂，形似提琴，基裂外张，耳垂状，中裂片狭，端钝圆。

(4) 春羽 Philodendron selloum

别名：春芋、裂叶喜林芋、羽裂喜林芋

英名：Lacy Tree Philodendron

茎木质状，节间短。叶片排列紧密整齐，水平伸展，呈丛状；叶片宽心脏形，呈粗大的羽毛状，深裂；叶色浓绿，有光泽；叶柄坚挺而细长，株形规整，多年栽培后下部叶片不会脱落，整体观赏效果好。

34. 刺葵类 *Phoenix* spp.

科属：棕榈科　刺葵属　　　　　　放置环境：全光；生长适温 20～25℃
英名：Date Palms　　　　　　　　株高：1～3m
栽培类型：常绿木本花卉　　　　　　叶色：绿

"*Phoenix*"源于希腊语，意为"枣"。同属植物约有 17 种，原产亚洲、非洲的热带和亚热带地区；在中国主要分布在广东和香港地区，台湾有零星分布。

➤ 常绿乔木。树冠近球形。茎直立，粗短。叶片羽状全裂，先端弯曲下垂，中肋基部常有裂片退化成的软刺。

➤ 喜温暖、湿润环境，耐热。喜阳光充足，也较耐阴。喜疏松、肥沃的腐殖土，不耐积水与土壤贫瘠，较耐干旱和潮湿。

➤ 播种繁殖。开花后授粉容易结果。当年秋季种子成熟后播种或沙藏后次年春播，保持湿度及适宜温度，种子容易发芽，次年可上盆。最初几年株形差，多年养护修剪后株形圆整。

刺葵属植物 1～3 年生幼苗稍喜阴，3 年以后可逐步增加光照时间，但夏日阳光暴晒，叶面易发黑变黄，适度遮阴，有利于植株生长。耐热性强，35℃ 以上高温仍可正常生长。生长期需肥量多，可结合浇水，每周施 1 次液肥，且每 2～3 年结合换盆施入基肥。耐旱能力强，生长期数日不浇水，植株不死，但过干顶部叶片会变成棕色，下部叶片可能干枯，影响外观。冬季则应控制浇水，水过量或水太冷，叶子顶部也易变成棕色。忌霜冻，越冬温度须大于 5℃。

➤ 大型盆栽。适应性广，羽叶细密飘逸，树冠圆浑紧密，树姿雄健壮观，是装饰室内的优秀材料。也可小苗盆栽，摆设桌台、几架上，有浓郁的异乡风采。暖地可道路两旁美化。为重要切叶花卉。

➤ 常见种类：

(1) 加拿利海枣 *Phoenix canariensis*

别名：长叶刺葵、槟榔竹、加拿利椰子、针葵

英名：Canary Date

"*canariensis*"意为产于大西洋的加拿利群岛。常绿乔木。茎干粗壮。羽状叶片较长，初时硬而向上挺直，后先端向下弯曲；叶片基部裂片退化成两行小叶，呈线状披针形，排列不整齐。

(2) 美丽针葵 *Phoenix roebelenii*

别名：软叶刺葵

英名：Pygmy Date Palm, Roebelen Date

原产印度和中南半岛及中国西双版纳等地。常绿灌木，高 2~4m。羽状叶片较柔软，拱垂，全裂，长约 1m；裂片狭条形，2 裂，近对生，叶轴下部裂片退化成为细长的软刺。

35. 冷水花类 *Pilea* spp.

科属：荨麻科　冷水花属　　　　放置环境：散射光充足；生长适温 15~25℃
英名：Artillery Plant，Clearweed　　株高：20~50cm
栽培类型：宿根花卉　　　　　　　叶色：绿色，具银白斑

"*Pilea*"源于希腊语"pilos"，意为"帽子"，指花被的形状类似罗马人所用的羊毛帽(felt)。英名意思是"火炮"，指的是开花时花丝突然收缩把花粉弹出去。在晴朗的日子里，花丝会发生这种现象。同属植物约有 400 种，原产热带和温带；中国约有 70 种，分布于西南部至华东地区，但作为观叶植物栽培种类大部分原产热带。

➢ 常绿植物。地下有横生的根状茎，地上茎丛生，肉质，节间膨大，多分枝。叶片对生，呈不规则圆形，叶面绿色，具多条银白色条纹。酷热夏季，淡雅的叶片能带来凉爽之感，故得名"冷水花"。

➢ 喜温暖、湿润的半阴环境。不耐寒，喜明亮散射光。要求疏松透气、排水良好的壤土。较耐水湿，不耐干旱。能耐弱碱性土。

➢ 扦插或分株繁殖。春秋扦插，剪取茎顶 8~10cm 茎段，留上部叶片，插于细砂土中，保持 20~25℃ 及较高的空气湿度，10d 可生根。结合春季换盆分株，老茎留基部 2~3 节短截，可促再萌生侧枝成型。

对光照敏感，强光暴晒，叶片变小，叶色消退；光线过暗，茎叶徒长，茎干柔软，株形松散。生长期保证充足水分，追肥过多，植株易徒长。夏季高温干燥应遮去 70% 光照，并及时叶面浇水，但叶面切勿积水，否则容易造成黑色斑点。秋季开始控水，冬季保持盆土稍干，若叶面过干，可于中午用温水喷雾，避免介壳虫危害；越冬温度 5℃ 以上。上盆新株成活后，可摘心促发分枝，丰满株形。生长快，要随时修剪整形，使叶丛通风透光。栽植久的老株要及时扦插更新，新株成型快。

➢ 中小型盆栽。冷水花属植物株形圆浑紧凑，叶片花纹美丽，清新淡雅，适应性强，是室内装饰植物的佳品。

➢ 常见种类：

(1) 花叶冷水花 *Pilea cadierei*
别名：白雪草、透白草、花叶荨麻、铝叶草
英名：Aluminium Plant，Watermelon Pilea
叶片卵状椭圆形，先端尖，叶缘上部具疏钝锯齿；绿色的叶面上三出脉下陷，脉间有 4 条断续的银灰色纵向宽条纹，条纹部分呈泡状突起，叶背浅绿色。

(2) 镜面草 *Pilea peperomioides*
别名：镜面掌

英名：Peperomialike Clearweed

老茎木质化，褐色，极短；叶片丛生，盾状着生，肉质，近圆形，浅绿色，有光泽。因叶形似镜子而得名。

36. 福禄桐类 *Polyscias* spp.

科属：五加科　南洋参属　　　　　放置环境：全光；生长适温 22～28℃
英名：Polyscias　　　　　　　　　株高：1～3m
栽培类型：常绿灌木花卉　　　　　叶色：绿色、斑叶

同属植物约 75 种，原产南太平洋和亚洲东南部的群岛上。

➢ 常绿灌木或小乔木。茎枝柔软，表面常密布皮孔。奇数羽状复叶，小叶数及叶形、叶色变化很大，小叶卵圆形至披针形，叶缘有锯裂或开裂，具短柄；叶片绿色或具有黄白斑纹。

➢ 喜高温、湿润和明亮光照。不耐寒，较耐高温。喜较高空气湿度，不耐积水，忌干旱；要求疏松、肥沃、排水良好的砂质壤土。

➢ 扦插繁殖。生长季取 1～2 年生枝条，长 10cm 左右，去除枝条下部叶片，插于湿沙中，保持 25℃ 及较高空气湿度，4～6 周可生根盆栽。也可高位压条繁殖，5～6 月选 1～2 年生枝条环状剥皮，宽 1cm 左右，用泥炭和薄膜包扎，50～60d 生根。

生长期保持盆土湿润，勿过干或过湿，并经常喷水，可使叶片生长良好。每半月施肥 1 次，注意氮肥不可过量，可增施磷、钾肥。盛夏适当遮阴，忌强光暴晒，以避免叶片枯黄。耐寒性差，冬季将盆置于室内，越冬温度 8℃ 以上，盆土适当干燥有利于安全越冬。盆栽植株每年春季换盆，更换新土，如地上植株略高，可适当修剪矮化株形，选盆宜稍小，控制株体过大。

➢ 中、大型盆栽。叶片、叶形多变，株形丰满，姿态潇洒，是优美的室内绿化材料。

➢ 常见种类：

(1) 南洋森 *Polyscias frutiosa*

别名：羽叶南洋森、羽叶福禄桐、碎锦福禄桐

英名：Indian Polyscias

原产印度、马来西亚。主干直立，侧枝柔软下垂。叶片为不整齐的 3 回羽状复叶，小叶绿色，披针形或狭卵形，长 2.5～10cm，宽 1.5～2.5cm，叶缘浅至深锯齿。

(2) 银边南洋参 *Polyscias guifoylei*

别名：福禄桐、南洋森、南洋参、圆叶南洋参

英名：Guifoyle Polyscias

原产太平洋诸岛上。常绿灌木。茎干挺直生长，分枝多。叶片为 1 回羽状复叶，小叶 3～4 对，椭圆形至长椭圆形，先端钝，基部楔形，叶缘有锯齿；叶面绿色，叶缘具不规则的乳黄色银边。

37. 棕竹 *Rhapis excelsa*

科属：棕榈科　棕竹属
别名：观音竹、筋头竹、棕榈竹
英名：Broad-leaf Lady Palm
放置环境：半阴；生长适温 18~25℃
株高：1~3m
叶色：绿色或有黄白色条纹
栽培类型：常绿木本花卉

"*Rhapis*"源于希腊语"rhaphis"，是"针"的意思。同属植物约 12 种，原产亚洲东部及东南；中国产 8 种，分布于华南至西南部。

➢ 常绿丛生灌木。茎干直立，有节，不分枝，为褐色网状纤维叶鞘所包被。叶片集生茎顶，掌状深裂，裂片 5~12 枚，条状披针形，叶缘及中脉具褐色小锐齿，横脉多而明显；叶柄细长，10~20cm，扁圆。肉穗花序腋生，雌雄异株。浆果球形。

➢ 喜温暖、湿润的半阴环境。具有耐阴、耐湿、耐瘠、耐旱的特性，生长强健。以疏松、肥沃、排水良好的微酸性砂质壤土为宜。

➢ 播种或分株繁殖。秋季种子成熟后随采随播，播前将种子用 35℃ 温水浸泡 1d，浅盆点播，保持 20~25℃，1 个月可发芽。北方盆栽结种少，多用分株繁殖，在春季新芽尚未长出前，结合换盆进行，每丛 2~3 株，换小盆栽植。

适应性强，生长旺盛。生长期保持盆土湿润，宁湿勿干，但勿积水，以防烂根，并常用清水喷洒植株及周围地面，增加空气湿度。盛夏注意遮阴和通风，避开干旱和干热风。随时剪除病枯叶片，疏除过密株丛，以利于通风透光，避免引发病虫。冬季室温不低于 5℃，多见阳光，盆土稍干。

➢ 中型盆栽。株丛刚劲挺拔，叶色青翠亮丽，纤细似竹非竹，富有热带风韵，是优良的盆栽观叶植物。幼苗可与小山石拼栽，制作丛林式盆景。也是切叶材料。

38. 虎尾兰 *Sansevieria trifasciata*

科属：百合科　虎尾兰属
别名：虎皮兰、千岁兰、虎尾掌、锦兰、虎草兰
英名：Snake Sansevieria, Snake Plant, Good Luck Plant
放置环境：全光；生长适温 20~28℃
栽培类型：宿根花卉
株高：30~120cm
叶色：深浅相间的绿色云状横纹

"*Sansevieria*"源于意大利语人名；"*trifasciata*"意为"有三条纹带的"。同属植物有 60 多种，原产非洲热带和印度干旱地区，园艺品种甚多，广为栽培。

➢ 常绿植物。具有匍匐的根状茎，每一根状茎上长叶 2~6 片，独立成株。叶片基生，直立，厚革质，长 30~120cm 不等；叶纵向卷曲，呈半筒状，其两面有隐约深绿色横条纹，似老虎尾巴。

➢ 喜温暖、光照充足的干燥环境，不耐寒。喜光，耐半阴。要求疏松透气、排水良好的砂质壤土。

➢ 扦插或分株繁殖。叶插，切取叶片 8~10cm，稍晾干切口，插入砂土中 2~3cm

深，保持20~30℃，10d即可生根。但彩边品种的扦插苗，彩边消失，只能分株繁殖。即4~5月，新芽充分生长，结合换盆切割根茎，每株带3~4片叶，分栽。

耐旱、耐湿、耐阴，适应性极强，管理简单。喜散射光充足，忌强光直射，忌通风不良。适量控制水分。一般栽后根系生长前不用浇水，使盆土处于干燥状态，否则土湿及长期低温极易造成植株茎部腐烂。夏季高温期浇水淋湿叶片或空气湿度大时，叶片易发生褐色斑点。越冬温度8℃以上。盆栽植株根茎在土中易密集卷曲，应至少2年分株1次，换用疏松、基肥充足土壤，并配以深筒形盆栽植，生长良好。虎尾兰叶片顶部受伤，则停止生长，因此注意摆放在人不易触碰的场所。

➢ 中型盆栽。叶片直立，气质刚强；叶色常青，斑纹奇特，庄重而典雅，是良好的室内观叶植物。是独特的切叶材料。

➢ 虎尾兰因叶片含有良好的纤维素，在西非大量作为纤维作物栽培。

➢ 常见栽培种类：

(1) 金边虎尾兰 *Sansevieria trifasciata* var. *laurentii*

英名：Goldenmargin Sanaevieria

叶形直立，长40cm左右，每丛生叶8~15片，叶色为深浅相间的绿色横纹，并具黄色镶边，比虎尾兰更具观赏价值。

(2) '黄短叶' 虎尾兰 *Sansevieria trifasciata* 'Golden Hahnii'

叶片短，阔长圆形，排列成低矮莲座状；叶缘镶乳白色至金黄色的宽边。

(3) '短叶' 虎尾兰 *Sansevieria trifasciata* 'Hahnii'

别名：小虎尾兰

英名：Bird's Nest Snake Plant

为'金边'虎尾兰芽变产生。株形低矮。叶片由中央向外回旋而生，彼此重叠，形成鸟巢状；叶片长卵形，叶端具明显短尾尖；叶色深绿，具黄绿色云形横纹。是优良的迷你型观叶植物，可作点缀摆设，增强趣味性。

39. 鹅掌藤 *Schefflera arboricola*

科属：五加科　鹅掌柴属	放置环境：全光或半阴；生长适温20~30℃
别名：七叶莲、手树	株高：2~3m
英名：Umbrella Tree	叶色：深绿、花叶
栽培类型：常绿灌木花卉	

"*Schefflera*"源于波兰植物学家G. C. Schefflera。同属植物约150种，原产热带和亚热带，大洋洲、印度尼西亚等地有分布；中国西南至东部有野生。

➢ 半蔓性，成株高可达3~4m。茎直立柔韧，分枝多，茎节处易生细长气生根。掌状复叶，小叶7~9枚，长圆形，绿色有黄白斑纹，叶缘波状，先端尖；叶色浓绿，有光泽。园艺品种叶大多短而宽，小叶5~9枚，先端圆钝，有不同的金黄色斑纹品种。

➢ 喜温暖、湿润、全光或半阴环境，不耐寒。不择土壤，但在疏松、肥沃、排水良好的微酸性土壤上生长良好，叶色美丽，耐旱。

➤ 播种、扦插或高位压条繁殖。4月下旬于细砂土播种，保持20~25℃及湿润，15~20d发芽。花叶品种，扦插能保持花叶特性，春季新梢生长之前，剪取1年生枝条，长8~10cm，插于湿润砂土中。高位压条发根率高。

对光的适应性强，全光、半阴、荫蔽处都能生长，但50%~70%光照为宜，忌夏日强光直射。越冬温度高于5℃，0℃时落叶现象严重。摘心或修剪可以促使多发分枝。生长势过强、萌发徒长枝时，要注意经常整形修剪，并结合每年春季萌芽之前换盆，去除大部分枝叶和部分老根，用新盆、新土栽植，否则根系密集，极易造成叶片变黄脱落。

➤ 中型盆栽。株形圆整，枝繁叶茂、柔美，清新宜爽，是室内的优良盆栽植物。可以单株盆栽，也可以数株捆绑于柱上观赏。可切叶。

➤ 常见栽培的还有澳洲鸭脚木(*S. actinophylla*)：别名大叶伞、昆士兰伞树。常绿乔木，盆栽高1~2m。掌状复叶，小叶大，随生长由4枚逐渐到12枚，叶柄长，叶色深绿或带有花斑。生长适温20~30℃，耐寒性差，冬季不可低于12℃。叶面要常喷水。扦插繁殖率低。

40. 绿萝 *Scindapsus aureum*

科属：天南星科　绿萝属　　　　放置环境：半阴；生长适温15~25℃
别名：黄金葛、魔鬼藤　　　　　　株高：藤本，盆栽茎长可达2~3m
英名：Devil's Ivy　　　　　　　　叶色：深绿光泽的叶上镶有不规则黄色斑纹
栽培类型：常绿草质藤本花卉

原产马来西亚、西印度、新几内亚。野生状态攀附于大树上。

➤ 茎粗细变化很大，多年生长后基部常木质化。在原生境长可达20m。有许多园艺品种。叶大小不一，无支架或茎尖朝下生长时叶较小。叶片椭圆形或长卵心形，光亮，叶基浅心形，叶端较尖。

➤ 性强健。喜温暖、湿润的散射光环境，耐阴。要求疏松、肥沃、排水良好的砂质壤土。可以水培。

➤ 扦插繁殖。茎节极易生根，将其在20~25℃条件下，插于砂土中或水中，3周可生根。

常将带顶尖幼株3株栽种在直径25~35cm花盆中，盆中央树立粗棕毛缠裹的柱子，高80~150cm，让其沿棕柱向上生长，随时捆扎，不使顶尖向下，叶面及棕柱常喷水，气生根扎在柱丝中固定；也有作吊盆悬垂的，叶片会变小。两种栽培形式，形态差异大，常被认为是两种植物。

适应性强，养护简单。生长季充分浇水施肥，如施肥不足，叶片发黄，但施肥过多，茎徒长，破坏株形。盛夏避免直射光，并经常叶面喷水。秋季勿浇水过多，否则极易烂根。冬季室内养护，光照不足叶易徒长，叶斑纹减少；温度须高于5~8℃，过低易受冻，但只要基部未出现水浸状，次年可恢复生长，切去茎干基部，下部腋芽迅速萌发。

➤ 小型吊盆、中型柱式栽培或室内垂直绿化。绿叶光泽闪耀，叶质厚而展，有动感。室内多种应用形式，可以很好地营建绿色的自然景观。

41. '白鹤'芋 *Spathiphyllum floribundum* 'Clevelandii'

科属：天南星科　白鹤芋属　　　　　　放置环境：半阴或全阴；生长适温18～28℃
别名：苞叶芋　　　　　　　　　　　　株高：30～50cm
英名：Snow Flower　　　　　　　　　　叶色：叶面深绿、叶背淡绿
栽培类型：宿根花卉

"*Spathiphyllum*" 由希腊语 "spathe"（佛焰苞）和 "phyllon"（叶）组成，意为佛焰苞的形状像叶片；"*floribundum*" 意为 "多花的"。原产哥伦比亚。同属植物约90种。

➤ 常绿植物。根茎极短。萌蘖多。叶基生；长椭圆形，端长尖，中脉两侧不对称；叶面深绿，有光泽，叶脉明显；叶柄长于叶，下部鞘状。佛焰苞长椭圆状披针形，白色，稍向内翻转；肉穗花序黄绿色或白色；花茎高出叶丛。

➤ 喜温暖、湿润的半阴环境，耐阴，不耐寒。适宜富含腐殖质、疏松、肥沃的土壤。

➤ 常用分株、播种或组培繁殖。结合春季换盆分株，分蘖多，栽培容易。也可人工授粉，种子采收后立即播种，不宜久存。播种温度25℃，温度过低种子易腐烂。目前生产中大量繁殖，主要采用组培法，株丛整齐。

耐阴性强，忌强光直射。喜肥，生长旺季肥水充足则生长壮。冬季应置花盆于光照充足处，若长期光线阴暗，不易开花；耐寒性差，越冬温度14～16℃，盆土偏干有利于安全越冬。室内空气太干燥，新生叶变小、发黄，甚至脱落，因此发叶期可结合叶面喷水，增大空气湿度。及时拔去过密的植株，保持株形。

➤ 中、小型盆栽。叶色亮绿，花洁白雅致，给人以清凉、宁静的感觉。花、叶可作插花材料。

➤ 常见栽培的有原种多花白鹤芋（*Spathiphyllum floribundum*），又名银苞芋：原产热带美洲。在形态、用途上与'白鹤'芋基本相同，唯叶较宽，花茎与叶丛等高。市场上把二者通称白鹤芋。栽培品种有：①'绿巨人'（'Sensation'）：株高1m左右。叶宽披针形，宽15～25cm，亮绿色；叶柄长30～50cm。佛焰苞大型，白色，长18～20cm。②'大银苞'芋（'Mauraloa'）：为杂交品种。株丛高大挺拔，高50～60cm。叶长圆状披针形，鲜绿色叶脉下陷。佛焰苞初为白色，后变为绿色。

42. 合果芋 *Syngonium podophyllum*

科属：天南星科　合果芋属　　　　　　放置环境：全光、半阴；生长适温20～28℃
英名：Goosefoot Plant, African Evergreen　株高：30～50cm
栽培类型：常绿草质藤本花卉　　　　　叶色：绿色带白色斑纹

"*Syngonium*"由希腊语"syn"（结合）与"goeia"（多产的）组合而成，谓其子房合生，故名合果芋。同属植物约20种，原产中南美洲的热带雨林中。园艺品种很多。现在世界各地已广泛栽培。

➤ 攀缘性草本植物，盆栽小植株常呈直立状，有蔓生性。茎绿色，茎节处有气生根，可攀附他物生长。幼苗期叶片与成株叶片在形态上差异很大，幼叶为单叶，长圆形、箭形或戟形；老叶呈3~9掌状裂，中间裂片大型而且叶基部裂片两侧常着生小型耳状叶片；叶片常生有各种白色斑纹，因品种而变化多样。

➤ 喜高温、高湿的半阴环境，不耐寒。喜光，耐阴。喜富含有机质的疏松、肥沃、排水良好的微酸性土壤。

➤ 扦插繁殖。在气温15℃以上的生长期扦插，切取茎部2~3cm为插穗，插于砂土中，保持20~25℃及较高的空气湿度，10~15d可生根。目前生产中大多采用组培繁殖。

适应性强，对光照要求不严，全光至阴暗都能生长，但以光线明亮处生长良好，斑叶品种光照不足，则色斑不明显。可常年置于有散射光的室内，避开强风，防止吹伤叶片。夏季充分浇水施肥，叶面经常喷水。入秋后控水，防止过湿和积水，以免发生茎腐病。不耐寒，越冬温度10℃以上。植株生长旺盛，需每年进行1次移植换盆。常因茎蔓过度生长株形不整，要经常剪枝整形进行矫正。

➤ 中、小型盆栽。叶形、叶色多姿多彩，质感轻盈，潇洒活泼，是优良的室内观叶植物。可置于玻璃容器进行栽培，还可切叶。

43. 铁兰类 *Tillandsia* spp.

科属：凤梨科　铁兰属　　　　　　株高：30~50cm
英名：Tillandsia　　　　　　　　　叶色：绿、银灰或带彩纹
栽培类型：宿根花卉　　　　　　　观赏部位：红、蓝、紫色花
放置环境：全光；生长适温10~32℃

"*Tillandsia*"源于瑞典生物学家 Elias Tillands 的名字。同属植物有400种，原产地范围广，从潮湿雨林到干旱沙漠都有分布，植株大小差异大。

➤ 常绿附生植物，地下大多无根或很少根，地上部附生他物上，依靠叶片上发达的鳞片收集水分和养分。叶片簇生呈莲座状；叶窄长，向外弯曲，开展，几乎无叶筒；叶量大，开花时约有50片。分生蘖芽较多。花序椭圆形，呈羽毛状；苞片2列，对生重叠，色彩各异；苞片间开出各色小花；花期可长达几个月。冬、春季开花后，莲座状叶丛会逐渐枯死。

➤ 喜温暖和高湿的环境，不耐寒。喜阳光充足。要求疏松、排水良好的腐叶土或泥炭。

➤ 分株繁殖，春季花后结合换盆进行，同时去除开过花的母株。也可分割蘖芽繁殖，蘖芽长到10cm左右高，已有自己根系时，用刀切割下栽植，成活率高。铁兰属植物开花后，经人工授粉，可以收到种子。种子细小，少覆土，发芽率高。

多为附生种，常用苔藓、树皮等作基质，盆底部填充一层颗粒状排水物。生长季浇水肥，主要喷施在叶片上，其上鳞片发达，吸收效果明显；盆土保持稍湿润即可，切勿积水，稍耐旱。夏季高温季节适当遮阴，避免阳光直射；叶面经常喷水，最好用雨水或含钙量低的水喷。初夏及秋天应给予微弱光，土壤稍干，易形成花芽。冬季保持盆土稍干，尽量减少浇水，给予充分阳光，生长良好；不能低于10℃。

➢ 小型盆栽。叶片细长如兰，苞片绚丽夺目，株形娇小迷人，华贵而雅致，为室内美丽盆花。也可吊盆观赏。

➢ 常见种类：

(1) 紫花凤梨 *Tillandsia cyanea*
别名：铁兰、紫花木柄凤梨
英名：Pink Quill

原产厄瓜多尔、危地马拉。株高20~30cm。叶片簇生或莲座状，窄长，长30~40cm，宽1.2~2.5cm，灰绿色，基部呈紫褐色条形斑纹。花茎短，长20cm；花序椭圆；苞片粉红色；苞片间开出蓝紫色小花，状似蝴蝶。

(2) 长苞凤梨 *Tillandsia lindenii*
别名：长苞铁兰、林登铁兰
英名：Blue-flowerd Torch

其花茎高约30cm；穗状花序扁平，稍窄；苞片鲜红色，排成二列；小花，蓝色，具白色的喉部。

44. 淡竹叶 *Tradescantia fluminensis*

科属：鸭跖草科　紫露草属	放置环境：半阴；生长适温20~28℃
别名：白斑叶水竹草、白花紫露草	株高：10~20cm
英名：Wandering Jew	叶色：叶面绿、紫、白色条纹相间
栽培类型：宿根花卉	

"*Tradescantia*" 源于英国植物学家与探险家 John Tradescant 的名字。原产美洲和非洲南部。

➢ 常绿植物。茎蔓生或直立，节易发根。叶互生，卵形，长约4cm；叶面绿色，质薄。小花白色；苞片2枚，阔披针形；夏、秋季开花。有各种斑纹的园艺品种。

➢ 喜高温、多湿的半阴环境，耐阴湿。喜肥沃、疏松的壤土。

➢ 扦插繁殖。生长季取6~12cm茎段作插穗，保持湿度，2~3周可生根。栽培容易，生长快。生长适温20~28℃。光照不足或水分太大易徒长。斑叶品种要求光照多些。生长期水分要充足，摘心或修剪可以促分枝。冬季减少浇水，越冬温度不应低于10℃。

➢ 小型盆栽。质感轻盈，生长繁茂，是室内容易栽培的小型观叶植物，适宜吊挂观赏。

45. 丽穗凤梨类 *Vriesea* spp.

科属：凤梨科 丽穗凤梨属　　　　　　株高：30~50cm
英名：Vriesea　　　　　　　　　　　　叶色：深绿，具各色条斑；花红、黄色
栽培类型：多年生宿根花卉　　　　　　观赏部位：叶、花
放置环境：半阴；生长适温 22~28℃

"*Vriesea*" 源于荷兰的生物学教授 W. H. deVriesa 的名字。同属植物约 250 种，原产中南美洲和西印度群岛。

➢ 常绿附生草本植物。叶丛呈疏松的莲座状，可以贮水；叶长条形，平滑，多具斑纹，全缘。复穗状花序高出叶丛，时有分枝，顶端长出扁平的多枚红色苞片组成的剑形花序；小花多呈黄色，从苞片中生出，易凋谢，艳丽的苞片宿存时间长。冬、春季开花后老株逐渐枯死，基部长出蘖芽。

➢ 喜温暖、湿润，不耐寒。较耐阴。以疏松、肥沃、排水良好的腐叶土与沙混拌为宜。

➢ 分株或播种繁殖。植株在开花前后可自叶丛基部叶腋出蘖芽，其长 8~15cm 时用利刀自基部切下，若有根系，可直接上盆栽植；若无根或少根，伤口涂草木灰或稍晾干，插于砂土中，保持 20~25℃ 及较高空气湿度，长出更多根系后盆栽。不易产生蘖芽种类，可人工授粉，收获种子繁殖，但此法易丧失母本优良性状。目前生产中多采用母株腋芽组织培养。

生长期叶面要充分浇水和施肥，保持叶筒始终有水，每半月更换新水，以防其内水分变臭，但盆土不宜过湿。每天保证 3~4h 以上的直射光，中午遮阴，光照不足不易开花，但忌强光直射。冬季应置于室内阳光充足处，停止施肥，控制浇水，保持盆土不干，叶筒底部湿润即可。温度不低于 10℃。开花后为延长观赏期，可及早清除基部蘖芽及枯萎黄叶。如需利用蘖芽繁殖，可及早将花苞从基部剪除，防止结实，促蘖芽生长。

➢ 中、小型盆栽。丽穗凤梨属植物叶色多变，苞片艳丽，花序独特优美，观赏期长，花叶皆可观赏，是一种优良的观花赏叶的室内盆栽花卉。也可作切花。

➢ 常见种类：

(1) 莺哥凤梨 *Vriesea carinata*
别名：龙骨瓣丽穗兰
小型附生植物。株高 20cm。叶片带状，质薄，自然下垂；叶色鲜绿，有光泽。花茎细长直立，穗状花序不分枝或少分枝；苞片基部鲜红色，先端黄色；小花黄色；花苞可保持 1 个多月。

(2) '彩苞' 凤梨 *Vriesea* 'Poelmanii'
别名：火炬、火剑凤梨、大鹦哥凤梨、艳苞丽穗凤梨
彩苞凤梨是 *V. gloriosas* 与 *V. vangeertii* 的杂交种。株高 20~50cm。叶片宽线形，

鲜绿色，有光泽，叶缘无锯齿。花茎直立抽出，长达35～40cm；苞片深红、橙红、绯红或黄和红的复色；复穗状花序，有多个分枝；小花黄色，先端略带黄绿色。整个花序像熊熊燃烧的火炬，花苞可保持3个月，观赏价值高。

(3) 虎纹凤梨 *Vriesea splendens*

别名：斑背剑花、丽穗花

"*splendens*"为"优雅"的意思。原产巴西。株高30～50cm。叶片线形，向四方伸长；叶面深绿色，分布有黑紫色的横条状斑纹，条纹色彩鲜明；开花植株叶数只有10～13枚。穗状花序高可达50cm以上，苞片鲜红色，小花黄色；苞片观赏期可长达2个月。

46. 吊竹梅类 *Zebrina* spp.

科属：鸭跖草科　吊竹梅属　　　放置环境：明亮、半阴；生长适温18～22℃
英名：Zebrina　　　　　　　　　株高：20～30cm
栽培类型：宿根花卉　　　　　　叶色：叶面绿、紫、白色条纹相间

"*Zebrina*"源于拉丁语"*Zebrinus*"，意为"叶片有条纹的"，有斑马之意。同属植物有4种，原产墨西哥。在中国广东、云南地区可露地越冬。

➤ 常绿草本。茎细长，肉质，茎节膨大，多分枝，盆栽时枝叶下垂。叶片单生茎节上，基部抱茎，无叶柄。雌雄同株，小花数朵簇生。

➤ 喜温暖、湿润的半阴环境，不耐寒，不耐炎热。喜光，耐阴。喜肥沃、疏松、排水良好的腐殖土，不耐旱，耐水湿，也耐瘠薄。

➤ 扦插繁殖。全年均可进行，剪取茎蔓5～10cm，去掉下部叶片，保持20～25℃，7～10d可生根。也可剪取中部茎段，直接插入清水，约10d生根。

适应性强，栽培管理简单。生长期置于散射光下，忌强光暴晒，保持盆土湿润及较高空气湿度，半月追肥1次，生长强健，鲜嫩可爱。入秋逐渐增加光照时间。冬季置于光照充足处，土壤稍干，防烂根，保持8℃以上。新栽植株成活后可多次摘心，促发分枝，丰满株形。栽植时间久的植株，基部叶片会逐渐枯黄脱落，尤其盆土、空气湿度干燥，会加重此现象。可结合春季换盆，将老蔓缩剪至基部，清除过多须根，更换新土，待新芽萌生后，追肥浇大水，迅速成型。

➤ 小型盆栽。此属植物枝繁叶茂，四季常青，株形丰满秀美，茎蔓匍匐下垂，适用于盆栽或吊盆悬挂观赏，任其自然悬垂，披散飘逸。亦可瓶插水养。

➤ 全草可入药，有清热解毒的功效。茎叶含草酸钙和树胶，可作化工原料。

➤ 常见种类：

(1) 吊竹梅 *Zebrina pendula*

别名：吊竹草、吊竹兰、斑叶鸭跖草、水竹草

英名：Inch Plant, Wanderingiew Zebrina

"*pendula*"是"垂吊的"意思。叶长卵形，叶面绿色，有两条宽阔银白色纵条纹。

花生于2片紫红色叶状苞内；夏季开花。

（2）'四色'吊竹梅 *Zebrina pendula* 'Quadricolor'

别名：'四色'吊竹草

叶片小，叶面灰绿色，夹杂有粉红、红、银白色细条纹，叶缘有暗紫色镶边，叶背紫红。小花白色或玫瑰色。

47. 雪铁芋 *Zamioculcas zamiifolia*

科属：天南星科　雪铁芋属　　　放置环境：全光或半阴；生长适温 18~26℃
别名：金钱树、泽米芋　　　　　株高：40~60cm
英名：ZZ Plant, Aroid Palm　　　叶色：深绿
栽培类型：常绿宿根

"*zamiifolia*" 意为"似泽米的"。此属仅1种。原产东非，分布于肯尼亚南部到南非东北部。

▶ 原产地雨旱季分明，旱季叶柄留存，小叶脱落。室内栽培保证供水，成常绿性。株高40~60cm，地下具小球茎。叶丛生，长50~80cm，叶柄粗壮，基部稍膨大；羽状复叶，小叶6~8对，互生，椭圆形至倒卵状椭圆形，具极短的小叶柄，新叶鲜绿色，老叶浓绿，革质而有光泽。佛焰苞浅黄至棕色，藏在叶基部，花期仲夏至初秋。

▶ 喜温暖，不耐寒。喜散射光充足，耐半阴。不择土壤，喜肥沃、排水好的壤土。耐干旱和湿涝，耐空气干燥。

▶ 叶插繁殖。成熟叶片单叶扦插易成活。也可以组培繁殖。

栽培容易，管理简单。生长温度15~36℃，适温18~26℃。注意控制好浇水。温度适宜，水分充分发新叶多，浇水少生长慢。忌阳光直射，浇水不适或长期过于荫蔽，影响新叶产生，株型易开展不整齐。缺水造成落叶后，短时间内及时补充水分可以恢复生长。

▶ 植物全有毒，可以用来缓解剧痛，但成分不详。

▶ 中型盆栽。枝繁叶茂，色深绿，适合室内环境，生长茂盛，是优秀的室内盆栽观叶植物。

13.2.3　室内观果花卉

1. 朱砂根 *Ardisia crenata*

科属：紫金牛科　紫金牛属　　　位置和土壤：半阴；生长适温 16~28℃
别名：硃砂根、富贵籽、珍珠伞　　株高：40~100cm
英名：Coral Ardisia　　　　　　果期：常年
栽培类型：常绿小灌木　　　　　果色：红
园林用途：室内观果、群植　　　观赏部位：果、叶

原产中国西藏东南部至台湾，湖北至海南岛等地区。印度、缅甸、马来半岛、印度尼西亚和日本有分布。有茎和叶颜色绿或紫红、果大小不同等品种。

> 常绿灌木，根部木质部朱红色，故名。茎绿色。叶互生；厚革质，有光泽；叶柄短，椭圆状披针形，缘钝齿，呈皱状，具腺点；叶面深绿，叶背浅绿色。伞形花序，花白色；花期5~6月。核果球形，直径8~12mm，成熟时鲜红色；果期可达10个月。

> 喜温暖、湿润、半阴、通风环境。喜肥沃、疏松、排水良好的微酸性砂质土壤。不耐瘠薄和暴晒。

> 播种或扦插繁殖。春播。果实成熟置于清水中搓去果皮，取出种子低温层积沙藏。种皮坚硬，播种前25~30℃温水浸种。约2周可出苗，一般3~4年开花结果。亦可在生长季用半木质化枝条扦插，插穗6~8cm保持温度25~30℃，25d左右可生根。次年可挂果。忌强光直射，炎夏遮阴率要求达到60%~90%。生长温度10~35℃，适温16~28℃。有一定耐寒力，冬季可耐短时-4℃低温，室内越冬温度5℃。浇水"见干见湿"，忌盆土积水。喜肥，夏季旺盛生长期并开始挂果，可多施磷钾肥。

> 果色鲜红，果实累累，常年挂果，经久不落。是优秀的室内观果植物。华南等地可群植。民间中草药，根及全株入药。李时珍曾描述道："朱砂根生深山中，苗高尺许，叶似冬青，叶背尽赤，夏日长茂，根大如筋，赤色，此与百两金仿佛。"果可食，亦可榨油。

2. 红果薄柱草 *Nertera granadensis*

科属：茜草科　薄柱草属	位置和土壤：散射光充足；生长适温
别名：珍珠橙、苔珊瑚、灯珠花、橙珠花、珊瑚念珠草	18~24℃
	株高：20~25cm
英名：Nertera, Bead Plant, Fruiting Duckweed	果期：常年
栽培类型：宿根花卉	果色：红、橙红
园林用途：室内观果	观赏部位：果

本属约12种，主要分布在南半球热带和亚热带；中国产3种。本种原产中国台湾中部和南部和云南；菲律宾、澳大利亚和新西兰有分布。

> 半蔓生。叶小，对生，长约6mm，茎上部叶密集，下部较疏，卵形或卵状三角形。花单朵顶生，细小，绿色；花期春夏季。果期秋季，核果球形，具2核，直径6mm，数月不落；初为白色，后变为黄色、橙红、红色。

> 喜凉爽，不耐寒。喜明亮的光照，喜疏松透气砂质土壤，不耐旱。

> 春播繁殖或秋季分株。放置在散射光明亮处，尤其是春末到浆果成熟期，光照不足，茎叶易徒长影响挂果，但夏季需避免太阳直射。生长适温18~24℃，越冬温度高于8℃。不耐旱，也忌积涝，需保持土壤透气。叶面和果实表面保持干燥，以免腐烂。

> 小型盆栽观果，株丛紧密，果实覆盖叶面，色彩艳丽，奇趣美丽。是优秀的室内观果花卉。

思 考 题

1. 什么是室内花卉？有哪些类型？
2. 室内花卉有哪些用途？应用特点如何？
3. 室内花卉生态习性是怎样的？
4. 室内花卉繁殖栽培要点有哪些？
5. 举出 10 种常用观花室内花卉，说明它们主要的生态习性。
6. 什么是室内观叶植物？
7. 举出常用室内观叶植物，说明它们主要的生态习性。

推荐阅读书目

1. 彩图花草种养大百科. Dr. D. G. Hessayon. 湖南科学技术出版社，1999.
2. 观叶植物 256 种. 薛聪贤. 广东科学技术出版社，2000.
3. 观叶植物 225 种. 薛聪贤. 浙江科学技术出版社，2000.
4. 室内观赏植物装饰养护欣赏. 卢思聪，卢炜，朱崇胜等. 中国林业出版社，2001.
5. 室内观赏植物养护大全. 罗依·兰开斯特，马修·比格斯著. 陈尚武，曹文红译. 中国农业出版社，2002.
6. 室内花卉装饰艺术. 张燕. 电子工业出版社，2013.
7. 室内观赏植物. 卢思聪. 中国林业出版社，2014.

第14章
专类花卉——兰科花卉

[本章提要] 本章介绍了兰花(国兰、洋兰)的含义、形态特征、主要生态习性和繁殖栽培要点；简要介绍了中国兰(兰属)的形态特征、生态习性，以春兰为代表介绍栽培方法；简要介绍了热带兰常见栽培属(卡特兰属、蝴蝶兰属、石斛兰属、文心兰属、兜兰属、万带兰属)及大花蕙兰形态特征、生态习性和繁殖栽培要点及主要用途。

14.1 概 论

14.1.1 含义及类型

兰花广义上是兰科(Orchidaceae)花卉的总称。兰科是仅次于菊科的一个大科，是单子叶植物中的第一大科。全世界具有的属和种数说法不一，有说1000属，2万种(《花卉学》，北京林业大学，1990)；有说约有800属，3万~3.5万种(《兰花栽培入门》，吴应祥，1990)；有的说有700属，2.5万种(《中国兰花全书》，陈心启等，1998)。该科中有许多种类是观赏价值高的植物，目前栽培的兰花仅是其中的一小部分，有悠久的栽培历史和众多的品种。自然界中尚有许多有观赏价值的野生兰花有待开发、保护和利用。

兰科植物分布极广，沙漠、沼泽、高山、平原等都有分布。但85%集中分布在热带和亚热带。兰花分布受气候和地理环境的严格限制，每一种兰花的分布都有一定的区域。园艺上栽培的重要种类，主要分布在南、北纬30°以内，降水量1500~2500mm的森林中。

中国兰又称国兰、地生兰，是指兰科兰属(Cymbidium)的少数地生兰，如春兰、蕙兰、建兰、墨兰、寒兰等。也是中国的传统名花，主要原产亚洲的亚热带，尤其是中国亚热带雨林区。一般花较少，但芳香。花和叶都有观赏价值。

中国兰花是中国传统十大名花之一，兰花文化源远流长，人们爱兰、养兰、咏兰、画兰，并当成艺术品收藏。对其色、香、姿、形上的欣赏有独特的审美标准。如认为瓣化萼片有重要观赏价值，绿色无杂为贵；中间萼片称主萼片，两侧萼片向上翘起，称为"飞肩"，极为名贵；排成一字为"一字肩"，价值较高；向下垂，为"落肩"

价值较低。花不带红色为"素心",是上品等。主要是盆栽观赏。

洋兰是民众对国兰以外兰花的称谓,主要是热带兰。实际上,中国也有热带兰分布。常见栽培的有卡特兰属、蝴蝶兰属、兜兰属、石斛兰属、万代兰属的花卉等。一般花大、色艳,但大多没有香味。以观花为主。

热带兰主要观赏其独特的花形,艳丽的色彩。可以盆栽观赏,也是优良的切花材料。

按野生状态下兰花生活方式不同,兰科植物分为:

① 地生兰　生长在地上,花序通常直立或斜上生长。亚热带和温带地区原产的兰花多为此类。中国兰和热带兰中的兜兰属花卉属于这类。

② 附生兰　生长在树干或石缝中,花序弯曲或下垂。热带地区原产的一些兰花属于这类。

③ 腐生兰　无绿叶,终年寄生在腐烂的植物体上生活。如中药材天麻(*Gastrodia elata*)。园林中很少栽培。

兰科植物的上述生活方式可能因生长环境或株龄而改变。

14.1.2　兰花的形态特征

(1) 根

根粗壮,近等粗,无明显的主次根之分,分枝或不分枝。根毛不发达,具有菌根(mycorrhiza)起根毛的作用,也称兰菌,是一种真菌。

(2) 茎

因种不同,有直立茎、根状茎和假鳞茎。直立茎同正常植物,一般短缩;根状茎一般成索状,较细;假鳞茎是变态茎,是由根状茎上生出的芽膨大而成。地生兰大多有短的直立茎;热带兰大多为根状茎和假鳞茎。

(3) 叶

叶形、叶质、叶色都有丰富的变化。一般中国兰为线、带或剑形;热带兰多肥厚、革质,为带状或长椭圆形。

(4) 花

具有3枚瓣化的萼片(sepal);3枚花瓣(petals),其中1枚成为唇瓣(lip),颜色和形状多变;具1枚蕊柱(column)。

(5) 果实和种子

开裂蒴果,每个蒴果中有数万到上百万粒种子。种子内有大量空气,不易吸收水分,兰花种子的胚多不成熟或发育不全,尤其是地生兰,没有胚乳。

14.1.3　生态习性

兰花种类繁多,分布广泛,生态习性差异较大。

(1) 对温度的要求

热带兰依原产地不同有很大差异,生长期对温度要求较高,原产热带的种类,冬季白天要保持在 25~30℃，夜间 18~21℃；原产亚热带的种类，白天保持在 18~20℃，夜间 12~15℃；原产亚热带和温暖地区的地生兰，白天保持在 10~15℃，夜间 5~10℃。

中国兰要求比较低的温度，生长期白天保持在 20℃左右，越冬温度夜间 5~10℃，其中春兰和蕙兰最耐寒，可耐夜间 5℃的低温，建兰和寒兰要求温度高。地生兰不能耐 30℃以上高温，要在兰棚中越夏。

(2) 对光照的要求

种类不同、生长季不同，对光的要求不同。冬季要求充足光照；夏季要遮阴，中国兰要求 50%~60% 遮阴度，墨兰最耐阴，建兰、寒兰次之，春兰、蕙兰需光较多。热带兰种类不同，差异较大，有的喜光，有的要求半阴。

(3) 对水分的要求

喜湿忌涝，有一定耐旱性。要求一定的空气湿度，生长期空气湿度要求在 60%~70%，冬季休眠期要求 50%。热带兰对空气湿度的要求更高，因种类而异。

(4) 对土壤的要求

地生兰要求疏松、通气、排水良好、富含腐殖质的中性或微酸性（pH 5.5~7.0）土壤。热带兰对基质的通气性要求更高，常用水苔、蕨根类作栽培基质。

14.1.4 繁殖栽培要点

(1) 繁殖要点

以分株繁殖为主，还可以播种、扦插假鳞茎和组织培养。

① 分株繁殖　一般 3~4 年生的植株可以用来繁殖，方法同宿根花卉。

② 播种繁殖　主要用于育种，一般采用组织培养的方法播种在培养基上，种子萌发需要半年到 1 年时间，要 8~10 年才能开花。

③ 扦插假鳞茎　可以直接扦插假鳞茎，也可以每 2~3 节切成一段扦插。

④ 组织培养　一般以芽为外植体。热带兰中许多种可用此法繁殖。

(2) 栽培要点

① 栽培方法不同　兰花种间生态习性差异很大，需依种类不同，给予不同的栽培。

② 选好栽培基质　地生兰以原产地林下的腐殖土为好，或人工配制类似的栽培基质；兰盆底层要垫碎砖、瓦块以利于排水。热带兰可以选用苔藓、蕨根类作基质。

③ 依种类不同，控制好生长期和休眠期的温度、光照、水分　如春兰、蕙兰，冬季应保持在 5℃，高于 10℃则影响来年开花，而墨兰、建兰、寒兰冬季需要 10℃。热带兰不同种之间差异很大。

14.2 各 论

1. 兰属 *Cymbidium* spp.

兰属约48种，常绿宿根花卉，地生或附生。主要分布在亚洲热带和亚热带地区，少数分布在大洋洲和非洲。中国有20种及其许多变种，是本属的分布中心。这些兰花主要分布在中国东南和西南地区。

中国兰均为地生兰，假鳞茎较小，叶片较薄，花序直立。以香气馥郁、色泽淡雅、姿态秀美、叶态飘逸见长。根状茎粗大，分枝少，有共生菌根。茎短，常膨大为假鳞茎，叶和花都着生在假鳞茎上。叶片在假鳞茎上只抽生一次，老假鳞茎上不再抽生新叶；由于假鳞茎极短，叶似丛生。花具花萼和花瓣各3片，花瓣中1枚特化为唇瓣，雌雄蕊合生为蕊柱（图14-1）。果实为开裂的蒴果，长卵圆形。种子极小，数目众多。

生长期喜半阴，冬季要求阳光充足。喜湿润、腐殖质丰富的微酸性土壤。原产地不同，对温度和光照的要求不同，春兰和蕙兰耐寒力强，长江南北都有分布；寒兰耐寒力稍弱，分布偏南；建兰和墨兰不耐寒，自然分布仅在福建、两广、云南和台湾。

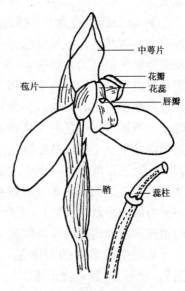

图14-1 兰花花朵各部位名称

兰花是中国的传统名花之一，有2000多年的栽培历史。中国人民常用兰花象征不畏强暴、矢志不移的民族性格。兰花之美，美在神韵。古人对兰花推崇备至，如"竹有节而无花，梅有花而无叶，松有叶而无香，惟兰花独并有之"。兰花具幽香，被誉为"国香""天下第一香"，尊为"香祖"，其端庄的花容、素雅的风姿，充分体现了东方特有的温馨和淡雅宜人的格韵，与梅、竹、菊并称为"花中四君子"，与水仙、菖蒲、菊花，同称为"花草四雅"。而在无花之时，它那刚柔相济、疏密有致的叶丛，四季常青，临风摇曳，又是竭尽风姿神韵，也就有了"看叶胜看花"的诗句。兰花原生于深谷荒僻处，但其清艳高雅，神韵非凡，令人称颂，因而有了"空谷佳人"的美誉。因此，温馨、素洁、高雅的幽兰，古往今来，常为历代诗人墨客吟诵绘画。

➤ 常见种类：

春兰 *Cymbidium goeringii*

科属：兰科 兰属
别名：草兰、山兰、朵朵香
英名：Goering Cymbidium
栽培类型：宿根花卉
园林用途：盆栽观赏

放置环境：半阴；生长温度18~30℃
株高：40cm
花色：黄绿
花期：2~3月

原产中国长江流域及西南各地。

➢ 常绿。根肉质白色。假鳞茎稍呈球形，较小。叶4~6枚集生，狭带形，边缘有细锯齿，叶脉明显。花单生，少数两朵；花茎直立，有鞘4~5片；花浅黄绿色，亦有近白色或紫色的品种，有香气；花期2~3月。

➢ 喜温暖湿润，稍耐寒，忌酷热。有2个生长时期：花芽生长是从8月至次年3月，中间有2个多月的休眠期，主要生长期在春季；叶芽及假鳞茎的生长主要在夏季，少量在秋季，冬季为休眠期。要求土壤排水好，冬季阳光充足，其他季节适度遮阴。

➢ 以分株繁殖为主。播种繁殖主要用于育种。近年多用组织培养繁殖。种子萌发后形成原球茎，生长根状茎（龙根），其上生出地上叶。盆栽兰花一般每隔3~5年便需分株，但春兰须要有4~5筒草（每叶束称一筒）方可分株。宜在每年的秋末生长停止时进行分株。分株前必须少浇水，让盆中土壤略为干燥，以免分株时根系受损。将根系和泥土小心分离后，放入清水中洗净，移放在通风透光的阴凉处，让根系水分晾干。当根呈垩白色时，选择适当部位用锐利刀具进行分割。将分离后的植株，栽入适当的盆中，土壤以疏松砂质土壤为宜。播种采用无菌培养基播种，培养室保持温度25℃，空气湿度40%~60%。播种后半年至1年才能发芽，经分苗、栽植，8~10年才能开花。组织培养法一般以芽为外植体，接种后4~6周后产生原球体。将原球体一分为四，重新培养，1~2月后又可重新分切原球体。原球体生长芽和根，形成新的植株。组织培养的发展促进了兰花生产的工业化。

栽培中应掌握的规律是："春不出（避寒霜、冷风、干燥），夏不日（忌烈日炎蒸），秋不干（宜多浇水施肥），冬不湿（处于相对休眠期、贮室内少浇水）。"盆土要排水好。夏季生长期要保持土壤和空气湿度，需喷雾；进入休眠期减少水分供应。每年换盆可施用基肥，否则需要追肥。

➢ 春兰除了可盆栽观赏、配置于假山石，逢其花时，剪一枝插于长颈小口的瓷瓶中，置于书桌、案几上，可香溢数日，满室飘香，增添雅趣。

➢ 春兰是中国人民最广泛栽培的兰花之一，许多情况下直接在山上采得，形态、颜色变化很大，可能是自然杂交之故。

➢ 春兰全草入药，可治神经衰弱、蛔虫和痔疮等症。

➢ 春兰也是美味佳肴的食材，如川菜中之名菜"兰花肚丝""兰花肉丝"。

➢ 品种很多，通常依花被片的形状可分为如下花型，每种花型都有一些著名的品种。梅瓣型：'宋梅'、'西神梅'、'万字'、'逸品'等；水仙瓣型：'龙字'、'汪字'、'翠一品'等；荷瓣型：'郑同荷'、'张荷素'、'绿云'、'翠盖'等；蝴蝶瓣型：'冠蝶'、'迎春蝶'、'彩蝴蝶'等。

➢ 同属栽培的还有：

(1) 建兰 *Cymbidium ensifolium*

又名秋兰、雄兰、秋蕙。假鳞茎椭圆形，较小。叶2~6枚丛生，阔线形。花茎直立，着花5~7(13)朵；花浅黄绿色，有香气；花期7~10月。原产中国华南、东南、西南的温暖、湿润地区及东南亚、印度。福建和广东广为栽培。也有许多名贵品种。

(2) 蕙兰 Cymbidium faberi

别名九子兰、九节兰、夏兰。根肉质，淡黄色。假鳞茎卵形。叶5~7(9)枚，线形，直立性强，一般较春兰叶长而宽。花茎直立，总状花序，着花5~13朵；花浅黄绿色，香气较春兰稍淡；花期4~5月。生态习性和栽培同春兰。

(3) 寒兰 Cymbidium kanran

假鳞茎不显著。叶3~7枚丛生，狭长，直立性强。花茎直立，与叶面等高或高于叶面；花疏生，10余朵，有香气；花期11月至次年1月。原产中国浙江、福建、江西、湖南、广东、广西、云南、贵州等地，日本也有分布。品种多。

(4) 墨兰 Cymbidium sinense

又名报岁兰、入岁兰。根长而粗壮。假鳞茎椭圆形。叶4~5枚丛生，剑形。花茎直立，高出叶面，着花5~17朵；花期9月至次年3月。分布于中国福建、台湾、广东、广西、云南等地。品种丰富。

(5) 莲瓣兰 Cymbidium tortisepalum

根粗壮，假鳞球大多错位分布，株形紧凑。莲瓣兰叶线形，较窄，叶长30~60cm；叶柄部刚劲有力。莲瓣兰一箭多花，大多着花2~4朵，花色常见为藕色、粉、白、红等，长椭圆瓣形居多，花有幽香；花期12月至次年3月。原产云南省西北部和川滇交界地带。性喜阳光，但忌强光；喜温暖，较耐寒，畏高温；喜疏松、微酸性土壤，忌植料过细，缺少氧气。

2. 卡特兰属 Cattleya

又称嘉德利亚兰属。"Cattleya"是纪念其发现者英国园艺学家威廉·卡特利（William Catteley）。卡特兰是世界上栽培最多、最受人们喜爱的热带兰之一，为热带兰中花最大、色彩最艳丽的一个属，有"兰后"之誉。该属约有65个种，四季均可开花，秋、冬季开花类多。原产中南美洲，以哥伦比亚和巴西分布最多。多附生于森林中大树的枝干上或湿润多雨的海岸、河岸。

➤ 常绿宿根花卉，附生。具地下根茎。茎基部有气生根。具拟球茎，顶端着生1~2枚厚的革质叶片。花茎短，从拟球茎顶上伸出，着花1至多朵；花径大小因种而变化（图14-2），多在5~20cm；花色极为多彩而艳丽，从纯白至深紫红色、朱红色，也有绿色、黄色以及各种过渡色和复色；单叶类冬春开花，双叶类夏末至初秋开花。

➤ 喜温暖、湿润、半阴的环境。喜养分适中的土壤。生长适温27~32℃。

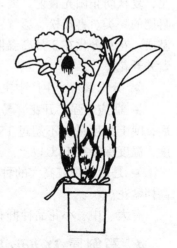

图14-2 卡特兰类形态
（引自《洋兰——艳丽神奇的世界》，谷祝平）

➢ 分株繁殖，结合换盆进行，3~4 年分株 1 次。茎端有新芽出现或休眠前进行分株。用消毒的剪刀分切地下根茎，2~3 节一段，即地上 2~3 株一盆，适当去掉老根后栽植。

耐直射光，但夏季要遮阴。休眠期能耐 5℃ 低温。越冬温度夜间保持在 15℃ 左右，白天最少高出夜间 5~10℃。耐旱，在春秋生长季节要求充足的水分和空气湿度。但应注意基质不要积水而造成烂根。夏季旺盛生长季节，注意通风、透气。休眠期少浇水，但仍需叶面喷雾。栽培基质以泥炭藓、蕨根、树皮块或碎砖为宜，用水苔可以不施肥，而 2~3 年正常开花。生长期每月追肥 1 次。施肥过多，会引起烂根。休眠期不施肥。

➢ 卡特兰是珍贵又普及的盆花，可悬吊观赏，还是高档切花。花期长，单朵花可开放 1 个月之久，切花瓶插可保持 10~14d。

卡特兰易于种间和异属杂交，人工培育的品种层出不穷，每年均有数以百计的新品种发表。其杂交品种花色各异，分为红花系、紫花系、黄花系、白花系、绿花系、黄花红唇系、白花红唇系、斑点花系。

3. 大花蕙兰 *Cymbidium hybrid*

又称西姆比兰、东亚兰。是兰属一些热带附生种的杂种，主要亲本是低纬度、高海拔附生种中大花种。目前品种极多，有切花和盆花品种。

➢ 常绿宿根花卉，附生。根粗壮。叶丛生，带状，革质。花大而多，色彩丰富艳丽，有红、黄、绿、白及复色(图 14-3)；花期长达 50~80d。

➢ 喜凉爽、昼夜温差大，10℃ 以上为好。喜光照充足，夏秋防止阳光直射。要求通风、透气。为热带兰中较喜肥的一类。喜疏松、透气、排水好、肥分适宜的微酸性基质。花芽分化在 8 月高温期，在 20℃ 以下花芽发育成花蕾并开花。

图 14-3　大花蕙兰类形态
（引自《洋兰——艳丽神奇的世界》，谷祝平）

➢ 分株繁殖。生产中主要是组培繁殖。

➢ 适应性强，开花容易。生长温度 10~30℃，秋季温度过高易落蕾，花芽萌发后，晚上温度最好不超过 15℃。生长期要求 80%~90% 的空气湿度，休眠时降低湿度，温度保持在 10℃ 以上。花后去花茎，施肥。生长期施肥，冬季停止施肥。

➢ 是兰花中较高大的种类。植株挺直，开花繁茂，花期长，栽培相对容易，是高档盆花。

有大、中、小花品种群和不同花色品种。

4. 石斛属 *Dendrobium*

属名由"Dendro"(树)和"bios"(生长)组成，即指这类兰花生长于树上。同属植物 1000 种以上，是兰科中最大的属。原产亚洲和大洋洲的热带和亚热带地区。中国有60多个种。多附生于树上和石上。目前，东南亚的泰国、马来西亚为栽培中心。

➤ 宿根花卉，附生。种类繁多，形态各异。花多而美丽，色彩丰富，有些有香味。茎细长，节处膨大，称假鳞茎。叶柔软或革质，落叶或常绿。上外花被片与内花被片近同形，侧外花被片与蕊柱合生，形成短囊或长距，唇瓣形状富于变化，基部有鸡冠状突起。一般可分为两大类，即花生于茎节间的节生花类和整个花序生于茎顶部的顶生花类(图14-4)。在园艺上，石斛兰类的品种一般以花期来划分成春石斛系和秋石斛系。春石斛系一般为节生花类，落叶，作为盆花栽培；而秋石斛系为顶生花类，常绿，是流行的切花，少作盆花。

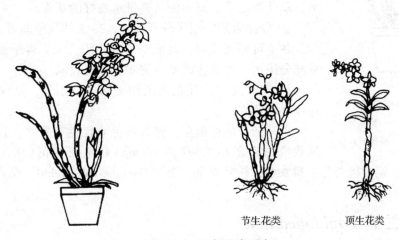

图 14-4　石斛兰类形态

(引自《洋兰——艳丽神奇的世界》，谷祝平)

➤ 喜温暖、湿润。对温度要求宽，8℃可过冬。喜光，夏季需要遮光。栽培基质多为粗泥炭、松树皮、蛭石、珍珠岩、木炭屑等配制而成，疏松、透水、透气。有一定耐旱力。

➤ 以分株繁殖为主，用手或工具皆可，去除老根，3个茎1盆。亦可用茎插或分栽植株顶部芽形成的小植株繁殖。或无菌播种。

宜在高温温室中栽培。冬季有明显的休眠期，越冬温度10℃左右，温度忽然升高到20℃以上会影响花芽分化。生长期适温25~35℃。花芽分化前应适当降低温度，减少浇水，以利于次年开花。生长期保证水分，忌积水。需肥量较大，生长期可每周施薄肥1次。

➤ 开花繁茂而美丽，有的具甜香味，花期长，是高档盆花。

杂交品种多，有白色花系、粉红色花系、黄色花系、紫红色花系、绿白色花系、紫蓝色花系等。

5. 文心兰属 *Oncidium*

其属名"*Oncidium*"由拉丁文"Onkos"(瘤)与"eides"(形)合并而成，意指唇瓣基部有瘤状突起，又称瘤瓣兰属。同属植物约有343种，分布于美洲热带和亚热带地区，大多数为附生兰，少数为半附生或地生兰。附生兰以气生根附生于树上或石上生

图 14-5　瘤瓣兰类形态
（引自《洋兰——艳丽神奇的世界》，谷祝平）

长。全年开花。

➢ 宿根花卉，附生。种类多，形态变化大。大多数有卵圆形拟球茎。叶着生于假鳞茎上，1~3 枚，薄厚不一；或薄而革质，或厚而多汁。花茎从假鳞茎上抽出，着花多；花小；萼片短小狭窄，有红褐色斑纹；唇瓣发达，扇形，二裂状，唇瓣上有瘤状肉质突，大多为金黄色（图14-5）。有的花有香味。

➢ 对温度要求不同，过冬温度 5~15℃ 不等。叶薄类喜水，厚叶类耐旱。喜半阴。喜排水良好的基质。

➢ 分株繁殖。用手分开株丛，2~3 株栽植即可。

冬季可阳光直射，其他季节要遮阴。大多喜干燥，生长季充分浇水，冬季休眠期少浇水。注意通风。

➢ 花形独特，开花繁茂而美丽，花期长，是优良的切花或盆花花卉。

人工杂交品种极多，多为黄色或红色花系列。目前最常见栽培的为文心兰（*O. flexuosum*）和龟壳兰花（*O. ampliotum* var. *majus*），别名跳舞兰、舞女兰、跳舞女郎。英名 Dancing-doll Orchid，是美丽的盆花和切花花卉。

6. 兜兰属 *Paphiopedilum*

也称拖鞋兰属。其属名是由拉丁文"paphos"（维纳斯——圣地地名）与"pedilon"（拖鞋）组成，意指具兜状唇瓣如拖鞋鞋头。同属植物有 66 种，分布于亚洲热带、亚热带地区至太平洋岛屿。大多数生于温度高、腐殖质丰富的森林中。中国有 18 种，多生于广东、广西、云南、贵州等地。

➢ 常绿宿根，多数地生，少数附生。为常绿地生兰。根细，呈纤维状，被毛根量少。茎短，叶丛生，较薄，二列状套叠着生，大多数种类叶面有斑点或花纹。花茎从叶丛中抽出，着花 1 朵，偶有 2 朵（图14-6）；单花花期 2~3 个月。

➢ 喜温暖、高湿环境。耐寒、耐热，在 10~30℃ 正常生长，5℃不受冻。喜半阴，冬季可不遮光。宜疏松、排水好的土壤。

分株繁殖。最好用手分开植株，发根少，不要去老根，3 芽一丛栽植。栽种后需要一段时间恢复，保持土壤和叶面喷雾，40d 不施肥。

➢ 高温时少施肥，低温时少浇水。喜湿润，生长期保证水分供应，但忌积水。斑叶类更喜阴，而多花类光照可过些。根少，施肥宜薄。

➢ 兰花中小巧类，花形奇特，幽雅高洁，给人清爽之

图 14-6　兜兰类形态
（引自《洋兰——艳丽神奇的世界》，谷祝平）

感，是高档盆花。

园艺品种很多，有斑叶、矮型、多花等品系。

7. 蝴蝶兰属 *Phalaenopsis*

其属名由"phala"（蛾蝶）和"opsis"（模样）组成，意指花外形似蛾蝶。同属植物约有40个种，分布于亚洲与大洋洲热带和亚热带地区，多生于阴湿多雾的热带森林中，离地3~5m的树干上，也有生于溪涧旁的湿石上。多数春季开花，少数夏、秋开花。中国有6种。

图14-7　蝴蝶兰类形态
（引自《洋兰——艳丽神奇的世界》，谷祝平）

➢ 常绿或落叶宿根花卉，常见栽培品种为常绿宿根，附生。具肉质根和气生根。叶基生，宽椭圆形，肥厚扁平，革质；每年只长2~3片叶，寿命2年。花茎从叶丛中抽出，稍弯曲而分枝；单花可开1个月（图14-7）。

➢ 喜高温、高湿，不耐寒；喜通风及半阴；要求富含腐殖质、排水好、疏松的基质。

➢ 分生能力差，主要以组培繁殖，试管苗1.5~2年可开花。可分栽花茎节上生出的幼株，宜于秋季进行。

中国北方需高温温室栽培。5℃以下死亡，冬季15℃可以生长，夏季生长适温21~24℃。光照不宜过强，特别是夏季要遮阴。喜湿润，生长旺盛季节及花芽生长期需多浇水，并叶面喷雾以增加空气湿度。秋春少浇水，冬季保持盆土湿润即可。生长期追施淡肥，过浓易伤根。幼苗期多施氮肥，成株则宜追施磷、钾肥。开花后及时设支柱辅助花茎。

➢ 花形奇特，色彩艳丽，如彩蝶飞舞，深受人们喜爱。是珍贵的盆栽观赏花卉，可悬吊式种植。也是国际上流行的名贵切花花卉。蝴蝶兰是新娘捧花的主要花材，尽显雍容华贵；亦可作胸花。盆栽蝴蝶兰盛花时节正值中国传统节日春节，为节日平添喜庆、繁荣富足气氛，是馈赠亲友的佳品。

人工杂交的属内品种或异属杂交品种数量极多，品种群较为复杂。杂交品种有白花系、红花系、黄花系、斑点花系、条纹花系。

8. 万带兰属 *Vanda*

又称万代兰属。其属名来自于一种土语"Vandaka"，意为"寄生植物"。同属植物有40余种，中国有9种。分布于热带、亚热带的亚洲和大洋洲，从印度东至东南亚、澳大利亚、菲律宾、中国。大多数附生于树和岩石上。

➢ 常绿宿根，为单轴型兰科附生植物。植株较高大。地下根粗壮。地上节处具气生根。茎挺硬，直立向上。叶带状，质厚，中脉下陷；无柄，左右互生；节间极短而成套叠状。花序从叶腋间抽出，数量不等；花茎不分枝，着花10~20朵（图14-8）；花一般较大，质厚、寿命较长，且具香味；条件适宜，1年可开两次花。

➢ 喜高温、湿润，不耐寒。低于5℃冻死，白天不高于30~35℃，夜间不低于

20℃。喜光。不耐旱。要求通风好。要求栽培基质排好水，常用水苔栽植。

➤ 分株繁殖。可以分母株旁的小植株另栽植。或从茎上有气生根的部位切割上部，另栽种，保持高湿和15℃以上温度，母株仍能正常生长。

用网篮作容器。保证光照充足，夏季温度不高可以不遮阴。生长期水分要充足，保持通风良好，同时注意增加空气湿度，每周施1次薄肥。根脆弱，易断，注意保护。冬季休眠期减少浇水，可叶面喷水；不施肥；保持20℃以上。

➤ 兰花中的高大种类，开花繁茂，花期长，是重要的盆花，可盆栽悬吊观赏。

杂种和园艺品种极多，色彩丰富，从白、蓝、黄到红、粉都有。在园艺上多作切花来栽培，周年开花。

图 14-8　万代兰类形态
（引自《洋兰——艳丽神奇的世界》，谷祝平）

思 考 题

1. 热带兰和地生兰，洋兰和中国兰分别指什么？有哪些不同？
2. 兰花有哪些常见属？形态上和习性上有哪些特点？
3. 兰花在园林中有哪些用途？

推荐阅读书目

1. 洋兰——艳丽神奇的世界. 谷祝平. 四川科学技术出版社，1991.
2. 中国兰花. 吴应祥. 中国林业出版社，1991.
3. 中国兰与洋兰. 卢思聪. 金盾出版社，1994.
4. 世界兰花. 李少球，胡松花. 广东科技出版社，1999.
5. 中国兰花. 刘仲健，徐公明. 中国林业出版社，2000.
6. 中国兰花全书. 陈心启，吉占和. 中国林业出版社，2003.
7. 大花蕙兰. 卢思聪，石雷. 中国农业出版社，2005.
8. 兰花. 斯夸尔(Squire D.)著. 赵科红译. 湖南科学技术出版社，2006.
9. 石斛兰——资源·生产·应用. 中国林业科学院花卉研究与开发中心. 中国林业出版社，2007.

第 15 章
专类花卉——仙人掌和多浆植物

[**本章提要**]本章介绍仙人掌及多浆植物的含义及类型，应用特点，生态习性和繁殖栽培要点；介绍了 8 种（类）常见栽培的仙人掌植物，12 种（类）多浆植物。

15.1 概 论

15.1.1 含义及类型

仙人掌（cactus）泛指仙人掌科植物，该科有 108 余属，2000 种，园艺栽培种通常具有较高观赏价值，且品种丰富。

为多年生肉质草本、乔木或灌木。形态独特，株高从 20m 的乔木到数厘米草本；外形为乔木型、灌木型、柱型、球型等多样，呈直立状、匍匐状（伏地魔 *Stenocereus eruca*）、攀缘状（量天尺属 *Hylocereus*）、悬垂状（鼠尾掌属 *Aporocactus*），见图 15-1 和附生类（昙花属 *Epiphyllum*）之别。多数种类根系浅，为须根，也有种类具块根（丽花球属 *Lobivia*）。茎多肉为主，通常膨大呈粗细不同柱状，分枝或不分枝（图 15-2）；其上常具多条棱、疣状突起，或呈厚叶状。棱、疣上常具有刺坐（刺窝）和棘刺，也是与

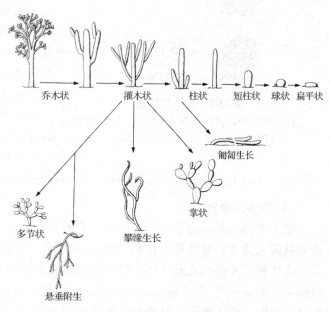

图 15-1 仙人掌的形态
（引自《仙人掌大全——分类、栽培、繁殖及养护》(德) Rich Goetz，丛明才等译，2007）

其他科茎多肉植物的区别。多条棱均匀或螺旋状排列，加之粗细、隆起高度不同，其上着生的棘刺（叶变态）多样等，使得这类植物形态千奇百怪，具有较高的观赏价值。

多浆植物（succulent plant）指植物的茎、叶具有发达的贮水组织，在外形上呈现肥厚而多汁的变态状植物。园艺上又称为多肉植物。其种类繁多，形态迥异，主要分布在番杏科、景天科、大戟科、萝藦科、菊科、百合科、凤梨科、龙舌兰科、马齿苋科、葡萄科、鸭跖草科、酢浆草科、牻牛儿苗科、葫芦科等。

由于这两类植物地上器官都是呈膨大状变态，有时统称为多浆植物（多肉植物）。它们主要作为盆栽在世界各地广受欢迎，目前常见的种类大多为景天科、番杏科、百合科和仙人掌科植物。

这些植物依变态器官可划分为两类：

(1) 叶多肉植物

储水组织主要为变态叶，多为景天科、百合科、龙舌兰科和番杏科植物。从形态上看，叶为主体，大小不一。许多种类的叶呈莲座状排列，有的生于短茎上而贴近地表，如石莲花（*Echeveria glauca*）和雷神（*Agave potatorum* var. *verscheffeltii*）；有的生于长茎顶端，如莲花掌和芦荟类。番杏科的很多种类叶高度

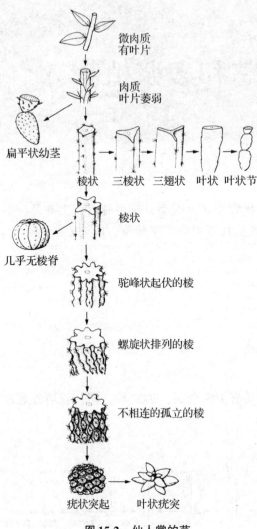

图15-2　仙人掌的茎
（引自《仙人掌大全——分类、栽培、繁殖及养护》
（德）Rich Goetz，丛明才等译，2007）

肉质化，叶对生，外形似元宝或卵石，如肉锥花类和生石花类。

(2) 茎多肉植物

储水组织为茎，主要为仙人掌科、萝藦科和大戟科植物。从形态上又有两类：一类是茎膨大为主，有球形、柱形、鞭形、线形、节肢形以及奇特的鸡冠形和山峦形等，能代替叶片进行光合作用；叶片退化或仅在茎初生时存在，以后脱落，如仙人掌（*Opuntia dillenii*）、大犀角（*Stapelia gigantea*）等；另一类茎基部膨大，常为球状和近似球，有时半埋入地下。叶着生在膨大的茎顶端或非肉质的细长枝条上，有时早落，有时细长枝条也早落，如薯蓣科的龟甲龙。

15.1.2 应用特点

仙人掌与多肉植物因种类繁多、形态奇特、管理粗放、生态适应性强等特点，深受人们喜爱。

- ➢ 植物种类繁多，观赏部位独特，植株体量、形态变化丰富，易形成特色景观。
- ➢ 是沙漠景观的主要植物种类，可布置室内外仙人掌和多浆植物专类园。
- ➢ 在世界大多数地区不能露地越冬，是温室展示重要的一类花卉。
- ➢ 形态奇特，趣味性强，有多种体态小巧的品种，适宜家庭园艺。
- ➢ 适应性强，耐干旱，管理相对简单粗放。也是岩石园的常用材料。
- ➢ 热带地区有些种类可以作刺篱用。
- ➢ 许多种类有药用、经济或食用价值，如入药、食用果实、制酒或饮料等。

15.1.3 原产地及生物学特性

15.1.3.1 原产地

目前园艺栽培的主要是园艺品种，野生种主要分布区如下。

(1) 仙人掌类植物原产地

主要原产美洲热带和亚热带地区。

①热带、亚热带干旱地区或沙漠地带　这些地区土壤及空气极为干燥，绝大多数仙人掌植物都分布在这类地区，也称沙漠型仙人掌。像龙爪球属（*Copiapoa*）原产智利北部干旱地区、金琥（*Echinocactus grusonii*）原产墨西哥中部沙漠地区。

②热带、亚热带的高山干旱地区　这些地区水分不足、日照强烈、大风及低温，形成了矮小的多浆植物。这些植物叶片多呈莲座状，或密被蜡质层及绒毛，以减弱高山上的强光及大风危害，减少过分蒸腾。

③这些种类不生长在土壤中，而是附生在树干及阴谷的岩石上　如昙花（*Epiphyllum oxypetalum*）、蟹爪兰（*Zygocactus truncactus*）及量天尺（*Hylocereus undatus*）等。多数产于热带美洲。原产此类地区的仙人掌植物，也称森林型仙人掌，常为下垂、扁平的叶状茎。其习性接近于附生兰类。

(2) 多浆类植物原产地

集中分布在南部非洲，其他地区也有分布。

①美洲热带地区　北美荒漠植被之一。绝大部分分布美国南部、美国东部、北美西部、墨西哥干燥气候区。南美西部的干燥气候区也有分布。

②非洲　包括南非、纳米比亚；马达加斯加；加那利群岛和马得拉群岛；东非：索马里、埃塞俄比亚、肯尼亚、坦桑尼亚。

15.1.3.2 生物学特性

(1) 具有明显休眠期

陆生的大部分仙人掌科植物，原产南北美热带地区，该地的气候有明显的雨季

(通常5~9月)及旱季(10月至次年4月)之分，长期生长在该地的仙人掌科植物就形成了生长期及休眠期交替的习性。在雨季吸收大量的水分，并迅速地生长、开花、结果；旱季为休眠期，借助贮藏在体内的水分来维持生命。对于某些多浆植物也同样如此，如大戟科的松球掌(*Euphorbia globosa*)等。因休眠季节不同，园艺上划分为夏型种(冬季休眠)和冬型种(夏季休眠)。

(2) 具有极强耐旱力

其在结构和生理上有独特的适应机制。生理上，由于长期生长在干旱的环境中，形成了与一般植物不同的代谢途径。这些植物在夜间空气相对湿度较高时，张开气孔，吸收CO_2，进行羧化作用，将CO_2固定在苹果酸内并贮藏在液泡中；白天气孔关闭，利用夜间固定的CO_2进行光合作用，同时避免水分的过度蒸腾。这是对干旱环境适应的典型生理表现，最早是在景天科植物中发现的，故称为景天酸代谢途径。生理上称仙人掌、景天科、番杏科、凤梨科、大戟科等具该代谢途径的植物为景天酸代谢途径植物，即CAM植物(Crassulacean Acid Metabolsim)。

形态上某些种类还有毛刺或白粉，可以减弱阳光的直射；或表面角质化、被蜡层以防止过度蒸腾。少数种类结构特异，在变形叶的内部分布叶绿素，叶片顶部(生长点顶部)具有透光的"窗"(透明体)，使阳光能从"窗"射入内部，其他部位有厚厚的表皮保护，避免水分大量蒸腾，如百合科的玉露类品种。

(3) 开花需要较长时间

仙人掌及多浆植物在原产地是借助昆虫、蜂鸟等进行传粉而结实的，其中大部分种类都是自花授粉不结实的。在人工室内栽培中，应进行辅助授粉(图15-3)，才易于获得种子。

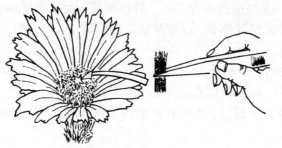

图15-3 仙人掌植物的人工辅助授粉

大体来说，仙人掌科及多浆植物开花早晚与其株龄存在一定相关性，一般较巨大型的种类，达到开花年龄也较久；矮性、小型种类达开花年龄也较短。一般种类在播种后3~4年就可开花；有的种类则需要20~30年或更长时间，如原产北美的金琥，一般在播种30年后才开花。宝山仙人掌属(*Rebutia*)及初姬仙人掌属(*Frailea*)等其球径达2~2.5cm时开花。

15.1.4 生态习性

仙人掌与多肉植物种类繁多，其原产地的气候、土壤条件多样，因此生态习性有差异。

(1) 对温度的要求

原产地不同，对温度的要求也不同。一般18~20℃时开始生长，生长适温为20~30℃，超过30~35℃，生长趋于缓慢；昼夜温差大，对植物生长有利。越冬温度也因类型不同而异，地生类通常在5℃以上就能安全越冬；附生类通常在12℃以上为宜。

(2) 对光照的要求

仙人掌类植物大多对光照的要求较高。而其他科的多肉植物则因种类不同而异。地生类耐强光，室内栽培若光照不足，则引起落刺或植株变细，不容易开花；夏季在露地放置的小苗应有遮阴设施。附生类，除冬天需要阳光充足外，以半阴条件为好；室内栽培多置于北侧。同一种类的不同时期对光照强度的要求也不尽相同。一般大龄球比幼龄球需光多。

(3) 对土壤的要求

多数种类要求排水通畅、透气良好的石灰质砂土或砂壤土。实际栽培中常用的材料有粗沙、腐叶土、泥炭、园土、蜂窝煤渣等。

(4) 对水分的要求

多数种类原产地的生态环境是干旱而少水的，因此在栽培过程中，盆内不应积水，否则易烂根。此外，多肉植物的类型、生长期和生长发育阶段不同，对水分需求也不同。附生类型需水比陆生类型的要多；春秋生长季节需水比冬夏(休眠期)时要多；幼苗阶段比成苗需水多。

15.1.5 繁殖栽培要点

15.1.5.1 繁殖要点

主要是营养繁殖，扦插、嫁接是最常用方法。有时也采用分株、压条、播种、组培等方法。

(1) 扦插

可以茎插或叶插。茎插在仙人掌类植物中应用较多(图15-4)，沙漠型仙人掌扦插繁殖容易，但容易获取种子或茎干状膨大的种类一般不采用此法。叶插在景天科植物中最常用。不论茎插还是叶插，剪取的部分首先置于阴处0.5~5d后再插。扦插基质应选择通气良好、保水及排水好的材料，如珍珠岩、蛭石、素沙等。扦插一般在生长季进行。

(2) 嫁接

嫁接主要用于根系不发达、生长缓慢或不易开花的种类，或珍贵稀少的畸变种以及自身不含叶绿素等种类，主要包括仙人掌科和大戟科的一些植物。主要采用平接法和劈接法。但平接法更为常用。

① 平接 较为常用。适用于柱状或球形种类的嫁接。常用量天尺(*Hylocereus undatus*)为砧木。接穗粗度较砧木稍小，或相差不多，并保证接穗与砧木维管束要尽可能多地对接上才利于成活。接上之后用细线或塑料绳做纵向捆绑，使接口密接(图15-5)。

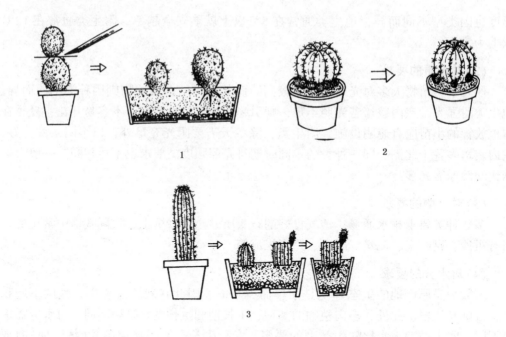

图 15-4 仙人掌科植物的扦插
1. 仙人掌类的扦插 2. 去除仙人球类部分小球扦插（插法同1） 3. 仙人柱类扦插

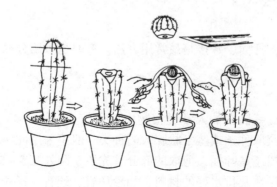

图 15-5 平接（以三棱箭为砧木）

② 劈接 多用于茎节扁平的种类，如蟹爪兰（*Zygocactu struncactus*）、仙人指（*Schlumber gerabridgesii*）等。常用的砧木有仙人掌属（*Opuntia*）、叶仙人掌属（*Pereskia*）、天轮柱属（*Cereus*）及量天尺属（*Hylocereus*）等。砧木高出盆面 15～30cm，以培育成垂吊式外形，提高观赏性（图 15-6）。劈接时，将砧木从需要的高度横切，并在顶部或侧面切成楔形切口，接穗下端的两侧也削成楔形，并嵌进砧木切口内，保证砧木与接穗的维管束充分密接，用仙人掌刺或竹针固定。砧木顶端也可以削成笔头状，称作尖座接（图 15-7）。

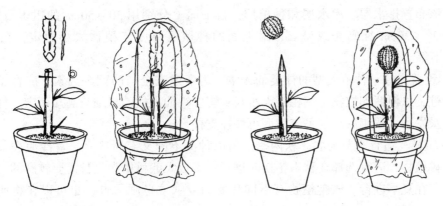

图 15-6　劈接(以叶仙人掌为砧木)　　图 15-7　尖座接(以叶仙人掌为砧木)

(3) 其他繁殖方法

① 分株　许多科的多肉植物成丛生长或具有吸芽，都可以采用分株方法。将母株分离或分掰吸芽，稍稍晾干后种植即可。

② 压条　特别适合一些藤蔓型生长的多肉植物，如心叶球兰(*Hoya kerrii*)、翡翠珠(*Senecio rowleyanus*)等。

③ 播种繁殖　仙人掌及多浆植物在原产地极易结实，可以进行种子繁殖，园艺生产中易结实且非杂种的种类也可以使用播种繁殖，此外在杂交育种中多用。室内栽培常因光照不充足或受粉不良而花后不易结实，可采取人工辅助授粉的方法促进结实。通常这类植物在杂交授粉后 50~60d 种子成熟，多数种类为浆果。除去浆果的皮肉，洗净种子备用。种子寿命及发芽率依品种而异，多数种类的种子生活力为 1~2年。种子发芽较慢，可在播种前 2~3d 浸种，促其发芽。播种期以春夏为好，多数种类在 24℃ 条件下发芽率较高。播种土可采用仙人掌盆栽用土。也有一些种类可以采用组织培养法进行无菌播种。

④ 组织培养　有些种类可以采用组培快繁。

15.1.5.2　栽培要点

首先要了解植物是夏型种还是冬型种。夏型种指夏季生长，冬季休眠种类；冬型种指冬季生长旺盛，夏季休眠的种类。一般来说，夏型种比冬型种栽培要容易。

(1) 地栽培养要点

① 种植地选择和排水　该类植物种类繁多，生态习性各异，需根据不同种类的生态习性，选择适宜的栽培环境，创造与原生境相似的小环境是栽培成功的关键。总的要求是排水好、疏松、透气、通风。种植地宜选择高燥、排水良好且有一定坡度的空旷地。

② 整地　大面积种植该类植物，应保证土壤适宜，不适宜时需要进行土壤改良。栽培基质可以以粗河沙与泥炭土按 7:3 比例混合而成，同时配以适量的氮、磷、钾缓效肥和生石灰等。

应该布置排水层、渗水层和种植层，自下而上分别用 30～50cm 的粗砾石铺底，中层铺 20～30cm 牡蛎壳或砾石，最上面的种植层厚度依植株大小而定，在 50～100cm 不等。

③ 设置支柱　种植大型的柱类仙人掌，为考虑安全与防倒等因素，应在整地前预设钢桩，以便捆绑植物，钢桩的大小与长短应视仙人柱的粗细与高矮而定。柱类仙人掌根系发达，数年后，根系丰满后可去掉支柱。

④ 定植　适宜季节为春、秋两季，但因种类不同又有所区别。喜冷凉季节生长的景天科植物，适宜选择在秋末冬初时进行；多数大戟科植物生长需要较高的气温条件，则宜在夏季进行。该类植物有不同程度的夏眠或冬眠习性，也可以在将萌动前进行。

⑤ 常规管理　地栽养护管理较为粗放。主要作业是清除杂草。过于干旱季节需人工浇水，气温低于 8～10℃ 不宜浇水。施肥以磷钾肥为主，在冬、春两季作基肥深施为宜。保证光照与通风良好，可以减少病虫害发生。

（2）容器栽培要点

① 基质配制　可选用泥炭土或优质草炭加粗沙作基本材料，然后混入适量的氮、磷、钾肥和其他微量元素，还可加入微量的骨粉或充分腐熟的饼肥渣。地生类可采用壤土:泥炭(或腐叶土):粗沙＝7:3:2 或壤土:泥炭(或腐叶土):粗沙＝2:2:3。附生类可采用粗沙 10 份，腐叶土 3～4 份，鸡粪(蚯蚓粪)1～2 份配制基质。在其中加入少许石灰石、木炭屑、草木灰则生长尤佳。

② 换盆　一般在春、秋季节或将萌动前进行。结合换盆，对植物修根，除少数木本植物和根系较弱的草本植物外，其他都要重剪。剪去老根后稍晾数天再栽植，上盆后不急于浇水，适当遮阴或放置通风、阴凉处，几日后再浇水。同时植物未旺盛生长前，切勿轻易追施肥料。

③ 浇水　依植物的生长规律和种类进行。原则是小苗比大苗多浇；嫁接苗比实生苗多浇；附生类型比地生类多浇；叶多而薄的比叶少而厚的多浇；现蕾开花期比花谢落果后多浇。但不论是冬眠还是夏眠种类，处在休眠期时都要控制或停止浇水。

④ 施肥　"宁淡勿浓"，可结合浇水进行。宜在植物旺盛生长期或现蕾开花期进行。而生长不良、植株损伤以及长期展览摆放后的植株则不宜施肥。

⑤ 降温保暖　夏季温度高于 35℃ 以上时对一些处在休眠期的种类生长不利，须降温。除加强通风、拉盖遮阴网外，可将盆栽植物搁置于沙床中。冬季气温下降，低于 5～7℃，必须进行保温。

⑥ 光照　根据不同种类给予适宜的光照条件。地生类应置于光照充足处，附生类多置于有遮阴处，冬天移至阳光充足处。夏季在露地放置的小苗应适当遮阴。

⑦ 整形修剪　针对那些茎干型的多肉植物种类，需要进行修剪整形，如夹竹桃科、木棉科、葡萄科等。如厦门植物园中形神俱佳的"龟纹木棉"就是多年的整形修剪、蓄茎留枝的结果。

15.2 常见种类

15.2.1 仙人掌类植物

1. 山影拳 *Cereus pitajaya*

科属：仙人掌科　天轮柱属
别名：仙人山、山影、山影掌
英名：Curiosity Plant
栽培类型：宿根花卉

园林用途：盆栽、布置专类园
位置和土壤：室外全光；排水好的砂壤土。
　　　　　　室内全光；生长温度10℃以上
株高：可达2~3m

"*Cereus*" 意为蜡质的。山影拳实际指此属中几个种的畸形石化变异的许多品种。原产西印度群岛、南美洲北部及阿根廷东部。

➤ 常绿植物。茎暗绿色，肥厚，分枝多，无叶片，直立或长短不一；茎有纵棱或钝棱角，被有短绒毛和刺，堆叠式地成簇生于柱状肉质茎上。植株的生长锥分布不规律，整个植株在外形上肋棱交错，生长参差不齐，呈岩石状。

➤ 性强健，喜温暖，稍耐寒；喜阳光充足，耐半阴；要求排水良好、肥沃的砂壤土；宜通风良好的环境。

➤ 扦插或嫁接繁殖。砧木可用仙人球平接。插穗宜晾几天，切口稍干燥再扦插。生长季宜给充足光照，通风良好。盆土宜稍干燥，不必施肥，肥水过大会使茎徒长成原种的柱状，且易腐烂。过冬温度5℃以上。

➤ 盆栽观赏。远看似苍翠欲滴、重叠起伏的"山峦"，近看仿佛沟壑纵横、玲珑有致的怪石奇峰。虽是活生生的绿色植物，却有中国古典山石盆景的风韵。配以雅致的盆钵，置于书房案头、客厅桌几，高雅脱俗。在其上嫁接色彩艳丽的球形仙人掌类植物如'绯牡丹'（*Gymnocalycium mihanovichii* var. *friedrichii* 'Hibotan'），则妙趣横生。亦可用于布置专类园，营造干旱沙漠景观。

2. 金琥 *Echinocactus grusonii*

科属：仙人掌科　金琥属
别名：象牙球
英名：Golden Barrel Cactus, Golden-ball, Barrel Cactus
栽培类型：宿根花卉

园林用途：盆栽、布置专类园
位置和土壤：室外全光；含石灰质及石砾的砂壤土。室内全光，生长适温20~25℃
株高：可达50cm

"*Echinocactus*" 由希腊文 "echinos"（刺猬）和 "kactos"（有刺的植物）组成，描述植株形态。原产墨西哥中部干旱沙漠及半沙漠地带，当地海拔较高，阳光充足，时有阵雨，冬季气候温和。

➢ 常绿植物。植株呈圆球形，通常单生，球径可达 50cm。球顶部密被大面积的绒毛，具棱 21~37，排列非常整齐。刺座长，有金黄色或淡黄色短绒毛；刺长 3~5cm，硬且直，全部为金黄色，有光泽，形似象牙，故又称"象牙球"。钟状花生于球顶部，花筒被尖鳞片，花瓣淡黄色。寿命 50~60 年。

➢ 以播种繁殖为主。也可切去球顶生长点，促子球萌发，然后将子球嫁接于量天尺上或扦插繁殖。

栽植时要求肥沃、富含石灰质的砂壤土；要求阳光充足，但夏季温度过高时需遮阴；冬季温度低时少浇水；生长适温 20~25℃。注意及时换盆。

➢ 金琥形大而端圆，金刺夺目，是珍贵的观赏仙人掌植物。小型个体适宜于盆中独栽，置于书桌、案几，情趣盎然。大型个体则适宜于地栽群植，布置专类园。群植时，大小金琥疏密有致，错落排列于微地形中，极易形成干旱及半干旱沙漠地带的自然风光。

常见园艺变种有：'白刺'金琥（'Albispinus'）、'狂刺'金琥（'Intertextus'）、'裸'琥（'Inermis'）。

3. 仙人球 *Echinopsis tubiflora*

科属：仙人掌科　仙人球属　　　　　　放置环境：室内，全光；生长温度高于 10℃
别名：刺球、雪球、草球、花盛球　　　株高：可达 75cm
英名：Tube-flower Sea-urchin Cactus　　花色：白、粉
栽培类型：常绿宿根花卉　　　　　　　花期：7~8 月
园林用途：盆栽观赏

➢ 茎球形或椭圆形，高 20cm 左右，绿色，肉质，有纵棱 12~14 条；棱上有纵生的针刺 10~15 枚，直硬，黄色或暗黄色。花长喇叭状，长 20cm 以上，清香；花筒外被鳞片，鳞腋有长毛。

➢ 性强健，要求阳光充足，耐旱；喜排水、透气良好的砂壤土。

➢ 以子球繁殖为主。4~5 月重新栽植母球上分生出的子球，栽植深度以球根颈与土面持平即可。新栽的仙人球不浇水，每天喷雾数次，半个月后少量浇水，长出根后正常浇水。亦可以量天尺（*Selenicereus undatus*）为砧木嫁接或播种繁殖。

夏季适于露天栽培，适当遮阴；冬季室温 3~5℃ 即可。生长季要保持盆土湿润，过阴及肥水过大不易开花。

➢ 栽培容易，生长快，易开花，花大美丽，是常用仙人掌类植物。

➢ 仙人球有行气活血、消肿止痛、清热除湿、生肌敛疮之功效。治肺热咳嗽、痰中带血、痈肿、烫（烧）伤。

4. 昙花 *Epiphyllum oxypetalum*

科属：仙人掌科　昙花属　　　　　　别名：昙华、月下美人、琼花

英名：Dutchman's Pipe, Cactus, Queen of the Night
栽培类型：常绿灌木
园林用途：盆栽观赏
放置环境：室内,冬季全光,夏季半阴；生长
适温 24~30℃
株高：高可达 1~2.5m
花色：纯白
花期：夏、秋季

"*Epiphyllum*"源于希腊文，意指"花生在扁平的叶状枝上"；"*oxypetalum*"意为"尖瓣的"。原产墨西哥至巴西热带雨林。

➢ 茎附生性，叉状分枝，地栽呈灌木状。老枝圆柱形，木质；新枝扁平叶状，长椭圆形，面上有二棱，边缘波状，具圆齿；刺锥生圆齿缺刻处，幼枝有刺，老枝无刺。花大型，漏斗状，生于叶状枝边缘，无花梗；萼片筒状，红色；花重瓣，纯白色；夜间开放，数小时后凋谢。

➢ 性强健，喜温暖，不耐寒；喜湿润、半阴，耐干旱和光照；对土壤要求不严，喜富含腐殖质、排水良好的微酸性砂质壤土。

➢ 扦插或播种繁殖。以扦插为主，5~6月取生长充分的茎20~30cm作插穗，切下后晾晒2~3d，伤口干燥后扦插，20d可生根，次年可开花。

生育适温24~30℃。生长期充分浇水，追肥2~3次，可施用些硫酸亚铁。栽培中需设支架，绑缚茎枝。冬季盆土稍潮即可，保持10℃。有盘根现象反而促进开花，换盆不宜过频。

➢ 昙花是一种珍贵的盆栽观赏花卉。夏、秋季，花未开放时，含苞欲放的花蕾在鲜亮挺拔的"绿叶"衬托下，有如一支巨大的神笔，颔首低垂，娇态动人。开花时，花蕾微微抬起，红色萼片下渐渐露出洁白的花瓣，缓缓绽开，恰似一位盛装的女子，轻轻掀开面纱，露出娇美的面容。花后数小时即谢。花开时，清风徐来，芳香扑鼻。在夏秋凉爽的夜晚，盛开的昙花，婷婷袅袅，随风轻摆，如梦如幻，恍若白衣仙子降临凡间。

"昙花一现"中的昙花并非此昙花，实指无花果类的一种植物（也有考证认为是木兰科植物），全名叫优昙钵华或优昙华，见于《法华经》。

➢ 昙花的花、叶可入药。花性平，清热润燥；叶性平，解毒散肿。主治肺痨、咳嗽或肺热、跌打肿痛、疮肿等症。花可作菜肴。

5. 令箭荷花 *Nopalxochia ackermannii*

科属：仙人掌科 令箭荷花属
别名：红花孔雀、孔雀仙人掌
英名：Red Orchid Cactus, Ackermann Nosaxachia
栽培类型：宿根花卉
园林用途：盆栽观赏
放置环境：冬季室内，全光；生长适温 13~20℃
株高：30~70cm
花色：玫瑰红
花期：多于夏、秋季开花

"*Nopalxochia*"源于希腊文"nopal"，意为"一种仙人掌类植物"。原产墨西哥中南部

及玻利维亚。有白、粉、红、黄、紫等不同花色的品种。同属植物19种。

➢ 常绿植物。茎附生性，多分枝，地栽呈灌木状。全株鲜绿色。叶状枝扁平，较窄，披针形，基部细圆呈柄状，缘具波状粗齿，齿凹处有刺；嫩枝边缘为紫红色，基部疏生毛。花生于刺丛间，漏斗形，玫瑰红色；单花花期2d。

➢ 喜温暖、湿润，不耐寒；喜阳光充足；宜含有机质丰富的肥沃、疏松、排水良好的微酸性土壤。

➢ 扦插或播种繁殖。以扦插为主，5~6月取生长充分的茎10cm作插穗，晾晒2~3d，伤口干燥后扦插，20d可生根。

夏季温度保持在25℃以下，越冬温度8℃以上。夏季需适当遮阴。生长期浇水见干见湿，过湿易腐烂；适当追肥。冬季保持土壤干燥，以促进花芽分化。栽培中需不断整形并设支架绑缚伸长的叶状枝。

➢ 令箭荷花花大色艳，花期长，是美丽重要的盆花。多株丛植于盆中，鲜绿色的叶状枝挺拔秀丽；开花时姹紫嫣红，娇美动人。

6. 仙人掌类 *Opuntia* spp.

科属：仙人掌科　仙人掌属　　　放置环境：温暖、干燥和阳光充足
英名：Cactus　　　　　　　　　株高：10~300cm
栽培类型：灌木　　　　　　　　观赏部位：株形

同属约250种。原产美洲热带至温带地区，从加拿大南部至阿根廷南部都有分布，主产自墨西哥、秘鲁、智利、西印度群岛，分布极广。有许多园艺品种，主要为两大类，一类为盆栽品种，一类为室外园林绿化品种。

➢ 常绿肉质灌木或小乔木。茎通常绿色，变态为肥厚的扁平、圆柱状、棍棒状或球形；节缩缩，部分有分枝。叶肉质，早落，稀宿存；钻形、针形、锥形或圆柱状，先端急尖至渐尖，无脉及叶柄。刺座着生刺和钩毛，少数种类有似叶的鳞片，但不久脱落。花单生于顶端或侧生刺座；漏斗状或碗状花；黄或红色，白天开放；花期春或夏。

➢ 喜温暖、干燥和阳光充足环境。大多数种类冬季温度不应低于7℃，少数种类可耐0℃以下低温。喜排水、透气性好的砂土。

➢ 春季播种繁殖，发芽温度21℃。也可初夏扦插或嫁接繁殖。

新栽种植株不需浇水，每日喷雾几次保持空气湿度，10d后浇少量水，1个月左右发出新根后正常浇水。早春至仲秋生长期适度浇水，其余时间保持干燥。生长期每3~4周施肥1次。

➢ 株形差异较大，形体独特，室外用于专类园布置；室内盆栽，点缀窗台、客厅等。

➢ 常见栽培的主要种类有：

(1) 仙人掌 *Opuntia dellenii*

别名：仙巴掌、火掌、牛舌头

英名：Cactus

原产美国、西印度群岛，植株灌木状，多分枝。株高可达200~300cm，冠幅75~100cm。茎节倒卵形至长圆形，绿色至灰绿色，长20~25cm，宽10~20cm。刺毛黄色或浅褐色，至多10枚。花大，碗状，淡黄色；花期夏季。耐干旱，喜阳光充足，也耐半阴，较喜肥。

(2) 黄毛掌 *Opuntia microdasys*
别名：金乌帽子、细刺仙人掌
英名：Bunny ears

原产墨西哥北部和中部。植株灌木状，茎扁平，长圆形，倒卵形或近圆形。株高40~60cm，冠幅40~60cm。茎节淡绿色，长6~15cm。刺座白色，着生细小、黄色钩毛，通常无刺。花碗状，亮黄色，花径4~5cm，外瓣常有红晕；花期夏季。耐干旱，喜全日照，较喜肥。

7. 仙人指 *Schlumbergera russelliana*

科属：仙人掌科　仙人指属	放置环境：半阴；生长适温13~21℃
别名：钝齿蟹爪兰	株高：30~50cm
英名：Christmas Cactus	花色：白、紫红、红、粉、黄
栽培类型：常绿小灌木	花期：3~4月
园林用途：盆栽、吊盆观赏	

原产巴西。

➤ 附生性。形态上与蟹爪兰类似，区别在于：绿色茎节上常晕紫色，茎节较短，边缘浅波状，先端钝圆，顶部平截。花冠整齐，筒状，着花较少，花期较蟹爪兰晚。

➤ 喜温暖、湿润，不耐寒；喜半阴；宜疏松、透气、富含腐殖质的土壤。

➤ 繁殖栽培要点同蟹爪兰。

➤ 园艺品种多。

8. 蟹爪兰 *Schlumbergera truncactus*

科属：仙人掌科　仙人指属	放置环境：半阴；生长适温15~25℃
别名：蟹爪、蟹爪莲、螃蟹兰、仙人花	株高：30~50cm
英名：Crab Cactus, Claw Cactus, Yoke Cactus	花色：紫红
栽培类型：常绿小灌木	花期：11~12月
园林用途：盆栽、吊盆观赏	

"*truncactus*"意为"截形的"，意指扁平茎节先端截形。原产巴西东部热带森林中。

➤ 茎附生性，多分枝，地栽常铺散下垂。茎节扁平，倒卵形，先端截形，边缘具2~4对尖锯齿，如蟹钳。花生茎节顶端，着花密集；花冠漏斗形，紫红色，花瓣数轮，愈向内侧管部愈长，上部反卷；花期11~12月。

➤ 喜温暖、湿润，不耐寒；喜半阴；宜疏松、透气、富含腐殖质的土壤。短日照花卉。

➤ 扦插或嫁接繁殖。扦插宜春季进行，取2~4节茎节为接穗，扦插后2~3d浇1次水，15d生根。嫁接多春秋季进行。砧木可用量天尺、仙人掌。

生长适温15~25℃，冬季低于10℃生长明显缓慢，低于5℃呈半休眠状。夏季开始加强水肥管理，入秋后提供冷凉、干燥、短日照条件，促进花芽分化。开花期减少浇水。花后有短期休眠，保持15℃，盆土不可过分干燥。栽培中长期营养不良或土壤过干，花芽形成后光照条件突变（如转盆），昼夜温差过大，浇水水温太低等，都使花芽易落。栽培中应及时设支架托起下垂茎节。如采用适当的短日照处理，可提前至国庆节开花。

➤ 嫁接的蟹爪兰株形优美，砧木挺拔，枝扁平多节，形态奇趣，拱曲悬垂，繁茂如绿伞；每至严冬，正值西方圣诞节前后大量开花，花大色鲜，有丝质光泽，有喜庆祥和的气氛。室内冬春栽培，最适吊盆观赏。

➤ 疗效较高的一味中药，扁平茎节用于外治肿痛。

自1818年发现并引种栽培以来，目前已育出几百个园艺品种，花粉红、紫红、淡紫、深红、橙黄和白色等。

15.2.2 多浆类植物

1. 虎刺梅 *Euphorbia milii* var. *splendens*

科属：大戟科　大戟属
别名：铁海棠、麒麟花、刺梅、老虎筋
英名：Crown-of-thorns
栽培类型：灌木
园林用途：盆栽观赏、刺篱

位置和土壤：室外全光；排水好的土壤。室内全光；生长适温24~30℃
株高：可达1m
花色：花绿色；总苞片鲜红色
花期：6~7月

"*Euphorbia*"源于人名，是古罗马时代的一名御医。原产马达加斯加。

➤ 常绿植物。茎直立或略带攀缘性，具纵棱，其上生硬刺，排成5列。嫩枝粗，有韧性。叶仅生于嫩枝上，倒卵形，先端圆而具小凸尖，基部狭楔形，黄绿色。2~4个聚伞花序生于枝顶；花绿色；总苞片鲜红色，扁肾形，长期不落，为其观赏部位；花期6~7月。

➤ 喜高温，不耐寒；喜强光；不耐干旱及水涝；喜肥沃、排水好的土壤。

➤ 扦插繁殖，多春季进行。取10~15cm茎段作插穗，切口有白色汁液流出，蘸草木灰后晾干几日再扦插，保持半干旱，20d可生根。

喜高温，生长适温24~30℃；冬季室温15℃以上才开花，否则落叶休眠。土壤水分要适中，长期阴湿则生长不良，稍干燥无妨，过干旱会落叶。休眠期土壤要干燥。光照不足，总苞片色不艳或不开花。

➢ 株形奇特，花艳叶茂，是良好的盆栽花卉。也可人工造型后观赏。中国海南可露地栽培。

➢ 茎、花汁液可入药。性凉，味苦。有小毒。有拔毒泻火、凉血止血之功效。茎可外治痈疮肿痛。花治月经过多。树液、叶可拔毒疗伤等。根、叶、枝主治一切肿痛风疾。

2. 佛手掌 *Glottiphyllum longum*

科属：番杏科　舌叶花属　　　放置环境：全光；排水好
别名：长舌叶花、宝绿　　　　株高：10cm
英名：Hooked Tonguaeleaf　　　花色：黄
栽培类型：宿根花卉　　　　　花期：4~6月
园林用途：盆栽、岩石园

"*uncatum*"意为"钩状的，内弯的"。原产南非冬季温暖地区。

➢ 常绿植物。全株肉质，外形似佛手。茎斜卧，为叶覆盖。叶宽舌状，肥厚多肉，平滑而有光泽，常3~4对丛生，成二列包围茎，先端略向下翻。花自叶丛中央抽出，形似菊花，黄色；花期4~6月。

➢ 喜阳光充足、温暖，不耐寒；宜较干燥，忌阴湿；要求土壤排水良好。

➢ 越冬温度10℃以上。生长期要保证水肥，但不可过多。入秋后应停止施肥，少浇水。

➢ 株形奇特，形如佛手，翠绿晶莹，是趣味盆栽的好材料。暖地可以用于岩石园。

3. 生石花 *Lithops pseudotruncatella* subsp. *archerae*

科属：番杏科　生石花属　　　放置环境：微阴；生长适温15~25℃
别名：石头花　　　　　　　　株高：1~5cm
英名：Living Stone, Stoneface　花色：黄
栽培类型：宿根花卉　　　　　花期：4~6月
园林用途：盆栽观赏

"*Lithops*"意为"岩石的"；"*pseud*"意为"假的、伪的"，"*otruncatella*"意为"稍截形的"。原产南非和西非的干旱地区。

➢ 常绿植物。无茎，叶对生，肥厚密接，外形酷似卵石；幼时中央只有一孔，长成后中间呈缝状、顶部扁平的倒圆锥形或筒形球体，灰绿色或灰褐色；新的2片叶与原有老叶交互对生，并代替老叶；叶顶部色彩及花纹变化丰富。花从顶部缝中抽出，无柄，黄色，午后开放；花期4~6月。

➤ 喜温暖，不耐寒，生长适温 15～25℃；喜微阴，以 50%～70% 的遮阴为好；喜干燥通风。

➤ 播种繁殖。

用疏松、排水好的砂质壤土栽培。浇水最好浸灌，以防水从顶部流入叶缝，造成腐烂。冬季休眠，越冬温度 10℃ 以上；可不浇水，过干时喷水即可。夏季高温也休眠。

➤ 生石花奇特的外形引人关注，有园艺爱好者专门收集，可盆栽作趣味观赏用。

4. 莲花掌类 *Aeonium* spp.

科属：景天科　莲花掌属　　　　　放置环境：温暖、干燥和阳光充足
英文名：Tree houseleek　　　　　　株高：10～200cm
栽培类型：宿根或亚灌木　　　　　　观赏部位：叶

同属约 35 种。常绿多年生肉质植物。原产加那利群岛、非洲、北美和地中海地区。园艺品种丰富，叶色、叶形多变。常作室内盆栽。

➤ 植株多分枝。叶肉质，莲座状集生枝顶，叶片较薄；倒卵形、舌形、肾形，叶缘有短毛。顶生聚伞花序、圆锥花序或总状花序；花星状，白、淡黄、黄色或粉、红色；花径 8～15mm；花期春季至夏季。有些种类开花结实后植株死亡。

➤ 喜温暖、干燥和阳光充足环境；不耐寒，耐干旱和半阴，忌高温、多湿和强光；宜肥沃、疏松和排水良好的砂壤土。

生长较快，夏季高温易休眠。生长期适度浇水，不宜出现积水。

➤ 春季播种繁殖，发芽温度 19～24℃。也可在生长季取全叶或肉质茎扦插，插穗宜在阴凉处放置 1～2d 再插入基质。

➤ 叶色丰富，株形美观，观赏价值高。不同品种叶色、叶形多变，适合室内盆栽观赏。

➤ 常见栽培的主要种类有：

(1) '黑法师' *Aeonium arboreum* 'Atropurpureum'

别名：紫叶莲花掌

英名：Irish rose

原产摩洛哥。亚灌木，株高可达 100～200cm，冠幅 100～200cm。茎圆筒形，浅褐色，呈不规则分枝。叶倒卵形，紫黑色，叶缘细齿状，在光照不足时，中心叶呈深绿色，长 6～7cm，排列成紧密莲座状，直径可达 12～15cm。圆锥花序，长 15cm；花黄色；花期春末。耐干旱，喜光照，也耐半阴，较喜肥。

(2) 红缘莲花掌 *Aeonium haworthii*

别名：红缘长生草

英名：Pinwheel

原产加那利群岛，肉质，亚灌木。茎圆筒形，有分枝。叶片匙形组成莲座状，宽

6~15cm；淡蓝绿色，边缘红色，锯齿状，长8cm。圆锥花序，长10~15cm；花淡黄色至淡粉白色；花期春季。耐干旱，喜全日照，较喜肥。

5. 青锁龙属 *Crassula* spp.

科属：景天科　青锁龙属　　　　　　株高：10~80cm
栽培类型：宿根、亚灌木　　　　　　观赏部位：叶
放置环境：温暖、干燥和阳光充足

　　同属约200种。常绿多年生肉质植物。世界各地皆有分布。园艺品种丰富，亲本皆源于南非开普敦原产种。主要为室内盆栽。
　　➢ 冬季休眠种类枝叶繁茂，呈矮小灌木状；夏季休眠种类，叶片肥厚，呈半球或垫状。叶肥厚，在茎上密集排列，呈星状四棱柱状或密集呈垫状。
　　➢ 喜温暖、干燥和阳光充足环境；多数品种有一定耐寒性，冬季温度不宜低于2℃。宜疏松、透气的砂壤土。
　　夏型种温度低于7℃进入休眠，冬型种夏季休眠期极少浇水，并注意通风降温。冬季保持干燥。生长期每月施肥1次。
　　➢ 叶插或茎插繁殖。春秋季进行，采取插穗后，阴凉处放置几日再扦插。
　　➢ 叶色丰富，叶丛美观，适于室内盆栽。适宜摆放窗台、书桌或案头；也可用于瓶景、框景或作花卉装饰。
　　➢ 常见栽培的主要种类有：

青锁龙 *Crassula muscosa*
　　原产纳米比亚。肉质亚灌木。茎细弱，多分枝，呈丛生状，茎及分枝直伸向上。叶三角形鳞片状，在茎、枝上密集排列呈四棱，整齐。花小，黄色，生于叶腋。喜阳光充足和凉爽、干燥的环境，耐半阴，忌水涝，忌闷热潮湿。夏季高温休眠。

6. 石莲花类 *Echeveria* spp.

科属：景天科　石莲花属　　　　　　株高：5~30cm
栽培类型：宿根花卉　　　　　　　　观赏部位：叶
放置环境：温暖、干燥和阳光充足

　　同属约150种。常绿或落叶多年生肉质植物，偶有落叶亚灌木。原产墨西哥至南美洲西北部半沙漠地区。园艺品种丰富，主要为室内盆栽。
　　➢ 植株具短茎，高60cm，一般不分枝；常产生吸芽。叶莲座状生短缩茎顶，生长旺盛期叶盘可达20cm；叶质较厚；匙形、圆形、卵形、圆筒形；有些品种叶面被白粉或长毛。夏末秋初抽出总状花序、聚伞花序和圆锥花序；花淡黄、黄、淡红、红、紫色；花期夏季。一生多次开花。
　　➢ 喜温暖、干燥和阳光充足环境；不耐寒，冬季温度不低于7℃。耐干旱和半阴，忌积水。宜肥沃、疏松和排水良好的砂壤土。

夏季仍然生长，不能完全断水，并注意遮阴和通风。冬季保持干燥。生长期每月施肥1次。

➤ 繁殖容易。分吸芽、叶插。非杂交种也可以播种繁殖。种子成熟即播种，发芽温度16~19℃。

➤ 叶色丰富，叶丛美观，适于室内盆栽。适宜摆放窗台、书桌或案头；也可用作瓶景、框景或作为花卉装饰。

➤ 常见栽培的主要种类有：

(1) '黑王子' *Echeveria* 'Black Prince'
英名：Black Prince
多年生肉质草本。株高10~12cm，冠幅20~25cm。叶匙形，排列呈莲座状，先端急尖，表皮紫黑色，在光线不足或生长旺盛时，中心叶片呈深绿色。聚伞花序，花小，紫色；花期夏季。耐干旱，喜光照，也耐半阴，夏季需遮阴，较喜肥。

(2) 吉娃莲 *Echeveria chihuahuaensis*
别名：吉娃娃
多年生肉质草本。株高4~5cm，冠幅20~25cm。叶宽匙形，排列呈莲座状，蓝绿色，被白霜，先端急尖，叶缘和叶尖红色。聚伞花序，长25cm，花钟形，红色；花期春末至夏季。耐干旱，喜光照，也耐半阴，夏季需遮阴，较喜肥。

7. 伽蓝菜类 *Kalanchoe* spp.

科属：景天科　伽蓝菜属　　　　　株高：20~100cm
别名：长寿花　　　　　　　　　　花色：黄、粉、红、紫色
栽培类型：灌木、宿根或一、二年生花卉　花期：春、夏或冬季
放置环境：温暖、干燥和阳光充足环境

➤ 同属约200种。多肉植物。原产亚洲、非洲中南部及马达加斯加、美洲热带的半沙漠地区以及苏丹、也门和澳大利亚。园艺品种丰富，以盆栽观花为主。

➤ 茎肉质。叶轮生或交互对生，光滑或有毛，中部叶羽状深裂，叶缘有浅锯齿或浅裂，裂片线形或线状披针形。聚伞花序排列圆锥状；小花钟状、坛状或管状，4浅裂；黄色、红色、粉色或紫色；花期春季。

➤ 喜温暖、干燥和阳光充足环境。不耐寒，冬季温度不低于10℃。耐干旱，不耐水湿。宜肥沃、疏松和排水良好的砂壤土。生长季节适度浇水，冬季保持稍湿润。生长期每3~4周施肥1次。

➤ 繁殖容易。扦插和播种繁殖。春季或夏季茎插，或早春播种，发芽温度20℃左右。

➤ 伽蓝菜有长寿花之别称，被视为大吉大利、长命百岁的吉祥花，室内盆栽、岩石园或多浆专类园。

➤ 常见栽培的主要种类有：

(1) 大地落叶生根 *Kalanchoe daigremonitiana*
别名：花蝴蝶、不死鸟
英名：Alligator Plant
多年生肉质草本。株高可达100cm，冠幅30cm。叶片披针形，肉质，绿色，具淡红褐色斑点，长15~20cm，边缘锯齿状，着生吸芽。聚伞状圆锥花序，花宽钟形，下垂，淡灰紫色，长2cm；花期冬季。耐干旱，喜全光照，较喜肥。

(2) 宫灯长寿花 *Kalanchoe manginii*
别名：红提灯
英名：Beach Bell
原产马达加斯加。多年生肉质植物。株高可达30cm，冠幅30cm。茎有分枝，下垂。叶片倒卵形至卵圆匙形，中绿色，长3cm。圆锥花序，花管状，鲜红色，长2~3cm；花期春季。耐干旱，喜全光照，较喜肥。

8. 玉米石 *Sedum album*

科属：景天科　景天属　　　园林用途：盆栽、吊盆观赏
英名：White Stonecrop　　　放置环境：全光；生长适温15~28℃
栽培类型：宿根花卉　　　　观赏部位：叶

"*Sedum*"源于拉丁文"sedeo"，意为"坐下"，指某些种生于岩石上；"*album*"意为"白色的"。原产墨西哥。

➤ 常绿植物。茎蔓性，铺散或下垂，稍带红色。叶互生，椭圆形，肉质，1~2cm长，绿色，湿度低时呈紫红色。

➤ 喜温暖，不耐寒；喜光；喜排水好的土壤；耐干旱。

➤ 扦插繁殖。取插穗6~10cm，扦插后保持半干燥状态，3~4周生根。管理粗放，易栽培。生长适温15~28℃，浇水不宜过多。冬季休眠，减少浇水。

➤ 叶为肉质椭圆形柱状，初时直立，后成蔓性。是有趣的小型吊盆花卉。

9. 松鼠尾 *Sedum morganianum*

科属：景天科　景天属　　　　　　　园林用途：盆栽、悬吊观赏
别名：串珠草、翡翠景天　　　　　　放置环境：全光；生长适温20~30℃
英名：Donkey's Tail, Malachite Stonecrop　株高：10~15cm
栽培类型：宿根花卉　　　　　　　　观赏部位：叶

原产美洲、亚洲、非洲热带地区。

➤ 常绿植物。植株匍匐状。茎基部产生分枝。叶小而多汁，脆弱，纺锤形，紧密地重叠在一起，形似松鼠尾巴。花小，深玫瑰红色；花期春季。

➤ 喜温暖，不耐寒；喜光，稍耐阴；要求通风良好；喜疏松、肥沃、排水良好的砂质壤土。

➢ 以扦插或分株繁殖，除冬季外，春、夏、秋三季均可进行。全叶插或切10cm的茎段，去掉下面2.5cm长茎上的叶扦插。脱落的叶子也可以发根。

管理粗放，易成活。生长适温20～30℃，冬季需保持5～10℃以上温度，注意勿使其受冻害；浇水不宜过多，水多易烂，冬季尤其不宜多浇水。

➢ 植株灰绿色，株形似松鼠尾，柔弱而不失刚劲，是奇特的小型盆花。

10. 翡翠珠 *Senecio rowleyanus*

科属：菊科　千里光属　　　　　园林用途：盆栽观赏、悬吊观赏
别名：绿串珠、绿铃、一串珠　　放置环境：微阴；生长适温15～22℃
英名：String-of-beads Senecio　　株高：垂蔓可达1m以上
栽培类型：宿根花卉　　　　　　观赏部位：茎、叶

"Senecio"源于拉丁文senex，意为"老人"，指植物通常被白毛。原产南美洲。

➢ 常绿植物。具地下根茎。茎蔓性，铺散，细弱下垂。叶绿色，卵状球形至椭圆球形，全缘，先端急尖，肉质，具淡绿色斑纹；叶整齐排列于茎蔓上，呈串珠状。花小。

➢ 喜阳光充足，稍耐阴；喜温暖，不耐寒，生长适温15～22℃；耐干旱，忌雨涝；喜排水良好的砂质壤土。

➢ 以扦插繁殖为主，取嫩枝4～6cm扦插，保持半干燥状态，15～20d生根。春秋季扦插易成活，夏季易腐烂。也可分株繁殖，多在春季进行。

50%～70%光照利于生长。夏季高温呈半休眠状态，适当遮阴，并注意防雨涝。栽培较容易。

➢ 叶形奇特，着生于茎上似一串串绿色珠子，似绿色的项链，故名翡翠珠。外形奇特、晶莹、玲珑雅致，惹人喜爱。是奇特的室内小型悬吊植物，观赏价值极高。

11. 十二卷类 *Haworthia* spp.

科属：百合科　十二卷属　　　　株高：3～30cm
栽培类型：宿根花卉　　　　　　观赏部位：叶
室内位置：温暖、干燥和阳光充足环境

➢ 同属150多种。多肉植物。主要产自南非的西南部。园艺品种繁多，多以盆栽观花为主。

➢ 矮小肉质草本，单生或丛生。叶基生，莲座状。花茎高可达40cm。有硬叶系和软叶系之分；大部分种类叶片厚、硬，深绿色，常被白色斑点，或结节成条状；有些种类叶柔软，多汁透明，叶缘有睫毛，叶上部有"窗"，呈半透明状，光线可以通过其进到内部光合组织。花小，白色，种间非常相似，但花形多变。

➢ 喜温暖、干燥和阳光充足环境，耐半阴。有一定耐寒性，耐干旱，宜疏松和排水良好的砂壤土。

➢ 分株或叶插繁殖。

➢ 冬型种，夏季休眠。硬叶系品种性强健，对环境要求不高而且耐半阴，有一定耐寒性，冬天对温度要求不高，易栽培。软叶系品种对环境温度、光、水分较敏感，不易栽培。

品种繁多，形态各异，株形小巧玲珑，主要观赏色彩斑斓的茎叶或透明的叶丛。

➢ 常见栽培的主要种类有：

(1) 玉露 Haworthia cooperi var. pilifera

原产南非，常绿多年生植物。软叶系，冬型种。株高 5~15cm。全株多汁液，通透；初单生，后呈丛。叶基生莲座状，肥厚锥形，叶尖具 1 短毛；叶脉纹路清晰，上部叶色较浅，呈半透明或透明状，顶部有透明"窗"。喜阳光充足和凉爽的半阴环境。不耐寒，忌高温潮湿、烈日暴晒和过于荫蔽，耐干旱，忌积水。主要春、秋季生长。分株、扦插或播种繁殖。园艺品种繁多，色彩斑斓，晶莹剔透，具有极高观赏价值。

(2) 十二卷 Haworthia fasciata

别名：条纹十二卷

英名：Alligator Plant

原产南非。多年生常绿肉质草本。低矮，丛生，株高 15~25cm。叶基生，莲座状，三角状披针形，先端细尖呈剑形，深绿色，叶背白色瘤状突起成整齐的横线。硬叶系，冬型种。喜冬季阳光充足，夏季半阴环境。越冬温度 10℃以上。不喜肥。

12. 芦荟 Aloe vera

科属：百合科 芦荟属　　　　　　株高：60~90cm
栽培类型：宿根花卉　　　　　　　观赏部位：叶
放置环境：温暖、干燥和阳光充足

➢ 同属约 200 种。多肉植物。原产南非西南部。园艺品种繁多。多以盆栽观花为主。

➢ 短茎直立，节间短。叶片肥厚，莲座状排列，内含黏滑汁液；披针形，叶缘具三角形尖齿；粉绿色。总状花序从叶丛中抽出，花橙黄色，具红色斑点；花期 7~8 月。

➢ 喜温暖、干燥环境，不耐寒，冬季温度需高于 5℃。不耐阴，耐盐碱，喜排水良好、肥沃的砂质壤土。

➢ 分株或扦插繁殖。早春结合换盆分株，或于花后扦插。

夏季有短休眠期，应控制水分，保持干燥。幼株不耐高温和雨淋，宜略加遮阴。过度庇荫不开花。每周施 1 次氮肥。

➢ 盆栽观赏，在我国西南和华南地区可露地栽植，作庭院布置。

思 考 题

1. 仙人掌及多浆植物在园林中有何作用？
2. 列出 8 种常见的仙人掌花卉，简述其栽培管理要点。
3. 仙人掌及多浆植物主要原产地在哪里？
4. 多肉植物主要有哪些科？

推荐阅读书目

1. 多肉植物球根花卉 150 种. 薛聪贤. 河南科学技术出版社，2000.
2. 多浆花卉. 谢维荪，徐民生. 中国林业出版社，1999.
3. 仙人掌大全. 葛茨，格律纳(德). 辽宁科学技术出版社，2007.
4. 仙人掌及多肉植物赏析与配景. 成雅京，赵世伟. 化学工业出版社，2008.
5. 仙人掌与多肉植物大全. 王成聪. 中国林业出版社，2009.

第 16 章

专类花卉——蕨类植物、食虫植物

[**本章提要**] 本章简要介绍食虫植物的含义、特点及 2 种常见栽培种；简要介绍蕨类植物的含义、特点及 5 种(类)常见栽培种。

16.1 蕨类植物

16.1.1 概　述

16.1.1.1 含　义

蕨类植物指高等植物中比较低级的一个类群，是高等孢子植物，也是原始的维管植物，不开花。它们是一群古老的植物，它们大量存在于地质学上泥盆纪末到二迭纪初，是当时森林的主角，称为蕨类植物时代。现存种类多为草本，稀为木本。它们分布广泛，生态类型多样，多陆生、少为水生；地生或附生，直立或少为缠绕攀缘的多年生草本。因其多数种类叶片边缘通常细裂状，犹如被羊啃食后的嚼印，又称羊齿植物(Fern)。

蕨类植物的孢子体有根、茎、叶之分。根为不定根，须状；茎多数为根状茎，横卧、斜上或直立；叶因种而异，千变万化；一些种类叶片形态一致，在某阶段，全部或部分叶片背后会生出孢子囊群(可以产生孢子的无性生殖器官)；一些种类则有两种不同叶形：正常绿色的营养叶，也称不育叶；另外一种着生孢子囊的生殖叶，称为能育叶，其幼时绿色，长出孢子囊后失去绿色。

蕨类植物分布很广，除沙漠外，从高山到海底，从寒带到热带都有生长，热带与亚热带种类最为丰富。我国是世界蕨类植物资源最丰富地区之一，现存蕨类植物全世界约有 12 000 种，我国约有 2600 种(《中国植物志》，1999)，其中 10% 是特有种。我国长江以南、西南多分布，其中西南分布最多，仅云南就有约 1000 种，被称为"蕨类植物王国"。

16.1.1.2 观赏价值

蕨类植物生活史中有明显的世代交替现象，具独立生活的配子体(原叶体)和孢子体。为孢子体发达的异形世代交替。无性世代的孢子体发达，为观赏部位，孢子体形态多种多样，如有乔木，桫椤科的桫椤高可达6 m，也有近5cm高，如卷柏。绝大多数为中型多年生草本。

观赏蕨类植物在我国有悠久历史，唐朝宫廷即有观赏。蕨类植物的观赏价值在于它深浅不一的绿色，呈现着古朴与自然；叶裂深浅不同的羽状叶大小多变；还可观赏叶芽萌发时从卷曲如珠的芽体逐渐展开的有趣过程。

16.1.1.3　园林应用特点

①优秀的室内观叶植物　用于室内绿化装饰，盆栽或悬吊观赏。
②专类园植物　可以用于蕨类植物、阴生植物园、热带植物园。
③园林地被　一些低矮种类在温度适宜区可以作地被植物。
④多种应用形式　许多种类同其他宿根花卉一样，可用于花境、花丛花群、种植钵等。
⑤切叶　一些种类为优秀的切叶植物，如肾蕨等。

16.1.1.4　生态习性

目前栽培的蕨类植物有源自热带、亚热带的森林，有源自温带森林的草本层，因此生态习性差别较大。

(1) 光　照

大多数种类喜半阴，但耐阴性有差异。一些种类喜明亮的环境，如荚果、芒萁；大多数种类喜半阴的散射光，尤其忌夏季的阳光直射。因此大多数为室内观叶植物。

(2) 温　度

对温度要求差异大，取决于其原产地。原产我国东北、华北的蕨类以及高山蕨类可耐0℃以下低温，北方地区可露地栽培，如荚果蕨；原产华中的种类半耐寒，可以耐5℃低温，长江以南可以露地越冬；原产热带和亚热带种类，不耐寒，越冬温度10℃以上，也是室内观叶植物的重要类群。

(3) 水　分

对水分需求因种而异，从水生到旱生不等。水生和湿生蕨类喜水，如中华水韭、槐叶苹等；旱生类如卷柏、耳羽金毛裸蕨、石韦、银粉背蕨等非常耐旱，缺水叶片卷曲，有水时可以恢复展开；大多数种类喜湿润，60%~80%空气湿度，热带产种类，如鹿角蕨类需要更高的空气湿度才能生长良好。

(4) 土　壤

地生种类喜疏松肥沃，富含腐殖质的土壤，对土壤pH要求不同，有些喜石灰性土壤，如蜈蚣草；有些喜酸性土壤，如芒萁。附生类要求基质有更好的疏松、透气保水性，如泥炭藓等。

16.1.1.5 繁殖于栽培要点

(1) 繁殖要点

①分株繁殖　春季或秋季皆可进行，但春季进行更好。

②孢子繁殖　见 5.6 孢子繁殖。

③组织培养　见 5.5 组织培养。

(2) 栽培要点

①露地栽培　以地栽为主，主要根据应用地区和应用方式选择适宜的种类。主要考虑耐寒性，热带原产种如鹿角蕨等，在我国大多部分区域露地不能越冬，只能在室内栽培。华北地区能露地过冬的种类主要为鳞毛蕨属和蹄盖蕨属，如荚果蕨、东北蹄盖蕨、银粉背蕨、北京铁角蕨等。

选择或创造无直射光照射但散射光充足的半阴、空气湿度高的微环境。肥水管理同宿根花卉。

②室内应用　盆栽为主，有时也组合盆栽。根据室内温度和光照环境，选择适宜的种类和适宜的盆栽基质。养护管理同室内观叶植物。热带附生种也可采用吊盆栽培，或用苔藓或腐殖质作为基质，固定在木板上，然后种植适宜的种类，保持高温高湿环境。

16.1.2　常用种类

1. 铁线蕨 *Adiantum capillus-veneris*

科属：铁线蕨科　铁线蕨属
别名：铁线草、美人发
英名：Maidenfair, Southern Maidenfair Fern
栽培类型：宿根花卉
园林用途：基础种植、盆栽观叶、点缀山石

盆景
位置和土壤：室外半阴；富含石灰质的土壤。室内半阴；生长适温 15~25℃
株高：15~50cm
观赏部位：茎、叶

"*Adiantum*"源于希腊文 adiantos，意为"不湿的"；"*capillus-veneris*"意为"维纳斯（罗马神话中的爱神）之发"。原产美洲热带及欧洲温暖地区；在中国分布于长江以南各地，北至陕西、甘肃、河北，多生于山地、溪边和山石上。同属植物 200 多种。

➤ 常绿植物。植株纤弱。叶簇生，具短柄，直立而开展；叶卵状三角形，薄革质，无毛；叶柄墨黑明亮，细圆坚韧如铁丝，故名。2~3 回羽状复叶，羽片形状变化较大，多为斜扇形，羽状叶片密似云纹；叶缘浅裂至深裂；叶脉扇状分枝；孢子囊生于叶背外缘。

➤ 喜温暖、湿润、半阴环境；宜疏松，富含石灰质的土壤。为钙质土指示植物。

➤ 孢子或分株繁殖。以分株繁殖为主，4 月结合换盆进行；或于春天用根茎繁殖。能自播繁殖。盆土以微黏为宜。生长期保证土壤水分充足和较高的空气湿度。夏季置于荫棚下，适当通风，生长适温 15~25℃，空气相对湿度以 80% 为宜。越冬温度 5~10℃为佳。

➢ 四季常青，纤细优雅，清秀挺拔。可盆栽点缀窗台、门厅、台阶、书房案头、几架。亦可瓶插，配以鲜花。在温暖湿润地区，可植于假山缝隙，柔化山石轮廓，丰富景观色彩，营造出生机勃勃，浑如天然的山野风光。

➢ 全株入药，有清热解毒、祛风去湿之功效。

2. 贯众 *Cyrtomium fortunei*

科属：鳞毛蕨科　贯众属	位置和土壤：半阴至全阴；肥沃疏松排水好土壤
别名：小贯众、黑独脊	
英名：Holly Fern	株高：30~60cm
栽培类型：宿根花卉	观赏部位：叶
园林用途：盆栽、丛植、切叶	

该属 40 余种，主产东亚，我国西部和西南部为分布中心。该种分布于日本、朝鲜；我国华北、西北和长江以南各地广泛分布。

➢ 常绿。叶簇生，阔披针形，纸质，一回羽状复叶，裂片镰刀状披针形，基部上侧稍呈耳状，缘有细齿，具羽状脉。

➢ 喜半阴至全阴，耐寒，肥沃疏松排水好的喜石灰质土壤。

➢ 分株或孢子繁殖。耐寒，华北可露地越冬。冬季保持土壤干燥，以免烂根。

➢ 株形开展，叶色浓绿，可作地被、岩石园、花境；室内盆栽观叶以及切叶。全株入药，清热解毒。

3. 荚果蕨 *Matteuccia struthiopteris*

科属：球子蕨科　荚果蕨属	园林用途：盆栽、地被、丛植
别名：黄瓜香、野鸡膀子	位置和土壤：半阴至全阴；中等至湿润土壤
英名：Ostrick Fern	株高：60~100cm
栽培类型：宿根花卉	观赏部位：株形、叶

原产东亚、北美和欧洲。我国东北、西北、华北和西藏有分布。

➢ 落叶。株形直立、拱形。根状茎直立，其上及叶柄基部密被针形叶鳞片。叶杯状丛生，二型叶，不育叶椭圆披针形至倒披针形，二回深羽裂，羽片 40~60 对，互生或近对生，斜展，基部裂片逐渐缩小成小耳形，中部羽片最大；新生叶直立向上，全部展开后呈鸟巢状。可育叶从叶丛中伸出，叶柄较长，粗而硬，褐棕色，长为不育叶的 1/2，羽片荚果状。

➢ 喜半阴至全阴。喜凉爽湿润环境。耐寒，喜肥沃、疏松、湿润土壤。

➢ 分株或孢子繁殖。春或秋季分株。喜夏季凉爽气候，北方可露地过冬。湿度高时可以耐受较多光照。在凉爽湿润的气候株高更大。春季和初夏旺盛生长期，需要勤施肥。

> 北方优秀的耐阴地被植物。株形优美，也可丛植，用于花境、切叶。也是优秀的山野菜，嫩叶可食或制成干品。

4. 二歧鹿角蕨 *Platycerium bifurcatum*

科属：水龙骨科　鹿角蕨属　　　　　　园林用途：盆栽观叶、吊盆观赏
别名：蝙蝠蕨、鹿角山草　　　　　　　放置环境：阴湿；生长适温 15～25℃
英名：Bifurcate Stag's, Horn Fern　　　　株高：40cm
栽培类型：宿根花卉

"*Platycerium*"意为"阔角的"；"*bifuratum*"意为"二歧的"。原产澳大利亚、非洲和南美洲热带地区。在原产地是典型的附生植物，常附生于树干分枝处或树皮裂隙间。同属植物约 15 种。

> 大型常绿附生植物。植株灰绿色，被绢状绵柔毛。具异形叶，不育叶又称"裸叶"，扁平，圆形纸质，叶缘波状，偶具浅齿，紧贴于根茎上，新叶绿白色，老叶棕色；可育叶又称"实叶"，丛生下垂，幼叶灰绿色，成熟叶深绿色，基部直立楔形，端部具 2～3 回叉状分歧，形似鹿角，故名；孢子囊群生于叶背，在叶端凹处开始向上延至裂片的顶端。

> 喜温暖、阴湿环境。冬季干燥时可耐 0℃ 低温；耐阴，有散射光即可。

> 孢子繁殖或分株繁殖。以分株繁殖为主，四季皆可进行，以夏、秋季为好。

生长期需维持高空气湿度，浇水宜勤，浇则浇透，但勿使水停滞在叶面，以免叶面腐烂；生长适温 15～25℃，温度过高则生长停滞，进入半休眠状态。生长旺盛期可追肥 1～2 次。冬季过暖或过于干燥皆不利生长，保持 10℃ 即可。高温、通风不良或光线过于幽暗易发生病虫害。

> 鹿角蕨形态奇特，悬吊观赏时似鹿角丛生，姿态潇洒不羁，点缀于居室，趣味盎然。

> 变种大鹿角蕨（*P. bifurcatum* var. *majus*）：叶片大而粗壮，质地厚，深绿色。

5. 凤尾蕨 *Pteris multifida*

科属：凤尾蕨科　凤尾蕨属　　　　　　园林用途：盆栽、地被、丛植
别名：井栏边草、凤尾草、乌脚鸡　　　位置和土壤：散射光；湿润肥沃钙质土
英名：Spider Brake　　　　　　　　　株高：30～60cm
栽培类型：宿根花卉　　　　　　　　　观赏部位：叶

"*multifida*"，源于拉丁"*multi-*"多的 ；"*fida*"为分裂。该属约 300 种，主产热带亚热带。本种原产中国、朝鲜、日本。主要分布在华南和西南。

> 常绿。叶二型，密集簇生，不育叶卵状椭圆形，一回奇数羽状复叶，裂片细条形，具细齿，对生，一般 3 对。可育叶具长柄，狭线形，不育部分具齿，其他部分

全缘。

> 喜温暖、湿润、半阴环境，不耐寒，喜肥沃排水好的钙质土壤。

> 分株或孢子繁殖。春或秋季结合换盆进行。生长适温夜温10~15℃，昼温21~26℃；越冬温度高于5℃。60%空气湿度可以正常生长。栽培管理简单。

> 植株纤细，色泽鲜绿，有许多品种，观赏价值高。对空气湿度要求不高，是温暖地区优秀的耐阴地被；也适宜丛植于山石边。可室内盆栽观叶。全株入药，解毒凉血。

6. 巢蕨 *Neottopteris nidus*

科属：铁角蕨科　巢蕨属　　　　　　　园林用途：盆栽观叶、吊盆观赏、切叶
别名：鸟巢蕨、山苏花　　　　　　　　放置环境：阴湿；生长适温20~22℃
英名：Bird-nest Fern　　　　　　　　　株高：1~1.2m
栽培类型：宿根花卉

"*Neottopteris*"由希腊文neottia（鸟巢）和pteris（蕨）组成，指叶丛生其状如鸟巢；"*nidus*"意为"鸟巢"。原产热带、亚热带地区。分布于中国台湾、广东、广西、海南、云南等地及亚洲热带其他地区。成丛附生于雨林中的树干或岩石上。同属植物约30种。

> 常绿大型附生植物。根状茎短，顶部密生鳞片，鳞片端呈纤维状分枝并卷曲。叶革质，丛生于根状茎顶部外缘，向四周辐射状排列，叶丛中心空如鸟巢，故有其名；具圆柱形叶柄；单叶阔披针形，头尖，向基部渐狭而下延；叶革质，两面光滑，边缘软骨质，干后略反卷；叶脉两面隆起，侧脉分叉或单一，顶端和一条波状脉的边缘相连。狭条形孢子囊群生于侧脉的上侧，向叶边延伸达1/2。

> 喜温暖、阴湿，不耐寒，宜疏松、排水及保水皆好的土壤。

> 采用孢子繁殖，于3月或7~8月间进行，方法同微粒播种。栽培基质应通透性好，如草炭土、腐叶土、蕨根、树皮、苔藓等。生长适温20~22℃，越冬温度5℃以上。生长期需高温、高湿，需经常浇水、喷雾，合理追肥；忌夏日强光直射。生长期缺肥或冬季温度过低，会造成叶缘变成棕色，影响观赏效果。

> 中、大型盆栽植物。株形丰满，叶片挺拔、色泽鲜亮，观赏价值高。可植于室内花园水边、溪畔、庇荫处，或悬吊于空中，或栽植于大树枝干上，营造热带雨林茂盛、葱茏的植物景观。可切叶。

7. 肾蕨 *Nephrolepis cordifolia*

科属：肾蕨科　肾蕨属　　　　　　　　栽培类型：宿根花卉
别名：蜈蚣草、篦子草、石黄皮、圆羊齿　园林用途：盆栽、切叶
英名：Tuberous Sword Fern, Pigmy Sword　放置环境：半阴；生长适温15~26℃
　　　Fern　　　　　　　　　　　　　　株高：30~40cm

"*Nephrolepis*"意为"肾形鳞片的"；"*cordifolia*"意为"心形叶的"。原产热带、亚热

带地区；中国华南各地山地林缘有野生。同属植物约30种。

➢ 常绿植物。根状茎具主轴并有从主轴向四周横向伸出的匍匐茎，由其上短枝可生出块茎。根状茎和主轴上密生鳞片。叶密集簇生，直立，具短柄，其基部和叶轴上也具鳞片；叶披针形，1回羽状全裂，羽片无柄，以关节着生于叶轴，基部不对称，一侧为耳状突起，一侧为楔形；叶浅绿色，近革质，具疏浅钝齿。孢子囊群生于侧脉上方的小脉顶端，孢子囊群盖肾形。

➢ 喜温暖、湿润和半阴环境，忌阳光直射。

➢ 春季孢子繁殖或分株及分栽块茎繁殖。分株繁殖于春季结合换盆进行。孢子繁殖时，播于水苔、泥炭或腐殖土上，约2个月后发芽，幼苗生长缓慢。

生长期要多喷水或浇水以保持较高的空气湿度；光照不可太弱，否则生长势弱，易落叶；光线过强，叶片易发黄。生长适温15～26℃，夏季高温时，置于荫棚下，注意通风。冬季应减少浇水。越冬温度5℃以上。生长快，每年要分株更新。

➢ 肾蕨叶色浓绿，青翠宜人，姿态婆娑，株形潇洒，是厅堂、书房的优良观叶植物。可盆栽，也可吊篮栽培，可以进行切叶生产。

➢ 该属另有一著名栽培品种，'波斯顿'蕨（*Nephrolepis exalata* 'Bostoniensis'）：又名'皱叶'肾蕨。多年生草本。是高大肾蕨的一个园艺品种。叶簇生，大而细长，羽状复叶，叶裂片较深，形成细碎而丰满的复羽状叶片，展开后下垂弯曲；叶淡绿色，有光泽。该种还有矮生、冠叶、皱叶等品种，是目前国际上十分流行的蕨类植物。该类喜阴及高温、高湿。春季分株或夏季分离匍匐茎上长出的小植株繁殖。20℃以上开始生长，越冬温度5℃以上。忌阳光直射或过阴，强光下叶色极易黄化。对水分要求严格，不可过干或过湿。生长期经常向叶面喷水。主要用作盆栽观叶、切叶。

8. 卷柏类 *Selaginella* spp.

科属：卷柏科　卷柏属　　　　　　放置环境：半阴；生长适温15～25℃
英名：Spiremoss　　　　　　　　　株高：5～30cm
栽培类型：宿根花卉　　　　　　　叶色：绿色镶白边、绿色、蓝绿色

同属植物约有700种，大多数种类原产热带、亚热带地区；中国各地有分布。

➢ 常绿植物。植株矮小，主茎直立或匍地蔓生，有多回分枝，分枝处常发生细小的不定根。叶形、叶色富于变化。孢子囊生于枝顶。

➢ 卷柏属植物大多生于山谷或山坡林下、石缝等阴湿处，喜温暖、湿润和半阴环境。耐寒性、耐旱性、耐阴性良好；大多不耐高温，忌强光直射；需肥性不高，对土壤要求不严，适应范围广泛。

➢ 孢子或扦插及分株繁殖。卷柏属植物分枝顶端会产生孢子叶，即球花，它可产生孢子囊，其内孢子成熟后可自行撒落或人工收集撒播，培育成独立植株。直立型植株可于春季切取4～5cm长、发育成熟的茎枝，浅插于细砂土中，遮阴并保持15～20℃及95％的空气湿度，其上可形成许多个体。对于匍匐性植株，多于春季换盆时分株繁殖。

适应性强，栽培容易。根系浅，盆栽一般不宜覆土过深，土壤以疏松、保水、排

水良好的腐叶土较好。生长期保持盆土湿润，避免过干，同时可向叶面喷水，提高空气湿度。盛夏高温注意遮阴，加强通风，防介壳虫、蚜虫危害。追肥不宜过多，可于春秋各追肥1次。及时摘心，促发分枝，矮化丰满植株。

➢ 小型盆栽。卷柏属植物株体矮小，叶色别致，姿态秀雅，适宜于点缀假山、石缝中或作山石盆景；或小型盆栽，或吊盆悬挂，观赏效果好。

➢ 常见种类：

(1)'银边'卷柏 *Selaginella martensii* 'Watsoniana'

别名：'银端'卷柏

植株茎枝直立，高10~30cm。茎枝上半端向后弯倾，如同开展的花瓣。地表发出分枝，每一分枝上的小枝与叶片都生长在同一平面上，形似扁柏。茎枝近地面易生不定根，悬垂至土中。叶片细小密集，淡绿色，下部叶片色深，枝条顶端叶片为银白色，观赏价值高。

(2) 翠云草 *Selaginella uncinata*

别名：蓝地柏、绿绒草、龙须、地柏叶

英名：Hooked Spikemoss

主茎匍匐蔓生，长25~60cm，有棱。叶片卵形，二列疏生；营养叶两型，背腹各两列，腹叶长卵形，背叶矩圆形，排列成平面，下面深绿色，上面蓝绿色，美丽动人。

16.2 食虫植物

16.2.1 概 述

16.2.1.1 含义及类别

能用植株的某个部位捕捉活的昆虫或小动物，并能分泌消化液，将虫体消化吸收的植物被称为食虫植物。这是一种生态适应，这种植物多生于长期缺乏氮素养料的土壤或沼泽中，具有诱捕昆虫及其他小动物的变态叶。

世界上约有500种食虫植物，分属于7个科16个属，几乎遍布全世界，但以南半球最多。主要有三大类：一类是叶扁平，叶缘有刺，可以合起来，如捕蝇草类；一类是叶子成囊状的捕虫囊，如猪笼草、瓶子草类；还有一类是叶面有可分泌汁液的纤毛，通过黏液粘住猎物，如茅膏菜类。

食虫植物因为根系不发达，吸收能力差，长期生活在缺乏氮素的环境（如热带、亚热带的沼泽地）中，假如完全依靠根系吸收的氮素来维持生活，那么在长期的生存竞争中早就被淘汰了。迫于生存的压力，食虫植物获得了捕捉动物的能力，可以从被消化的动物中补充氮素。食虫植物既能进行光合作用，又能利用特殊的器官捕食昆虫，依靠外界现成的有机物来生活。因此，食虫植物是一种奇特的兼有两种营养方式的绿色开花植物。

室内栽培不易成功，要求土壤和空气湿度都高，偶尔需提供小昆虫。用雨水浇灌较好。

16.2.1.2 园林应用特点

这是一类种类不多但形态特异的类群，观赏价值较高。是重要的家庭园艺栽培种类。在园林中主要用途如下：

①室内植物　作为室内盆栽植物观赏。

②专类植物　以食虫植物园或食虫植物景箱作为科普或特殊景观展示。通常面积不大。

16.2.1.3 生态习性

①温度　差异大。原产寒温带种类耐寒，原产美国东南部瓶子草属和部分茅膏菜、捕虫草可耐0℃低温。产于热带的猪笼草生长适温20~30℃。

②光照　大部分喜光，热带产种类多喜半阴，喜散射光充足。

③水分　喜湿润，喜较高的空气湿度。

④土壤　疏松、透气、湿润。

16.2.1.4 繁殖栽培要点

(1) 繁殖要点

主要有分株、播种和叶插。

(2) 栽培要点

➤ 不同种类采用不同栽培方式。

➤ 园艺栽培中选择的种类大多喜温暖、湿润，冬季不能低于5℃。

➤ 地栽时需选择透气、透水和保湿的土壤；盆栽适宜选用泥炭土或水苔。

➤ 使用软水，采用浸盆法供水。提供较高的空气湿度。

➤ 大多种类需要阳光充足，但猪笼草类喜半阴种，夏季需要遮阴。

➤ 防治眼虫、粉虱和灰霉病。

16.2.2 常见栽培种类

1. 猪笼草 *Nepenthes mirabilis*

科属：猪笼草科　猪笼草属
别名：猪仔笼
英名：Pitcher Plant, Lommon Nepenthes
栽培类型：宿根花卉
园林用途：盆栽悬吊观赏

放置环境：冬季全光，夏季半阴；生长适温22~30℃
株高：20~40cm
观赏部位：捕虫囊

分布于中国华南、菲律宾、马来西亚半岛至澳大利亚北部，生于丘陵灌丛或小溪边。同属植物约 70 种，分布于东半球热带地区。

➤ 常绿植物。植株小，蔓性，多生于高温、多湿的丛林内，或附生于树上。叶大，互生，革质，椭圆状矩圆形，基部扁平，先端成袋状，一般称为捕虫囊；袋内能分泌黏性汁液，可溺死落入袋中的昆虫，进而将其分解吸收。雌雄异株；总状花序，长 30cm；无花瓣，萼片红褐色。蒴果，种子多数。

目前栽培的多为园艺品种。叶披针形，先端有叶须，端部膨大成囊状，上部有盖。但人工栽培时捕虫囊失去功能。大型种捕虫囊长度为 30cm，宽 8~12cm，具深红色斑纹，十分美丽，是最容易种植、最受欢迎的品种。'紫斑'猪笼草黄绿色底具红斑，捕虫囊长 10~35cm，宽 3~8cm，也很美丽。但人工栽培时捕虫囊失去功能。

➤ 喜高温、多湿，不耐寒，生育温度 22~30℃。喜半阴，避免夏季阳光直射。湿度过低将不会形成捕虫囊。

➤ 播种或扦插繁殖。扦插于春夏间进行，取顶芽作插穗，基部包上水苔再扦插。栽于透水性好的容器中，培养基质可全用水苔。栽时根易断，须细心操作。宜于荫棚下栽培。夏季注意保持较高的空气湿度，同时注意通风良好。浇水以微酸性为好。生长期需经常施肥。栽培中要注意不要触及袋囊，否则极易引起腐烂。

➤ 猪笼草是一种新奇有趣的观赏植物，造型奇特的捕虫囊是其主要观赏部位，适宜盆栽悬吊观赏。

2. 紫花瓶子草 *Sarracenia purpurea*

科属：瓶子草科　瓶子草属	放置环境：全光；高湿；生长适温 18~28℃
英名：Common Pitcher Plant，Side-saddle Flower	株高：30cm
	花色：紫或绿紫
栽培类型：宿根花卉	花期：4~5 月
园林用途：盆栽观赏	

"*purpurea*"意为"紫红色的"。原产北美洲加拿大东海岸附近至美国佛罗里达州的北部一带。具代表性的有灰色种、淡黄色种、紫色种、红色种等。

➤ 常绿植物。无茎。叶基生，莲座状着生；春天长出的叶呈筒状直立，如喇叭开口，上有盖，种类不同，色彩也不同，无论色彩、形状都十分有趣；夏天生出的叶呈剑状，较少见；筒状叶内壁下方密生细毛，小虫一旦落入，即难逃逸。花茎直立，高约 30cm；花单生，下垂，紫色或绿紫色，花形奇特；雌蕊的柱头先端如伞状展开，形成花柱板，十分罕见。

➤ 喜温暖、湿润、阳光充足的环境。较耐寒；不耐旱，忌碱性水；要求疏松透气的栽培基质，一般以水苔栽培为宜。

➤ 多用分株或播种繁殖。分株于春季结合换盆进行。播种于秋季进行，春季发芽。

夏季宜于荫棚下培养，需经常浇水、喷雾，以降低温度，保持较高的空气湿度。冬季可适当降低湿度，越冬温度 5~8℃ 为宜。

➤ 瓶子草亦作为奇趣植物盆栽观赏。

3. 其他常见食虫植物

（1）捕蝇草 *Dionaea muscipula*

茅膏菜科捕蝇草属，产自美国东部的沼泽地。植株从根茎长出多个捕捉器，下部为具翼的柄，上部演化成瓣状物，内壁长有敏感的刺毛，一旦感觉到昆虫"光临"，就会迅速合拢，叶边的齿状刺互相卡住，使昆虫不得逃脱。

（2）圆叶茅膏菜 *Drosera rotundifolia*

茅膏菜科茅膏菜属多年生草本植物，原产北美洲，中国也有分布。植株平铺于地面，叶片近圆形，生满紫红色腺毛，能分泌出发亮的黏液捕食昆虫。这种黏液还带有一种香甜的气味，以引诱昆虫上钩。

思 考 题

1. 蕨类植物有哪些种类？它们在园林中有哪些应用价值？
2. 食虫植物有哪些类型？它们在园林中有哪些应用价值？

推荐阅读书目

1. 观赏蕨类的栽培与用途. 邵莉楣. 金盾出版社，1994.
2. 彩图花草种养大百科. Dr. D. G. Hessayon. 湖南科学技术出版社，1999.
3. 观叶植物225种. 薛聪贤. 河南科学技术出版社，2000.
4. 观赏蕨类. 石雷. 中国林业出版社，2002.
5. Encyclopedia of Garden Ferns. Sue Olsen. Timber Press，2007.
6. 食虫植物. 达尔文. 北京大学出版社，2014.

参 考 文 献

北京林业大学园林系花卉教研室,1990. 花卉学[M]. 北京:中国林业出版社.
北京林业大学园林学院花卉教研室,1995. 花卉识别与栽培图册[M]. 合肥:安徽科学技术出版社.
北京林业大学园林学院花卉教研室,1999. 中国常见花卉图鉴[M]. 郑州:河南科学技术出版社.
常美花,2022. 花卉育苗技术手册[M]. 北京:化学工业出版社.
陈俊愉,程绪珂,1990. 中国花经[M]. 上海:上海文化出版社.
陈俊愉,刘师汉,1980. 园林花卉[M]. 上海:上海科学技术出版社.
邓志军,2018. 植物种子保存和检测的原理与技术[M]. 北京:科学出版社.
谷祝平,1991. 洋兰——艳丽神奇的世界[M]. 成都:四川科学技术出版社.
黄定华,1999. 花期调控新技术[M]. 北京:中国农业出版社.
黄章智,1990. 花卉的花期调节[M]. 北京:中国林业出版社.
李嘉珏,1999. 中国牡丹与芍药[M]. 北京:中国林业出版社.
李尚志,等,2002. 荷花·睡莲·玉莲——栽培与应用[M]. 北京:中国林业出版社.
李尚志,2000. 水生植物造景艺术[M]. 北京:中国林业出版社.
李少球,胡松华,1999. 世界兰花[M]. 广州:广东科学技术出版社.
李天来,2022. 设施园艺学[M]. 北京:中国农业出版社.
李志炎,林政秋,1995. 中国荷文化[M]. 杭州:浙江人民出版社.
郦芷若,朱建宁,2001. 西方园林[M]. 郑州:河南科学技术出版社.
龙雅宜,张金政,1999. 百合——球根花卉之王[M]. 北京:金盾出版社.
卢思聪,石雷,2005. 大花蕙兰[M]. 北京:中国农业出版社.
卢思聪,1994. 中国兰与洋兰[M]. 北京:金盾出版社.
陆欣,谢英荷,2019. 植物营养学[M]. 2版. 北京:中国农业大学出版社.
罗依·兰—斯特,马修·比格斯,2002. 室内观赏植物养护大全[M]. 陈尚武,曹文红,译. 北京:中国农业出版社.
孟繁静,1999. 植物花发育的分子生物学[M]. 北京:中国农业出版社.
秦魁杰,陈耀华,1999. 温室花卉[M]. 北京:中国林业出版社.
邵利楣,1994. 观赏蕨类的栽培与用途[M]. 北京:金盾出版社.
舒迎澜,1993. 古代花卉[M]. 北京:中国农业出版社.
孙可群,张应麟,龙雅宜,1985. 花卉及观赏树木栽培手册[M]. 北京:中国林业出版社.
韦三立,1999. 观赏植物花期控制[M]. 北京:中国农业出版社.
闻子良,1988. 花卉栽培与药用[M]. 北京:中国农业科学技术出版社.
吴涤新,1994. 花卉应用与设计[M]. 北京:中国农业出版社.
吴应祥,1980. 兰花[M]. 北京:中国林业出版社.
吴应祥,1991. 中国兰花[M]. 北京:中国林业出版社.
小西国义,1996. 花卉花期控制[M]. 台北:台北淑馨出版社.
肖良,印丽萍,2001. 一年生二年生园林花卉[M]. 北京:中国农业出版社.
谢维荪,郭毓平,2001. 仙人掌及多浆植物鉴赏[M]. 上海:上海科学技术出版社.
薛聪贤,2000. 观叶植物225种[M]. 杭州:浙江科学技术出版社.
薛聪贤,2000. 球根花卉·多肉植物150种[M]. 郑州:河南科学技术出版社.

薛聪贤，2000. 宿根草花150种[M]. 郑州：河南科学技术出版社.
薛聪贤，2000. 一年生草花120种[M]. 郑州：河南科学技术出版社.
薛守纪，2004，中国菊花图谱[M]. 北京：中国林业出版社.
英国皇家园艺学会，2000. 球根花卉[M]. 韦三立，李丽红，译. 北京：中国农业出版社.
英国皇家园艺学会观赏植物指南，2003. 多年生园林花卉[M]. 印丽萍，肖良，译. 北京：中国农业出版社.
张俭，1994. 郁金香[M]. 北京：中国林业出版社.
张伟，译，2001. 缤纷的容器花园[M]. 北京：中国林业出版社.
章守玉，1982. 花卉园艺[M]. 沈阳：辽宁科学技术出版社.
赵家荣，2002. 水生花卉[M]. 北京：中国林业出版社.
赵梁军，2011. 园林植物繁殖技术手册[M]. 北京：中国林业出版社.
中国科学院植物研究所，1996. 新编汉拉英植物名称[M]. 北京：航空工业出版社.
中国科学院植物研究所，@2009—2024版权. iPlant.cn 植物智 . http：//www.IPlant.cn.
中国林业科学院花卉研究与开发中心，2007. 石斛兰资源、生产、应用[M]. 北京：中国林业出版社.
周维权，2008. 中国古典园林史[M]. 3版. 北京：清华大学出版社.
邹秀文，邢全，黄国振，1999. 水生花卉[M]. 北京：金盾出版社.
（日）铃木躬次郎，2001. 观叶植物栽培图解[M]. 高东昌，译. 沈阳：辽宁科学技术出版社.
ANTHONY ARCHER-WILLS，2002. 园林水景设计[M]. 沈阳：辽宁科学技术出版社.
HESSAYON. DR. D. G，1999. 彩图花草种养大百科[M]. 长沙：湖南科学技术出版社.
JOHN M DOLE，1999. Floriculture principles and species[M]. New Jersey：Prentice Hall.
ROGER C STYER & DARID S KORANSKI，2007. 穴盘苗生产原理与技术[M]. 刘演，译. 北京：化学工业出版社.
植物智，www.iPlant.cn
余树勋，等，2004. 玉簪花[M]. 北京：中国建筑工业出版社.

附录一　花卉拉丁学名索引

（按字母顺序排列）

A

Achillea filipendulia 166
Achillea millefolium 166
Aconitum carmichaeli 167
Aconitum hemsleyanum 167
Acorus calamus 250
Acorus gramineus 250
Adiantum capillus-veneris 387
Aechmea fasciata 308
Aeonium arboreum 'Atropurpureum' 379
Aeonium haworthii 378
Ageratum houstonianum 126
Aglaonema commutatum 'Pseudo-Bracteatum' 310
Aglaonema modestum 310
Aglaonema 'Silver Queen' 309
Allium giganteum 219
Allium moly 220
Allium neapolitanum 220
Alocasia × amazonica 311
Alocasia odora 310
Alocasia sanderiana 311
Aloe vera 383
Alternanthera bettzickiana 126
Althaea rosea 168
Alyssum montanum 169
Alyssum saxatile 169
Anthurium andraeanum 293
Anthurium crystallinum 293
Anthurium scherzerianum 293
Antirrhinum majus 128
Aquilegia canadensis 170
Aquilegia × hybrida 171
Aquilegia yabeana 171
Aquilegia vulgaris 171
Araucaria heterophylla 311
Ardisia crenata 349
Argyranthemum frutescens 129
Arrhenatherum elatius f. *variegatum* 269
Arundo donax 'Versicolor' 270
Asparagus cochinchinensis 312
Asparague densiflorus 'Myers' 312
Asparagus retrofractus 313
Asparagus setaceus 313
Aster alpinus 172
Aster novae-angliae 172
Aster novi-belgii 173
Aster tataricus 173
Astilbe chinensis 174
Astilbe × arendsii 174

B

Begonia rex 294
Begonia semperflorens 129
Begonia × tuberhybrida 294
Begonia × hiemalis 294
Belamcanda chinensis 174
Billbergia pyramidalis 314
Bletilla striata 220
Bellis perennis 130
Butomus umbellatus 251
Brassica oleracea var. *acephala* 131

C

Caladium bicolor 314
Calamagrostis × acutiflera 'Karl Foerster' 271
Calamagrostix × acutiflera 'Overdam' 271
Calathea crocata 316
Calathea insignis 316
Calathea makoyana 316
Calathea roseo-picta 316
Calathea zebrina 316
Calceolaria crenatiflera 295
Calendula officinalis 131
Callistephus chinensis 132
Campanula carpatica 175
Campanula glomerata 176
Campanula persicifolia 176
Canna edulis 222
Canna generalis 222
Canna indica 222
Canna warscewiezii 222
Carex lanceolata 271
Carex leucochlora 272
Caryota mitis 316
Catharanthus roseus 133
Cattleya 357
Celosia cristata 134
Cenchrus setaceus 'Rubrum' 276
Centaurea americana 177
Centaurea montana 177
Cereus pitajaya 371
Chamaedorea elegans 317
Chlorophytum comosum 318
Chrysalidocarpus lutescens 319
Chrysanthemum morifolium 182
Cissus alata 319
Clematis florida 178
Clematis 'Jackmanii' 179
Clematis patens 179
Cleome hassleriana 134
Clivia miniata 296

Codiaeum variegatum 320
Coleus sutellarioides 135
Columnea microcalyx 297
Convallaria majalis 222
Cordyline fruticosa 321
Coreopsis grandiflora 180
Coreopsis lanceolata 180
Coreopsis verticillata 180
Cortaderia selloana 272
Cortaderia selloana 'Pumila' 272
Cosmos bipinnatus 136
Crassula muscosa 379
Crinum × amabile 224
Crinum asiaticum var. *sinicum* 224
Crocus maesiacus 225
Crocus sativus 225
Crocus speciosus 225
Crocus susianus 225
Crocus vernus 225
Ctenanthe setosa 322
Cyclamen persicum 297
Cymbidium ensifolium 356
Cymbidium faberi 357
Cymbidium kanran 357
Cymbidium sinense 357
Cymbidium tortisepalum 357
Cymbidium goeringii 355
Cymbidium hybrid 358
Cyperus alternifolius 252
Cyrtomium fortunei 388

D

Dahlia pinnata 226
Delphinium × belladonna 181
Delphinium elatum 182
Delphinium grandiflorum 182
Dendrobium 358
Dianthus barbatus 137
Dianthus caryophyllus 184
Dianthus chinensis 137
Dianthus chinensis 'Heddewigii' 138
Dianthus deltoides 185
Dianthus latifolius 138
Dianthus plumarius 185
Dianthus superbus 185
Dicentra exima 186
Dicentra formosa 187
Dicentra spectabilis 187
Dieffenbachia amoena 323
Dieffenbachia sequine 323
Digitalis purpurea 138
Dionaea muscipula 395
Dizygotheca elegantissima 323
Dracaena deremensis 'Compacta' 325
Dracaena fragrans 325
Dracaena marginata 325
Dracaena reflex 326
Dracaena sanderiana 326
Drosera rotundifolia 395

E

Echeveria 'Black Prince' 380
Echeveria chihuahuaensis 380
Echinacea purpurea 187
Echinocactus grusonii 371
Echinopsis tubiflora 372
Eichhornia crassipes 252
Epiphyllum oxypetalum 372
Episcia cupreata 298
Eragrostis spectabilis 272
Eschscholtzia californica 139
Euphorbia marginata 139
Euphorbia milii var. *splendens* 376
Euphorbia pulcherrima 298
Euryale ferox 253

F

× Fatshedera lizei 326
Fatsia japanica 327
Festuca glauca 273
Ficus benjamina 328
Ficus elastica 328
Ficus pandurata 329
Fittonia albivenis 329
Fittonia albivenis 'Minima' 329
Freesia refracta 299
Fritillaria imperialis 226

Fuchsia hybrida 300

G

Gaillardia aristata 188
Galanthus nivalis 227
Gazania rigens 140
Gerbera jamesonii 301
Gladiolus hybridus 228
Glottiphyllum longum 377
Gomphrena globosa 140
Guzamania lingulata 330
Gypsophila elegans 141

H

Haworthia cooperi var. *pilifera* 383
Hawrthia fasciata 383
Hedera helix 330
Hedera canariensis 331
Helichrysum bracteatum 142
Hemerocallis citrina 189
Hemerocallis flava 189
Hemerocallis × hybrida 190
Heuchera sanguinea 190
Hibiscus coccineus 191
Hibiscus moscheutos 191
Hippeastrum hybridum 229
Hosta lancifolia 192
Hosta plantaginea 192
Hosta ventricosa 193
Hyacinthus orientalis 229
Hydrocleys nymphoides 254
Hydrocotyle verticillata 254
Hymenocallis littoralis 230
Hymenocallis speciosa 231

I

Impatiens balsamina 142
Impatiens hawkeri 301
Impatiens walleriana 143
Imperata cylindrical 'Rubra' 273
Iris ensata 195
Iris florentina 193
Iris germannica 194
Iris japonica 195

Iris lactea var. *chinensis* 196
Iris laevigata 195
Iris pallida 194
Iris pseudacorus 195
Iris sanguinea 196
Iris spuria 196
Iris tectorum 194

K

Kalanchoe daigremonitiana 381
Kalanchoe manginii 381
Kniphofia hybrida 198
Kniphofia triangularis 198
Kniphofia uvaria 198
Kochia scoparia 144

L

Leucojum aestivum 231
Leucojum autamnale 232
Leucojum vernum 232
Liatris spicata 232
Lilium brownii var. *viridulum* 234
Lilium concolor 234
Lilium davidii 234
Lilium longiflorum 235
Lilium regale 235
Lilium pumilum 235
Lilium tigrinum 235
Lithops pseudotruncatella subsp. *archerae* 377
Livistona chinensis 331
Lobelia erinus 144
Lobularia maritima 145
Lupinus polyphyllus 198
Lycoris aurea 236
Lycoris longituba 236
Lycoris radiata 236
Lycoris sprengeri 237
Lycoris squamigera 237
Lythrum salicaria 255

M

Maranta leuconeura 333
Matteuccia struthiopteris 388
Matthiola incana 146

Mauranthemum paludosum 146
Mirabilis jalapa 147
Miscanthus sinensis 'Gracillimus' 274
Miscanthus sinensis 'Morning Light' 274
Miscanthus sinensis 'Variegatus' 274
Miscanthus sinensis 'Siberfeder' 274
Miscanthus sinensis 'Zebrinus' 274
Miscanthus sacchariflorus 275
Monstera deliciosa 333
Muhlenbergia capillaris 275
Muscari armeniacum 238
Muscari botryoides 238

N

Narcissus cyclamineus 239
Narcissus jonquilla 239
Narcissus poeticus 239
Narcissus pseudo-narcissus 239
Narcissus tazetta subsp. *chinensis* 240
Nelumbo nucifera 256
Nephrolepis cordifolia 390
Nepenthes mirabilis 393
Neottopteris nidus 390
Nertera granadensis 350
Nicotiana × *sanderae* 148
Nolina recurvata 334
Nopalxochia ackermannii 373
Nuphar pumila 258
Nymphaea alba 259
Nymphaea nouchali var. *caerulea* 259
Nymphaea lotus 259
Nymphaea mexicana 259
Nymphaea odorata 259
Nymphaea rubra 259
Nymphaea tetragona 259
Nymphoides peltata 260

O

Oncidium 359

Opuntia dellenii 374
Opuntia microdasys 375
Osteospermum ecklonis 150

P

Pachira glabra 334
Paeonia lactiflora 199
Panicum virgatum 275
Panicum virgatum 'Heavy Metal' 276
Papaver nudicaule 201
Papaver orientale 201
Papaver rhoeas 148
Paphiopedilum 360
Pelargonium domesticum 202
Pelargonium peltatum 202
Pelargoniun hortorum 202
Penstemon barbatus 203
Penstemon campanulatus 203
Penstemon × *gloxinioides* 204
Pennisetum alopecuroids 'Little Bunny' 276
Pennisetum orientale 276
Peperomia argyreia 336
Peperomia caperata 336
Peperomia magnolifolia 'Variegata' 336
Peperomia scandens 'Variegata' 336
Petunia × *atkinsiana* 149
Phalaenopsis 361
Phalaris arundinacea var. *picta* 277
Pharbitis hederacea 152
Pharbitis nil 152
Pharbitis purpurea 152
Philodendron erubescens 337
Philodendron hederaceum 337
Philodendron panduraeforme 337
Philodendron selloum 337
Phlox nivalis 204
Phlox paniculata 205
Phlox subulata 205
Phoenix canariensis 338
Phoenix roebelenii 338
Physostegia virginiana 205

Pilea cadierei 339
Pilea peperomioides 339
Pistia stratiotes 261
Platycerium bifurcatum 389
Platycodon grandiflorus 206
Polianthes tuberosa 240
Polyscias frutiosa 340
Polyscias guifoylei 340
Pontederia cordata 262
Portulaca grandiflora 152
Primula obconica 303
Primula × *polyantha* 303
Primula sinensis 303
Primula malacoides 304
Pteris multifida 389
Pulsatilla chinensis 241

Q

Quamoclit coccinea 153
Quamoclit pennata 153
Quamoclit sloteri 154

R

Ranunculus asiaticus 241
Rhapis excelsa 341
Rudbeckia fulgida 207
Rudbeckia hirta 207

S

Sagittaria trifolia subsp. *leucopetala* 262
Saintpaulia ionantha 304
Salvia splendens 154
Salvia coccinea 155
Salvia farinacea 155
Salvia nemorosa 208
Salvia viridis 155
Sansevieria trifasciata 341
Sansevieria trifasciata 'Golden Hahnii' 342
Sansevieria trifasciata 'Hahnii' 342
Sansevieria trifasciata var. *laurentii* 342
Sarracenia purpurea 394
Schefflera arboricola 342
Schlumbergera russelliana 375
Schlumbergera truncactus 375
Schoenoplectus tabernaemontani 263
Scilla hispanica 243
Scilla peruviana 243
Scindapsus aureum 343
Sedum aizoom 208
Sedum album 381
Sedum kamtschaticum 209
Sedum lineare 209
Sedum morganianum 382
Sedum sarmentosum 209
Sedum spectabile 210
Selaginella martensii 'Watsoniana' 392
Selaginella uncinata 392
Senecio cineraria 155
Senecio cruentus 305
Senecio rowleyanus 382
Sinningia hybrida 305
Solidago canadensis 211
Solidago virgaurea 211
Spathiphyllum floribundum 'Clevelandii' 344
Strelitzia reginae 306
Stipa lessingiana 277
Syngonium podophyllum 344

T

Tagetes erecta 156
Tagetes patula 157
Tagetes tenuifdia 156
Thalia dealbata 264
Tillandsia cyanea 346
Tillandsia lindenii 346
Torenia fournieri 157
Tradescantia fluminensis 346
Tropaeolum majus 157
Tulipa × *gesneriana* 243
Tulbaghia violacea 244
Typha domingensis 264

V

Vanda 361
Verbena × *hybrida* 158
Verbena canadensis 159
Verbena tenera 159
Veronica spicata 211
Victoria amazonica 265
Viola cornuta 160
Viola tricolor 160
Viola × *wittrockiana* 159
Vriesea carinata 347
Vriesea 'Poelmanii' 347
Vriesea splendens 348

Z

Zamioculcas zamiifolia 349
Zantedeschia aethiopica 307
Zebrina pendula 348
Zebrina pendula 'Quadricolor' 349
Zephyranthes candida 245
Zephyranthes grandiflora 245
Zinnia elegans 160
Zinna angustifolia 161
Zinna linearis 161

附录二　花卉中文名索引

（按拼音字母顺序排列）

A

埃及白睡莲　259
'矮'蒲苇　272
矮牵牛　149
安祖花　293

B

八宝景天　210
八角金盘　327
'白柄'亮丝草　310
'白鹤'芋　344
白　及　220
白晶菊　146
白睡莲　259
白头翁　241
百　合　234
百合竹　326
百日草　160
'斑叶'芒　274
半支莲　152
豹斑竹芋　333
报春花　304
变叶木　320
冰岛罂粟　201
波斯菊　136
捕蝇草　395

C

'彩苞'凤梨　347
彩苞鼠尾草　155
彩虹竹芋　316
彩叶草　135
菖　蒲　250
长春花　133
长筒石蒜　236

长苞凤梨　346
长苞香蒲　264
常夏石竹　185
常春藤　330
巢　蕨　390
'晨光'芒　274
雏　菊　130
川百合　234
'垂'椒草　336
垂盆草　209
垂　榕　328
春　兰　355
春　羽　337
慈　姑　262
葱　莲　245
丛生福禄考　205
翠　菊　132
翠　雀　182
翠云草　392

D

大地落叶生根　381
大花葱　219
大花蕙兰　358
大花金鸡菊　180
大花美人蕉　222
大花牵牛　152
大花三色堇　159
大花天竺葵　202
大花萱草　190
大花金鸡菊　180
大丽花　226
大　藻　261
大矢车菊　177
大王黛粉叶　323
大王秋海棠　294

大岩桐　305
黛粉芋　323
淡竹叶　346
倒挂金钟　300
德国鸢尾　194
荻　275
地　肤　144
地中海蓝钟花　243
颠茄翠雀　181
吊竹梅　348
吊　兰　318
钓钟柳　203
丁香水仙　239
东方狼尾草　276
东方罂粟　201
兜兰属　360
短穗鱼尾葵　316
'短叶'虎尾兰　342
盾叶天竺葵　202
多花报春　303
多叶羽扇豆　198

E

鹅掌藤　342
二歧鹿角蕨　389

F

法国鸢尾　193
番红花　225
番黄花　225
番紫花　225
粉黛乱子草　275
非洲凤仙花　143
非洲菊　301
非洲堇　304
费　菜　208

风信子　229
凤仙花　142
凤尾蕨　389
凤眼莲　252
佛甲草　209
佛手掌　377
翡翠珠　382
芙蓉葵　191
福禄考　204
富贵竹　326

G

高翠雀花　182
高加索番红花　225
高山紫菀　172
宫灯长寿花　381
瓜叶菊　305
瓜叶乌头　167
贯　众　388
广东万年青　310
龟背竹　333

H

海　芋　310
寒　兰　357
旱金莲　157
旱伞草　252
合果芋　344
荷包牡丹　187
荷　花　256
荷兰菊　173
鹤望兰　306
黑心金光菊　207
'黑法师'　378
'黑王子'　380
黑叶芋　311

红苞喜林芋　337
红边竹蕉　325
红鹤芋　293
红花钓钟柳　203
红花矾根　190
红花睡莲　259
红花文殊兰　224
红花烟草　148
红果薄柱草　350
红口水仙　239
红缘莲花掌　378
忽地笑　236
蝴蝶花　195
蝴蝶兰属　361
虎刺梅　376
虎尾兰　341
虎纹凤梨　348
'狐尾'天门冬　312
花贝母　226
花菱草　139
花毛茛　241
'花叶'拂子茅　271
'花叶'芦竹　270
花叶冷水花　339
'花叶'芒　274
花叶芋　314
花蔺　251
华北耧斗菜　171
换锦花　237
黄菖蒲　195
'黄短叶'虎尾兰　342
黄花菜　189
黄花葱　220
黄睡莲　259
黄苞肖竹芋　316
黄毛掌　375
蕙兰　357
火炬花　198

J

鸡冠花　134
加拿大耧斗菜　170
加拿大美女樱　159
加拿大一枝黄花　211
加拿利常春藤　331
加拿利海枣　338

建兰　356
剑叶金鸡菊　180
箭羽竹芋　316
角堇　160
蕉藕　222
荚果蕨　388
杰克曼氏铁线莲　179
吉娃莲　380
金边虎尾兰　342
金琥　371
金钱蒲　250
金鱼草　128
金盏菊　131
'锦团'石竹　138
锦绣苋　126
镜面草　339
鲸鱼花　297
韭莲　245
酒瓶兰　334
桔梗　206
菊花　182
聚花风铃　176
聚铃花　243
卷丹　235
君子兰　296
蕨叶薹　166

K

'卡尔'拂子茅　271
卡特兰属　357
堪察加景天　209
孔雀草　157
孔雀木　323
孔雀竹芋　316
葵叶茑萝　154

L

喇叭水仙　239
兰属　355
蓝目菊　150
蓝睡莲　259
蓝猪耳　157
蓝羊茅　273
丽格秋海棠　294
丽色画眉草　272

莲瓣兰　357
裂叶牵牛　152
林荫鼠尾草　208
铃兰　222
菱叶葡萄　319
令箭荷花　373
六倍利　144
柳枝稷　275
芦荟　383
鹿葱　237
绿萝　343
轮叶金鸡菊　180
落新妇　174

M

马拉巴栗　334
马蔺　196
马蹄莲　307
麦秆菊　142
毛地黄　138
毛果一枝黄花　211
美国紫菀　172
美丽番红花　225
美丽荷包牡丹　187
美丽水鬼蕉　231
美丽针葵　338
美女樱　158
美人蕉　222
'密叶'竹蕉　325
岷江百合　235
木茼蒿　129
墨兰　357

N

南欧葱　220
南美天胡荽　254
南洋森　340
拟鸢尾　196
茑萝松　153

O

欧风铃草　175
欧耧斗菜　171

P

蓬莱松　313

披针叶薹草　271
萍蓬莲　258
葡萄风信子　238
蒲包花　295
蒲葵　331
蒲苇　272

Q

槭葵　191
千屈菜　255
千日红　140
千叶蓍　166
芡　253
琴叶榕　329
琴叶喜林芋　337
青绿薹草　272
蜻蜓凤梨　308
青锁龙　379
秋雪片莲　232
球根秋海棠　294
瞿麦　185
金缘叶金光菊　207

R

'乳纹'椒草　336
日本血草　273
绒叶肖竹芋　316

S

三色堇　160
散尾葵　319
山丹　235
山矢车菊　177
山庭荠　169
山影拳　371
芍药　199
少女石竹　185
蛇鞭菊　232
射干　174
麝香百合　235
生石花　377
石斛属　358
石蒜　236
石竹　137
石竹梅　138
十二卷　383

'矢羽'芒 274
蜀葵 168
水葱 263
水鬼蕉 230
水晶花烛 293
水塔花 314
水罂粟 254
水竹芋 264
睡莲 259
丝带草 277
散尾葵 319
四季报春 303
四季秋海棠 129
'四色'吊竹梅 349
松鼠尾 381
宿根福禄考 205
宿根天人菊 188
随意草 205
穗花婆婆纳 211
缒毛荷包牡丹 186
梭鱼草 262

T

昙花 372
唐菖蒲 228
桃叶风铃草 176
天门冬 312
天竺葵 202
铁线蕨 387
铁线莲 178

W

晚香玉 240
万带兰属 361
万寿菊 156
王莲 265
网纹草 329

文殊兰 224
文心兰属 359
文竹 313
渥丹 234
乌头 167

X

西瓜皮椒草 336
溪荪 196
细茎针茅 277
细叶百日草 161
'细叶'芒 274
细叶万寿菊 156
细叶美女樱 159
喜荫花 298
狭叶玉簪 192
霞草 141
夏雪片莲 231
仙客来 297
仙客来水仙 239
仙人球 372
仙人掌 374
仙人指 375
香根鸢尾 194
香龙血树 325
香石竹 184
香睡莲 259
香雪兰 299
香雪球 145
橡皮树 328
小百日草 161
小火炬花 198
'小叶'白网纹草 329
'小兔子'狼尾草 276
蟹爪兰 375
新几内亚凤仙花 301

心叶蔓绿绒 337
苋菜 260
星花凤梨 330
熊掌木 326
熊耳草 126
袖珍椰子 317
须苞石竹 137
萱草 189
雪滴花 227
雪铁芋 349
勋章菊 140

Y

亚美尼亚蓝壶花 238
岩生庭荠 169
燕子花 195
一串红 154
一串蓝 155
一品红 298
一叶兰 313
异叶南洋杉 311
银边草 269
银边南洋参 340
银边翠 139
'银边'卷柏 392
'银后'粗肋草 309
银叶菊 155
银羽竹芋 322
莺哥凤梨 347
玉蝉花 195
玉露 383
玉米石 381
玉簪 192
郁金香 243
虞美人 148
羽衣甘蓝 131

鸢尾 194
圆叶茅膏菜 395
圆叶牵牛 152

Z

杂种钓钟柳 204
杂种火炬花 198
杂种耧斗菜 171
杂种落新妇 174
杂种朱顶红 229
藏报春 303
中国水仙 240
皱叶椒草 336
朱唇 155
朱蕉 321
朱砂根 349
猪笼草 393
转子莲 179
紫萼 193
紫花瓶子草 394
紫娇花 244
紫罗兰 146
紫茉莉 147
紫松果菊 187
紫菀 173
'紫叶'狼尾草 276
紫叶美人蕉 222
紫花凤梨 346
棕竹 341
醉蝶花 134
蒲苇 272
丽色画眉草 272
蓝羊茅 273
荻 275
粉黛乱子草 275
细茎针茅 277